普通高等教育机械类特色专业系列教材

可靠性工程基础

王金武　主编

张兆国　主审

科学出版社

北　京

内 容 简 介

本书系统全面地阐述了可靠性工程的基础理论和相关技术。内容包括：可靠性的基本理论，系统可靠性分析，可靠性的预计与分配，机械结构可靠性设计，典型机械零件的可靠性设计，电子系统可靠性设计，故障模式、影响与危害性分析，故障树分析，软件可靠性工程，可靠性试验，可靠性数据分析。

本书在以机械可靠性为主要内容的同时，也对电子系统及软件的可靠性进行了较详细地阐述；同时为了便于学习和掌握，每章都配备了相关思考题。

本书适合作为高等学校机械设计及自动化、电气工程及自动化、电子信息、计算机工程、汽车工程等相关工科专业的教材，也可供从事电子和机械产品可靠性设计、制造、试验和管理的工程技术人员参考。

图书在版编目(CIP)数据

可靠性工程基础/王金武主编.—北京：科学出版社，2013.8

普通高等教育机械类特色专业系列教材

ISBN 978-7-03-038469-0

Ⅰ.①可… Ⅱ.①王… Ⅲ.①可靠性工程-高等学校教材 Ⅳ.①TB114.3

中国版本图书馆 CIP 数据核字(2013)第 202077 号

责任编辑：朱晓颖 张丽花/责任校对：桂伟利

责任印制：吴兆东/封面设计：迷底书装

科 学 出 版 社出版

北京东黄城根北街 16 号

邮政编码：100717

http://www.sciencep.com

天津市新科印刷有限公司印刷

科学出版社发行 各地新华书店经销

*

2013 年 8 月第 一 版 开本：787×1092 1/16

2025 年 1 月第九次印刷 印张：23 1/2

字数：601 600

定价：69.00 元

（如有印装质量问题，我社负责调换）

编写人员名单

主　　编　王金武

副 主 编　王　英　尹大庆　王丹阳

编写人员　王　英　（东北农业大学）
王丹阳　（沈阳农业大学）
王金武　（东北农业大学）
王金峰　（东北农业大学）
尹大庆　（东北农业大学）
付　威　（石河子大学）
吴跃成　（浙江理工大学）
陈新昌　（河南农业大学）
秦春兰　（黑龙江八一农垦大学）
葛宜元　（佳木斯大学）

前　言

可靠性理论及应用是以产品的寿命特征作为主要研究对象的一门新兴的边缘性学科，它在第二次世界大战后从航空航天和电子工业发展起来，涉及基础科学、技术科学和管理科学等众多学科，现已广泛应用于化工、机械等领域，为社会和企业带来了巨大的经济效益。

在经济全球化的今天，中国企业进入世界的大循环圈，竞争日益激烈，各行业对可靠性问题也越来越重视，在很大程度上推动了可靠性的发展，形成了良好的研究势头。但由于种种原因，目前我国的可靠性理论及应用研究与发达国家相比还有一定的差距，特别是加入世界贸易组织后，“中国制造”产品的质量和可靠性面临着国际贸易竞争的严峻考验。一方面我们需要借鉴发达国家的经验，另一方面也需要我国可靠性领域和部门的诸多科研工作者继续努力，大力研究、实施和推广，以促进我国的可靠性工程快速发展。

本书旨在满足大专院校机械类学生和相关专业工程技术人员学习可靠性基础知识的要求。根据参编本书的各高校教师多年的教学实践经验，可靠性对于机械、电子、电气自动化、化工及航空航天等专业的学生尤为重要。根据当今的经济和社会发展趋势，掌握可靠性理论和应用知识是必然趋势。

本书共 12 章，主要内容涵盖了可靠性、可靠性工程以及可靠性与质量管理的关系；可靠性的基本理论，包括常用的可靠性指标；系统可靠性模型，包括经典的串联系统、并联系统等；可靠性的预计与分配；机械结构可靠性设计；典型零件的可靠性设计；电子系统可靠性设计；故障模式、影响与危害性分析；故障树分析法；软件可靠性工程；可靠性试验以及可靠性数据分析。

本书内容安排合理，层次清晰，系统性强，理论体系完整，并且在编写过程中，考虑了不同专业学生及各领域工程技术人员的需要问题，章节及知识结构注重由浅入深、循序渐进，内容讲解简明扼要，通俗易懂。

本书由东北农业大学王金武教授主编。参加本书编写的有东北农业大学王金武（第 1 章），沈阳农业大学王丹阳（第 2、5 章），河南农业大学陈新昌（第 3 章），黑龙江八一农垦大学秦春兰（第 4 章），浙江理工大学吴跃成（第 6 章），石河子大学付威（第 7 章），佳木斯大学葛宜元和东北农业大学尹大庆（第 8、11 章），东北农业大学王英（第 9、12 章），东北农业大学王金峰（第 10 章）。全书由王金武教授统稿，由张兆国教授主审。

在本书整理和插图制作过程中，杨芬芬、周军旗、郭兴海、潘振伟、何剑南、刘永军、张春凤等研究生做了很多工作，在此一并表示感谢！

本书在编写过程中参阅了很多相关资料，在此对原著作者表示由衷的感谢。

由于作者阅历及水平有限，缺点和疏漏之处在所难免，敬请同行和读者多多批评斧正。

编　者

2013 年 7 月

目　录

第1章 绪　　论

工业产品的质量是衡量一个国家工业技术水平的主要标志之一。工业产品的质量一般包括:性能指标、可靠性指标及维修度指标三个指标。产品的性能代表其使用价值,对产品的设计制造起主要作用,但在大量的生产生活中,产品的设计制造往往不能满足人们对其使用的性能要求,产品质量得不到满足。如在产品使用过程中,既能满足使用要求又能长期使用,则认为该产品可靠;但若在使用过程中,产品出现故障或达不到性能指标,那就认为该产品不可靠或不太可靠。产品在出现故障后,有的具有可维修性,但有的产品维修起来就相对困难,这样就出现了产品的可靠性与可维修性这一概念。

1.1 可靠性的基本概念

简单地说,产品可靠性就是产品不易丧失工作能力的性质。研究产品可靠性的工程学科称为可靠性工程学。产品的可靠性本应随产品复杂性的增加而早受重视,但事实上直到第二次世界大战后,它对现代科学技术发起来势凶猛的挑战,才迫使人们耗费大量的财力和物力来研究它,解决它,从而对科学技术的发展起到了巨大的促进作用。与此同时,一门独立的边缘科学——可靠性工程学诞生了。形成可靠性工程学这一学科的原因归纳起来有如下四个方面:

(1) 产品的性能优异化和结构复杂化之间的矛盾导致可靠性问题日益突出;

(2) 产品使用场所的广泛性与严酷性对产品的可靠性提出了更高的要求;

(3) 产品可靠程度与国家及社会安全之间的关系日益密切;

(4) 可靠性工程学的内部因素有力地推动了可靠性工程学的发展。

1.1.1 可靠性定义

可靠性(reliability)是部件、元件(component)、产品(product)或系统(system)的完整性(integrity)的最佳数量。可靠性是产品在规定的条件下和规定的时间内,完成规定功能的能力。可靠性的概率度量称为可靠度。

这里的产品指的是新版ISO9000中定义的硬件和流程性材料等有形产品以及软件等无形产品。它可以大到一个系统或设备,也可以小至一个零件。在农业机械行业中,可以是一台整机,如旋耕机,可以是一个装置甚至一个系统,如施肥装置、播种系统,也可以是一个部件甚至一个元器件,如螺母等。总之,可大可小,视所研究问题的范围而定。随着可靠性工程学的发展,人、语言、方法、程序的软件也可作为产品。

产品终止规定功能就称为失效,也称为故障。产品按从发生失效后是否可以通过维修恢复到规定功能状态,可分为可修复产品和不可修复产品。如汽车属于可修复产品,日光灯管属于不可修复产品。对可修复产品称为故障,对不可修复产品称为失效。

可靠性定义中的“三个规定”是可靠性概念的核心。

1. 规定的条件

“规定的条件”包括使用时的环境条件和工作条件。产品的可靠性和它所处的条件关系极为密切，同一产品在不同条件下工作表现出不同的可靠性水平。“规定的条件”是产品可靠性定义中最重要又最容易忽略的部分。需牢记，不同条件下产品的可靠性是截然不同的，离开具体条件谈论可靠性是毫无意义的。

“规定的条件”有着广泛的内容，一般分为以下几个方面。

(1) 环境条件。指影响产品性能的环境特性。

单一环境参数可分为以下四类。

① 气候环境：主要包括温度、湿度、大气压力、气压变化、周围介质的相对移动、降水、辐射等。

② 生物和化学环境：包括生物作用物质、化学作用物质、机械作用微粒。

③ 机械环境：包括冲击在内的非稳态振动、稳态振动、自由跌落、碰撞、摇摆和倾斜、稳态力。

④ 电和电磁环境：包括电场、磁场、传输导线的干扰。

(2) 动力条件。影响产品性能的动力特性。一般分为以下两类。

① 电源：主要参数为电源电压和频率、电流等。

② 流体源(包括气源和液体源)：主要参数为压力、流量等。

(3) 负载条件。影响性能的负载特性，也包括输入信号的特性。

产品的可靠性只有在使用中得以实现，在维护中得到提高。对于使用与维护条件要注意的是完善产品的使用和维护说明书。

(4) 使用和维护条件。

2. 规定的时间

“规定的时间”和产品可靠性关系也极为密切。可靠性定义中的时间是广义的，除时间外，还可以是里程、次数等。工作时间越长，可靠性越低，产品的可靠性和时间的关系呈递减函数关系。

3. 规定的功能

“规定的功能”指的是产品规格书中给出的正常工作的性能指标。衡量一个产品可靠性水平时一定要给出故障(失效)判据。因此，在规定产品可靠性指标要求时一定要对规定条件、规定时间和规定功能给予具体的说明。

可靠性工程(reliability engineering)提供理论和实用的工具，从而使部件、元件、产品或系统在规定的环境下、规定的时间内以给定的置信水平无故障地执行其设计功能的概率(probability)和能力(capability)，可以规定、预测、设计、试验或演示部件、元件、产品或系统的可靠性性能，可以监视并反馈到有关组织，提高可靠性。同样，可靠性工程也是提供理论和实用工具使企业以有竞争力的价格水平获得产品或系统的最优可用性(availability)、可维修性(maintainability)、安全性(safety)和质量(quality)。

1.1.2 可靠性的分类

一般认为，产品可靠性可近似看做固有可靠性和使用可靠性之分。

固有可靠性是产品在设计、制造中赋予的，是产品的一种固有特性，也是产品的开发者可以控制的。如对仪器仪表，常指输出范围、精度、线性度、失真度、分辨率、回差、重要性、灵敏度、漂移等。

使用可靠性则是产品在实际使用过程中表现出的一种性能的保持能力的特性，它除了考虑固有可靠性的影响因素之外，还要考虑产品安装、操作使用和维修保障等方面因素的影响。产品生产出来以后，要经过包装、运输、储存、安装、使用、维护保养及修理诸环节。在这些过程中，产品的可靠性会受到种种条件如环境、技术条件、维修方式的影响，使用中的误操作等都将造成产品失效。这些环节中存在的可靠性称为使用可靠性。

产品可靠性还可分为基本可靠性和任务可靠性。基本可靠性是产品在规定条件下无故障的持续时间或概率，它反映产品对维修人力的要求。任务可靠性是产品在规定的任务剖面内完成规定功能的能力。评定产品任务可靠性时仅考虑在任务期间发生的影响完成任务的故障。

国外资料表明，产品不可靠的原因及比例如表1-1所示。

表1-1　产品不可靠的原因及比例

可靠性	固有可靠性	零部件材料	30%	技术	电气	30%
		设计技术	40%		机械	10%
		制造技术	10%	制造		20%
	使用可靠性	使用（运输、环境、操作、安装维修技术）	20%	现场使用		30%
				其他		10%

失效是指产品丧失功能的现象。它是"可靠"的对立面。通过更换元器件或进行调整能够恢复功能的产品称为可修复产品，反之称为不可修复产品。对于可修复产品，失效可称之为故障。

可靠性有狭义可靠性与广义可靠性之分。狭义可靠性仅指产品在其整个寿命期内完成规定功能的能力。通常所说的可靠性就是指的狭义可靠性。广义可靠性通常包含狭义可靠性和维修性两个方面内容，常被称为有效性。

1.2　可靠性的特点

可靠性是指产品在规定的条件下和规定的时间内完成规定功能的能力，或者说是产品能保持其功能的时间。它综合反映了一个产品的耐久性、无故障性、维修性、有效性和使用经济性等，可用各种定量指标表示。可靠性是产品的一项重要质量指标，具有质量的属性，但又有其自身特点，大致归纳如下。

1. 规定条件下的可比性

从上述可靠性的定义看出，一个产品的可靠性受三个"规定"的限制。所以在讨论和评估产品的可靠性时，应明确以上三个"规定"，否则会失去可比性。

2. 时间质量指标

一般产品的功能和性能参数，只要产品制成就能测定，在出厂前可进行检验和考核，故一般称为$t=0$（使用时间为零）的质量。可靠性是指产品在规定时间内保持功能的能力或是保持功能的时间，对它的评定要等产品使用之后，或者通过模拟使用试验后才能进行，故称为$t>0$的质量。因此,分析评定一个产品的可靠性有两种方法,一是试验,二是利用现场使用数据的反馈,尤其是后者,是研究机电设备可靠性的主要途径。

3. 强调可用性

可靠性和寿命有关,但是和传统的机械设备寿命概念有些不同。可靠性并不是笼统地要求长寿命,而是强调在规定的使用时间内能否充分发挥其功能,即产品的可用性(可靠性指标之一),可用性=可用时间/(可用时间+因故障维修等不可用时间)×100%。提高可用性可以从两个方面入手:或是保证产品在规定的使用时间内不出故障,少出故障;或是出了故障能迅速修复,目的都是使设备不可利用的时间降到最低程度,为此需要提高产品的无故障性或维修性。尤其是机电设备,大多是可维修产品,从保证可用性的成本角度考虑,对于某些部件要花费很高成本提高寿命和可靠性,不如采用维修性设计,改进维修策略等措施更为有效。

4. 统计、抽样特性

一个产品何时出现故障受许多随机因素影响,致使最终产品的无故障工作时间也具有随机特性,因此产品的可靠性观测值是多少很难预料,可以利用概率统计理论估计整批产品的可靠性。可靠度就是指产品在规定条件、规定时间内完成规定功能的概率,可用百分比表示。如果说某批产品的可靠度是90%,则表示该批产品在规定条件下工作到规定时间时,有10%的产品可能丧失功能而失效,90%的产品有可能完成规定功能。

另外,由于产品的可靠性要经过使用或模拟使用试验后才能评定,一般不能对整批产品逐个试验,需要采用抽样和截尾试验的方式。因为是抽样试验评定,就有判定的风险问题,即以抽样的子样评定结果代表整批产品的可靠性水平的可信程度,称作置信度。例如,我们说某批产品的可靠度的估计值大于90%,置信度为60%,即表示对该批产品抽样试验评定可靠度,若抽样100次,将有60次评定的可靠度结果是大于90%。

所以,评定和分析产品可靠性时需要应用到概率统计理论和抽样试验方面的知识。

5. 指标体系

一般地说,一个产品的可靠性可由多种指标形式表示。因为可靠性是个综合特性,它综合表现了产品的耐久性、无故障性、维修性、可用性和经济性,可分别用各种定量指标表示,形成一个指标体系。具体一个产品采用什么样的指标要根据产品的复杂程度和使用特点而定,一般对于可以修理的复杂系统、机器设备,常用可靠度、平均无故障时间(MTBF)、平均修复时间(MTTR)、有效寿命、可用度和经济性等指标。对于不能或者不予修理的产品,例如耗损件、元器件等,常用可靠度、可靠寿命、故障率、平均寿命(MTTF)等。材料则采用性能均值和均方偏差等特性作为指标。

可靠度弥补了传统的质量、寿命概念的不足,表达了产品的时间质量特性,要符合实际使用目的的要求。因此,现代的全面质量管理、质量保证等活动中都把可靠性作为管理的目标之一。

1.3　可靠性的发展

可靠性和质量不可分离,其前身是伴随着兵器的发展而诞生和发展的。在公元前26世纪的冷兵器时期,到1703年英法两国完全取消长矛为止,在前后经历了4000年发展成长的漫长过程中,人类已经对当时所制作的石兵器进行了简单检验。在殷商时代已有的文字记载中,就有关于生产状况和产品质量的监督和检验,对质量和可靠性方面已有了朴素的认识。热兵器的成熟期在国际上以第二次世界大战时期德国使用火箭和美国使用原子弹为标志。

现代意义上的可靠性研究,始于第二次世界大战期间。当时,德国发射的火箭不可靠及美国的航空无线电设备不能正常工作。德国使用 V-2 火箭袭击伦敦,有 80 枚火箭没有起飞就爆炸,还有的火箭没有到达目的地就坠落;美国当时的航空无线电设备有 60%不能正常工作,其电子设备在规定的使用期限内仅有 30%的时间能有效工作。第二次世界大战期间,因可靠性引起的飞机损失惨重,损失飞机 2100 架,是被击落飞机的 1.5 倍。为了解决这一问题,美国国防部组织人力,开始对电子管的可靠性进行研究,这标志着可靠性研究的起步。

为了进行可靠性研究,美国在 1934 年成立电子管开发委员会(VTD),1946 年成立电子管专业小组(PET)和航空无线电组(ARINC)。1952 年成立的电子设备可靠性咨询小组(AGREE),是由美国国防部成立的一个由军方、工业领域和学术领域三方共同组成的,在可靠性设计、试验及管理的程序及方法上,推动并确定了美国可靠性工程发展方向的组织。AGREE 组织在 1955 年开始制订和实施从设计、试验、生产到交付、储存和使用的全面的可靠性计划,并在 1957 年发表了《军用电子设备可靠性》的研究报告,从九个方面全面阐述可靠性的设计、试验、管理的程序和方法,成为可靠性发展的奠基性文件。这个组织的成立和这份报告的出现,也标志着可靠性学科发展的重要里程碑,此时,它已经成为一门真正的独立的学科。

进入 20 世纪 60 年代,可靠性的发展进入一个新的阶段。随着可靠性学科的全面发展,其研究已经从电子、航空、宇航、核能等尖端工业部门扩展到电机与电力系统、机械设备、动力、土木建筑、冶金、化工等部门。在这十年中,美国先后开发出战斗机、坦克、导弹、宇宙飞船等装备,都是按照 1957 年 AGREE 报告中提出的、被美国国防部和国家航空航天局认可的一整套可靠性设计、试验和管理的程序和方法进行设计开发的。此设计、试验、管理程序和方法在新产品的研制中得到广泛应用并发展、检验,逐渐形成一套比较完善的可靠性设计、试验和管理标准。此时,已经形成了针对不同产品制订的较完善的可靠性大纲,并定量规定了可靠性要求,可进行可靠性分配和预测。在理论上,有了故障模式及影响分析(FMEA)和故障树分析(FTA)。在设计理念上,采用了余度设计,并进行可靠性试验、验收试验和老练试验,在管理上对产品进行可靠性评审,使装备可靠性提升明显。美国的可靠性研究使其在军事、宇航领域装备可靠性大大增加。在此十年期间,许多其他工业发达国家,如日本、苏联等国家也相继对可靠性理论、试验和管理方法进行研究,并推动可靠性分析向前迈进。

20 世纪 70 年代,可靠性理论与实践的发展进入了成熟的应用阶段,世界先进国家都在可靠性方面有所应用。

我国从 20 世纪 60～70 年代,首先在电子工业和国防工业开始进行可靠性的研究和普及工作,继而在机械工业等其他部门也逐渐推广应用。目前我国军工产品可靠性技术具有代表性的基础标准。与此同时,各有关工业部门、军兵种越来越重视可靠性管理,加强可靠性信息数据和学术交流活动。全国军用电子设备可靠性数据交换网已经成立;全国性和专业系统性的各级可靠性学会相继成立,进一步促进了我国可靠性理论与工程研究的深入展开。

可靠性工程专业性强、壁垒高,需要长期积累,且核心竞争力很难复制。从全球范围看,真正能提供专业可靠性工程项目服务的大公司也不多。目前,可靠性工程研究在我国仍然属于边缘学科,仅有几家高校、科研院所与企业成立了专门的可靠性研究实验室。尽管存在着一系列的发展瓶颈,但对于我国可靠性工程的发展前景,仍然是光明的。

可靠性成为一门独立的学科仅仅 60 多年,已经取得了很大的成就,但其在发展研究上也有亟待解决的问题。首先,目前对电子产品的可靠性研究已较成熟,对机械系统的可靠性研究较晚,由于机械零件的失效模式和电子元件相比有很大差别,机械系统的构成也不同于电子系统,机械系统的受载方式更为复杂,其失效的影响因素也更为多样,至今还没有数学模型和分析方法可直接用于机械系统进行可靠性研究。目前应用于机械系统的可靠性分析方法基本沿用以电子元件或设备为对象总结出来的可靠性方法,这就有可能导致对机械系统的可靠性分析与设计走入误区。其次,如何在小样本条件下确定系统的可靠性参数是一个迫切需要解决的问题。最后,常规的可靠性理论是在二态假设和概率假设基础上建立的,但在可靠性工程实际中,很难满足上述两个基本假设,用常规可靠性理论进行系统评价并不能完全反映实际情况。总之,系统可靠性从诞生、发展到应用已经逐步向着各学科渗透,但在现代科技飞速发展的时期,系统可靠性在理论和研究模式上还有欠缺,需要结合其他理论如模糊理论、人工智能等,使可靠性理论、试验和管理能够更成熟、更完善。

1.4 可靠性研究的重要意义

可靠性是与电子工业的发展密切相关的,其重要性可从电子产品发展的三个特点来加以说明。

首先,电子产品的复杂程度在不断增加。人们最早使用的矿石收音机是非常简单的,随之先后出现了各种类型的收音机、录音机、录放相机、通信机、雷达、制导系统、电子计算机以及宇航控制设备,复杂程度不断增长。电子产品复杂程度的显著标志是所需元器件数量的多少,而电子产品的可靠性取决于所用元器件的可靠性,因为电子产品中的任何一个元器件、任何一个焊点发生故障都将导致系统发生故障。一般说来,电子产品所用的元器件数量越多,其可靠性问题就越严重,为保证产品或系统能可靠地工作,对元器件可靠性的要求就非常高、非常苛刻。

其次,电子产品的使用环境日益严酷。从实验室到野外,从热带到寒带,从陆地到深海,从高空到宇宙空间,经受着不同的环境条件,除温度、湿度影响外,海水、盐雾、冲击、振动、宇宙粒子、各种辐射等对电子元器件的影响,导致产品失效的可能性增大。

第三,电子产品的装置密度不断增加。从第一代电子管产品进入第二代晶体管,现已从小、中规模集成电路进入到大规模和超大规模集成电路,电子产品正朝小型化、微型化方向发展,其结果导致装置密度的不断增加,从而使内部温度增高,散热条件恶化。而电子元器件将随环境温度的增高,降低其可靠性,因而元器件的可靠性引起人们的极大重视。

高可靠性产品在社会发展的各个方面和层次都具有重要意义。

1. 高可靠性产品才能满足现代技术和生产的需要

现代生产技术的发展特点之一是自动化水平不断提高。一条自动化生产线是由许多零部件组成,生产线上一台设备出了故障,则会导致整条线停产,这就要求组成线上的产品要有高可靠性,Appolo 宇宙飞船正是由于高可靠性,才一举顺利完成登月计划。现代生产技术发展的另一特点设备结构复杂化,组成设备的零件多,其中一个零件发生故障会导致整机失效。如 1986 年美国“挑战者”号航天飞机就是因为火箭助推器内橡胶密封圈因温度低而失效,导致航天飞机爆炸和七名宇航员遇难及重大经济损失。由此可见,只有高可靠性产品才能满足现代技术和生产的需要。

2. 高可靠性产品可获得高的经济效益

提高产品可靠性可获得很高的经济效益。如美国西屋公司为提高某产品的可靠性，曾做了一次全面审查，结果是所得经济效益是为提高可靠性所花费用的100倍。另外，产品的可靠性水平提高了还可大大减少设备的维修费用。1961年美国国防部预算中至少有25%用于维修费用。苏联过去有资料统计，在产品寿命期内下列产品的维修费用与购置费用之比：飞机为5倍，汽车为6倍，机床为8倍，军事装置为10倍，可见提高产品可靠性水平会大大降低维修费用，从而提高经济效益。

3. 高可靠性产品，才有高的竞争能力

只有产品可靠性提高了，才能提高产品的信誉，增强日益激烈的市场竞争能力。日本的汽车曾一度因可靠性差，在美国造成大量退货，几乎失去了美国市场。日本总结了经验，提高了汽车可靠性水平，因此使日本汽车在世界市场上竞争力很强。中国加入WTO后，挑战是严峻的。我们面临的是世界发达国家的竞争，如果我们的产品有高的可靠性，那就能打入激烈竞争的世界市场，从而获得巨大经济效益，促进民族工业的发展；相反，则会被别国挤出市场，甚至失去部分国内市场，由此可见生产高可靠性的产品的重要性。

可靠性已经列为产品的重要质量指标加以考核和检验。长期以来，人们只用产品的技术性能指标作为衡量电子元器件质量好坏的标志，这只反映了产品质量好坏的一个方面，还不能反映产品质量的全貌。因为，如果产品不可靠，即使其技术性能再好也得不到发挥。从某种意义上说，可靠性可以综合反映产品的质量。

可靠性工程是一个综合的学科，它的发展可以带动和促进产品的设计、制造、使用、材料、工艺、设备和管理的发展，把电子元器件和其他电子产品提高到一个新的水平。正因为这样，可靠性已形成一个专门的学科，作为一个专门的技术进行研究。

1.5 可靠性工程的技术内涵

可靠性工程是为适应产品的高可靠性要求发展起来的新兴学科，是一门综合了众多学科的成果以解决可靠性为出发点的边缘学科。它是为了达到系统可靠性要求而进行的有关设计、管理、试验和生产一系列工作的总和，它与系统整个寿命周期内的全部可靠性活动有关。它研究产品或系统的故障发生原因、消除和预防措施。其主要任务是保证产品的可靠性和可用性，延长使用寿命，降低维修费用，提高产品的使用效益。按照日本工业标准JIS，对可靠性工程技术的定义为"赋予产品可靠性为目的的应用科学和技术"。

可靠性工程是产品工程化的重要组成部分，同时也是实现产品工程化的有力工具。利用可靠性的工程技术手段能够快速、准确地确定产品的薄弱环节，并给出改进措施和改进后对系统可靠性的影响。

1. 可靠性的分类

可靠性按学科分类，一般可分为可靠性数学、可靠性工程、可靠性管理和可靠性物理分支。但是从可靠性技术在生产工程各阶段应用的目的和任务划分，大致可分为以下几类。

(1) 可靠性设计：通过设计奠定产品的可靠性基础，研究在设计阶段如何预测和预防各种可能发生的故障和隐患。

(2) 可靠性试验:通过试验测定和验证产品的可靠性,研究在有限的样本、时间和试验费用下如何获得合理的评定结果。

(3) 制造阶段的可靠性:通过制造实现产品的可靠性,研究制造偏差的控制、缺陷的处理和早期故障的排除,保证设计目标的实现。

(4) 使用阶段可靠性:通过使用维持产品的可靠性,研究产品运行中的可靠性监视、诊断预测,采用售后服务和维修策略等防止可靠性劣化。

(5) 可靠性试验及可靠性分析:通过试验测定和验证产品的可靠性,研究在有限的样本、时间和使用费用下,如何获得合理的评定结果,找出薄弱环节,并研究导致薄弱环节的内因和外因,研究导致薄弱环节的机理,找出规律,提出改进措施以提高产品的可靠性。

(6) 可靠性管理:组织实施以较少的费用、时间实现产品的可靠性目标,研究可靠性目标的实施计划和数据反馈系统。完善可靠性组织结构,规划出可靠性组织工作的目标,制定出相应的流程,规范可靠性工作,监督可靠性工作的实施培训可靠性知识,增强质量意识,规避设计风险。

也可按照对故障处理的先后程序将可靠性技术划分为事前、事中和事后分析技术。

(1) 事前分析:指在产品设计、制造阶段预测、预防故障和隐患的发生。

(2) 事中分析:指在产品使用阶段通过故障监控、诊断技术预测和预报故障的征兆和发展趋势,以便及时进行预防性维修。

(3) 事后分析:指在产品失效或发生故障后进行失效机理分析,将信息反馈给设计、制造部门,以便采取改进对策。

可靠性的技术基础是概率论和数理统计,材料、结构、物性学,故障物理,基础试验技术,环境技术等。

在可靠性工程中,一方面应用数理统计和现场使用信息反馈等手段,建立起能收集复杂产品可靠性的管理体系;另一方面通过对故障物理、试验技术的研究,提供有关产品故障的机理分析、检测、诊断和设计等技术。

2. 可靠性的特点

可靠性和传统的技术概念有很大不同,其特点是:

1) 管理和技术高度结合

可靠性工程是介于固有技术和管理科学之间的一门边缘学科。日本把可靠性技术比喻为“病疫学”和“病理学”密切结合的技术。所谓病疫学是指分析和追踪故障的起因,产生的环节,从而将信息反馈给有关单位,指导设计、制造环节的改进,即是可靠性管理的任务。“病理学”则是研究具体故障的消除和预防技术,管理和技术结合,通过管理指导技术的合理应用,这就是可靠性技术的基本指导思想。

2) 众多学科的综合

产品、系统的可靠性不是孤立存在的,它受许多环节、因素的影响。因此可靠性技术和很多领域的技术密切相关,需要得到如系统工程、人机工程、生产工程、材料工程、环境工程、数理统计等学科以及以往的失效经验的支持,并综合应用这些领域的技术成果解决产品的可靠性问题。

3) 反馈和循环

一个产品的可靠性首先是靠设计,并通过制造来实现设计目标。为了把可靠性设计到产品中去,必须在设计阶段能预测和预防一切可能发生的故障,而预测、预防的依据要靠使用信息的反馈。反馈是可靠性管理技术的基本特点，没有反馈就没有可靠性。通过反馈使设计、试验、制造和使用过程形成一个可靠性保证的循环技术体系。循环的反复，使可靠性水平不断提高。

需要指出的是，虽然可靠性技术引入到各个领域，但应用模式并不同。目前除了数理统计、故障物理等基础学科应用基本相同外，对于可靠性管理、可靠性技术的应用程度和范围因受到原有技术基础、管理体制等条件的限制，基本上都是结合具体的特点以独自的形式发展。

3. 可靠性工程的工作步骤

可靠性工程的具体工作步骤为：

(1) 通过试验或使用，发现系统在可靠性上的薄弱环节；

(2) 研究分析导致这些薄弱环节的主要内外因素；

(3) 研究影响系统可靠性的物理、化学、人为的机理及其规律；

(4) 针对分析得到的问题原因，在技术上、组织上采取相应的改进措施，并定量地评定和验证其效果；

(5)完善系统的制造工艺和生产组织。

在影响系统可靠性的主要问题得到解决后，再采用上述步骤解决一些次要的薄弱环节。可靠性工程实质上是对影响系统可靠性的薄弱环节的不断发现和不断改进的过程。为了提高系统的可靠性，从而延长系统的使用寿命，降低维修费用，提高经济效益，在系统规划、设计、制造和使用的各个阶段都要贯彻以可靠性为主的质量管理。

1.6 可靠性与质量管理

质量与可靠性，在许多场合中被当做同义词来使用，然而它们之间是有区别的。无论是部件、整机还是由若干设备组成的系统，其质量一般是指它们在出厂时能否满足规范上的各项性能要求；而其可靠性则是指在满足规范要求的性能下，能维持多长时间，两者的本质区别在于使用寿命的着眼点。从产品的设计一开始，设法使系统在规定的使用条件下，在规定的使用时间内，完成规定任务是产品可靠性设计的重要任务。

当人们的设计思想从单纯考虑传统意义上的性能转变为求得高效能的同时，关于质量的观念也在变革，由过去狭隘的质量观念转向现代的全面的质量观念。现代的质量观念认为：产品质量是产品满足使用要求的特性综合，即具有适用性。性能、可靠性、维修性、安全性、适应性、经济性及时间性都是产品质量的基本目标，如图 1-1 所示。性能、可靠性、维修性、安全性和适应性是产品的内在质量特性。经济性是指产品应具合理的寿命周期费用；时间性是指应在一定时间内满足用户对产品交货期和数量的要求，这两个质量特性均反映了产品的竞争能力，称之为外延质量特性。产品的质量的优劣取决于以上七个基本目标的综合评价结果，前两项尤为重要。

由此可见，可靠性是产品基本质量的目标之一，是产品质量的重要组成部分。但是长期以来人们往往忽视了可靠性对保证产品全面质量的重要作用。例如，1978 年我国首次自行研制成功了黑白电视机，但出厂不久就出现打火、冒烟、无光、无声及其他故障现象。为什么会出现这样的现象呢？因为我国首次生产的黑白电视机的质量指标虽然包括黑白对比度、音量、音色等性能指标，却没有列入最主要的可靠性指标——环境适应性和平均寿命。为了弄清当时国产电视机的可靠性，进行了国产电视机的可靠性试验。试验结果表明：国产电视机的平均寿命不到 500h，出厂一年内的平均返修率达 86.92%，其中第一个月的早期故障返修率为 20.8%，甚至经受不住运输振动，从电视机厂运到商店后，开箱不合格率达 23.6%。有些产品即使有很好的性能，如果温度一高就不能正常工作，或工作几十个小时后，产品就出现这样或那样的故障，那么再好的性能又有什么用？由此可以看出产品的可靠性在产品质量中是至关重要的，为了强调“适应性”，必须把“可靠性”从“质量”中分离出来加以强调。

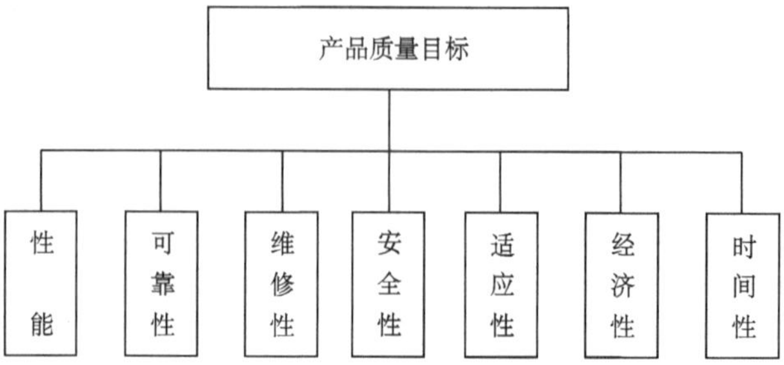

图 1-1　产品质量基本目标

复习思考题 1

1-1　简述可靠性的定义及特点。

1-2　简述可靠性的分类方式。

第2章　可靠性的基本理论

可靠性体现产品无故障工作的能力特征，是产品重要的内在属性。对该属性的分析和描述具有时间性、概率性和多目标性等特点。在整个可靠性分析过程中，无论产品组成要素还是整体结构，可靠性研究均将分析对象视为系统，将系统中不可再分单元的可靠性作为研究基础，通过分析系统与各单元间的物理工作关系和逻辑工作关系，应用概率论和数理统计的基本方法，掌握系统可能的失效原因、失效过程、薄弱环节与潜在因素，以实现对系统的可靠性管理、可靠性设计、可靠性试验或可靠性评价。

通常情况下，除了软件产品和人的行为，一般机械、电子等功能性产品都会随着使用时间的增长而产生故障或遭到损坏。解决这类问题一般有两种方式，即废弃或修复产品。对于废弃的不可修复产品而言，其所具有的可靠性称为狭义可靠性，而可修复产品所具有的可靠性称为广义可靠性或有效性。广义可靠性除了考虑狭义可靠性的所有属性以外，还要考虑故障后修理的难易程度和修复时间，即要求该类产品具有良好的维修性。狭义可靠性、维修性和广义可靠性三者关系如下表述，即

广义可靠性(有效性)＝狭义可靠性＋维修性

针对狭义可靠性，如按照影响因素划分，其包括三方面的研究内容：设计和生产中实现的可靠性，即固有可靠性；实际使用中表现出来的可靠性，即使用可靠性；产品使用环境对可靠性的影响，即环境适应性。固有可靠性一般与产品的材料、设计与制造工艺和检验精度有关；使用可靠性一般与操作水平、保养与维修，尤其是与人的行为有关；环境适应性除了主要受产品使用环境的影响外，生产过程中材料、半成品、成品的运输和保管环境也会对其产生影响。三方面当中，固有可靠性是产品可靠性的根本，可靠性设计是提高产品可靠性的重点。

2.1　可靠性特征量

可靠性研究的内容复杂多样。为了全面、准确地说明研究对象的可靠性特征，并形成行业规范化交流，制定一些评定可靠性的数值指标非常必要。建立可靠性数值指标体系不仅使可靠性的定性分析得到多角度的量化，更重要的是实现了现代数学方法、分析方法和试验方法在可靠性研究中的应用，推进了可靠性研究的进程。可靠性特征量即为表征产品可靠性水平高低的各种数理统计量。常用的可靠性特征量主要有可靠度、失效概率、失效率、平均寿命和可靠寿命等。

通常，可靠性特征量的真值是客观存在的，只是在实际研究中往往不可获知，但可以根据可靠性抽检试验和样本观测值，并通过点估计或区间估计获取产品的可靠性特征量。这种经过一定统计分析方法得到的可靠性特征量称为可靠性特征量的估计值。

在实际估计值的计算过程中，应注意量化方法和量化精度两个问题。一般实现指标量化的原始资料是可靠性试验的环境信息和试验结果，而这些资料的获取会受到工作程序、费用、设备等因素的制约。对于不同条件下的量化精度既不能过高也不能过低。不能在信息含量较少、误差较大的数据基础上追求不恰当的高精度，更不能在信息量很完备的条件下，忽略一部分信息或采用不当的模糊方法而降低指标精度。同时，任何因素组成的估算过程均各有利弊，当获取的信

息与要求不一致时，必须及时改进数据收集方法。这对于可靠性技术人员、管理人员的判断力和知识技能要求程度较高。

2.1.1 可靠度

1. 可靠度定义

可靠度是指产品在规定的条件下和规定的时间内完成规定功能的概率。记为 R。由于它是时间的函数，故一般记为 $R(t)$，称为可靠度函数。

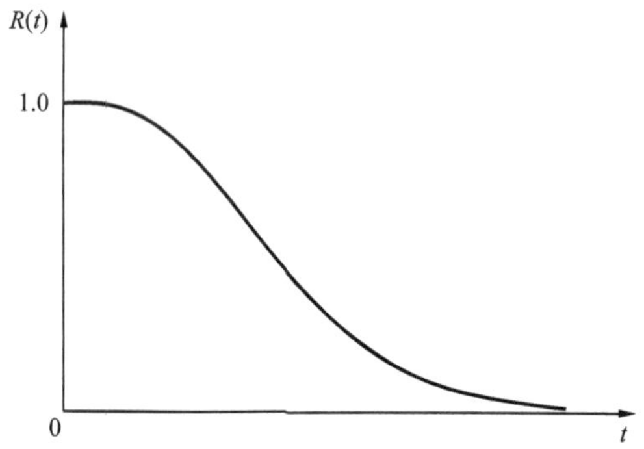

图 2-1　可靠度函数曲线

如果用随机变量 T 表示产品的寿命或正常工作时间，则该产品在某已指定时刻 t 的可靠度

$$R(t)=P(T\geqslant t) \tag{2-1}$$

由可靠度定义可知，$0\leqslant R(t)\leqslant 1$，且$\underset{t\to 0}{R(t)}=1$；$\underset{t\to\infty}{R(t)}=0$。规定时间越长，可靠度越低；规定时间越短，可靠度越高。可靠度与规定时间的关系如图 2-1 所示。

2. 可靠度估计值 $\hat{R}(t)$

(1) 对于不可修复产品，可靠度的估计值是指直到规定的时间区间终了为止，能完成规定功能的产品数 $n_s(t)$与在该时间区间开始时投入工作的产品数 n 之比，即

$$\hat{R}(t)=\frac{n_s(t)}{n}=1-\frac{n_f(t)}{n} \tag{2-2}$$

式中，$n_f(t)$为在规定的时间区间内未完成规定功能的产品数，即失效数。

(2) 对于可修复产品，可靠度估计值是指一个或多个产品的无故障工作时间达到或超过规定时间的次数与观测时间内无故障工作的总次数之比，即

$$\hat{R}(t)=\frac{n_s(t)}{n}=1-\frac{n_f(t)}{n} \tag{2-3}$$

式中，$n_s(t)$为无故障工作时间达到或超过规定时间的次数；$n_f(t)$为无故障工作时间未达到规定时间的次数；n 为观测时间内无故障工作的总次数，每个产品的最后一次无故障工作时间若未超过规定时间则不予以计入。

上述可靠度 $R(t)$的时间 t 是由 0 算起的，实际使用中常需知道工作过程中某一段执行任务的可靠度，即需要知道已经工作 t_1 后再继续工作 t_2 的可靠度。

从时刻 t_1 工作到时刻 t_1+t_2 的条件可靠度为任务可靠度，记为 $R(t_1+t_2|t_1)$。由条件概率可知

$$R(t_1+t_2\mid t_1)=P(T>t_1+t_2\mid T>t_1)=\frac{R(t_1+t_2)}{R(t_1)} \tag{2-4}$$

根据观测值，任务可靠度估计值

$$\hat{R}(t_1+t_2\mid t_1)=\frac{n_s(t_1+t_2)}{n_s(t_1)} \tag{2-5}$$

例 2-1　在规定时间 $t=700\text{h}$ 和规定条件下，同时对 3 个可修复产品和 12 个不可修复产品进行全数可靠性试验，试验结果分别如图 2-2(a)、(b)所示，直线表示产品正常工作时间，“×”表示产品失效或故障，可修复产品的维修时间在此忽略不计，分别求这两类产品可靠度的估计值。

解：(1) 不可修复产品的可靠度估计值计算。

已知试验产品个数 $n=12$，由图 2-2(a)统计可知 $n_f(t)=7$，故由式(2-2)得

$$\hat{R}(700)=\frac{n_s(700)}{n}=1-\frac{n_f(700)}{n}=\frac{12-7}{12}=0.4167$$

(2) 不可修复产品的可靠度估计值计算。

由图 2-2(b)统计可知 $n=12$，$n_s(t)=5$，故由式(2-3)得

$$\hat{R}(700)=\frac{n_s(700)}{n}=\frac{5}{12}=0.4167$$

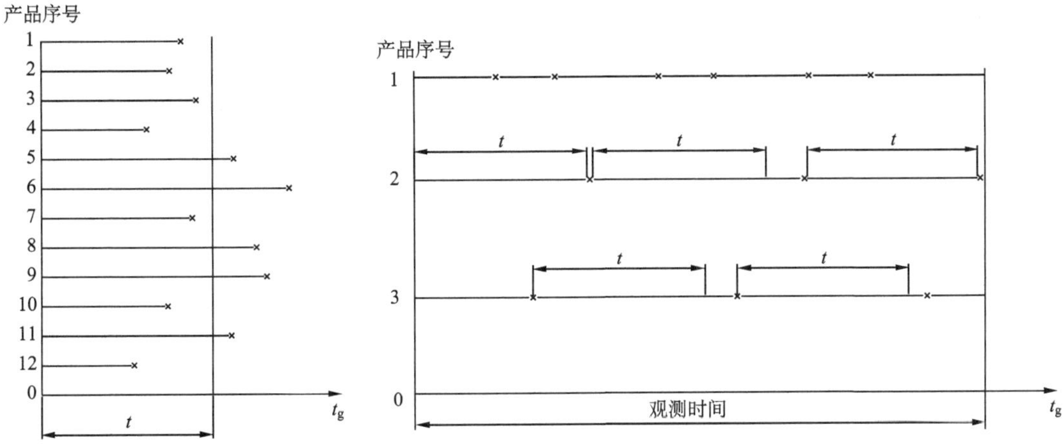

(a) 不可修复产品　　(b) 可修复产品

图 2-2　试验结果示意图

2.1.2　累积失效概率

累积失效概率是产品在规定的条件下和规定的时间内未完成规定功能(即发生失效)的概率，也称为不可靠度。一般记为 F 或 $F(t)$，称为累积失效分布函数。

因为相同条件下完成规定功能与未完成规定功能是对立事件，由概率互补定理有

$$F(t)=1-R(t)=P(T<t) \qquad (2\text{-}6)$$

故 $0\leqslant F(t)\leqslant 1$，且 $\underset{t\to 0}{F(t)}=0$；$\underset{t\to\infty}{F(t)}=1$。累积失效概率与规定时间 t 的关系如图 2-3 所示。

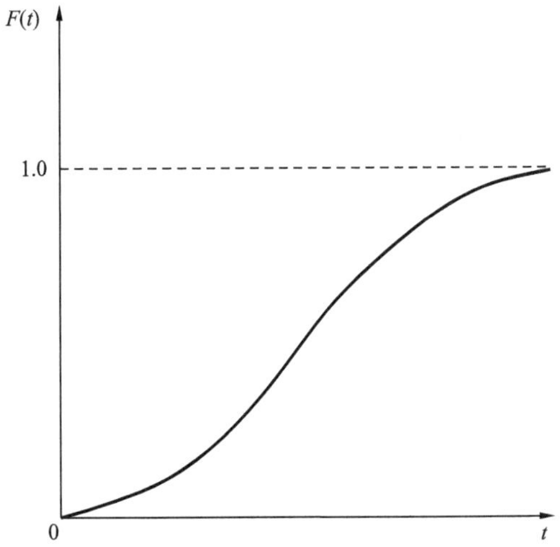

图 2-3　累积失效函数曲线

累积失效概率的估计值

$$\hat{F}(t)=1-\hat{R}(t) \qquad (2\text{-}7)$$

例 2-2　有 110 只灯泡，工作 500h 时共有 10

只失效，工作到 1000h 时共有 53 只失效，在规定时间分别为 500h 和 1000h 时，求产品的累积失效概率。

解：该产品属于不可修复产品

由式(2-7)和式(2-2)得

$$n=110,\quad n_f(500)=10,\quad n_f(1000)=53$$

故

$$\hat{F}(500)=\frac{n_f(500)}{n}=\frac{10}{110}=9.09\%,\quad \hat{F}(1000)=\frac{53}{110}=48.18\%$$

2.1.3　失效概率密度

1. 失效概率密度定义

失效概率密度是产品在包含某时刻的单位时间内失效的概率，即为累积失效概率对时间的导数，记为 $f(t)$，称为失效概率密度函数。

$$f(t)=\frac{\mathrm{d}F(t)}{\mathrm{d}t} \tag{2-8}$$

故

$$F(t)=\int_0^t f(t)\mathrm{d}t \tag{2-9}$$

$$R(t)=\int_t^\infty f(t)\mathrm{d}t \tag{2-10}$$

在确定的规定时间条件下，可靠度、累积失效概率和失效概率密度的关系如图 2-4 所示。

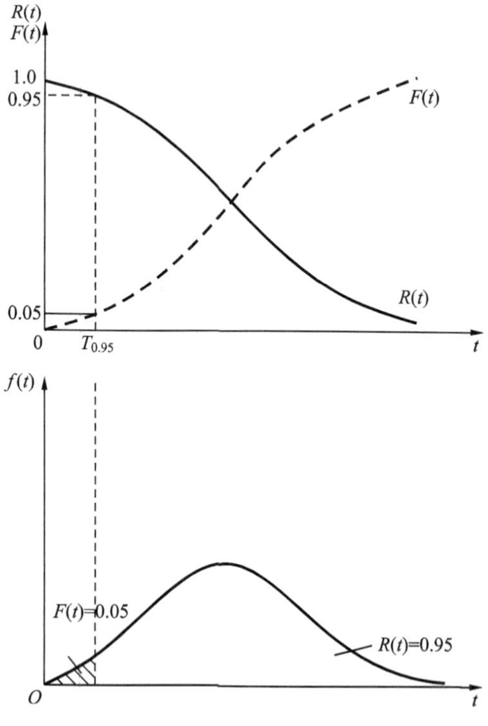

图 2-4　$R(t)$、$F(t)$与 $f(t)$的关系

2. 失效概率密度估计值 $\hat{f}(t)$

由

$$f(t)=\frac{\mathrm{d}F(t)}{\mathrm{d}t}=\frac{F(t+\Delta t)-F(t)}{\Delta t}$$

故

$$\hat{f}(t)=\frac{\hat{F}(t+\Delta t)-\hat{F}(t)}{\Delta t}=\frac{1}{\Delta t}\left(\frac{n_f(t+\Delta t)}{n}-\frac{n_f(t)}{n}\right)=\frac{\Delta n_f(t)}{n\Delta t} \tag{2-11}$$

式中，Δt 为时间增量；$\Delta n_f(t)$ 为失效数或故障数变化增量。

2.1.4　失效率

1. 失效率定义

失效率是指工作到某时刻尚未失效的产品，

在该时刻后单位时间内发生失效的概率。一般记为 λ 或 $\lambda(t)$，称为失效(故障)率函数。

$$\lambda(t)=\lim_{\Delta t\to 0}\frac{P(t<T\leqslant t+\Delta t\mid T>t)}{\Delta t} \tag{2-12}$$

它反映了 t 时刻产品失效的速率，也称为瞬时失效率。

2. 失效率公式的推导

利用条件概率推导失效率函数公式。在 t 时刻完好的产品($T>t$)而在($t,t+\Delta t$)时间内失效的条件概率为 $P(t<T\leqslant t+\Delta t\mid T>t)$，在 Δt 时间段内的平均失效率

$$\lambda(t,t+\Delta t)=\frac{P(t<T\leqslant t+\Delta t\mid T>t)}{\Delta t}$$

当 $\Delta t\to 0$ 时，即得到 t 时刻的瞬时失效率

$$\lambda(t)=\lim_{\Delta t\to 0}\lambda(t,t+\Delta t)=\lim_{\Delta t\to 0}\frac{P(t<T\leqslant t+\Delta t\mid T>t)}{\Delta t}$$

与式(2-12)相同。

此外，由条件概率

$$P(t<T\leqslant t+\Delta t\mid T>t)=\frac{P(t<T\leqslant t+\Delta t)}{P(T>t)}$$

故得失效率与可靠度及失效概率密度间的关系

$$\lambda(t)=\lim_{\Delta t\to 0}\frac{P(t<T\leqslant t+\Delta t)}{P(T>t)\Delta t}=\frac{F(t+\Delta t)-F(t)}{R(t)\Delta t}=\frac{\Delta F(t)}{R(t)\Delta t}$$

即

$$\lambda(t)=\frac{F'(t)}{R(t)}=\frac{f(t)}{R(t)} \tag{2-13}$$

3. 失效率的估计值 $\hat{\lambda}(t)$

由

$$\lambda(t)=\frac{f(t)}{R(t)}$$

故

$$\hat{\lambda}(t)=\frac{\hat{f}(t)}{\hat{R}(t)}=\frac{\dfrac{\Delta n_{\mathrm{f}}(t)}{n\Delta t}}{\dfrac{n_{\mathrm{s}}(t)}{n}}=\frac{\Delta n_{\mathrm{f}}(t)}{n_{\mathrm{s}}(t)\Delta t} \tag{2-14}$$

即失效率估计值为某一时刻后单位时间内失效的产品数与工作到该时刻尚未失效的产品数之比。

例 2-3　对 100 件电子产品进行寿命试验，在 100h 前没有失效，在 100～105h 内有 1 件失效，1000h 前共有 51 件失效，1000～1005h 内又失效 1 件。试求 100h 和 1000h 的产品失效概率密度和失效率。

解：(1) 求产品在 100h 时的失效率 $\hat{\lambda}(100)$和失效概率密度 $\hat{f}(100)$。

据题意有 $n=100$，$n_{\mathrm{s}}(100)=100$，$\Delta n_{\mathrm{f}}(100)=1$，$\Delta t=105-100=5(\mathrm{h})$。

由式(2-14)得

$$\hat{\lambda}(100)=\frac{\Delta n_{\mathrm{f}}(100)}{n_{\mathrm{s}}(100)\Delta t}=\frac{1}{100\times 5}=0.2(\%/\mathrm{h})$$

由式(2-11)得

$$\hat{f}(100)=\frac{\Delta n_{\mathrm{f}}(100)}{n\Delta t}=\frac{1}{100\times 5}=0.2(\%/\mathrm{h})$$

(2) 求产品在 1000h 时的失效率 $\hat{\lambda}(1000)$和失效概率密度 $\hat{f}(1000)$。

据题意有 $n=100$，$n_{\mathrm{s}}(1000)=100-51=49$，$\Delta n_{\mathrm{f}}(1000)=1$，$\Delta t=1005-1000=5(\mathrm{h})$。

由式(2-14)得

$$\hat{\lambda}(1000)=\frac{\Delta n_{\mathrm{f}}(1000)}{n_{\mathrm{s}}(1000)\Delta t}=\frac{1}{49\times 5}=0.4(\%/\mathrm{h})$$

由式(2-11)得

$$\hat{f}(1000)=\frac{\Delta n_{\mathrm{f}}(1000)}{n\Delta t}=\frac{1}{100\times 5}=0.2(\%/\mathrm{h})$$

4. 失效率单位

失效率的单位多用每千小时的百分比表示，即$\%/10^3\mathrm{h}$。按产品失效情况，通常将失效率进行分级，而用不同小时基数的百分比表示。对于可靠度较高，失效率较低的产品，采用 Fit (failure unit)$=10^{-9}/\mathrm{h}=10^{-6}/10^3\mathrm{h}$ 为单位。在描述汽车、轴类、齿轮等一些产品的失效率时，不用时间倒数，而用与其相当的“里程”、“转数”、“动作次数”等倒数来表示。

5. 浴盆曲线

失效率是一个关于时间的随机变量，在不同的时间段，呈现不同的特点。对于不可修复产品或是不进行预防维修的可修复产品，其失效率随使用时间的变化如图 2-5 所示。该曲线形同浴盆，故称浴盆曲线。

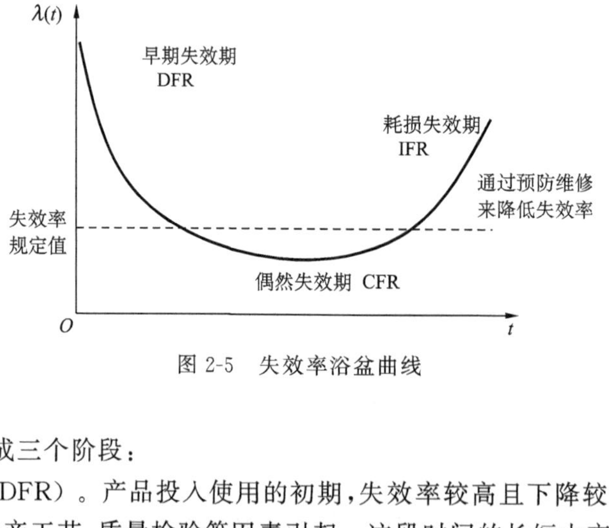

图 2-5　失效率浴盆曲线

曲线从形态上分成三个阶段：

(1) 早期失效期(DFR)。产品投入使用的初期，失效率较高且下降较快。产品失效或故障主要由于材料缺陷、生产工艺、质量检验等因素引起。这段时间的长短由产品规模及以上因素决定，一般可通过质量管理、可靠性筛选试验等方法缩短。

(2) 偶然失效期(CFR)。产品失效率较低且稳定,近似为常数。这时期产品失效主要由于误操作等偶然因素引起。这阶段为产品主要工作阶段,一般可通过改进设计来延长产品正常使用时间。

(3) 耗损失效期(DFR)。产品失效率迅速上升,很快导致产品报废。失效主要是由于产品的老化、疲劳、磨损、乳化、腐蚀等耗损原因引起。应通过监控来预测耗损开始时间,提前维修,以延缓报废时间。当然是否采用提前维修还要考虑生产的经济性。如果维修费用很高,而使用寿命延长又不多,提前报废比提前维修更为经济。

2.1.5 寿命

1. 平均寿命

平均寿命即寿命的平均值,是寿命随机变量的数学期望,记为 θ。

由概率及数理统计关于数学期望 $E(x)$的定义和时间的积分范围应为 $0\leqslant t<\infty$,

$$E(x)=\int_{-\infty}^{+\infty}xf(x)\mathrm{d}x$$

得平均寿命 θ

$$\theta=E(t)=\int_{0}^{\infty}tf(t)\mathrm{d}t \tag{2-15}$$

将式(2-8)代入上式得平均寿命与可靠度之间的关系

$$\theta=\int_{0}^{\infty}R(t)\mathrm{d}t \tag{2-16}$$

1) 不可修复产品的平均寿命 MTTF

不可修复产品的平均寿命是指产品从开始使用到其失效前的平均工作时间,一般记为 MTTF(mean time to failure)。则

$$\theta=\mathrm{MTTF}=\frac{1}{N}\sum_{i=1}^{N}t_i \tag{2-17}$$

式中,N 为测试产品的总数;t_i 为第 i 个产品失效前的工作时间,h。

2) 可修复产品的平均寿命 MTBF

可修复产品的平均寿命是指相邻两次故障间的平均工作时间,一般记为 MTBF(mean time between failure)。则

$$\theta=\mathrm{MTBF}=\frac{1}{\sum_{i=1}^{N}n_i}\sum_{i=1}^{N}\sum_{j=1}^{n_i}t_{ij} \tag{2-18}$$

式中,N 为测试产品的总数;n_i 为第 i 个产品的故障数;t_{ij} 为第 i 个产品从第 $j-1$ 次故障到第 j 次故障的工作时间,h。

2. 可靠寿命

产品可靠度与其使用期限有关,是其工作寿命 t 的函数。在可靠度函数 $R(t)$已知的条件下,不仅可以确定产品任意使用期限条件下的可靠度,也可以确定产品任意可靠度条件下的工作寿命。

可靠寿命即指可靠度为给定值 R 时的工作寿命,一般记为 T_R。

可靠度 $R=0.5$ 时的可靠寿命，称为中位寿命，记为 $T_{0.5}$。

可靠度 $R=e^{-1}$时的可靠寿命，称为特征寿命，记为 $T_{e^{-1}}$。

例 2-4 若已知某产品的失效率为常数 $\lambda(t)=\lambda=0.25\times10^{-4}h^{-1}$，可靠度函数 $R(t)=e^{-\lambda t}$，试求可靠度 $R=0.99$ 时的可靠寿命、中位寿命和特征寿命。

解：由 $R(t)=e^{-\lambda t}$，对等式两边取对数得 $t=-\frac{1}{\lambda}\ln R(t)$，即 $T_R=-\frac{1}{\lambda}\ln R$。故

可靠寿命 $$T_{0.99}=-\frac{1}{\lambda}\ln 0.99=-\frac{1}{0.25\times10^{-4}}\ln 0.99=402(h)$$

中位寿命 $$T_{0.5}=-\frac{1}{\lambda}\ln 0.5=-\frac{1}{0.25\times10^{-4}}\ln 0.5=27725.6(h)$$

特征寿命 $$T_{e^{-1}}=-\frac{1}{\lambda}\ln_{e^{-1}}=-\frac{1}{0.25\times10^{-4}}\ln 0.3679=40000(h)$$

2.1.6 可靠性主要特征量之间的关系

可靠性特征量中可靠度 $R(t)$、累积失效概率 $F(t)$、失效概率密度 $f(t)$和失效率 $\lambda(t)$之间的变换关系如表 2-1 所列。

表 2-1 可靠性主要特征量间的变换关系

	$R(t)$	$F(t)$	$f(t)$	$\lambda(t)$
$R(t)$	—	$1-F(t)$	$\int_t^{\infty}f(t)dt$	$e^{-\lambda t}$
$F(t)$	$1-R(t)$	—	$\int_{-\infty}^{t}f(t)dt$	$1-e^{-\lambda t}$
$f(t)$	$-\frac{dR(t)}{dt}$	$\frac{dF(t)}{dt}$	—	$\lambda e^{-\lambda t}$
$\lambda(t)$	$-\frac{R'(t)}{R(t)}$	$\frac{F'(t)}{1-F(t)}$	$\frac{f(t)}{1-\int_0^t f(t)dt}$	—

2.2 维修性特征量

工程机械中，目前几乎所有的机械装置都属于可维修产品，且均采用面向维修的设计。维修是可修复产品保持或恢复其完成规定功能的能力而采取的各种技术管理措施。现代维修不是单纯的修理，更不是弥补产品不可靠性能的手段，而是有效保护和恢复产品规定性能的方法，是对可维修产品可靠性的必要补充。

现代维修具有必要性。随着工业产品设计和整体制造技术的进步，产品性能和可靠性的提高，维修不但不会消失，而且会以更新的表现形式和更规范的内容体系贯穿于产品整个生产过程和使用过程，并结合可靠性技术使产品具有较高的质量保证。理解维修的必要性可从生产技术水平、生产成本、可靠性要求和故障产品处置等几方面进行。通常，机械设备特别是大型设备和复杂系统均包含多种类别的部件或子系统，不同类别的零部件生产的技术水平不尽相同，所以构成设备或系统的所有材料、零部件、子系统的寿命不能与该设备或系统整体要求的寿命完全一致。例如某型号的汽车使用寿命为 15 年，但现有技术却无法使汽车轮胎具有如此长的寿命。即

便零部件的寿命可以实现与设备或系统整体要求的寿命一致，一般为此所付出的成本也相当高，所以与维修所花费的时间和成本相比，使用寿命较短、价格较低的零部件更为有利。产品虽然通过可靠性体现了其实现性能的保障能力，但仍有发生故障的可能，所以应用维修不但可以在有前兆的小故障阶段对产品进行及时处理，防止发展成重大故障，而且可以通过事先检查而排除未发故障，且非一次使用的产品发生故障后也只有通过维修才能继续使用。因而，对于现代工程机械产品而言，维修是必要的应用和研究内容。

维修按照故障发生的先后分为预防维修和事后维修。预防维修是指为了防止或延缓产品性能退化、降低故障发生概率，按事前规定的计划或相应技术的规定条件而进行的维修；事后维修则是指未列入计划的，当产品发生故障后，为恢复其功能而进行的维修。一般在产品处于早期失效期和偶然失效期时采用事后维修，而在耗损失效期内采用预防维修。除了这两种较为传统的维修方法，视情维修近年来得到越来越广泛的重视。视情维修建立在现代监测技术和故障诊断技术基础上，应用系统可靠性和时效概率分析，是根据产品具体的工作特征和需要而进行的灵活维修。视情维修由于具有维修效率高和维修费用低等特点，得到了广泛的发展与应用。

维修性不同于维修。维修性是指故障产品在规定的条件下按规定的程序和方法进行维修，保持或恢复到能完成规定功能的能力。

提高产品的维修性主要从两个方面进行。首先在产品设计方面，要求产品具有良好的检修可达性，即要保证产品可维修部分实现方便检测和快速拆装，并尽量减少覆盖结构；对产品各关键零部件和保养点应预留足够的维修操作空间和维修余量，可实现产品整体翻转或整体倾翻。对于易损件的更换要保证操作方便，对于使用条件和维修技术要求极高的零部件可考虑封存设计，并形成专业维修站统一回收的维修制度和配套备件的标准化生产及销售制度。整体产品要有防止出现重大故障的安全装置和完善的防差错识别标志，并尽量达到较高的标准化水平和互换性要求。

其次，在执行维修方面，不仅要求维修人员具有丰富的实际经验和过硬的操作技能，还必须保证维修条件达到相关维修规定，包括维修设备、工具、备件以及维修后勤支援和维修环境等。维修数据、维修手册等技术资料要充分翔实，维修技术要求要全面明确。维修过程中还应按照规定的程序和方法进行维修，以提高维修效率、避免维修故障。

评价和衡量产品维修性的各种数值指标称为维修性特征量。主要包括维修度、维修率、平均维修时间、中位维修时间、最长维修时间、单位维修工时和平均维修间隔时间等。

2.2.1　维修度

维修度是指对可能修复的产品在发生故障后，在规定的条件下和规定的时间内完成修复的概率。记为 M。维修度用概率表征产品维修的难易程度，是维修时间的函数，故一般记为 $M(t)$，称为维修度函数。

如果用随机变量 τ 表示修复故障产品的维修时间，则该产品在某已指定时刻 t 的维修度

$$M(t)=P(\tau\leqslant t) \tag{2-19}$$

若维修时间的概率密度函数 $m(t)$ 已知，则

$$M(t)=P(\tau\leqslant t)=\int_0^t m(t)\mathrm{d}t \tag{2-20}$$

维修度与规定时间的关系如图 2-6 所示。维修时间的概率分布与维修度的关系如图 2-7 所示。维修时间是影响维修性的重要因素。值得指出的是，维修时间并不单纯只是维修操作时间，

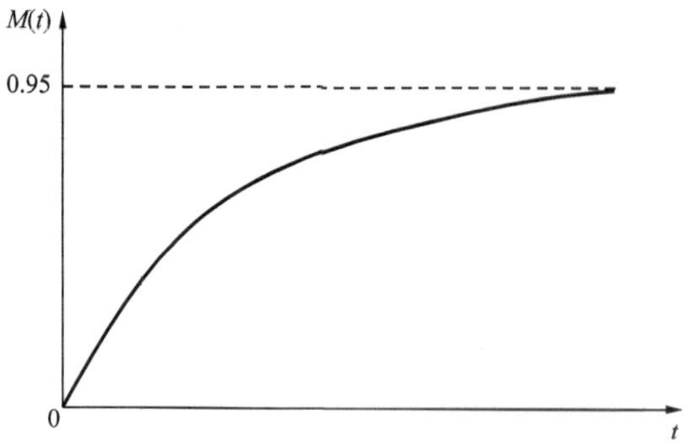

图 2-6　维修度函数曲线

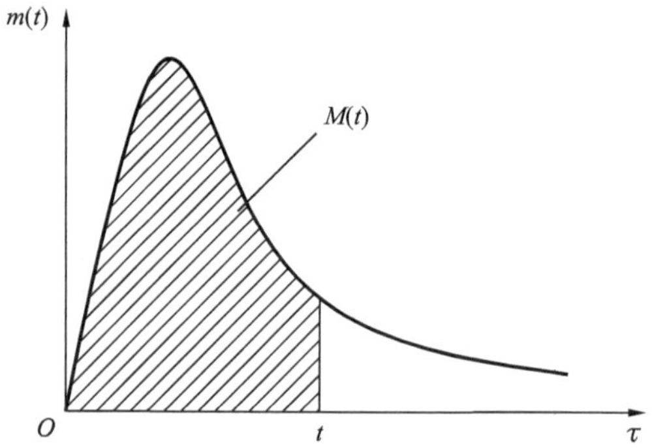

图 2-7　维修时间分布与维修度

通常还包括维修前检测和维修后调试时间等。维修时间同时受维修对象、维修人员技术水平、维修设备及维修条件等多种因素的综合影响。所以,即便是同一个人对同一设备中同一位置的相同零件进行维修,在不同的维修条件下,维修时间也不尽相同。图 2-8 表明了可修复产品寿命时间的一般内容,其中维修时间除了考虑图示因素外,还要根据维修的具体内容和具体条件进行确定。整体来看,维修时间是依具体情况而呈不同分布的随机变量,常见的分布类型有正态分布、对数正态分布、威布尔分布、指数分布和伽马分布等。

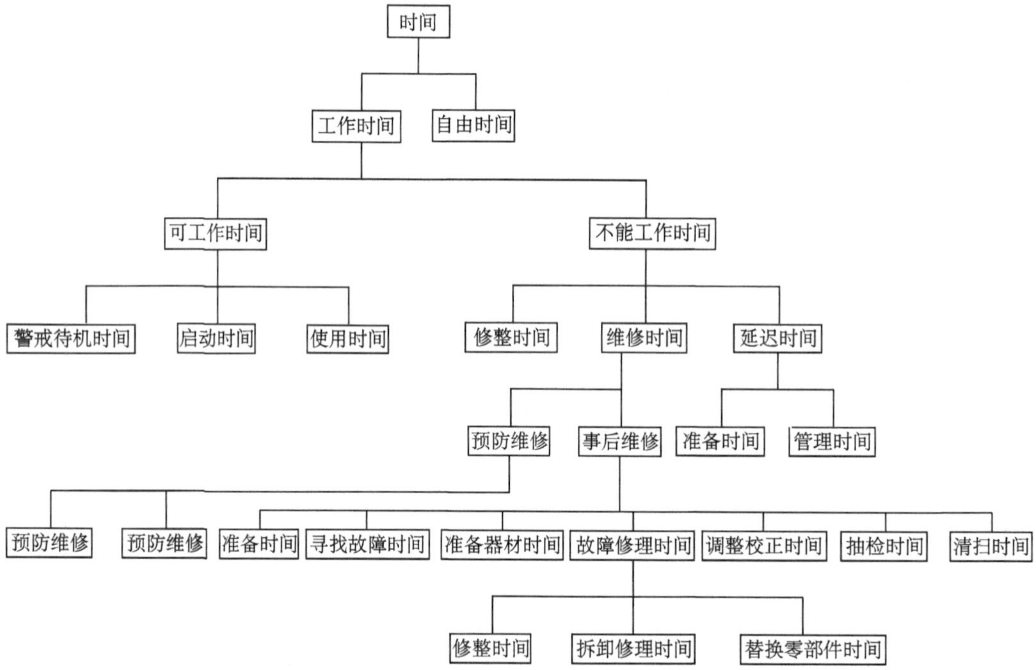

图 2-8　可修复产品的寿命时间

2.2.2　维修率

维修率是指维修时间已到达某一时刻但尚未修复的产品在该时刻后的单位时间内完成维修的概率,记为 $\mu(t)$。

由于维修时间的概率密度函数是维修度函数的导数，即

$$m(t)=\frac{\mathrm{d}M(t)}{\mathrm{d}t}$$

故

$$\mu(t)=\frac{\mathrm{d}M(t)}{\mathrm{d}t}\cdot\frac{1}{1-M(t)}=\frac{m(t)}{1-M(t)} \tag{2-21}$$

若用时间函数 $G(t)$表示产品不可维修度，则

$$G(t)=1-M(t)$$

且

$$\mu(t)=\frac{m(t)}{G(t)}=-\frac{\mathrm{d}G(t)}{\mathrm{d}t}\cdot\frac{1}{G(t)}$$

对上式积分得

$$G(t)=\mathrm{e}^{-\int_0^t\mu(t)\mathrm{d}t} \tag{2-22}$$

故

$$M(t)=1-G(t)=1-\mathrm{e}^{-\int_0^t\mu(t)\mathrm{d}t} \tag{2-23}$$

当 $\mu(t)$为常数，即 $\mu(t)=\mu$ 时

$$M(t)=1-\mathrm{e}^{-\mu t}$$

2.2.3　维修时长

1. 平均维修时间

平均维修时间是指产品维修时间的平均值，一般记为 MTTR(mean time to repair)。

在数学上有

$$\mathrm{MTTR}=E(M)=\int_0^\infty tm(t)\mathrm{d}t \tag{2-24}$$

当 $\mu(t)$为常数时

$$\mathrm{MTTR}=\frac{1}{\mu}$$

通常，使用平均维修时间的观测值更方便计算衡量。平均维修时间观测值为观测时间内产品总维修时间与维修次数之比。即

$$\mathrm{MTTR}=\frac{1}{n_\tau}\sum_{i=1}^{n_\tau}t_{\tau i} \tag{2-25}$$

式中，n_τ 为统计样本容量，即产品维修总次数；$t_{\tau i}$ 为第 i 次故障维修时间。

2. 中位维修时间

中位维修时间是指完成 50%维修任务的维修时间，即为维修时间分布的中位值，记为 ERT，一般也表示为 $\tau_{0.50}$。

当维修时间服从指数分布时

$$\mathrm{ERT}=\tau_{0.50}\approx 0.7\mathrm{MTTR}$$

当维修时间服从对数正态分布时

$$\mathrm{ERT}=\mathrm{e}^{-\frac{\sigma_{t'}^2}{2}}\cdot \mathrm{MTTR}$$

式中，t'为维修时间 t 的对数，$t'=\ln t$；$\sigma_{t'}$ 为 t'的标准差。

3. 最长维修时间

最长维修时间是指完成 95%维修任务的维修时间，记为 $\tau_{0.95}$。

$\tau_{0.50}$、$\tau_{0.95}$ 与维修度的关系如图 2-9 所示。

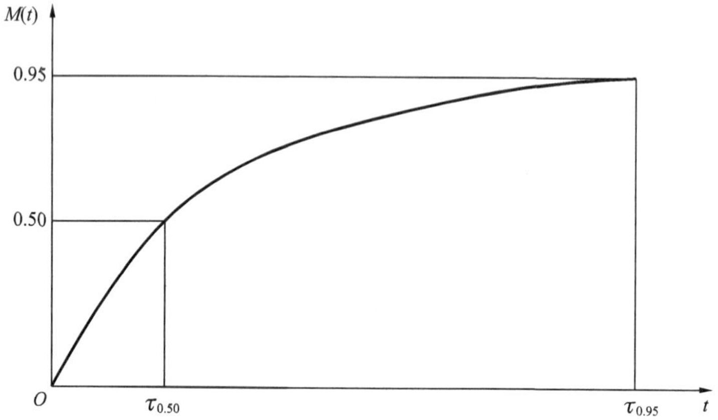

图 2-9 $\tau_{0.50}$、$\tau_{0.95}$ 与维修度的关系

2.2.4 单位维修工时

单位维修工时是指产品在规定的观测时间内总维修时间与总无故障作业时间或总作业量之比，一般记为 MMH。

$$\mathrm{MMH}=\frac{1}{\sum_{i=1}^{n_T} t_{Ti}}\cdot\sum_{i=1}^{n_\tau} t_{\tau i}$$

或

$$\mathrm{MMH}=\frac{1}{\sum_{i=1}^{n_T} Q_{Ti}}\cdot\sum_{i=1}^{n_\tau} t_{\tau i} \tag{2-26}$$

式中，n_τ 为产品维修总次数；n_T 为产品无故障工作总次数；$t_{\tau i}$ 为第 i 次故障维修时间；t_{Ti} 为第 i 次无故障工作时间；Q_{Ti} 为第 i 次无故障工作量。

2.2.5 平均维修间隔时间

平均维修间隔时间是指产品在规定时间内维修的平均间隔时间，记为 MTBO(mean time between overhauls)

$$\mathrm{MTBO}=\frac{1}{n_\tau}\cdot\sum_{i=1}^{n_T} t_{Ti} \tag{2-27}$$

2.2.6　可靠性与维修性主要特征量的比较

为较好的理解维修性特征量，将维修性与可靠性主要特征量进行比较，如表 2-2 所列。

表 2-2　可靠性与维修性主要特征量

项目	可靠性特征量	维修性特征量
累积概率分布	可靠度 $R(t)=\int_t^{\infty} f(t)\mathrm{d}t$ 不可靠度 $F(t)=1-R(t)$	维修度 $M(t)=\int_0^{t} m(t)\mathrm{d}t$ 不可维修度 $G(t)=1-M(t)$
概率密度	$f(t)=\dfrac{\mathrm{d}F(t)}{\mathrm{d}t}$	$m(t)=\dfrac{\mathrm{d}M(t)}{\mathrm{d}t}$
条件概率	故障率 $\lambda(t)=\dfrac{f(t)}{R(t)}$	维修率 $\mu(t)=\dfrac{m(t)}{1-M(t)}$
平均时间	平均寿命 $\mathrm{MTTF(MTBF)}=\int_0^{\infty} tf(t)\mathrm{d}t=\int_0^{\infty} R(t)\mathrm{d}t$	平均维修时间 $\mathrm{MTTR}=\int_0^{\infty} tm(t)\mathrm{d}t=\int_0^{\infty} M(t)\mathrm{d}t$
常数特征	$F(t)=1-\mathrm{e}^{-\lambda t}$ $\mathrm{MTTF(MTBF)}=\dfrac{1}{\lambda}$	$M(t)=1-\mathrm{e}^{-\mu t}$ $\mathrm{MTTR}=\dfrac{1}{\mu}$

由表 2-2 可知，维修性特征量与可靠性特征量有明显的相似之处，也有着根本的不同。例如，维修度是指维修时间小于或等于规定时间的概率，而可靠度则指无故障工作时间大于规定时间的概率。欲使维修度大，则维修率要高；而要使可靠度大，则失效率一定要低。可靠性和维修性特征量不仅是评价产品可靠性和维修性的指标，更重要的两者是进行可靠性设计和维修性设计的重要参数。可靠性设计的任务是保证产品主要可靠性特征量在规定条件下和规定的时间内在规定的范围。其更关心的是产品的失效机理以及如何在产品设计阶段提早排除故障，或降低故障发生的概率。维修性设计的任务是，一旦产品发生故障，要保证在规定的条件下和规定的时间内恢复产品规定的功能，并达到规定的维修效率，或在故障出现之前就通过一定的维修内容将可能的未发故障提早排除。在二者并行设计出现矛盾时，应在总体要求下，优先进行可靠性设计，即优先考虑提高产品的可靠性。

2.3　有效性特征量

评价可修复产品，需要将可靠性指标和维修性指标结合起来综合考虑。如前所述，广义可靠性可以用狭义可靠性加维修性来表示，但这种相加不是简单加和，而是基于综合分析的有机组合，这种组合我们称为有效性。有效性是指可修复产品在规定条件下使用时，在某一时刻 t 具有或维持规定功能的能力。如果给定某可修复产品无故障工作规定时间 t 和维修规定时间 $\tau(\tau<t)$，则有效度 $A(t,\tau)$ 可表达为

$$A(t,\tau)=R(t)+[1-R(t)]M(\tau) \tag{2-28}$$

可靠度、维修度与有效度之间的关系如图 2-10 所示。

表征产品有效性的各种数量指标称为有效性特征量。有效度是其中最主要的有效度特

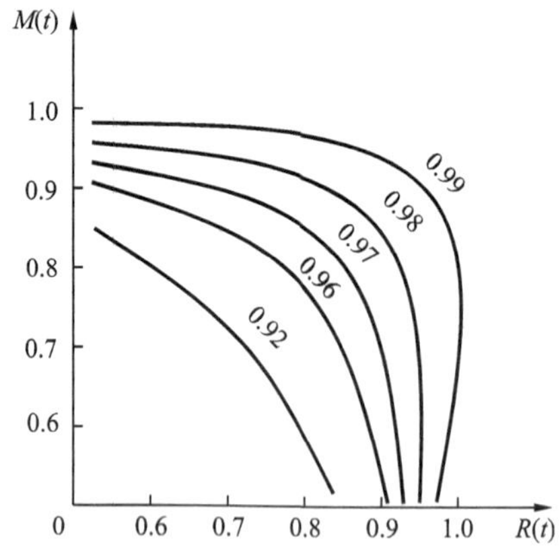

图 2-10　可靠度、维修度和有效度之间的关系

征量。

有效度也称为可利用度，是指可修复产品在规定的条件下使用时，在某时刻 t 具有或维持其功能的概率。记为 A 或 $A(t)$。

有效度按照不同的计算方法划分，又可分为瞬时有效度、平均有效度、稳态有效度和固有有效度等。

1. 瞬时有效度

瞬时有效度是指产品在某一特定瞬时具有和维持其规定功能的概率，记为 $A(t)$，称为有效度函数。

瞬时有效度只反映产品 t 时刻的有效度，而与 t 时刻以前是否失效无关。该特征量很少用于工程实际，而多用于理论研究。

2. 平均有效度

平均有效度是指产品在某一规定的时间区间具有和维持其规定功能的平均概率，记为 $\bar{A}(t)$。$\bar{A}(t)$是某一时间区间内 $A(t)$的平均值。

$$\bar{A}(t)=A(t_1,t_2)=\frac{1}{t_2-t_1}\int_{t_1}^{t_2}A(t)\mathrm{d}t \tag{2-29}$$

当 $t_1=0$，$t_2=T$ 时，产品在$(0,T)$期间内的平均有效度记为 $\bar{A}(T)$，则

$$\bar{A}(T)=\frac{1}{T}\int_0^T A(t)\mathrm{d}t \tag{2-30}$$

3. 稳态有效度

稳态有效度又称为时间有效度或可工作时间比(up time ratio，UTR)。一般记为 $A(\infty)$或简写为 A。它是当时间趋向无穷大$(T\to\infty)$时的平均有效度 $\bar{A}(T)$，即稳态有效度可表达为平均有效度的极限形式

$$A=\lim_{T\to\infty}\bar{A}(T) \tag{2-31}$$

稳态有效度可反应产品长时间使用时其维护规定功能的能力，是常用的考核指标。具体衡量计算时多用经验观测值，表达如下

$$A=\frac{U}{U+D} \tag{2-32}$$

式中，U 为可维修产品的平均能正常工作的时间，h；D 为产品平均不能工作的时间，h。

或表达为

$$A=\frac{\mathrm{MTBF}}{\mathrm{MTBF}+\mathrm{MTTR}} \tag{2-33}$$

式中，MTBF 为平均无故障工作时间；MTTR 为平均修理时间。

当产品失效率 $\lambda(t)$、维修率 $\mu(t)$均为参数，即 $\lambda(t)=\lambda$、$\mu(t)=\mu$ 时，稳态有效度可由失效率和维修率来表示，即

$$A=\frac{\text{MTBF}}{\text{MTBF}+\text{MTTR}}=\frac{\mu}{\mu+\lambda} \tag{2-34}$$

由上式可知，增大产品有效度的途径是提高产品的维修率同时降低其失效率。

根据可修复产品故障维修的时序，稳态有效度又可分为固有有效度、工作有效度和使用有效度。

1）固有有效度

进行事后维修时

$$A=\frac{\text{MTBF}}{\text{MTBF}+\text{MADT}} \tag{2-35}$$

式中，MADT(mean active down time)为平均不能工作时间。

进行预防维修时

$$A=\frac{\text{MTBF}}{\text{MTBF}+\text{MTTM}} \tag{2-36}$$

或

$$A=\frac{\text{MTBF}}{\text{MTBF}+\text{MTBO}} \tag{2-37}$$

或

$$A=\frac{\text{MTBM}}{\text{MTBM}+\bar{\text{M}}} \tag{2-38}$$

式中，MTTM(mean time to maintenance)为平均维修时间；MTBO(mean time between overhauls)为两次大修间的平均时间；MTBM(mean time between maintenance)为两次维修间的平均时间；$\bar{M}$ 为平均维修时间。

2）工作有效度

$$A_{\text{o}}=\frac{\text{工作时间}}{\text{工作时间}+\text{总不能工作时间}} \tag{2-39}$$

3）使用有效度

$$A_{\text{u}}=\frac{\text{工作时间}+\text{停机时间}}{\text{工作时间}+\text{停机时间}+\text{总不能工作时间}} \tag{2-40}$$

对上述各种有效度，不宜统称为有效度，而应具体说明是何种形式的有效度，并根据不同产品的具体情况进行适时选择。

2.4　可靠性中常见的失效分布

2.4.1　离散型随机变量常见概率分布

产品质量检验和可靠性抽检试验等大量工程实际问题需要用到离散型随机变量的概率分布。与连续型随机变量相比，离散型随机变量的概率分布类型较少，主要有两点分布、二项分布、泊松分布、几何分布、负二项分布和超几何分布等几种类型。

1. 两点分布

两点分布又称(0,1)分布。服从该分布的随机变量只有两种取值。故服从该分布的随机试验也只有两种试验结果。如果其中一种结果用$\{X=1\}$来表示,另一种结果用$\{X=0\}$来表示,而相应的概率分别是$P\{X=1\}=p(0<p<1)$,$P\{X=0\}=1-p$,则称随机变量X服从两点分布,或称随机变量X具有两点分布。此时随机变量X的取值概率,即两点分布的分布率或分布列如表2-3所示。

表 2-3

$X=x_k$	1	0
$P\{X=x_k\}=p_k$	p	$1-p$

若令$q=1-p$,则分布率也可表示为

$$P\{X=x_k\}=p^{x_k}\cdot q^{(1-x_k)}\quad(x_k=0,1;\quad 0<p<1)\tag{2-41}$$

两点分布的数字特征为

$$E(X)=1\times p+0\times q=p\tag{2-42}$$

$$D(X)=p-p^2=p(1-p)=pq\tag{2-43}$$

两点分布可以用来描述从一批产品中任意抽取一件是“合格品”或“不合格品”,掷一枚硬币出现“正面”或“背面”以及射击手“击中”或“未击中”等随机试验的概率问题。

2. 二项分布

二项分布又称为贝努利分布。进行n次独立试验,在一次试验中有两种可能结果,这两种可能结果发生的概率分别为p和q,则$q=1-p(0<p<1)$。以随机变量X表示n次独立试验中指定一种结果发生的次数,则X可能的取值为$0,1,2,\cdots,n$,共有$n+1$种可能。此时称X服从于二项分布。其分布律如表2-4所示。或

$$P\{X=k\}=C_n^k p^k(1-p)^{n-k}\qquad(k=0,1,2,\cdots,n)$$

记为

$$X\sim B(n,\ p)$$

当$n=1$时,二项分布可简化为两点分布,即

$$P\{X=k\}=p^k q^{n-k}\qquad(k=0,1)\tag{2-44}$$

随机变量X取值不大于k的累积概率函数为

$$F(k)=P\{X\leqslant k\}=\sum_{x=0}^{k}C_n^x p^x(1-p)^{n-x}\tag{2-45}$$

二项分布的数字特征为

$$E(X)=np\tag{2-46}$$

$$D(X)=npq\tag{2-47}$$

表 2-4　二项分布规律

X	0	1	…	k	…	n
$P\{X=k\}$	$(1-p)^n$	$C_n^1p(1-p)^{n-1}$	…	$C_n^kp^k(1-p)^{n-k}$	…	p^n

二项分布的用途很广泛。例如,在产品质量检验或可靠性抽样检验中用来设计抽样方案,在可靠性试验和可靠性设计中用于对材料、零部件即一次使用设备或系统的可靠度估计,以及在可

靠性设计中，用来解决冗余部件的可靠度分配指标的计算等。实际工程计算中，可利用二项分布表，并根据式(2-45)中 n、k、p 值查得二项分布累积概率函数值(见附表 1)。

实际操作中，真正完全重复的现象或独立试验并不多见，应根据具体问题的性质判断是否属于二项分布。一般而言，“有放回”地抽取样品是重复试验，“无放回”地抽取样品不是重复试验。但当产品的批量总数很大而抽取的总次数相对很小时，可近似看作“有放回”重复试验。

例 2-5　一架飞机有三个着陆轮胎，若至多一个轮胎爆破，飞机才能安全着陆。试验证明通常飞机每 1000 次着陆会发生一次轮胎爆破。求飞机安全着陆的概率。

解：设飞机安全着陆为事件 A，着陆时没有轮胎爆破为事件 B，着陆时有一个轮胎爆破为事件 C，则

$$P(A)=P(B)+P(C)=C_3^0(0.001)^0(0.999)^3+C_3^1(0.001)^1(0.999)^2$$
$$=0.997+0.0029=0.99999$$

故，飞机安全着陆的概率为 0.99999。

例 2-6　某型号产品在运行时间超过规定值时为合格产品。根据以往的经验，该产品在规定的生产、运行条件下的次品率为 0.2，问从该产品中随机抽出 20 台，有 10 个次品的概率是多少？

解：$P(X=10)=C_{20}^{10}\times 0.2^{10}\times 0.8^{20-10}=\dfrac{20!}{10!\ (20-10)!}\times 0.2^{10}\times 0.8^{10}=0.002$

例 2-7　将次品率为 1%的大批产品装箱，每箱装 90 件，今抽检 1 箱，进行全数检验，求查出次品数不超过 5 的概率。

解：$P(X\leqslant 5)=\sum\limits_{x=0}^{5}C_n^x q^{n-x}p^x=\sum\limits_{x=0}^{5}C_{90}^x 0.99^{90-x}\times 0.01^x=0.99964$

显然，$P(X>5)=0.00036$，若发现超过 5 件，则次品率可能大于 1%。

3. 泊松分布

泊松分布是二项分布的极限分布。当二项分布中抽检的样品数 n 很大，p 很小，且 $np=\lambda$ 时，则有

$$P\{X=k\}=\lim_{n\to\infty}C_n^k p^k q^{n-k}=\frac{\lambda^k}{k!}e^{-\lambda}\quad (k=0,1,2,\cdots)\tag{2-48}$$

累积概率函数为

$$F(k)=\mathrm{P}\{X\leqslant k\}=\sum_{x=0}^{k}\frac{\lambda^x}{x!}e^{-\lambda}$$

则称随机变量 X 服从泊松分布，记为 $X\sim P(\lambda)$。

二项分布的数字特征为

$$E(X)=D(X)=np=\lambda\tag{2-49}$$

一般地，当 $n\geqslant 50$，$p<0.1$ 时，可用泊松分布近似代替二项分布，即

$$C_n^k p^k q^{n-k}=\frac{\lambda^k}{k!}e^{-\lambda}\quad (k=0,1,2,\cdots,n)\tag{2-50}$$

泊松分布的计算也可以利用泊松分布表，根据 λ 和 k 值查得累积概率函数值。

例 2-8　同上例，用泊松分布计算。

解：$P(X \leqslant 5) = \sum_{x=0}^{5} \frac{\lambda^x}{x!} e^{-\lambda} = \sum_{x=0}^{5} \frac{0.9^x}{x!} e^{-0.9} = 0.9997$

该结果与上例结果对比可知，在产品的抽样试验中，当抽检的样品数 n 和产品不合格率 p 满足 $n \geqslant 50$、$p < 0.1$ 时，可使用泊松分布代替二项分布来表示样品中不合格产品数 X 的概率分布，且可很好满足的精度要求。

例 2-9　某汽车上一重要零部件每公里失效的概率为 0.1×10^{-4}，现有一个该零件的备件。若想让该汽车无故障行驶 50000km，问成功的概率有多大？

解：因为 $p = 0.1 \times 10^{-4}$ 很小，$n = 50000$ 又很大，所以可采用泊松分布。

$$\lambda = np = 0.1 \times 10^{-4} \times 50000 = 0.5$$

$$P(X \leqslant 2) = \sum_{x=0}^{2} \frac{\lambda^x}{x!} e^{-\lambda} = e^{-0.5}\left(1 + 0.5 + \frac{(0.5)^2}{2}\right) = 0.9856$$

4. 负二项分布与几何分布

在二项分布中，相同条件下独立试验的次数 n 是预先给定的。有时，在试验前并不限定独立试验的总次数，而是限定其中一种试验结果出现的次数。如规定投掷硬币出现正面的次数为 C，则依次投掷硬币，直到出现 C 次正面时便停止投掷。此时投掷试验的总次数是一个随机变量，其概率分布就是负二项分布。几何分布是二项分布的特例。

1）几何分布

设定试验结果状态，如果规定试验失败次数 $C=1$，即依次进行试验，直到出现一次失败时即停止试验。令 p 为失败的概率，$q = 1 - p$ 为成功的概率，X 为试验的总次数，则随机变量 X 的概率分布为

$$P\{X = k\} = p q^{k-1} \quad (k = 0,1,2,\cdots;0 < p < 1) \tag{2-51}$$

此时称随机变量 X 服从几何分布。

几何分布有时也称为“离散型等候时间分布”，即一直等到出现第一次失败为止的试验次数的分布，是用来描述某试验首次出现预定结果的概率模型。

几何分布的数学期望和方差分别为

$$E(X) = \frac{1}{p} \tag{2-52}$$

$$D(X) = \frac{q}{p^2} \tag{2-53}$$

例 2-10　某批产品的次品率为 0.05，对该批产品实行返回抽样检查，直到第一次抽到 1 个持平为止，问第 10 次抽样才抽到次品的概率为多少？

解：$P\{X = 10\} = 0.95^{10-1} \times 0.05 = 0.03151$

故第 10 次才抽到次品的概率为 0.03151。

2）负二项分布

如果事先规定失败的次数为 c 次，则依次进行试验，直到出现 c 次失败时即停止试验，则试验总次数 X 服从负二项分布。令试验总次数为 k，第 k 次试验时恰好出现第 c 次失败，则在第 $k-1$次试验时必有 $c-1$ 次失败，若失败的概率为 p，成功的概率为 $q = 1 - p$ ，则随机变量 X 的概率分布为

$$P\{X=k\}=C_{k-1}^{c-1}p^{c}q^{k-c} \tag{2-54}$$

此时称随机变量 X 服从负二项分布，又称 Pascal 分布。

负二项分布的数学期望和方差分别为

$$E(X)=\frac{c}{p} \tag{2-55}$$

$$D(X)=\frac{cq}{p^{2}} \tag{2-56}$$

负二项分布的累积概率分布为

$$F(k)=P\{X\leqslant k\}=\sum_{x=c}^{k}C_{x-1}^{c-1}p^{c}q^{x-c}=\sum_{x=c}^{k}C_{k}^{x}p^{x}q^{n-x} \tag{2-57}$$

5. 超几何分布

二项分布是当母体容量 N 比抽出的子样容量 n 大很多时才是适用的。否则可采用超几何分布。

超几何分布常应用于较小生产规模的抽样问题。如果在全部 N 个产品中有 r 个次品，随机从全部 N 个产品中抽出 n 个，n 个产品中含有的次品数 X 则服从超几何分布。其概率分布为

$$P\{X=k\}=\frac{C_{r}^{k}C_{N-r}^{n-k}}{C_{N}^{n}}\quad(k=1,2,\cdots,n;n\leqslant r) \tag{2-58}$$

当 r/N 和 n/N 的数值很小时(不大于 0.1)，超几何分布很接近于二项分布。

例 2-11　从含有 8 个次品的一批总计 180 个零件中任意抽取 4 个，问在抽出的 4 个中分别含有 0、1、2、3、4 个次品的概率各为多少？

解：将 $N=180$，$n=4$，$r=8$ 代入式(2.58)，再将 $k=0,1,2,3,4$ 分别代入该式，则得相应概率分别为 0.832，0.158，0.01，0，0。

2.4.2　连续型随机变量的常用概率分布

连续型随机变量较离散型随机变量分布类型多，常用到的主要有指数分布、正态分布、对数正态分布、威布尔分布以及伽马分布、极值分布、t 分布、抽样分布等。

1. 指数分布

指数分布是电子产品可靠性工程中最重要的分布。通常，电子产品和处于偶然失效期的不可修复产品，其寿命均服从于指数分布。在产品的偶然失效期内，没有一种失效机理对失效起主导作用，产品的失效全部由偶然因素引发。产品在单位时间内发生故障的次数服从泊松分布，而相邻两次故障间的时间则服从于指数分布。

1) 定义

如果非负随机变量 X 其密度函数为

$$f(x)=\lambda e^{-\lambda x}\quad(x\geqslant 0,\lambda>0) \tag{2-59}$$

则称随机变量 X 服从参数为常数 λ 的指数分布，记为 $X\sim e(\lambda)$。

2) 主要可靠性特征

寿命服从指数分布的产品，其累积失效概率函数 $F(t)$ 为

$$F(t)=\int_{-\infty}^{t} f(t)\mathrm{d}t=\int_{0}^{t}\lambda \mathrm{e}^{-\lambda t}\mathrm{d}t=1-\mathrm{e}^{-\lambda t}\quad (t\geqslant 0,\lambda>0) \tag{2-60}$$

故可靠度函数 $R(t)$ 为

$$R(t)=1-F(t)=\mathrm{e}^{-\lambda t} \tag{2-61}$$

且产品失效率函数

$$\lambda(t)=\frac{f(t)}{R(t)}=\frac{\lambda \mathrm{e}^{-\lambda t}}{\mathrm{e}^{-\lambda t}}=\lambda \tag{2-62}$$

平均寿命及寿命方差为

$$\theta=\int_{0}^{\infty} R(t)\mathrm{d}t=\int_{0}^{\infty}\mathrm{e}^{-\lambda t}\mathrm{d}t=\frac{1}{\lambda}\quad 或\quad E(T)=\theta \tag{2-63}$$

$$D(T)=\int_{-\infty}^{\infty} t^{2} f(t)\mathrm{d}t-[E(T)]^{2}=\frac{1}{\lambda^{2}}\quad 或\quad D(T)=\theta^{2} \tag{2-64}$$

由式(2-61)得可靠寿命 T_R

$$T_R=\frac{1}{\lambda}\ln\frac{1}{R} \tag{2-65}$$

故中位寿命 $T_{0.5}$ 为

$$T_{0.5}=\frac{1}{\lambda}\ln 2 \tag{2-66}$$

特征寿命 $T_{\mathrm{e}^{-1}}$ 为

$$T_{\mathrm{e}^{-1}}=\frac{1}{\lambda}=\theta \tag{2-67}$$

指数分布的概率密度函数曲线和累积概率函数曲线如图 2-11 和图 2-12 所示。

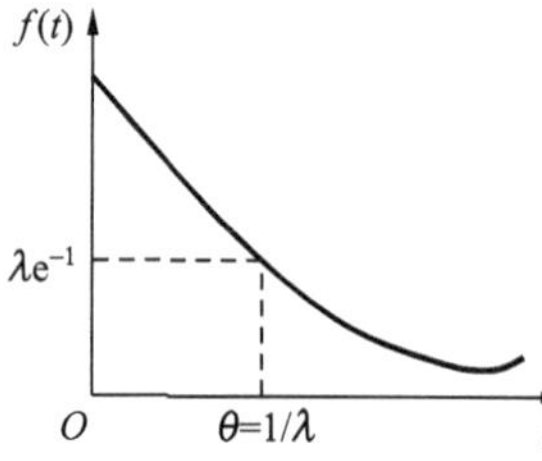

图 2-11　指数分布密度函数曲线

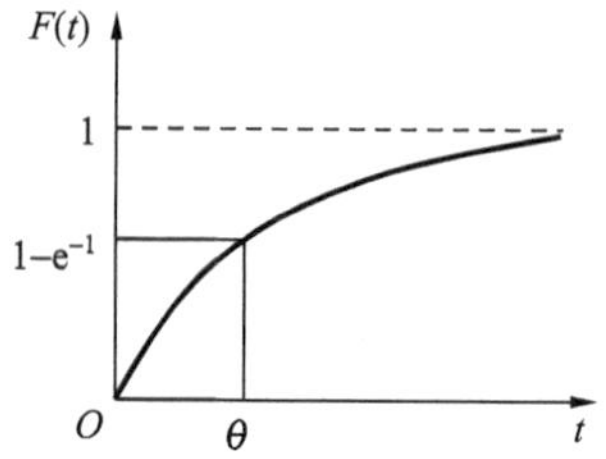

图 2-12　指数分布累积失效概率函数曲线

由式(2-62)、式(2-63)和式(2-67)可知，服从指数分布的产品在该寿命期内的特点可概括为以下三个方面：

(1) 产品失效率是与时间无关的常数，且与平均寿命互为倒数。

(2) 产品特征寿命与产品平均寿命相同。

(3) 产品工作状态具有“无记忆”性。所谓“无记忆”性是指产品经过一段工作时间 t_0 后，如果仍然能够正常工作，则其状态和新产品相同，即 t_0 后产品工作寿命的长短与已工作时间的长短无关。这一特点可由条件概率表达为

$$P(\{T>t_0+t\}\mid\{T>t_0\})=P(T>t) \tag{2-68}$$

如果某一分布具有“无记忆”性，则该分布一定是指数分布。

3) 指数分布的应用

指数分布在电子工程的可靠性研究中应用最为广泛。主要应用表现在两个方面：

(1) 适用于由偶然因素引发失效，且失效与使用时间无关的元部件。

(2) 适用于经过早期失效期，排除了由制造、装配等方面问题引发的故障，工作在偶然失效期当中正常使用的产品。这些产品的各组成单元失效相互独立，产品整体发生故障的次序和组成单元发生失效的次序相同。如果单元零部件失效后立即修复或更换，则产品整体上的失效率则趋近于某一常数，且工作状态仍然如同新产品。这类产品有计算机、电视机、液压系统的操纵箱、机械系统的汽车、机床等。

例 2-12　有一批同型号的电机设备，根据以往的试验资料得知其在某种负荷的应力条件下寿命服从指数分布，并且这种产品在 100h 的工作时间内将有 5%失效。试求这种机电设备的平均寿命、特征寿命、中位寿命、可靠寿命 $T_{0.9}$ 及可靠度 $R(1000)$。

解：已知 $t=50\text{h}$，$F(100)=0.05$，故 $R(100)=0.95$。据式(2-61)得 $R(100)=e^{-100\lambda}=0.95$，故解得 $\lambda=0.0005\text{h}^{-1}$。所以

$$\theta=T_{e^{-1}}=\frac{1}{\lambda}=\frac{1}{0.0005}=2000(\text{h})$$

$$T_{0.5}=\frac{1}{\lambda}\ln 2=\frac{1}{0.0005}\ln 2=1386.3(\text{h})$$

$$T_{0.9}=\frac{1}{\lambda}\ln\frac{1}{R}=\frac{1}{0.0005}\ln\frac{1}{0.9}=210.7(\text{h})$$

$$R(1000)=e^{-\lambda t}=e^{-0.0005\times 1000}=0.6065$$

例 2-13　某批设备的寿命服从指数分布，要使它们连续工作 1000h 而出现故障的产品数不超过 20%，其失效率应限制在多大范围内？

解：已知 $t=1000\text{h}$，$F(1000)\leqslant 0.2$，故 $R(1000)\geqslant 0.8$。据式(2-61)得

$$R(1000)=e^{-1000\lambda}\geqslant 0.8$$

解得 $\lambda\leqslant 0.22\times 10^{-3}\text{h}^{-1}$。

2. 正态分布

正态分布又称高斯分布，是概率分布中最常见和应用最广泛的一种分布。可以用来描述多种自然现象和物理性能。如机械制造过程中的加工误差、测量误差、零件尺寸、材料强度和金属磨损作用载荷等。在可靠性研究中，正态分布可以很好地描述产品在平均寿命附近失效集中发生的现象。寿命服从正态分布的产品，其失效率随使用时间而单调递增，失效率属于耗损失效期。

1) 定义

如果随机变量 X 的概率密度函数为

$$f(x)=\frac{1}{\sigma\sqrt{2\pi}}\exp\left[-\frac{1}{2}\left(\frac{x-\mu}{\sigma}\right)^2\right]\quad(\sigma>0)\tag{2-69}$$

则称随机变量 X 服从位置参数为 μ 和尺度参数为 σ 的正态分布，记为 $X\sim N(\mu,\sigma^2)$。

位置参数 μ 决定曲线在坐标系中的位置，μ 值越大，曲线平移位置越靠右，μ 值越小，曲线平移位置越靠左。尺度参数 σ 体现数据的分散程度，σ 值越大，数据越分散，曲线越“矮胖”，σ 值越小，数据越集中，曲线越“高瘦”。两参数与概率密度曲线的变化关系如图 2-13 所示。

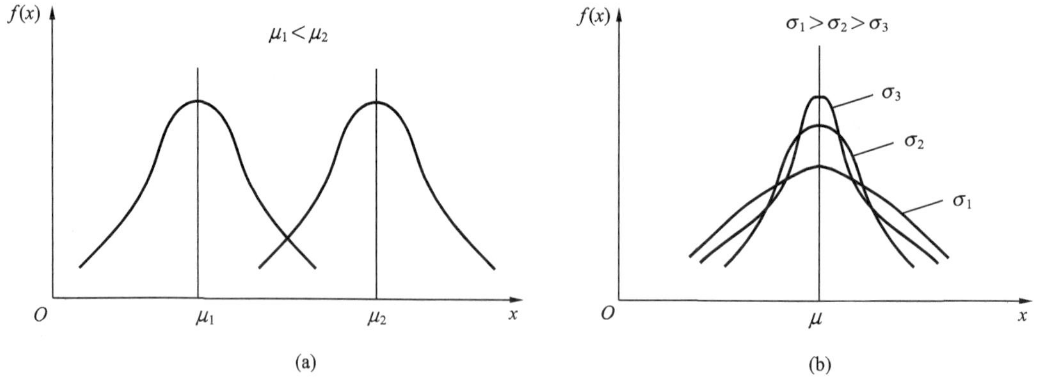

图 2-13　正态分布密度函数曲线

2）主要数值特征

(1) 曲线 $f(x)$关于轴线 $x=\mu$ 左右对称。当 $x=\mu$ 时，$f(x)$有最大值$\dfrac{1}{\sigma\sqrt{2\pi}}$。

(2) 当 $x\to\pm\infty$时，$f(x)\to 0$。

(3) 曲线 $f(x)$在 $x=\mu\pm\sigma$ 处有拐点。

(4) 3σ 原则：服从正态分布的随机变量落入 $\mu\pm3\sigma$ 区间内的概率为 99.73%。由此，对于服从正态分布的数据样本，在数据不充分的情况下，认为其数据分布范围为 $\mu\pm3\sigma$ 几乎是肯定的。

3）主要可靠性特征

由式(2-9)可知，正态分布的累积失效概率函数 $F(t)$为

$$F(t)=P\{T\leqslant t\}=\int_{-\infty}^{t}f(t)\mathrm{d}t=\int_{-\infty}^{t}\frac{1}{\sigma\sqrt{2\pi}}\exp\left[-\frac{1}{2}\left(\frac{t-\mu}{\sigma}\right)^2\right]\mathrm{d}t \tag{2-70}$$

故可靠度函数 $R(t)$为

$$R(t)=1-F(t)=\int_{t}^{\infty}\frac{1}{\sigma\sqrt{2\pi}}\exp\left[-\frac{1}{2}\left(\frac{t-\mu}{\sigma}\right)^2\right]\mathrm{d}t \tag{2-71}$$

平均寿命及方差

$$E(T)=\mu \tag{2-72}$$

$$D(T)=\sigma^2 \tag{2-73}$$

由于式(2-70)中$\dfrac{1}{\sigma\sqrt{2\pi}}\exp\left[-\dfrac{1}{2}\left(\dfrac{t-\mu}{\sigma}\right)^2\right]$的原函数不是初等函数，所以该积分式演算起来相当困难。为此，引入标准正态分布的概念及其计算用表，即标准正态分布表。

当正态分布两参数 $\mu=0,\sigma=1$ 时，这种正态分布即称为标准正态分布，记为 $X\sim N(0,1)$。标准正态分布的概率密度函数为

$$\varphi(x)=\frac{1}{\sqrt{2\pi}}\exp\left[-\frac{x^2}{2}\right] \tag{2-74}$$

标准正态分布的累积失效概率

$$\Phi(x)=\int_{-\infty}^{x}\frac{1}{\sigma\sqrt{2\pi}}\exp\left[-\frac{x^2}{2}\right]\mathrm{d}x=F(x) \tag{2-75}$$

通过标准正态分布表可查得不同 x 所对应的 $\Phi(x)$ 值，该表给出的数据是用数值积分法求出的近似值。对于一般非标准正态分布，若要方便求出其累积概率，通常要对其进行标准化处理，然后再利用标准正态分布表求解。标准化的过程如下：

令

$$Z=\frac{x-\mu}{\sigma} \tag{2-76}$$

则

$$f(x)=\frac{1}{\sigma\sqrt{2\pi}}\exp\left[-\frac{1}{2}\left(\frac{x-\mu}{\sigma}\right)^2\right]=\frac{1}{\sqrt{2\pi}}\exp\left[-\frac{Z^2}{2}\right] \tag{2-77}$$

且

$$F(x)=\int_{-\infty}^{x}f(x)\mathrm{d}x=\int_{-\infty}^{Z}\frac{1}{\sqrt{2\pi}}\exp\left[-\frac{Z^2}{2}\right]\mathrm{d}Z=\Phi(Z) \tag{2-78}$$

所以可利用标准正态分布表，根据不同的 x 查得不同的 Z 所对应的 $\Phi(Z)$ 值(见附表 2)。

4) 正态分布的应用

正态分布通常描述由很多微小且相互独立的偶然因素共同作用的随机变量的变化规律。在可靠性研究中，是体现产品随机失效集中发生现象的最常见分布。正态分布不仅可用来研究零部件的耗损规律，还在可靠性评价和可靠性设计中常用来进行随机变量的拟合。

例 2-14　已知某轴在精加工后其直径尺寸 d 的变动可用正态分布来描述，即 $d\sim N(14.90, 0.05^2)$mm。图纸规定的轴径尺寸为 $d=(14.90\pm0.1)$mm。求这批轴的合格品率？

解：由图纸规定尺寸可知，轴径尺寸 d 在(14.8～15.0)mm 区间内变动即为合格品。所以合格品率为 $P(14.8\leqslant d\leqslant 15.0)$。

已知 $\mu_d=14.90$，$\sigma_d=0.05$，按式(2-76)进行标准化

$$\begin{aligned}P(14.8\leqslant d\leqslant 15.0)=P(14.8\leqslant d\leqslant 15.0)&=P\left(\frac{14.8-\mu}{\sigma}\leqslant\frac{d-\mu}{\sigma}\leqslant\frac{15.0-\mu}{\sigma}\right)\\&=P\left(\frac{14.8-14.90}{0.05}\leqslant\frac{d-14.90}{0.05}\leqslant\frac{15.0-14.90}{0.05}\right)\\&=P\left(-2\leqslant\frac{d-14.90}{0.05}\leqslant 2\right)=\Phi(2)-\Phi(-2)=2\Phi(2)-1=0.9544\end{aligned}$$

例 2-15　已知 $X\sim N(\mu,\sigma^2)$ 求 $P\{\mu-\sigma\leqslant X\leqslant\mu+\sigma\}$；$P\{\mu-2\sigma\leqslant X\leqslant\mu+2\sigma\}$ 和 $P\{\mu-3\sigma\leqslant X\leqslant\mu+3\sigma\}$ 的值？

解：

$$\begin{aligned}P\{\mu-\sigma\leqslant X\leqslant\mu+\sigma\}&=\Phi\left(\frac{\mu+\sigma-\mu}{\sigma}\right)-\Phi\left(\frac{\mu-\sigma-\mu}{\sigma}\right)\\&=\Phi(1)-\Phi(-1)=0.8413-0.1587=0.6826\end{aligned}$$

$$\begin{aligned}P\{\mu-2\sigma\leqslant X\leqslant\mu+2\sigma\}&=\Phi\left(\frac{\mu+2\sigma-\mu}{\sigma}\right)-\Phi\left(\frac{\mu-2\sigma-\mu}{\sigma}\right)\\&=\Phi(2)-\Phi(-2)=0.9772-0.0228=0.9544\end{aligned}$$

$$\begin{aligned}P\{\mu-3\sigma\leqslant X\leqslant\mu+3\sigma\}&=\Phi\left(\frac{\mu+3\sigma-\mu}{\sigma}\right)-\Phi\left(\frac{\mu-3\sigma-\mu}{\sigma}\right)\\&=\Phi(3)-\Phi(-3)=0.9987-0.0013=0.9973\end{aligned}$$

例 2-16 若统计得到人的身高 $X\sim N(165,6^2)$cm，希望碰头的概率不超过 1%，试设计车门高度？

解：设车门的高度为 h，则根据设计要求可知 $P\{X<h\}\geqslant 0.99$，即

$$P\left\{\frac{X-\mu}{\sigma}=\frac{X-165}{6}<\frac{h-\mu}{\sigma}=\frac{h-165}{6}\right\}\geqslant 0.99$$

$$\Phi\left(\frac{h-165}{6}\right)\geqslant 0.99$$

查表解得 $h\geqslant 179$cm。

3. 对数正态分布

在机械工程中的某些物理现象，如某些材料的疲劳破坏或腐蚀失效，其疲劳裂纹的增长及腐蚀程度的加深速度都是随时间而逐渐增大的。一般来说，后一时间段内的裂纹或腐蚀的变化量与前一同时长时间段内的变化量成正比关系，且正比系数随使用时间而逐渐增大。

比如，设 x_0 为初始时段的裂纹大小，δ_i 为第 i 个单位时段内的比例系数，则第 i 个时段内裂纹增量 x_i 为

$$x_i=(1+\delta_i)x_{i-1}=(1+\delta_0)(1+\delta_1)\cdots(1+\delta_i)x_0$$

由此，对上式两边取对数，等式右侧的乘积就转换成加和形式。根据正态分布的加法定理可知，此时，第 i 个时段内裂纹增量 x_i 的对数 $\ln x_i$ 渐近于正态分布，而 x_i 则呈现对数正态分布。

1）定义

如果非负随机变量 X 的对数 $\ln x$ 服从于正态分布即 $\ln x\sim N(\mu,\sigma^2)$，则称随机变量 X 服从于对数正态分布，记为 $X\sim \ln(\mu,\sigma^2)$。

2）主要可靠性特征

失效概率密度函数 $f(t)$ 为

$$f(t)=\frac{1}{t\sigma\sqrt{2\pi}}\exp\left[-\frac{1}{2}\left(\frac{\ln t-\mu}{\sigma}\right)^2\right]\quad (t>0,\sigma>0) \tag{2-79}$$

值得指出的是，对数正态分布中的两参数 μ 和 σ 不是随机变量 x 的均值和标准差，而分别是 $\ln x$ 的均值和标准差。概率密度函数曲线为单峰偏态曲线，如图 2-14 所示。

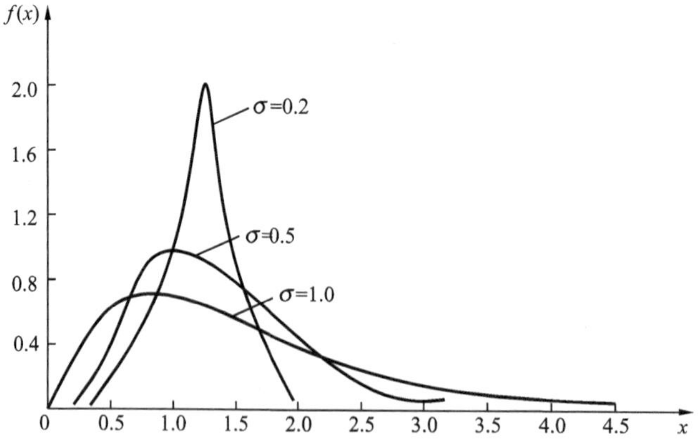

图 2-14 对数正态分布密度函数曲线

累积失效概率函数 $F(t)$ 为

$$F(t)=P\{T\leqslant t\}=\int_{-\infty}^{t}f(t)\mathrm{d}t=\frac{1}{\sigma\sqrt{2\pi}}\int_{0}^{t}\frac{1}{t}\exp\left[-\frac{1}{2}\left(\frac{\ln t-\mu}{\sigma}\right)^2\right]\mathrm{d}t \tag{2-80}$$

若令 $Z=\dfrac{\ln t-\mu}{\sigma}$，则式(2-80)可转换为标准正态分布形式

$$F(t)=\frac{1}{\sqrt{2\pi}}\int_{-\infty}^{Z}\exp\left(-\frac{1}{2}Z^2\right)\mathrm{d}Z=\Phi\left(\frac{\ln t-\mu}{\sigma}\right)=\Phi(Z) \tag{2-81}$$

所以可利用标准正态分布表，根据不同 t 值，查得不同 Z 值所对应的 $\Phi(Z)$ 值。

可靠度函数 $R(t)$ 为

$$R(t)=1-F(t)=\frac{1}{\sigma\sqrt{2\pi}}\int_{t}^{\infty}\frac{1}{t}\exp\left[-\frac{1}{2}\left(\frac{\ln t-\mu}{\sigma}\right)^2\right]\mathrm{d}t=1-\Phi\left(\frac{\ln t-\mu}{\sigma}\right) \tag{2-82}$$

失效率函数 $\lambda(t)$ 为

$$\lambda(t)=\frac{f(t)}{R(t)}=\frac{\dfrac{1}{t\sigma\sqrt{2\pi}}\exp\left[-\dfrac{1}{2}\left(\dfrac{\ln t-\mu}{\sigma}\right)^2\right]}{\dfrac{1}{\sigma\sqrt{2\pi}}\displaystyle\int_{t}^{\infty}\frac{1}{t}\exp\left[-\frac{1}{2}\left(\frac{\ln t-\mu}{\sigma}\right)^2\right]\mathrm{d}t}=\frac{\Phi\left(\dfrac{\ln t-\mu}{\sigma}\right)}{t\sigma\left[1-\Phi\left(\dfrac{\ln t-\mu}{\sigma}\right)\right]} \tag{2-83}$$

平均寿命及寿命方差

$$E(T)=\mathrm{e}^{\mu+\frac{\sigma 2}{2}} \tag{2-84}$$

$$D(T)=\mathrm{e}^{2\mu}+\sigma^2(\mathrm{e}^{\sigma^2}-1) \tag{2-85}$$

$E(T)$ 和 $D(T)$ 分别为对数正态分布的位置参数和尺度参数。

3) 对数正态分布的应用

从数值角度看，对数变换可将较大的正数缩小，而且数值越大，缩小的比例就越大。所以利用这一特点，可以将较为分散的数据通过对数变换相对集中起来，因此数据分析中，常把跨 n 个量级的数据用对数正态分布去拟合。在可靠性研究中，对数正态分布多用来描述机械零件的疲劳、腐蚀和维修等问题。

例 2-17　已知某弹簧的疲劳寿命 T 服从对数正态分布，即 $\ln T\sim N(13.9554,0.1035^2)$。若将该弹簧在使用 10^6 次载荷循环后更换，问在其更换前失效的概率？若要保证该弹簧具有 99% 的工作可靠度，则应在多少次载荷循环后更换？

解：(1) 在弹簧使用 10^6 次载荷循环前失效的概率为

$$P\{T\leqslant 10^6\}=P\left\{\frac{\ln T-\mu}{\sigma}\leqslant\frac{\ln 10^6-\mu}{\sigma}\right\}=P\left\{\frac{\ln T-13.954}{0.1035}\leqslant\frac{\ln 10^6-13.954}{0.1035}\right\}$$

$$=P\left\{\frac{\ln T-13.954}{0.1035}\leqslant -1.3516\right\}=\Phi(-1.3516)=0.0885$$

(2) 若要保证弹簧 99% 的工作可靠度，设应在 n 次载荷循环后更换，则

$$P\{T\leqslant n\}=P\left\{\frac{\ln T-\mu}{\sigma}\leqslant\frac{\ln n-\mu}{\sigma}\right\}=P\left\{\frac{\ln T-13.954}{0.1035}\leqslant\frac{\ln n-13.954}{0.1035}\right\}$$

$$=\Phi\left(\frac{\ln n-13.954}{0.1035}\right)=1-0.99=0.1$$

反查标准正态分布表得$\dfrac{\ln n-13.954}{0.1035}\approx-2.326$，解得$n\approx901067\approx9\times10^5$（次）。

例 2-18 已知某机械零件的疲劳寿命 T 服从对数正态分布，即 $\ln T\sim N(4.5,1)$，求该零件在 $t=110$ 单位时间内的可靠度和失效率？该零件在 $t=90$ 单位时间内的可靠度又是多少？

解：(1) $t=110$ 单位时间内的可靠度为

$$\begin{aligned}R(t)&=P\{T\geqslant t\}=1-P\{T\leqslant t\}\\&=1-P\left\{\frac{\ln T-\mu}{\sigma}\leqslant\frac{\ln t-\mu}{\sigma}\right\}=P\left\{\frac{\ln T-4.5}{1}\leqslant\frac{\ln 110-4.5}{1}\right\}\\&=1-P\left\{\frac{\ln T-4.5}{1}\leqslant 0.2005\right\}=1-\Phi(0.2005)=0.4187\end{aligned}$$

由式(2-83)得失效率为

$$\begin{aligned}\lambda(t)&=\frac{\varphi\left(\dfrac{\ln t-\mu}{\sigma}\right)}{t\sigma\left[1-\Phi\left(\dfrac{\ln t-\mu}{\sigma}\right)\right]}=\frac{\varphi\left(\dfrac{\ln 110-4.5}{1}\right)}{110\times1\times0.4187}=\frac{\varphi(0.2005)}{46.09}\\&=\frac{0.3906}{46.09}=0.00847(/\text{单位时间})\end{aligned}$$

(2) $R(t)=1-\Phi\left(\dfrac{\ln t-\mu}{\sigma}\right)=1-\Phi\left(\dfrac{\ln 90-4.5}{1}\right)=1-\Phi(0)=0.5$

可见，当 $R=0.5$ 即$\dfrac{\ln t-\mu}{\sigma}=0$ 时，所对应的工作时间 t 为产品的中位寿命，即 $T_{0.5}=e^{\mu}$。由式(2-84)可知服从对数正态分布的产品平均寿命为 $E(T)=e^{\mu+\frac{\sigma^2}{2}}=T_{0.5}\cdot e^{\frac{\sigma^2}{2}}$。

4. *截尾正态分布*

如果非负随机变量 X 的概率密度函数 $f(t)$ 为

$$f(x)=\frac{1}{\alpha\sigma\sqrt{2\pi}}\exp\left[-\frac{1}{2}\left(\frac{x-\mu}{\sigma}\right)^2\right]\quad(t\geqslant0,\sigma>0)\tag{2-86}$$

则称随机变量 X 服从截尾正态分布。式中，$\alpha>0$ 且 $\alpha=\Phi\left(\dfrac{\mu}{\sigma}\right)$，称为“正规化常数”，其保证 $\int_0^{\infty}f(x)\mathrm{d}x=1$。

累积失效概率函数为

$$F(t)=\int_{-\infty}^{t}\frac{1}{\alpha\sigma\sqrt{2\pi}}\exp\left[-\frac{1}{2}\left(\frac{x-\mu}{\sigma}\right)^2\right]\mathrm{d}t\tag{2-87}$$

可靠度函数为

$$R(t)=1-F(t)=\int_{t}^{\infty}\frac{1}{\alpha\sigma\sqrt{2\pi}}\exp\left[-\frac{1}{2}\left(\frac{x-\mu}{\sigma}\right)^2\right]\mathrm{d}t\tag{2-88}$$

失效率函数为

$$\lambda(t)=\frac{f(t)}{R(t)}=\frac{\exp\left[-\frac{1}{2}\left(\frac{x-\mu}{\sigma}\right)^2\right]}{\int_t^{\infty}\exp\left[-\frac{1}{2}\left(\frac{x-\mu}{\sigma}\right)^2\right]\mathrm{d}t} \tag{2-89}$$

平均寿命及寿命方差

$$E(T)=\mu+\frac{\sigma}{\alpha}\varphi\left(\frac{\mu}{\sigma}\right)$$

$$D(T)=\sigma^2\left[1-\frac{\mu}{\alpha\sigma}\varphi\left(\frac{\mu}{\sigma}\right)-\frac{1}{\alpha^2}\varphi^2\left(\frac{\mu}{\sigma}\right)\right] \tag{2-90}$$

式中，μ 和 σ 分别为随机变量 t 的均值和标准差。

截尾正态分布的概率密度函数 $f(t)$、可靠度函数 $R(t)$ 及失效率 $\lambda(t)$ 函数变化曲线分别如图 2-15、图 2-16 和图 2-17 所示。

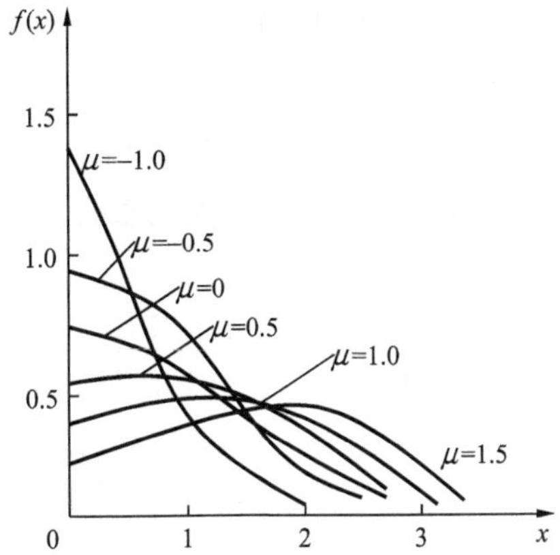

图 2-15　截尾正态分布的概率密度函数曲线

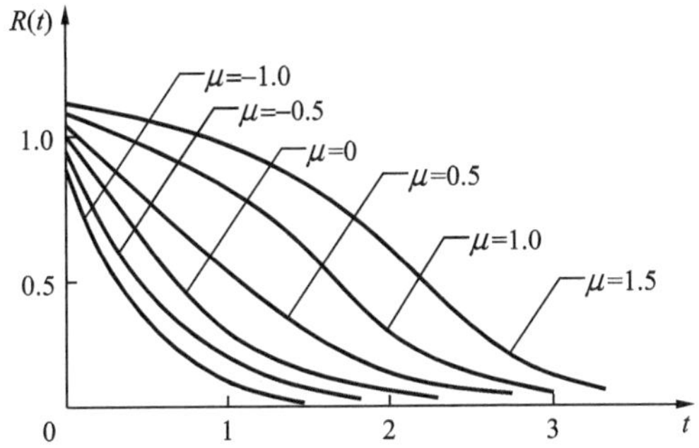

图 2-16　截尾正态分布可靠度函数曲线

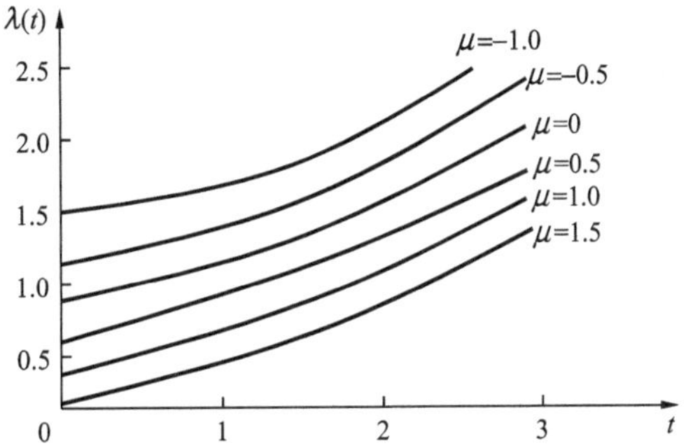

图 2-17　截尾正态分布失效率函数曲线

5. 威布尔分布

威布尔分布是可靠性工程中广泛使用的连续型分布。它是由最薄弱环节模型导出，是瑞典物理学家威布尔在分析链条强度时确定的具有较强数据拟合能力的分布。威布尔分布能全面描述失效率浴盆曲线的各个阶段，且当分布参数为特定值时，可转化为指数分布、正态分布和瑞利分布。

1) 定义

如果非负随机变量 X 的概率密度函数为

$$f(x)=\frac{m}{\eta}\left(\frac{x-\delta}{\eta}\right)^{m-1}\cdot\exp\left[-\left(\frac{x-\delta}{\eta}\right)^m\right]\quad(\delta<t;m,\eta>0) \tag{2-91}$$

则称 X 服从三参数为 m、η、δ 的威布尔分布，记为 $X\sim W(m,\eta,\delta)$。其中，m 称为形状参数；η 称为尺度参数；δ 称为位置参数。

形状参数 m 的大小决定了威布尔分布概率密度函数曲线的形状。如图 2-18 所示，当 $m<1$ 时，密度曲线单调下降，且渐近于直线 $x=\delta$；当 $m=1$ 时，三参数威布尔分布变成两参数威布尔分布。若 $\delta=m=1$，则威布尔分布转换为指数分布，此时，密度曲线与直线 $x=\delta$ 相交于 $\frac{1}{\eta}$，即

$\lambda=\dfrac{1}{\eta}$。当 $m>1$ 时，密度曲线为单峰曲线，且峰值随 m 减小而逐渐降低。当 $m=3\sim4$ 时，可近似为正态分布。

尺度参数 η 表示不同的坐标标尺刻度所带来的图形差别。一般将横纵坐标轴尺寸同时缩放 η 倍，可得到与原密度曲线相重合的变化曲线。尺度参数又是 $\delta=0$ 时威布尔分布的特征寿命，即 $R(\eta)=e^{-1}$。

位置参数 δ，又称起始参数。它的大小反映了密度曲线在横坐标轴上起始点位置的变化。在可靠性分析中，δ 具有疲劳极限、寿命极限等极限值含义，表示产品在 δ 以前不会失效，在 δ 之后才会发生失效。因此，δ 也称为最小保证寿命。通常零件的裂纹、腐蚀或疲劳强度总有一个极限值，低于这些极限值，材料的失效概率可以认为是零。故威布尔分布是由物理模型导出的偏态分布。

2）主要可靠性特征

可靠度函数

$$R(t)=1-F(t)=\exp\left[-\left(\frac{t-\delta}{\eta}\right)^{m}\right]\quad(t\geqslant\delta)\tag{2-92}$$

失效率函数

$$\lambda(t)=\frac{f(t)}{R(t)}=\frac{m}{\eta}\left(\frac{t-\delta}{\eta}\right)^{m-1}(t\geqslant\delta)\tag{2-93}$$

平均失效率

$$\bar{\lambda}(t)=\frac{1}{t}\int_{-\infty}^{t}\lambda(t)\mathrm{d}t=\frac{1}{t}\left(\frac{t-\delta}{\eta}\right)^{m}\tag{2-94}$$

$$\bar{\lambda}'(t)=\frac{1}{t-\delta}\int_{\delta}^{t}\lambda(t)\mathrm{d}t=\frac{(t-\delta)^{m-1}}{\eta^{m}}=\frac{1}{m}\lambda(t)\tag{2-95}$$

可靠寿命

$$T_R=\delta+\eta\left(\ln\frac{1}{R}\right)^{\frac{1}{m}}\tag{2-96}$$

故中位寿命

$$T_{0.5}=\delta+\eta\left(\ln\frac{1}{0.5}\right)^{\frac{1}{m}}=\delta+\eta(\ln2)^{\frac{1}{m}}\tag{2-97}$$

特征寿命

$$T_{e^{-1}}=\delta+\eta\left(\ln\frac{1}{e^{-1}}\right)^{\frac{1}{m}}=\delta+\eta\tag{2-98}$$

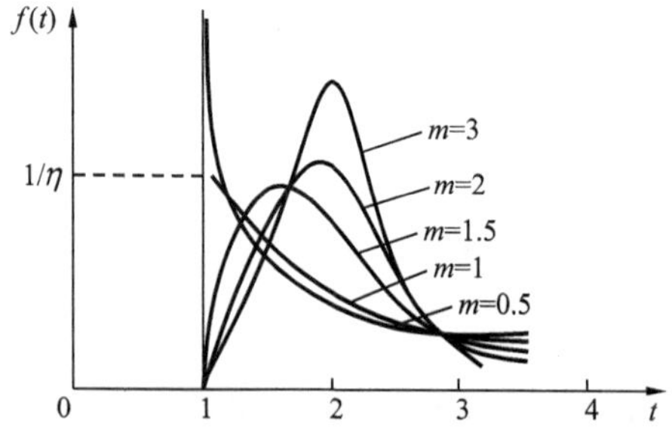

图 2-18　威布尔分布的概率密度函数曲线

威布尔分布的失效概率密度函数 $f(t)$、可靠度函数 $R(t)$ 及失效率函数 $\lambda(t)$ 变化曲线分别如图 2-18、图 2-19 和图 2-20 所示。

平均寿命及寿命方差

$$E(T)=\int_{0}^{R}R(t)\mathrm{d}t=\delta+\eta\Gamma\left(1+\frac{1}{m}\right)\tag{2-99}$$

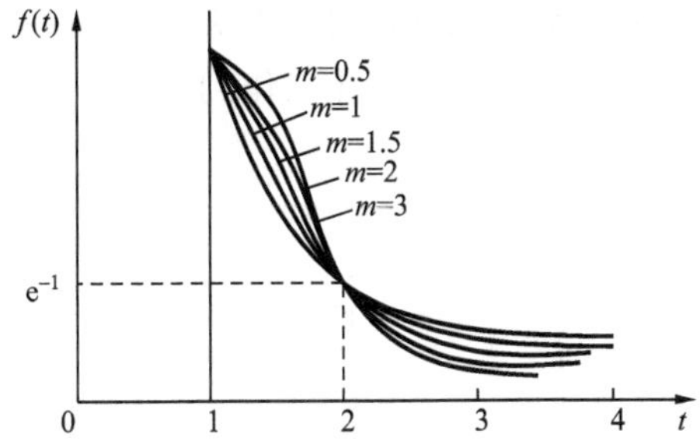

图 2-19　威布尔正态分布可靠度函数曲线

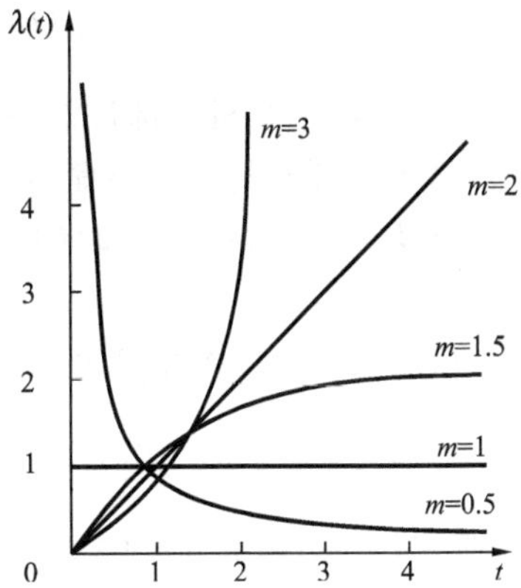

图 2-20　威布尔正态分布失效率函数曲线

$$D(T)=\eta^2\left[\Gamma\left(1+\frac{2}{m}\right)-\Gamma^2\left(1+\frac{1}{m}\right)\right] \tag{2-100}$$

式中，$E(T)$和 $D(T)$分别为对数正态分布的位置参数和尺度参数；$\Gamma\left(1+\frac{1}{m}\right)$函数可根据其中 m 值查表(见附表 3)。

3）威布尔分布的应用

威布尔分布含有三个参数，可以描述产品失效规律的各个阶段。指数分布、正态分布又都可以看做是威布尔分布的特例，所以，威布尔分布在机械、电子、化工等多个领域里应用广泛。由于威布尔分布由最薄弱环节模型导出，所以凡是由于某一局部疲劳失效或故障而引发系统失效的元器件或系统的强度和疲劳寿命均服从于威布尔分布。

(1) 在疲劳强度研究中的应用。

在疲劳强度研究中，威布尔分布各种函数中的产品正常工作时间 t 即转化为产品应力循环次数(或疲劳寿命)N，即 $t=N$。若定义 $\delta=N_0$，$\eta=N_a-N_0$，则威布尔分布的概率密度函数可改写为

$$f(N)=\frac{m}{N_a-N_0}\left(\frac{N-N_0}{N_a-N_0}\right)^{m-1}\cdot\exp\left[-\left(\frac{N-N_0}{N_a-N_0}\right)^m\right] \tag{2-101}$$

式中，m 为形状参数；N_a 为尺度参数或称特征寿命；N_0 为位置参数或称最小保证寿命。

累积失效概率函数

$$F(N)=1-\exp\left[-\left(\frac{N-N_0}{N_a-N_0}\right)^m\right] \tag{2-102}$$

失效率函数

$$\lambda(N)=\frac{m}{N_a-N_0}\left(\frac{N-N_0}{N_a-N_0}\right)^{m-1} \tag{2-103}$$

(2) 在疲劳寿命研究中的应用。

以滚动轴承为例。滚动轴承是最早进行可靠性设计的零部件。因为工程实践中滚动轴承的最小保证寿命仅为额定寿命的 5%，所以为简化计算，取最小保证寿命 $\delta=0$。故概率密度函数转化为两参数的威布尔分布，即

$$f(t)=\frac{m}{\eta}\left(\frac{t}{\eta}\right)^{m-1}\cdot\exp\left[-\left(\frac{t}{\eta}\right)^{m}\right] \tag{2-104}$$

例 2-19　已知某机械部件的疲劳寿命服从威布尔分布，且由历次试验得知 $m=2$，$\eta=200\text{h}$，$\delta=0\text{h}$。试求该部件的平均寿命；可靠度 $R=0.95$ 时的可靠寿命；在 200h 内最大失效率和平均失效率，以及当 $\lambda=0.001\text{h}^{-1}$ 时的可靠度。当位置参数 $\delta=30\text{h}$ 时，求该部件工作到 50h 不失效的概率。

解：根据式(2-99)并查 Γ 分布表，得该部件的平均寿命为

$$E(T)=\delta+\eta\Gamma\left(1+\frac{1}{m}\right)=0+200\Gamma\left(1+\frac{1}{2}\right)=200\times0.886=177.2(\text{h})$$

根据式(2-96)得 $R=0.95$ 时的可靠寿命为

$$T_{0.95}=\delta+\eta\left(\ln\frac{1}{R}\right)^{\frac{1}{m}}=0+200\left(\ln\frac{1}{0.95}\right)^{\frac{1}{2}}=200\times(0.051293)^{\frac{1}{2}}=200\times0.226\approx45.3(\text{h})$$

由图 2-18 可知，当 $m=2$ 时，失效率曲线随时间单调递增，所以，200h 内最大失效率是在 200h 处，由式(2-93)得

$$\lambda_{\max}(t)=\lambda(2\times10^{2})=\frac{m}{\eta}\left(\frac{t-\delta}{\eta}\right)^{m-1}=\frac{2}{200}\left(\frac{200}{200}\right)^{2-1}=\frac{1}{100}=0.01(\text{h}^{-1})$$

由式(2-94)、式(2-95)得平均失效率为

$$\bar{\lambda}(t)=\bar{\lambda}(2\times10^{2})=\frac{1}{t}\left(\frac{t-\delta}{\eta}\right)^{m}=\frac{1}{200}\left(\frac{200}{200}\right)^{2}=\frac{1}{200}=0.005(\text{h}^{-1})$$

当 $\lambda=0.001\text{h}^{-1}$ 时的可靠度为

$$R(t)=R(20)=\exp\left[-\left(\frac{t-\delta}{\eta}\right)^{m}\right]=\exp\left[-\left(\frac{20}{200}\right)^{2}\right]=0.99$$

当参数 $\delta=30\text{h}$ 时，该部件工作到 50h 不失效的概率即可靠度为

$$R(t)=R(50)=\exp\left[-\left(\frac{t-\delta}{\eta}\right)^{m}\right]=\exp\left[-\left(\frac{50-30}{200}\right)^{2}\right]=0.99$$

6. *极值分布*

极值分布又称Ⅰ型极值分布或贡贝尔分布，分为极大值分布(最大极值Ⅰ型渐近分布)和极小值分布(最小极值Ⅰ型渐近分布)两种。多用于研究随机变量出现最大值或最小值的现象。比如在串联系统中呈现最小值的“最薄弱”元件、在并联系统中呈现最大值的“最强”元件，以及在负荷曲面上足以使材料疲劳断裂的最大应力集中等问题。

1) 极大值分布

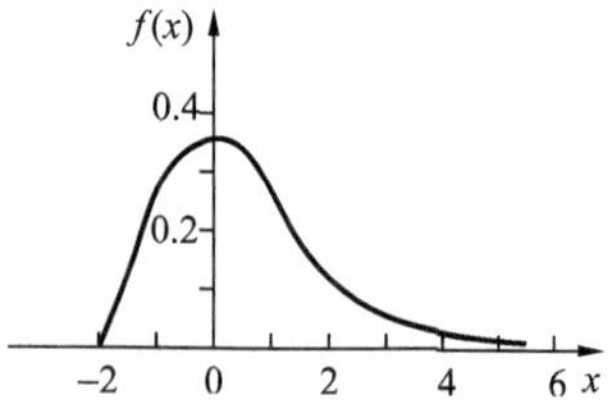

图 2-21　极大值分布的概率密度函数曲线

概率密度函数为

$$f(x)=\frac{1}{\theta}\exp\left(-\frac{x-\delta}{\theta}\right)\cdot\exp\left[-\exp\left(-\frac{x-\delta}{\theta}\right)\right]\quad(\theta>0) \tag{2-105}$$

其概率密度函数曲线如图 2-21 所示。

累积失效概率函数

$$F(x)=\exp\left[-\exp\left(-\frac{x-\delta}{\theta}\right)\right]\quad(\theta>0) \tag{2-106}$$

式中，δ 为位置参数；θ 为尺度参数。

该分布的数学期望和方差分别为

$$E(X)=\delta+\gamma\theta$$

$$D(X)=\frac{\pi^2}{6}\theta^2 \tag{2-107}$$

若令 $Z=\dfrac{x-\delta}{\theta}$，即得标准极大值分布的概率密度函数和累积分布函数

$$f(Z)=\mathrm{e}^{-Z}\cdot\mathrm{e}^{-\mathrm{e}^{-Z}},\quad F(Z)=\mathrm{e}^{-\mathrm{e}^{-Z}}$$

故

$$E(Z)=\int_{-\infty}^{\infty}Zf(Z)\mathrm{d}Z\approx 0.5772157=\gamma,\quad D(Z)=\frac{\pi^2}{6}$$

2）极小值分布

概率密度函数为

$$f(x)=\frac{1}{\theta}\exp\left(\frac{x-\delta}{\theta}\right)\cdot\exp\left[-\exp\left(\frac{x-\delta}{\theta}\right)\right]\quad(\theta>0) \tag{2-108}$$

其概率密度函数曲线如图 2-22 所示。

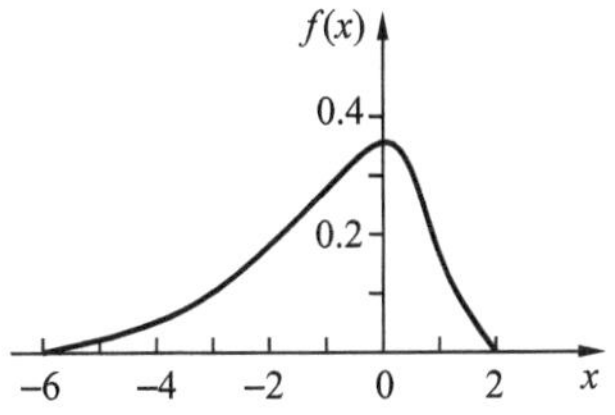

图 2-22　极小值分布的概率密度函数曲线

累积失效概率函数

$$F(x)=1-\exp\left[-\exp\left(\frac{x-\delta}{\theta}\right)\right]\quad(\theta>0) \tag{2-109}$$

式中，δ 为位置参数；θ 为尺度参数。

该分布的数学期望和方差分别为

$$E(X)=\delta-\gamma\theta$$

$$D(X)=\frac{\pi^2}{6}\theta^2 \tag{2-110}$$

若令 $Z=\dfrac{x-\delta}{\theta}$，即得标准极小值分布的概率密度函数和累积分布函数

$$f(Z)=\mathrm{e}^{-Z}\cdot\mathrm{e}^{-\mathrm{e}Z},\quad F(Z)=1-\mathrm{e}^{-\mathrm{e}Z}$$

故

$$E(Z)=-\gamma,\quad D(Z)=\frac{\pi^2}{6}$$

7. 伽马分布（Γ 分布）

伽马分布又称皮尔逊分布，是一种很重要的寿命分布。

1）定义

如果非负随机变量 X 的概率密度函数为

$$f(x)=\frac{\lambda^a}{\Gamma(a)}x^{a-1}\cdot\mathrm{e}^{-\lambda x}\quad(x>0) \tag{2-111}$$

式中，λ、a 为正常数；$\Gamma(a)=\int_0^{\infty}x^{a-1}\mathrm{e}^{-x}\mathrm{d}x$，则称 X 服从参数为 a 和 λ 的伽马分布，记为 $X\sim$

$\Gamma(a,\lambda)$。其中 a 为形状参数；λ 称为尺度参数。

其概率密度函数曲线如图 2-23 所示。

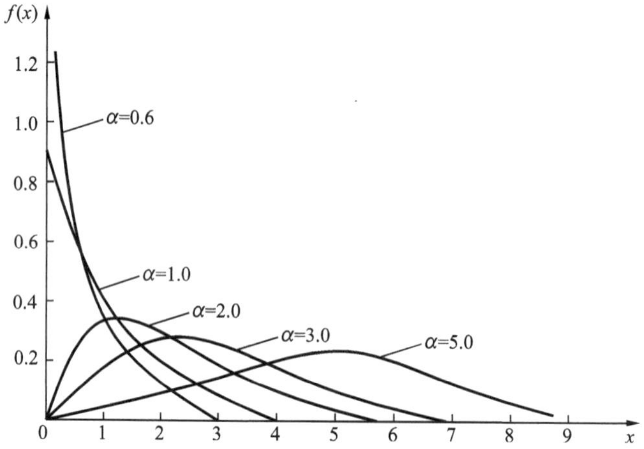

图 2-23　伽马分布的概率密度函数曲线

2）主要数值特征

$$\Gamma(1)=1,\quad \Gamma\left(\frac{1}{2}\right)=\sqrt{\pi}$$

$$\Gamma(a)=(a-1)\Gamma(a-1),\quad \Gamma(a)=(a-1)!\ (a\text{ 为正整数})$$

$$\Gamma(0)\equiv 1$$

3）主要可靠性特征

累积失效概率函数

$$F(t)=P\{T<t\}=\frac{\lambda^{a}}{\Gamma(a)}\int_{0}^{t}t^{a-1}\mathrm{e}^{-\lambda}\mathrm{d}x\ (t,\lambda,a) \tag{2-112}$$

失效率函数

$$\lambda(t)=\frac{f(t)}{1-F(t)} \tag{2-113}$$

数学期望及方差分别为

$$E(T)=\frac{a}{\lambda}$$

$$D(T)=\frac{a}{\lambda^{2}} \tag{2-114}$$

失效率的变化曲线如图 2-24 所示。由图可知，各条曲线均趋近与 $a=1$。$a<1$ 时失效率单调递减，$a=1$ 时失效率为常数，Γ 分布转化为指数分布，故指数分布为 Γ 分布的特例。$a>1$ 时，失效率单调递增。故由参数 a 的变化，Γ 分布可分别描述失效率的各个阶段。

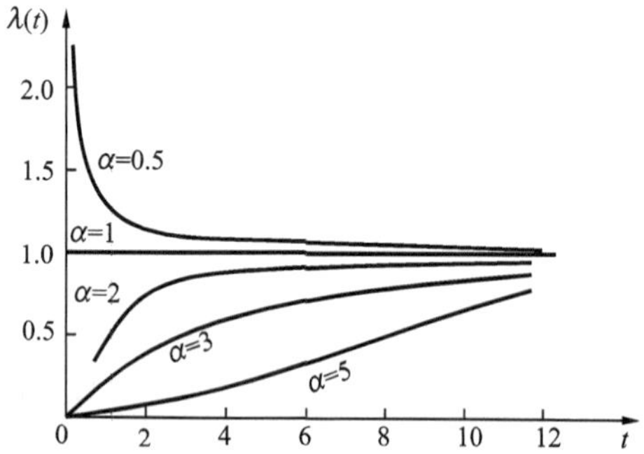

图 2-24　伽马分布的概率密度函数曲线

4）应用

伽马分布不仅与指数分布有密切联系，而且与泊松分布也有密切联系。例如，如果产品的失效是由某种冲击引起的，且这种随机冲击的发生服从泊松分布，那么该产品受到 a 次冲击而失效的概率，就可以用参数为 a 的 Γ 分布来描述。当 $a=1$ 即施加一次冲击产品就失效时，则分布又服从于指数分布。

伽马分布可以理解为二项分布和泊松分布的扩展，所以适应性较强，但与威布尔分布相比，其计算较复杂，应用又受到一定局限。

2.4.3 抽样分布

前面所介绍的关于离散型和连续型随机变量的常见分布均属于样本总体即母体的分布。如果 $x_1,x_2,\cdots,x_n$ 是从同一母体中抽出的 n 个样本，并由此构成一个样本函数 $g(x_1,x_2,\cdots,x_n)$，如 $\bar{x}=\frac{1}{n}\sum_{i=1}^{n}x_i$。则样本 $x_1,x_2,\cdots,x_n$ 和由它构成的样本函数均为随机变量，并服从一定的分布。这种样本或样本函数的分布称为抽样分布。

1. χ^2 分布

如果 $x_1,x_2,\cdots,x_n$ 相互独立，且均来自母体 $X\sim N(0,1)$，x_i 与母体同分布，即 $x_i\sim N(0,1)$，则统计量 $x^2=x_1^2+x_2^2+\cdots+x_n^2$ 服从自由度为 n 的 χ^2 分布，记为 $x^2\sim\chi^2(n)$。

χ^2 分布是一定条件下的 Γ 分布，其概率密度函数为

$$f(x)=\frac{1}{2\Gamma\left(\frac{n}{2}\right)}\left(\frac{x}{2}\right)^{\frac{n}{2}-1}\cdot e^{-\frac{x}{2}}\quad(x>0)\tag{2-115}$$

式中，$\Gamma\left(\frac{n}{2}\right)$ 值可查表获得。密度函数曲线如图 2-25 所示。当 $n\leqslant 2$ 时，$f(x)$ 为单调递减函数。

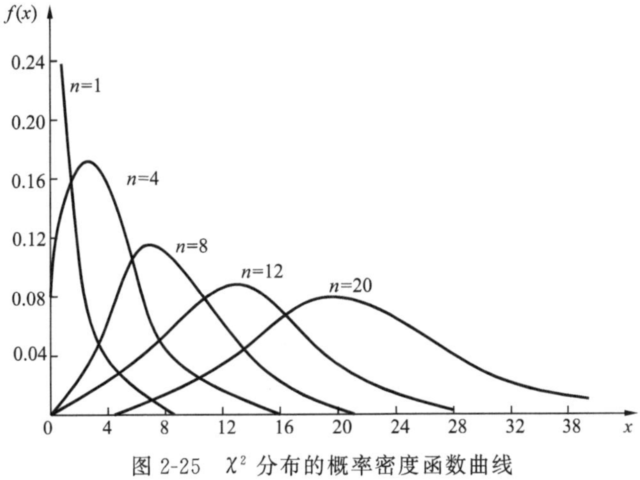

图 2-25　χ^2 分布的概率密度函数曲线

χ^2 分布的数学期望及方差分别为

$$E(X)=n$$
$$D(X)=2n\tag{2-116}$$

通常，将满足式 $P\{X \leqslant x\}=\int_{-\infty}^{x} f(x)\,\mathrm{d}x=p$ 中的 x 值称为下侧分位数，记为 x_p；将满足式 $P\{X > x\}=\int_{x}^{\infty} f(x)\,\mathrm{d}x=a$ 中的 x 值称为上侧分位数，记为 x_a。显然 $x_p+x_a=1$。对于 χ^2 分布来说，下侧分位数记为 $x_p^2(n)$，上侧分位数记为 $x_a^2(n)$，则有

$$P\{x^2 \leqslant x_p^2(n)\}=\int_0^{x_p^2} f(x)\mathrm{d}x=p \tag{2-117}$$

$$P\{x^2 > x_a^2(n)\}=\int_{x_a^2}^{\infty} f(x)\mathrm{d}x=a \tag{2-118}$$

χ^2 分布的主要性质有以下几个方面：

(1) 若相互独立随机变量 $x_1,x_2,\cdots,x_n$ 来自同一母体 $X\sim N(\mu,\sigma^2)$，若 μ 已知，则

$$\sum_{i=1}^{n}\left(\frac{x_i-\mu}{\sigma}\right)^2 \sim \chi^2(n) \tag{2-119}$$

(2) 若相互独立随机变量 $x_1,x_2,\cdots,x_n$ 来自同一母体 $X\sim N(\mu,\sigma^2)$，若 μ 未知，则

$$\sum_{i=1}^{n}\left(\frac{x_i-\bar{x}}{\sigma}\right)^2 \sim \chi^2(n-1) \tag{2-120}$$

式中，$\bar{x}=\frac{1}{n}\sum_{i=1}^{n}x_i$，且 $\bar{x}\sim N\left(\mu,\frac{\sigma^2}{2}\right)$。

(3) 若相互独立随机变量 $x_1,x_2,\cdots,x_n$ 来自同一母体 $X\sim N(\mu,\sigma^2)$，则

$$\frac{n-1}{\sigma^2}s^2 \sim \chi^2(n-1) \tag{2-121}$$

式中，s 为样本标准差，$s^2=\frac{1}{n-1}\sum_{i=1}^{n}(x_i-\bar{x})^2$。

(4) 若 $x_1^2,x_2^2,\cdots,x_k^2$ 为相互独立随机变量，且 $x_i\sim\chi^2(n)$，则 χ^2 分布具有可加性，即

$$\sum_{i=1}^{k}x_i^2 \sim \chi^2\left(\sum_{i=1}^{k}n_i\right) \tag{2-122}$$

故只要给出一种上下分位数的数表，即可利用该表，根据 p 或 a 和 n 查得 $x_p^2(n)$ 或 $x_a^2(n)$（见附表 4）。

例 2-20 求满足式 $P\{x^2\leqslant x_{0.05}^2(28)\}=0.05$ 和式 $P\{x^2> x_{0.995}^2(30)\}=0.995$ 的分位数。

解：对于下分位数，直接查附表，得 $x_{0.05}^2(28)=16.928$。

对于上分位数，先将其转化成下分位数，即 $1-P\{x^2> x_{0.005}^2(30)\}=0.005$，查表得

$$x_{0.005}^2(30)=13.787$$

2. *t* 分布

如果 x、y 为相互独立的随机变量，且 $x\sim N(0,1)$，$y\sim\chi^2(n)$ 则统计量 $T=\frac{x}{\sqrt{y/n}}$ 则服从于自由度为 n 的 t 分布，记为 $T\sim t(n)$。

t 分布概率密度函数为

$$f(x)=\frac{1-\left(\dfrac{n+1}{2}\right)}{\sqrt{n\pi}\,\Gamma\left(\dfrac{n}{2}\right)}\left(1+\frac{t^2}{n}\right)^{-\left(\frac{n+1}{2}\right)} \quad (2\text{-}123)$$

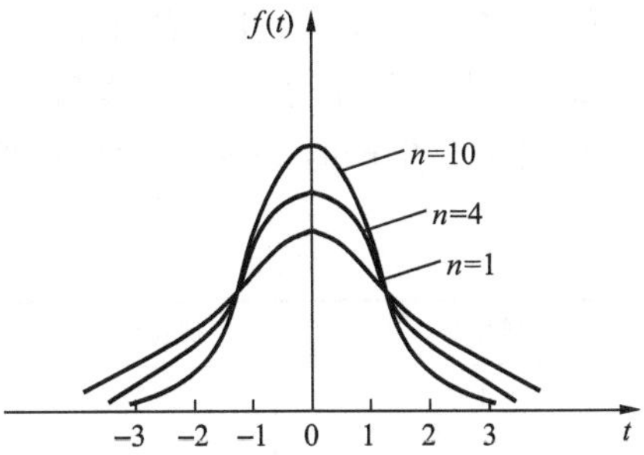

图 2-26　t 分布的概率密度函数曲线

由图 2-26 可知，t 分布的概率密度函数曲线以 $f(x)=0$左右对称。当 n 很大($n>30$)时，t 分布相差较小，且均近似于标准正态分布。

t 分布的数学期望及方差分别为

$$E(X)=0$$

$$D(X)=\frac{n}{n-2} \quad (2\text{-}124)$$

当 $n=1$ 时，$f(t)=\dfrac{1}{\pi}\cdot\dfrac{1}{(1+t^2)}$，此时，$f(t)$称为哥西函数，数学期望和方差均不存在。

t 分布的主要性质有以下几个方面：

(1) 若相互独立随机变量 $x_1,x_2,\cdots,x_n$ 来自同一母体 $X\sim N(\mu,\sigma^2)$，则

$$\frac{\bar{x}-\mu}{\sqrt{s^2}/\sqrt{\pi}}\sim t(n-1) \quad (2\text{-}125)$$

式中，$s^2=\dfrac{1}{n-1}\sum\limits_{i=1}^{n}(x_i-\bar{x})^2$；$\bar{x}=\dfrac{1}{n}\sum\limits_{i=1}^{n}x_i$。

(2) 若相互独立随机变量 $x_1,x_2,\cdots,x_n$ 和 $y_1,y_2,\cdots,y_n$ 分别来自同一母体 $X\sim N(\mu_1,\sigma^2)$和 $Y\sim N(\mu_2,\sigma^2)$，则

$$\frac{(\bar{x}-\bar{y})-(\mu_1-\mu_2)}{s_w\sqrt{\dfrac{1}{n_1}+\dfrac{1}{n_2}}}\sim t(n_1+n_2-2) \quad (2\text{-}126)$$

式中，$s_w=\dfrac{(n_1-1)s_1^2+(n_2-1)s_2^2}{n_1+n_2-2}$，其中，$s_1$ 和 s_2 分别为两样本的标准差。

(3) 若分别用 $t_a(n)$和 $t_p(n)$表示 t 分布的上下分位数，则

$$P\{t(n)>t_a(n)\}=\int_{t_a}^{\infty}f(t)\mathrm{d}t=a \quad (2\text{-}127)$$

$$P\{t(n)\leqslant t_p(n)\}=\int_{-\infty}^{t_p}f(t)\mathrm{d}t=p \quad (2\text{-}128)$$

且

$$t_p(n)=-t_{1-p}(n) \quad (2\text{-}129)$$

$t_p(n)$可利用 t 分布的下侧分位数表，根据 p 和 n 查得(见附表 5)。

例 2-21　求满足式 $P\{t(35)\leqslant t_{0.95}(35)\}=0.95$ 和式 $P\{t(25)>t_{0.10}(25)\}=0.10$ 的分位数。

解：对于 t 分布的下分位数，直接查 t 分布的下侧分位数表，得 $t_{0.95}(35)=1.6896$；对于上分位数，先将其转化成下分位数，即 $1-P\{t(25)\leqslant t_{0.90}(25)\}=0.10$，查表得$t_{0.90}(25)=1.3163$。

例 2-22 已知甲厂生产的 45 号钢抗拉强度极限的总体均值 $\mu=570\text{MPa}$，现从乙厂新生产的一批 45 号钢中，任意取 5 个样品进行抗拉强度试验，试验结果如表 2-5 所列。问乙厂生产的 45 号钢与甲厂生产的 45 号钢的抗拉强度是否有显著差别。

表 2-5 试验结果

样品号	抗拉强度极限 σ_b/MPa	$\Delta=\sigma_b-570$	Δ^2
1	580.6	10.6	112.36
2	578.6	8.6	73.96
3	579.1	9.1	82.81
4	581.3	11.3	127.69
5	571.2	1.2	1.44
总和	2890.8	40.8	398.26

解：样本均值 $\bar{x}=\dfrac{1}{n}\sum_{i=1}^{n}x_i=\dfrac{1}{5}\times 40.8+570=578.16(\text{MPa})$

样本标准差 $s=\left[\dfrac{1}{n-1}\sum_{i=1}^{n}(x_i-\bar{x})^2\right]^{\frac{1}{2}}=\left[\dfrac{1}{5-1}\sum_{i=1}^{5}\Delta^2\right]^{\frac{1}{2}}=4.041$

由 t 分布的性质(1)得 $T=\dfrac{\bar{x}-\mu}{\sqrt{s^2}/\sqrt{n}}=\dfrac{578.16-570}{4.014/\sqrt{5}}=4.546$

取显著水平 $a=0.05$，则

$$P\{t(5)>t_{0.05}(5)\}=0.05$$

查表得 $t_{0.05}(5)=2.015$。

由 $T=4.546>t_{0.05}(5)=2.015$，可以认为乙厂生产的 45 号钢与甲厂生产的有无显著差异，故可认为 $\mu_{乙}=\mu_{甲}$。

3. *F* 分布

如果随机变量 U 和 V 为相互独立，且 $U\sim\chi^2(n_1)$，$V\sim\chi^2(n_2)$，统计量 $W=\dfrac{U/n_1}{V/n_2}$服从于自由度为(n_1,n_2)的 F 分布，记为 $W\sim F(n_1,n_2)$。

F 分布概率密度函数为

$$f(x)=\frac{\Gamma\left(\dfrac{n_1+n_2}{2}\right)}{\Gamma\left(\dfrac{n_1}{2}\right)\Gamma\left(\dfrac{n_2}{2}\right)}n_1^{\frac{n_1}{2}}\cdot n_2^{\frac{n_2}{2}}\frac{x^{\frac{n_1}{2}-1}}{(n_1x+n_2)^{\frac{n_1+n_2}{2}}} \tag{2-130}$$

其概率密度曲线如图 2-27 所示。

F 分布的数学期望及方差分别为

$$E(T)=\frac{n_2}{n_2-2}\quad(n_2>2)$$

$$D(T)=\frac{2n_2^2(n_1+n_2-2)}{n_1(n_2-2)^2(n_2-4)}\quad(n_2>4) \tag{2-131}$$

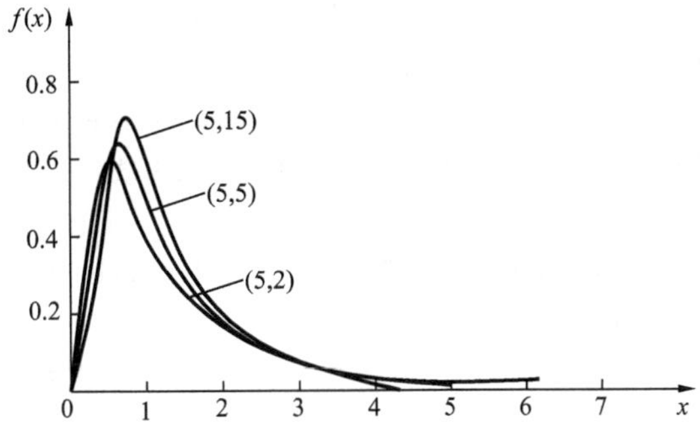

图 2-27　F 分布的概率密度函数曲线

F 分布的主要性质有以下几个方面：

（1）若 $x \sim F(n_1, n_2)$，则 $\frac{1}{x} \sim F(n_2, n_1)$。

（2）若相互独立随机变量 $x_1, x_2, \cdots, x_n$ 和 $y_1, y_2, \cdots, y_n$ 分别来自同一母体 $X \sim N(\mu_1, \sigma_1^2)$ 和 $Y \sim N(\mu_2, \sigma_2^2)$，则 $\frac{s_1^2}{s_2^2} \cdot \frac{\sigma_2^2}{\sigma_1^2} \sim F(n_1 - 1, n_2 - 1)$。式中，$s_1$、$s_2$ 分别为两样本的标准差。

（3）若分别用 $F_a(n_1, n_2)$ 和 $F_p(n_1, n_2)$ 表示 F 分布的上下分位数，则

$$P\{F > F_a(n_1, n_2)\} = \int_{F_a}^{\infty} f(t) \mathrm{d}t = a \tag{2-132}$$

$$P\{F \leqslant F_p(n_1, n_2)\} = \int_{-\infty}^{F_p} f(t) \mathrm{d}t = p \tag{2-133}$$

且

$$F_a(n_1, n_2) = \frac{1}{F_{1-a}(n_2, n_1)} \tag{2-134}$$

$$F_p(n_1, n_2) = \frac{1}{F_{1-p}(n_2, n_1)} \tag{2-135}$$

$F_a(n_1, n_2)$ 和 $F_p(n_1, n_2)$ 可以利用 F 分布的上、下侧分位数表，根据 a 或 p 和 n_1、n_2 值进行查表获得（见附表 6）。

复习思考题 2

2-1　名词解释：可靠性、维修性、广义可靠性、狭义可靠性、故障与失效、可靠度。

2-2　衡量可靠性的指标有哪些？

2-3　可靠度函数怎样表达？

2-4　失效率曲线的三个时期分别是什么，各有什么特点？

2-5　应力-强度干涉理论的内涵是什么？

2-6　对 40 台同型号设备进行可靠性试验，已知在 $t = 2000$h 之前有一台失效，在 2000～4000h 之间又有一台失效，在 4000～6000h 之间有 2 台失效，在 6000～8000h 之间有 2 台失效。分别求 t 为 2000h、4000h 及4000～8000h 的可靠度及不可靠度。

2-7　将规格的轴承 50 个投入恒定载荷下运行，其失效时的运行时间及失效数如表 2-6 所示，求该规格轴承工作到 100h 和 400h 的可靠度 $R(100)$ 和 $R(400)$。

表 2-6

运行时间/h	10	25	50	100	150	250	350	400	500	600	700	1000
失效数/个	4	2	3	7	5	3	2	2	0	0	0	0

2-8　某零件工作到50h时，还有100个仍在工作，工作到51h时，失效了1个，在第52h内失效了3个，试求这批零件工作满50h和51h时的失效率 $\hat{\lambda}(50)$、$\hat{\lambda}(51)$。

2-9　设产品的失效概率密度函数为 $f(t)=te^{-t^2/2}(t\geqslant 0)$，试求该产品的可靠度函数和失效率函数。

2-10　有150个产品，工作到 $t=20\mathrm{h}$ 时，失效50个，再工作1h，又失效2个，求 $t=20\mathrm{h}$ 的失效率估计值和失效概率密度估计值。

2-11　取5只灯泡进行寿命试验，寿命分别为3000h、8000h、17500h、44000h、53500h，求MTTF。若灯泡的寿命服从指数分布，求 $\hat{\lambda}$、$\hat{R}(4000)$、$T_{0.5}$。

2-12　已知某产品的失效率为常数，$\lambda(t)=\lambda=0.30\times10^{-4}\mathrm{h}^{-1}$，试求可靠度 $R=0.999$ 时的可靠寿命、中位寿命和特征寿命。

2-13　已知系统中一零件的修复时间数据如表2-7所示，试确定下列内容：(1)零件维修时间的概率密度函数；(2)维修度函数；(3)在5h内零件的维修度；(4)在20h内零件的维修度；(5)零件的平均修复时间；(6)维修时间的中位值；(7)完成一半修复工作所需时间；(8)修复时间的标准差；(9)修复时间的最频值；(10)修复率函数。

表 2-7

组号	1	2	3	4	5	6	7	8	9	10	11	12	13
修复时间 t/h	0.4	0.6	1.0	1.2	1.4	1.6	2.0	2.2	2.6	3.0	4.0	4.4	5.0
观察频数 n/次	1	1	2	3	4	5	6	7	7	6	5	4	4
组号	14	15	16	17	18	19	20	21	22	23	24	25	
修复时间 t/h	5.4	6.0	6.6	8.0	9.0	9.4	10.0	11.0	13.0	19.0	25.0	44.0	
观察频数 n/次	13	2	2	1	1	1	1	1	1	1	1	1	

2-14　离散型和连续型随机变量的常见概率分布有哪些？

2-15　某机械厂生产一批电机轴，该轴上轴颈直径尺寸精度因制造原因产生变动，根据以往的经验可以判断其变动服从于正态分布。通过抽样检测得知其均值为20.49cm，标准差为0.02cm。若按该轴的技术要求，轴颈直径尺寸在20.47cm到20.53cm尺寸范围内为合格品，试求该批轴的合格品率。

2-16　已知某电器零件的失效寿命服从正态分布，其平均寿命为600h，寿命标准差为100h。试求其工作400h的可靠度和失效率？若要求其可靠度为0.9，则相应的可靠寿命为多少？

2-17　某控制机构中的弹簧，据以往统计数据可知，弹簧在稳定变应力作用下，其疲劳寿命服从对数正态分布，其参数 $\mu=\ln(10^7)=16.08$，$\sigma=\ln(1.624)=0.475$，并且在工作条件下，该弹簧经受 5×10^6 应力循环次数后立即更换。试问：(1)在弹簧之前的可靠度是多少？(2)如果要保证弹簧具有0.99的可靠度，则应该在多少次循环次数后更换？

2-18　某设备的正常运行时间 t(平均无故障工作时间)服从对数正态分布，其均值 $\mu_t=6$(月)，标准差 $\sigma_t=1.5$(月)。若要求在任何时间内一台设备能处于运行状态的概率至少为0.9。试问：(1)每台设备应计划在多长时间内维修一次？(2)如果某一设备在计划维修时间内仍处于良好的运行状态，那么在不经维修的情况下，该设备能再运行一个月的概率是多少？

2-19　某厂用4台同型号的柴油机作为备用电力的主机，一旦电力系统断电至少要有2台能启动运行才能满足电力要求。已知每台柴油机的运行寿命 T 服从指数分布，其平均寿命为15年。试确定两年内柴油机紧急备用系统的可靠性，即在该系统服役的头两年内发生意外事故时，4台柴油机中至少有两台可启动运行的概率是多少？

2-20　对100台汽车变速器做寿命试验，在完成1000h试验时，失效的变速器有5台。若已知其失效率为常数，试求其特征寿命、中位寿命及任意变速器在任一小时的失效率。

2-21　某元件的参数服从威布尔分布，其分布参数分别为：形状参数为4，尺度参数为1000h，位置参数3h，求该元件的平均寿命、可靠度为0.95时的可靠寿命、在100h内的最大失效率和平均失效率以及 $t=500\mathrm{h}$ 的可靠度和失效率。

第 3 章　系统可靠性分析

3.1　系统可靠性的概念和研究意义

3.1.1　系统可靠性的概念

随着科学技术的发展，现代化的机器、技术装备、交通工具和探索工具越来越复杂。这些机器和设备等的可靠性受到了人们的广泛重视，我们把这种可靠性称为系统可靠性。

系统可靠性是指系统在规定的条件下和规定的时间内完成规定功能的能力。

因为最终是系统在工作，因此人们认为系统可靠性是衡量设计优劣、质量高低的重要指标。系统越复杂，若可靠性达不到较高的指标要求，则系统出故障的可能性越大、造成的损失也越大。这些损失可能是经济上的、信誉上的，甚至是造成生命安全或更严重的灾难性后果。譬如导航系统的不可靠或工作失误可导致飞机坠毁；飞机在着陆时，其控制系统如不能将飞机的滑翔轮子可靠地弹出，后果将是不可想象的。

从整体上看系统能否完成预期的功能，有多个衡量指标。一般对于可修系统、机器设备常用可靠度、平均故障间隔时间(MTBF)、平均修复时间(MTTR)、可用度、有效寿命和经济性等指标表示。对于不可修系统或产品常用可靠度、可靠寿命、故障率和平均寿命(MTTF)等指标表示。

3.1.2　研究系统可靠性的意义

现代化管理可以大大提高工作效率和质量，当然也应包括可靠性。但是如果处理不当，系统可靠性没有得到足够保证，那么它也会带来严重的影响。

研究系统可靠性可以：

(1) 防止或减少故障和事故的发生；

(2) 降低系统的总费用(降低维修费等)；

(3) 减少系统的停机时间，提高可用率；

(4) 增强竞争力，改善信誉，提高经济效益。

提高系统的可靠性，一方面要提高构成系统的各元件本身的可靠性，如：要提高飞机的可靠性，首先要提高发动机、控制系统、导航系统等的可靠性。另一方面还要提高系统承受误操作的可靠性。例如 1991 年的海湾战争中，美国的“爱国者”导弹出尽风头，它不仅能准确可靠地在空中击毁敌方导弹，而且在没有发现目标时，将在空中自行销毁，不造成损失。

提高系统的可靠性，要从系统的设计着手。要使系统的元器件工作在正常状态下，没有过载超负荷等现象的发生，并且要有一定的裕度。也可以采用冗余储备，使系统即使有个别元器件或设备出现故障仍能正常工作，譬如大型客机拥有四个发动机，中型客机拥有两个发动机。也就是说有一个设备出现故障，由另一个设备顶替它工作。当然冗余设备有可能增加系统的复杂性和成本，但是如果设计得合理，在成本增加不多的情况下，使系统的可靠性有很大的提高，是完全值得的。

人们在走向现代化的过程，必须在各个方面提高和改善系统可靠性。没有可靠性作基础的系统只能是空中楼阁。

3.2 系统的组成和功能逻辑框图

3.2.1 系统的组成

所谓系统，是为了完成某一特定功能，由若干个彼此有联系的而且又能协调工作的单元组成的综合体。系统也可以包括人，构成人-机系统。研究系统的可靠性主要是研究各单元的可靠性与系统可靠性的关系。

系统和单元是相对的两个概念，如研究汽车的可靠性时，汽车整车作为系统，可以把发动机作为一个单元；而在研究发动机的可靠性时，发动机就作为一个系统，而其组成部分点火系、压缩系、冷却系、供给系等可看作单元。因此，单元可以是零件、部件、机器或子系统等。

在可靠性工程中，根据是否对出现故障的系统进行维修，将系统分为不修复系统和可修复系统两类。不修系统是由于经济上不值得修复、技术上不可能修复或本身属于一次性使用的产品等原因，失效后就不再使用的系统。可修系统是发生故障后，可以通过维修而恢复其功能并继续使用的系统。显然，工程实际中的大多数系统都属于可修复系统。

系统中的各零部件不仅要各司其职，而且不可避免地存在相互作用。系统的可靠性不仅与组成系统的各单元的可靠性有关，还取决于单元的组合方式，以及单元失效之间的相互联系。根据系统中各零件的失效是相互独立的事件还是彼此相关（包括统计相关）的事件，可以把系统划分为独立失效系统和相关失效系统。

还有一种分类方法，就是把系统分为：典型系统和一般系统。所谓典型系统包括串联系统、并联系统、n 中取 r 系统和储备系统等典型结构系统；一般系统常指含有桥式结构的复杂网络或其他任意结构的系统，它的可靠性分析法有：真值表法、全概率公式法、最小路法和卡诺图法等。

3.2.2 可靠性功能逻辑框图

在分析研究系统的作用、功能、原理等时，常用结构图、示意图、原理图等来表示单元之间以及单元与系统之间的物理关系和工作关系，这些图都是研究系统可靠性的重要资料。但为了要计算系统的各种可靠性指标，研究提高系统可靠性的措施，还必须彻底了解系统中各单元之间在可靠性功能上的联系，以及这些单元功能对系统工作的影响；必须指出哪些单元正常工作，才能保证系统完成其预期的功能，这时所关心的是单元失效与系统失效之间的逻辑关系，这就需要一个功能逻辑框图。这个框图也称为可靠性框图，它由一些方框和线段组成，每个方框表示一个单元，每个单元之间用线段把它们连接起来，表示各单元之间的可靠性逻辑关系。

物理关系和可靠性逻辑关系是两个完全不同的概念，尽管它们之间有内在的联系。画图时一定要注意它们的区别，可靠性理论中关心的是功能关系，亦即可靠性逻辑关系，它是以物理关系为基础的，但千万不能将物理关系错当成功能关系。建立可靠性功能逻辑框图，不能从结构上而应从功能上研究系统类型，可靠性功能逻辑框图如图 3-1 所示。

如果分析的是短路失效，只要一个短路，系统即短路，其系统逻辑框图如图 3-2 所示。

如果分析的是开路失效，当两个电容同时失效，才会引起系统失效，其逻辑框图如图 3-3 所示。

如果分析的是双开关系统，如图 3-4 所示的。

如果研究的是液体“流通”：1、2 都实现自己的功能“开启”，系统才能实现液体“流通”，其逻辑框图如图 3-5 所示。

如果研究的是液体“被截流”：1、2 只要有一个功能正常“关闭”，系统就可实现“被截流”，其逻辑框图如图 3-6 所示。

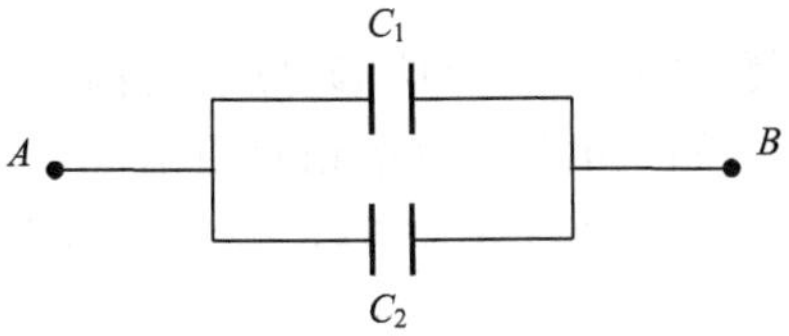

图 3-1　可靠性功能逻辑框图

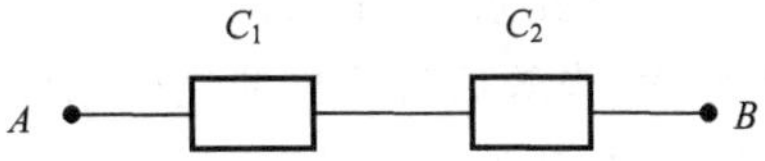

图 3-2　短路系统逻辑框图

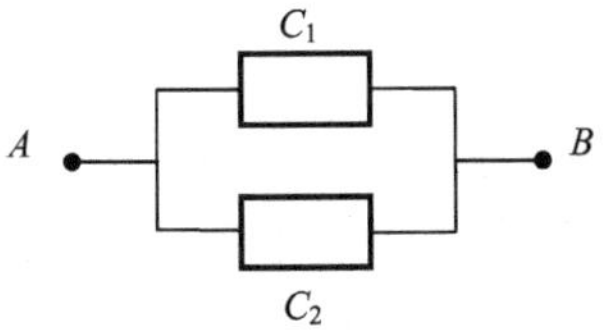

图 3-3　开路系统逻辑框图

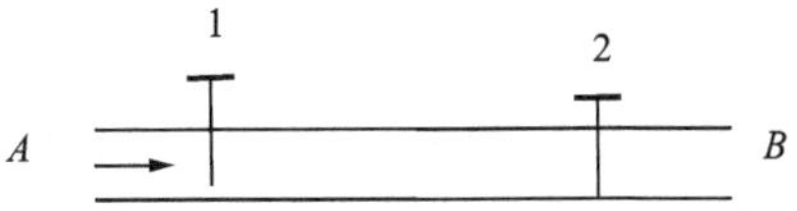

图 3-4　双开关系统

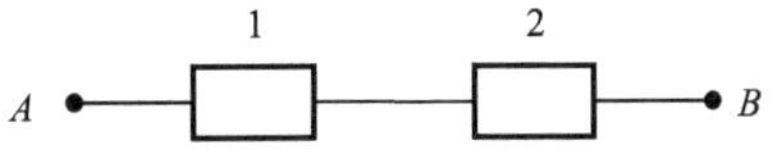

图 3-5　双开关流通逻辑框图

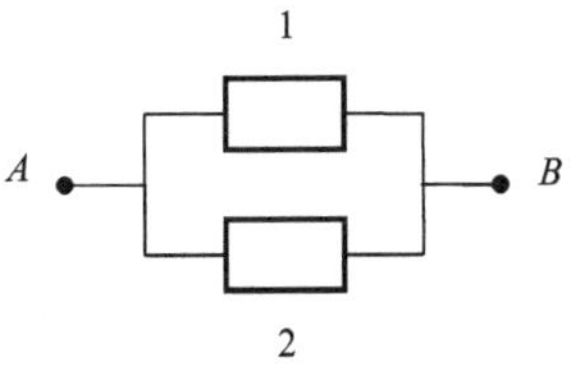

图 3-6　双开关截止逻辑框图

若已知逻辑图和每个单元的工作概率或故障概率，则通过适当的运算，可求得整个系统的工作概率(可靠度)、故障概率(不可靠度)和 MTTF 等可靠性特征量(指标)。

3.2.3　系统的类型

根据单元在系统中所处的状态及其对系统的影响，系统可分为如下类型：

- 系统
  - 非储备系统(串联系统)
  - 储备系统
    - 工作储备
      - 并联系统
      - 混联系统
      - 表决系统
    - 非工作储备
  - 复杂系统

下面介绍几种常用的典型系统及其可靠性特征量的分析，为简化计算，本章的研究有两个前提假设：

(1) 系统、单元均有两种状态正常与失效；

(2) 各单元所处的状态是相互独立的。

3.3 不可修复系统的可靠性分析

所谓的不可修复系统，是指由于经济上不值得修复、技术上不可能修复或本身属于一次性使用的产品等原因，失效后就不再使用的系统。不修复系统的可靠性模型相对简单，不涉及维修性问题，属于理想的、基础性的模型。在可靠性理论中，通常先以不修复系统为对象，研究狭义可靠性问题，建立系统可靠性模型，然后再扩展到可修复系统。

3.3.1 串联系统的可靠性

1. 可靠度计算方法

当一个系统中的任一单元失效时系统就失效，或者说当系统中所有单元正常时系统才正常，这样的系统称为串联系统(series system)。设一个串联系统由 n 个单元组成，则其可靠性框图如图 3-7 所示。n 个单元全部正常工作时，系统正常工作，只要有一个单元失效，系统即失效。

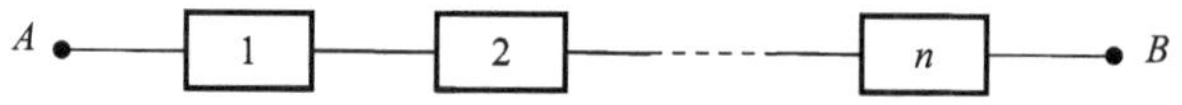

图 3-7　串联系统可靠性框图

设：A 表示系统正常工作状态；$\bar{A}$ 表示系统故障状态；A_i 表示单元 i 处于正常工作状态 $(i=1,2,\cdots,n)$；$\overline{A_i}$表示单元 i 处于故障状态$(i=1,2,\cdots,n)$。则

$$A=A_1\cap A_2\cap\cdots\cap A_n=\bigcap_{i=1}^{n}A_i$$

$$\bar{A}=\overline{A_1}\cup\overline{A_2}\cup\cdots\cup\overline{A_n}=\bigcup_{i=1}^{n}\overline{A_i}$$

由上式得

$$P(A)=P(\bigcap_{i=1}^{n}A_i)=\prod_{i=1}^{n}P(A_i)\quad(A_i\text{之间相互独立})\tag{3-1}$$

在假设诸元件的失效相互独立的情况下，有

$$P(S)=P(A_1)P(A_2)\cdots P(A_n)$$

即

$$R_s(t)=\prod_{i=1}^{n}R_i(t)\tag{3-2}$$

上式表明，在串联系统中，系统的可靠度是各元件(单元)可靠度的乘积。

因为 $R_i(t)<1$，所以 $R_s(t)<1$，而且 $R_s(t)<R_i(t)$，即串联系统的可靠度比系统中任一单元的可靠度要小。

因此，提高最低可靠度单元(薄弱环节)的可靠度效果会更好。

若各单元服从指数分布，则

$$R_s(t)=\prod_{i}^{n}\mathrm{e}^{-\lambda_i\cdot t}=\mathrm{e}^{-\sum\limits_{i=1}^{n}\lambda_i\cdot t}=\mathrm{e}^{-\lambda_s\cdot t} \tag{3-3}$$

由此可知，串联后仍服从指数分布，其失效率及其寿命函数分别为

$$\lambda_s=\sum_{i=1}^{n}\lambda_i \tag{3-4}$$

$$\theta_s=\frac{1}{\lambda_s} \tag{3-5}$$

由此可见，串联系统的可靠度是各元件可靠度的积，这种结构称为链形结构或最薄弱环结构。元件越多，可靠性的降低也越显著，串联系统的元件受到同样的冲击时，最弱的元件将首先失效，即系统比最薄弱的元件还要脆弱。串联系统的可靠度 R_s 与串联单元的数目 n 及各单元的可靠度 $R_i(t)$ 有关，由于 $R_i(t)$ 总不大于 1，故串联系统的可靠度总是小于系统中任一单元的可靠度；当各单元的可靠度一定时，串联的单元越多，系统的可靠度越低；当系统的可靠度要求一定时，串联的单元越多，对每个单元的可靠度要求越高。因此，在串联系统中不应有任何特别薄弱的环节，应尽可能由等可靠度的单元组成，并尽可能简化设计，减少系统的零件数，以有助于提高系统的可靠度。

2. 失效率的计算

各元件的可靠度可由式 $R_i(t)=\exp\left[-\int_0^t\lambda_i(t)\,\mathrm{d}t\right]$ 来计算，因此，系统可靠度为

$$R_s(t)=\prod_{i=1}^{n}\exp\left[-\int_0^t\lambda_i(t)\,\mathrm{d}t\right]=\exp\left[-\sum_{i=1}^{n}\int_0^t\lambda_i(t)\,\mathrm{d}t\right] \tag{3-6}$$

若令 $\Lambda(t)=\sum\limits_{i=1}^{n}\lambda_i(t)$，$\Lambda(t)$ 称为系统失效率，则 $R_s(t)=\exp\left(-\int_0^t\Lambda_i(t)\,\mathrm{d}t\right)$，表明串联系统的失效率是各元件 t 失效率之和。

3. 指数分布假设下系统可靠性

计算若各单元寿命均服从指数分布，即 $\lambda_i(t)=\lambda_i$，$i=1,2,\cdots,n$ 均为常数，则

$$R_s(t)=\exp\left(-\int_0^t\Lambda(t)\,\mathrm{d}t\right)=\exp\left[-\sum_{i=1}^{n}\lambda_i t\right]=\exp\left[-\Lambda(t)\right] \tag{3-7}$$

上式说明，当各单元的寿命服从指数分布时，系统的寿命仍服从指数分布，其系统失效率为 $\Lambda=\sum\limits_{i=1}^{n}\lambda_i$，为各单元失效率之和，仍然为常数，而系统的平均寿命为

$$\mathrm{MTTF}_s=\frac{1}{\Lambda}=\frac{1}{\sum\limits_{i=1}^{n}\lambda_i} \tag{3-8}$$

当组成系统的各单元是相同元件，且 $\lambda_i=\lambda(i=1,2,\cdots,n)$ 时，

$$R_s(t)=\exp[-n\lambda t],\quad \mathrm{MTTF}_s=\frac{1}{n\lambda} \tag{3-9}$$

3.3.2 并联系统的可靠性

当一个系统中的所有单元失效时系统才失效，或者说当系统中只要有一个单元正常时系统

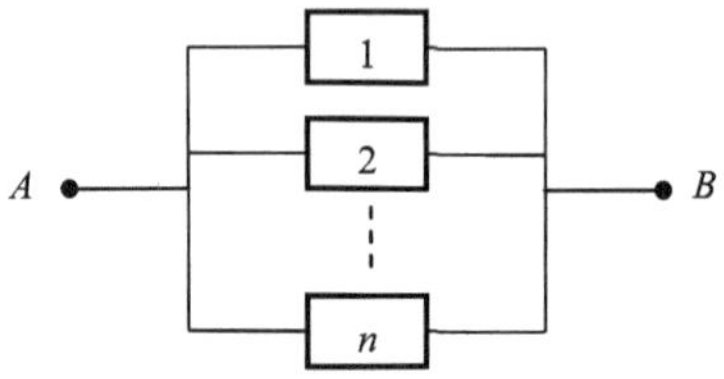

图 3-8　并联系统可靠性框图

就正常，这样的系统称为并联系统(parallel system)。设一个并联系统由 n 个单元组成，则其可靠性框图如图 3-8 所示。

设：A 表示系统正常工作状态；$\bar{A}$ 表示系统故障状态；A_i 表示单元 i 处于正常工作状态($i=1,2,\cdots,n$)；$\overline{A_i}$ 表示单元 i 处于故障状态($i=1,2,\cdots,n$)。则

$$\bar{A}=\overline{A_1}\cap\overline{A_2}\cap\cdots\cap\overline{A_n}=\bigcap_{i=1}^{n}\overline{A_i}\quad(\text{设各单元状态相互独立})$$

$$P(\bar{A})=P\left(\bigcap_{i=1}^{n}\overline{A_i}\right)=\prod_{i=1}^{n}P(\overline{A_i})$$

$$F_s(t)=\prod_{i=1}^{n}F_i(t)\tag{3-10}$$

$$R_s(t)=1-F_s(t)=1-\prod_{i=1}^{n}F_i(t)=1-\prod_{i=1}^{n}[1-R_i(t)]\tag{3-11}$$

$$\theta_s=\int_0^{\infty}R_s(t)\,dt\tag{3-12}$$

$$\lambda_s(t)=\frac{f(t)}{R(t)}=\frac{\dfrac{-dR_s(t)}{dt}}{R_s(t)}=-\frac{R'_s(t)}{R_s(t)}\tag{3-13}$$

由上式可以看出，并联系统的可靠度高于任一单元的可靠度；在元件可靠性一定的情况下，并联的单元越多，系统可靠度越大；当系统的可靠度要求一定时，并联的单元越多，对单元可靠度的要求越低。

若系统由相同的单元组成，各单元可靠度均为 R_0，则

$$R_s(t)=1-(1-R_0)^n=\sum_{i=1}^{n}(-1)^{i+1}C_n^iR_0^i\tag{3-14}$$

若各单元寿命均服从指数分布，则

$$R_s(t)=1-\prod_{i=1}^{n}(1-e^{-\lambda_i\cdot t})\tag{3-15}$$

当 $n=2$ 时，

$$R_s(t)=e^{-\lambda_1\cdot t}+e^{-\lambda_2\cdot t}-e^{-(\lambda_1+\lambda_2)\cdot t},\quad\theta_s=\frac{1}{\lambda_1}+\frac{1}{\lambda_2}-\frac{1}{\lambda_1+\lambda_2}$$

$$\lambda_s(t)=\frac{\lambda_1e^{-\lambda_1\cdot t}+\lambda_2e^{-\lambda_2\cdot t}-(\lambda_1+\lambda_2)e^{-(\lambda_1+\lambda_2)\cdot t}}{e^{-\lambda_1\cdot t}+e^{-\lambda_2\cdot t}-e^{-(\lambda_1+\lambda_2)\cdot t}}$$

对 n 个相同单元 $\lambda_i=\lambda$，则

$$R_s=1-[1-R(t)]^n=1-(1-e^{-\lambda\cdot t})^n\tag{3-16}$$

$$\text{MTTF}_s=\theta_s=\frac{1}{\lambda}+\frac{1}{2\lambda}+\cdots+\frac{1}{n\lambda}=\frac{1}{\lambda}\left(1+\frac{1}{2}+\cdots+\frac{1}{n}\right)\tag{3-17}$$

$$\lambda_s(t)=-\frac{R'_s(t)}{R_s(t)}=\frac{n\lambda e^{-\lambda\cdot t}(1-e^{-\lambda\cdot t})^{n-1}}{1-(1-e^{-\lambda\cdot t})^n}\tag{3-18}$$

这表明由寿命服从指数分布的单元组成的并联系统，其系统寿命分布已不再服从指数分布，但有$\lim_{t\to\infty}\lambda_s(t)=\lambda$。

由系统 $MTTF_s$ 计算式可知，由两个服从相同指数分布的单元组成的并联系统，其平均寿命比单元件系统的寿命增加 50%，而三单元并联系统的平均寿命只比二单元并联系统增加 33%，可见随着并联元件数的增加而寿命的增加将逐渐减小，因此并联的元件不宜过多，如图 3-9 所示。所以，通常取 $n=2\sim3$ 。

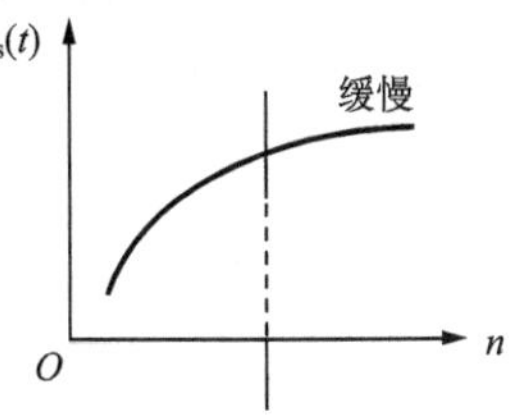

图 3-9　并联元件个数与系统可靠性关系

串联系统的可靠性低于任一元件的可靠性，并联系统的可靠性高于任一元件的可靠性。因此，提高系统可靠性一个方法是对元件添加并联元件，这在设计中称为冗余(redundancy)。在并联系统中虽然只需一个元件运行，实际上是所有元件都处于工作状态，这种冗余称为工作冗余(active redundancy)，如果工作元件处于运行状态，其他元件处于备用状态，则称为储备冗余(standby redundancy)。

3.3.3　混联系统的可靠性

由串联系统和并联系统混合而成的系统称为混联系统。混联系统的化简过程如图 3-10 所示。

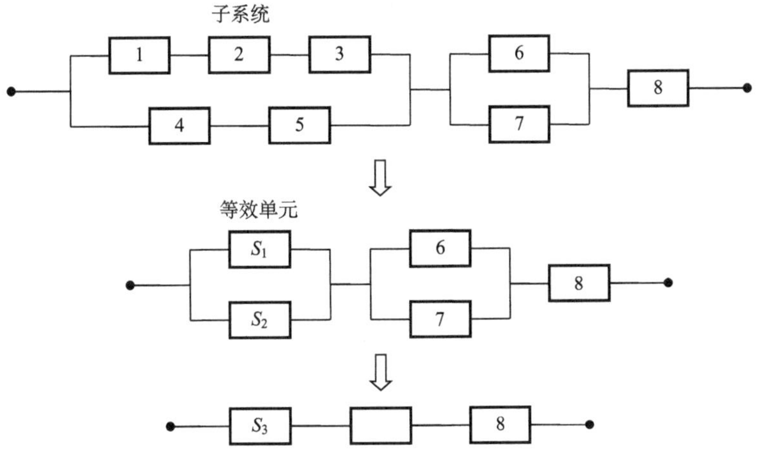

图 3-10　混联系统化简过程

$$R_s(t)=R_{s_3}(t)\cdot R_{s_4}(t)\cdot R_8(t)$$

$$R_{s_3}(t)=1-[1-R_{s_1}(t)][1-R_{s_2}(t)],\quad R_{s_4}(t)=1-[1-R_6(t)][1-R_7(t)]$$

$$R_{s_1}(t)=R_1(t)R_2(t)R_3(t),\quad R_{s_2}(t)=R_4(t)R_5(t)$$

$$\theta_s=\int_0^{+\infty}R_s(t)\mathrm{d}t,\quad \lambda_s(t)=\frac{R_s'(t)}{R_s(t)}$$

最常见的混联系统有如下两种。

1. 串并联系统

串并联系统又称附加单元系统，如图 3-11 所示，每一列视为一个子系统，求出各子系统的 R_j，再相乘即得 R_s。

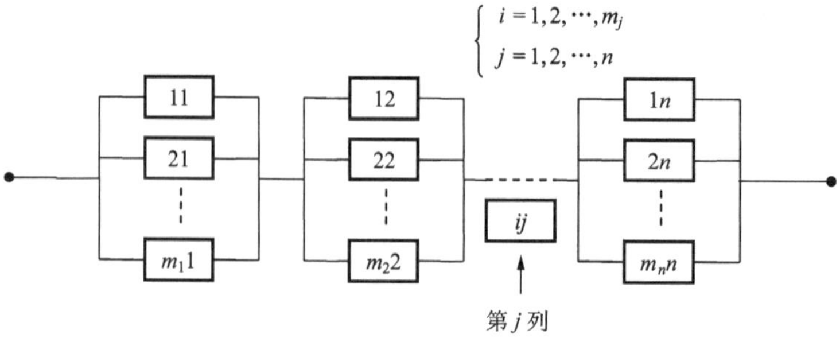

图 3-11　串并联系统

$$R_j(t)=1-\prod_{i=1}^{m_j}[1-R_{ij}(t)]\begin{cases}i=1,2,\cdots,m_j\\j=1,2,\cdots,n\end{cases}$$

$$\Rightarrow R_s(t)=\prod_{j=1}^{n}R_j=\prod_{j=1}^{n}\left\{1-\prod_{i=1}^{m_j}[1-R_{ij}(t)]\right\}\tag{3-19}$$

当 $m_1=m_2=\cdots=m_n=m$，且 $R_{ij}(t)=R(t)$时

$$R_s(t)=\{1-[1-R(t)]^m\}^n\tag{3-20}$$

2. 并串联系统

并串联系统又称附加通路系统，如图 3-12 所示。

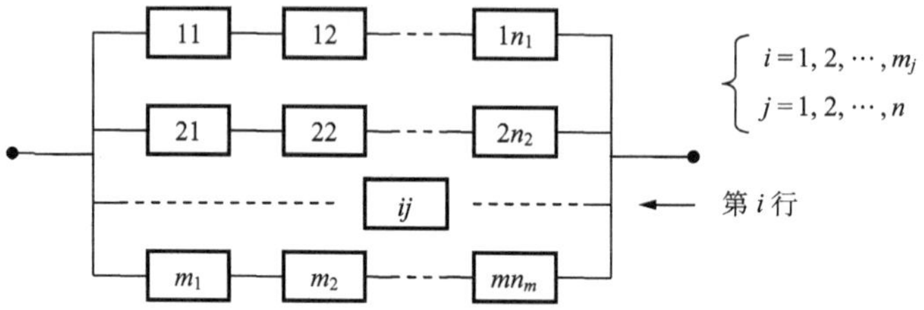

图 3-12　并串联系统

每一行视为一个子系统，求出各子系统的 R_j，再求得 R_s。

$$R_i(t)=\prod_{j=1}^{n_i}R_{ij}$$

$$R_s(t)=1-\prod_{i=1}^{m}[1-R_i(t)]=1-\prod_{i=1}^{m}\left[1-\prod_{j=1}^{n_i}R_{ij}(t)\right]\tag{3-21}$$

当 $n_1=n_2=\cdots=n_m=n$，$R_{ij}(t)=R(t)$时

$$R_s(t)=1-[1-R^n(t)]^m \tag{3-22}$$

这两种系统的功能是一样的，但可靠度是不一样的，可以证明当采用相同的元件组成这两种系统时，附加单元系统的可靠度大于附加通路系统的可靠度。

例 3-1　由 4 个元件分别组成串联、并联、附加单元、附加通路 4 种不同的系统，每个元件的可靠度均为 $R_0=0.99$，试求 4 种系统的可靠度各为多少？

解：当组成串联系统时，$R_s=R_0^4=0.99^4=0.9606$；

当组成并联系统时，$R_s=1-(1-R_0)^4=1-(1-0.99)^4=0.99999999$；

当组成附加单元系统时，$R_s=(1-(1-R_0)^2)^2=(1-(1-0.99)^2)^2=0.9998$；

当组成附加通路系统时，$R_s=1-(1-R_0^2)^2=1-(1-0.99^2)^2=0.996$。

结论：并联系统＞附加单元系统＞附加通路系统＞串联系统，这一结论具有普遍性。

3.3.4　冷储备系统的可靠性

储备系统是指当系统的某一元件或子系统失效时，有相同的备用元件或子系统代替失效的元件或子系统工作，以保证系统能完成规定的功能。

冷储备系统是指储备单元在储备期的失效率为零，储备期的长短对以后的使用寿命没有影响，也称非工作储备。设系统由 n 个单元组成，其中只有一个单元工作，其余 $n-1$ 个单元作为备用件。当工作单元失效时，通过失效检测装置及转换装置使另一个单元立即开始工作，单元逐个顶替工作，直到全部单元失效为止。根据失效检测与转换装置在失效检测与转换时是否可靠，分为理想开关——转换过程完全可靠和非理想开关——转换过程不一定可靠两种情况，也称完全切换（perfect switching）和不完全切换（imperfect switching）。冷储备系统的可靠性逻辑框图如图 3-13 所示。

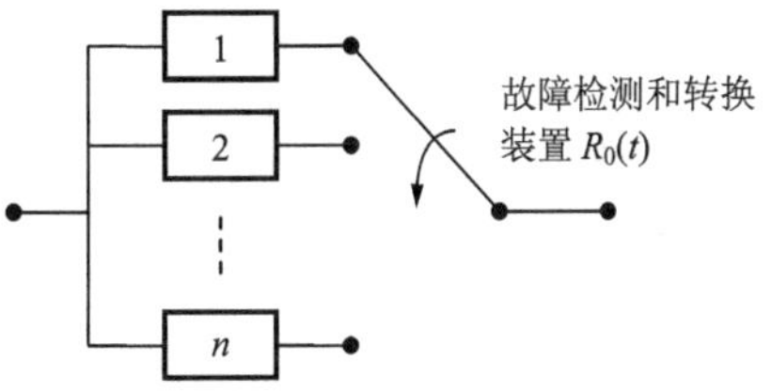

图 3-13　冷储备系统

1. 理想开关情形

假设 n 个单元的寿命分别为随机变量 $T_1,T_2,\cdots,T_n$，则此种情况下系统的寿命为各单元寿命之和，即

$$T=\sum_{i=1}^{n}T_i$$

系统可靠度为

$$R_s=P(T>t)=P(T_1+T_2+\cdots+T_n>t)=1-P(T_1+T_2+\cdots+T_n\leqslant t)$$

由于 T 是一个多维随机变量的联合分布，上式很难计算。当诸单元的寿命均服从相同参数的指数分布，即 $\lambda_i=\lambda(i=1,2,\cdots,n)$时，单元的失效个数服从泊松分布，系统的可靠度即是失效数 X 不超过 $n-1$ 的概率。

$$R_s=P(X\leqslant n-1)=\sum_{k=0}^{n-1}\frac{(\lambda t)^k}{k!}\mathrm{e}^{-\lambda t} \tag{3-23}$$

此时系统的平均寿命为

$$\mathrm{MTTF}_s=\frac{n}{\lambda} \tag{3-24}$$

例如由两个相同元件组成这种系统，则 $R_s(t)=e^{(-\lambda t)(1+\lambda t)}$，$MTTF_s=2/\lambda$。

理想开关冷储备系统也称为旁联系统。

下面以两个单元组成的旁联系统为例，说明上式 $R_s(t)$ 的计算方法。

设两单元，T_1、T_2 均服从指数分布，失效率分别为 λ_1、λ_2，则

$$f_1(t)=\lambda_1 e^{-\lambda_1 \cdot t},\quad f_2(t)=\lambda_2 e^{-\lambda_2 \cdot t}$$

$$R_s(t)=P(T_s>t)=\int_t^{\infty} f_s(t)\mathrm{d}t, f_s(t): T_s=T_1+T_2 \text{ 的概率密度函数}$$

因为

$$T_s=T_1+T_2$$

所以

$$f_s(t)=f_1(t)*f_2(t)$$

即 $f_1(t)$ 和 $f_2(t)$ 的卷积。

两边取拉普拉斯变换

$$L[f_s(t)]=L[f_1(t)*f_2(t)]=L[f_1(t)]*L[f_2(t)] \tag{3-25}$$

由上式得

$$L[f_1(t)]=\lambda_1 \cdot \frac{1}{s+\lambda_1}, L[f_2(t)]=\lambda_2 \cdot \frac{1}{s+\lambda_2}$$

（用到：$\mathrm{d}(e^{-\lambda \cdot t})=\frac{1}{s+\lambda}$；$L[af(t)]=aL[f(t)]$）

进行拉氏反变换并整理得

$$\begin{cases} R_s(t)=\dfrac{\lambda_2}{\lambda_2-\lambda_1}e^{-\lambda_1 t}+\dfrac{\lambda_1}{\lambda_2-\lambda_1}e^{-\lambda_2 t} \\ MTTF_s=\theta_s=\displaystyle\int_0^{+\infty} R_s(t)\mathrm{d}t=\frac{1}{\lambda_1}+\frac{1}{\lambda_2} \end{cases} \tag{3-26}$$

对两个相同单元组成的旁联，用上述同样方法得

$$\begin{cases} f_s(t)=\lambda^2 t e^{-\lambda t} \\ R_s(t)=(1+\lambda t)e^{-\lambda t} \\ MTTF_s=\theta_s=\dfrac{2}{\lambda} \end{cases} \tag{3-27}$$

对 n 个不同单元组成的旁联：

$$R_s(t)=\sum_{k=1}^{n}\left(\prod_{\substack{i=1\\ i\neq k}}^{n}\frac{\lambda_i}{\lambda_i-\lambda_k}e^{-\lambda_k t}\right)$$

$$MTTF_s=\theta_s=\sum\theta_i=\sum_{i=1}^{n}\frac{1}{\lambda_i} \tag{3-28}$$

2. 非理想开关的情形

在非理想开关的情况下，计算更为复杂。下面给出 $\lambda_i=\lambda\ (i=1,2,\cdots,n)$，开关使用时的可靠度为常数 R_0（失效概率 $F_0=1-R_0$，即切换成功的概率为 R_0）的简单情况下的可靠度和平均寿命计算式：

$$R_s(t)=e^{-\lambda t}\sum_{k=0}^{n-1}\frac{(R_0\lambda t)^k}{k!},\qquad MTTF_s=\frac{1-R_0^n}{\lambda F_0} \tag{3-29}$$

例如由两个相同元件组成这种系统，则

$$R_s(t)=e^{-\lambda t}(1+R_0\lambda t),$$

$$MTTF_s=(1+R_0)/\lambda \tag{3-30}$$

转换装置不完全可靠(服从指数分布)。

仍以 2 个单元组成的旁联系统为例，如图 3-14 所示。

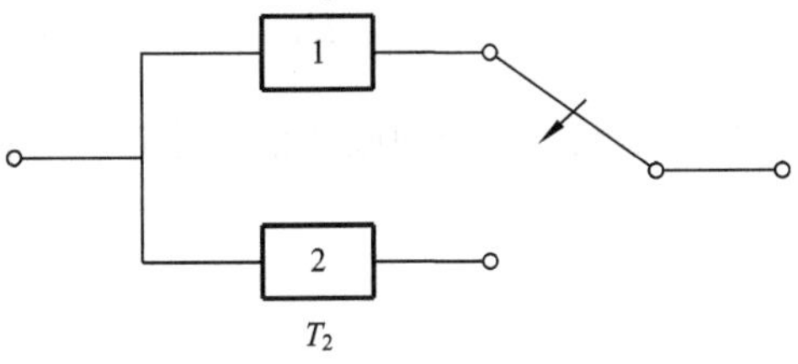

图 3-14　2 个单元组成的旁联系统

分布函数(或不可靠度)

$$F_s=P(T_s\leqslant T)=1-e^{-\lambda_1 t}-\frac{\lambda_1}{\lambda_1+\lambda_0-\lambda_2}\left[e^{-\lambda_2 t}-e^{-(\lambda_1+\lambda_0)t}\right]$$

$$\Rightarrow R_s(t)=1-F_s(t)$$

$$MTTF_s=\theta_s(t)=\int_0^{+\infty}R_s(t)\,dt=\frac{1}{\lambda_1}+\frac{\lambda_1}{\lambda_2(\lambda_0+\lambda_1)} \tag{3-31}$$

转换装置不完全可靠(不使用时 $\lambda_0=0$，使用时 $R_0(t)=R_0=c$)。

单元 1 先投入使用，单元 1 失效时，转换装置投入使用，此时转换装置有两种可能：

(1) 失效：系统寿命为 T_1，失效概率为 $1-R_0$。

(2) 正常：系统寿命为 T_1+T_2，正常概率为

$$R_s(t)=P(T_1>t)\times(1-R_0)+P(T_1+T_2>t)\times R_0$$

对指数分布

$$R_s(t)=e^{-\lambda_1 t}+\frac{\lambda_1 R_0}{\lambda_2-\lambda_1}(e^{-\lambda_2 t}-e^{-\lambda_1 t})$$

$$MTTF_s=\theta_s(t)=\int_0^{+\infty}R_s(t)\,dt=\frac{1}{\lambda_1}+\frac{R_0}{\lambda_2}$$

对由 n 个相同指数单元组成的旁联，经推导可得

$$\begin{cases}R_s(t)=\displaystyle\sum_{i=0}^{n-1}\frac{(\lambda t R_0)^i}{i!}e^{-\lambda t}\\[2ex]\theta_s=\dfrac{1}{\lambda_1+(1-R_0^n)}\end{cases} \tag{3-32}$$

大部分机械零件，备件在储备过程中一般不发生失效，但对电子产品，在备用过程中将产生老化或某些特性值发生漂移。这一类储备件在储备的过程中也可能发生失效的储备系统称为热储备系统，其储备期的失效率可以和使用期不同，一般低于使用时的失效率。热储备系统的讨论要比冷储备系统复杂得多，这里略过。

3.3.5　表决储备系统的可靠性

由 n 个单元组成的系统中，若有 $1\leqslant k\leqslant n$ 个单元正常，系统即正常，这样的系统称为表决储备系统，一般记为 $k/n(G)$，其中的 $1/n(G)$ 即是并联系统，$n/n(G)$ 即是串联系统。

当组成系统的 n 个单元相同(独立、同分布)时，系统的失效概率服从二项分布，其可靠度即是失效数 X 不大于 $n-k$ 的概率。若每个单元的可靠度为 R_0(失效概率 $F_0=1-R_0$)，则

$$R_s=P(X\leqslant n-k)=\sum_{i=k}^{n}C_n^kF_0^i(1-F_0)^{n-i} \tag{3-33}$$

当各单元的寿命均服从指数分布，且具有相同的失效率 λ 时，系统的平均寿命为

$$\mathrm{MTTF_s}=\frac{1}{\lambda}\sum_{i=k}^{n}\frac{1}{i} \tag{3-34}$$

表决系统特征：n 个单元中只要有 r 个单元正常工作，系统就能正常工作，如图 3-15(a)所示。

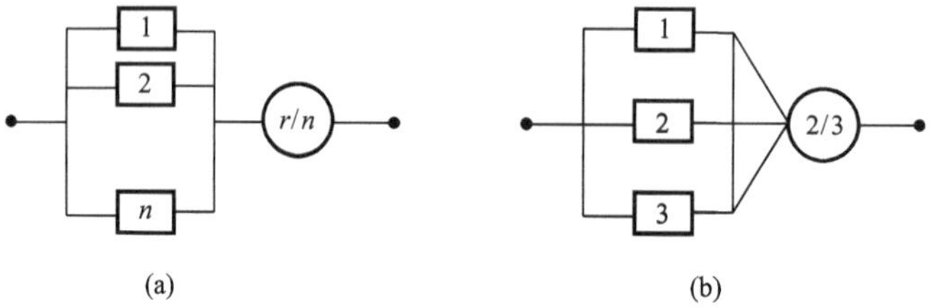

图 3-15 表决系统

以图 3-15(b)为例，设 A_i 表示单元 i 处于正常工作状态($i=1,2,3$)；A 表示系统处于正常工作状态，则

$$A=(A_1\cap A_2)\cup(A_1\cap A_3)\cup(A_2\cap A_3)$$

设 A_i 间相互独立，但

事件Ⅰ：$A_1\cap A_2$；

事件Ⅱ：$A_1\cap A_3$；

事件Ⅲ：$A_2\cap A_3$； Ⅰ、Ⅱ、Ⅲ 相容，则

$$\begin{aligned}R_s(t)&=P(A)=P(A_1\cap A_2)+P(A_1\cap A_3)+P(A_2\cap A_3)\\&\quad-[P(\text{Ⅰ}\cap\text{Ⅱ})+P(\text{Ⅰ}\cap\text{Ⅲ})+P(\text{Ⅱ}\cap\text{Ⅲ})]+P[\text{Ⅰ}\cap\text{Ⅱ}\cap\text{Ⅲ}]\\&=P(A_1\cap A_2)+P(A_1\cap A_3)+P(A_2\cap A_3)\\&\quad-[P(A_1\cap A_2\cap A_3)+P(A_1\cap A_2\cap A_3)+P(A_1\cap A_2\cap A_3)]\\&\quad-P(A_1\cap A_2\cap A_3)\\&=P(A_1\cap A_2)+P(A_1\cap A_3)+P(A_2\cap A_3)-2P(A_1\cap A_2\cap A_3)\\&=P(A_1)P(A_2)+P(A_1)P(A_3)+P(A_2)P(A_3)-2P(A_1)P(A_2)P(A_3)\\&=R_1(t)R_2(t)+R_1(t)R_3(t)+R_2(t)R_3(t)-2R_1(t)R_3(t)\end{aligned} \tag{3-35}$$

当各单元相同时：$R_i(t)=R(t)$，$R_s(t)=3R^2(t)-2R^3(t)$

所以

$$\mathrm{MTTF_s}=\theta_s=\int_0^{+\infty}R_s(t)\mathrm{d}t$$

$$\lambda(t)=-\frac{R_s'(t)}{R_s(t)} \tag{3-36}$$

对上述“2/3”子系统(图 3-16)也可以表示为

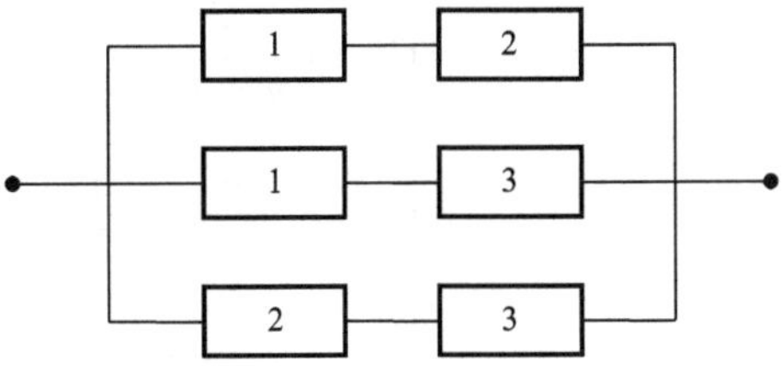

图 3-16　“2/3”子系统

由此，按前述并、串联系统的计算方法即可求得系统的可靠性特征量。

一般，对于 n 个相同单元($R(t)$)组成的 r/n 表决系统，由于各单元只有两个状态，因此 r/n 系统失效概率 $R_s(t)$ 可表示为

$$\sum_{i=r}^{n}\left\{C_n^i \frac{R^i(t)(1-R(t))^{n-i}}{i\text{ 个正常工作},n-i\text{ 个单元失效}}\right\} \tag{3-37}$$

式中，i 为正常工作单元数，$i=r,r+1,\cdots,n$ 时系统都可正常工作；$C_n^i=\dfrac{n!}{i!\ (n-i)!}$。

对于 r/n 系统，当 $r=n$ 时，为 n/n 系统，即为串联系统；当 $r=1$ 时，为 $1/n$ 系统，即为并联系统。

各系统单元相同，且均服从指数分布时，失效率为 λ，则

$$R_s(t)=\sum_{i=r}^{n}C_n^i \mathrm{e}^{-i\lambda\cdot t}(1-\mathrm{e}^{-\lambda\cdot t})^{n-i}$$

此时，

$$\mathrm{MTTF_s}=\theta_s=\int_0^{+\infty}\mathrm{e}^{-i\lambda\cdot t}(1-\mathrm{e}^{-\lambda\cdot t})^{n-i}\mathrm{d}t=\sum_{i=r}^{n}\frac{1}{i\lambda} \tag{3-38}$$

用数学归纳法可以证明

$$C_n^i\int_0^{+\infty}\mathrm{e}^{-i\lambda\cdot t}(1-\mathrm{e}^{-\lambda\cdot t})^{n-i}\mathrm{d}t=\frac{1}{i\lambda} \tag{3-39}$$

当 $i=1$ 时，

$$C_n^1\int_0^{+\infty}\mathrm{e}^{-\lambda\cdot t}(1-\mathrm{e}^{-\lambda\cdot t})^{n-1}\mathrm{d}t=\frac{n}{\lambda}\int_0^{+\infty}(1-\mathrm{e}^{-\lambda\cdot t})^{n-1}\mathrm{d}(1-\mathrm{e}^{-\lambda\cdot t})=\frac{n}{\lambda}\cdot\frac{1}{n}(1-\mathrm{e}^{-\lambda\cdot t})^n\Big|_0^{+\infty}=\frac{1}{\lambda}$$

上式成立。

设 $i=k(1\leqslant k<n)$ 时，等式成立，即

$$C_n^k\int_0^{+\infty}\mathrm{e}^{-k\lambda\cdot t}(1-\mathrm{e}^{-\lambda\cdot t})^{n-k}\mathrm{d}t=\frac{1}{k\lambda} \tag{3-40}$$

证明 $i=k+1$ 时，式(3-39)成立：

$$C_n^{k+1}\int_0^{+\infty}\mathrm{e}^{-(k+1)\lambda\cdot t}(1-\mathrm{e}^{-\lambda\cdot t})^{n-k-1}\mathrm{d}t$$

$$=C_n^{k+1}\cdot\frac{1}{\lambda(n-k)}\int_0^{+\infty}\mathrm{e}^{-k\lambda\cdot t}\mathrm{d}(1-\mathrm{e}^{-\lambda\cdot t})^{n-k}$$

$$=C_n^{k+1}\cdot\frac{1}{\lambda(n-k)}\left[\mathrm{e}^{-k\lambda\cdot t}\cdot(1-\mathrm{e}^{-\lambda\cdot t})^{n-k}\Big|_0^{\infty}-\int_0^{\infty}(1-\mathrm{e}^{-\lambda\cdot t})^{n-k}\mathrm{d}\mathrm{e}^{-k\lambda\cdot t}\right]$$

$$=-C_n^{k+1}\cdot\frac{1}{\lambda(n-k)}\cdot\int_0^{+\infty}(1-\mathrm{e}^{-\lambda\cdot t})^{n-k}\mathrm{e}^{-k\lambda\cdot t}(1-k\lambda)\mathrm{d}t$$

$$=C_n^{k+1}\cdot\frac{k}{n-k}\cdot\int_0^{+\infty}\mathrm{e}^{-k\lambda\cdot t}(1-\mathrm{e}^{-\lambda\cdot t})^{n-k}\mathrm{d}t$$

$$=C_n^{k+1}\cdot\frac{k}{n-k}\cdot\frac{1}{C_n^k}\cdot\frac{1}{k\lambda}$$

$$=\frac{n!}{(k+1)!\,(n-k-1)!}\cdot\frac{1}{n-k}\cdot\frac{\frac{1}{n!}}{k!\,(n-k)!}\cdot\frac{1}{\lambda}$$

$$=\frac{1}{(k+1)\lambda}$$

所以 $i=k+1$ 时，式(3-39)成立，故式(3-39)成立。

例 3-2 有一种设备由 n 个失效率为常数 $\lambda=0.00024\mathrm{h}^{-1}$ 的相同单元组成，设要求设备工作 1500h 的可靠度不低于 0.99，试问采用并联工作储备和采用理想开关非工作储备两种方法时，系统各需要多少单元组成，设备的平均寿命各是多少？

解：根据已知条件，每个单元的可靠度为：$R_0(1500)=R=\mathrm{e}^{-\lambda t}=\mathrm{e}^{-0.0002\times 1500}=0.6977$。

当采用并联工作储备时，若要求：$R_s(15000)=1-(1-R)^n\geqslant 0.99$，则

$$n\geqslant\frac{\ln(1-0.99)}{\ln(1-0.6977)}=3.85$$

取 $n=4$。

系统的平均寿命为：$\mathrm{MTTF}_s=\frac{1}{\lambda}\left(1+\frac{1}{2}+\frac{1}{3}+\frac{1}{4}\right)=\frac{1}{0.00024}\cdot\frac{25}{12}=8680.6(\mathrm{h})$。

当采用非工作储备时，在转换开关可靠的情况下，用泊松分布计算系统的可靠度：

$$R_s(t)=\mathrm{e}^{-\lambda t}\left(1+\lambda t+\frac{(\lambda t)^2}{2!}+\cdots+\frac{(\lambda t)^{n-1}}{(n-1)!}\right)$$

把已知数据代入，并试取括号中的前三项：

$$1+\lambda t+\frac{(\lambda t)^2}{2!}=1+0.36+0.0648=1.425\geqslant\frac{0.99}{\mathrm{e}^{-\lambda t}}=\frac{0.99}{0.6977}=1.414$$

故取 $n=3$ 可满足要求，此时系统的平均寿命为：$\mathrm{MTTF}_s=\frac{3}{\lambda}=3/0.00024=12500(\mathrm{h})$。

例 3-3 有两种飞机，一为四发动机，一为双发动机，各发动机的故障率相等，且故障相互独立，若使飞机能正常飞行，至少需半数发动机工作，试求两种飞机因发动机故障而发生事故的概率，并比较之。

解：本题为 n 中取 $n/2$ 的表决储备系统，设每个发动机的故障概率均为 q，利用二项分布，飞机的故障概率为发动机失效数 $X>n/2$ 的概率

$$F=p(X>n/2)=\sum_{k-\frac{n}{2}+1}^{n}C_n^k q^k(1-q)^{n-k}$$

当为四发动机时，这一概率为

$$F_4=4q^3-3q^4$$

当为二发动机时，这一概率为

$$F_2=q^2$$

比较 F_4 和 F_2 可知，当 $q<1/3$ 时，$F_4<F_2$，反之，$F_2>F_4$。由此看出，过多储备不一定能提高系统的可靠性。但由于 $q>1/3$ 的可能性几乎不存在，故一般是四发动机飞机的故障概率小。

3.3.6 一般网络系统的可靠性

在许多生产技术中遇到的系统除前面介绍的串联、并联、表决等典型模型外，还有一些由单元组成的复杂的网状结构。如大型自动机床上综合了机械、液压、气动、电气等各种机构，构成了一个复杂的有网络系统；再如通讯网络系统、交通网络系统等。复杂系统的可靠性不能只靠简化成前述的数学模型进行运算，还需运用一些一般网络模型常用的分析方法。网络由节点和节点间的连线（弧或单元）连接而成，前提是：假设弧（单元）和系统只有两种可能状态，正常或失效。弧（或单元）之间相互独立，同时又分为节点失效和节点不失效两大类，本节讨论这类网络模型，主要以节点的失效情况为重点进行介绍。

1. 布尔真值表法

布尔真值表法也称状态穷举法。设系统由 n 个单元组成，每个单元有正常、故障两种状态，用 1 表示正常，用 0 表示失效，显然系统共有 2^n 状态，在这 2^n 个状态中，系统也只有正常和失效两种可能，也分别用 1 和 0 表示。当 n 较小时，可列出全部 2^n 个状态，计算出每一种使系统正常的状态概率，这些概率之和即为系统的可靠度。

设第 k 个状态是系统的正常状态，其中有 m 个元件正常，$n-m$ 元件失效，则该状态发生的概率为

$$P_k=\prod_{i\subset 正常}R_i\cdot\prod_{j\subset 失效}^{n}F_i \tag{3-41}$$

系统的可靠度即是所有使系统正常的状态发生概率之和，即

$$R_s=\sum_{k\subset 正常}P_k$$

例 3-4　如图 3-17 所示的附加通路系统，设每个单元的可靠度均为 0.9，试用真值表法求系统的可靠度。

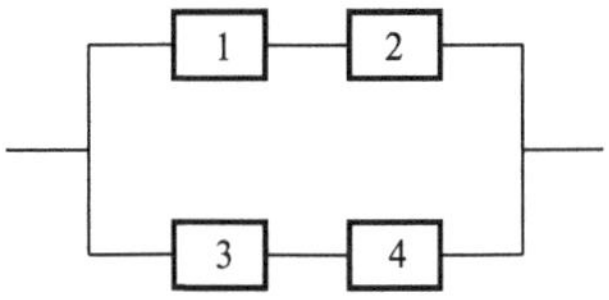

图 3-17　四单元附加通路系统

解：系统由 4 个单元组成，共有 16 种不同的状态，使系统正常的状态共有 7 种，计算出其中每一种状态发生的概率，如状态 8 发生的概率为

$$0.1\times0.9^3=0.0729$$

把这 7 种状态发生的概率加在一起即为系统的可靠度：

$$R_s=0.0081+0.0729+\cdots+0.6561=0.9639$$

具体计算结果如表 3-1 所示。

如用前述的公式计算则为

$$R_s=1-(1-R_0^2)^2=R_0^2(1-R_0^2)^2=0.9(2-0.9^2)=0.9639$$

如果系统处于故障状态比处于正常状态的数目多，可先计算系统的失效概率，然后再算出系统的可靠度。

表 3-1　用布尔真值法求系统可靠度

系统状态编号	单元工作状态				系统状态	系统正常状态概率
	1	2	3	4		
1	0	0	0	0	0	
2	0	0	0	1	0	
3	0	0	1	0	0	
4	0	0	1	1	1	0.0081
5	0	1	0	0	0	
6	0	1	0	1	0	
7	0	1	1	0	0	
8	0	1	1	1	1	0.0729
9	1	0	0	0	0	
10	1	0	0	1	0	
11	1	0	1	0	0	
12	1	0	1	1	1	0.0729
13	1	1	0	0	1	0.0081
14	1	1	0	1	1	0.0729
15	1	1	1	0	1	0.0729
16	1	1	1	1	1	0.6561

布尔真值表法原理简单，容易掌握，但当系统中单元数较多时，计算量非常大，只适于小型网络的可靠性计算。

2. 卡诺图法

卡诺图法是在状态穷举法的基础上进行的，它借助于数字电路理论的卡诺图计算系统的可靠度。用二进制表示的 2^n 种单元状态的组合，可以用一种称为卡诺图的方格图来表示。

卡诺图把 n 位二进制数分成两部分，分别作为横向表头和纵向表头的编码。表头使用的二进制数不是按大小顺序排列，而是使用的格雷(Gray)码，这种编码的特点是相邻位置和对称位置上的两个二进制数只在一位上有差别。如：

两位二进制数的格雷码表示为：00 01 11 10；

三位二进制数的格雷码表示为：000 001 011 010 110 111 101 100。

表体内的方格用 1 和 0 表示系统的正常和故障状态。

利用卡诺图计算系统的可靠度时，把方格内所有标有 1 的方格分成若干个小区，每个小区包括 2^k 个方格，小区应成矩形，各小区不能有交叉，这些小区就是表示“系统正常”这一事件的不交和，从而可以求出系统的可靠度。小区划分的方式不唯一，以小区尽可能少为好，但计算的结果是相同的。

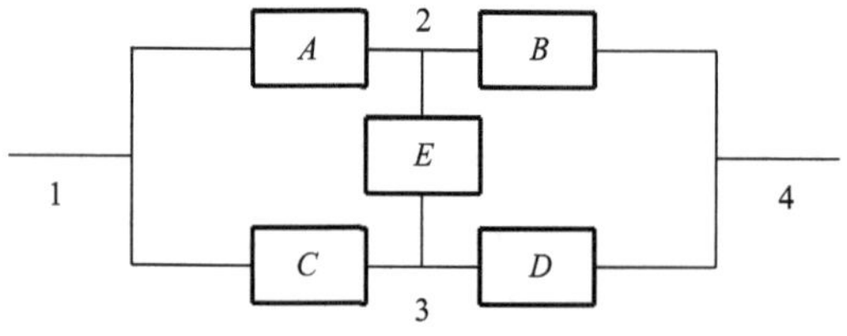

图 3-18　系统卡诺图

例 3-5　如图 3-18 所示的桥式系统，试用卡诺图法求系统的可靠度，设各元件正常的概率

均为 R，失效的概率均为 $F=1-R$。

解：画出系统的卡诺图，如图 3-19 所示，把方格中的“1”划分成 5 个小区，则系统的正常状态表示为

$$S=AB+\bar{A}CD+A\bar{B}CD+A\bar{B}\bar{C}DE+\bar{A}BC\bar{D}E$$

$$S=CD+AB\bar{C}+ABC\bar{D}+A\bar{B}\bar{C}DE+\bar{A}BC\bar{D}E$$

所以系统可靠度为

$$R_s=R^2+(1-R)R^2+(1-R)R^3+2(1-R)^2R^3$$

$$=2R^2+2R^3-5R^4+2R^5$$

AB \ CDE	000	001	011	010	110	111	101	100
00					1	1		
01					1	1	1	
11	1	1	1	1	1	1	1	1
10			1		1	1		

图 3-19　桥式系统及其卡诺图

3. 全概率分解法

若 B_i 是 B 的一个划分，即 $B_i \cap B_j=\Phi$（不可能事件）$(i=1,2,\cdots,n;j=1,2,\cdots,n;i\neq j)$，$\bigcup_{i=1}^{n} B_i=I$（必然事件），则全概率公式为

$$P(A)=\sum_{i=1}^{n}P(A|B_i)P(B_i) \tag{3-42}$$

对于单调系统（任一元件的失效只会使系统失效概率增加），每个元件有两种状态 X（正常状态）和 $\bar{X}$（失效状态），且二者必居其一，满足全概率公式的条件，因此系统的可靠度 $P(S)$ 为

$$R_s=P(X)P(S/X)+P(\bar{X})P(S/\bar{X}) \tag{3-43}$$

其中，$S|X$ 表示在 X 正常情况下系统正常的事件，相当于把 X 的两端短接起来，$S|\bar{X}$ 表示在 X 失效情况下系统正常的事件，相当于把 X 的两端断开。

仍以桥式系统为例，如图 3-20 中(a)所示。

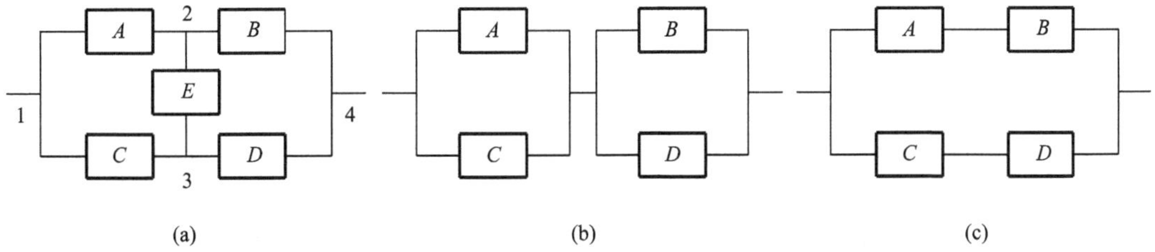

图 3-20　桥式系统及其化简图

选取元件 E 作为分解元件，短接 E 两端，得到图 3-20 中(b)图，断开 E 的两端，得到图 3-20(c)。则：

$$P(S|E)=1-(1-R_A)(1-R_C)(1-(1-R_B)(1-R_D))=\overline{\overline{R_A}\,\overline{R_C}}\cdot\overline{\overline{R_B}\,\overline{R_C}}$$

$$P(S|\overline{E})=1-(1-R_AR_B)(1-R_CR_D)=\overline{\overline{R_AR_B}\cdot\overline{R_CR_D}}$$

$$R_s=P(S)=P(E)P(S|E)+P(\overline{E})P(S|\overline{E})$$

$$=R_E\overline{\overline{R_A}\,\overline{R_C}}\cdot\overline{\overline{R_A}\,\overline{R_B}}+\overline{R_E}\,\overline{\overline{R_AR_B}\cdot\overline{R_CR_D}} \tag{3-44}$$

若各元件正常的概率均为 R，则有：

$$R_s=R[1-(1-R)^2]^2+(1-R)[1-(1-R^2)^2]$$

$$=2R^2+2R^3-5R^4+2R^5 \tag{3-45}$$

这和卡诺图法的结果是一致的。

全概率分解法的关键是选择合适的单元进行展开，对于更为复杂的网络系统，可按此原理逐级分解，将其转化为一般的串并联，从而求出全系统的可靠性。

4. 最小路集法

1）网络的基本概念

网络是由弧和节点组成的图形。如把图 3-20 的桥式系统中的每个元件均用一条弧代替，并且把各弧通过节点连通，即构成了如图 3-21 所示的桥式可靠性网络图。该网络由 5 条弧和 4 个节点组成，弧代表组成系统的单元，弧的名称同时也代表该弧正常的事件，节点代表单元之间的逻辑关系，弧导通，则该弧所代表的单元正常，也称弧正常。从输入节点到输出节点间若一条路导通，则系统正常。弧分为有向弧和无向弧，无向弧也可看成双向弧。全部由无向弧构成的网络称为无向网络，全部由有向弧构成的网络称为有向网络，既有有向弧也有无向弧构成的网络称为混合网络。如电阻桥式电路系统是无向网络，而二极管桥式整流电路构成的网络就是有向网络。无向网络在指定了输入节点或输出节点后就变成了有向网络或混合网络。

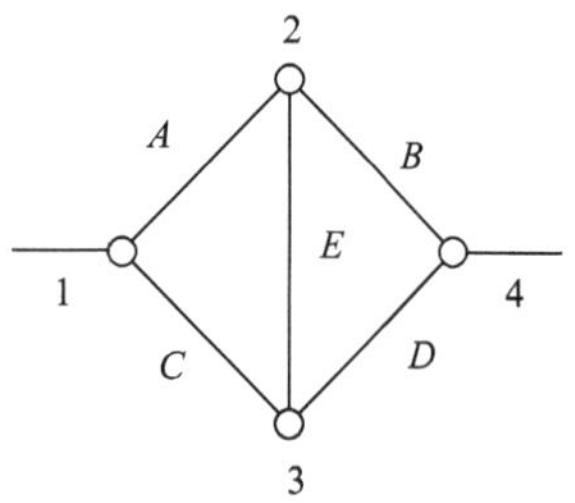

图 3-21 桥式系统可靠性网络图

节点也按其特征分类，只有流出弧的节点称为输入节点（如图 3-21 中节点 1），只有流入弧的节点称为输出节点（如图 3-21 中节点 4），其余称为中间节点。无向网络的输入节点和输出节点可以互换。

连接任意两节点间弧的集合，称为两节点间的一条路（path）。在一个网络中，若由一些弧构成的集合，当这些弧正常时，能使系统正常，即能使输入节点和输出节点连通，则称这些弧的集合为路集（path sets）。

在图 3-21 中，$\{A,B\}$、$\{C,D\}$、$\{A,E,D\}$、$\{C,E,B\}$、$\{A,B,C\}$、$\{A,B,C,D\}$、$\{B,C,D,E\}$、$\{A,B,C,D,E\}$ 均是路集，路集中包含的弧的数目称为路长，如 $\{A,B,C,D\}$ 的路长为 4。弧的全集合都正常，系统肯定正常，所以弧的全集肯定是一个路集，这对任何网络都是成立的。桥式系统一共有 16 个路集，其中的任一个路集正常，系统即正常，因此系统的正常状态即是各路集的并。

在任一路集的基础上再添加正常弧，当然仍是路集，但如果从某路集中去掉任一弧（即使该弧失效），其余集就不再是路集时，称这样的路集为最小路集（minimum path sets）。

一般说来，如果网络的节点数为 n，并且任意两节点间最多只能有一条弧（如有两条即构成并联,可以合并),可以证明,网络包含的弧数最多为 $n(n-1)/2$,最小路集数为 2^{n-2},最小路集的最大路长为 $n-1$。如图 3-21 所示,该桥式网络共有 4 个最小路集,分别是 $\{A,B\}$、$\{C,D\}$、$\{A,E,D\}$ 、$\{C,E,B\}$ 。

2) 最小路集的求法

较为简单的网络可以直接看出有几条最小路集,但较为复杂的网络必须有专门的方法寻找最小路集。

(1) 联络矩阵法。

给定一个有 n 个节点的网络 S(无向、有向、混合),定义相应的 n 阶矩阵 $\boldsymbol{C}=[c_{ij}]_{n\times n}$,其中

$$c_{ij}=\begin{cases}x & \text{若节点 } i \text{ 到 } j \text{ 之间有弧直接相连}(x=1 \text{ 或 } x=\text{弧}) \\ 0 & \text{若节点 } i \text{ 到 } j \text{ 之间无弧直接相连}\end{cases}$$

称 $\boldsymbol{c}$ 为网络的联络矩阵(或关联矩阵)。当节点 i、j 之间无弧直接连接时,$c_{ij}=0$,当 $i=j$ 时,即对角线上的元素为 1;当节点 i、j 之间有弧直接连接时,$c_{ij}=$弧。

如图 3-21 所示的桥式网络,其联络矩阵为

$$\boldsymbol{C}=\begin{bmatrix}1 & A & C & 0 \\ 0 & 1 & E & B \\ 0 & E & 1 & D \\ 0 & 0 & 0 & 1\end{bmatrix} \tag{3-46}$$

把矩阵 $\boldsymbol{C}$ 自乘 $n-1$ 次,得到 $\boldsymbol{C}^{n-1}$,输入节点所在行或输出节点所在列对应的元素即是所有的最小路集,任意两个节点对应的元素就是这两个节点之间的所有最小路集。自乘时,采用的是布尔乘法。

$$\boldsymbol{C}^2=\begin{bmatrix}1 & A & C & 0 \\ 0 & 1 & E & B \\ 0 & E & 1 & D \\ 0 & 0 & 0 & 1\end{bmatrix}\begin{bmatrix}1 & A & C & 0 \\ 0 & 1 & E & B \\ 0 & E & 1 & D \\ 0 & 0 & 0 & 1\end{bmatrix}=\begin{bmatrix}1 & A+CE & C+AE & AB+CD \\ 0 & 1 & E & B+DE \\ 0 & E & 1 & D+BE \\ 0 & 0 & 0 & 0\end{bmatrix} \tag{3-47}$$

$$\begin{aligned}\boldsymbol{C}^3&=\begin{bmatrix}1 & A+CE & C+AE & AB+CD \\ 0 & 1 & E & B+DE \\ 0 & E & 1 & D+BE \\ 0 & 0 & 0 & 0\end{bmatrix}\begin{bmatrix}1 & A & C & 0 \\ 0 & 1 & E & B \\ 0 & E & 1 & D \\ 0 & 0 & 0 & 1\end{bmatrix} \\ &=\begin{bmatrix}1 & A+CE & C+AE & AB+CD+BEC+AED \\ 0 & 1 & E & B+DE \\ 0 & E & 1 & D+BE \\ 0 & 0 & 0 & 0\end{bmatrix}\end{aligned} \tag{3-48}$$

输入节点 1 到输出节点 4 之间有四个最小路集,分别是 $\{A,B\}$ 、$\{C,D\}$ 、$\{A,E,D\}$、$\{C,E,B\}$ 。

(2) 布尔行列式法。

把联络矩阵中对应于输入节点的列和输出节点的行的元素划去得到子阵,该子阵对应的行列式展开成布尔积的和,便可得到网络的最小路集。

对于上述的桥式网络,对应的行列式为

$$|\boldsymbol{S}|=\begin{vmatrix} A & C & 0 \\ 1 & E & B \\ E & 1 & D \end{vmatrix} \tag{3-49}$$

展开后：$S = AED + BCE + AB + CD$，即得到从输入节点到输出节点之间的最小路集 $\{A,B\}$、$\{C,D\}$、$\{A,E,D\}$ 、$\{C,E,B\}$ 。

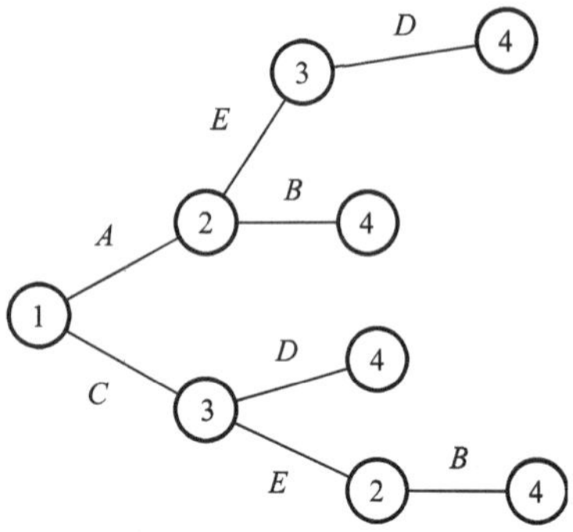

图 3-22　桥式网络的搜索树

(3) 搜索法。

① 搜索法的基本思路是由网络的输入节点开始一次向输出节点搜索，找出全部最小路集。利用搜索树的方法可以使得搜索过程变得非常清晰。搜索树的起点是输入节点，每条路的终点都是输出节点。任意一条从输入节点到输出节点之间的一条路都是最小路集。仍以桥式网络为例，可以用建搜索树的方法求解，如图 3-22 所示。

② 由最小路集求系统可靠度(正常工作概率)。

设某网络共有 m 个最小路集$[A_i(i=1,2,\cdots,m)]$，任意最小路集存在，足以使网络正常，因此，网络正常事件可表示为

$$s=\bigcup_{i=1}^{m} A_i$$

式中，A_i 表示第 i 个最小路集存在的事件。

所以，网络系统正常工作的概率(可靠度)为

$$R=P(s)=P(\bigcup_{i=1}^{m} A_i)=\sum_{i}^{m}P(A_i)-\sum_{1\leqslant i\leqslant j\leqslant m}P(A_iA_j)+\cdots+(-1)^{m-1}P(A_1A_2\cdots A_m) \tag{3-50}$$

例 3-6　求图 3-23 所示网络系统的最小路集。

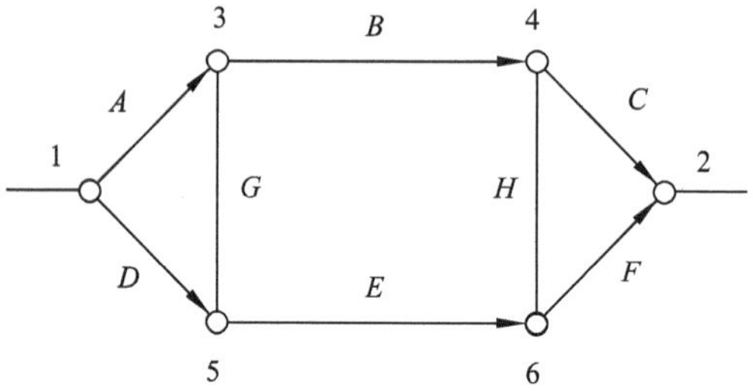

图 3-23　某网络系统

解：用布尔行列式法，联络矩阵为

$$\boldsymbol{C}=\begin{bmatrix} 1 & 0 & A & 0 & D & 0 \\ 0 & 1 & 0 & 0 & 0 & 0 \\ 0 & 0 & 1 & B & G & 0 \\ 0 & C & 0 & 1 & 0 & H \\ 0 & 0 & G & 0 & 1 & E \\ 0 & F & 0 & H & 0 & 1 \end{bmatrix}$$

把 $\boldsymbol{C}$ 中第一列和第二行的元素划去得到子阵，该子阵对应的行列式为

$$|\boldsymbol{S}|=\begin{vmatrix} 0 & A & 0 & D & 0 \\ 0 & 1 & B & G & 0 \\ C & 0 & 1 & 0 & H \\ 0 & G & 0 & 1 & E \\ F & 0 & H & E & 1 \end{vmatrix}$$

把 $|\boldsymbol{S}|$ 按行展开，得

$$S=A\begin{vmatrix}0&B&G&0\\C&1&0&H\\0&0&1&E\\F&H&E&1\end{vmatrix}+D\begin{vmatrix}0&1&B&0\\C&0&1&H\\0&G&0&E\\F&0&H&1\end{vmatrix}$$

$$=A\begin{vmatrix}0&B&0\\C&1&H\\F&H&1\end{vmatrix}+AE\begin{vmatrix}0&B&G\\C&1&0\\F&H&E\end{vmatrix}+D\begin{vmatrix}C&1&H\\0&0&E\\F&H&1\end{vmatrix}+DB\begin{vmatrix}C&0&H\\0&G&E\\F&0&1\end{vmatrix}$$

$$=ABFH+ABC+AECHG+AEFG+DEF+DCEH+DBCG+DBFGH$$

展开后的各项就是所有的最小路集，按路长及弧的顺序规范一下为

$$S=ABC+DEF+DGBC+AGEF+ABHF+DEHC+DGBHF+AGEHC$$

其他方法同样可以求证。

③ 最小路集不交化。

一般求得的最小路集是相交的或者说是相容的。通过相交的最小路集求系统正常工作概率可以用概率的普遍公式求出，但较为复杂，比较麻烦。合理的做法是把相交的最小路先化成不相交的最小路，然后再求系统的可靠度，这一过程称为不交化过程。所谓不交化是指把相交的集合化为不相交的集合，也就是把各最小路集的并化为不相交的积之和表达式，运算中主要使用集合代数和布尔代数的运算法则。

例如桥式网络，共有四个最小路集，分别是$\{A,B\}$、$\{C,D\}$、$\{A,E,D\}$ 、$\{C,E,B\}$ ，其中只要有一个最小路集正常，系统即正常，故系统正常的事件是各最小路集的并，即

$$S=AB\cup CD\cup AED\cup CEB \tag{3-51}$$

$$R_s=P(S)=P(AB\cup CD\cup AED\cup CEB) \tag{3-52}$$

当最小路集不多时可以用手工化简，下面用不交化法进行化简，化简时要用到以下一些规则。

a. 若 S_i 和 S_j 包含一些共同元素，则

$$\overline{S_i}\cdot S_j=\overline{S_{i\leftarrow j}}\cdot S_j \tag{3-53}$$

式中，$S_{i\leftarrow j}$ 表示 S_i 中具有而 S_j 中没有的元素的布尔积。

例如：$S_i=abcde$，$S_j=abdfg$ 则 $S_{i\leftarrow j}=ce$，$\overline{S_{i\leftarrow j}}=\overline{ce}=\bar{c}+c\bar{e}$。

b. 若 S_i 和 S_j 包含一些共同元素，S_j 和 S_k 也包含一些共同元素，则

$$\overline{S_i}\cdot\overline{S_j}\cdot S_k=\overline{S_{i\leftarrow k}}\cdot\overline{S_{j\leftarrow k}}\cdot S_k \tag{3-54}$$

例如：$S_i=abcde$，$S_j=abdfg$，$S_k=bdghi$，则$\overline{S_i}\cdot\overline{S_j}\cdot S_k=\overline{ace}\cdot\overline{af}\cdot bdghi$。

根据上述规则，我们可以算出桥式网络最小路集的不交化集合，即

$$\begin{aligned}S&=AB\cup CD\cup AED\cup CEB\\&=AB+\overline{AB}\cdot CD+\overline{AB}\cdot\overline{CD}\cdot AED+\overline{AB}\cdot\overline{CD}\cdot\overline{AED}\cdot CEB\\&=AB+\bar{A}CD+A\bar{B}CD+\bar{B}\bar{C}AED+\bar{A}\bar{D}CEB\end{aligned} \tag{3-55}$$

这和前面的卡诺图法求出的结果是一致的，即卡诺图法实际上就是一种不交化算法。对于较多的最小路集经常采用一种称为“删除、留下”的方法，由于较复杂，可参阅有关的书籍，此处不

再介绍。

④ 最小割集法。

网络中的一些弧(或单元),当这些弧失效时,网络就失效,这些弧的集合称为割集,若由割集中去掉任何一个弧,就不能仍为割集,这种割集称为最小割集。

设 $B_1,\cdots,B_k$ 为系统的 k 个最小割集,任一最小割集发生失效,系统即失效,因此系统失效事件 B 为

$$B=B_1\cup B_2\cup\cdots\cup B_k=\bigcup_{i=1}^{k}B_i$$

则系统的失效概率(不可靠度)

$$\begin{aligned}F_s&=P(B)=P(\bigcup_{i=1}^{k}B_i)\\&=\sum_{i=1}^{k}P(B_i)+\sum_{1\leqslant i\leqslant j\leqslant k}P(B_iB_j)+\cdots+(-1)^{k-1}P(B_1B_2\cdots B_k)\end{aligned}\tag{3-56}$$

3.4 可修复系统的可靠性分析

可修复系统是指系统的组成单元(或零部件)发生故障后,经过维修或更换使系统恢复到正常工作状态。系统发生故障后,一般要寻找故障部位,对其进行修理或更换,一直到最后验证系统确已恢复到正常工作状态,这一系列的工作就称为修复过程。

由于故障发生的原因、部位、程度不同,系统所处的环境不同,以及维修设备及维修人员水平不同,因而修复所用的时间是一个随机变量。人们需要研究它的变化规律。修复时间的长短和修复质量的高低都将影响设备(产品)的可靠性水平。因此,研究可修复产品的可靠性,不仅包含系统的狭义可靠性,而且还应包括维修因素在内的广义可靠性。可修复系统可靠性特征量主要有首次平均无故障工作时间、平均故障间隔时间、平均修复时间、修复率及系统的有效度等。显然,由于可修复系统的修复作用,使得对可修复系统的可靠性分析研究要比不可修复系统复杂得多。

研究可修复系统的主要数学工具是随机过程理论。当构成系统的各单元的寿命分布和发生故障后修复时间的分布以及其他出现的有关分布都为指数分布时,这样的系统通常可以用马尔可夫过程来描述。

3.4.1 马尔可夫过程的基本概念

1. 马尔可夫过程

在随机过程中,系统从一种状态转移到另一种状态是以一定概率实现的,此概率称为转移概率。如果转移概率只需考虑过去有限次之内的状态情况,而与这有限次以前所经历的状态无关,这样的随机过程称为马尔可夫过程,简称马氏过程。如果由一种状态转移到另一种状态的概率只与现在所处的状态有关,而与这一状态以前各状态完全无关,这样的马尔可夫过程称为一步马尔可夫过程。简单地说,如已知时间 $t_1,t_2,\cdots,t_n$ 所对应的状态为 $X(t_i),i=1,2,\cdots,n$,为一随机变量,设其取值用 X_i 表示。只要前一个状态 $X(t_{n-1})$ 已经确定,转移到时刻 t_n 时的状态 $X(t_n)$的条件概率即可写成

$$P\{X(t_n)=x_n\mid X(t_1)=x_1,X(t_2)=x_2,\cdots,X(t_{n-1})=x_{n-1}\}$$

$$P\{X(t_n)=x_n \mid X \mid X(t_{n-1})=x_{n-1}\} \tag{3-57}$$

对于一步马尔柯夫的上述性质，称为马氏性，或称为“无后效性”。简单地说，在这种过程中系统将来的状态只与现在的状态有关，而与过去的状态无关。

特别地，如果对任意 $t,u\geqslant 0$，均有

$$P\{x(t+u)=j \mid x(u)=i\} = P_{ij}(t) \quad (i,j\in E)$$

与(始点)u 无关，则称该马尔可夫过程是齐次的。$P_{ij}(t)$称为从状态 i 到状态 j 的转移矩阵(函数)，内转移矩阵的全体组成的矩阵称为转移矩阵。如对 n 个状态系统的转移矩阵为 $n\times n$ 阶方阵，可写为

$$\boldsymbol{P}=\begin{bmatrix} P_{11} & P_{12} & \cdots & P_{1n} \\ P_{21} & P_{22} & \cdots & P_{2n} \\ \cdots & \cdots & \cdots & \cdots \\ P_{n1} & P_{n2} & \cdots & P_{nn} \end{bmatrix} \tag{3-58}$$

对于齐次的马氏过程，有下述关系(性质)

$$0\leqslant P_{ij}\leqslant 1,\quad \sum_{j=1}^{n}P_{ij}=1;\quad n\times n \text{ 阶方阵} \tag{3-59}$$

可以证明，对系统寿命及故障后的修复时间均服从指数分布时，则系统状态变化的随机过程 $\{x(t),t\geqslant 0\}$ 是一个齐次马尔可夫过程。

为简化起见，假设：

(1) λ、μ 为常数(即寿命和维修时间服从指数分布)。

(注意：若系统的寿命或修理时间不是指数分布，而是正态、威布尔或其他分布，它仍不是有“无记忆性”，因此不能用马氏过程来描述，同时这个假设也包含了修复如新的含义。)

(2) 部件和系统取正常和故障两种状态。

(3) 在相当小的 Δt 内，发生两个或两个以上部件同时进行状态转移的概率是 Δt 的高阶无穷小，此概率可以忽略不计。

在随机过程中，当 $X(t)$的时间变化范围 T 是有限或无限区间时，$X(t)$称为连续参数随机过程；当 T 是可列个数的集合，则 $X(t)$称为离散参数随机过程；当 $X(t)$是连续型随机变量，则 $X(t)$称为连续型随机过程，当 $X(t)$为离散型随机变量，则 $X(t)$称为离散型随机过程。

时间和状态空间均是离散的马氏过程称为马氏链，是特殊的马氏过程。故障-工作过程是马氏过程。因系统状态是离散的，时间是连续的或离散的(如疲劳循环次数)，且当前所处的状态只与前一时刻所处的状态有关(假设故障后修复如新)。

对可行系统，我们要研究的特征量主要有：瞬态可用度 $A(t)$、不可用度 $Q(t)$、稳态可用度 A、不可用度 Q 以及 MTBF(平均故障间隔时间)、MTTF(系统首次故障前的平均时间)、MTTR(平均修复时间)等。

2. 状态转移图

可修系统可靠性研究的关键是画出系统的状态转移图。如一台机器，运行到某一时刻 t 时，可能的状态如图 3-24 所示。

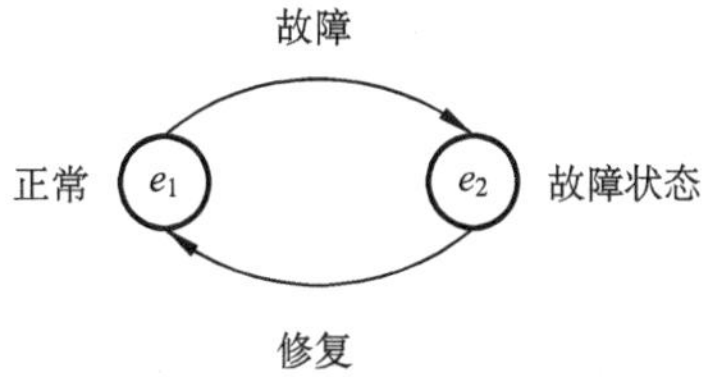

图 3-24　状态转移图

如机器处于 e_1 状态的概率 $P_{11}=4/5$，则 e_1 向 e_2 转移的

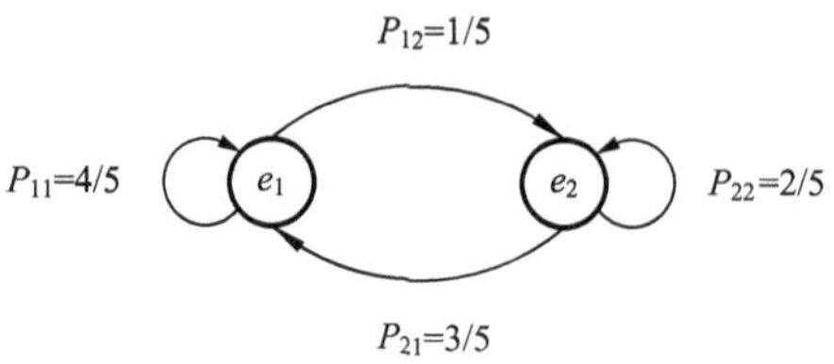

图 3-25 状态转移图

概率 $P_{12}=1-P_{11}=1/5$；反过程，如机器处于 e_2 状态，经过一定时间的修复返回 e_1 状态的概率是 3/5，$P_{21}=3/5$（维修度 $M(\tau)$）；则修不好仍处于 e_2 状态的概率是 $P_{22}=1-P_{21}=2/5$（不维修度），如图 3-25 所示。

图 3-25 中，e_1 表示正常，e_2 表示故障。

由此可写出系统的转移矩阵为

$$\boldsymbol{P}=\begin{array}{c} \\ e_1 \\ e_2 \end{array}\!\!\begin{array}{c} \quad e_1 \qquad e_2 \\ \begin{bmatrix} 4/5 & 1/5 \\ 3/5 & 2/5 \end{bmatrix} \end{array}=\begin{bmatrix} 4/5 & 1/5 \\ 3/5 & 2/5 \end{bmatrix} \tag{3-60}$$

转移矩阵 P_{ij} 也表示时间 e_i 发生的条件下，时间 e_j 发生的条件概率：$P_{ij}=P(e_j|e_i)$；

$\boldsymbol{P}$ 是这样写的：列是起始状态，由小到大；行是到达状态，由小到大排列，建立 $\boldsymbol{P}$ 时应与转移图联系起来。

又例，对于一可修系统，失效率和修复率分别为 λ、μ，均为常数，其状态转移图如图 3-26 所示。

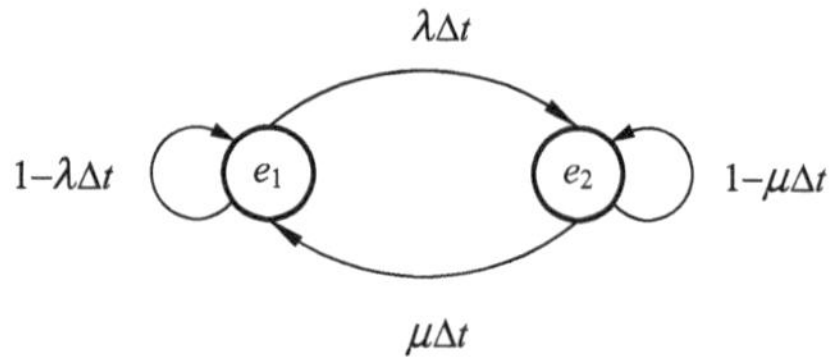

图 3-26 可修系统的状态转移图

图 3-26 中，e_1 表示正常；e_2 表示故障。

由此可写出

$$\boldsymbol{P}(\Delta t)=\begin{array}{c} \\ e_1 \\ e_2 \end{array}\!\!\begin{array}{c} \qquad e_1 \qquad\qquad e_2 \\ \begin{bmatrix} 1-\lambda\Delta t & \lambda\Delta t \\ \mu\Delta t & 1-\mu\Delta t \end{bmatrix} \end{array}$$

此时转移矩阵 $\boldsymbol{P}$ 也称为微系数矩阵。

通常，令 $\Delta t=1$，则有 $\boldsymbol{P}=\begin{bmatrix} 1-\lambda & \lambda \\ \mu & 1-\mu \end{bmatrix}$，由此可知，状态转移图是求解（写出）转移矩阵的基础。

3. n 次（步）转移后，系统各状态的概率

设系统初始状态是 $i \xrightarrow{n\text{ 步转移}} j$ 的概率 $P_{ij}^{(n)}$，由切普曼—柯尔莫哥洛夫方程，$P_{ij}^{(n)}$ 可表示为

$$P_{ij}^{(n)}=P_{ij}^{k+l}=\sum_{v}P_{iv}^{(k)}\cdot P_{vj}^{(l)}$$

式中，$n=k+1$，$v\in E$（状态空间）。

此式 $P_{ij}^{(n)}$ 为由状态 i 经 n 步转移到状态 j 的概率；$P_{iv}^{(k)}\cdot P_{vj}^{(l)}$ 由状态 i 先经 k 步转移到状态 v，然后由状态 v 经 l 步转移到状态 j 的概率（此处 v 也可理解为从 i 到 j 的通道）。

上式中，若令 $k=1$，$l=1$，由 $P_{ij}(i,j\in E)$ 可决定 $P_{ij}^{(2)}$，即由全部一步转移概率可确定全部两步转移概率。若重复上述方法，就可由全部一步转移概率决定所有的转移概率。

若用矩阵表示 n 步转移概率，即 $\boldsymbol{P}^{(n)}=[P_{ij}^{(n)}]$，则有

$$\boldsymbol{P}^{(n)}=\boldsymbol{P}^{(n)}=\boldsymbol{P}^k\boldsymbol{P}^l$$

式中，$\boldsymbol{P}$ 称为转移矩阵（也称一步转移矩阵）。

注：可用上式方便地求出任意 $P_{ij}^{(n)}$。

一般地，可利用转移概率和系统的初始状态，求出任意转移后系统各状态的概率。公式为

$$\boldsymbol{P}(n)=\boldsymbol{P}(0)\cdot\boldsymbol{P}^{n} \tag{3-61}$$

式中，$\boldsymbol{P}$ 为一步转移概率；$\boldsymbol{P}^n$ 为 n 步转移概率；n 为转移步数（次数）；$\boldsymbol{P}(0)$ 为系统的初始状态向量，$\boldsymbol{P}(0)=[P_1(0),P(0),\cdots]$，其中，$P_1(0)$为初始 $t=0$ 时刻系统处于 1 状态的概率，以下类推；$\boldsymbol{P}(n)$为 n 步转移后系统所处状态向量，$\boldsymbol{P}(n)=[P_1(n),P_2(n),\cdots]$，其中，$P_1(n)$为 n 步转移后系统处于 1 状态的概率，以下类推。

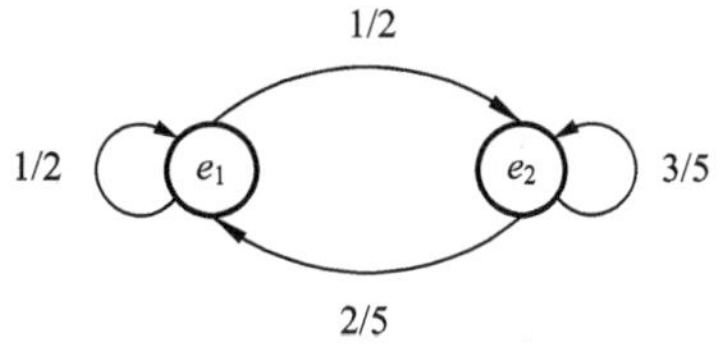

图 3-27　例 3-7 示意图

例 3-7　如图 3-27 所示，已知 $\boldsymbol{P}(0)=[P_1(0),P_2(0)]=[1,0]$，求 $n=1,2,\cdots$等各步（次）转移后系统各状态的概率。图 3-27 中，e_1 表示正常；e_2 表示故障。

解：根据式(3-60)

$n=1$ 时，
$$\boldsymbol{P}(1)=\boldsymbol{P}(0)\boldsymbol{P}=[1\quad 0]\cdot\begin{bmatrix}1/2 & 1/2\\ 2/5 & 3/5\end{bmatrix}=[0.5\quad 0.5]$$

$n=2$ 时，
$$\boldsymbol{P}(2)=\boldsymbol{P}(0)\cdot\boldsymbol{P}^2=\boldsymbol{P}(0)\cdot\boldsymbol{P}\cdot\boldsymbol{P}=\boldsymbol{P}(1)\cdot\boldsymbol{P}$$
$$=[1/2\quad 1/2]\cdot\begin{bmatrix}1/2 & 1/2\\ 2/5 & 3/5\end{bmatrix}=[0.45\quad 0.45]$$

同理，

$n=3$ 时，
$$\boldsymbol{P}(3)=[0.445\quad 0.555]$$

$n=5$ 时，
$$\boldsymbol{P}(5)=[0.44445\quad 0.55555]$$

由此可知，随着 n 的递增，$P_1(n)$、$P_2(n)$逐渐趋于稳定。稳定状态概率称为极限概率，本例 $n\to\infty$时的极限概率为 $P_1(\infty)=4/9$，$P_2(\infty)=5/9$，即 $n\to\infty$时，$\boldsymbol{P}^n$ 将收敛于一个定概率矩阵，即（本例为）

$$\boldsymbol{P}^n=\begin{bmatrix}4/9 & 5/9\\ 4/9 & 5/9\end{bmatrix}$$

在实践中常会遇到这样的情况，不管系统的初始状态如何，在经历了一段工作时间后，便会处于相对稳定状态，在数学上称之为各态历经或遍历性。所谓遍历过程就是系统处于稳定状态的概率与初始状态无关的随机过程。具有这种性质的状态转移矩阵称为遍历矩阵。

如果转移矩阵 $\boldsymbol{P}$ 经过 n 次相乘后，所得矩阵的全部元素都大于 0，即 $P_{ij}^{(n)}>0\ (i,j\in E)$，（注：常以此为判断＜来检查＞马尔可夫链是否为各态历经的或是否存在极限概率)，则这样的转移矩阵都是遍历矩阵。遍历矩阵一定存在极限概率（或稳定状态）。

经过 n 步转移后的极限状态，就是过程的平稳状态，既然如此，即使再多转移一步，状态概率也不会有变化，这样可以求出平稳状态。

设平稳状态概率为 $\boldsymbol{P}(n)=[P_1,P_2,\cdots,P_n]$，$\boldsymbol{P}$ 为一步转移概率矩阵，则求平稳状态概率，只需求解以下方程：$\boldsymbol{P}(n)\cdot\boldsymbol{P}=\boldsymbol{P}(n)$，或写成

$$[P_1\quad P_2\quad\cdots\quad P_n]\cdot\begin{bmatrix}P_{11} & P_{12} & \cdots & P_{1n}\\ P_{21} & P_{22} & \cdots & P_{2n}\\ \cdots & \cdots & \cdots & \cdots\\ P_{n1} & P_{n2} & \cdots & P_{nn}\end{bmatrix}=[P_1\quad P_2\quad\cdots\quad P_n]$$

展开后得

$$\begin{cases} P_j = \sum\limits_{i=1}^{n} P_i P_{ij} \qquad (j=1,2,\cdots,n) \\ \sum\limits_{j=1}^{n} P_j = 1 \end{cases}$$

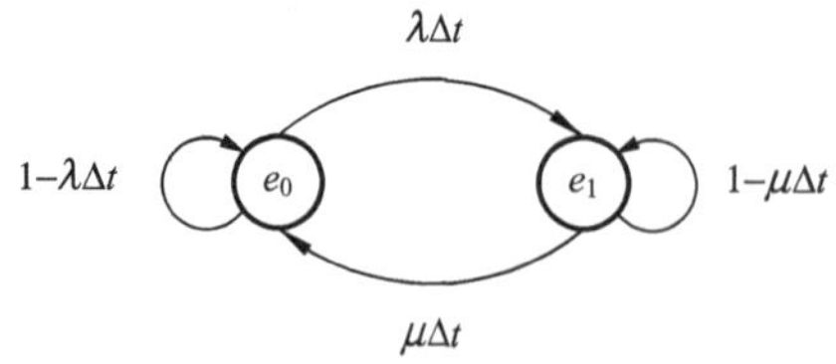

图 3-28　例 3-8 中系统的平衡状态概率 t

n 个方程只有 $n-1$ 个是独立的，因此必须再加另一个独立方程，由此即可求出 n 个平稳状态概率。

例 3-8　求图 3-28 所示系统的平稳状态概率。

解：一步转移矩阵为 $\boldsymbol{P}=\begin{bmatrix} 1-\lambda\Delta t & \lambda\Delta t \\ \mu\Delta t & 1-\mu\Delta t \end{bmatrix}$。

设 $\boldsymbol{P}(n)=[P_0 \quad P_1]$，则

$$[P_0 \quad P_1]\cdot\begin{bmatrix} 1-\lambda\Delta t & \lambda\Delta t \\ \mu\Delta t & 1-\mu\Delta t \end{bmatrix} = [P_0 \quad P_1] \quad (\Delta t \neq 0)$$

$$\Rightarrow \begin{cases} -P_0\lambda + P_1\mu = 0 \\ P_0\lambda - P_1\mu = 0 \end{cases}$$

$$\Rightarrow \begin{cases} P_0\lambda - P_1\mu = 0 \\ P_0 + P_1 = 1 \end{cases}$$

$$\Rightarrow P_0 = \frac{\mu}{\lambda+\mu}, \quad P_1 = \frac{\lambda}{\lambda+\mu}$$

3.4.2　单部件可修系统

单部件系统是指一个单元组成的系统(或把整个系统当做一个单元来研究)，部件故障系统故障，部件正常系统正常。

$$\underset{(\text{系统状态})}{x(t)} = \begin{cases} 0 & \text{时间到 } t \text{ 系统正常} \\ 1 & \text{时间到 } t \text{ 系统故障} \end{cases}$$

部件的故障率、修复率分别是常数 λ、μ，则：t 时刻系统处于正常工作状态，在 $t \to t+\Delta t$ 之间内发生故障的条件概率为 λ(即为 P_{01}) t 时刻系统处于故障状态，在 $t \to t+\Delta t$ 之间，即 Δt 时间内修复好的条件概率为 μ(即为 P_{21})。

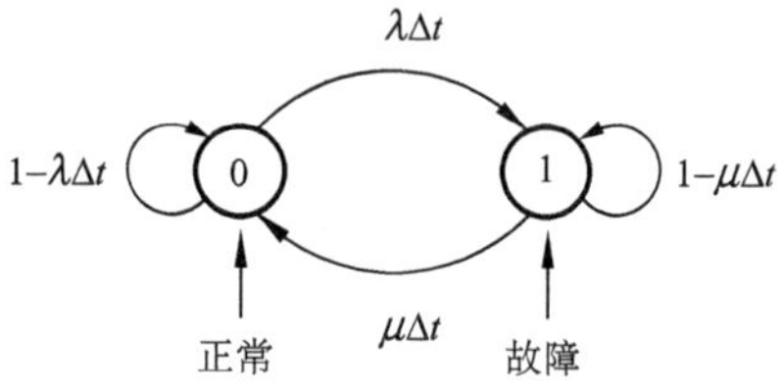

图 3-29　单部件可修系统状态转移图

在图 3-29 中

$$P_{01} = P_{01}(\Delta t) = P\{x(t+\Delta t=1) \mid x(t)=0\} = \lambda\Delta t$$

↑

条件概率

$$P_{00} = P_{00}(\Delta t) = P\{x(t+\Delta t=0) \mid x(t)=0\} = 1-\lambda\Delta t$$

同理

$$P_{10} = P_{10}(\Delta t) = P\{x(t+\Delta t=0) \mid x(t)=1\} = \mu\Delta t$$

$$P_{11}=P_{11}(\Delta t)=P\{x(t+\Delta t=1)\mid x(t)=1\}=1-\mu\Delta t$$

图 3-29 的转移概率矩阵为

$$\boldsymbol{P}=\begin{matrix} & \begin{matrix}0 & & 1\end{matrix} \\ \begin{matrix}0\\1\end{matrix} & \begin{bmatrix}1-\lambda\Delta t & \lambda\Delta t \\ \mu\Delta t & 1-\mu\Delta t\end{bmatrix}\end{matrix}\quad(=P(\Delta t))$$

令 $P_0(t)=P\{x(t)=0\}$、$P_1(t)=P\{x(t)=1\}$，下面研究如何求解 $P_0(t)$ 和 $P_1(t)$。

首先，利用全概率公式可求出 $P_0(t+\Delta t)$ 和 $P_1(t+\Delta t)$ 的表达式。

$$P_0(t+\Delta t)=P\{x(t+\Delta t)=0\}$$

$$=P\{x(t+\Delta t)=0\mid x(t)=0\}P\{x(t)=0\}+P\{x(t+\Delta t)=0\mid x(t)=1\}P\{x(t)=1\}$$

$$=P_{00}(\Delta t)\cdot P_0(t)+P_{10}(\Delta t)\cdot P_1(t)$$

$$=(1-\lambda\Delta t)P_0(t)+\mu\Delta tP_1(t)$$

$$=P\{x(t+\Delta t)=0\mid x(t)=0\}P\{x(t)=0\}+P\{x(t+\Delta t)=0\mid x(t)=1\}P\{x(t)=1\}$$

$$=P_{00}(\Delta t)\cdot P_0(t)+P_{10}(\Delta t)\cdot P_1(t)$$

$$=(1-\lambda\Delta t)P_0(t)+\mu\Delta tP_1(t)$$

此式即为 $P_0(t+\Delta t)$ 的计算公式。

由上式展开、移项、两边除以 Δt，若令 $\Delta t\to 0$ 取极限有

$$\lim_{\Delta t\to 0}\frac{P_0(t+\Delta t)-P_0(t)}{\Delta t}=-\lambda P_0(t)+\mu P_1(t)$$

$$\Rightarrow P'_0(t)=-\lambda P_0(t)+\mu P_1(t)\tag{1}$$

同理可得

$$P_1(t+\Delta t)=\lambda\Delta tP_0(t)+(1-\mu\Delta t)P_1(t)$$

$$P'_1(t)=\lambda P_0(t)-\mu P_1(t)\tag{2}$$

式(1)、式(2)联立即可求出 $P_0(t)$ 和 $P_1(t)$。(1)、(2)的联立方程称为状态方程。

下边求解状态方程，对上述(1)、(2)两边取拉氏变换：

$$\begin{cases}L[P'_0(t)]=-\lambda L[P_0(t)]+\mu L[P_1(t)]\\ L[P'_1(t)]=\lambda L[P_0(t)]-\mu L[P_1(t)]\end{cases}$$

$$\Rightarrow\begin{cases}SP_0(s)-P_0(0)=-\lambda P_0(s)+\mu P_1(s)\\ SP_1(s)-P_1(0)=\lambda P_0(s)-\mu P_1(s)\end{cases}$$

引用

$$\begin{cases}L[P'(t)]=SP(s)-P(0)\\ L[P(t)]=P(s)\end{cases}$$

式中，s 为拉氏变换引入的变量。

假设 $t=0$ 时系统为正常状态，即 $P_0(0)=1$，$P_1(0)=0$。代入上式有

$$\begin{cases}SP_0(s)-1=-\lambda P_0(s)+\mu P_1(s)\\ SP_1(s)=\lambda P_0(s)-\mu P_1(s)\end{cases}$$

得

$$\begin{cases} P_0(s)=\dfrac{1}{s}\cdot\dfrac{\mu}{\mu+\lambda}+\dfrac{1}{s+\lambda+\mu}\cdot\dfrac{\lambda}{\lambda+\mu}=\dfrac{s+\mu}{s(s+\lambda+\mu)} \\ P_1(s)=\dfrac{\lambda}{s(s+\lambda+\mu)} \end{cases}$$

拉氏反变换有

$$\begin{cases} P_0(t)=\dfrac{\mu}{\lambda+\mu}+\dfrac{\lambda}{\lambda+\mu}e^{-(\lambda+\mu)t} \\ P_1(t)=\dfrac{\lambda}{\lambda+\mu}-\dfrac{\lambda}{\lambda+\mu}e^{-(\lambda+\mu)t} \end{cases} \tag{3-62}$$

由此，瞬态有效度(可用度)为

$$A(t)=P_0(t) \tag{3-63}$$

稳态有效度为

$$A(\infty)=\lim_{t\to\infty}A(t)=\frac{\mu}{\lambda+\mu} \tag{3-64}$$

$(0,t)$平均有效度为

$$\bar{A}(t)=\frac{1}{t}\int_0^t A(t)\mathrm{d}t=\frac{\mu}{\mu+\lambda}+\frac{\lambda}{(\lambda+\mu)^2t}-\frac{\lambda e^{-(\lambda+\mu)t}}{(\lambda+\mu)^2t} \tag{3-65}$$

由上述可归纳出解可修系统有效度的方法步骤如下：

(1) 画出系统的状态转移图。

(2) 写出转移矩阵 $\boldsymbol{P}(\Delta t)$。

(3) 令 $\Delta t=1$，求出 P(也称为转移矩阵)。

(4) 求状态方程系数矩阵 $\boldsymbol{A}$，其中，$\boldsymbol{A}=\boldsymbol{P}-\boldsymbol{I}$，$\boldsymbol{I}$ 为与 $\boldsymbol{P}$ 同阶的单位矩阵，$\boldsymbol{A}$ 又称为转移率矩阵。

(5) 写出状态方程式 $\boldsymbol{P}'(t)=\boldsymbol{P}(t)\boldsymbol{A}$，式中，$\boldsymbol{P}(t)$为各状态概率向量，$\boldsymbol{P}(t)=[P_0(t),P_1(t),\cdots,P_n(t)]$；$\boldsymbol{P}'(t)$为各状态概率导数向量，$\boldsymbol{P}'(t)=[P'_0(t),P'_1(t),\cdots,P'_n(t)]$。

(6) 求解状态方程。通常要给定初始状态 $\boldsymbol{P}(0)=[P_0(0),P_1(0),\cdots,P_n(0)]$，且常用拉氏变化及反变换求解法。

如例 3-8：

$$\boldsymbol{P}(\Delta t)=\begin{bmatrix}1-\lambda\Delta t & \lambda\Delta t\\ \mu\Delta t & 1-\mu\Delta t\end{bmatrix}$$

$$\boldsymbol{P}=\begin{bmatrix}1-\lambda & \lambda\\ \mu & 1-\mu\end{bmatrix},\quad \boldsymbol{A}=\boldsymbol{P}-\boldsymbol{I}=\begin{bmatrix}-\lambda & \lambda\\ \mu & -\mu\end{bmatrix}$$

$$\boldsymbol{P}'(t)=\boldsymbol{P}(t)\boldsymbol{A}$$

得状态方程$\begin{cases}P'_0(t)=-\lambda P_0(t)+\mu P_1(t)\\ P'_1(t)=\lambda P_0(t)-\mu P_1(t)\end{cases}$与前述一致，以下即可用拉氏变换法等求解方程。

这说明：系统在运行很长一段时间后，处于稳定状态，其稳态有效度 $A(\infty)$与系统的初始状态无关。

例 3-9　计算单部件可修系统修理 2～4 次时的不可用度是多少？

解：设修理次数为 k，则修理 k 次后的时间为 $t_k=\dfrac{k}{\lambda+\mu}$，则

$$P_F(t_k)=\frac{\lambda}{\lambda+\mu}(1-e^k)$$

$k=2$ 时，$$P_F(t_2)=0.865\frac{\lambda}{\lambda+\mu}$$

$k=3$ 时，$$P_F(t_3)=0.950\frac{\lambda}{\lambda+\mu}$$

$k=4$ 时，$$P_F(t_4)=0.982\frac{\lambda}{\lambda+\mu}$$

由以上结果可以看出，经不多几次转移后，就已经接近稳态概率。

3.4.3 串联可修系统

1. n 个相同单元组成的串联系统（图 3-30）

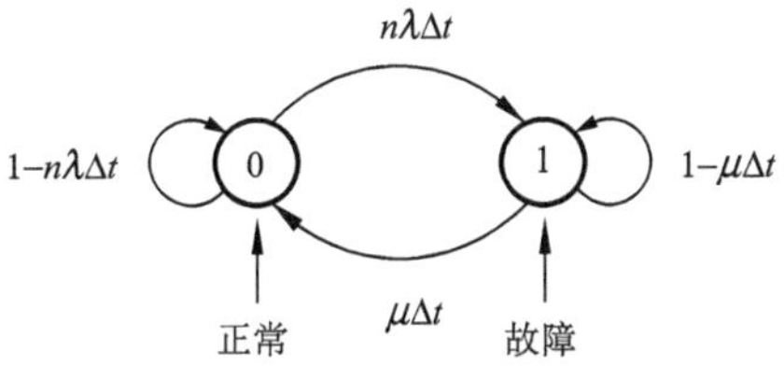

图 3-30　n 个相同单元组成的串联系统

每个单元：λ 、μ 为常数；

系统有两种状态：状态 0——n 个单元全正常，系统正常状态；状态 1——任一单元故障，系统故障状态。

因为任一单元故障，系统即停止工作（不会出现两个及以上单元同时故障的情况）。

用前述方法：

$$\boldsymbol{P}(\Delta t)=\begin{bmatrix}1-n\lambda\Delta t & n\lambda\Delta t\\ \mu\Delta t & 1-\mu\Delta t\end{bmatrix},\quad \boldsymbol{A}=\boldsymbol{P}-\boldsymbol{I}=\begin{bmatrix}-n\lambda & n\lambda\\ \mu & -\mu\end{bmatrix}$$

状态方程：

$$\boldsymbol{P}'(t)=\boldsymbol{P}(t)\boldsymbol{A}$$

$$[P_0'(t),\ P_1'(t)]=[P_0(t),\ P_1(t)]\begin{bmatrix}-n\lambda & n\lambda\\ \mu & -\mu\end{bmatrix}\tag{3-66}$$

初始条件：　$P_0(0)=1,\quad P_1(0)=0$

用拉氏变换与反变换可解出

$$A(t)=P_0(t)=\frac{\mu}{n\lambda+\mu}+\frac{n\lambda}{n\lambda+\mu}e^{-(n\lambda+\mu)t}$$

2. n 个不同单元组成的串联系统（图 3-31）

n 个单元：$\lambda_i,\mu_i(i=1,2,\cdots,n)$；

系统有 $n+1$ 个状态：

状态 0——n 个单元均正常，系统正常状态；

状态 1——单元 1 故障，其余正常，系统故障；

状态 2——单元 2 故障，其余正常，系统故障；

⋮　　⋮　　⋮　　⋮

状态 n——单元 n 故障，其余正常，系统故障。

$\Rightarrow p(\Delta t)=\cdots$

令 $\Delta t=1$，则

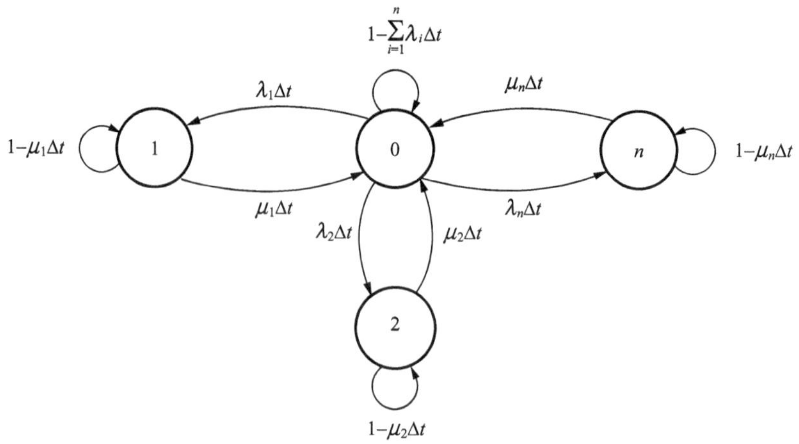

图 3-31　n 个不同单元组成的串联系统状态转移图

$$\boldsymbol{P}=\begin{array}{c} \\ 1 \\ 2 \\ \vdots \\ n\end{array}\overset{\begin{array}{ccccc}0 & 1 & 2 & \cdots & n\end{array}}{\begin{bmatrix}1-\sum_{i=1}^{n}\lambda_i & \lambda_1 & \lambda_2 & \cdots & \lambda_n \\ \mu_1 & 1-\mu_1 & 0 & \cdots & 0 \\ \vdots & \vdots & \vdots & & \vdots \\ \mu_n & 0 & 0 & \cdots & 1-\mu_n\end{bmatrix}}$$

$$\boldsymbol{A}=\boldsymbol{P}-\boldsymbol{I}$$

状态方程为

$$\boldsymbol{P}'(t)=\boldsymbol{P}(t)\boldsymbol{A}$$

$$[P'_0(t),P'_1(t),\cdots,P'_n(t)]=[P_0(t),P_1(t),\cdots,P_n(t)]\begin{bmatrix}-\sum_{i=1}^{n}\lambda_i & \lambda_1 & \lambda_2 & \cdots & \lambda_n \\ \mu_1 & -\mu_1 & 0 & \cdots & 0 \\ \vdots & \vdots & \vdots & & \vdots \\ \mu_n & 0 & 0 & \cdots & -\mu_n\end{bmatrix}$$

给定初始条件，(用拉氏正、反变换)解此方程组即可求得

$$\boldsymbol{P}(t)=[P_0(t),P_1(t),\cdots,P_n(t)]$$

(瞬态)有效度为

$$A(t)=P_0(t)$$

稳态有效度为

$$A(\infty)=\lim_{t\to\infty}A(t)=\frac{1}{1+\frac{\lambda_1}{\mu_1}+\cdots+\frac{\lambda_n}{\mu_n}} \tag{3-67}$$

3.4.4　并联可修系统

1. 两个相同单元的并联系统(一组维修人员,见图 3-32)

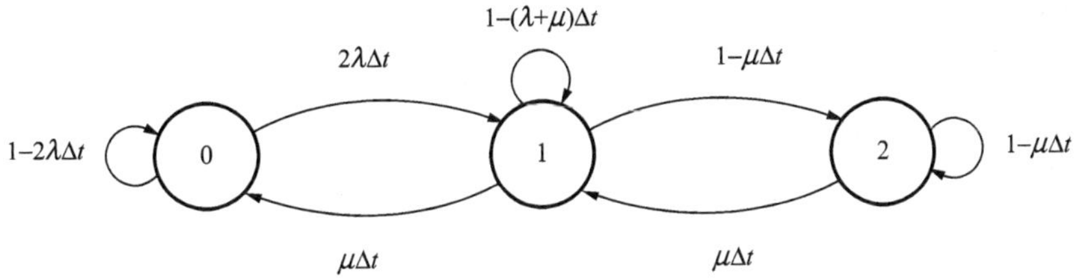

图 3-32　两个相同单元的并联系统状态转移图

系统有三种状态(λ、μ):

0 状态——两个单元都正常,系统正常;

1 状态——任意一个单元故障,系统正常;

2 状态——两个单元都故障,系统故障。

$p(\Delta t)=\cdots$

令 $\Delta t=1$,则

$$\boldsymbol{P}=\begin{bmatrix}1-2\lambda & 2\lambda & 0\\ \mu & 1-(\lambda+\mu) & \lambda\\ 0 & \mu & 1-\mu\end{bmatrix}$$

$$\boldsymbol{A}=\boldsymbol{P}-\boldsymbol{I}=\begin{bmatrix}-2\lambda & 2\lambda & 0\\ \mu & -(\lambda+\mu) & \lambda\\ 0 & \mu & -\mu\end{bmatrix}$$

所以,状态方程为

$$\boldsymbol{P}'(t)=\boldsymbol{P}(t)\boldsymbol{A}$$

$$[P'_0(t),P'_1(t),P'_2(t)]=[P_0(t),P_1(t),P_2(t)]\begin{bmatrix}-2\lambda & 2\lambda & 0\\ \mu & -(\lambda+\mu) & \lambda\\ 0 & \mu & -\mu\end{bmatrix}$$

给定初始条件,解此方程组可得

$$\boldsymbol{P}(t)=[P_0(t),P_1(t),P_2(t)]$$

$$A(t)=P_0(t)+P_1(t)=\cdots$$

$$A(\infty)=\frac{\mu^2+2\lambda\mu}{\mu^2+2\lambda\mu+2\lambda^2}$$

2. 两个不同单元并联系统(一组维修人员,见图 3-33)

λ_1、λ_2,μ_1、μ_2 共五个状态:

状态 0——单元 1、2 都正常,系统正常;

状态 1——单元 1 正常,单元 2 故障,系统正常;

状态 2——单元 2 正常，单元 1 故障，系统正常；
状态 3——单元 1 修理，单元 2 待修，系统故障；
状态 4——单元 2 修理，单元 1 待修，系统故障。

$$\boldsymbol{P}(\Delta t) \to \boldsymbol{P} \to \boldsymbol{A} = \boldsymbol{P} - \boldsymbol{I}$$

状态方程为

$$\boldsymbol{P}'(t) = \boldsymbol{P}(t)\boldsymbol{A}$$

$$\Rightarrow \boldsymbol{P}(t) = [P_0(t), P_1(t), P_2(t), P_3(t), P_4(t)]$$

$$A(t) = P_0(t) + P_1(t) + P_2(t)$$

$$A(\infty) = \lim_{t \to \infty} A(t)$$

（对于表决可修系统，旁联可修系统方法、步骤完全一样。）

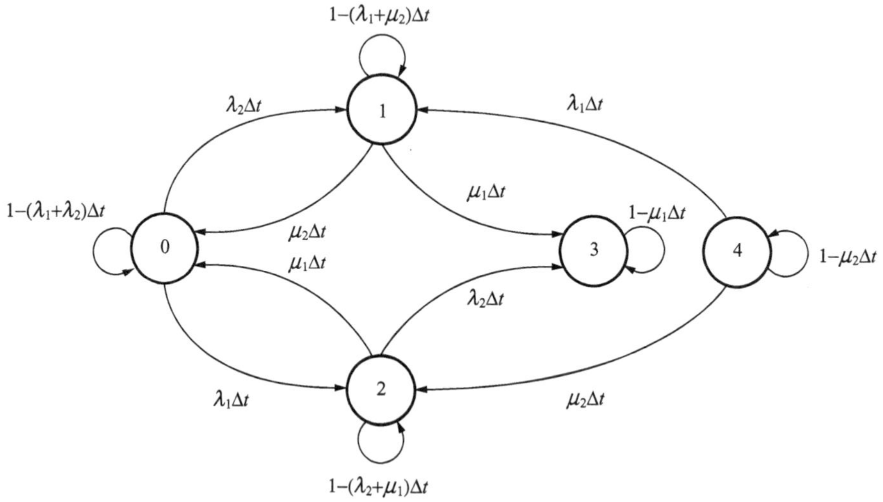

图 3-33　两个不同单元的并联系统状态转移图

复习思考题 3

3-1　可靠性框图和系统原理框图的区别是什么？

3-2　图 3-34 所示的并串联及串并联系统中，各单元均相同，试证明并串联系统比串并联系统更可靠。

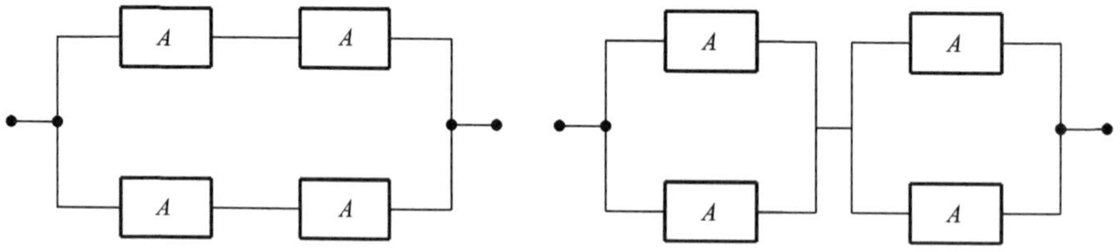

图 3-34　题 3-2 图

第 4 章　可靠性的预计与分配

4.1　概　　述

系统可靠性设计就是要使系统在满足规定的可靠性指标、完成预定功能的前提下，使该系统的技术性能、重量指标、制造成本及使用寿命等取得协调并达到最优化的结果；或者在性能、重量、成本、寿命和其他要求的约束下，设计出高可靠性系统。

系统可靠性设计方法主要包括可靠性预测和可靠性分配。可靠性预计是根据产品最基本的元器件或零部件的可靠性数据来推测产品的可靠性，是“自下而上”地进行的。可靠性分配则是根据产品要求的可靠性指标，“自上而下”地分配到每一个元器件或零部件，通过控制元器件的可靠性指标，最后使所设计产品达到所要求的整体可靠性指标。

4.1.1　可靠性设计的目的

可靠性设计的目的就是在综合考虑产品的性能、可靠性、费用和时间等因素的基础上，通过采用相应的可靠性设计技术，使产品在寿命周期内符合所规定的可靠性要求。

系统可靠性设计的主要任务是：通过设计，基本实现系统固有可靠性。说“基本实现”是因为在以后的生产制造过程中还会影响产品固有可靠性。该固有可靠性是系统所能达到的可靠性上限。所有其他因素（如维修性）只能保证系统的实际可靠性尽可能地接近固有可靠性。可靠性设计的任务就是实现产品可靠性设计的目的，预测和预防产品所有可能发生的故障，也就是挖掘和确保产品潜在的隐患和薄弱环节，通过设计预防和设计改进，有效地消除隐患和薄弱环节，从而使产品符合所规定的可靠性要求。可靠性设计一般有两种情况，一种是按照给定的目标要求进行设计，通常用于新产品的研制和开发；另一种是对现有定型产品的薄弱环节，应用可靠性的设计方法加以改进提高，达到可靠性增长的目的。

4.1.2　可靠性设计的基本原则

在可靠性设计过程中应遵循以下原则：

(1) 可靠性设计应有明确的可靠性指标和可靠性评估方案。

(2) 可靠性设计必须贯穿于功能设计的各个环节，在满足基本功能的同时，要全面考虑影响可靠性的各种因素。

(3) 应针对故障模式（即系统、部件、元器件故障或失效的表现形式）进行设计，最大限度地消除或控制产品在寿命周期内可能出现的故障（失效）模式。

(4) 在设计时，应在继承以往成功经验的基础上，积极采用先进的设计原理和可靠性设计技术，但在采用新技术、新型元器件、新工艺、新材料之前，必须经过试验，并严格论证其对可靠性的影响。

(5) 在进行产品可靠性的设计时，应对产品的性能、可靠性、费用和时间等各方面因素进行权衡，以便作出最佳设计方案。

4.1.3 可靠性要求

可靠性要求是进行可靠性设计、分析、制造、试验和验收的依据。可靠性要求分为定量要求和定性要求两种。

1. 可靠性的定量要求

可靠性的定量要求是指选择和确定产品的可靠性参数、指标以及验证时机和验证方法，以便在设计、生产、试验验证和使用过程中用量化的方法来评价或验证产品的可靠性水平。可靠性的定量要求是影响产品可靠性的关键因素。

2. 可靠性的定性要求

可靠性的定性要求是指用一种非量化的形式来设计、评价，以保证产品的可靠性。可靠性定性要求可分为定性设计要求和定性分析要求两种。定性设计要求是为满足产品的可靠性要求而完成的一组可靠性设计。主要的定性设计要求见表 4-1，主要的定性分析要求见表 4-2。

可靠性指标是定量设计的尺度依据，建模、预计、分配等是可靠性定量设计的工具和手段；可靠性设计准则是定性设计的重要依据，故障模式及影响分析是有效的分析手段。在工程设计工作中，应正确地处理定量设计与定性设计的关系，定量设计应与定性设计有机地结合起来。

表 4-1 定性设计要求项目表

序号	要求项目名称	目的
1	制定贯彻可靠性设计准则	将可靠性要求及使用中的约束条件转换为设计边界条件，给设计人员规定了专门的技术要求和设计原则，以提高产品可靠性
2	简化设计	减少产品的复杂性，提高其基本可靠性
3	冗余设计	用多于一种的途径来完成规定的功能，以提高产品的任务可靠性和安全性
4	降额设计	降低元器件、零部件的故障率，以提高产品的基本任务可靠性和安全性
5	制定和实施元器件大纲	对电子元器件、机械零部件进行控制与管理，提高产品可靠性、降低保障费用
6	确定关键件和重要件	利用现有的资源来提高关键产品的可靠性
7	环境防护设计	选择能抵消或影响环境作用的设计方案和材料，或提出一些能改变环境的方案，或把环境应力控制在可接受的极限范围内
8	热设计	通过元件选择、电路设计、结构设计、结构布局来减少温度对产品可靠性的影响，使其能在较宽的温度范围内可靠地工作
9	软件可靠性设计	通过采用 N 版本编程法、恢复块法和贯彻执行软件工程规范等来提高软件的可靠性
10	包装、装卸、运输等设计	通过对产品在包装、装卸、运输、储存期间性能变化情况的分析，确定应采取的保护措施，从而提高其可靠性
11	工程保证及生产质量保证	采用工程方法及生产质量保证方法来保证产品的可靠性
12	人机工程设计	使设备便于操作、维修，提高使用可靠性

表 4-2　定性分析要求项目

序号	分析项目名称	分析方法特点	目的
1	功能危险分析(FHA)	综合的、系统的演绎方法	检查系统功能故障,确定设计方案的可行性,发现设计中潜在的问题,提出改进措施
2	故障模式和影响分析(FMEA)	系统的、自下而上的归纳分析方法	评价每个零部件或设备的故障模式对装备或系统产生的影响,确定其严酷度,发现设计中的薄弱环节,提出改进措施
3	故障树(或事件树)分析(FTA、ETA)	系统的、自上而下的演绎分析方法	分析造成产品故障状态(或事件)的各种原因和条件,以确定各种原因或原因的组合,发现设计中的薄弱环节,提出改进措施
4	区域安全性分析(ZSA)	按装备的区域进行分析、检查法	判断是否会由于系统、设备安装不当而产生不可接受的风险,或是否会由于该区域中某系统的设备故障而引起另一系统的故障

4.1.4　可靠性设计的主要内容

可靠性设计是为了在设计过程中挖掘和确定隐患及薄弱环节,并采取设计预防和设计改进措施,有效地消除隐患及薄弱环节。

(1) 建立可靠性模型,进行可靠性指标的预计和分配。

(2) 进行各种可靠性分析。如故障模式影响及危害度分析、故障树分析、热分析等,发现和确定薄弱环节,通过改进设计消除隐患和薄弱环节。

(3) 采取各种有效的可靠性设计方法。如制定和贯彻可靠性设计准则、降额设计、冗余设计、简化设计、热设计、耐环境设计等,并把设计方法和产品的性能设计工作结合起来,减少产品故障的发生,最终实现可靠性的要求。

4.2　可靠性预计

4.2.1　可靠性预计的目的及用途

理论上产品的可靠度是在产品的大量寿命试验结束后才能得到,然而在工业生产中,采用产品制成后测得可靠度的方法来保证产品的可靠度,是一种很不经济的方法,特别是一些大型昂贵的复杂产品(如大型导弹、人造卫星、运载火箭或载人飞行器等),根本不能采用这种方法。因此在产品制造之前就要控制其可靠性,即在产品的设计阶段进行可靠性预计。

可靠性预计是运用以往的工程经验、故障数据和当前的技术水平,尤其是以元器件的失效率作为依据,预报产品实际可能达到的可靠度,即预报这些产品在特定的应用中完成规定功能的概率。可靠性预计是在设计阶段对系统可靠性进行定量的估计,是根据历史的产品可靠性数据、系统的构成和结构特点、系统的工作环境等因素估计组成系统的部件及系统可靠性。

可靠性预计的目的和用途主要是:①评价是否能够达到要求的可靠性指标。②在方案论证阶段,通过可靠性预计,比较不同方案的可靠性水平,为最优方案的选择及方案优化提供依据。③在设计中,通过可靠性预计,发现影响系统可靠性的主要因素,找出薄弱环节,采取设计措施,提高系统可靠性。④为可靠性增长试验、验证及费用核算等提供依据。⑤为可靠性分配奠定基础。

可靠性预计的主要价值在于它可以作为设计手段,为设计决策提供依据。因此,要求预计工作具有及时性,即在决策点之前做出预计,提供有用的信息,否则这项工作就会失去意义。

4.2.2　可靠性预计的分类及程序

1. 可靠性预计的分类

可靠性预计分为基本可靠性预计和任务可靠性预计。基本可靠性预计用于估计由于产品不可靠将导致对维修与后勤保障的要求;任务可靠性预计用于估算产品在执行任务的过程中完成其规定功能的概率,它包括在任务期间不可修产品和可修产品的可靠性预计,与产品的任务剖面、工作时间及产品功能特性等相关。从产品构成角度分析,可靠性预计又可分为元件、部件或设备等单元可靠性预计和系统可靠性预计。

2. 可靠性预计的程序

可靠性预计的程序包括明确产品的目的、用途、任务、性能参数及失效条件;确定产品的组成成分、各个基本单元;绘制可靠性框图;确定产品所处环境;确定产品的应力;确定产品失效分布;确定产品的失效率;建立产品的可靠性模型;预计产品可靠性;编写预计报告。

4.2.3　可靠性预计与可靠性分配的关系

可靠性预计与可靠性分配都是可靠性设计分析的重要环节,两者相辅相成。前者是自下而上的归纳综合过程,后者是自上而下的演绎分解过程。可靠性分配结果是可靠性预计的目标,可靠性预计的相对结果是可靠性分配与指标调整的基础。在系统设计的各个阶段均要相互交替反复进行多次,其工作流程如图 4-1 所示。

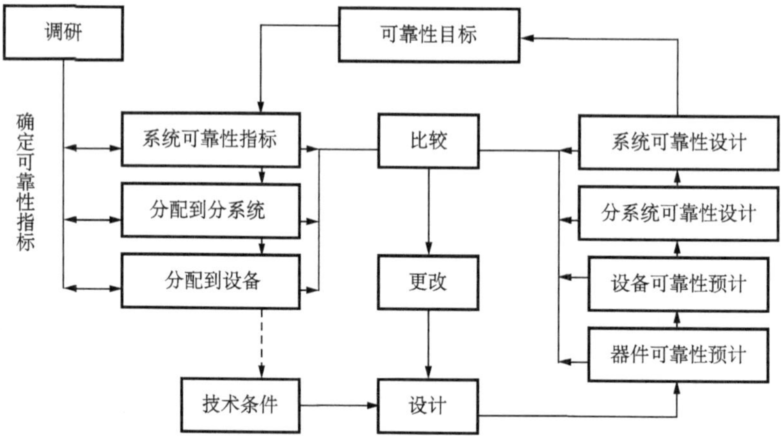

图 4-1　可靠性预计与可靠性分配的工作流程

4.2.4　可靠性预计的局限性

可靠性预计本身就是根据已有数据、资料,对产品可靠性的一种预测。因此,可靠性预计值与现场可靠性是完全不相等的,但这并不否定可靠性预计在可靠性工程中的价值,而是在进行可靠性预计时,必须灵活地使用我国颁布的《电子设备可靠性预计手册》中所提供的数据和资料,同时要注意其局限性。

1. 数据的收集

元器件的失效率模型是根据有限数据进行的点估计，因此失效率模型在获得数据所处的条件下适用，虽然对所覆盖的元器件进行了某些外推，但也不能满足新器件、新工艺的发展需要。通常数据积累的速度比技术发展的速度还要慢，因此数据永远也达不到有效的程度。这正是可靠性预计的一个根本局限性。

2. 预计技术的复杂性

预计方法简单，就会忽略细微的差别，但预计方法太细微，就会花费很长的工作时间和费用，甚至可能延误主要硬件的研制工作，而且在早期的设计阶段，有许多细节不可能获得。所以在不同的阶段，采用不同的预计方法以解决这一矛盾。

4.2.5　可靠性预计的方法

可靠性预计(测)是一种预报方法，它从所得的失效率数据预报一个元件(单元)、部件、子系统或系统实际可能达到的可靠度，即预报这些元件或系统在特定的应用中完成规定功能的概率。它是可靠性设计的重要内容，包括单元可靠性预测和系统可靠性预测。

1. 单元可靠性预计

预计系统的可靠度通常是以预计系统中的元件或组件的可靠度为基础。为了预计产品的可靠度，必须对组成产品的元器件的失效率做出预计。元件的失效率通常是指平均失效率。然而欲使理论公式推导出的失效率切合实际是困难的。虽然预计范围较大，但定量的指标对今后改进产品和提高可靠性水平起了积极作用。

1) 收集数据预计法

利用国内现有的统计数据，供技术人员预计时使用。国产元器件可以从我国技术标准GJB299—1987《电子设备可靠性预计手册》中查找。对于进口元器件可以利用美国军用标准手册《MIL—HDBK—217》估算。手册对电子元器件失效率的预计有一整套方法，已有许多国家利用这一手册中的数据和失效模型来预计元器件的失效率。在产品设计中进行可靠性预计时可以利用其模型。

应用上述各种电子设备可靠性预计手册，可以进行集成电路、半导体分立器件、旋转电动机、加热器和 LC 延迟线等失效率的预计。

2) 经验公式计算法

影响元器件失效的因素很多，其中主要是温度和电应力，各种不同的元器件，其基本失效率的数学模型也不同，如分立半导体元件、电阻、电容等都有各自不同的数学模型。应注意的是各类元器件的基本失效率都是在实验室条件下得出的，实际应用时将受环境等因素影响，必须加以修正，求出工作失效率。

3) 元器件计数可靠性预计法

元器件计数可靠性预计法也是一种早期预计法，这种方法在产品原理图基本形成，元器件清单初步确定的情况下应用。具体需要的数据是：通用元器件种类及数量，元器件质量等级和使用环境。其设备的失效率计算公式为

$$\lambda_{设备} = \sum_{i=1}^{n} N_i(\lambda_G \pi_Q) \tag{4-1}$$

式中，$\lambda_{设备}$为设备总失效率；λ_G 为第 i 种元器件的通用失效率；π_Q 为第 i 种元器件的通用质量系数；N_i 为第 i 种元器件的数量；n 为设备所用元器件的种类数。

其中，通用失效率 λ_G 是指在某一环境类别中，在通用工作环境温度和常用工作应力条件下的失效率。国产元器件的 λ_G 值可在《电子设备可靠性预计手册》中查找。应用上述方法对设备进行预计时，为了快速地估算，可取 $\lambda_G = 10^{-5} \sim 10^{-6}\text{h}^{-1}$乘以元件总数 N(假设失效分布为指数分布)即 $\lambda_{设备} = N\lambda_G$；$\text{MTBF} = \dfrac{1}{\lambda_{设备}}$。

有时为了保证设备质量，使用现场通用失效率时，再加一个补偿系数 α，则表达式为

$$\lambda_{设备} = (1+\alpha)\sum_{i=1}^{n} N_i \lambda_{Gi} \tag{4-2}$$

式中，补偿系数 α 可取 0.01～0.05。

需要注意的是一些混合微电路的通用失效率是难以通过手册查找的，由于这些元器件不是标准化的，每种混合微型电路都是完全独立的器件，所以不能按它们的名称或功能来确定它们的复杂度。

4）元器件应力分析可靠性预计法

它是详细的可靠性预计法，是在产品设计后期的预计。一般情况是在产品已研制完成，对它的结构、电路及其各元器件的环境应力、工作电应力都明确的条件下才能应用。它是建立在以元器件的基本失效率为基础，根据使用环境、生产制造工艺、质量等级、工作方式和工作应力的不同，做出相应修正，来预计产品元器件的工作失效率(使用失效率)，进而求出部件的失效率，最后得到产品的失效率。

美、英、法和日本等国家都相继出版过电子设备可靠性预计手册，其中最完善和最有影响的是美国军用手册《MIL—HDBK—217》，可参考该手册检索各种电子设备的失效分布模型。另外也可使用我国出版的 GJB299—1987《电子设备可靠性预计手册》。

在失效率预计中，失效率与工作时间的关系一般采用单参数的指数分布，即使用条件为一定时，失效率 λ 为常数。所谓基本失效率是指元器件在电应力和温度应力作用下的失效率，通常用电应力和温度应力对电子元器件失效率影响的关系模型来表示，记为 λ_b。工作失效率是元器件在工作条件下的失效率，记为 λ_p。

中国可靠性预计数据手册也采用与《MIL—HDBK—217》相同的工作失效率预计模式。例如，分立半导体器件工作失效率的预计模型为

$$\lambda_p = \lambda_b(\pi_E \pi_Q \pi_A \pi_{S2} \pi_R \pi_C) \tag{4-3}$$

式中，π_E 为环境系数(或称环境因子)，其数值取决于器件的种类和除温度外的使用环境；π_Q 为质量系数(或称质量因子)，不同质量等级的同类器件取值不同；π_A 为应用系数(或称电路系数、电路因子)，同一器件在不同的线路中使用时取值不同；π_{S2} 为电压应力系数(或称电压应力因子)，器件外加不同电压时，取值不同；π_R 为额定功率或额定电流系数(或称额定功率或额定电流因子)，不同额定功率或电流的器件有不同的取值；π_C 为种类系数或结构系数(二极管)(或称复杂性因子)，相同类型的单管、双管、复合管有不同的取值。

可靠性预计的准确性是相对而言的，可行性预计的准确性不如初步预计准确性高，这与所提供信息有关。详细预计的准确性比初步预计的准确性高，但与产品真实的可靠性水平相比又不

够准确了。尽管这样，对产品进行可靠性预计仍是一项重要工作，因为它能使产品的设计人员做到心中有数。

2. 系统的可靠性预计

在按照可靠性预计手册的元器件应力分析法和有关数据求得各种元器件失效率后，根据设备所用元器件数量和系统结构，可以算出设备或系统失效率和可靠度。计算方法通常有数学模型法、上下限法(即边值法)和蒙特卡洛(Monte-Carlo)法三种。其中蒙特卡洛法仅适用于难以写出概率关系式的复杂系统，因此这里不作介绍。

1) 数学模型法

数学模型法就是根据可靠性逻辑框图和系统的各种数学模型给出的系统可靠度计算公式，由单元可靠度(失效率)预测系统可靠度(失效率)的方法。例如某部件由五个零件组成，已知该部件的可靠性模型为串联系统模型，五个部件的可靠度分别为 $R_1=0.99$，$R_2=0.98$，$R_3=0.97$，$R_4=0.96$，$R_5=0.95$。该部件的可靠度预测可运用串联系统可靠性模型，系统可靠度计算如下

$$R_s=\prod_{i=1}^{5}R_i=0.99\times0.98\times0.97\times0.96\times0.95\approx0.8583$$

由于这部分内容在本书已做过详细介绍，这里不再复述。

2) 上下限法

上下限法又称为边值法，其基本思想是将一个不能用数学模型法求解的复杂系统，先简单地看成是某些单元的串联系统，求该串联系统的可靠度预测值的上限值和下限值，然后再逐步考虑系统的复杂情况，并逐次求出系统可靠度越来越精确的上限值和下限值，当达到一定精度要求后，再将上限值和下限值作数学处理，合成一个可靠度单一预测值，它应是满足实际精确度要求的可靠度值。

上下限法特别适用于复杂系统，美国已将此法用于阿波罗飞船(复杂系统)的可靠性预测上，其精度已被实践所证明。在处理复杂的系统时，它比模拟法节省费用；当系统较简单时，用此法又比数学模型法简便，且所得结果也相当精确。

用这种方法首先要求出系统的可靠度上下限值，即首先假定系统中非串联部分的可靠度为1，从而忽略了它的影响，这样算出的系统可靠度显然是最高的，这就是第一次简化的上限值。然后假设非串联单元不起冗余作用，全部作为串联单元处理。这样处理系统的方法最为简单，所计算的可靠度肯定是最低的，即第一次简化的下限值。如果考虑一些非串联单元同时失效对可靠度上限的影响，并以此来修正上述的上限值，则上限值会更逼近真值，同理，若考虑某些非串联单元失效不引起系统失效的情况，则又会使系统的可靠度下限值提高而接近真值，考虑的因素越多，上下限值越接近真值，最后通过综合公式得到近似的系统可靠度。

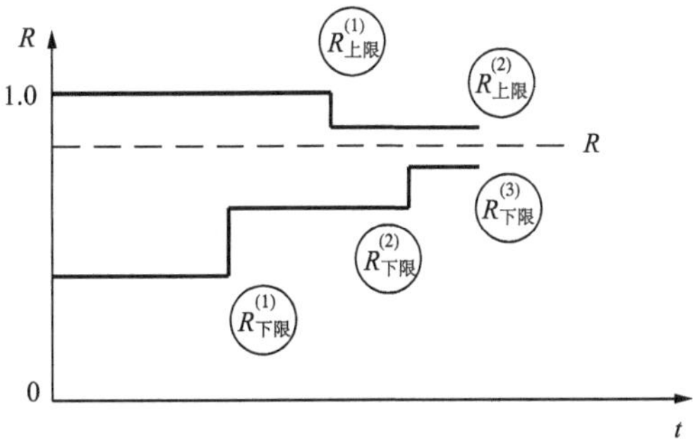

图 4-2　上下限法的图解表示

上下限法可用图 4-2 所示的图解表示。若用 $R_{上限}^{(m)}$ 代表第 m 次简化的系统可靠度上限值，$R_{下限}^{(n)}$ 代表第 n 次简化的系统可靠度下限值，则图 4-2 中 $R_{上限}^{(1)}$ 和 $R_{上限}^{(2)}$ 分别代表第 1 次和第 2 次简化的系统可靠度上限值，$R_{下限}^{(1)}$、$R_{下限}^{(2)}$ 和 $R_{下限}^{(3)}$ 分别代表第 1 次、第 2 次和第 3 次简化的系统可靠度下限

值。由于每次简化都是在前一次简化的基础上进行。因此选定的 m 值和 n 值越大，得出的系统可靠度上限值和下限值就越逼近其可靠度真值。

采用上下限法计算系统的可靠度主要分三个步骤进行，即计算系统的可靠度上限值、下限值及上下限值的综合值。

设有一个系统，它的可靠性框图由 k_1 个串联单元和 k_2 个非串联单元组成，各单元的可靠度为 $R_i(i=1\sim k_1+k_2)$，则其不可靠度(失效概率)为 $q_i=1-R_i$。

(1) 计算系统的可靠度上限。

第 m 次简化后系统的可靠度上限值可由式(4-4)求得

$$R_{上限}^{(m)}=R_{上限}^{(1)}-Q_{上限}^{(2)}-Q_{上限}^{(3)}-\cdots-Q_{上限}^{(m)} \tag{4-4}$$

式中，$R_{上限}^{(1)}$ 为第一次简化后系统的可靠度上限值，即假设系统的非串联部分的可靠度为 1 时系统的可靠度，可知 $R_{上限}^{(1)}=\prod\limits_{i=1}^{k_1}R_i$；$Q_{上限}^{(2)}$ 为非串联单元中任何 2 个同时失效引起系统失效的概率。

设上述组合有 n_2 种，显然可推导出

$$Q_{上限}^{(2)}=\prod_{i=1}^{k_1}R_i\prod_{j=1}^{k_2}R_j\left[\sum_{j,k=1}^{n_2}\left(\frac{q_jq_k}{R_jR_k}\right)\right] \tag{4-5}$$

$Q_{上限}^{(3)}$ 为非串联单元中任何 3 个同时失效引起系统失效的概率。设该种组合有 n_3 种，显然可推导出

$$Q_{上限}^{(3)}=\prod_{i=1}^{k_1}R_i\prod_{j=1}^{k_2}R_j\left[\sum_{j,k,n=1}^{n_3}\left(\frac{q_jq_kq_n}{R_jR_kR_n}\right)\right] \tag{4-6}$$

$Q_{上限}^{(m)}$ 为非串联单元中任何 m 个同时失效引起系统失效的概率。设该种组合有 n_m 种，可得

$$Q_{上限}^{(m)}=\prod_{i=1}^{k_1}R_i\prod_{j=1}^{k_2}R_j\left[\sum_{j,k,\cdots,m=1}^{n_m}\left(\frac{q_jq_k\cdots q_m}{R_jR_k\cdots R_m}\right)\right] \tag{4-7}$$

将 $R_{上限}^{(m)}$、$Q_{上限}^{(2)}$、$Q_{上限}^{(3)}\cdots Q_{上限}^{(m)}$ 代入式(4-4)，可得

$$R_{上限}^{(m)}=\prod_{i=1}^{k_1}R_i\left[1-\prod_{j=1}^{k_2}R_j\left(\sum_{j,k=1}^{n_2}\frac{q_jq_k}{R_jR_k}+\sum_{j,k,n=1}^{n_3}\frac{q_jq_kq_i}{R_jR_kR_i}+\cdots+\sum_{j,k,\cdots,m=1}^{n_m}\underbrace{\frac{q_jq_k\cdots q_m}{R_jR_k\cdots R_m}}_{共m个}\right)\right] \tag{4-8}$$

下面讨论 $R_{上限}^{(m)}$ 中 m 可取的数值范围，因为非串联单元中不存在单独失效引起系统失效的可能，故此正整数 m 只能取 $2\sim k_2$。当非串联单元的失效概率很小(≤0.1)时，为简化计算过程并保证一定精度，可将式(4-8)中的高次($n\geqslant3$)乘积项舍去，即取 $m=2$，则式(4-8)简化为

$$R_{上限}^{(2)}=R_{上限}^{(1)}-Q_{上限}^{(2)}=\prod_{i=1}^{k_1}R_i\left[1-\prod_{j=1}^{k_2}R_j\left(\sum_{j,k=1}^{n_2}\frac{q_jq_k}{R_jR_k}\right)\right] \tag{4-9}$$

(2)计算系统的可靠度下限。

第 n 次简化后系统的可靠度下限值可由式(4-10)求得

$$R_{下限}^{(n)}=R_{下限}^{(1)}+\Delta R_{下限}^{(1)}+\Delta R_{下限}^{(2)}+\cdots+\Delta R_{下限}^{(n-1)} \tag{4-10}$$

式中，$R_{下限}^{(1)}$ 为第一次简化后系统的可靠度下限值，即假设系统的非串联单元全部串联起来后系统的可靠度，可知 $R_{下限}^{(1)}=\prod\limits_{i=1}^{k_1+k_2}R_i$；$\Delta R_{下限}^{(1)}$ 为在第一次简化假设的基础上，非串联单元中任何 1 个单元失效系统仍工作的概率。若非串联单元中第 j 个单元失效系统仍工作，则该系统此时的工作概率应为 $R_1R_2\cdots R_{k_1}\cdots q_j\cdots R_{k_1+k_2}=\prod\limits_{i=1}^{k_1+k_2}R_i\dfrac{q_j}{R_j}$，设此种情况有 n_1 种，则

$$\Delta R_{下限}^{(1)} = \prod_{i=1}^{k_1+k_2} R_i \left(\sum_{j=1}^{n_1} \frac{q_j}{R_j} \right) \tag{4-11}$$

$\Delta R_{下限}^{(2)}$为在第一次简化假设的基础上，非串联单元中任何 2 个单元同时失效系统仍工作的概率。

若非串联单元中第 j 个单元和第 k 个单元同时失效系统仍工作，此时系统工作的概率应为 $R_1 R_2 \cdots R_{k_1} \cdots q_j q_k \cdots R_{k_1+k_2} = \prod_{i=1}^{k_1+k_2} R_i \left(\frac{q_j q_k}{R_j R_k} \right)$，设此种组合有 n_2 种，则

$$\Delta R_{下限}^{(2)} = \prod_{i=1}^{k_1+k_2} R_i \left(\sum_{j,k=1}^{n_2} \frac{q_j q_k}{R_j R_k} \right) \tag{4-12}$$

$\Delta R_{下限}^{(n-1)}$为在第一次简化假设的基础上，非串联单元中任何$(n-1)$个单元同时失效系统仍工作的概率。设此种组合有 n_{n-1}种，同理可得出

$$\Delta R_{下限}^{(n-1)} = \prod_{i=1}^{k_1+k_2} R_i \left(\sum_{j,k,\cdots,n-1=1}^{n_{n-1}} \underbrace{\frac{q_j q_k \cdots q_{n-1}}{R_j R_k \cdots R_{n-1}}}_{n-1} \right) \tag{4-13}$$

将 $R_{下限}^{(1)}$、$\Delta R_{下限}^{(1)}$、$\Delta R_{下限}^{(2)}$、$\Delta R_{下限}^{(n-1)}$代入式(4-13)得

$$R_{下限}^{(n)} = \prod_{i=1}^{k_1+k_2} R_i \left(1 + \sum_{j=1}^{n_1} \frac{q_j}{R_j} + \sum_{j,k=1}^{n_2} \frac{q_j q_k}{R_j R_k} + \cdots + \sum_{j,k,\cdots,n-1=1}^{n_{n-1}} \underbrace{\frac{q_j q_k \cdots q_{n-1}}{R_j R_k \cdots R_{n-1}}}_{n-1} \right) \tag{4-14}$$

下面讨论 $\Delta R_{下限}^{(n-1)}$中 $n-1$ 可取的数值范围。因为对于任何非串联部分都不存在全部单元失效后系统仍工作的可能，故此 $n-1$ 的数值只可能为 $1 \sim k_2-1$ 范围内的整数。同样在系统的非串联单元失效概率很小的情况下，为在保证一定计算精度的情况下简化计算过程，同样可舍去各非串联单元失效概率的高次(≥3)乘积项。即取 $n=3$，则式(4-14)简化为

$$R_{下限}^{(3)} = R_{下限}^{(1)} + \Delta R_{下限}^{(1)} + \Delta R_{下限}^{(2)} = \prod_{i=1}^{k_1+k_2} R_i \left(1 + \sum_{j=1}^{n_1} \frac{q_j}{R_j} + \sum_{j,k=1}^{n_2} \frac{q_j q_k}{R_j R_k} \right) \tag{4-15}$$

(3) 上下限综合计算。

在计算出 $R_{上限}^{(m)}$和 $R_{下限}^{(n)}$后，可由式(4-16)求系统可靠度预测值

$$R_s = 1 - \sqrt{(1 - R_{上限}^{(m)})(1 - R_{下限}^{(n)})} \tag{4-16}$$

以上各公式适用于组成单元的失效分布为各种类型的系统，若求系统的可靠度函数，只要代入相应的 $R_i(t)$和 $q_i(t) = 1 - R_i(t)$函数即可；若取 $m=2$、$n=3$ 的计算精度不够，为保证计算精度，m、n 数值尽可能相近，即 $m=n$ 或 $m=n-1$。可分别取 $m=4$、$n=3$；$m=4$、$n=5$ 直至 $m=k_2$ 或 $n=k_2$。

用数学模型法虽然求出的是系统可靠度的真实值，但其必须在绘制出系统可靠性框图的基础上才能进行；而上下限法则不需要预知系统的可靠性框图，只需预先能判断系统中所有的串联单元和非串联单元中各种类型单元失效引起非串联部分失效或工作的情况即可，这只需将系统功能图中的各组成单元换成 2 态开关即可；加之上下限法求系统的可靠度公式规律性强，便于计算机求解，尤其对于非串联单元数量庞大的复杂系统，上下限法的优点就更加明显。

4.3　可靠性分配

4.3.1　可靠性分配的目的

可靠性分配(reliability allocation)是指在产品的工程设计阶段，将规定的系统可靠度总体指

标合理地分配给各个组成单元,明确各单元的指标要求,从而使得系统总体可靠性指标得到保证。

可靠性分配的目的就是使各级设计人员明确产品可靠性设计的要求,将产品的可靠性指标定量地分配到规定的层次中去,通过定量分配,使整体和部分的可靠性定量要求协调一致;并将设计指标落实到产品相应层次的设计人员身上,用这种定量分配的可靠性要求估计所需的人力、时间和资源,以保证可靠性指标的实现。它是指标由整体到局部、由上到下的分解过程。

例如一台记录仪,在整机的可靠性指标确定以后,在设计过程中要逐步对组成单元(电桥、放大器、电动机、电源等)乃至组成各单元的元件(包括接插件和焊点等)的可靠性指标加以明确,使各部分的设计指标分配到每一个元件和每一个节点。这样,在设计中从整机到部件以至到元件都贯彻了可靠性要求,使整个设计过程中的每一个环节都考虑了可靠性这一关键问题。

4.3.2 可靠性分配的原理和准则

可靠性分配是将工程设计规定的系统可靠度指标合理地分配给组成该系统的各个单元,确定系统各组成单元的可靠性定量要求。可靠性分配的本质是一个工程决策问题,应从技术、人力、时间、资源各个方面分析各部分指标实现的难易情况,进一步论证产品指标的合理性,暴露产品设计中的薄弱环节,为采取指标监控和改进措施提供依据。可靠性分配也是一个优化问题,在进行可靠性分配时,必须明确目标函数和约束条件 . 有的设备是以系统的可靠度指标为约束条件,在满足可靠度下限值的条件下,使体积、成本、质量等系统参数值尽可能小;而有的则给出体积、质量、成本等约束条件,要求系统可靠度尽可能高地分配到每个单元,同时考虑哪些单元在系统中占有重要的位置,其可靠度应予优先保证等来选择设计方案。在可靠性分配时应考虑以下原则:

(1) 复杂度高的分系统、设备等,通常组成单元多,设计制造难度大,应分配较低的可靠性指标,以降低满足可靠性要求的成本。

(2) 对于技术上不够成熟的产品,分配较低的可靠性指标,以缩短研制时间,降低研制费用。

(3) 对于处于恶劣环境条件下工作的产品,产品的失效率会增加,应分配较低的可靠性指标。

(4) 因为产品的可靠性随着工作时间的增加而降低,对于需要长期工作的产品,分配较低的可靠性指标。

(5) 对于重要度高的产品,一旦发生故障,对整个系统影响很大,应分配较高的可靠性指标。

4.3.3 无约束条件的系统可靠性分配方法

可靠性指标分配的方法很多,不管采用哪一种分配方法,无非是从失效率、重要度和复杂性等方面考虑,可靠性分配总的原则是:以最少的经济代价满足系统的可靠性要求。至于具体选择哪一种分配方法,应根据设计者所掌握的数据、资料和信息情况,从实用、简便、经济等方面全盘考虑,选择最佳的可靠性分配方法。

1. 等分配法

对系统中的全部单元分配以相等的可靠度的方法称为“等分配法”或“等同分配法”(equal apportionment technique)。

1) 串联系统可靠度分配

当系统中 n 个单元具有近似的复杂程度、重要性以及制造成本时，则可用等分配法分配系统各单元的可靠度。这种分配法的另一出发点是考虑到串联系统的可靠度往往取决于系统中的最弱单元，因此，对其他单元分配以高的可靠度无实际意义。

当系统的可靠度为 R_s，各单元分配的可靠度为 R_i 时

$$R_s=\prod_{i=1}^{n}R_i=R_i^n \tag{4-17}$$

因此，单元的可靠度为 $R_i=(R_s)^{1/n}(i=1,2,\cdots,n)$。

2）并联系统可靠度分配

当系统的可靠度指标要求很高（如 $R_s>0.99$）而选用已有的单元又不能满足要求时，则可选用 n 个相同单元的并联系统，这时单元的可靠度 R_s 可大大低于系统的可靠度 R_s。

$$R_s=1-(1-R_i)^n \tag{4-18}$$

故单元的可靠度 R_s 应分配为 $R_i=1-(1-R_s)^{1/n}(i=1,2,\cdots,n)$。

3）串并联系统可靠度分配

利用等分配法对串并联系统进行可靠性分配时，可先将串并联系统化简为“等效串联系统”和“等效单元”，再给同级等效单元分配以相同的可靠度。

2. 利用预计值的分配法

当对某一系统进行可靠性预计后，有时发现该系统的可靠度预计值 R_{sy} 小于要求该系统应该达到可靠度值 R_{sq}。此时必须重新确定各组成单元（也包括子系统）的可靠度，即对各单元的可靠度进行重新分配。

设被研究系统由 n 个单元（或子系统）组成，其可靠度预计值符号为 R_{iy}，失效概率预计值符号为 q_{iy}；分配后可靠度分配值符号为 R_{ip}，失效概率分配值符号为 q_{ip}。若该串联系统各组成部分的失效分布均服从指数分布，则各组成部分的失效率的预计值符号为 λ_{iy}，失效率的分配值符号为 λ_{ip}。以上各组成部分的有关符号中的 i 均为 $1\sim n$。由于指数分布单元组成的串联系统也服从指数分布，故设系统的失效率预计值符号为 λ_{sy}，要求系统失效率应该达到值的符号为 λ_{sq}。由于组成单元的预计失效概率很小（$q_{iy}\leqslant 0.1$）时和较大时的可靠性分配公式不同，因此分别论述。

1）当各组成单元的预计失效概率很小时的可靠性分配

由于该系统为串联系统，故 $R_{sy}=\prod_{i=1}^{n}R_{iy}$，因为 $R_{sy}=1-q_{sy}$，$R_{iy}=1-q_{iy}$，则有

$$1-q_{sy}=\prod_{i=1}^{n}(1-q_{iy})=1-\sum_{i=1}^{n}q_{iy}+\sum_{i,j=1}^{n_2}q_{jy}q_{iy}-\cdots+(-1)^n q_{1y}q_{2y}\cdots q_{ny} \tag{4-19}$$

式中，q_{sy} 为系统的失效概率预计值；n_2 为系统的全部组成单元中，每 2 个失效概率相乘的组合数，即 $n_2=C_n^2$。

由于 $q_i(i=1\sim n)$ 很小，故式(4-19)可变为

$$1-q_{sy}=1-\sum_{i=1}^{n}q_{iy} \tag{4-20}$$

$$q_{sy}=\sum_{i=1}^{n}q_{iy}=q_{1y}+q_{2y}+\cdots+q_{ny} \tag{4-21}$$

由于预计的可靠度小于要求的值，即预计的失效概率大于要求的值时才进行可靠性分配，故 $q_{ip}<q_{iy}(i=1\sim n)$，因此推得

$$q_{sq}=\sum_{i=1}^{n}q_{ip}=q_{1p}+q_{2p}+\cdots+q_{np} \tag{4-22}$$

式中，q_{sq}为要求系统达到的失效概率值。

将式(4-21)两边同时乘以 q_{sq}/q_{sy}，得

$$q_{sq}=q_{1y}\frac{q_{sq}}{q_{sy}}+q_{2y}\frac{q_{sq}}{q_{sy}}+\cdots+q_{ny}\frac{q_{sq}}{q_{sy}} \tag{4-23}$$

将式(4-22)与式(4-23)进行比较，可得系统中各组成单元的可靠度分配公式

$$q_{ip}=q_{iy}\frac{q_{sq}}{q_{sy}}\qquad(i=1\sim n) \tag{4-24}$$

在求出 q_{ip}的基础上，由 $R_{ip}=1-q_{ip}$可求出各组成单元的可靠度分配值。

例 4-1 某系统由 4 个单元串联组成，在进行系统可靠性预计时，各单元的可靠度分别取 $R_A=0.9$、$R_B=0.92$、$R_C=0.94$、$R_D=0.96$，若要求该系统的可靠度为 0.9，求该系统的 4 个单元的可靠度。

解：(1) 判断对该系统是否需要进行可靠性分配。

$$R_{sy}=R_{Ay}R_{By}R_{Cy}R_{Dy}=0.9\times0.92\times0.94\times0.96=0.747$$

由于 $R_{sy}=0.747$ 小于系统要求具有的可靠度 $R_{sq}=0.9$，故对系统各组成单元必须进行可靠性分配。考虑此处预计公式为近似公式，且组成单元中有的失效概率不够小，为保证一次分配成功，按 $R_{sq}=0.91$ 进行分配。

(2) 求各单元的可靠度的分配值。

$$q_{sy}=1-R_{sy}=1-0.747=0.253$$

$$q_{sq}=1-R_{sq}=1-0.91=0.09$$

$$q_{Ay}=1-R_{Ay}=1-0.9=0.1$$

$$q_{By}=1-R_{By}=1-0.92=0.08$$

$$q_{CY}=1-R_{CY}=1-0.94=0.06$$

$$q_{Dy}=1-R_{Dy}=1-0.96=0.04$$

由于各单元的失效概率都很小(≤0.1)，故根据式(4-24)可得

$$q_{Ap}=q_{Ay}\frac{q_{sq}}{q_{sy}}=0.1\times\frac{0.09}{0.253}=0.036$$

$$q_{Bp}=q_{By}\frac{q_{sq}}{q_{sy}}=0.08\times\frac{0.09}{0.253}=0.028$$

$$q_{Cp}=q_{Cy}\frac{q_{sq}}{q_{sy}}=0.06\times\frac{0.09}{0.253}=0.021$$

$$q_{Cp}=q_{Cy}\frac{q_{sq}}{q_{sy}}=0.06\times\frac{0.09}{0.253}=0.021$$

由 $R_{ip}=1-q_{ip}$，可得各组成单元可靠度的分配值为 $R_{Ap}=1-0.036=0.964$，$R_{Bp}=1-0.028=0.972$，$R_{Cp}=1-0.021=0.979$，$R_{Dp}=1-0.014=0.986$。

(3) 检验分配结果。

检验在满足各组成单元可靠度分配值的前提下，系统的可靠度 R_{sp} 是否不小于 0.9。由于 $R_{sp}=R_{Ap}R_{Bp}R_{Cp}R_{Dp}=0.964\times0.92\times0.972\times0.979\times0.986=0.904>0.9$，故分配结果合格。

这里需要指出的是，当组成单元的失效概率都很低时（$\leqslant0.1$），预计公式的精度较高，分配时可直接使用原指定的可靠度要求，不必加一定裕度。

2) 当各组成单元的预计失效概率较大时的可靠性分配

由于系统的组成单元的失效概率较大，两个或两个以上单元失效概率的乘积不可舍去，故此时不能利用式(4-24)进行可靠性分配。这里只讨论被研究的串联系统各组成单元的失效分布均服从指数分布的情况。根据式(4-22)可推导出

$$\lambda_{sy}=\lambda_{1y}+\lambda_{2y}+\cdots+\lambda_{ny}$$

$$\lambda_{sq}=\lambda_{1p}+\lambda_{2p}+\cdots+\lambda_{np}$$

同理可得出系统中各组成单元的可靠度分配公式，即

$$\lambda_{ip}=\lambda_{iy}\frac{\lambda_{sq}}{\lambda_{sy}}\quad(i=1,2,\cdots,n)\tag{4-25}$$

式中，λ_{ip} 为系统中第 i 个单元的失效率分配值；λ_{iy} 为系统中第 i 个单元的失效率预计值；λ_{sq} 为要求系统达到的失效率值；λ_{sy} 为系统的失效率预计值。

由于指数分布为 $R(t)=e^{-\lambda t}$，两边取自然对数有 $\lambda=-\dfrac{\ln R(t)}{t}$。可依据各单元某时刻 t 的可靠度预计值，求出其失效率预计值 $\lambda_{iy}=-\dfrac{\ln R_{iy}(t)}{t}$，从而求出系统的失效率预计值 λ_{sy}。另外，可依据要求系统该时刻的可靠度，求出其失效率 $\lambda_{sq}=-\dfrac{\ln R_{sq}(t)}{t}$。

最后，应用式(4-25)求出各单元的失效率分配值 λ_{ip}，再求出各单元在该时刻的可靠度分配值 $R_{ip}=e^{-\lambda_{ip}t}$。

式(4-24)和式(4-25)均是对串联系统进行可靠性分配常用的公式，式(4-24)是近似分配公式，组成单元的失效分布可以是各种函数，但各单元的预计失效概率必须都很小（$\leqslant0.1$）；而式(4-25)则是精确分配公式，它对系统各单元预计失效概率的大小不加限制，但各单元的失效分布都必须服从指数分布。

3. 相对失效率法与相对失效概率法

相对失效概率法是根据使系统中各单元的容许失效概率正比于该单元的预计失效概率的原则进行分配的。因此，它与相对失效率法的可靠度分配原则十分类似，两者统称为“比例分配法”。实际上如果单元的可靠度服从指数分布，从而系统的可靠度也服从指数分布时，$R(t)=e^{-\lambda t}\approx1-\lambda t$，$F(t)=1-R(t)$。

所以按失效率成比例地分配可靠度，可以近似地以失效概率（不可靠度）成比例地分配可靠度所代替。

1) 串联系统可靠度分配

串联系统的任一单元失效都将导致系统失效。假定各单元的工作时间与系统的工作时间相同并取为 t。λ_i 为第 i 个单元的预计失效率（$i=1,2,\cdots,n$），λ_s 为系统失效率，则

$$e^{-\lambda_1 t}\cdot e^{-\lambda_2 t}\cdot\cdots\cdot e^{\lambda_i t}\cdot\cdots\cdot e^{-\lambda_n t}=e^{\lambda_s t}$$

所以

$$\lambda_1 t+\lambda_2 t+\cdots\lambda_i t+\cdots\lambda_n t=\lambda_s t \quad 或 \quad \sum_{i=1}^{n}\lambda_i=\lambda_s \tag{4-26}$$

由式(4-26)可知，串联系统的可靠度为单元可靠度之积，而系统的失效率则为各单元失效率之和。因此，在分配串联系统各单元的可靠度时，往往不是直接对可靠度进行分配，而是把系统允许的失效率或不可靠度(失效概率)合理地分配给各单元。因此，按相对失效率的比例或按相对失效概率的比例进行分配比较方便。

各单元的相对失效率为

$$\omega_i=\frac{\lambda_i}{\sum_{i=1}^{n}\lambda_i}\quad(i=1,2,\cdots,n) \tag{4-27}$$

显然有

$$\sum_{i=1}^{n}\omega_i=1$$

各单元的相对失效率亦可表达为

$$\omega_i'=\frac{F_i}{\sum_{i=1}^{n}F_i}\quad(i=1,2,\cdots,n) \tag{4-28}$$

若系统的可靠度设计指标为 R_{sd}，则根据 $R(t)=e^{-\lambda t}$ 可求得系统失效率设计指标(即容许失效率)λ_{sd}，根据 $F(t)=1-R(t)$ 可求得系统失效概率设计指标 F_{sd} 分别为

$$\lambda_{sd}=\frac{-\ln R_{sd}}{t},\qquad F_{sd}=1-R_{sd} \tag{4-29}$$

系统各单元的容许失效率和容许失效概率(即分配给它们的指标)分别为

$$\lambda_{id}=\omega_i\lambda_{sd}=\frac{\lambda_i}{\sum_{i=1}^{n}\lambda_i}\cdot\lambda_{sd},\quad F_{id}=\omega_i' F_{sd}=\frac{F_i}{\sum_{i=1}^{n}F_i}\cdot F_{sd} \tag{4-30}$$

式中，λ_i 和 F_i 分别为单元失效率和失效概率的预计值。

按相对失效率法和按相对失效概率法求得各单元分配的可靠度分别为 $R_{id}=e^{-\lambda_{id}t}$ 和 $R_{id}=1-F_{id}$。

2) 冗余系统可靠度分配

通常是将每组并联单元适当组合成单个单元，并将此单个单元看成是串联系统中并联部分的一个等效单元，这样便可用上述串联系统可靠度分配方法，将系统的容许失效率或容许失效概率分配给各个串联单元和等效单元，然后再确定并联部分中每个单元的容许失效率或容许失效概率。

如果作为代替 n 个并联单元的等效单元在串联系统中分到的容许失效概率为 F_B，则

$$F_B=F_1\cdot F_2\cdots\cdot F_n=\prod_{i=1}^{n}F_i \tag{4-31}$$

式中，F_i 为第 i 个并联单元的容许失效概率。

图 4-3 为并联系统的简化过程。

4. AGREE 分配法

AGREE 分配法由美国电子设备可靠性顾问团(AGREE)提出，它是一种比较完善的综合方

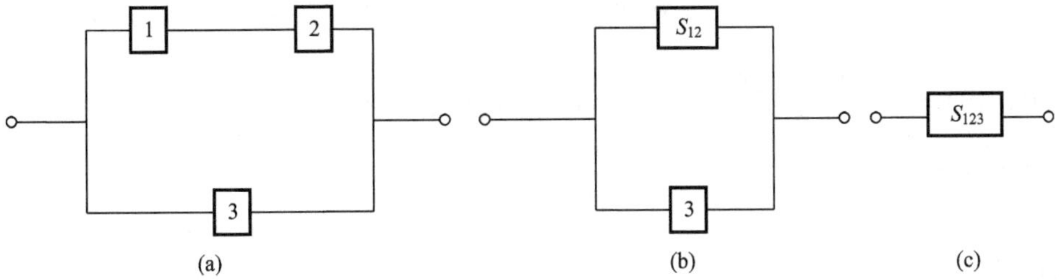

图 4-3　并联系统的简化过程

法。此方法考虑了系统的各单元或各子系统的复杂度、重要度、工作时间以及它们与系统之间的失效关系，故又称为“按单元的复杂度及重要度的分配法”。适用于各单元工作期间的失效率为常数的串联系统。

单元或子系统的复杂度定义为：单元中所含的重要零件、组件（其失效会引起单元失效）的数目 $N_i(i=1,2,\cdots,n)$ 与系统中重要零件、组件的总数 N 之比，即为第 i 个单元的复杂度，有下式

$$\frac{N_i}{N}=\frac{N_i}{\sum N_i} \qquad (i=1,2,\cdots,n) \tag{4-32}$$

单元或子系统的重要度定义为：该单元的失效而引起系统失效的概率。按照 AGREE 分配法，系统中第 i 个单元分配的失效率 λ_i 和分配的可靠度 $R_i(t)$ 分别为

$$\lambda_i=\frac{N_i[-\ln R_s(T)]}{NE_it_i} \qquad (i=1,2,\cdots,n) \tag{4-33}$$

$$R_i(t_i)=1-\frac{1-[R_s(T)]^{N_i/N}}{E_i} \qquad (i=1,2,\cdots,n) \tag{4-34}$$

式中，N_i 为单元 i 的重要零件、组件数；$R_s(T)$ 为系统工作时间 T 时的可靠度；N 为系统的重要零件、组件总数，$N=\sum_{i=1}^{n}N_i$；E_i 为单元 i 的重要度；t_i 为 T 时间内单元 i 的工作时间，$0<t_i<T$。

例 4-2　一个四单元的串联系统，要求在连续工作 48h 期间内系统的可靠度为 0.96。单元 1、单元 2 的重要性为 $E_1=E_2=1$，单元 3 工作时间为 10h，重要度 $E_3=0.90$，单元 4 的工作时间为 12h，重要度 $E_4=0.85$，问应如何分配它们的可靠度？已知它们的零件、组件数分别为 10、20、40、50。

解：系统的重要零件、组件总数为

$$N=\sum_{i=1}^{4}N_i=10+20+40+50=120$$

由式(4-33)可得各单元的容许失效率为

$$\lambda_1=\frac{10[-\ln 0.96]}{120\times1\times48}=0.00007(\mathrm{h}^{-1}),\quad \lambda_2=\frac{20[-\ln 0.96]}{120\times1\times48}=0.00014(\mathrm{h}^{-1})$$

$$\lambda_3=\frac{40[-\ln 0.96]}{120\times0.90\times10}=0.0015(\mathrm{h}^{-1}),\quad \lambda_4=\frac{50[-\ln 0.96]}{120\times0.85\times12}=0.00167(\mathrm{h}^{-1})$$

由式(4-34)可得分配给各单元的可靠度为

$$R_1(48)=1-\frac{1-0.96^{\frac{10}{120}}}{1}=0.99660,\quad R_2(48)=1-\frac{1-0.96^{\frac{20}{120}}}{1}=0.99322$$

$$R_3(10)=1-\frac{1-0.96^{\frac{40}{120}}}{0.90}=0.98498,\quad R_4(12)=1-\frac{1-0.96^{\frac{50}{120}}}{0.85}=0.98016$$

系统可靠度为

$$R=0.99660\times0.99322\times0.98498\times0.98016=0.9556$$

此值比规定的系统可靠度略低，这是由于公式的近似性质以及单元 3、4 的重要度小于 1 的缘故。

由上列各单元的可靠度值可看出：单元的零件数越少即结构越简单，则分配的可靠度就越高。反之，分配给的可靠度就越低。这种分配结果显然是合理的。

4.3.4 有约束条件的系统可靠性分配方法

前面介绍的可靠性分配方法都是以所设计的系统能满足规定的可靠性指标为目标的，除了可靠性指标外，没有其他约束条件，这样可使问题处理起来简单，但往往与实际情况差别大。事实上在设计一个系统时，是有许多约束条件的。例如在费用、重量、体积、消耗功率等限制条件下，使所设计系统的可靠度最大，或者把可靠度维持在某一指标值以上作为限制条件，使系统的其他参数做到最优化。在约束条件下分配可靠度指标的必要条件是用一些数据或公式将约束条件与可靠性指标联系起来。也就是说对于具有不同可靠性要求或不同设计方案的系统，其费用、重量等因素都必须是可用数学函数描述和计算的。有约束条件的系统可靠度分配方法有很多种，如动态规划法、拉格朗日乘子法、直接寻查法等，下面重点介绍动态规划法和拉格朗日乘子法。

1. 动态规划法

动态规划法是运筹学的一个分支，它是解决多阶段决策过程最优化的一种方法。它不同于求函数极限的微分法和求泛函数值变分法，而是用另一种思想方法来处理最优解问题。由于这种方法算法简单仅为算术运算，因此成为有约束条件冗余系统可靠度分配的一种有用的方法。

多阶段决策问题是指这样一类活动的过程。由于它的特殊性，将过程划分为若干个互相联系的阶段。在它的每个阶段都需要作出决策，并且一个阶段的决策确定以后，常影响下个阶段的决策，从而影响整个过程的活动路线，不同的路线其效果也不同。多阶段决策问题就是在允许选择的那些路线中选择最优的，使在预定的目标下达到最好的效果。在这类问题中，阶段往往用时间或空间来分，不同的决策随阶段而变，这就有“动态”的含义。它在一定的条件下也可以解决与时间无关的静态规划中的优化问题，只要人为的引入“阶段”因素即可。

动态规划的一个重要特点是它的状态“无后效性”。所谓状态指的是在所研究的那个阶段上，系统可取的各种可能状况。状态的无后效性是指：如给定了某一段的状态，则这段以后过程的发展不受这段以前各段状态的影响。这样当各段状态都确定时，整个过程也就随之确定了，这意味着在过程的运行中，只能通过当前的状态去影响它未来的发展，即当前状态就是未来过程的初始状态，有了它就可以做出下一步最优决策而不用去考虑过去历史的变化过程。利用动态规划的最优化原理及状态无后效性性质，可以把多阶段决策问题的求解过程看成是一系列的有序的连续的递推过程。下面通过一个例子说明采用动态规划法进行有约束冗余系统系统可靠性分配的过程。

例 4-3　某系统由三个分系统串联而成，每个分系统的重量和可靠度如表 4-3 所示。整个系统的可靠度不能满足规定的要求。为增加可靠度起见，允许再增加 4kg 重量，问如何分配这 4kg 使系统可靠度最大。每个分系统最多增加两个冗余设备（即一个分系统最多由三个设备组成）。

表 4-3　单元参数表

单元 i	单台重量 G_i	单台设备可靠度 R_i
1	2	0.95
2	1	0.90
3	3	0.97

解：根据题意可画出系统可靠性框图如图 4-4 所示。

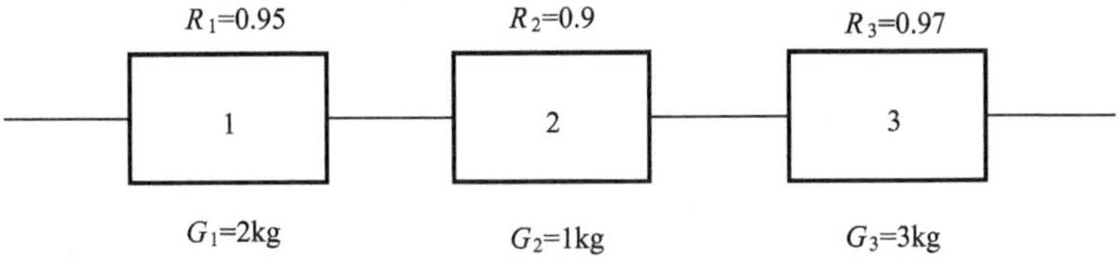

图 4-4　可靠性框图

这是在系统质量增加 $\Delta G=4$kg 的约束条件下，使系统可靠度这个目标函数最大的问题。下面采用动态规划法解决这个问题。由于每个分系统都可以增加 0～2 个 $\Delta G=4$kg 设备，因此对每个分系统都需要做决策以确定其冗余度，我们把每个分系统看成一个阶段，所以这是一个三阶段决策过程，具体步骤如下：

(1) 确定各分系统可能增加的冗余设备数。由于有 $\Delta G=4$kg，每个分系统最大冗余度为 2 的约束条件，所以第一分系统可能增加的冗余度为 0、1、2 三种情况；第二分系统可能增加的冗余度为 0、1、2 三种情况；第三分系统可能增加的冗余度为 0、1 两种情况。

(2) 把 1、2 分系统可能增加的冗余度情况结合起来，共有 9 种情况，把每种情况进行可靠度计算及增加的质量 ΔG 计算，把计算结果列于表 4-4。

表 4-4　单元 1、2 组合情况

冗余度 n		分系统 1		
		0	1	2
分系统 2	0	增加的可靠度 0.855 增加的重量 0	0.89775 2	0.89989 4
	1	增加的可靠度 0.9405 增加的重量 1	0.98753 3	0.98988 5
	2	增加的可靠度 0.94905 增加的重量 2	0.9965 4	0.99888 6

以可靠度 R 为横坐标，以增加的重量 ΔG 为纵坐标，将组合起来的 9 种情况标注于坐标系内，如图 4-5 所示。

由图 4-5 可以看出：

① $\Delta G>4$kg 的组合方案(2,2)、(2,1)不符合要求，舍弃。

② ΔG 增加很多而可靠度增加缓慢的两个方案(2,0)、(1,0)与(0,1)、(0,2)等方案相比肯定不是最优方案，舍弃。

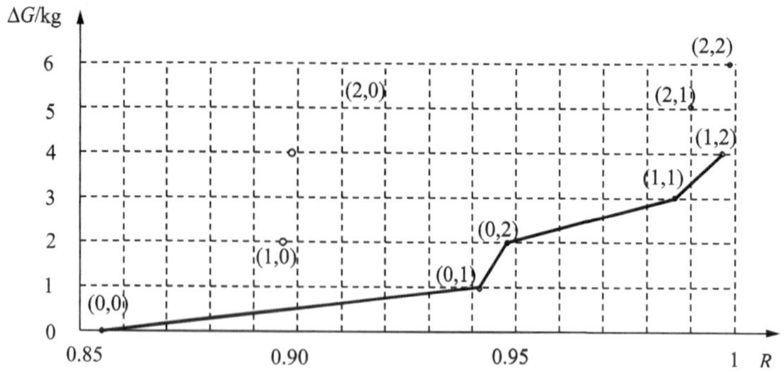

图 4-5　单元 1、2 各种组合分布

③ 其余 4 种组合难分优劣,保留。

(3) 根据上述结果,对上一阶段可以做出这样的决策:舍去上述 4 种组合方案,将剩下来的 5 种方案再与单元 3 进行组合计算,其计算结果列于表 4-5 中。将表 4-5 中的计算结果绘于坐标图内,如图 4-5 所示。

表 4-5　单元 1、2、3 组合情况

冗余度 n		分系统 1 +分系统 2				
		0,0	0,1	1,1	0,2	1,2
分系统 3	0	增加的可靠度 0.82953 增加的重量 0	0.91229 1	0.9579 3	0.92058 2	0.96661 4
	1	增加的可靠度 0.85423 增加的重量 3	0.93965 4	0.98664 6	0.9482 5	0.99561 7

由图 4-6 可以看出:在 $\Delta G \leqslant 4\text{kg}$ 的条件下,可靠度最大的方案就是最优方案,即(1, 2, 0)方案,这种方案 $\Delta G = 4\text{kg}$,$R_s = 0.96661$,其可靠性框图如图 4-7 所示。

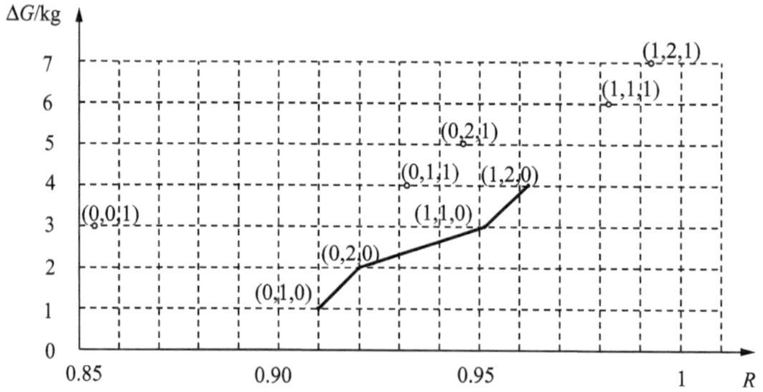

图 4-6　单元 1、2、3 的各种组合分布

由例题可总结出动态规划法的特点:

(1) 可减少计算量。由于采用了最优化原理,所以在各阶段作出决策时舍去一些不合理的解。

(2) 得到一个最优解的步数是有限的。

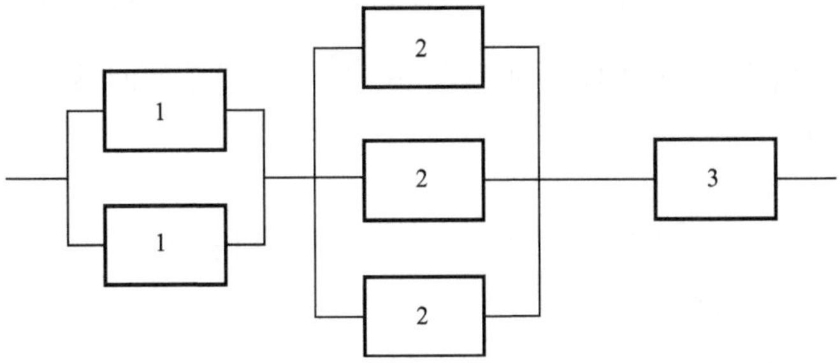

图 4-7　最优可靠性框图

(3) 计算可靠度用的函数式或重量、成本估计公式，在形式上没任何限制，可以是线性或非线性函数表达式。

(4) 最后得到的是严格的最优整数解，但动态规划法一般只适用于约束条件数目小于 3 的情况。

通过以上介绍，说明在进行可靠性设计时树立综合权衡的指导思想是非常必要的，在设计时不仅要考虑系统的可靠性，还要考虑成本、重量等限制条件，这样的设计比单纯考虑可靠性的设计要复杂，这正是在系统可靠性设计中必须要重视的问题。

2. 拉格朗日乘子法

拉格朗日乘子法是将约束最优化问题转换为无约束最优化问题的求优方法。由于引入一种待定系数——拉格朗日乘子，可利用这种乘子将原约束最优化问题的目标函数和约束条件组合成一个称为拉格朗日函数的新目标函数，新目标函数的无约束最优解就是原目标函数的约束最优解。当约束最优化问题为

目标函数：$\min f(X) = f(x_1, x_2, \cdots, x_n)$

约束条件：$h_v(X)=0, v=\overline{1,p}$

可构造如下拉格朗日函数

$$L(X,\lambda) = f(X) - \sum_{v=1}^{p} \lambda_v h_v(X) \tag{4-35}$$

式中，$X=[x_1, x_2, \cdots, x_n]^{\mathrm{T}}$；$\lambda=[\lambda_1, \lambda_2, \cdots, \lambda_n]^{\mathrm{T}}$；$n$ 为系统中约束对象的数目，p 为约束(条件)关系式的数目。

把 p 个待定因子 λ_v 作为变量，此时拉格朗日函数 $L(X,\lambda)$ 存在极限的必要条件是

$$\begin{cases} \dfrac{\partial L}{\partial x_i} = 0 & (i=\overline{1,n}) \\ \dfrac{\partial L}{\partial \lambda_v} = 0 & (v=\overline{1,p}) \end{cases} \tag{4-36}$$

解上式可得原问题的约束最优解

$$\begin{aligned} X^* &= [x_1^*, x_2^*, \cdots, x_n^*]^{\mathrm{T}} \\ \lambda^* &= [\lambda_1^*, \lambda_2^*, \cdots, \lambda_n^*]^{\mathrm{T}} \end{aligned} \tag{4-37}$$

考虑如下模型：某一系统由 n 个单元组成，第 i 个单元的可靠度 R_i 与其制造费用 x_i 有以下关系：$R_i=1-\exp(-\alpha_i(x_i-\beta_i))$，$i=1,2,\cdots,n$，式中，$\alpha_i$、$\beta_i$ 为常数，已知系统可靠度指标为

R_s。试用拉格朗日乘子法将系统的可靠度指标分配给各单元,并使系统的费用为最小。

这是一个在 $R_s=\prod_{i=1}^{n}R_i$ 约束条件下使 $f(X)=\sum_{i=1}^{n}x_i$ 为最小的问题。引入拉格朗日乘子 λ,构成的拉格朗日函数为

$$L(X,\lambda)=\sum_{i=1}^{n}x_i-\lambda(R_s-\prod_{i=1}^{n}R_i) \tag{4-38}$$

若将费用 x_i 写成显式,则有

$$x_i=\beta_i-\frac{\ln(1-R_i)}{\alpha_i}\qquad (i=\overline{1,n}) \tag{4-39}$$

将上式代入拉格朗日函数,用设计变量 R_i 代替 x_i,则拉格朗日函数可写成

$$L(R,\lambda)=\sum_{i=1}^{n}\left[\beta_i-\frac{\ln(1-R_i)}{\alpha_i}\right]-\lambda(R_s-\prod_{i=1}^{n}R_i) \tag{4-40}$$

解方程组

$$\begin{cases}\dfrac{\partial L}{\partial x_i}=0\\[2ex]\dfrac{\partial L}{\partial\lambda}=0\end{cases}\qquad (i=\overline{1,n}) \tag{4-41}$$

即可求得系统费用最小条件下各单元的分配可靠度 $R^*=[R_1^*,R_2^*,\cdots,R_n^*]^{\mathrm{T}}$。

例 4-4　某系统有两个单元组成,即 $i=1,2$,且已知 $R_s=0.80$,$\alpha_1=0.90$,$\beta_1=4.0$,$\alpha_2=0.60$,$\beta_2=2.0$,求两个单元的可靠度为多少时能够使得系统费用最小。

解:拉格朗日函数可表示为

$$L(R,\lambda)=\left[\beta_1-\frac{\ln(1-R_1)}{\alpha_1}\right]+\left[\beta_2-\frac{\ln(1-R_2)}{\alpha_2}\right]-\lambda(R_s-R_1R_2)$$

解联立方程组

$$\begin{cases}\dfrac{\partial L}{\partial R_1}=\dfrac{1}{\alpha_1(1-R_1)}+\lambda R_2=0\\[2ex]\dfrac{\partial L}{\partial R_2}=\dfrac{1}{\alpha_2(1-R_2)}+\lambda R_1=0\\[2ex]\dfrac{\partial L}{\partial\lambda}=-R_s+R_1R_2=0\end{cases}$$

即

$$\begin{cases}-\lambda=\dfrac{R_1}{R_s}\dfrac{1}{\alpha_1(1-R_1)}=\dfrac{R_2}{R_s}\dfrac{1}{\alpha_2(1-R_2)}\\[2ex]R_s=R_1R_2\end{cases}$$

代入已知数据解得

$$R_1=0.9136,\quad R_2=0.8757$$

4.3.5　可靠性分配应注意的事项

在进行可靠性分配时首先要掌握系统和零部件的可靠性预计数据,如果预计数据不十分精

确时，相对的预计值也是有很大的用处的。其次必须考虑当前的技术水平，要根据现有的技术水平在费用、生产、功能及研制时间等限制条件下，考虑所能达到的可靠性水平，单纯的提高分系统或元器件可靠度是不现实的也是没有意义的。可靠性预计是按零部件→分系统→系统自下而上进行的，可靠性分配则是按系统→分系统→零部件自上而下的进行的。预计是分配的基础，一般先进行可靠性预计，再进行可靠性分配。在可靠性分配中若发现了薄弱环节，就要改进设计或调换零部件和分系统，这样就要重新预计，重新分配。可靠性预计和分配两者结合起来就形成了一个自下而上、又自上而下的反复过程，直到主观要求与客观现实达到统一为止。因此在进行可靠性分配时要注意以下几点：

(1) 可靠性分配应在研制阶段早期开始进行。这样可使设计人员尽早明确其设计要求，研究实现这个要求的可能性并设计措施。根据所分配的可靠性要求估算所需人力和资源等管理信息。

(2) 可靠性分配应反复多次进行。在方案论证和初步设计工作中，分配是较粗略的，经粗略分配后，应与经验数据进行比较权衡。也可与不依赖于最初分配的可靠性预计结果相比较，来确定分配的合理性，并根据需要重新进行分配。

(3) 为了尽量减少可靠性分配的重复次数，在规定的可靠性指标基础上，可考虑留出一定的余量，这样可为设计过程中增加新的功能单元留下余地，可避免为适应附加的设计而必须进行的反复分配。

(4) 必须按成熟期规定值(或目标值)进行分配。

复习思考题 4

4-1　可靠性指标分配应该遵循哪些原则？

4-2　设有一串联系统由寿命分布均为指数分布的 A、B、C、D 四个分系统组成，工作 1000h 时，它们的可靠度分别为：$R_A=0.96$，$R_B=0.92$，$R_C=0.98$，$R_D=0.94$。若系统工作的可靠度要求为 0.90，问分系统的可靠度指标能否满足系统要求？如要满足系统要求，试问四个分系统工作 1000h 的可靠度各为多少？

4-3　设有一串联系统由 A、B、C、D 四个单元组成，四个单元寿命均为指数分布，已知 $R_A(1000)=0.76$，$R_B(1000)=0.72$，$R_C(1000)=0.78$，$R_D(1000)=0.74$，若要求 $R_s(1000)=0.70$，试问这四个单元工作到 1000h 的可靠度各为多少？

4-4　某系统可靠性逻辑框图如图 4-8 所示，图中各单元的可靠度为 $R_A=0.90$，$R_B=R_C=0.8$，$R_D=R_E=0.85$，$R_F=0.70$，试用上、下限法预计该系统的可靠度(设 $m=2$，$n=3$)。

4-5　某一系统的可靠性逻辑框图如图 4-9 所示，其中部件 A、B、C 的可靠度预测值均为 0.99，部件 D、F 的预测可靠度均为 0.9，试求系统的可靠度的预计值。若要求该系统可靠度 $R_s^*=0.98$，则各部件的可靠度为多少？

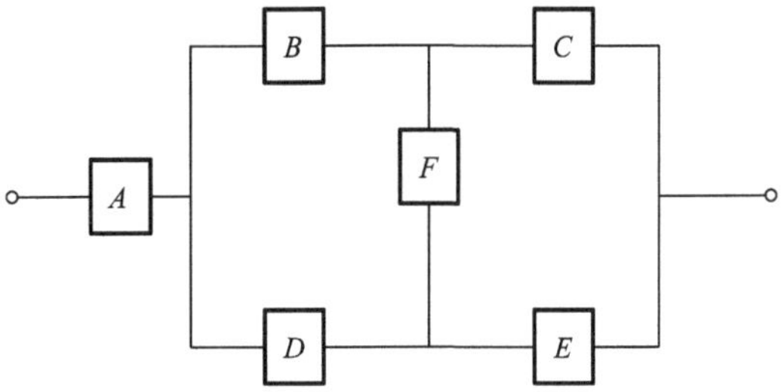

图 4-8　系统可靠性逻辑框图

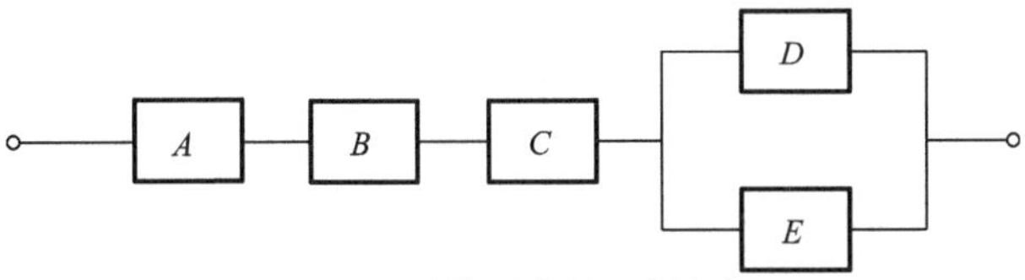

图 4-9　系统可靠性逻辑框图

第 5 章　机械结构可靠性设计

可靠性问题是一种综合性的系统工程。产品的可靠性与其设计、制造、运输、储存、使用和维修等各个环节紧密相关。设计虽然只是其中的一个环节，但却是保证产品可靠性的最重要环节，它为产品的可靠性水平奠定了先天性的基础。因为产品的可靠性主要取决于其零部件的结构、尺寸，选用的材料，加工制造工艺、检验标准、运行维修条件以及各种安全保障措施等，而这些都是在设计中决定的。固有可靠性是产品可靠性的核心内容，设计则是保证和提高产品固有可靠性的根本途径。制造和使用固然也对产品可靠性有及其重要的影响，但毕竟制造是依照设计来进行，制造和使用的任务即是实现产品设计时所要求的可靠性，由此可见设计对产品可靠性的重要意义。

从宏观上看，机械设计是一个探索性的创新过程，是在预定目标下，对事物进行分析、综合、评价、优化、决策和实施的过程。这个过程既存在着大量确定性的因素和规律，又存在着大量随机或模糊的非确定性因素和规律。因此，既需要运用多种确定性的理论和方法为设计提供确定性的模型、数值和图形支持，以解决设计中的确定性问题，又需要运用非确定性的随机方法或模糊方法，如可靠性设计去处理设计中的非确定性问题。此外，在设计过程中的很多环节，如设计方案和产品造型的拟定，材料、结构类型和设计参数的选择，以及工艺流程规划等，不仅涉及一系列的技术因素，如设计水平、制造水平、维护使用条件等，还涉及经济效益、社会效益等很多人文因素。所以，随着机械设计解决的问题深度、广度、精度及复杂程度的增加，要求现代机械设计既要解决好技术问题，又要解决好人文问题；既要解决确定性问题，又要解决非确定性问题，以更有效地提高产品设计的水平，在产品多指标的综合效益中达到最优的应用效果。

机械设计在整体上包括传统的常规机械设计和机械可靠性设计。它们都是以机械零件和机械系统为研究对象，但这两种设计方法并不是并行的。常规机械设计是设计知识的基础，机械可靠性设计是常规设计理论和方法的发展和深化，是进一步提高的一种更高层次的设计方法。

机械可靠性一般可分为结构可靠性和机构可靠性。结构可靠性主要研究机械结构的强度以及由于载荷的影响使之疲劳、磨损、断裂等引起的失效；机构可靠性则主要研究的是机构在动作过程中由于运动问题而引起的故障。

机械可靠性设计方法主要有失效树分析法（FTA），故障模式、效应及危害度分析法（FMECA），概率可靠性设计法，模糊可靠性设计法和灰色可靠性设计法等。其中，概率可靠性设计是可靠性设计的重要组成部分。它是将概率统计理论与传统设计理论相结合进行机械或电子产品零部件设计的一种先进方法。概率法可靠性设计充分考虑了设计变量的变化规律，因而使设计结果更符合实际。本章将研究的主要内容是机械结构的概率法可靠性设计。

5.1　概　　述

5.1.1　传统机械设计与现代可靠性设计

传统的常规机械设计又称为安全系数法。安全系数是传统设计的核心思想。所谓的安全系数就是为了获得可靠的设计结构而引进的设计系数。该系数不是由理论分析得来，而是由长期的工程设计经验得来，是一个经验系数。

一般情况下，安全系数为平均强度与平均载荷之比，或最小强度与最大载荷之比。在产品故障与否的临界状态，安全系数则表达为极限应力与许用应力之比，即 $n=\sigma_{极限}/\sigma_{许用}$。对于不同的产品和故障模式，极限应力又有具体的规定：在静强度计算时，对于塑性材料，极限应力为屈服极限，即 $\sigma_{极限}=\sigma_s$；对于脆性材料，极限应力为强度极限，即 $\sigma_{极限}=\sigma_b$；在计算疲劳强度时，对于承受交变应力的产品，极限应力则为疲劳极限，即 $\sigma_{极限}=\sigma_{-1}$。

传统设计方法认为只要在设计时选取的安全系数大于1，或考虑到所谓的安全储备而选用高于某一特定经验值的安全系数就可以避免产品故障。但事实上，由于材料性能的离散性和载荷应力的随机性，对于相同的安全系数，故障发生概率可由相对较低值变化到不允许的高值。这是因为传统设计中的核心要素即安全系数确定时完全忽视了设计变量和参数具有随机性的事实，它把元件应力、强度等变量参数包括影响因素都看做是定值量，设计中没有体现它们的变化，这与实际不符。并且，安全系数因为只是一个经验系数，没有必要的理论基础，所以其值的确定具有较大的主观随意性。为了保险起见，人们往往习惯于取较大的安全系数。而这在很大程度上不仅会造成零件尺寸和重量没有必要的增加，从而增加相应资源的投入，造成浪费，而且这个安全系数还并不一定能保证产品的安全，从可靠性的角度看，传统安全系数偏大或偏小的取值可能性都存在。表5-1说明了传统安全系数的上述特点。

表5-1　安全系数与可靠性

序号	强度均值 μ_s	强度标准差 σ_s	应力均值 μ_L	应力标准差 σ_L	安全系数 μ_s/μ_L	可靠度 R
1	500	20	200	25	2.5	～1.0
2	500	80	200	30	2.5	0.9997
3	500	100	200	30	2.5	0.9979
4	500	80	200	75	2.5	0.9965
5	500	120	200	60	2.5	0.987
6	250	20	100	25	2.5	0.964
7	250	10	100	15	2.5	0.9166
8	250	250	100	255	2.5	0.6628
9	500	200	100	50	5.0	0.9738
10	500	20	400	25	1.25	0.9991
11	500	50	100	50	5.0	～1.0

表5-1中显示了由传统安全系数法设计的产品经可靠性评估后，其产品的可靠性与设计时所采用的安全系数的对照关系。11个设计产品的强度和应力特征参数不同，但均服从于正态分布。由表可知，相同的安全系数下所设计的产品可靠性却有很大差异。如1～8号设计所采用的安全系数均为2.5，但由于强度和应力不同的离散性，使得相应产品的可靠度却由接近于1一直降低到0.6628；并且，在不同的离散参数下，传统设计采用较大的安全系数，并不意味着产品更安全；采用较小的安全系数，也并不意味着产品不可靠。如9号设计的安全系数为5，产品的可靠度为0.9738；10号设计的安全系数仅为1.25，产品可靠度却高达0.9991。可见，安全系数与可靠性之间并没有直接关系，安全系数的大小说明不了产品的可靠性问题。

相比较而言，概率法可靠性设计与以往的传统机械设计方法不同，其具有以下基本特点：

(1) 将应力和强度等设计参数作为随机变量。认识到零部件所受到的载荷、材料的强度、零部件的机构尺寸和运行工况均非定值，而为随机变量，均具有离散变动性和统计规律。

(2) 应用概率和数理统计的方法进行更为有效的分析和参数设定。这是基于对设计变量和参数随机性事实的客观认识。

(3) 能够对产品的质量即其中的可靠性进行定量的评价和说明。能够保证产品的失效概率不超过技术文件要求的限值。能够定量地给出所设计的产品主要的可靠性特征量。

(4) 具有较丰富的评价指标体系。传统的机械设计方法对于所有类型产品只做安全系数的评定，而可靠性设计可以根据不同产品的特点选择不同的、最适宜的评价指标进行评定。如适用于车辆的指标首次故障里程等。此外，常用的指标有失效率、可靠度、平均无故障工作时间、维修度和有效度等。

(5) 强调了设计对产品质量的主导作用。认识到固有可靠性是产品可靠性的根本，且固有可靠性由设计来决定。因为设计是制造生产的依据。如果产品设计不当，那么无论后续制造工艺和管理水平有多高，产品质量都不会好。设计是赋予产品较好性能和较高可靠性的根本途径。

(6) 考虑了环境因素对产品的影响。由于高温、低温、潮湿、冲击、振动、烟雾、腐蚀、沙尘和磨损等外在环境因素会直接作用于产品的工作状态，从而对产品可靠性及质量表象产生较大影响。所以，对环境质量的监控也是改善产品可靠性和质量的有效途径。

(7) 考虑了维修性对产品使用效能的重要作用。对于工程机械等产品而言，较高的可靠性固然是产品具有较高使用效能的体现。但是，一般组成这类产品的零部件的种类和数量都很多，出于经济性和生产能力的考虑，有时与其让整体或每一个部分都具有很高的可靠性，花费很大的代价，不如用较好的维修性去补偿，使产品的使用效能在低成本的条件下得到充分和连续的发挥。可靠性和维修性如何在产品设计中进行分配，要依据产品性能、使用要求、消费对象等多种因素综合决定，高可靠性和高维修性自然是高端产品的特点。

(8) 在设计过程中可实现可靠性增长。所谓可靠性增长是指产品的可靠性特征量得到逐步提高的过程。产品的设计过程通常可以分为设计初期、设计中期和设计后期三个阶段，中间还会有小规模的研制、生产、使用等试运行的试验环节。一般来讲，产品随着设计阶段的推进，其可靠性会得到不同程度的改善。因为通过前期的可靠性预计和可靠性试验的结果分析，可以找到产品的薄弱环节或获取改进产品可靠性的相关信息，以便后期的设计可进行有针对性的改进，改进的效果即可靠性增长仍可由可靠性预计和可靠性试验进行验证。当然，设计经验的积累和生产工艺的提高也可以提高产品的可靠性。

(9) 将系统工程的观点贯穿设计始终。从整体的、全局的、系统的，包括人机工程的观点出发考虑设计问题。这个系统不仅包括产品的组成要素，还包括在生产、使用、维修等各个环节中所有的影响因素，以及人和社会环境的因素也考虑进来，对设计过程进行综合分析。

5.1.2 可靠性设计的基本原则

(1) 传统设计与可靠性设计相结合。机械系统传统设计具有安全系数直观、设计简单、易于掌握和设计的工作量较少等优点，且能够较好地保证机械系统的可靠性。所以，在进行机械及其系统可靠性设计时应结合传统设计方法进行。目前，机械系统可靠性设计较为实际的操作方式是先以传统设计方法对机械的零部件材料、结构、尺寸等加以确定，然后依据与之相应的模型对其可靠性进行定量计算，若还不能满足预计的可靠性需求，则可修改机械的结构、尺寸甚至是更换材料，最后在对其进行可靠性的校核，指导能够满足需求。

(2) 定性设计与定量设计相结合。由于定量设计无法完全解决机械体统可靠性的问题，故对那些难以定量计算的机械零部件要进行可靠性的定性设计，以获得更加合理与有效的解决方案。所以机械系统可靠性设计工作中，必须将定性设计和定量设计结合起来，先对其进行FMECA(failure mode effectand critiality analisis)等分析，找出机械系统当中的关键件与重要件，对产品和零部件存在的重要故障模式以及失效机理进行确定，而后根据不一样的故障模式和失效机理进行定量或是定性设计。

(3) 可靠性设计与耐久性设计相结合。机械系统应当具备可靠性与耐久性。所以在进行可靠性设计的同时，也应当进行耐久性设计。可靠性设计主要解决的是机械的偶然性故障，而耐久性设计主要解决的是机械的渐变性故障。

5.1.3　可靠性设计的主要内容

(1) 研究产品的故障机理和模式。通过可靠性试验和数据积累，分析并掌握同类产品在实际使用过程中其零部件的老化、损伤、故障失效等随机过程及材料的强度、冲击韧性等初始性能变化的随机规律；研究材料老化、损伤等这类复杂物理化学过程随时间变化的规律，揭示其中最本质的影响因素，探寻产品故障的真正原因；依据可靠性试验结果，运用统计分析的方法实现失效机理可定量计算的模型化，为设计奠定重要的物理及数学基础。

(2) 确定评定产品的可靠性指标及等级。根据产品的类型特点、设计要求和研究经验等因素确定评定产品的可靠性指标。根据产品的设计要求和设计经验、已有可靠性试验和实际使用及维修数据的统计分析、产品的重要程度、技术发展趋势及市场需求等因素确定产品可靠性指标的等级或量值。

(3) 合理分配产品的可靠性指标规定量值。将确定的产品整体的可靠性指标量值按照一定的分配原则和影响因素，并应用一定的系统工程和优化设计方法合理地分配给各个零部件，以明确各个零部件所应承担和具有的可靠性特征，并力求得到最大经济效益下的可靠性指标量值的最合理分配。

(4) 以规定的可靠性指标值为依据进行零部件设计，即将规定的可靠性指标直接设计到零件的相关参数中，使产品可靠性在整体上达到规定要求。

5.1.4　可靠性设计的主要方法

1. 失效树分析法(FTA)

失效树分析是在产品设计过程中对可能造成产品失效的各种因素(硬件、软件、环境、人为因素等)进行分析，画出导致系统故障的逻辑框图(故障树)，进而确定系统故障原因的各种可能组合与发生概率，计算系统发生故障概率，并相应采取纠正措施，实现产品可靠性要求的一种设计方法。失效树分析方法常用在产品设计的早期阶段，进行设计方案的改进并细化设计方案；并在样机生产后的批量生产阶段，常用来验证设计方案。

2. 故障模式、效应及危害度分析法(FMECA)

故障模式、效应及危害度分析法包括故障模式及影响分析和危害度分析两部分。该方法是与产品设计并行的可靠性分析技术，可以对产品进行全面、规范的故障及其影响分析和对策研究，在产品的设计过程中，不断改进产品的设计方案以最终满足产品设计的可靠性要求。

3. 概率可靠性设计法

概率可靠性设计融入了概率论和数理统计的方法，并以普通集合论和二值逻辑为基础，其可靠性设计的本质特征是将产品的设计变量视为随机变量，并运用随机过程方法对产品使用的二值状态，如故障或正常，成功或失败等进行量化的概率描述。从设计过程和效果上看，该方法将传统设计扩展到一个新的水平。

4. 模糊可靠性设计法

模糊可靠性设计法是利用模糊数学来解决产品可靠性问题的一种理论评价和系统设计的方法。其主要是考虑了产品的模糊状态和设计过程中模糊的客观因素。比如，好与坏、高与低等均是相对模糊的评价，产品的状态中除了故障或正常的二值状态，实际中还有处于非好非坏的模糊状态。并且社会和经济等因素日益融入设计过程，改变了其技术单一的面貌，使设计过程存在着形形色色的模糊性问题。从这个角度看，常规可靠性设计可视为模糊可靠性设计的特例。并且，模糊可靠性不是否认常规可靠性的设计理论，而是在系统中有不容忽视的模糊现象或信息时，是对常规可靠性设计的一个有益的补充，它将为常规可靠性设计理论处理模糊现象或信息提供一种途径。

5. 灰色可靠性设计法

灰色可靠性设计法是基于灰色理论进行产品可靠性设计的方法。该方法为概率可靠性设计和模糊可靠性设计的补充。在可靠性设计中，概率可靠性设计解决的是大样本、数据多但缺乏明显规律的问题，即“大样本不确定”问题；模糊可靠性设计解决的是人的经验与认知先验信息的不确定问题，即“认知不确定”问题；而灰色可靠性设计则是解决既无经验、数据又少的不确定问题，即“少数据又不确定”问题。

5.1.5 可靠性设计的基本步骤

(1) 提出设计任务，确定详细指标。经过充分的市场调研和技术分析，根据用户需求、竞争企业的动向、生产技术水平现状和发展趋势、研制时间、成本等确定设计任务，并常以任务书的形式明确详细的技术指标、性能指标和可靠性指标。

(2) 确定设计对象及内容，确定相关的设计变量及参数。这些参数和变量应当是对设计结果有影响的、能够量化并且是相互独立的。

(3) 进行故障模式和临界状态分析。机械产品可能的失效模式主要有材料屈服、断裂、疲劳、过度变形、压杆失稳、腐蚀、磨损、振幅过大、噪声过大、咬合、电蚀、剥蚀、蠕变、热松弛、热冲击、散裂等。

(4) 核实重要设计参数选择的正确性。

(5) 阐述临界参数并确定故障模式的判据。常用的失效判据有最大正应力、最大剪应力、最大变形能、最大应变能、最大应变、最大变形、疲劳下的变形能、疲劳下的最大总应变、最大许用腐蚀量、最大许用磨损量、最大许用振幅、最大许用应变等。

(6) 确定导致故障的应力函数和应力分布。对于不同的失效模式，在确定载荷、零部件尺寸、材料物理性质、产品工作环境、工作规定时间等设计变量及参数后，分析设计变量和参数之间的数值关系，确定应力函数和应力分布。

(7) 确定控制故障的强度函数和强度分布。零件的强度分布可在该材料强度分布的基础上用一定系数修正后得到,也可以通过可靠性试验直接获得。当零件的工作应力超过零件的强度时,就会导致零件失效,这种失效发生的概率就是零件的累积失效概率即不可靠度。

(8) 确定每一种失效模式下与应力分布和强度分布相关的可靠度。当零件只有一种致命失效模式时,仅需按这一种失效模式的判据计算其可靠度;如果还有其他的致命失效模式,则应计算所有致命失效模式下的可靠度。

(9) 根据要达到的可靠性目标重做设计。

(10) 以技术、经济、可靠性为主要综合目标,进行设计内容的优化。

可靠性设计一般程序和手段如图 5-1 所示。这个程序不仅要靠承担设计工作的技术人员,还要靠从事质量管理、生产工程、维修服务、销售中的技术人员以及用户的共同工作。在设计阶段不仅要使用传统设计所需的技术资料,还必须参考质量管理、维修、使用、环境、市场等各种相关资料,并在综合分析的基础上,将这些信息反映到设计中。

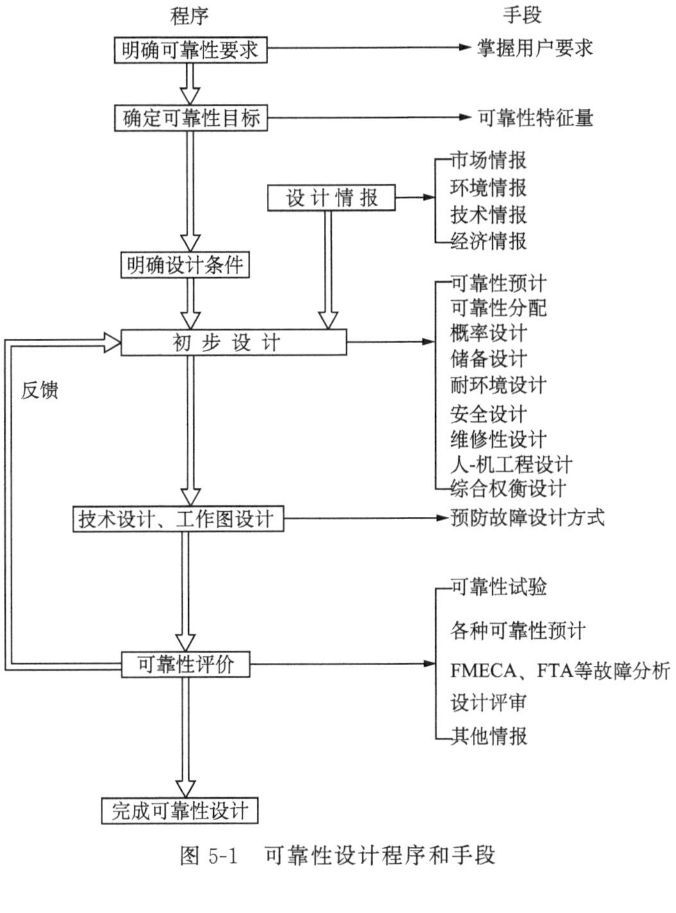

图 5-1　可靠性设计程序和手段

设计新产品时,很少一次性就能成功,通常要经过多次改进设计才能逐步提高并且达到产品可靠性的要求值。例如某型号拖拉机新产品设计时要求整机的可靠性目标值是平均故障间隔时间即 MTBF=330h,经过综合分析和计算,各系统的可靠性指标分配如下:发动机 1700h、传动系统 2500h、液压系统 1200h、底盘 1250h、驾驶室 2400h。然后进行可靠性设计和评审、可靠性指标增长监测。从新产品开始研制到成熟,可靠性指标增长分为 5 个阶段,如图 5-2 所示,Ⅰ为新产品设计立项时达到可靠性设计指标的 50%，Ⅱ为工装准备前，零件和试制样机的可靠性达到了指标的 60%，Ⅲ为小批量生产时达到了指标的 85%，Ⅳ为批量投产时达到 90%，最后Ⅴ为产品成熟期，达到了可靠性设计的目标。

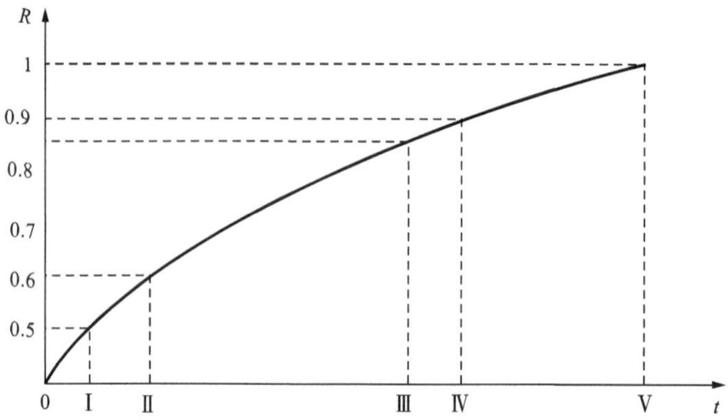

图 5-2　可靠性指标增长曲线

在初步设计后必须进行可靠性预计，并做必要的可靠性试验。对重要的部分用故障模式、效应及危害度分析(FMECA)和失效树分析法(FTA)进行可靠性、安全性分析，将设计的缺陷、潜在的故障因素和弥补的对策反馈给设计人员，帮助设计人员进行改进设计，从而逐步完成可靠性设计。

5.2　应力与强度的分布

应力一般是指所考察零部件的某一单位截面上的内力。通常，应力不仅会随着外力的增加而增长，而且会随着各种环境因素而变化，如使用环境的温度、湿度的变化，腐蚀作用，粒子辐射等因素都会对应力的大小产生影响。图 5-3 显示了某汽车车架在随意一段时间内实测载荷值的变化。由于外在的影响因素的随机性，所以应力也是一个随机变量。

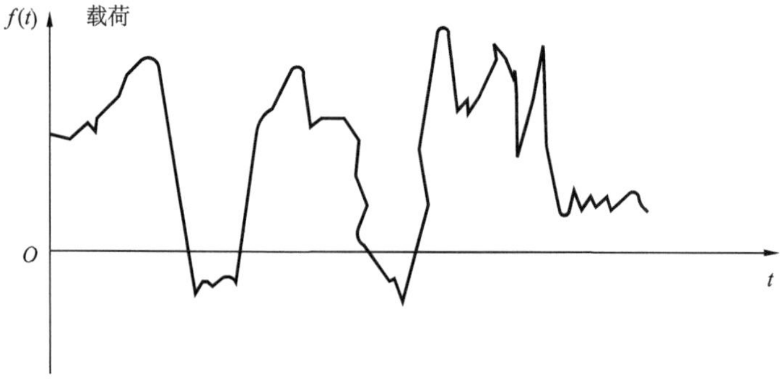

图 5-3　某汽车车架载荷的随机变化

强度一般是指材料或构件承受外力时，抵抗塑性变形或破坏的能力。同样，即便是同一种材料，由于在冶炼、锻造、焊接、热处理等加工过程中加工精度存在着差异，强度确定时试样的取样位置、加载方式、试验环境的些许差异也会使材料的强度呈现随机的离散变化。图 5-4 显示了由同种材料加工而成的 5 个同型标准试件在万能试验机上进行拉伸试验得到的 5 条应力-应变曲线。由图可知，即使是对同一种材料，也没有任何两个实际试件具有相同的变化曲线，说明了材料的强度不是常数定值，而是随机变量。

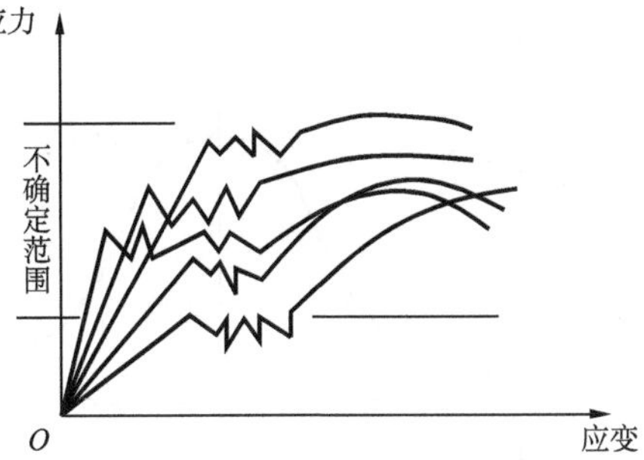

图 5-4　5 个相同产品的应力-应变曲线

从可靠性的角度看，对于某一种材料，应力的增长是有限度的，超过强度这一限值，材料就要破坏。实际中应力和强度又均是随机变量，所以，可靠性设计的任务就是如何在二者的特征变化区间内，使设计的产品实际承受应力大于材料强度的概率尽量减小，即使产品的设计达到可靠性的要求。要达到这一设计目的，一方面要对实际应力和强度的分布有充分的了解，一方面要正确地应用可靠性设计的方法。

5.2.1　应力-强度分布的干涉模型

1. 可靠性设计理论的假设

(1) 假设零件在设计中的应力参量，如载荷、零部件尺寸等影响因素都是随机变量，且服从某一种随机分布，并且可以求得在多因素影响下的应力分布。

(2) 假设零件在设计中的强度参量，如材料的机械性能、零件尺寸、结构形式、加工精度等影响因素也都是随机变量，并且可以求得在多因素影响下的强度分布。

机械设计中，强度和应力具有相同的量纲，所以可根据这两个假设并应用概率统计的方法将应力分布和强度分布在一个坐标系中联结起来。

2. 应力和强度的动态概率模型

有些材料在工作时，其所受的外力不随时间而变化，这时其内部的应力大小不变，称为静应力，对应的可靠性设计称为静强度可靠性设计；还有一些材料，其所受的外力随时间呈周期性变化，这时内部的应力也随时间呈周期性变化，称为交变应力。材料在交变应力作用下发生的破坏称为疲劳破坏。对应的可靠性设计称为疲劳可靠性设计。

应力-强度的动态概率模型如图 5-5 所示，其中 $f_1(x_l)$ 和 $f_2(x_s)$ 分别为应力分布和强度分布。由图可知，结构材料在循环载荷的长期作用下，强度逐渐减弱。如由该图 5-5(a)所示位置逐渐滑移至图 5-5(b)所示位置，只要应力分布和强度分布之间形成干涉区，该模型即构成应力-强度干涉模型。因为模型的干涉区会随着强度的减弱而增大，是一个动态过程，所以称为动态概率模型。而如果模型相对固定在动态过程中的某一时刻，即为相对静态概率模型。

3. 应力-强度干涉模型分析

设应力为 X_l，强度为 X_s，则不管应力和强度服从何种分布，当应力大于强度即 $X_l > X_s$ 时，结构会遭到破坏；当强度大于应力即 $X_s > X_l$ 时，结构可靠；所以，干涉模型下产品的可靠度为强度大于应力的概率，即 $R = P(X_s > X_l)$。

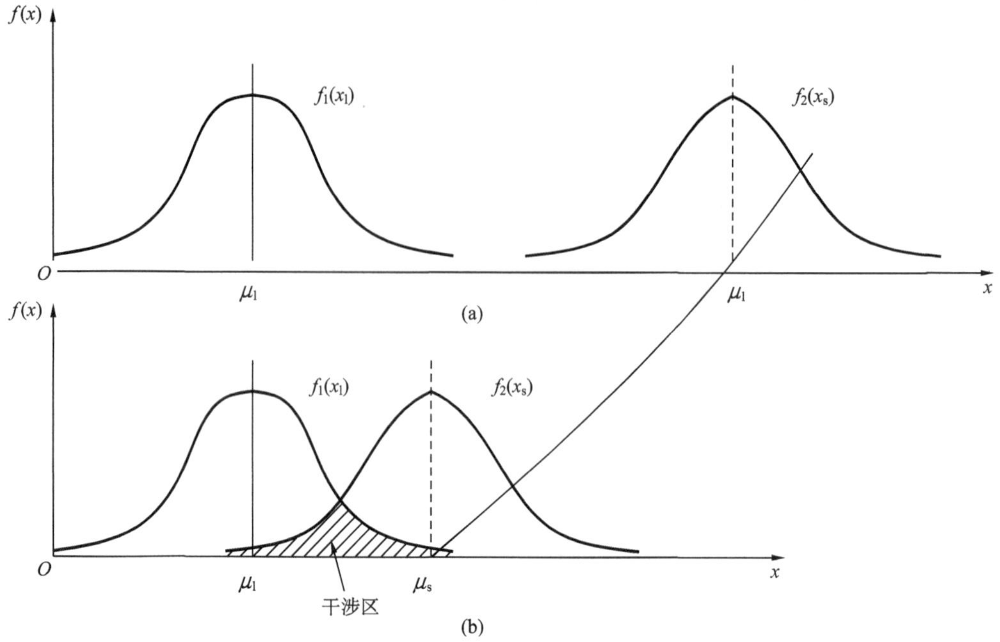

图 5-5　应力-强度动态概率模型

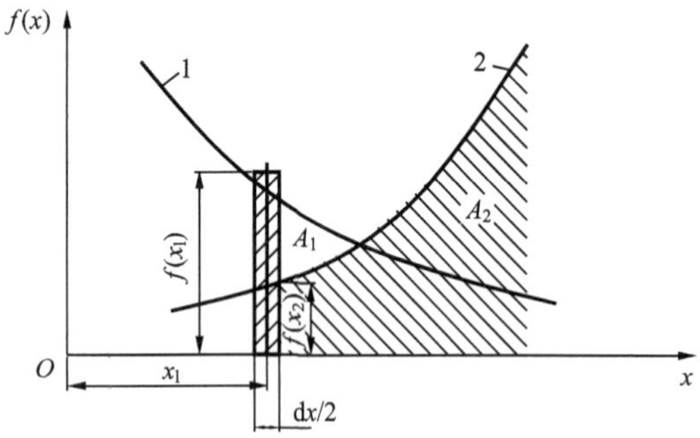

图 5-6　应力-强度干涉模型局部

将图 5-5 中的干涉区域放大如图 5-6 所示。其中，曲线 1 为应力分布的右尾，曲线 2 为强度分布的左尾。干涉模型下的产品可靠度分析如下：

1）应力在随机单位区间内的概率

在应力取值范围内任意指定其中的一点 x_1，则随机变量应力落入这一点左右 $\frac{\mathrm{d}x}{2}$ 区间内的概率 $P\left(x_1-\frac{\mathrm{d}x}{2}<X_1<x_1+\frac{\mathrm{d}x}{2}\right)=f_1(x_1)\mathrm{d}x_1=A_1$，概率的大小可由阴影面积 A_1 来表示。

2）强度大于应力的概率

随机变量应力和强度在各自的取值范围内分别任意取值 x_1 和 x_s，则此时强度大于应力的概率 $P(x_s>x_1)=\int_{x_1}^{\infty}f_2(x_s)\mathrm{d}x_s=A_2$，概率的大小可由阴影面积 A_2 来表示。

3）应力在随机的单位区间内，强度大于应力的概率

应力 X_1 落入随机单位区间 $\left(x_1-\frac{\mathrm{d}x}{2},x_1+\frac{\mathrm{d}x}{2}\right)$ 内，同时要求强度大于应力，即要求 A_1、A_2 两个事件同时发生。由概率乘法定理可知，两个独立事件同时发生的概率，等于这两个事件单独发生的概率乘积。该乘积概率 $A_1\cdot A_2$ 即为应力在该单位区间内产品的可靠度，记为 $\mathrm{d}R$。故 $\mathrm{d}R=A_1\cdot A_2=f_1(x_1)\mathrm{d}x_1\cdot\int_{x_1}^{\infty}f_2(x_s)\mathrm{d}x_s$。

4）产品的可靠度

对于整个应力分布，强度大于应力的概率即为产品实际使用的可靠度 R。故

$$R=\int \mathrm{d}R=\int_{-\infty}^{\infty} f_1(x_1)\cdot\left[\int_{x1}^{\infty} f_2(x_s)\mathrm{d}x_s\right]\mathrm{d}x_1 \tag{5-1}$$

当应力分布 $f_1(x_1)$和强度分布 $f_2(x_s)$已知时，即可计算出产品的可靠度。

当分析应力-强度干涉模型时，若从求 $P(x_1<x_s)$为出发点，又得到可靠度 R 的另外一种表达

$$R=\int_{-\infty}^{\infty} f_2(x_s)\cdot\left[\int_0^{x_s} f_1(x_1)\mathrm{d}x_1\right]\mathrm{d}x_s \tag{5-2}$$

由式(5-1)得产品的累积失效概率 F 为

$$F=1-R=1-\int_{-\infty}^{\infty} f_1(x_1)\cdot[1-F_2(x_1)]\mathrm{d}x_1=\int_{-\infty}^{\infty} F_2(x_1)f_1(x_1)\mathrm{d}x_1 \tag{5-3}$$

由式(5-2)得累积失效概率 F 的另外一种表达

$$F=1-R=1-\int_{-\infty}^{\infty} f_2(x_s)\cdot F_1(x_s)\mathrm{d}x_s=\int_{-\infty}^{\infty}[1-F_1(x_s)]\cdot f_2(x_s)\mathrm{d}x_s \tag{5-4}$$

5.2.2　应力分布和强度分布的确定

在可靠性设计中，只有已知零部件所用材料的强度分布和所受应力的概率分布，才能计算零部件的主要可靠性指标，才能将设计的可靠性要求融入到设计的过程中去。所以，应力分布和强度分布的确定方法对于可靠性设计十分重要。

1. 应力分布的确定

1）应力的主要影响因素和一般函数表达

按应力随时间变化的特性，应力分为静应力和变应力两大类。变应力又可分为：非对称循环变应力、脉动循环变应力和对称循环变应力三种基本类型。

零件的应力 X_1 一般与其承受的载荷、温度、几何尺寸、材料物理特性和时间有关。其一般的函数表达为

$$X_1=f(L,T,G,p,t,m)$$

式中，L 为各种载荷(轴向载荷、弯曲载荷、扭矩载荷)；T 为温度；G 为几何参数(尺寸大小及特征)；p 为物理参数(泊松比、弹性模量、剪切弹性模量、膨胀系数等)。

2）确定应力分布的基本步骤

(1) 确定零件所有重要的失效模式，并根据失效模式来确定适当的失效判据。

(2) 应力单元体分析。如果零件的主要失效模式是由复合应力引起的，则应根据有限元分析或试验应力分析，选取零件上最有可能导致零件失效的点或几个应力较高的点作为应力单元体，计算其应力，以确定最有可能导致零件失效的位置。

(3) 计算应力单元体上的应力分量。6 个名义应力分量分别为 3 个正应力(X_{1x}，X_{1y}，X_{1z})和 3 个剪应力(τ_{xy}，τ_{xz}，τ_{yz})。计算这些应力，需要材料力学、弹塑性理论、有限元分析、疲劳统计、断裂力学、试验应力分析等方面的知识基础。

(4) 选取适当的应力修正系数，确定每一应力分量的最大值。常用的应力系数主要有应力集中系数、载荷系数、温度应力系数、成形或制造应力系数、切痕敏感系数、热处理应力系数、表面处理应力系数、装配应力系数、腐蚀应力系数、环境应力系数等。

(5) 计算主应力。是否需要计算主应力取决于确定的失效判据。当失效判据为最大主应力或最大剪应力时需要计算主应力,否则不需要计算。

(6) 根据对失效判据的分析,将上述的应力分量综合为复合应力。复合应力最大处即为零件失效概率最大的部位。

(7) 确定每个名义应力、应力修正系数和相关设计参数自身的概率分布。确定名义应力的分布需要获知各种相关载荷的分布(如弯曲载荷、扭转载荷等)和几何尺寸分布(如长度、直径、沟槽尺寸等)。其中载荷分布的确定可通过试验测定。值得说明的是,影响应力分布的参数较多,但是关于这些参数本身的统计数据仍然很缺乏,并且对于同一参数,不同来源提供的数据也不尽相同,所以这方面的局限性一方面要靠不断的数据积累,一方面也需要有缜密的判断和分析,确定不同数据来源之间以及应用条件之间的差异。

(8) 确定应力分布。可采用代数法、矩法或蒙特卡洛模拟法,按照应力公式将与应力有关的参数分布拟合成应力分布。对所有可能出现的重要失效模式都应重复上述步骤确定该失效模式下的应力分布。

3) 确定应力分布的主要方法

(1) 代数法。

代数法适用于影响零件工作应力的主要参数均服从正态分布的情形。

如果影响零件工作应力的主要参数 $X_1,X_2,\cdots,X_n$ 均服从于正态分布:$X_1\sim N(\mu_1,\sigma_1^2)$,$X_2\sim N(\mu_2,\sigma_2^2)$,…,$X_n\sim N(\mu_n,\sigma_n^2)$,且已知每一个参数分布的均值 μ_i 和标准差 σ_i,则可根据这些参数与应力的函数关系 $X_1=f(X_1,X_2,\cdots,X_n)$,确定出应力的均值和标准差,进而确定出应力的分布。

确定过程可由综合两个随机变量开始,先综合随机变量 X_1,X_2,求出合成变量的均值和标准差,再将这一合成变量和 X_3 相综合,求出第二次合成变量的均值和标准差,并以此类推,直到完成所有变量的综合。对于满足上述条件的随机变量,表 5-2 给出了两个随机变量常用运算关系的合成分布参数即均值和标准差。

表 5-2 正态分布随机变量的统计特征常用综合计算表

序号	合成变量 Z	合成变量均值 μ_z	合成变量标准差 σ_z
1	$Z=cX$	$c\mu_x$	$c\sigma_x$
2	$Z=X+c$	μ_x+c	σ_x
3	$Z=X+Y$	$\mu_x+\mu_y$	$\sqrt{\sigma_x^2+\sigma_y^2}$
4	$Z=X-Y$	$\mu_x-\mu_y$	$\sqrt{\sigma_x^2+\sigma_y^2}$
5	$Z=XY$	$\mu_x\mu_y$	$\sqrt{\mu_x^2\sigma_y^2+\mu_y^2\sigma_x^2+2\rho\mu_x\mu_y\sigma_x\sigma_y}$
6	$Z=\dfrac{X}{Y}$	$\dfrac{\mu_x}{\mu_y}$	$\dfrac{1}{\mu_y^2}\sqrt{\mu_x^2\sigma_y^2+\mu_y^2\sigma_x^2}$
7	$Z=X^n$(n 为整数)	μ_x^n	$\lvert n\rvert\mu_x^{n-1}\sigma_x$
8	$Z=X^{\frac{1}{2}}$	$\left(\dfrac{1}{2}\sqrt{4\mu_x^2-2\sigma_x^2}\right)^{\frac{1}{2}}$	$\left(\mu_x-\dfrac{1}{2}\sqrt{4\mu_x^2-2\sigma_x^2}\right)^{\frac{1}{2}}$
9	$Z=(X^2+Y^2)^{\frac{1}{2}}$	$\sqrt{\mu_x^2+\mu_y^2}+\dfrac{\mu_x^2\sigma_y^2+\mu_y^2\sigma_x^2}{2\sqrt{(\mu_x^2+\mu_y^2)^3}}$	$\sqrt{\dfrac{\mu_x^2\sigma_y^2+\mu_y^2\sigma_x^2}{\mu_x^2+\mu_y^2}}$
10	$Z=\lg x$	$\lg\mu_x$	$0.434\sigma_x/\mu_x$

表 5-2 中随机变量 X、Y 可以是独立的，也可以是相关的。如果二者是相互独立的，则相关系数 $\rho=0$；如果二者是正的完全线性相关，则 $\rho=1$。表中关于随机变量和、差的综合变量统计特征的计算是精确的，其余表达均为近似式。如果随机变量自身的标准差与均值的比值即 σ_i/μ_i 均较小（<0.10），则统计计算具有较好的近似精度。一般情况下，结构设计中各种变量的 σ_i/μ_i 值常小于 0.10。

例 5-1　有一直齿圆柱齿轮，在传动过程中，每转一周齿轮根部就会产生一次拉应力 X_1，且 $X_1 \sim N(350, 24.5^2)$MPa，制造过程的热处理环节使其齿轮根部产生了残余压应力 X_2，且 $X_2 \sim N(110, 10^2)$MPa，试估算齿轮根部的有效作用应力的统计特征。

解：设根部有效作用应力为 X，则 $X=X_1-X_2$，由表 5-2 随机变量差的综合变量统计特征的计算公式得

$$\mu_x=\mu_{x_1}-\mu_{x_2}=350-110=240(\text{MPa})$$

$$\sigma_x=\sqrt{\sigma_{x_1}^2+\sigma_{x_2}^2}=\sqrt{24.5^2+10^2}=26.46(\text{MPa})$$

例 5-2　有一受拉杆件，已知杆件直径 $d \sim N(40, 0.8^2)$mm，杆件长度 $l \sim N(6000, 60^2)$mm，承受拉力 $p \sim N(80000, 1200^2)$N，以及杆件材料的弹性模量 $E \sim N(210000, 3150^2)$MPa，求在弹性变形范围内杆件的伸长量 δ。

解：由胡克定理可知，拉杆的伸长量 $\delta=\dfrac{pl}{AE}$，其中 A 为拉杆横截面积。

设以上变量均为相互独立的随机变量，故可由表 5-2 相应公式，对已知变量逐一合成。

（1）求拉杆横截面积 A 的统计特征。

$$A=\frac{\pi}{4}d^2$$

故

$$\mu_A=\frac{\pi}{4}\mu_{\mathrm{d}}^2=\frac{\pi}{4}\times 40^2=1256(\text{mm}^2)$$

$$\sigma_A=\frac{\pi}{4}(2\mu_{\mathrm{d}}\sigma_{\mathrm{d}})=\frac{\pi}{4}\times 2\times 40\times 0.8=50.24(\text{mm}^2);$$

即 $A \sim N(1256, 50.24^2)\text{mm}^2$。

（2）计算 AE 乘积 H 及 pl 乘积 G 的统计特征。

设 $AE=H$，故

$$\mu_H=\mu_A\mu_E=1256\times 210000=2.63\times 10^8(\text{N})$$

$$\begin{aligned}\sigma_H&=\sqrt{\mu_A^2\sigma_E^2+\mu_E^2\sigma_A^2+2\rho\mu_A\mu_E\sigma_A\sigma_E}\\&=\sqrt{1256^2\times 3150^2+210000^2\times 50.24^2}=11.27\times 10^6(\text{N})\end{aligned}$$

即 $H \sim N(2.63\times 10^8, 11270000^2)$N。

同理得 $\mu_G=4.8\times 10^8\text{N}\cdot\text{mm}$；$\sigma_G=8654000\text{N}\cdot\text{mm}$，即 $G \sim N(4.8\times 10^8, 8654000^2)\text{N}\cdot\text{mm}$。

（3）计算拉杆的伸长量 δ 的统计特征。

$\delta=\dfrac{pl}{AE}=\dfrac{H}{G}$，故

$$\mu_{\delta}=\frac{\mu_{H}}{\mu_{G}}=\frac{4.8\times10^{8}}{2.63\times10^{8}}=1.83(\mathrm{mm})$$

$$\sigma_{\delta}=\frac{1}{\mu_{G}^{2}}\sqrt{\mu_{H}^{2}\sigma_{G}^{2}+\mu_{G}^{2}\sigma_{H}^{2}}$$

$$=\frac{1}{(2.63\times10^{8})^{2}}\sqrt{(2.63\times10^{8})^{2}\times8654000^{2}+(4.8\times10^{8})^{2}\times(11.27\times10^{6})^{2}}$$

$$=0.0848(\mathrm{mm})$$

即 $\delta\sim N(1.83,0.0848^2)$mm。

根据正态分布的 3σ 原则可知，拉杆伸长量的公差 $\Delta=3\sigma=3\times0.0848=0.2543$(mm)。

故拉杆的伸长量 $\delta=(1.83\pm0.2543)$mm。

(2) 矩法。

当零件的工作应力与其主要影响因素之间的函数较复杂时，利用代数法确定应力的统计分布特征可能会很困难，这时可以选择用矩法来进行确定。所谓矩法就是将随机变量函数展开成泰勒级数，来求展开式均值和方差的方法。这种方法虽然得到的是近似解，但求解要容易，而且精度也足以满足设计的要求。

① 一维随机变量函数统计特征的求解。

设函数 Y 只含有一个随机变量 X，将 $Y=f(X)$ 在 $X=\mu$ 处展开成泰勒级数得

$$Y=f(X)=f(\mu)+(X-\mu)f'(\mu)+\frac{1}{2!}(X-\mu)^{2}f''(\mu)+\cdots \tag{5-5}$$

对上式取数学期望，得

$$E(Y)=E[f(\mu)]+E[(X-\mu)f'(\mu)]+E\left[\frac{1}{2!}(X-\mu)^{2}f''(\mu)\right]+\cdots \tag{5-6}$$

由数学期望的性质 $E(c)=c$，$E(cX)=cE(X)$，且式(5-3)从第三项之后的所有项均属于高阶无穷小，可以忽略不计，故式(5-3)可简化为

$$E(Y)\approx f(\mu) \tag{5-7}$$

对式(5-2)取方差，得

$$D(Y)=D[f(\mu)]+D[(X-\mu)f'(\mu)]+D\left[\frac{1}{2!}(X-\mu)^{2}f''(\mu)\right]+\cdots \tag{5-8}$$

由于方差的性质 $D(c)=0$，$D(cX)=c^2D(X)$，且式(5-5)也从第三项之后的所有项均属于高阶无穷小，可以忽略不计，故式(5-5)可简化为

$$D(Y)\approx[f'(\mu)]^{2}D(X)=[f'(\mu)]^{2}\sigma_{X}^{2} \tag{5-9}$$

② 多维随机变量函数统计特征的求解。

设多维随机变量函数 $Y=f(X_1,X_2,\cdots,X_n)$，将其在 $X_1=\mu_1,X_2=\mu_2,\cdots,X_n=\mu_n$ 处展开成泰勒级数得

$$\begin{aligned}Y&=f(X_1,X_2,\cdots,X_n)\\&=f(\mu_1,\mu_2,\cdots,\mu_n)+\sum_{i=1}^{n}\frac{\partial Y}{\partial X_i}\Big|_{X_i=\mu_i}(X_i-\mu_i)\\&\quad+\frac{1}{2!}\sum_{i=1}^{n}\sum_{j=1}^{n}\frac{\partial^{2}Y}{\partial X_iX_j}\Big|_{X_i=\mu_i}(X_i-\mu_i)(X_j-\mu_j)+\cdots\end{aligned} \tag{5-10}$$

用上述同样的方法，解得多维随机变量函数统计特征分别为

$$E(Y) \approx f(\mu_1, \mu_2, \cdots, \mu_n) + \frac{1}{2}\sum_{i=1}^{n} \frac{\partial^2 Y}{\partial X_i^2} \vdots_{X_i=\mu_i} \cdot \sigma_i^2 \tag{5-11}$$

如果每个随机变量的方差即 σ_i^2 均很小，则式(5-8)中等式右侧第二项可以忽略不计，即为

$$E(Y) \approx f(\mu_1, \mu_2, \cdots, \mu_n) \tag{5-12}$$

$$D(Y) \approx \sum_{i=1}^{n} \left[\frac{\partial Y}{\partial X_i} \vdots_{X_i=\mu_i}\right]^2 \sigma_i^2 = \sigma_Y^2 \tag{5-13}$$

例 5-3　已知某一轴销的半径 $r \sim N(10, 0.5^2)$mm，求轴销横截面积 A 的统计特征。

解：$A = \pi r^2 = f(r)$，故 $f'(r) = 2\pi r$，由式(5-7)和式(5-9)得

$$E(A) \approx f(\mu_r) = \pi\mu_r^2 = \pi \times 10^2 = 314.16(\text{mm})$$

$$D(A) \approx [f'(\mu_r)]^2 \sigma_r^2 = (2\pi\mu_r)^2 \sigma_r^2 = (2\pi \times 10)^2 \times 0.5^2(\text{mm})$$

例 5-4　已知一拉杆受外力 p 的作用，若外力 p 的均值 $\mu_P = 20000$N，标准差 $\sigma_A = 2000$N；拉杆横截面积 $A \sim N(1000, 80^2)\text{mm}^2$，求应力 X_1 的统计特征。

解：$X_1 = \dfrac{p}{A} = f(p, A)$，由式(5-12)和式(5-13)得

$$E(X_1) \approx f(\mu_P, \mu_A) = \frac{\mu_P}{\mu_A} = \frac{20000}{1000} = 20(\text{MPa})$$

$$D(X_1) \approx \left[\frac{\partial X_1}{\partial P} \vdots_{P=\mu_P, A=\mu_A}\right]^2 \sigma_P^2 + \left[\frac{\partial X_1}{\partial A} \vdots_{P=\mu_P, A=\mu_A}\right]^2 \sigma_A^2 = \left(\frac{1}{\mu_A}\right)^2 \cdot \sigma_P^2 + \left(-\frac{\mu_P}{\mu_A^2}\right)^2 \cdot \sigma_A^2$$

$$= \left(\frac{1}{1000}\right)^2 \cdot 2000^2 + \left(-\frac{20000}{1000^2}\right)^2 \cdot 80^2 = 6.56(\text{MPa})$$

(3) 蒙特卡洛模拟法。

蒙特卡洛模拟法又称统计试验法。该方法是以统计抽样理论为基础，以计算机技术为手段，通过对随机变量的统计抽样试验或随机模拟，从而求解变量函数统计特征的近似求解方法。该方法的优点是简单、便于编程、可用于任何一种分布，所以在工程中得到了广泛的应用。

蒙特卡洛模拟法基本步骤如下：

① 确定零件工作应力函数 $X_1 = f(X_1, X_2, \cdots, X_n)$ 及其随机变量 $X_1, X_2, \cdots, X_n$；

② 对应力函数中每一个随机变量 X_i，确定其概率密度函数 $f(X_i)$；

③ 确定每一个概率密度函数 $f(X_i)$ 所对应的累积分布函数 $F(X_i)$；

④ 对应力函数中每一个随机变量 X_i，产生在[0,1]区间内服从均匀分布的伪随机数列(由计算机程序生成的随机数列)$RN_{X_{ij}}$

$$RN_{X_{ij}} = \int_{-\infty}^{X_{ij}} f(X_i)\text{d}X_i \tag{5-14}$$

式中，i 为随机变量的标号；j 为模拟次数的标号。对于每一个随机变量 X_i，每模拟一次即可得出一组伪随机数。第 j 次模拟得出的一组伪随机数用 X_{ij} 表示。

⑤ 将每一次模拟得到的各组伪随机数 X_{ij} 值代入应力函数当中，即得相应的函数值 X_{1j}：

$$X_{1j} = f(X_{1j}, X_{2j}, \cdots, X_{nj}) \tag{5-15}$$

⑥ 重复上述步骤，使模拟次数 $j \geqslant 1000$ 次，得各次应力函数值 $X_{11}, X_{12}, \cdots, X_{11000}, \cdots$，并将它们按数值大小进行排序。

⑦ 根据对排序的统计结果，作应力 X_1 的直方图。并在指数分布、正态分布、对数正态分布、威布尔分布、伽马分布、极值分布等常用分布中，确定出 2～3 种可能拟合这一直方图的分布。

⑧ 对选择的疑是拟合分布进行拟合检验，以确定零件工作应力的实际分布。拟合检验常用到的方法有 χ^2 检验和 K-S 检验。

2. 强度分布的确定

计算零件的主要可靠性特征量，除确定零件的应力分布之外，还必须确定零件的强度分布，然后才可以按照应力-强度分布干涉理论确定零件的可靠度等主要可靠性特征量。

1）强度的主要影响因素和一般函数表达

机械零件的强度包括整体强度和表面强度两类。其中，整体强度根据零件所受应力种类的不同可分为静强度和疲劳强度；表面强度根据零件接触状态和工作条件不同，又可分为：表面接触强度、表面挤压强度和表面磨损强度。

零件的强度 X_s 通常与材料的性质、热处理方式、应力的种类和环境等因素有关。其一般的函数表达为

$$X_s = f(L, T, G, K, \beta, t, p)$$

式中，L 为各种载荷（轴向载荷、弯曲载荷、扭矩载荷）；T 为温度；G 为几何参数（尺寸大小及特征）；K 为应力集中；β 为零件表面质量；t 为时间；p 为环境参数等。

2）确定强度分布的基本步骤

（1）确定强度的判据。强度的判据应与确定应力分布时所用的失效判据一致。常用的强度判据有：最大正应力强度判据、最大剪应力强度判据、最大变形能强度判据、复合疲劳应力下的最大变形能疲劳强度判据。

（2）确定名义强度分布。名义强度是指各待测试件在相应的标准试验条件下确定的强度。在不同场合下涉及的强度主要有：强度极限、屈服极限、有限寿命疲劳强度、无限寿命疲劳强度、疲劳失效循环次数、变形、变形能、蠕变、腐蚀、压杆失稳、疲劳下的复合强度、振动、噪声、温度、磨损等。这些名义强度的分布可以通过大量试验获取。

（3）用适当的系数修正名义强度，并确定各修正系数的分布。零件的名义强度是在试验条件下得到的测定值，和零件的实际强度有差异，所以需要用适当的修正系数修正名义强度，以将其转换成在实际使用环境下具有实际几何尺寸的零件强度。

常用的修正系数有：表面质量系数、尺寸系数、应力集中系数、温度系数、时间系数、成形及制造过程系数、腐蚀系数等。在疲劳强度的可靠性设计中必须考虑这些系数和它们的离散性。其中，表面质量系数是指不同的加工方法对疲劳强度的影响，不同的加工方法使零件具有不同的表面粗糙度，也会直接影响到零件的疲劳强度；同时，试验时所用零件的尺寸是服从正态分布的随机变量，由于零件尺寸越大时，材料的晶粒较粗，出现缺陷的概率较大，而机械加工后表面冷作硬化层相对较薄，所以测得的疲劳强度也会随尺寸的增大而降低，并且零件加工的过程中，形成尖角、刻痕、凹槽和断面变化的过程，也是形成应力集中的过程，而这是造成零件疲劳强度降低的主要原因之一。所以这些必须在名义强度的修正中得以补偿。通常，对于低塑性材料如低温回火的高强度钢，其强度计算必须考虑应力集中的影响；对于脆性材料如铸铁，其强度计算则不需考虑应力集中；对于一般工作期内应力变化次数$<10^3(10^4)$可按静应力强度计算。

当然，通过现场可靠性试验得出的零件强度分布数据，不需修正即可直接用于该零件的可靠性设计当中。

(4) 确定强度的分布。在已知强度公式和其中各设计变量的及参数的分布条件下，即可将这些分布综合成强度的分布。综合的方法与综合应力分布的方法相同，主要有代数法、矩法和蒙特卡洛模拟法。

3) 确定强度分布的主要方法

(1) 代数法。

用代数法确定强度分布的过程与用该方法确定应力分布的过程一样，只需将上述介绍中的应力改为强度即可。

例 5-5　已知仅受弯矩载荷的轴，其目标寿命为 5×10^6 次，该轴试件的疲劳耐久极限 $\sigma'_{-1}\sim N(560,42^2)$MPa，若仅考虑尺寸系数 ε，表面质量系数 β 和疲劳应力集中系数 K_ε 的离散性影响，如果 $\varepsilon\sim N(0.856,0.0889^2)$，$\beta\sim N(0.7933,0.0357^2)$，$K_\varepsilon\sim N(1.692,0.0768^2)$，试求该轴强度分布的统计特征。

解：零件的实际疲劳耐久极限可由试件的耐久极限经修正系数修正后得到，即

$$\sigma_{-1}=\sigma'_{-1}\frac{\varepsilon\beta}{K_\varepsilon}k_{\mathrm{d}}k_{\mathrm{e}}$$

其中，k_{d}、k_{e} 分别为暂定为定值量的温度系数和时间系数。

设 $\varepsilon\beta=A$，则由表 5-2 中的关于服从正态分布的两随机变量乘法和除法的统计特征计算公式，得

$$\mu_A=\mu_\varepsilon\mu_\beta=0.856\times0.7933=0.6791$$

$$\sigma_A=\sqrt{\mu_\varepsilon^2\sigma_\beta^2+\mu_\beta^2\sigma_\varepsilon^2+2\rho\mu_\varepsilon\mu_\beta\sigma_\varepsilon\sigma_\beta}$$

$$=\sqrt{0.856^2\times0.0357^2+0.7933^2\times0.0889^2}=0.07693$$

即 $A\sim N(0.6791,0.07693^2)$。设 $B=A\sigma'_{-1}$，则

$$\mu_B=\mu_A\mu_{\sigma'_{-1}}=560\times0.6791=380.296$$

$$\sigma_B=\sqrt{\mu_A^2\sigma_{\sigma'_{-1}}^2+\mu_{\sigma'_{-1}}^2\sigma_A^2+2\rho\mu_A\mu_{\sigma'_{-1}}\sigma_A\sigma_{\sigma'_{-1}}}$$

$$=\sqrt{0.07693^2\times560^2+42^2\times0.6791^2}=51.7679$$

即 $B\sim N(380.296,51.7679^2)$。设 $C=B/K_\varepsilon$，则

$$\mu_C=\frac{\mu_B}{\mu_{K_\varepsilon}}=\frac{380.296}{1.692}=224.761(\mathrm{MPa})$$

$$\sigma_C=\frac{1}{\mu_{K_\varepsilon^2}}\sqrt{\mu_B^2\sigma_{K_\varepsilon}^2+\mu_{K_\varepsilon}^2\sigma_B^2}$$

$$=\frac{1}{1.692^2}\sqrt{380.296^2\times0.0768^2+1.692^2\times51.7679^2}=32.2517(\mathrm{MPa})$$

故 $\mu_{\sigma_{-1}}=\mu_C$，$\sigma_C=\sigma_{\sigma_{-1}}$，即该轴的强度 $\sigma_{\sigma_{-1}}=\sigma_C\sim N(224.761,32.2517^2)$MPa。

(2) 矩法。

用矩法确定强度分布的过程与用该方法确定应力的过程相同。

例 5-6　用矩法解例 5-5 的问题。

解：由式(5-8)和式(5-10)，得

$$E(\sigma_{-1})\approx f(\mu_{\sigma'_{-1}},\mu_\varepsilon,\mu_{K_\varepsilon},\mu_\beta)+\frac{1}{2}\sum_{i=1}^{4}\frac{\partial^2\sigma_{-1}}{\partial X_i^2}\vdots_{X_i=\mu_i}\cdot\sigma_i^2$$

$$=\mu_{\sigma'_{-1}}\frac{\mu_\varepsilon\mu_\beta}{\mu_{K_\varepsilon}}+\frac{1}{2}\frac{\partial^2\sigma_{-1}}{\partial\sigma'^2_{-1}}\vdots_{X_i=\mu_i}\cdot\sigma_{\sigma'_{-1}}^2+\frac{1}{2}\frac{\partial^2\sigma_{-1}}{\partial\varepsilon^2}\cdots_{X_i=\mu_i}\cdot\sigma_\varepsilon^2$$

$$+\frac{1}{2}\frac{\partial^2\sigma_{-1}}{\partial\beta^2}\vdots_{X_i=\mu_i}\cdot\sigma_\beta^2+\frac{1}{2}\frac{\partial^2\sigma_{-1}}{\partial K_\varepsilon^2}\vdots_{X_i=\mu_i}\cdot\sigma_{K_\varepsilon^2}$$

式中，$\frac{\partial\sigma_{-1}}{\partial\sigma'_{-1}}=\frac{\varepsilon\beta}{K_\varepsilon}k_d k_e$，$\frac{\partial^2\sigma_{-1}}{\partial\sigma'^2_{-1}}=0$；$\frac{\partial\sigma_{-1}}{\partial\varepsilon}=\sigma'_{-1}\frac{\beta}{K_\varepsilon}k_d k_e$，$\frac{\partial^2\sigma_{-1}}{\partial\varepsilon^2}=0$；$\frac{\partial\sigma_{-1}}{\partial\beta}=\sigma'_{-1}\frac{\varepsilon}{K_\varepsilon}k_d k_e$，$\frac{\partial^2\sigma_{-1}}{\partial\beta^2}=0$；$\frac{\partial\sigma_{-1}}{\partial K_\varepsilon}=-\sigma'_{-1}\frac{\varepsilon\beta}{K_\varepsilon^2}k_d k_e$，$\frac{\partial^2\sigma_{-1}}{\partial K_\varepsilon^2}=2\sigma'_{-1}\frac{\varepsilon\beta}{K_\varepsilon^3}k_d k_e$。故

$$\begin{aligned}E(\sigma_{-1})&\approx\mu_{\sigma'_{-1}}\frac{\mu_\varepsilon\mu_\beta}{\mu_{K_\varepsilon}}+\frac{1}{2}\times2\mu_{\sigma'_{-1}}\frac{\mu_\varepsilon\mu_\beta}{\mu_{K_\varepsilon}^3}\cdot\sigma_{K_\varepsilon}^2\\&=\frac{560\times0.856\times0.7933}{1.692}+\frac{560\times0.856\times0.7933}{1.692^3}\times0.0768^2\\&=225.2126\ (\mathrm{MPa})\end{aligned}$$

$$\begin{aligned}D(\sigma_{-1})=\sigma_{\sigma_{-1}}^2&\approx\sum_{i=1}^{4}\left[\frac{\partial\sigma_{-1}}{\partial X_i}\vdots_{X_i=\mu_i}\right]^2\sigma_i^2\\&=\left(\frac{\partial\sigma_{-1}}{\partial\sigma'_{-1}}\vdots_{X_i=\mu_i}\right)^2\cdot\sigma_{\sigma'_{-1}}^2+\left(\frac{\partial\sigma_{-1}}{\partial\varepsilon}\vdots_{X_i=\mu_i}\right)^2\cdot\sigma_\varepsilon^2\\&\quad+\left(\frac{\partial\sigma_{-1}}{\partial\beta}\vdots_{X_i=\mu_i}\right)^2\cdot\sigma_\beta^2+\left(\frac{\partial\sigma_{-1}}{\partial K_\varepsilon}\vdots_{X_i=\mu_i}\right)^2\cdot\sigma_{K_\varepsilon^2}\\&=\left(\frac{\mu_\varepsilon\mu_\beta}{\mu_{K_\varepsilon}}\right)^2\cdot\sigma_{\sigma'_{-1}}^2+\left(\mu_{\sigma'_{-1}}\frac{\mu_\beta}{\mu_{K_\varepsilon}}\right)^2\cdot\sigma_\varepsilon^2+\left(\mu_{\sigma'_{-1}}\frac{\mu_\varepsilon}{\mu_{K_\varepsilon}}\right)^2\cdot\sigma_\beta^2+\left(-\mu_{\sigma'_{-1}}\frac{\mu_\varepsilon\mu_\beta}{\mu_{K_\varepsilon^2}}\right)^2\cdot\sigma_{K_\varepsilon^2}\\&=\left(\frac{0.856\times0.7933}{1.692}\right)^2\times42^2+\left(\frac{560\times0.7933}{1.692}\right)^2\times0.0889^2\\&\quad+\left(\frac{560\times0.856}{1.692}\right)^2\times0.0357^2+\left(-\frac{560\times0.856\times0.7933}{1.692^2}\right)^2\times0.0768^2\\&=1035.3177(\mathrm{MPa})\end{aligned}$$

故 $\sigma_{\sigma_{-1}}=32.1764\mathrm{MPa}$。即该轴的强度 $\sigma_{\sigma_{-1}}\sim N(225.2126,32.1764)\mathrm{MPa}$。

可见由矩法求得的强度分布与由代数法求得的强度分布非常接近，一般情况下，由矩法所得到的强度分布要更为准确。

(3) 蒙特卡洛模拟法。

用蒙特卡洛模拟法确定强度分布的过程与利用该方法确定应力分布的过程相同。可根据该方法的具体步骤编制计算机程序。有了实用的计算机程序该方法用起来非常方便，而且确定结果要优于代数法和矩法。在没有模拟程序时，可选择使用矩法，因为对于正态分布，其运算较快。

此外，根据数学上切贝雪夫不等式和 3σ 原则，如果已知材料的强度 X_s(或应力和几何尺寸)的最大值和最小值，则可根据下式估算出强度和相应变量的均值和标准差

$$\begin{aligned}\mu_{X_s}&=(X_{s-\max}+X_{s-\min})/2\\\sigma_{X_s}&=(X_{s-\max}-X_{s-\min})/6\end{aligned}\tag{5-16}$$

通常在材料手册中只提供材料的屈服强度 σ_s 和抗拉强度 σ_b，而不知其均值和标准差，那么如何求得可靠性设计所需要的均值和标准呢？大量统计资料表明，屈服强度和抗拉强度都较好的服从于正态分布。材料手册中提供的强度极限是强度试验中 90% 的试件达到的强度值，其可靠度为 90%，而可靠性设计所需要的强度值所对应的可靠度为 50% 即可。显然，强度的均值要大于强度极限。如取变异系数 C 为相应极限标准差和均值之比即 $C_{\sigma_s}=\sigma_{\sigma_s}/\mu_{\sigma_s}$ 或 $C_{\sigma_b}=\sigma_{\sigma_b}/\mu_{\sigma_b}$，则如果已知材料强度极限的均值或变异系数，则其均值为

$$\mu_{\sigma_s}=\sigma_s+1.282\sigma_{\sigma_s}$$
$$\mu_{\sigma_b}=\sigma_b+1.282\sigma_{\sigma_b} \tag{5-17}$$

或

$$\mu_{\sigma_s}=\sigma_s/(1-1.282C_{\sigma_s})$$
$$\mu_{\sigma_b}=\sigma_b/(1-1.282C_{\sigma_b}) \tag{5-18}$$

或

$$\mu_{\sigma_s}=1.1\sigma_s$$
$$\mu_{\sigma b}=1.07\sigma_b \tag{5-19}$$

5.2.3 各类应力-强度分布的可靠度计算

在应力和强度分布确定以后，即可在应力-强度干涉模型的基础上确定具体零件在使用过程中主要的可靠性特征量。下面介绍几种常用的应力-强度分布的可靠度计算

1. 应力和强度均服从于正态分布的可靠度计算

当零件的工作应力 X_1 和强度 X_s 均服从于正态分布时，其概率密度函数分别为

$$f_1(x_1)=\frac{1}{\sigma_1\sqrt{2\pi}}\exp\left[-\frac{1}{2}\left(\frac{x_1-\mu_1}{\sigma_1}\right)^2\right] \tag{5-20}$$

$$f_2(x_s)=\frac{1}{\sigma_s\sqrt{2\pi}}\exp\left[-\frac{1}{2}\left(\frac{x_s-\mu_s}{\sigma_s}\right)^2\right] \tag{5-21}$$

式中，μ_1、μ_s、σ_1、σ_s 分别为应力和强度的均值和标准差。

令 $\delta=X_s-X_1$，由概率统计知识可知，δ 也服从于正态分布，其概率密度函数为

$$f(\delta)=\frac{1}{\sigma_\delta\sqrt{2\pi}}\exp\left[-\frac{1}{2}\left(\frac{\delta-\mu_\delta}{\sigma_\delta}\right)^2\right] \tag{5-22}$$

且

$$\mu_\delta=\mu_s-\mu_1$$
$$\sigma_\delta=\sqrt{\sigma_1^2+\sigma_s^2} \tag{5-23}$$

当强度大于应力即 $X_s>X_1$ 或 $X_s-X_1>0$ 时，产品安全可靠，故可靠度 R 可表达为

$$R=P\{\delta>0\}=\int_0^\infty f(\delta)\mathrm{d}\delta=\int_0^\infty\frac{1}{\sigma_s\sqrt{2\pi}}\exp\left[-\frac{1}{2}\left(\frac{\delta-\mu_\delta}{\sigma_\delta}\right)^2\right]\mathrm{d}\delta \tag{5-24}$$

令 $U=\dfrac{\delta-\mathrm{d}\delta}{\sigma_\delta}$，则 $\mathrm{d}\delta=\sigma_\delta\mathrm{d}u$，当积分下限 $\delta=0$ 时，$U=-\dfrac{\mu_\delta}{\sigma_\delta}$；当积分上限 $\delta\to\infty$ 时，$U\to\infty$。将上述关系代入式(5-21)得

$$R=\frac{1}{\sqrt{2\pi}}\int_{-\frac{\mu_\delta}{\sigma_\delta}}^{\infty}\exp\left[-\frac{1}{2}U^2\right]\mathrm{d}u \tag{5-25}$$

由正态分布的对称性，上式可靠度的积分值可表示为

$$R=\frac{1}{\sqrt{2\pi}}\int_{-\infty}^{-\frac{\mu_\delta}{\sigma_\delta}}\exp\left[-\frac{1}{2}U^2\right]\mathrm{d}u \tag{5-26}$$

很显然，随机变量 U 服从标准正态分布。

令 $Z=\frac{\mu_\delta}{\sigma_\delta}$，则上式所表达的可靠度可直接通过标准正态分布表查 $\Phi(Z)$ 值获知。

由式(5-20)可知

$$Z=\frac{\mu_\delta}{\sigma_\delta}=\frac{\mu_s-\mu_1}{\sqrt{\sigma_1^2+\sigma_s^2}} \tag{5-27}$$

由于式(5-27)将应力分布参数、强度分布参数和可靠度三者联系起来，所以该式称为"联结方程"或者"耦合方程"，该方程是可靠性理论的基本表达，也是可靠性设计的重要依据。

由图 5-7(a)可知，当 $\mu_s>\mu_1$ 时，$\mu_\delta=\mu_s-\mu_1>0$，即服从于正态分布的随机变量 δ 的密度函数的对称轴线 $\delta=\mu_\delta$ 在坐标原点右侧。所以，根据正态分布的对称性可知，此时产品可靠度 $R>50\%$，且当 μ_δ 保持不变时，$\sigma_1^2+\sigma_s^2$ 值越大，产品可靠性越低，$\sigma_1^2+\sigma_s^2$ 值越小，产品可靠性越高；当 $\mu_s=\mu_1$ 时，$\mu_\delta=0$(图 5-7(b))，对称轴线 $\delta=\mu_\delta$ 与坐标轴重合，所以产品可靠度 $R=50\%$，且与 σ_1^2 和 σ_s^2 值的大小无关；当 $\mu_s<\mu_1$ 时，$u_\delta<0$，对称轴 $\delta=\mu_\delta$ 在坐标原点左侧，所以产品可靠度<50%，见图 5-7(c)。

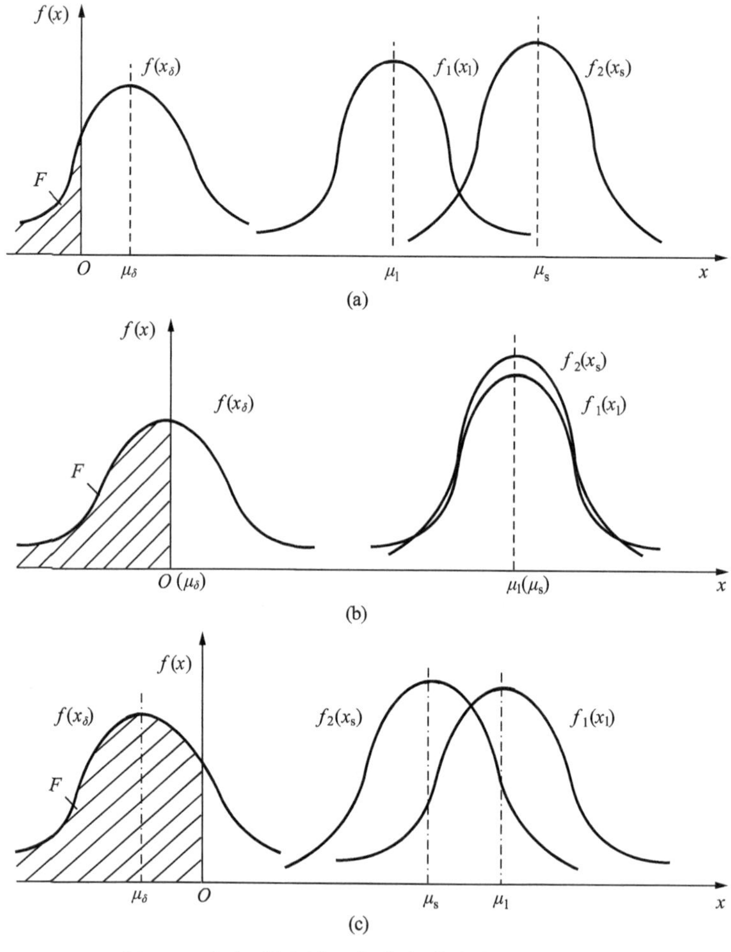

图 5-7　应力-强度呈正态分布时干涉的三种情况

显然，在实际设计中，后两种情况是不允许出现的。一般情况下，为了减小应力强度的干涉区域而提高产品可靠度，可以从产品选材、加工工艺、设计尺寸等方面采用强化措施，通过提高产品强度来实现，也可以通过减小强度和应力标准差 δ_l 和 δ_s 的途径来进行。

对于生产技术较成熟的产品，可以在设计中精益求精地提高产品的可靠度。因为随着现行工艺和生产技术整体水平的提高，产品质量或可靠度与产品生产成本之间的关系被重新认识，现代制造技术打破了产品设计的可靠度要受到生产成本限制的传统观点，允许在新的技术平台上，以低成本的生产趋势来获取高可靠度高质量的产品，这是可靠性设计思想的一个重要转变。

例 5-7　已知减速器上某零件工作应力 $X_l \sim N(380, 42^2)$MPa，材料强度 $X_s \sim N(850, 81^2)$MPa，试确定零件的可靠度。另一批零件由于热处理不佳的影响，使零件强度的标准差增大至 120MPa，问其可靠度为多少？

解：计算可靠度可利用联结方程，由式(5-24)可知

$$Z = \frac{\mu_s - \mu_l}{\sqrt{\sigma_l^2 + \sigma_s^2}} = \frac{850 - 380}{\sqrt{42^2 + 81^2}} = 5.1512$$

故 $R = \Phi(Z) = \Phi(5.1512)$，查标准正态分布表得 $R = 0.9999999$。

当强度标准差 $\delta_s = 120$Mpa 时，$Z = \dfrac{\mu_s - \mu_l}{\sqrt{\sigma_l^2 + \sigma_s^2}} = \dfrac{850 - 380}{\sqrt{42^2 + 126^2}} = 3.6968$

此时，$R = \Phi(3.6968)$，查表得 $R = 0.99989$。

例 5-8　拟设计某型汽车上的一种新零件，根据应力分析可知该零件的工作应力为拉应力且为正态分布，$X_{l1} \sim N(352, 40.2^2)$MPa，为提高其疲劳寿命，制造时使其产生残余压应力，也为正态分布，$X_{l2} \sim N(100, 16^2)$MPa，经分析确定零件强度也为正态分布，已知强度均值 $\mu_s = 502$MPa，但由于各种原因，强度的标准差 σ_s 还尚未清楚，为了确保零件的可靠度不低于 0.999，问强度标准差的最大值是多少？

解：已知工作拉应力和残余压应力均服从正态分布，所以，有效应力 $X_l = X_{l1} - X_{l2}$ 也服从正态分布，且

$$\mu_l = \mu_{l1} - \mu_{l2} = 352 - 100 = 252(\text{MPa})$$

$$\sigma_l = \sqrt{\sigma_{l1}^2 + \sigma_{l2}^2} = \sqrt{40.2^2 + 16^2} = 43.2671(\text{MPa})$$

由 $R = \Phi(Z) = 0.999$，反查标准正态分布表得 $Z = 3.091$。又 $\mu_s = 502$MPa，将以上各项带入联结方程得

$$Z = 3.091 = \frac{\mu_s - \mu_l}{\sqrt{\sigma_l^2 + \sigma_s^2}} = \frac{502 - 252}{\sqrt{43.2671^2 + \sigma_s^2}}$$

解方程得 $\sigma_s = \sigma_{s-\max} = 68.056$MPa。

2. 应力和强度均服从于对数正态分布的可靠度计算

当随机变量 X 的对数 $\ln X$ 服从正态分布，即 $\ln X \sim N(\mu_{\ln X}, \sigma_{\ln X}^2)$ 时，则称 X 服从对数正态分布。

当应力 X_l 和强度 X_s 均服从对数正态分布时，其对数 $\ln X_l$ 和 $\ln X_s$ 则服从正态分布，即

$$\ln X_l \sim N(\mu_{\ln X_l}, \sigma_{\ln X_l}^2), \quad \ln X_s \sim N(\mu_{\ln X_s}, \sigma_{\ln X_s}^2)$$

其中，$\mu_{\ln X_l}$、$\sigma_{\ln X_l}$ 和 $\mu_{\ln X_s}$、$\sigma_{\ln X_s}$ 分别是 $\ln X_l$ 和 $\ln X_s$ 的均值和标准差。

设随机变量 $\ln\delta = \ln\dfrac{X_s}{X_l} = \ln X_s - \ln X_l$，则 $\ln\delta$ 也服从于正态分布，即

$$\ln\delta \sim N(\mu_{\ln\delta}, \sigma_{\ln\delta}^2)$$

且 $\mu_{\ln\delta}=\mu_{\ln X_s}-\mu_{\ln X_1}$，$\sigma_{\ln\delta}=\sqrt{\sigma_{\ln X_1}^2+\sigma_{\ln X_s}^2}$。

由可靠度的定义得

$$R=P\{X_s>X_1\}=P\left\{\frac{X_s}{X_1}>1\right\}=P\{\ln X_s-\ln X_1>0\}=P\{\delta>0\} \tag{5-28}$$

因为 $\ln\delta$ 服从于正态分布，其概率密度函数 $f(\ln\delta)$ 为

$$f(\ln\delta)=\frac{1}{\sigma_{\ln\delta}\sqrt{2\pi}}\exp\left[-\frac{1}{2}\left(\frac{\ln\delta-\mu_{\ln\delta}}{\sigma_{\ln\delta}}\right)^2\right] \tag{5-29}$$

故有

$$R=P\{\ln\delta>0\}=\int_0^{\infty}f(\ln\delta)\mathrm{d}(\ln\delta)=\int_0^{\infty}\frac{1}{\sigma_{\ln\delta}\sqrt{2\pi}}\exp\left[-\frac{1}{2}\left(\frac{\ln\delta-\mu_{\ln\delta}}{\sigma_{\ln\delta}}\right)^2\right]\mathrm{d}(\ln\delta) \tag{5-30}$$

令 $U=\dfrac{\ln\delta-u_{\ln\delta}}{\sigma_{\ln\delta}}$，将上式转化为标准正态分布为

$$R=\int_{-\infty}^{\frac{\mu_{\ln\delta}}{\delta_{\ln\delta}}}\frac{1}{\sqrt{2\pi}}\exp\left(-\frac{1}{2}U^2\right)\mathrm{d}u=\Phi(Z) \tag{5-31}$$

其中

$$Z=\frac{\mu_{\ln\delta}}{\sigma_{\ln\delta}}=\frac{\mu_{\ln X_s}-\mu_{\ln X_1}}{\sqrt{\sigma_{\ln X_1}^2+\sigma_{\ln X_s}^2}} \tag{5-32}$$

由式(2-84)可知服从于对数正态分布的随机变量 X_1 的均值 μ_1 即

$$E(X_1)=\mu_1=\exp\left(\mu_{\ln X_1}+\frac{1}{2}\sigma_{\ln X_1}^2\right)$$

两边取对数可改写为

$$\mu_{\ln X_1}=\ln\mu_1-\frac{1}{2}\sigma_{\ln X_1}^2 \tag{5-33}$$

由式(2-85)可知服从于对数正态分布的随机变量 X_1 的方差 σ_1^2 即 $D(X_1)$ 为

$$D(X_1)=\sigma_1^2=\exp(2\mu_{\ln X_1}+\sigma_{\ln X_1}^2)(\exp\sigma_{\ln X_1}^2-1)=\mu_1^2(\exp\sigma_{\ln X_1}^2-1)$$

整理得

$$\sigma_{\ln X_1}^2=\ln\left[\left(\frac{\sigma_1}{\mu_1}\right)^2+1\right] \tag{5-34}$$

同理可得

$$\mu_{\ln X_s}=\ln\mu_{X_s}-\frac{1}{2}\sigma_{\ln X_s}^2 \tag{5-35}$$

$$\sigma_{\ln X_s}^2=\ln\left[\left(\frac{\sigma_s}{\mu_s}\right)^2+1\right] \tag{5-36}$$

例 5-9　已知某机械零件的应力和机械强度均服从于对数正态分布，其均值和标准差分别为 $\mu_1=60\text{MPa}$，$\sigma_1=10\text{MPa}$；$\mu_s=100\text{MPa}$，$\sigma_s=10\text{MPa}$，试求该零件的可靠度。

解：由式(5-31)～式(5-34)分别计算应力和强度对数的均值和标准差为

$$\sigma_{\ln X_1}^2=\ln\left[\left(\frac{\sigma_1}{\mu_1}\right)^2+1\right]=\ln\left[\left(\frac{10}{60}\right)^2+1\right]=0.0274$$

$$\mu_{\ln X_1}=\ln\mu_1-\frac{1}{2}\sigma_{\ln X_1}^2=\ln 60-\frac{1}{2}\times 0.0274=4.0806$$

$$\sigma_{\ln X_s}^2=\ln\left[\left(\frac{\sigma_s}{\mu_s}\right)^2+1\right]=\ln\left[\left(\frac{10}{100}\right)^2+1\right]=0.00995$$

$$\mu_{\ln X_s}=\ln\mu_s-\frac{1}{2}\sigma_{\ln X_s}^2=\ln 100-\frac{1}{2}\times 0.00995=4.6002$$

将以上各项代入式(5-30)得

$$Z=\frac{\mu_{\ln X_s}-\mu_{\ln X_1}}{\sqrt{\sigma_{\ln X_1}^2+\sigma_{\ln X_s}^2}}=\frac{4.6002-4.0806}{\sqrt{0.00995^2+0.0274^2}}=2.6886$$

查表得 $R=\Phi(Z)=\Phi(2.6886)=0.9964$。

3. 应力和强度均服从于指数分布的可靠度计算

当应力 X_1 和强度 X_s 均服从指数分布时，其概率密度函数分别为

$$f_1(X_1)=\lambda_1 e^{-\lambda_1\cdot X_1} \qquad (X_1\geqslant 0)$$

$$f_2(X_s)=\lambda_s e^{-\lambda_s\cdot X_s} \qquad (X_s\geqslant 0)$$

由式(5-1)得

$$R=P\{X_s>X_1\}=\int_0^\infty f_1(X_L)\left[\int_{X_1}^\infty f_2(X_s)\mathrm{d}(X_s)\right]\mathrm{d}X_1=\int_0^\infty \lambda_l e^{-\lambda_1\cdot X_1}\left[e^{-\lambda_s\cdot X_s}\right]\mathrm{d}X_1$$

$$=\int_0^\infty \lambda_1 e^{-(\lambda_1+\lambda_s)\cdot X_1}\mathrm{d}X_1=\frac{\lambda_1}{\lambda_s+\lambda_1} \tag{5-37}$$

由式(2-63)得

$$E(X_1)=\mu_1=\frac{1}{\lambda_1},\quad E(X_s)=\mu_s=\frac{1}{\lambda_s}$$

故产品可靠度为

$$R=\frac{\mu_1}{\mu_s+\mu_1} \tag{5-38}$$

4. 应力和强度均服从于威布尔分布的可靠度计算

当应力和强度 X_s 均服从威布尔分布时，其概率密度函数分别为

$$f_1(X_1)=\frac{m_1}{\eta_1}\left(\frac{X_1-\gamma_1}{\eta_1}\right)^{m_1-1}\cdot\exp\left[-\left(\frac{X_1-\gamma_1}{\eta_1}\right)^{m_1}\right] \quad (X_1\geqslant\gamma_1)$$

$$f_2(X_s)=\frac{m_s}{\eta_s}\left(\frac{X_s-\gamma_s}{\eta_s}\right)^{m_s-1}\cdot\exp\left[-\left(\frac{X_s-\gamma_s}{\eta_s}\right)^{m_s}\right] \quad (X_s\geqslant\gamma_s)$$

由式(2-101)和式(5-1)即得产品的失效概率 F 为

$$F=P\{X_s>X_1\}=\int_{-\infty}^\infty[1-F(X_1)]f_2(X_s)\mathrm{d}X_s$$

$$=\int_{\gamma_1}^\infty \exp\left[-\left(\frac{X_1-\gamma_1}{\eta_1}\right)^{m_1}\right]\cdot\frac{m_s}{\eta_s}\left(\frac{X_s-\gamma_s}{\eta_s}\right)^{m_s-1}\cdot\exp\left[-\left(\frac{X_s-\gamma_s}{\eta_s}\right)^{m_s}\right]\mathrm{d}X_s \tag{5-39}$$

令 $\delta=\left(\dfrac{X_1-\gamma_1}{\eta_1}\right)^{m_1}$，则

$$\mathrm{d}\delta=\frac{m_1}{\eta_1}\left(\frac{X_1-\gamma_1}{\eta_1}\right)^{m_s-1}\mathrm{d}X_1,\quad X_1=\delta^{\frac{1}{m_1}}\eta_1+\gamma_1$$

所以，上式又可写为

$$F=P\{X_s>X_1\}=\int_0^{\infty}\exp\left\{-\delta-\left[\frac{\eta_s}{\eta_1}\delta^{\frac{1}{m_1}}+\left(\frac{\gamma_s-\gamma_1}{\eta_1}\right)\right]^{m_1}\right\}\mathrm{d}\delta \tag{5-40}$$

可以采用数值积分法对上式在不同的应力和强度参数下进行积分计算，从而根据失效概率与可靠度之间的互补关系，求得可靠度。

5. 应力为指数(或正态分布)而强度为正态(或指数)分布的可靠度计算

当应力 X_1 服从指数分布，其概率密度函数为

$$f(X_1)=\lambda_1\mathrm{e}^{-\lambda_1X_1}\quad(X_1\geqslant 0)$$

且强度 X_s 服从于正态分布，其概率密度函数为

$$g(X_s)=\frac{1}{\sigma_s\sqrt{2\pi}}\exp\left[-\frac{1}{2}\left(\frac{X_s-\mu_s}{\sigma_s}\right)^2\right]\quad(-\infty<X_s<\infty)$$

由式(5-2)且考虑指数分布的随机变量只有正值，故有

$$R=\int_0^{\infty}g(X_s)\left[\int_0^{X_s}f(X_1)\mathrm{d}X_1\right]\mathrm{d}X_s \tag{5-41}$$

式中，$\int_0^{X_s}f(X_1)\mathrm{d}X_1=\int_0^{X_s}\lambda_1\mathrm{e}^{-\lambda_1X_1}\mathrm{d}X_1=-\mathrm{e}^{-\lambda_1X_1}\big|_0^{X_s}=1-\mathrm{e}^{-\lambda_1X_s}$。

从而有

$$\begin{aligned}R&=\int_0^{\infty}\frac{1}{\sigma_s\sqrt{2\pi}}\exp\left[-\frac{1}{2}\left(\frac{X_s-\mu_s}{\sigma_s}\right)^2\right](1-\mathrm{e}^{-\lambda_1X_s})\mathrm{d}X_s\\&=\int_0^{\infty}\frac{1}{\sigma_s\sqrt{2\pi}}\exp\left[-\frac{1}{2}\left(\frac{X_s-\mu_s}{\sigma_s}\right)^2\right]\mathrm{d}X_s\\&\quad-\int_0^{\infty}\frac{1}{\sigma_s\sqrt{2\pi}}\exp\left[-\frac{1}{2}\left(\frac{X_s-\mu_s}{\sigma_s}\right)^2\right]\mathrm{e}^{-\lambda_1X_s}\mathrm{d}X_s\end{aligned} \tag{5-42}$$

令 $U=\dfrac{X_s-\mu_s}{\sigma_s}$，则 $\mathrm{d}X_s=\sigma_s\mathrm{d}u$，且当 $X_s=0$ 时，$\mu=-\dfrac{\mu_s}{\sigma_s}$。

设

$$\begin{aligned}A&=\int_0^{\infty}\frac{1}{\sigma_s\sqrt{2\pi}}\exp\left[-\frac{1}{2}\left(\frac{X_s-\mu_s}{\sigma_s}\right)^2\right]\mathrm{d}X_s=\frac{1}{\sqrt{2\pi}}\int_{-\frac{\mu_s}{\sigma_s}}^{\infty}\exp\left[-\frac{1}{2}U^2\right]\mathrm{d}u\\&=1-\Phi\left(-\frac{\mu_s}{\sigma_s}\right)=\Phi\left(\frac{\mu_s}{\sigma_s}\right)\end{aligned} \tag{a}$$

设

$$\begin{aligned}B&=\int_0^{\infty}\frac{1}{\sigma_s\sqrt{2\pi}}\exp\left[-\frac{1}{2}\left(\frac{X_s-\mu_s}{\sigma_s}\right)^2\right]\mathrm{e}^{-\lambda_1X_s}\mathrm{d}X_s=\int_0^{\infty}\frac{1}{\sigma_s\sqrt{2\pi}}\exp\left[-\frac{1}{2}\left(\frac{X_s-\mu_s}{\sigma_s}\right)^2-\lambda_1X_s\right]\mathrm{d}X_s\\&=\int_0^{\infty}\frac{1}{\sigma_s\sqrt{2\pi}}\exp\left\{-\frac{1}{2\sigma_s^2}\left[(X_s-\mu_s+\lambda_1\sigma_s^2)^2+2\mu_s\lambda_1\sigma_s^2-(\lambda_1\sigma_s^2)^2\right]\right\}\mathrm{d}X_s\end{aligned} \tag{b}$$

令 $V=\frac{1}{\sigma_s}(X_s-\mu_s+\lambda_1\sigma_s^2)$，则 $dX_s=\sigma_s dV$，且当 $X_s=0$ 时，$V=-\frac{1}{\sigma_s}(\mu_s-\lambda_1\sigma_s^2)$。代入式(b)中得

$$B=\int_{-\frac{\mu_s-\lambda_1\sigma_s^2}{\sigma_s}}^{\infty}\frac{1}{\sqrt{2\pi}}\exp\left(-\frac{V^2}{2}\right)\exp\left[-\frac{1}{2}(2\mu_s\lambda_1-\lambda_1^2\sigma_s^2)\right]dV$$

$$=\left[1-\Phi\left(-\frac{\mu_s-\lambda_1\sigma_s^2}{\sigma_s}\right)\right]\exp\left[-\frac{1}{2}(2u_s\lambda_1-\lambda_1^2\sigma_s^2)\right]$$

$$=\Phi\left(\frac{\mu_s-\lambda_1\sigma_s^2}{\sigma_s}\right)\exp\left[-\frac{1}{2}(2\mu_s\lambda_1-\lambda_1^2\sigma_s^2)\right]$$

将式(a)和式(b)代入式(5-42)，得可靠度 R 为

$$R=\Phi\left(\frac{\mu_s}{\sigma_s}\right)-\Phi\left(\frac{\mu_s-\lambda_1\sigma_s^2}{\sigma_s}\right)\exp\left[-\frac{1}{2}(2\mu_s\lambda_1-\lambda_1^2\sigma_s^2)\right] \tag{5-43}$$

同理，当强度 X_s 服从指数分布，应力 X_1 服从于正态分布时，其概率密度函数分别为：$f(X_s)=\lambda_s e^{-\lambda_s X_s}(X_s\geqslant 0)$

$$g(X_1)=\frac{1}{\sigma_l\sqrt{2\pi}}\cdot\exp\left[-\frac{1}{2}\left(\frac{X_1-\mu_1}{\sigma_1}\right)^2\right]\quad(-\infty<X_1<\infty)$$

由式(5-2)可得此时的可靠度 R 为

$$R=\int_0^{\infty}g(X_1)\left[\int_{X_1}^{\infty}f(X_s)dX_s\right]dX_1$$

其中，$\int_{X_1}^{\infty}f(X_s)dX_s=e^{-\lambda_s X_1}$。故

$$R=\int_0^{\infty}\frac{1}{\sigma_1\sqrt{2\pi}}\exp\left[-\frac{1}{2}\left(\frac{X_1-\mu_1}{\sigma_1}\right)^2\right]e^{-\lambda_s X_1}dX_1$$

整理可得

$$R=\Phi\left(\frac{\mu_1-\lambda_s\sigma_1^2}{\sigma_1}\right)\exp\left[-\frac{1}{2}(2\mu_1\lambda_s-\lambda_s^2\sigma_1^2)\right] \tag{5-44}$$

例 5-10　已知某汽车零件，其强度呈正态分布 $X_s\sim N(200,20^2)$MPa，而作用在该零件上的应力呈指数分布，且 $\mu_1=100$MPa，试求该零件的可靠度。

解：由应力服从指数分布，且 $\mu_1=100$MPa，得 $\lambda=\frac{1}{\mu_1}=\frac{1}{100}=0.01$。又 $\mu_s=200$MPa，$\sigma_s=20$MPa，将各项代入式(5-43)中得

$$R=\Phi\left(\frac{\mu_s}{\sigma_s}\right)-\Phi\left(\frac{\mu_s-\lambda_1\sigma_s^2}{\sigma_s}\right)\exp\left[-\frac{1}{2}(2\mu_s\lambda_1-\lambda_1^2\sigma_s^2)\right]$$

$$=\Phi\left(\frac{200}{20}\right)-\Phi\left(\frac{200-0.01\times 20^2}{20}\right)\exp\left[-\frac{1}{2}(2\times 200\times 0.01-0.01^2\times 20^2)\right]$$

$$=1-1\times\exp(-1.98)=0.8619$$

6. 应力为正态分布而强度为威布尔分布时的可靠度计算

当应力 X_1 服从于正态分布时，其概率密度函数为

$$f(X_1)=\frac{1}{\sigma_1\sqrt{2\pi}}\exp\left[-\frac{1}{2}\left(\frac{X_1-\mu_1}{\sigma_1}\right)^2\right]\quad(-\infty<X_1<\infty)$$

当强度 X_s 服从于威布尔分布时，其概率密度函数为

$$g(X_s)=\frac{m_s}{\eta_s}\left(\frac{X_s-\delta_s}{\eta_s}\right)^{m_s-1}\exp\left[-\left(\frac{X_s-\delta_s}{\eta_s}\right)^{m_s}\right]\quad(X_s\geqslant\delta_s)$$

其累积分布函数为

$$G(X_s)=1-\exp\left[-\left(\frac{X_s-\delta_s}{\eta_s}\right)^{m}\right]$$

均值和方差为

$$\mu_s=\delta_s+\eta_s\Gamma\left(1+\frac{1}{m}\right)$$

$$\sigma_s=\eta_s^2\left\{\Gamma\left(1+\frac{2}{m}\right)-\left[\Gamma\left(1+\frac{1}{m}\right)\right]^2\right\}$$

将以上各项代入式(5-3)得

$$\begin{aligned}F&=\int_{-\infty}^{\infty}F_2(X_1)\cdot f(X_1)\mathrm{d}X_1\\&=\int_{\delta_s}^{\infty}\left\{1-\exp\left[-\left(\frac{X_1-\delta_s}{\eta_s}\right)^{m_s}\right]\right\}\cdot\frac{1}{\sigma_1\sqrt{2\pi}}\exp\left[-\frac{1}{2}\left(\frac{X_1-\mu_1}{\sigma_1}\right)^2\right]\mathrm{d}X_1\\&=\int_{\delta_s}^{\infty}\frac{1}{\sigma_1\sqrt{2\pi}}\exp\left[-\frac{1}{2}\left(\frac{X_1-\mu_1}{\sigma_1}\right)^2\right]\mathrm{d}X_1-\int_{\delta_s}^{\infty}\frac{1}{\sigma_1\sqrt{2\pi}}\exp\left[-\frac{1}{2}\left(\frac{X_1-\mu_1}{\sigma_1}\right)^2-\left(\frac{X_1-\delta_s}{\eta_s}\right)^{m_s}\right]\mathrm{d}X_1\end{aligned}\tag{5-45}$$

令 $U=\dfrac{X_1-\mu_1}{\sigma_1}$，则 $\mathrm{d}X_1=\sigma_1\mathrm{d}u$，当 $X_1=\delta_s$ 时，$u=\dfrac{\delta_s-\mu_s}{\sigma_s}$。

设 $A=\int_{\delta_s}^{\infty}\frac{1}{\sigma_1\sqrt{2\pi}}\exp\left[-\frac{1}{2}\left(\frac{X_1-\mu_1}{\sigma_1}\right)^2\right]\mathrm{d}X_1=\int_{\frac{\delta_s-u_s}{\sigma_s}}^{\infty}\frac{1}{\sqrt{2\pi}}\exp\left[-\frac{1}{2}U^2\right]\mathrm{d}u=1-\Phi\left(\frac{\delta_s-\mu_s}{\sigma_s}\right)$，

令 $V=\dfrac{X_1-\delta_s}{\eta_s}$，则

$$\mathrm{d}X_1=\eta_s\mathrm{d}V,\quad X_1=V\eta_s+\delta_s$$

$$\frac{X_1-\mu_1}{\sigma_1}=\frac{V\eta_s+\delta_s-\mu_1}{\sigma_1}=\left(\frac{\eta_s}{\sigma_1}\right)V+\frac{\delta_s-\mu_s}{\sigma_1}$$

$$\begin{aligned}设\ B&=\int_{\delta_s}^{\infty}\frac{1}{\sigma_1\sqrt{2\pi}}\exp\left[-\frac{1}{2}\left(\frac{X_1-\mu_1}{\sigma_1}\right)^2-\left(\frac{X_1-\delta_s}{\eta_s}\right)^{m_s}\right]\mathrm{d}X_1\\&=\frac{1}{\sqrt{2\pi}}\left(\frac{\eta_s}{\sigma_1}\right)\int_{\delta_s}^{\infty}\exp\left\{-\frac{1}{2}\left[\left(\frac{\eta_s}{\sigma_1}\right)V+\left(\frac{\delta_s-\mu_s}{\sigma_1}\right)\right]^2-V^m\right\}\mathrm{d}V\end{aligned}$$

所以式(5-45)可改写为

$$F=A-B=1-\Phi\left(\frac{\delta_s-\mu_s}{\sigma_s}\right)-\frac{1}{\sqrt{2\pi}}\left(\frac{\eta_s}{\sigma_1}\right)\int_{\delta_s}^{\infty}\exp\left\{-\frac{1}{2}\left[\left(\frac{\eta_s}{\sigma_1}\right)V+\left(\frac{\delta_s-\mu_s}{\sigma_1}\right)\right]^2-V^m\right\}\mathrm{d}V\tag{5-46}$$

F 值可根据 m_s、$\frac{\eta_s}{\sigma_1}$和$\left(\frac{\delta_s-\mu_s}{\sigma_1}\right)$三个参数值进行数值积分计算得出。进而可得 R 值。

例 5-11　若某弹簧强度呈威布尔分布，已知其参数 $\delta_s=100\text{MPa}$，$m_s=3$，$\eta_s=30\text{MPa}$，弹簧的作用载荷服从正态分布，且$\frac{\sigma_1}{\mu_1}=0.02$，要求按照失效概率为 10^{-4} 对弹簧进行设计，求满足给定失效可靠度的正态应力统计特征。

解：先计算的两个参数 C 和 A：

$$C=\frac{\eta_s}{\sigma_s}=\frac{30}{0.02\mu_s},\quad A=\frac{\delta_s-\mu_s}{\sigma_s}=\frac{100-\mu_s}{0.02\mu_s}$$

利用消除法得 $C=0.3A+15$。

查应力呈正态分布、强度呈威布尔分布的失效概率表(见附表 7)得：当 $m=3$，$A=0.5$，$C=15$ 时，失效概率为 0.0001。

当 $A=0.6$ 时，C 的精确值为 $C=0.3A+15=0.3\times0.6+15=15.48$。从而求得

$$\mu_s=\frac{1500}{C}=98.81(\text{MPa}),\quad \sigma_s=0.02\mu_s=1.976(\text{MPa})$$

例 5-12　某零件要求按失效概率为 0.0009 进行设计，若零件材料呈威布尔分布，且 $m=2$，$\eta_s+\delta_s=550\text{MPa}$。该零件的作用应力呈正态分布 $X_1\sim N(100,10^2)\text{MPa}$，求该零件的最小强度参数 δ_s。

解：$C=\frac{\eta_s}{\sigma_s}=\frac{550-\delta_s}{10}$，$A=\frac{\delta_s-\mu_s}{\sigma_s}=\frac{\delta_s-110}{10}$。

由消去法得 $A=44-C$。

查附表 4，得当 $m=2$，$C=45$，$A=-1$ 时，失效概率为 0.0009，满足要求，故

$$\delta_s=10A+110=-10+110=100(\text{MPa})$$

利用上述解析法求产品的可靠度有时会很困难，这时可以考虑用数值积分法，数学积分法是借助于计算机编程来进行计算的一种方便方法，虽然求得的是变量的近似解，但计算精度足以满足工程设计的要求，而且，目前国内外已开发了很多相应的计算机程序，可以计算各种复杂的分布。此外，还可以利用图解法和蒙特卡洛法来确定产品可靠度等主要的可靠性特征量。由前述内容可知，蒙特卡洛模拟法不仅可以用于确定应力分布和强度分布，而且可用于确定综合应力和强度的分布。该方法在确定可靠度时，无需知道应力和强度的分布规律，但因其模拟次数多，重复计算量大，所以需要一定的机时。

5.3　可靠性系数与可靠度

5.3.1　机械常规设计中的安全系数

在传统的机械常规设计中，安全设计是人们根据设计的直观认识和具体经验而总结的一个设计常数。作为设计的主要判据，其具有直观、灵活、使用简便等特点，并为广大工程设计人员所习惯，所以同机械常规设计方法一起，至今被广泛采用。但是，随着科学技术的发展及人们对设计问题认识的不断深化，发现安全系数具有一定的盲目性和保守性，尤其对于那些对安全性要求极高的零部件，采用传统的机械安全系数法设计，显然有很多不合理之处。因为它不能真实全面

地反映事物的客观规律，只有当零部件的工作应力、材料的强度等设计变量的离散性很小时，安全系数才有意义。

5.3.2 可靠性的安全系数

针对常规设计中安全系数的局限性，若将设计变量应力与强度的随机性引入到安全系数中，即把安全系数法的简便性和可靠性设计的客观性结合起来，便可得出具有可靠性意义的安全系数，这样也就将安全系数与可靠度联系起来了，如设产品的工作应力和材料强度分别为随机变量 X_l 和 X_s，则产品的安全系数 $n=\dfrac{X_l}{X_s}$ 也为随机变量，所以产品的可靠度可表达为

$$P=\{X_s>X_l\}=\{n>1\} \tag{5-47}$$

即为安全系数大于 1 的概率。

又如，对于常规设计中安全系数的一种定义

$$n=\frac{X_{s-\min}}{X_{l-\max}}$$

此时，若考虑应力和强度的离散性，并假设二者均服从于正态分布，即 $X_l\sim(\mu_l,\sigma_l^2)X_s\sim N(\mu_s,\sigma_s^2)$，且规定强度最小值为 95%强度分布概率的下限值，应力最大值为 99%分布概率的上限值，即

$$\int_{X_{s-\min}}^{\infty}f_2(X_s)\mathrm{d}X_s=0.95,\quad \int_{-\infty}^{X_{l-\max}}f_1(X_l)\mathrm{d}X_l=0.99 \tag{5-48}$$

设

$$\begin{aligned}R_{X_s}&=\int_{X_{s-\min}}^{\infty}f_2(X_s)\mathrm{d}X_s=1-\int_{-\infty}^{X_{s-\min}}f_2(X_s)\mathrm{d}X_s\\&=1-\Phi\left(\frac{X_{s-\min}-\mu_s}{\sigma_s}\right)=\Phi\left(-\frac{X_{s-\min}-\mu_s}{\sigma_s}\right)=\Phi(Z_s)=0.95\end{aligned}$$

设 $R_{X_l}=\int_{-\infty}^{X_{l-\max}}f_1(X_l)\mathrm{d}X_l=\Phi\left(\dfrac{X_{l-\max}-\mu_l}{\sigma_l}\right)=\Phi(Z_l)=0.99$，查标准正态分布表得

$$-\frac{X_{s-\min}-\mu_s}{\sigma_s}=1.65,\quad \frac{X_{l-\max}-\mu_l}{\sigma_l}=2.33$$

整理得

$$X_{s-\min}=\mu_s-1.65\sigma_s=(1-1.65C_s)\mu_s \tag{5-49}$$

$$X_{l-\max}=\mu_l+2.33\sigma_l=(1+2.33C_l)\mu_l \tag{5-50}$$

式中，C_s、C_l 分别为强度 X_s 和应力 X_l 的变异系数。

所以在考虑强度、应力离散性(假设为正态分布)条件下，安全系数 n_R 为

$$n_R=\frac{X_{s-\min}}{X_{l-\max}}=\frac{(1-1.65C_s)\mu_s}{(1+2.33C_l)\mu_l} \tag{5-51}$$

在任意规定的分布概率或者可靠度下，n_R 可表达为

$$n_R=\frac{X_{s-\min}}{X_{l-\max}}=\frac{(1-Z_sC_s)\mu_s}{(1+Z_lC_l)\mu_l} \tag{5-52}$$

当 $Z_s=Z_1=0$，即 $\Phi(Z_s)=\Phi(Z_1)=0.5$ 时，$n_R=\frac{\mu_s}{\mu_1}$。显然，此时的 n_R 是强度和应力规定的分布概率均为 0.5 时所对应的安全系数。

结合可靠性的安全系数，联系了产品的可靠度，为探究二者之间的关系，下面以强度和应力均服从正态分布为例，讨论在给定产品的可靠度下，如何确定安全系数 n_R。

当强度和应力均呈正态分布时，由联结方程可得

$$R=\Phi(Z_R),\quad Z_R=\frac{\mu_s-\mu_1}{\sqrt{\sigma_1^2+\sigma_s^2}}$$

故

$$\mu_s=\mu_1+Z_R\sqrt{\sigma_1^2+\sigma_s^2}$$

等式两边同除以 u_1，由 $n_R=\frac{\mu_s}{\mu_1}$ 得

$$n_R=1+Z_R\sqrt{n_R^2C_s^2+C_1^2}\tag{5-53}$$

整理得

$$(1-Z_R^2C_s^2)n_R^2-2n_R+(1+Z_R^2C_1^2)=0$$

用二次求根公式解得

$$n_R=\frac{\mu_s}{\mu_1}=\frac{1+Z_R\sqrt{C_s^2+C_1^2-Z_R^2C_1^2C_s^2}}{1-Z_R^2C_s^2}\tag{5-54}$$

式中，n_R 称为可靠性设计的平均安全系数。若已知安全系数 n_R 和变异系数 C_s、C_1，即可由式(5-54)求出 Z_R，即

$$Z_R=\frac{n_R-1}{\sqrt{n_R^2C_s^2+C_1^2}}\tag{5-55}$$

又 $R=\Phi(Z_R)$，所以利用标准正态分布表查得 $\Phi(Z_R)$，即可获知该安全系数与可靠度之间的对应关系。这样，可靠性设计的平均安全系数就与可靠度直接联系起来了。可靠度 R 与 Z_R 的常用关系见表 5-3。

表 5-3　R 与 Z_R 的常用关系

Z_R	R	Z_R	R
0	0.5	3.719	0.9999
1.282	0.9	4.265	0.99999
1.645	0.95	4.753	0.999999
2.326	0.99	5.199	0.9999999
3.091	0.999	5.610	0.99999999

安全系数相同，但变异系数不同时，相应可靠度的计算如表 5-4 所列。计算结果表明，可靠度 R 随着变异系数 C_s、C_1 的增大而降低。可靠度相同，但变异系数不同时，相应安全系数的计算如表 5-5 所列。计算结果表明，安全系数随变异系数 C_s、C_1 的增大而增大。

表 5-4　$n=1.5$ 时，变异系数与可靠度

C_s	C_l	Z_R	R
0.10	0.10	2.7735	0.9972
0.10	0.15	2.3570	0.9907
0.10	0.20	2.0000	0.9772
0.15	0.20	1.6609	0.9515
0.20	0.25	1.2800	0.8997
0.20	0.30	1.1785	0.8800

表 5-5　$R=0.95$ 时，变异系数与安全系数

C_s	C_l	n_R	R
0.10	0.15	1.330	0.7377
0.15	0.20	1.490	0.6528
0.20	0.25	1.692	0.5725
0.20	0.30	1.761	0.5576

如果将式(5-54)代入式(5-52)中，即得应力和强度均呈正态分布时，在任意规定可靠度下安全系数的另一种表达

$$n_R=\frac{X_{s-\min}}{X_{l-\max}}=\frac{(1-Z_sC_s)}{(1+Z_lC_l)}\cdot\frac{1+Z_R\sqrt{C_s^2+C_l^2-Z_R^2C_l^2C_s^2}}{1-Z_R^2C_s^2}\tag{5-56}$$

如果将式(5-54)代入式(5-51)中即得

$$n_{\binom{0.95}{0.99}}=\frac{X_{s-\min(0.95)}}{X_{l-\max(0.99)}}=\frac{(1-1.65C_s)}{(1+2.33C_l)}\cdot\frac{1+Z_R\sqrt{C_s^2+C_l^2-Z_R^2C_l^2C_s^2}}{1-Z_R^2C_s^2}\tag{5-57}$$

同理可得

$$n_{(0.50)}=\frac{X_{s-\min(0.50)}}{X_{l-\max(0.50)}}=\frac{1+Z_R\sqrt{C_s^2+C_l^2-Z_R^2C_l^2C_s^2}}{1-Z_R^2C_s^2}\tag{5-58}$$

$$n_{\binom{0.50}{0.99}}=\frac{X_{s-\min(0.50)}}{X_{l-\max(0.99)}}=\frac{1+Z_R\sqrt{C_s^2+C_l^2-Z_R^2C_l^2C_s^2}}{(1+2.33C_l)(1-Z_R^2C_s^2)}\tag{5-59}$$

$$n_{(0.95)}=\frac{X_{s-\min(0.95)}}{X_{l-\max(0.95)}}=\frac{(1-1.65C_s)}{(1+1.65C_l)}\cdot\frac{1+Z_R\sqrt{C_s^2+C_l^2-Z_R^2C_l^2C_s^2}}{1-Z_R^2C_s^2}\tag{5-60}$$

由此，常规设计中的安全系数不仅体现了设计变量真实的离散性，还联系了可靠度，进而使得传统的常规设计方法得到了改善。

例 5-13　已知某零件的工作应力 X_l 和 X_s 均呈正态分布，其变异系数分别为 C_l 和 C_s 求在 $R=0.9999$ 时的 $n_{\binom{0.95}{0.99}}$、$n_{0.50}$、$n_{\binom{0.50}{0.99}}$、$n_{0.95}$。

解：由 $R=0.9999$，$\Phi(Z_R)=R$，查标准正态分布表得 $Z_R=3.72$。

代入式(5-57)～式(5-60)，计算出不同变异系数条件下的 $n_{\binom{0.95}{0.99}}$，$n_{0.50}$，$n_{\binom{0.50}{0.99}}$，$n_{0.95}$，并列入表 5-6。

表 5-6　例 5-13 计算结果

序号	C_1	C_s	$n_{\binom{0.95}{0.99}}$	$n_{(0.50)}$	$n_{\binom{0.50}{0.99}}$	$n_{(0.95)}$
1	0.02	0.05	1.0895	1.2428	1.1875	1.1038
2	0.02	0.10	1.2763	1.5997	1.5285	1.2968
3	0.03	0.10	1.2556	1.6088	1.5039	1.2800
4	0.03	0.15	1.5580	1.7538	1.6390	1.2575
5	0.03	0.08	1.1730	1.4459	1.3514	1.1943

以上讨论的是应力和强度均呈正态分布的可靠性设计安全系数，如果应力 X_1 和 X_s 均呈对数正态分布，则根据式(5-55)得

$$Z_R \approx \frac{\ln\mu_s - \ln\mu_1}{\sqrt{C_1^2 + C_s^2}} \tag{5-61}$$

故

$$\ln\mu_s - \ln\mu_1 = \ln\frac{\mu_s}{\mu_1} = Z_R\sqrt{C_1^2 + C_s^2}$$

因此，可靠性设计的平均安全系数为

$$n = \frac{\mu_s}{\mu_1} = \exp\left(Z_R\sqrt{C_1^2 + C_s^2}\right) \tag{5-62}$$

当给定可靠度 R 即 Z_R 既定时，应力及强度的变异系数 C_1 和 C_s 的离散性越大，则安全系数越大，反之，安全系数越小。

5.3.3　视为随机变量的安全系数

前面介绍的可靠性安全系数，是在常规的安全系数中引入应力和强度的离散性，进而引入可靠度。这里要讲的是把安全系数 n 视为随机变量，且为由强度 X_s 和应力 X_1 两个随机变量所构成的随机变量系数，即

$$n = \frac{X_s}{X_1} \tag{5-63}$$

$$E(n) = \mu_n,\quad D(n) = \sigma_n^2$$

对于具有均值 μ_x 和标准差 σ_x 的随机变量 X，其变异系数定义为

$$C_x = \frac{\sigma_x}{\mu_x} \tag{5-64}$$

故

$$C_n = \frac{\sigma_n}{\mu_n} \tag{5-65}$$

又由于以乘除关系的任何形式组成的多变量函数，如 $y = \dfrac{x_1 \cdot x_2}{x_3 \cdots x_n}$ 或 $y = x_1 \cdot x_2 \cdots x_n$，函数 y 的变异系数均为

$$C_y = \sqrt{C_{x1}^2 + C_{x2}^2 + \cdots + C_{xn}^2} \tag{5-66}$$

故

$$C_n = \sqrt{C_s^2 + C_l^2} \tag{5-67}$$

1. 均值安全系数

由可靠度 $R = P\{n > 1\}$ 和数学理论中切比雪夫不等式得可靠度为

$$R \geqslant 1 - \frac{\mu_n^2 C_n^2}{\mu_n^2 C_n^2 + (\mu_n - 1)^2} \tag{5-68}$$

或均值安全系数

$$u_n \leqslant \frac{1}{1 - C_n \sqrt{\dfrac{R}{1-R}}} \tag{5-69}$$

且

$$1 \leqslant n \leqslant 2k^* \mu_n - 1 \tag{5-70}$$

其中

$$k^* = \frac{\mu_n (C_n^2 + 1) - 1}{\mu_n - 1} \tag{5-71}$$

利用式(5-68)和式(5-69)，可以在应力和强度服从一般分布或分布尚不明确的情况下，探求均值安全系数 μ_n，安全系数 n 的变异系数 C_n 和可靠度 R 之间的关系。为了使式(5-69)能比较符合实际情况，必须满足 $C_n \sqrt{\dfrac{R}{1-R}} < 1$，它决定了 C_n 和 R 值之间的配比关系，当 R 值增大时，要求 C_n 相应减小。

若已知 μ_n，即可根据式(5-70)求解安全系数的范围，可靠度也可由式(5-68)求得。

例 5-14 某零件设计时要求的可靠度 $R = 0.96$，已知该零件的应力 X_l 和强度 X_s 的变异系数分别为 $C_l = 0.09$，$C_s = 0.10$，求该零件的均值安全系数 μ_n 及安全系数的范围。

解：由式(5-67)得

$$C_n = \sqrt{C_s^2 + C_l^2} = \sqrt{0.10^2 + 0.09^2} = 0.135$$

由式(5-69)得

$$\mu_n \leqslant \frac{1}{1 - C_n \sqrt{\dfrac{R}{1-R}}} = \frac{1}{1 - 0.135 \sqrt{\dfrac{0.96}{1-0.96}}} = 2.953$$

由式(5-71)得

$$k^* = \frac{\mu_n (C_n^2 + 1) - 1}{\mu_n - 1} = \frac{2.953(0.135^2 + 1) - 1}{2.953 - 1} = 1.028$$

由式(5-70)得

$$1 \leqslant n \leqslant 2k^* \mu_n - 1 = 2 \times 1.028 \times 2.953 - 1 = 5.071$$

故

$$1 \leqslant n \leqslant 5.071$$

2. 中值安全系数

将二维随机变量 $n = \dfrac{X_s}{X_l}$ 在 $X_s = \mu_s$，$X_l = \mu_l$ 处展开成泰勒级数，并取前两项对 n 取数学期

望得

$$E(n)=\mu_n \approx \frac{\mu_s}{\mu_l}+\frac{\mu_s}{\mu_l^3}\sigma_l^2=n_c(1+C_s^2) \tag{5-72}$$

式中，$\mu_s=E(X_s)$，$\mu_l=E(X_l)$分别为强度和应力的数学期望。因为只有当应力 X_l 和强度 X_s 呈正态分布时，μ_s 和 μ_l 才是平均值，因此，式中 $n_c=\frac{\mu_s}{\mu_l}$称为中值安全系数或中心安全系数，与平均安全系数 μ_n 是有区别的。

对安全系数展开的泰勒级数各项取方差，整理得

$$C_n=\frac{\sigma_n}{\mu_n}\approx\frac{\sqrt{C_s^2+C_l^2}}{1+C_l^2} \tag{5-73}$$

同时，经数学关系式转换可得可靠度 R 为

$$R \geqslant 1-\frac{n_c^2(C_s^2+C_l^2)}{n_c^2(C_s^2+C_l^2)+[n_c(1+C_s^2)-1]^2} \tag{5-74}$$

此时，中值安全系数 n_c 为

$$n_c \leqslant 1-\frac{1}{(1+C_l^2)-\sqrt{C_l^2+C_s^2}\sqrt{\dfrac{R}{1-R}}} \tag{5-75}$$

故可得安全系数 n 的取值范围为

$$1 \leqslant n \leqslant [2k^* n_c(1+C_l^2)-1] \tag{5-76}$$

其中

$$k^*=\frac{n_c(C_s^2+C_l^2)}{(1+C_l^2)+[n_c(1+C_s^2)-1]}+1 \tag{5-77}$$

应指出式(5-68)中给出的可靠度下限是精确的，而式(5-74)给出的可靠度下限是近似的，因为它是泰勒级数的近似计算结果。

例 5-15　某零件设计时要求的可靠度 $R=0.96$，已知该零件的应力和强度变异系数分别为 $C_l=0.09$，$C_s=0.10$，求该零件的中值安全系数 n_c 及安全系数 n 所在范围。

解：由式(5-73)得

$$C_n \approx \frac{\sqrt{C_l^2+C_s^2}}{1+C_l^2}=\frac{\sqrt{0.10^2+0.09^2}}{1+0.09^2}=0.134$$

由式(5-75)得

$$n_c=\frac{1}{(1+C_l^2)-\sqrt{C_l^2+C_s^2}\sqrt{\dfrac{R}{1-R}}}=\left[(1+0.09^2)-\sqrt{0.10^2+0.09^2}\cdot\sqrt{\frac{0.96}{1-0.96}}\right]^{-1}$$

$$=2.884$$

由式(5-77)得

$$k^*=\frac{n_c(C_s^2+C_l^2)}{(1+C_l^2)+[n_c(1+C_s^2)-1]}+1=\frac{2.884(0.10^2+0.09^2)}{(1+0.09^2)[2.884(1+0.09^2)-1]}+1=1.027$$

由式(5-76)得 $1 \leqslant n \leqslant [2k^* n_c(1+C_l^2)-1]=2\times1.027\times2.884(1+0.0081)-1=4.972$

即

$$1 \leqslant n \leqslant 4.972$$

将该结果与例 5-14 结果比较可知，在条件数据相同条件下，均值安全系数 μ_n 与中值安全系数 n_c 有所不同，但两种计算所得的安全系数范围非常接近。

5.4 静强度概率可靠性设计

可靠性概率设计是在前述的可靠性设计方法和步骤基础上，对传统的设计内容赋予概率的意义，是将应力分布、强度分布和可靠度（或其他主要可靠性指标）在概率的意义下联系起来，构成一种设计计算的判据，从而可根据产品设计时的可靠性指标要求，确定其满足设计要求所需要的结构尺寸和材料性能。

虽然在进行可靠性概率设计时，不仅需要确定零件的工作应力和材料强度的分布或者分布特征，还必须合理地制定设计所要求的可靠性指标水平。在缺乏相关信息时，表 5-7 所列的可靠度荐用值可供参考。

表 5-7 可靠度荐用值

设计内容	设计重点	可靠度荐用值
非常重要的零件或设备	全面进行可靠性设计。要求考虑所有零件的每一种失效模式	≥0.9999990
比较重要的零件或设备	对其中重要零件进行可靠性设计，考虑其所有失效模式	0.999991～0.9999990
一般重要的零件或设备	只对重要零件的最危险失效模式进行可靠性设计。其他用传统设计	0.99991～0.999990
不太重要的零件或设备	大多数零件进行传统设计，少数进行可靠性设计	0.9991～0.99990
不重要的零件或设备	对所有零件进行传统设计	0.991～0.9990

下面将通过一些典型设计案例，重点介绍机械静强度可靠性概率设计的计算过程。算例中还讨论了相关参数的变化对产品可靠度的影响，以便在实际的设计和选材上，注意对那些影响显著参数的控制。

5.4.1 受拉零件的概率可靠性设计

在机械设计中涉及很多受拉零件。作用在零件上的拉伸载荷 P，零件材料的抗拉强度 X_s 一般呈正态分布，即 $X_1 \sim N(\mu_1, \sigma_1^2)$，$X_s \sim N(\mu_s, \sigma_s^2)$。如果拉伸载荷的离散性越小，即 σ_s 较小时，可按静强度问题处理，失效模式为拉断。其可靠性设计的基本步骤如下：

(1) 确定可靠性的设计指标（一般选用可靠度 R）及要求值；

(2) 根据 $R=\Phi(Z)$ 确定 Z 值；

(3) 确定强度分布特征 μ_s 和 σ_s^2；

(4) 确定应力函数表达式，确定应力分布特征与所设计的零件尺寸分布特征之间的关系；

(5) 将 Z 值，可靠度分布特征和以设计尺寸分布特征所表达的应力分布特征代入联结方程。确定尺寸分布特征中两未知参数之间的关系，并使该方程只含有尺寸分布特征中的一个未知参数；

(6) 求解联结方程，求得该未知尺寸参数，并由此确定设计尺寸分布特征。

例 5-16 已知某截面为圆形的拉杆所承受的拉力 $P \sim N(40000, 1200^2)N$，若选取 45 号钢为制造材料，试设计该拉杆的截面尺寸。

解：(1) 根据拉杆在实际使用环境中的要求，确定可靠度的设计指标 $R=0.999$。

(2) 由 $R=\Phi(Z)=0.999$，确定 $Z=3.091$。

(3) 根据 45 号钢，确定该材料的抗拉强度分布特征

$$\mu_s=667\text{MPa},\quad \sigma_s^2=25.3\text{MPa}$$

(4) 确定应力函数表达式 $X_1=\dfrac{P}{A}=\dfrac{P}{\pi r^2}$。

由 $A=\pi r^2$，得

$$\mu_A=\pi\mu_r^2,\quad \sigma_A=2\pi\mu_r\sigma_r$$

由 $X_1=\dfrac{P}{A}$，得

$$\mu_1=\frac{\mu_P}{\mu_A},\quad \sigma_1=\frac{1}{\mu_A^2}\sqrt{\mu_P^2\sigma_A^2+\mu_A^2\sigma_P^2}$$

由于设计尺寸 r 通常服从于正态分布，所以根据正态分布的 3σ 原则有：$r=\mu_r\pm 3\sigma_r$。根据产品统计数据，选取半径 r 的公差 $\Delta=0.015\mu_r$，则 $\sigma_r=0.005\mu_r$，$\sigma_A=0.01\pi\mu_r^2$。将以上各项代入应力分布特征的两个参数 μ_1 和 σ_1 中得

$$\mu_1=\frac{\mu_P}{\mu_A}=\frac{40000}{\pi\mu_r^2}=12732.406\,\frac{1}{\mu_r^2}(\text{MPa})$$

$$\sigma_1=\frac{1}{\mu_A^2}\sqrt{\mu_P^2\sigma_A^2+\mu_A^2\sigma_P^2}=\frac{1}{(\pi\mu_r^2)^2}\sqrt{(40000)^2\times(0.01\pi\mu_r^2)^2+(\pi\mu_r^2)^2\times(1200)^2}$$

$$=402.634\,\frac{1}{\mu_r^2}(\text{MPa})$$

(5) 将 Z 值，强度分布特征和以设计尺寸分布参数所表达的应力分布特征，代入联结方程得

$$Z=\frac{\mu_s-\mu_1}{\sqrt{\sigma_1^2+\sigma_s^2}}=\frac{667-12732.406/\mu_r^2}{\sqrt{25.3^2+(402.634)^2/\mu_r^4}}=3.091$$

整理得

$$\mu_r^4-38.710\mu_r^2+365.940=0$$

(6) 求解该方程，解得 $\mu_r^2=22.301$ 和 $\mu_r^2=16.410$。即 $\mu_r=4.722\text{mm}$ 和 $\mu_r=4.050\text{mm}$。

取 $\mu_r=4.722\text{mm}$，则 $\sigma_r=0.005\mu_r=0.005\times 4.772=0.0236(\text{mm})$。故

$$r=\mu_r\pm 3\sigma_r=4.722\pm 3\times 0.0236=4.722\pm 0.0708(\text{mm})$$

所以，为保证拉杆具有 0.9997 的可靠度，其设计半径应为 $(4.722\pm 0.0708)\text{mm}$。

该设计如果按照传统的常规方法进行，则有

$$\sigma_{计算}=\frac{P}{\pi r^2}\leqslant[\sigma]=\frac{\mu_s}{n}$$

若取安全系数 $n=3$，则

$$\frac{P}{\pi r^2}=\frac{\mu_p}{\pi r^2}=\frac{40000}{\pi r^2}\leqslant\frac{\mu_s}{n}=\frac{667}{3}$$

即

$$\frac{40000}{\pi r^2} \leqslant 222.333$$

解得拉杆设计半径 $r \geqslant 7.568\text{mm}$。

显然，常规设计的截面尺寸比可靠性设计的尺寸大了很多。如果在常规设计中按可靠性设计的尺寸结果去选取安全系数，则其安全系数应为

$$n \leqslant \frac{\mu_s \pi r^2}{\mu_p} = \frac{667\pi \times (4.722)^2}{40000} = 1.168$$

通常，常规设计中的最小安全系数为 1.5，所以 $n=1.168$ 从常规设计来看是不敢来用的，而可靠性设计却可以证明该参数下，产品可具有 0.999 的高可靠度。当然，从联结方程可以看出，要保证产品这一高可靠度，必须要求相应的 μ_s、σ_s、μ_l、σ_l 值保持稳定。如果 μ_s、μ_l 保持不变，则产品设计的可靠度将随 σ_s 和 σ_l 值的增大而迅速下降，同时如果设定设计尺寸偏差 $\Delta=\alpha\mu_r=3\sigma_r$，则偏差系数 α 值越大，也意味着 σ_s 值越大，所以可靠度将随 α 值增大而减小。

这也表明可靠性设计的先进性是以材料制造工艺的稳定性和对载荷测定统计的准确性为前提条件的。

5.4.2　梁的概率可靠性设计

承受集中载荷力 P 作用的简支梁如图 5-8 所示。显然载荷力 P，梁长跨度 l 及力的作用点位置 a 均为随机变量。该梁结构尺寸的可靠性设计过程同上例，而工作应力为力作用点截面上的最大弯曲应力。

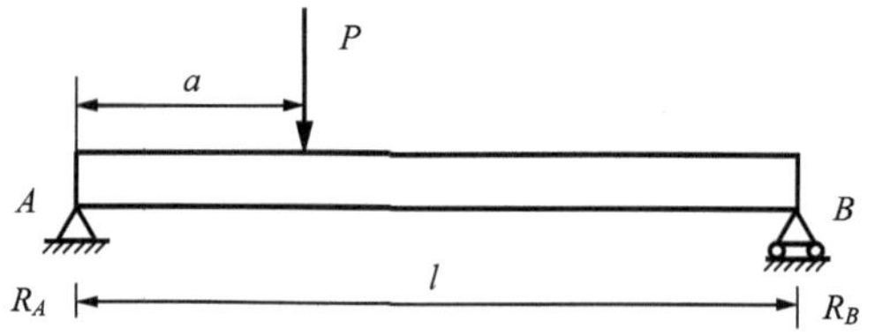

图 5-8　承受集中载荷的简支梁

例 5-17　有一承受集中载荷的简支工字梁，已知该梁材料强度 $X_s \sim N(1171.2, 32.794^2)$ MPa，集中载荷力 $P \sim N(27011.5, 890^2)$N，梁的长度 $l=3048 \pm 3.175$mm，集中力 P 与梁 A 端的距离 $a \sim N(1828.3, 10583^2)$mm，若设计所要求的可靠性指标 $R=0.999$，试设计该梁的截面尺寸。

解：(1) 由 $R=\Phi(Z)=0.999$，查表确定 $Z=3.091$。

(2) 由已知条件得 $\mu_s=1171.2\text{MPa}$，$\sigma_s=32.794\text{MPa}$。

(3) 确定应力表达式。

由于梁的最大弯矩发生在载荷力 P 的作用点处，所以有

$$M = \frac{pa(l-a)}{l}$$

而最大弯曲应力则发生在该截面的底面和顶面，所以最大弯曲应力为

$$X_l = \frac{MC}{I}$$

式中，C 为截面中性轴主梁的底面或顶面的距离，mm；I 为梁截面对中性轴的惯量距，mm^4。故

$$\mu_l = \frac{\mu_M \mu_C}{\mu_I} = \frac{\mu_M}{\mu_K}$$

其中，$k=\dfrac{I}{C}$，$\mu_k=\dfrac{\mu_I}{\mu_C}$，

$$\sigma_1=\left[\left(\frac{1}{\mu_k}\right)^2\cdot\sigma_M^2+\left(\frac{-\mu_M}{\mu_k^2}\right)\sigma_k^2\right]^{\frac{1}{2}}$$

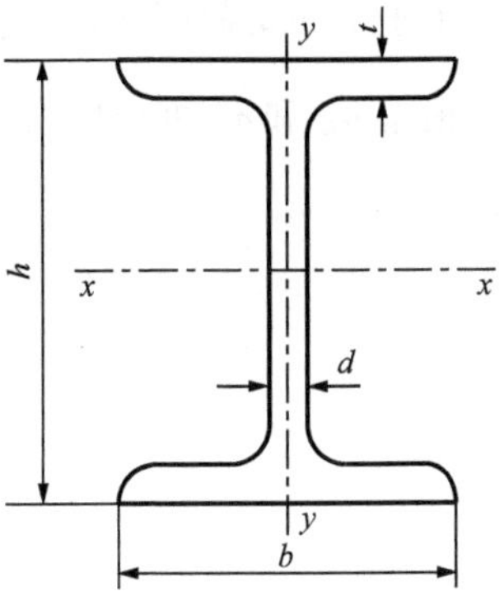

图 5-9　简支工字梁截面

简支工字梁的截面尺寸符号如图 5-9 所示，$C=\dfrac{h}{2}$，查机械零件手册，得工字梁的参数比为：$\dfrac{b}{t}=8.88$，$\dfrac{h}{d}=15.7$，$\dfrac{b}{h}=0.92$，并令 $C_h=\dfrac{\sigma_h}{\mu_h}=0.01$，则

$$K=\frac{I}{C}=\frac{[bh^3-(b-d)(h-2t)^3]/12}{h/2}=0.0822h^3$$

且
$$\mu_k=0.0822\mu_h^3,\quad \sigma_k=0.002466\mu_h^3$$

因此

$$\mu_M=\frac{\mu_p\mu_a(\mu_l-\mu_a)}{\mu_l}=\frac{27011.5\times1828.8(3048-1828.8)}{3048}=19759452.48(\text{N}\cdot\text{mm})$$

$$\begin{aligned}\sigma_M&=\left[\left(\frac{\partial M}{\partial P}\right)^2\sigma_p^2+\left(\frac{\partial M}{\partial a}\right)^2\sigma_a^2+\left(\frac{\partial M}{\partial l}\right)^2\sigma_l^2\right]^{\frac{1}{2}}\\&=\left[\left(\frac{\mu_a(\mu_l-\mu_a)}{\mu_l}\right)^2\sigma_p^2+\left(\frac{\mu_p\mu_l-2\mu_p\mu_a}{\mu_l}\right)^2\sigma_a^2+\left(\frac{\mu_p\mu_a^2}{\mu_l^2}\right)^2\sigma_l^2\right]^{\frac{1}{2}}\\&=\left[\left(\frac{1828.8(3048-1828.8)}{3048}\right)^2\times890^2+\left(\frac{27011.5\times3048-2\times27011.5\times1828.8}{3048}\right)^2\right.\\&\quad\left.\times1.058^2+\left(\frac{27011.5\times1828.8}{3048^2}\right)^2\times1.058^2\right]^{\frac{1}{2}}\\&\approx4.240\times10^{11}(\text{N}\cdot\text{mm})^2\end{aligned}$$

所以 $\mu_l=\dfrac{\mu_M}{\mu_K}=\dfrac{19759452.48}{0.0822\mu_h^3}=\dfrac{2.40382633.6}{\mu_h^3}(\text{MPa})$

$$\begin{aligned}\sigma_l&=\left[\left(\frac{1}{\mu_k}\right)^2\sigma_M^2+\left(\frac{-\mu_M}{\mu_k^2}\right)^2\sigma_k^2\right]^{\frac{1}{2}}\\&=\left\{\left[\left(\frac{1}{0.0822\mu_k^3}\right)^2\times4.240\times10^{11}+\left(\frac{-19759452.48}{(0.0822\mu_h^3)^2}\right)^2\times(0.002466\mu_h^3)^2\right]\right\}^{\frac{1}{2}}\\&=\frac{10712453.33}{\mu_h^3}\end{aligned}$$

将 μ_1、σ_1、μ_s、σ_s 代入联结方程得

$$Z=3.091=\frac{\mu_s-\mu_1}{\sqrt{\sigma_1^2+\sigma_s^2}}=\frac{1171.2-(240382633.6/\mu_h^3)}{\sqrt{32794^2+(10712453.33/\mu_h^3)^2}}$$

解得
$$\mu_h=62.154\text{mm}$$

故
$$\sigma_h=0.01\mu_h=0.62154(\text{mm})$$

所以
$$h=\mu_h\pm3\sigma_h=62.154\pm1.865(\text{mm})$$

由于工字梁截面参数有：$d=\frac{1}{15.7}h=0.0637h$，$b=0.92h$，$t=\frac{b}{8.88}=0.1036h$。

根据 μ_h 和 σ_h 可分别求出各参数的均值和标准差为

$$\mu_d=0.0637\mu_h=0.0637\times 62.154=3.9589(\text{mm})$$

$$\sigma_d=0.0637\sigma_h=0.0637\times 0.62154=0.0396(\text{mm})$$

故

$$d=\mu_d\pm 3\sigma_d=3.959\pm 0.119(\text{mm})$$

$$\mu_b=0.92\mu_h=0.92\times 62.154=37.182(\text{mm})$$

$$\sigma_b=0.92\sigma_h=0.92\times 0.62154=0.57182(\text{mm})$$

故

$$b=\mu_b\pm 3\sigma_b=57.182\pm 1.715(\text{mm})$$

$$\mu_t=0.1036\mu_h=0.1036\times 62.154=6.439(\text{mm})$$

$$\sigma_t=0.1036\sigma_h=0.1036\times 0.62154=0.06439(\text{mm})$$

故

$$t=\mu_t\pm 3\sigma_t=6.439\pm 0.193(\text{mm})$$

5.4.3　轴的概率可靠性设计

1. 承受转矩的轴可靠性设计

对一端固定而另一端承受转矩的实心轴进行可靠性设计，如设计汽车的扭杆弹簧。假定其应力和强度均呈正态分布，则其静强度的可靠性设计过程也如前所述，仅应力表达函数不同。

设轴的直径为 d/mm，单位长度的扭矩角 θ/rad，轴材料的剪切弹性模量为 G/MPa，则转矩 $T=G\theta I_{\text{p}}$。式中，I_{p} 为轴横截面的极惯性矩。对于实心轴，$I_{\text{p}}=\frac{\pi d^4}{32}$。故在该转矩的作用下，产生的剪应力 τ 为

$$\tau=\frac{1}{2}G\theta d=\frac{Td}{2I_{\text{p}}}=\frac{16T}{\pi d^3}=\frac{2T}{\pi r^3}$$

例 5-18　设有一端固定而另一端受扭的实心轴，已知作用转矩 $T\sim N(11.303\times 10^6, 1.278\times 10^{12})$ N · mm，许用剪切强度 $[\tau]\sim N(344.47, 34.447^2)$ MPa。若可靠性的设计指标 $R=0.999$ 时，试设计该轴的半径。

解：(1) 由 $R=\Phi(Z)=0.999$，查表确定 $Z=3.091$；

(2) 由已知条件得 $\mu_{\text{s}}=\mu_{[\tau]}=344.47\text{MPa}$，$\sigma_{\text{s}}=\sigma_{[\tau]}=34.447\text{MPa}$。

(3) 求应力的分布参数 μ_1 和 σ_1

由 $X_1=\tau=\frac{2T}{\pi r^3}$ 得

$$\mu_1=\frac{2\mu_T}{\pi\mu_{\text{r}}^3}=\frac{2\times 11.303\times 10^6}{\pi\mu_{\text{r}}^3}=\frac{7195719.365}{\mu_{\text{r}}^3}(\text{MPa})$$

$$\sigma_1=\left(\frac{4\sigma_T^2}{\pi^2\mu_{\text{r}}^6}+\frac{36\mu_T^2\sigma_{\text{r}}^2}{\pi^2\mu_{\text{r}}^8}\right)^{\frac{1}{2}}=\left(\frac{4\times(1130300)^2}{\pi^2\mu_{\text{r}}^6}+\frac{36\times(11303000)^2\times(0.01\mu_{\text{r}})^2}{\pi^2\mu_{\text{r}}^8}\right)^{\frac{1}{2}}$$

$$=\left[\frac{4928108}{\pi^2\mu_r^6}\right]^{\frac{1}{2}}=\frac{706.627}{\mu_r^3}(\mathrm{MPa})$$

(4) 将应力和强度的分布参数 μ_l、σ_l、μ_s、σ_s 代入联结方程得

$$Z=3.091=\frac{\mu_s-\mu_l}{\sqrt{\sigma_l^2+\sigma_s^2}}=\frac{344.47-(7195719.365/\mu_r^3)}{\sqrt{34.447^2+(706.627/\mu_r^3)^2}}$$

解上式方程得 $\mu_r=32.13\mathrm{mm}$，故 $\sigma_r=0.01\mu_r=0.3213(\mathrm{mm})$。

因此，轴的半径设计尺寸 $r=\mu_r\pm3\sigma_r=32.13\pm0.9639(\mathrm{mm})$。

上述设计时，选取 $\sigma_r=0.01\mu_r$，由 $\sigma_r=\frac{\alpha}{3}\mu_r$ 可知，此时的半径偏差系数 $\alpha=0.03$，若将解得的设计半径均值 $\mu_r=32.13\mathrm{mm}$ 代入上式联结方程，并改变 α 值，计算相应的 Z 值和轴的可靠度，分析半径偏差系数 α 对可靠度的影响，结果如表 5-8 所列。

表 5-8 半径偏差系数 α 对可靠度 R 的影响

偏差系数 α	Z 值	可靠度 R	偏差系数 α	Z 值	可靠度 R
0.01	3.136	0.99916	0.04	3.072	0.99890
0.02	3.123	0.99910	0.05	3.035	0.99880
0.03	3.091	0.99903	0.10	2.772	0.99740

可见，产品的可靠度会随设计尺寸偏差系数的增大而减小。

若将 $\mu_r=32.13\mathrm{mm}$ 和偏差系数 $\alpha=0.03$ 代入上述联结方程并保持不变，而改变制造材料强度的标准差 σ_s 值，计算相应的 Z 值和可靠度，分析材料强度的离散性对可靠度的影响，结果如表 5-9 所列。

表 5-9 材料强度的离散性 σ_s 对可靠度 R 的影响

剪切强度标准差 σ_s/MPa	Z 值	可靠度 R	剪切强度标准差 σ_s/MP	Z 值	可靠度 R
13.779	4.825	0.99999	41.336	6.712	0.99664
27.558	3.585	0.99983	55.115	2.145	0.98422
34.447	3.091	0.99903	68.894	1.763	0.96080

可见，产品的可靠度会随选用材料强度的离散性的增强而降低。

若将 $\mu_r=32.13\mathrm{mm}$ 和偏差系数 $\alpha=0.03$ 及强度标准差 $\sigma_s=34.447\mathrm{MPa}$ 代入上述联结方程并保持不变，改变设计半径均值 μ_r 并计算相应的 Z 值和可靠度，分析设计半径的均值对可靠度的影响，结果如表 5-10 所列。

表 5-10 设计半径的均值 μ_r 对可靠度 R 的影响

剪切强度标准差 μ_r/mm	Z 值	可靠度 R	剪切强度标准差 μ_r/mm	Z 值	可靠度 R
25.40	−1.642	0.05050	40.64	6.555	0.99999
30.48	2.084	0.98169	45.72	7.621	0.99999
32.13	3.091	0.99903	50.80	8.736	1.00000

可见，产品的可靠度会随设计尺寸的加大而增强。

2. 受弯扭组合作用的轴的可靠性设计

受弯扭组合作用的轴在机械系统及汽车结构中应用最多，若已知该轴材料的强度 X_s，转矩 T 和最大弯矩 M 均呈正态分布，则其静强度的可靠性设计过程同上，也只是应力表达函数不同。

由弯曲应力 $$X_{1-\omega}=\frac{MC}{I}$$

对于实心轴，$I/C=\frac{\pi}{32}d^3=\frac{\pi}{4}r^3$。其中 d、r 分别为轴的直径和半径。

扭矩应力 $X_{1-\tau}=\frac{2T}{\pi r^3}$

应用第四强度理论的该轴的实际工作应力 X_1 为

$$X_1=\sqrt{X_{1-\omega}^2+3X_{l-\tau}^2}$$

例 5-19 设有一受弯扭组合作用的实心齿轮轴，已知传递扭矩 $T\sim N(120000,9000^2)$ N·mm，危险截面弯矩 $M\sim N(14000,1200^2)$N·mm，材料强度 $X_s\sim N(800,80^2)$MPa，若可靠性的设计指标 $R=0.999$ 时，试设计该轴的半径。

解：(1) 由 $R=\Phi(Z)=0.999$，查表确定 $Z=3.091$；

(2) 由已知条件得 $\mu_s=800$MPa，$\sigma_s=80$MPa；

(3) 由应力的表达函数 $X_1=\sqrt{X_{1-\omega}^2+3X_{1-\tau}^2}$ 计算应力的分布参数 μ_1 和 σ_1

由 $X_{1-\omega}=\frac{MC}{I}=\frac{4M}{\pi r^3}$，得

$$\mu_{1-\omega}=\frac{4\mu_M}{\pi\mu_r^3}=\frac{4\times 14000}{\pi\mu_r^3}=\frac{17825.354}{\mu_r^3}(\text{MPa})$$

$$\sigma_{1-\omega}=\left[\left(\frac{4}{\pi\mu_r^3}\right)^2\sigma_M^2+\left(\frac{12\mu_M}{\pi\mu_r^4}\right)^2\sigma_r^2\right]^{\frac{1}{2}}$$

$$=\left[\left(\frac{4}{\pi\mu_r^3}\right)^2\times(1200)^2+\left(\frac{12\times 14000}{\pi\mu_r^4}\right)^2\times(0.01\mu_r)^2\right]^{\frac{1}{2}}$$

$$=\frac{1618.753}{\mu_r^3}(\text{MPa})$$

由 $X_{1-\tau}=\frac{2T}{\pi r^3}$得

$$\mu_{1-\tau}=\frac{2\mu_T}{\pi\mu_r^3}=\frac{2\times 120000}{\pi\mu_r^3}=\frac{76394.373}{\mu_r^3}(\text{MPa})$$

$$\sigma_{1-\tau}=\left[\frac{4\sigma_T^2}{\pi^2\mu_r^6}+\frac{36\mu_T^2\sigma_r^2}{\pi^2\mu_r^8}\right]^{\frac{1}{2}}=\left[\frac{4\times(9000)^2}{\pi^2\mu_r^6}+\frac{36\times(120000)^2\times(0.01u_r)^2}{\pi^2\mu_r^8}\right]^{\frac{1}{2}}$$

$$=\left[\frac{38080553.67}{\mu_r^6}\right]^{\frac{1}{2}}=\frac{6170.9443}{\mu_r^3}(\text{MPa})$$

由 $X_1=\sqrt{X_{1-\omega}^2+3X_{1-\tau}^2}$得

$$\mu_1=\sqrt{\mu_{1-\omega}^2+3\mu_{1-\tau}^2}+\frac{3}{2}\left[\frac{\mu_{1-\tau}^2\sigma_{1-\omega}^2+\mu_{1-\omega}^2\sigma_{1-\tau}^2}{\sqrt{(\mu_{1-\omega}^2+3\mu_{1-\tau}^2)^3}}\right]$$

$$\sigma_l = \left[\frac{\mu_{1-\omega}^2\sigma_{1-\omega}^2 + 9\mu_{1-\tau}^2\sigma_{1-\tau}^2}{\mu_{1-\omega}^2 + 3\mu_{1-\tau}^2}\right]^{\frac{1}{2}}$$

将 $\mu_{1-\omega}$,$\sigma_{1-\omega}$和$\mu_{1-\tau}$,$\sigma_{1-\tau}$代入 u_l 和 σ_l 两式中得

$$\mu_l = \frac{133531.474}{\mu_r^3}\text{MPa}, \quad \sigma_l = \frac{10594.9066}{\mu_r^3}\text{MPa}$$

(4) 将应力和强度的分布参数 μ_l、σ_l 和 μ_s、σ_s 代入联结方程中得

$$Z = 3.091 = \frac{\mu_s - \mu_l}{\sqrt{\sigma_l^2 + \sigma_s^2}} = \frac{800 - (133531.474/\mu_r^3)}{\sqrt{(80)^2 + (10594.9066/\mu_r^3)^2}}$$

整理得
$$\mu_r^6 - 369.068\mu_r^3 + 28949.884 = 0$$

解得
$$\mu_r^3 = 255.968 \text{ 和 } \mu_r^3 = 113.099$$

即
$$\mu_r = 6.350\text{mm} \text{ 和 } \mu_r = 4.836\text{mm}$$

取较大的解值,故 $\sigma_r = 0.01\mu_r = 0.01 \times 6.350 = 0.0635(\text{mm})$。

所以,该轴的半径设计尺寸 $r = \mu_r \pm 3\sigma_r = 6.350 \pm 3 \times 0.0635 = 6.350 \pm 0.190(\text{mm})$

5.5　疲劳强度的概率可靠性设计

工程机械构件在实际的使用过程中所承受的载荷具有多种形式。不同形式的载荷所表现的作用方式、作用速度、变动幅值及载荷工况均不相同。许多机械和零件承受着随机载荷、波动载荷或变动载荷,使机构和零件产生交变应力。这种交变应力引起的疲劳是造成构件断裂的主要因素之一。通常,工程机械的构件破坏有三种形式:磨损、腐蚀和断裂。其中磨损和腐蚀进行的较为缓慢,一般可以通过定期维修或更换零部件来解决。而断裂常是难预防的突发事件,往往会造成灾难性的事故。因此,疲劳问题在现代机械的设计和研究中非常重要,是一个研究的焦点问题。

所谓的疲劳是指材料在循环应力或循环应变作用下,由于某点或某些点逐渐产生了局部永久性的结构变化,从而在一定的载荷循环作用后,导致零件材料内部的损伤累积,形成裂纹或断裂的过程。造成材料疲劳破坏的应力往往低于材料的强度极限和屈服极限。因此,对于承受交变载荷或称疲劳载荷的多数机械构件来说,机械静强度可靠性设计不能全面反映它们的实际载荷,因此,对于这类零件,为了保证其设计的可靠性,一方面要对这类零件进行疲劳强度可靠性设计,一方面还应从微观角度,应用断裂力学方法,根据材料裂纹的扩展速率和断裂韧性进行疲劳寿命的估算,并用无损探伤等测试手段进行监测,以更好地实现零件的可靠性设计要求。本节只讨论机械零件的疲劳强度可靠性设计。

5.5.1　疲劳问题概述

随着现代工业产品大型化、集成化程度的加深,机械构件在使用中承受的应力也越来越复杂,加之疲劳问题本身的复杂性和难以控制性,使得疲劳问题的研究得到越来越广泛的重视。据统计,机械零件的破坏有 50%～90%为疲劳破坏。例如,连杆、曲轴、齿轮、弹簧、螺栓、压力容器、汽轮机叶片和焊接结构等,其主要的破坏方式都是疲劳。疲劳不仅影响一般机械产品的使用性能,对如轮运汽车、建筑桥梁及航空航天等大型复杂系统也造成重大的危害。很多惨重的教训都提示我们必须重视疲劳。

疲劳问题的产生可追溯到19世纪初期，产业革命后，随着蒸汽机车的发展和机械设备的广泛应用，运动部件的破坏时常发生。破坏往往发生在零部件的截面突变处，且破坏处的工作应力并不高，通常低于材料的强度极限和屈服极限。这一问题让工程师们困惑了很久，直到1892年德国工程师Albert通过矿山卷扬机焊接链条的工程试验才证实了构件破坏的疲劳原因。从此围绕疲劳问题展开了广泛的研究。

目前，针对于机械疲劳问题的研究内容主要有：疲劳裂纹的产生及扩展机理、疲劳强度的影响机理、疲劳的累积损伤理论、疲劳试验、疲劳故障分析、疲劳强度的强化方法、抗疲劳设计方法及特殊疲劳问题的研究，如腐蚀疲劳、接触疲劳、微动磨损疲劳、随机疲劳、高湿疲劳、热疲劳等多个方面。

1. 基本概念

1）疲劳载荷

疲劳载荷又称为循环载荷、应变载荷。是指载荷的作用大小、方向都随时间成周期性或不规则、随机性变化的载荷。疲劳载荷包括随机载荷和确定性载荷。确定性载荷又分为等幅疲劳载荷和阶梯（程序）载荷。

2）疲劳寿命

疲劳寿命是指在疲劳失效前所经历的应力或应变的循环次数，记为 N。

3）疲劳破坏特征

疲劳破坏与静强度破坏有本质的不同，主要表现在以下几个方面：

（1）交变应力水平低。构件所承受的交变应力远小于材料的强度极限或屈服极限，破坏就有可能发生。

（2）脆性断裂。不管构件是脆性材料还是塑性材料，疲劳断裂在宏观上都表现为无明显塑性变形的突然断裂。

（3）具有局部性。疲劳破坏不涉及构件的整个结构，由此可采用增强局部设计或改进局部工艺来增强疲劳强度和延长疲劳寿命。如发现疲劳裂纹时，可采取磨去细小表面裂纹或扩孔去掉空边裂纹等局部处理措施来解决。

（4）疲劳过程是一个累积损伤的过程。一般的疲劳断裂要经历裂纹形成、裂纹扩展和失稳断裂三个阶段。

（5）疲劳破坏断口在宏观、微观上具有疲劳特征。可通过分析断口特征研究复杂的疲劳破坏机理。

2. 现代抗疲劳设计方法

现行的抗疲劳设计方法主要有以下四种。

1）名义应力疲劳设计法

名义应力疲劳设计法是以名义应力为基本设计参数，以 S-N 曲线（疲劳极限应力曲线）为主要设计依据的抗疲劳设计方法。这种设计方法历史最悠久，可分为以下两种方法。

（1）无限疲劳寿命设计法。要求零件在低于疲劳极限的应力下具有无限寿命，即当零件的工作应力小于疲劳极限时，零件能够长期安全使用。由此该方法的应用条件为：当零件承受等幅载荷时，其最大工作应力要小于疲劳极限，当零件承受变幅载荷时，如果超出疲劳极限的最大工作应力不大，载荷作用的次数又很小时，也可以使用此方法。主要设计依据是疲劳极限，即 S-N

曲线的水平部分。一般先用静强度设计确定出零件尺寸，再用这种方法进行疲劳强度校核。这种方法通常用在对重量没有严格要求的地面固定机械的设计上。

(2) 有限疲劳寿命设计法。要求零件在一定的使用期限内安全可靠，进而这种方法也称为安全寿命设计法，它是无限疲劳寿命设计法的直接发展。该方法允许零件的工作应力超过疲劳极限，主要设计依据是 S-N 曲线的曲线(或斜线)部分。由这种方法设计出来的产品重量要比应用无限寿命设计法的要轻。目前，该方法是国外许多机械产品的主导设计思想。像飞机、汽车等对重量有较高要求的产品，都是用这种方法进行疲劳设计。

2) 局部应力应变分析法

局部应力应变分析法是在低周疲劳的基础上发展起来的一种高低周疲劳都适用的疲劳寿命估算方法。由于疲劳破坏都是从应变集中部位的最大局部应变处开始，所以这种方法的基本设计参数为决定疲劳强度和疲劳寿命的应变集中处的最大局部应力和应变。主要设计依据是材料的循环应力-应变曲线。应用这种方法只需知道应变集中部位的应力应变和基本材料应变疲劳试验数据，就可以估算零件的疲劳寿命，避免了大量的结构疲劳试验。这种方法可以考虑应力顺序的影响，特别适用于随机载荷下的寿命估算，并可借助于计算机程序解决复杂的计算。但同时该方法目前仍限于对单个零件进行有限寿命分析，主要解决低周疲劳问题，对于高周疲劳问题，由于其还不能考虑尺寸因素和表面状况的影响，所以计算结果没有名义应力设计法好。

3) 损伤容限设计法

损伤容限设计法是在断裂力学的基础上发展起来的一种抗疲劳设计方法。这种设计方法的思想和前两种不同。前两种设计方法都假定材料内没有初始缺陷，而这种方法这是以承认材料内部有初始缺陷为依据，并把这种初始缺陷看作裂纹，根据材料在使用载荷下的裂纹扩展性质，估算其疲劳寿命。这种方法认为，零件内部具有裂纹是不可避免的，只要能正确估算其疲劳寿命，采取适当的断裂控制措施，确保其在使用期限内能够安全使用，则这样的初始裂纹是允许存在的。

从原则上讲，上述三种抗疲劳设计的方法都可以应用概率统计的方法进行疲劳可靠性设计，但目前用得最多和最成熟的是无限疲劳寿命设计法。

4) 疲劳可靠性设计法

疲劳可靠性设计法是将概率统计方法融入到疲劳设计方法当中，进而对零件进行抗疲劳设计。因此，该方法也称为概率疲劳设计。这种方法考虑了载荷、材料抗疲劳性能和其他设计参数的实际随机性和离散型，应用这种方法可以将零件的破坏概率限制在一定的范围之内。因此，这种方法的设计精度比其他抗疲劳设计方法都要高。

3. 抗疲劳设计的基本过程

抗疲劳设计无论采用何种方法，其设计过程一般可分为以下两个阶段：

(1) 疲劳计算阶段。根据材料的疲劳数据和零件的使用条件，对零件的尺寸进行计算，或在已知零件尺寸的条件下，对零件的疲劳强度或疲劳寿命进行校核。在设计中，一般先由静强度设计计算出初步的零件尺寸，然后再进行疲劳强度的校核。

(2) 模拟疲劳试验阶段。疲劳计算只能对零件的疲劳强度或疲劳寿命进行粗略的估算，要精确地确定疲劳寿命，目前还主要依靠模拟疲劳试验。因此，为了确保安全使用，对于重要的零部件，在成批生产以前，还要进行零部件乃至整机的模拟疲劳试验。而在产品设计的初期阶段，往往只进行疲劳计算。

5.5.2 材料疲劳载荷和疲劳强度的统计分析

1. 材料疲劳载荷的统计分析

疲劳载荷包括确定性载荷和随机性载荷。确定性疲劳载荷是按一定规律变化的载荷。其中,正弦波交变载荷是工程中最常见的确定性疲劳载荷。而随机载荷只能通过统计分析进行描述,统计分析方法主要有以下两类:

1）功率谱法

功率谱法就是应用傅里叶变换,将随机载荷分解为有限个具有不同频率的载荷分布,以该分布的密度函数来描述随机载荷的一种方法。这种方法因为可以收录载荷历程的全部信息,所以是一种较为严谨和精确的方法。特别适用于平稳的随机过程。

2）循环计数法

循环计数法是将载荷-时间历程离散成一系列的特征值,如峰谷值、幅值、均值等,然后统计这些特征值的频率数,用频率数特征来描述随机载荷的一类方法。这类方法主要有峰值计数法、振程计数法、穿级计数法和雨流计数法等。这些方法在整体上具有简单、直观,不够严谨等特点。其中,雨流计数法既能统计疲劳变化趋势,又不遗失小的交变信号,特别是它可以将载荷统计的分析过程和材料的疲劳特性建立起一定联系,所以适用于近年来发展起来的用材料的循环应力-应变来估算零件的疲劳寿命,使零件的疲劳寿命的估计有了重大的改进,因此该方法得到了广泛的应用。

2. 材料疲劳强度的统计分析

1）疲劳极限

材料的疲劳强度指标常用的有拉压、弯曲、扭转等疲劳极限。所谓的疲劳极限是指疲劳寿命无穷大时的中值疲劳强度。S-N 曲线上的水平段所对应的最大应力即为材料的疲劳极限。这意味着该材料在相应的应力作用下,可以承受无限次循环而用不破坏。结构钢的 S-N 曲线的转折点一般都是在 10^7 次以前,由此,一般认为结构钢只要经过 10^7 循环载荷而不破坏,就可以承受无限多次循环载荷而永不破坏。

2）条件疲劳极限

在 S-N 曲线上,与非水平段对应的最大应力通常称为条件疲劳极限。对于有色金属和腐蚀疲劳而言,其 S-N 曲线没有水平段,因此不存在真正的疲劳极限。但是一般在 10^7～10^8 次载荷循环后,其 S-N 曲线渐趋平坦,由此,一般以 10^7 或 10^8 载荷循环失效时的最大应力作为条件疲劳极限。

3）疲劳极限的表示方法

材料的对称弯曲疲劳极限用 σ_{-1} 表示;对称拉压疲劳极限用 σ_{-1t} 表示;对称扭转疲劳极限用 τ_{-1} 表示。其中,下脚标 -1 表示应力比 $r=-1$。三者中因为对称弯曲疲劳试验最为方便,所以一般以对称弯曲疲劳极限来表示材料的基本疲劳性能。对称平面弯曲下的疲劳极限一般与旋转弯曲下的疲劳极限近似相等,所以二者通常不作区分。

4）材料疲劳强度的确定

试验及统计分析表明,一般材料的疲劳强度服从于对数正态分布和威布尔分布。在确定分布的基础数据时,往往要通过大量的疲劳试验获得。试验方法具体有常规(单点)法、成组试验法、升降法(包括小子样升降法和大子样升降法)和步进法等。

因为疲劳试验数据的离散性较大，要获得较精确的 S-N 曲线，必须有足够的试验，虽投入成本较高，但却是一项必不可少的基础环节。除了疲劳试验，试验条件和应用条件相差很小的材料数据还可通过查询试验数据资料获得，对于相差稍大的材料数据可以在现成数据的基础上，经相关系数修正后获得。

5）材料疲劳极限与强度极限及其他机械性能的关系

在常温和空气介质下，材料疲劳极限 σ_{-1} 与强度极限 σ_b 之间具有较好的相关性。因此，在没有现成的试验数据和没有条件进行精确的疲劳试验时，可以使用下述近似方法来估算材料的疲劳极限。

（1）对于 $\sigma_b<1400\text{MPa}$ 的碳钢、合金钢，$\sigma_{-1}=38+0.43\sigma_b$ 或 $\sigma_{-1}=0.46\sigma_b$。

（2）对于 $\sigma_b<1200\text{MPa}$ 的碳钢、合金钢，$\tau_{-1}=0.58\sigma_{-1}$。

（3）对于 $\text{HB}<500\text{MPa}$ 的黑色金属，$\sigma_{-1}=0.5\sigma_b$。

此外，还有很多经验的近似计算方法可以在手册中查得。

6）影响材料疲劳强度的因素

影响材料疲劳强度的因素很多，主要有形状、尺寸、表面状况、平均应力、复合应力、加载频率、应力波形、腐蚀介质和温度等。通过疲劳试验获得的材料疲劳强度数据，是材料的名义强度，只能较好地说明标准光滑试样的疲劳性能。实际零件的尺寸、形状和表面情况各式各样，与标准件有一定的差别。所以在机械疲劳强度的可靠性设计中，应将材料的名义强度转化成具有零件具体尺寸、形状及表面状况的实际强度。这就需要引入主要影响因素系数对试件强度数据加以修正。

（1）几何形状和应力集中系数。

机械部件的任何结构都不可避免地存在台阶、开孔、榫槽等形成截面突变的地方。当结构受力时，这些地方会出现局部应力增大现象，称为应力集中。对材料而言，疲劳源总是出现在应力集中的地方，应力集中处的疲劳强度低，为薄弱环节。所以疲劳设计时必须考虑应力集中。

仅考虑几何形状效应的理论应力集中系数为 α_σ；既考虑几何形状效应又考虑材料本身非均匀性影响的有效应力集中系数为 K_σ，则

$$K_\sigma=1+q(\alpha_\sigma-1) \tag{5-78}$$

式中，q 为材料对应力集中的敏感系数。可表达为

$$q=\frac{K_\sigma-1}{\alpha_\sigma-1} \tag{5-79}$$

式中，q、α_σ、K_σ 本身均是随机变量。

（2）尺寸效应及尺寸系数。

一般，零件的尺寸越大，出现最薄弱晶粒和较大缺陷的概率就会越大，疲劳强度就越低。尺寸系数 ε 即为当应力集中与终加工情况相同时，实际尺寸为 d 的零件疲劳极限与标准试样的疲劳极限之比，即

对于弯曲

$$\varepsilon=\frac{\sigma_{-1d}}{\sigma_{-1}} \tag{5-80}$$

对于扭转

$$\varepsilon=\frac{\tau_{-1d}}{\tau_{-1}} \tag{5-81}$$

式中，σ_{-1d}、τ_{-1d}分别为实际零件在承受弯曲和扭转时的疲劳极限，σ_{-1}、τ_{-1}分别为标准试件在弯曲和扭转时的疲劳强度。部分零件的尺寸系数统计值可在手册中查得。

(3) 表面加工效应及表面加工系数。

由于疲劳裂纹常常从表面开始，所以零件材料的表面状态对疲劳有较大的影响。材料的表面状态主要是指表面层组织结构、应力状态和表面粗糙度。一般来讲，在零件表面进行切削加工时，材料的疲劳极限会随着表面应变硬化程度的增加而提高。如果应变硬化层没有超过材料的弹塑性变形区厚度时，此厚度与疲劳极限成正比；如果应变硬化厚度已经超过材料的弹塑性变形区厚度，此厚度对疲劳极限无影响。在试件表面，应变硬化所引起的都是残余压应力；在零件中部，应变硬化所引起的都是残余拉应力。残余压应力可提高弯曲疲劳极限和应力集中零件的疲劳极限，残余拉应力可以降低光滑零件的拉伸疲劳极限。此外，机加工表面层温度升高，使各种情况吓得疲劳极限均有所下降，表面加工粗糙度增加，也会降低疲劳极限。

表面加工系数β分为表面加工系数β_1、腐蚀系数β_2和表面强化系数β_3，这里仅介绍表面加工系数β_1，其定义为

$$\beta_1=\frac{\sigma_{-1\beta}}{\sigma_{-1}}<1 \tag{5-82}$$

(4) 其他影响因素。

材料的疲劳极限还受到平均应力、载荷加载频率、应力波和应力加载是否中间停歇等因素影响。

平均应力决定零件疲劳强度的应力幅。一般来说，拉伸平均应力使极限应力幅减小，压缩平均应力使极限应力幅增大。

如果将载荷的加载频率分为三段：正常频率(5～300Hz)、低频(0.5～5Hz)和高频(300～10000Hz)，那么，一般在温度小于50℃时，加载频率在正常范围内，对大多数的金属疲劳极限无影响，而低频加载使疲劳极限降低，高频加载使疲劳极限升高。

应力波对疲劳极限的影响主要体现在不同的波形对裂纹在最大应力下的停留时间的影响。而对加载中间停歇的研究表明，中间停歇对疲劳极限没有明显影响，而对疲劳寿命有一定的影响，停歇越频繁，停歇时间越长，对疲劳寿命的影响越大。

所以，如果通过疲劳试验得到标准试件的疲劳极限为σ_r，其分布为$(\mu_{\sigma_r},\sigma_{\sigma_r})$，而实际零件的疲劳极限为$\sigma_{r-d}$，其分布为$(\mu_{\sigma_{r-d}},\sigma_{\sigma_{r-d}})$，则二者关系如下：

$$\sigma_{r-d}=\frac{\varepsilon\beta}{K_\sigma}\sigma_r \tag{5-83}$$

且

$$(\mu_{\sigma_{r-d}},\sigma_{\sigma_{r-d}})=\frac{(\mu_\varepsilon,\sigma_\varepsilon)\,(\mu_\beta,\sigma_\beta)}{(\mu_{K_\sigma},\sigma_{K_\sigma})}(\mu_{\sigma_r},\sigma_{\sigma_r}) \tag{5-84}$$

式中，$(\mu_\varepsilon,\sigma_\varepsilon)$为尺寸系数的分布；$(\mu_\beta,\sigma_\beta)$为表面加工系数的分布；$(\mu_{K_\sigma},\sigma_{K_\sigma})$为有效应力集中系数的分布。

当这些系数的分布及材料的试样疲劳极限分布已知时，即可求得零件的疲劳极限分布。

5.5.3 *S-N* 及 *P-S-N* 疲劳曲线

静态应力-强度干涉模型对于恒定应力或变动应力的单次作用是有效的。而研究疲劳强度就要考虑应力载荷的反复作用以及强度分布随时间的变化。这样的可靠性模型通常称为应力-

强度-时间模型。这里的“应力”和“强度”具有更广泛的含义。“应力”是指导致零件失效的所有因素，而“强度”为阻止该失效发生的所有因素。

由于应力随时间变动，所以研究中要反映其中的变动规律。*S-N* 曲线即为反映疲劳试验中不同应力水平与标准试样疲劳寿命之间关系的曲线。而将 *S-N* 曲线中相同应力水平下可靠度相同的点连起来构成的曲线即为 *P-S-N* 曲线。

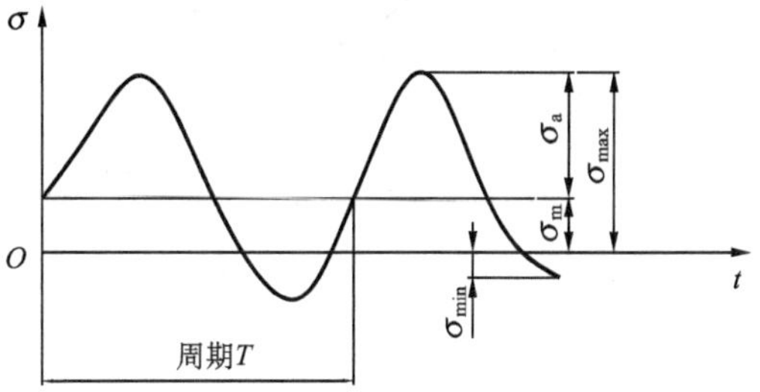

图 5-10　应力循环参数

1. *S-N* 曲线

1）应力循环参数及特征

（1）应力循环参数。

应力循环参数主要有以下四个：平均应力 σ_m、应力幅 σ_a、最大应力 σ_{max} 和最小应力 σ_{min}。如图 5-10 所示，参数间关系如下：

$$\sigma_{max}=\sigma_m+\sigma_a,\quad \sigma_{min}=\sigma_m-\sigma_a \tag{5-85}$$

$$\sigma_m=(\sigma_{max}+\sigma_{min})/2,\quad \sigma_a=(\sigma_{max}-\sigma_{min})/2 \tag{5-86}$$

（2）应力循环特征。

应力循环特征用应力比 r 表示，其定义为 $r=\sigma_{min}/\sigma_{max}$，显然，$r=-\infty\sim1$。定义载荷可变系数 $a=\sigma_a/\sigma_m$，则载荷可变系数 a 与应力比 r 之间的关系为 $a=\dfrac{1-r}{1+r}$ 或 $r=\dfrac{1-a}{1+a}$。

几个典型的应力循环特征如表 5-11 所列。

表 5-11　几个典型的应力循环特征

当 $r=1$	$\sigma_{min}=\sigma_{max}=\sigma_m$，　$\sigma_a=0$	静应力状态	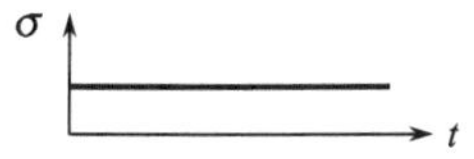
当 $r=-1$	$\sigma_{min}=-\sigma_{max}=\sigma_a$，　$\sigma_m=0$	对称循环应力状态	
当 $r=0$	$\sigma_{min}=0$，　$\sigma_m=\sigma_a=\sigma_{max}/2$	脉动拉伸循环应力状态	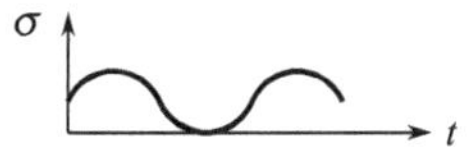
当 $r=\infty$	$\sigma_{max}=0$，　$\sigma_m=\sigma_a=\sigma_{min}/2$	脉动压缩循环应力状态	

除以上应力循环外的任何情况都称为非对称循环。

2）*S-N* 曲线

S-N 曲线是反映材料疲劳特性的曲线，是机械疲劳设计的依据。该曲线表示中值疲劳寿命与外应力间的关系，所以也称为中值 *S-N* 曲线。通常由标准小试件的各种疲劳试验得到。

（1）*S-N* 曲线的测定过程。

一般取一组（8～12 个）标准试件，在一定平均应力 σ_m（或应力比 r）下，施加不同幅值的应力，测定试件断裂时的循环次数 N。测定结果可画在双对数坐标系中，通常以应力为纵坐标，以循环次数(疲劳寿命)N 为横坐标。S-N 曲线的一般形式如图 5-11 所示。

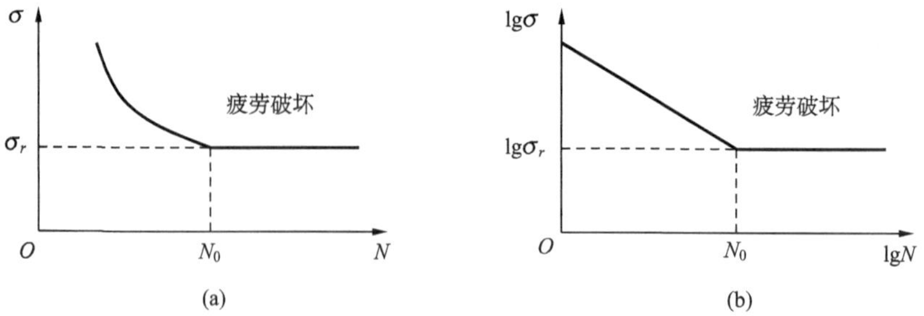

图 5-11　S-N 曲线的一般形式

其中,N_0 为疲劳循环基数或寿命基数,对于一般钢材,循环次数自 N_0 起,S-N 曲线呈水平线。N_0 相应的应力水平称为材料的疲劳极限 σ_r,这是试件受无限次应力循环而不发生疲劳破坏的最大应力。

(2) S-N 曲线的概率意义。

S-N 曲线表达的是材料中值疲劳寿命与外应力之间的关系。如果按照 S-N 曲线设计产品,则有 50%的产品可达到设计寿命,即产品的可靠度为 0.5。故在不附加说明时,S-N 曲线是指 50%的中位寿命的材料疲劳特性曲线。

(3) S-N 曲线的形状。

S-N 曲线一般由单调递减曲线和水平趋势线两部分构成,但有色金属和某些合金钢的 S-N 曲线无明显的水平部分,实际计算时根据条件规定 $N_0 \geqslant (5 \sim 10) \times 10^7$。显然 N_0 值越大,S-N 曲线变化越舒缓。

(4) S-N 曲线的表达式。

根据强度理论,疲劳曲线在其有限寿命范围内,即 N_0 左侧的曲线方程通常可由幂指数函数表达

$$\sigma^m N = c \tag{5-87}$$

式中,m、c 为材料常数,$N = 10^4 \sim 10^6$。将该式两边取对数得

$$m\lg\sigma + \lg N = \lg c \tag{5-88}$$

这是关于 $\lg\sigma$ 和 $\lg N$ 的直线方程。随 m 值的变化,S-N 曲线可以画成一系列以不同 m 值为斜率的直线并分别与其相应的疲劳极限的水平相关。

对于 S-N 曲线的斜线部分,不同应力水平与循环次数的关系为

$$N_i = N_j \left(\frac{\sigma_j}{\sigma_i}\right)^m \tag{5-89}$$

式中,σ_i、N_i 和 σ_j、N_j 分别为 S-N 曲线上任意两点的应力和循环次数。

如果在 S-N 曲线上已知任意两点的应力和循环次数(σ_1,N_1)和(σ_2,N_2),则可得 S-N 曲线在对数坐标下的斜率 m 值为

$$m = \frac{\lg N_1 - \lg N_2}{\lg\sigma_2 - \lg\sigma_1} \tag{5-90}$$

例 5-20　有一受脉动循环应力作用的拉杆,已知在脉动循环应力 $\sigma_1 = 11.2\text{kN/cm}^2$ 时,其失效循环次数 $N_1 = 1.5 \times 10^5$ 次,在脉动循环应力 $\sigma_2 = 20\text{kn/cm}^2$ 时,其失效循环次数 $N_2 = 0.8 \times$

10^4 次。如果该拉杆经常承受的脉动循环应力 $\sigma=15\text{kn/cm}^2$，问其疲劳寿命应该为多大？

解：根据式(5-90)得该拉杆 S-N 曲线斜率 m 为

$$m=\frac{\lg N_1-\lg N_2}{\lg\sigma_2-\lg\sigma_1}=\frac{\lg 1.5\times10^5-\lg 0.8\times10^4}{\lg 20-\lg 11.2}=5.06$$

由式(5-89)得该拉杆在常作用应力水平下的疲劳寿命为

$$N=N_1\left(\frac{\sigma_1}{\sigma}\right)^m=N_2\left(\frac{\sigma_2}{\sigma}\right)^m=0.8\times10^4\times\left(\frac{20}{15}\right)^{5.06}=3.412\times10^4(\text{次})$$

2. P-S-N 曲线

S-N 曲线通常绘制的依据是疲劳试验数据的平均值。实践表明，S-N 曲线的试验数据由于受到作用载荷、试件几何形状与尺寸、表面粗糙度、材料的化学成分及均匀性、热处理及制造工艺等因素的分散性的影响，其本身也是随机变量而具有一定的离散性。比如相同试件在相同条件下进行同样的疲劳试验，其得到的疲劳寿命 N 值并不相同，统计表明，N 值具有概率分布的规律性，因此可以用一定的概率(即可靠度)来表达 N 值的大小。

所以，将各级应力水平下的 S-N 曲线上概率即可靠度相同的点用曲线形式连接起来，就得到了以不同可靠度值为参数的曲线族，这样形成的曲线族即为 P-S-N 曲线。该曲线显示了零件在多种应力水平下疲劳寿命的分布情况，由图 5-12 可知，随着应力水平的降低，疲劳寿命值的离散度愈来愈大。且在曲线族中，越靠下方的曲线，其相应的可靠度越高。P-S-N 曲线代表了更全面的应力-寿命关系，比 S-N 曲线有更广泛的用途。

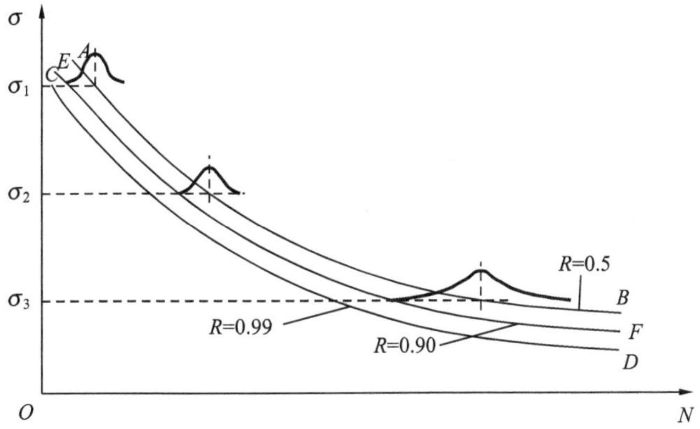

图 5-12　P-S-N 曲线的一般形式

在零件的疲劳可靠性设计中，必须考虑该零件试件的 P-S-N 曲线。那么设计时究竟应该采用哪条曲线作为设计标准呢？一般来讲，应根据产品设计的可靠性要求和经济性要求来综合确定。如若采用 CD 线进行设计，则产品的可靠性较高，但同时产品的使用安全寿命较低，经济性较差。对于一般产品，通常按照中值寿命的 S-N 曲线进行设计。

P-S-N 曲线的测定方法主要有单点法和成组法。用成组法进行测定的过程通常可分为以下步骤：

(1) 准备若干个标准试件(30 个左右)。

(2) 确定应力水平(4～5 级)。

(3) 确定每一级应力上的试件数(＞6 个)。

若应力较大，则疲劳寿命分散度就较小，试件就可取得少些；若应力较小，则疲劳寿命分散度就较大，试件就应取得多些。

(4) 按试验要求进行疲劳试验。

(5) 根据试验数据，求出疲劳寿命均值 μ_N，标准差 σ_N 及变异系数 C_N，即

$$\mu_{N_j} = \frac{1}{n}\sum_{i=1}^{n} N_{i-j}$$

$$\sigma_{N_j} = \sqrt{\frac{1}{n-1}\left[\sum_{i=1}^{n} N_{i-j}^2 - \frac{1}{n}(\sum_{i=1}^{n} N_{i-j})^2\right]} \tag{5-91}$$

$$C_N = \frac{\sigma_{N_j}}{\mu_{N_j}} \tag{5-92}$$

式中，j 表示第 j 级应力水平。

(6) 分析有无异常数据，若有，则将该组数据剔除。

(7)分析试件数是否充分。

(8)计算指定可靠度 R 时的对数疲劳寿命并依此分析数据服从的分布，即

$$\lg N_j = \mu_{N_j} + Z_R \cdot \sigma_{N_j} \tag{5-93}$$

式中，Z_R 为指定的可靠度 R 所对应的标准正态分布偏量，即 $R=\Phi(Z_R)$。

通常，对数寿命在 $N<10^6$ 时不服从对数正态分布，而威布尔分布的数据处理又较为复杂，因此在测定 P-S-N 曲线时，$N<10^6$ 的高应力区用成组法进行测定，$N>10^6$ 的应力循环用升降法进行测定；

(9) 根据所计算的疲劳寿命，画出 P-S-N 曲线。

5.5.4　机械疲劳可靠性设计

机械构件在承受变应力循环作用时，要应用疲劳强度的可靠性设计。该设计的直观依据即为疲劳极限图。疲劳极限图是在 P-S-N 曲线的基础上，考虑应力比 r 对疲劳寿命的影响而体现的极限应力关系图。疲劳极限图的绘制方法有四、五种之多，最常用的疲劳极限图是 Haighσ_m—σ_a 疲劳极限图(图 5-13)。

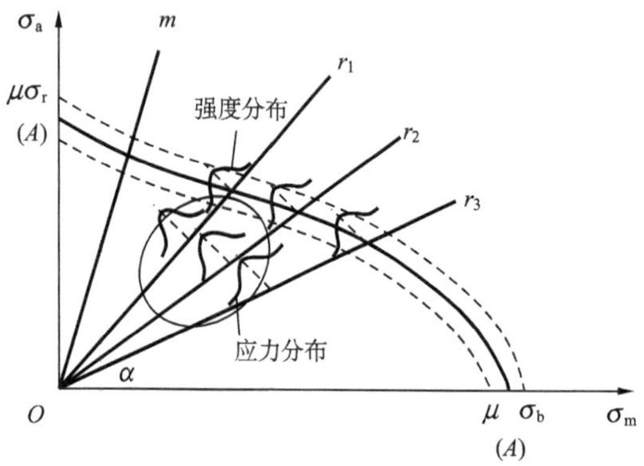

图 5-13　σ_m-σ_a 疲劳极限图

如图 5-13 所示，该图是在平均应力 σ_m 和应力幅 σ_a 坐标系中，经过对称循环变应力的疲劳极限 A 点 ($r=-1$) 到静强度极限 B 点 ($r=1$) 的曲线。曲线 AB 表示 σ_m 为正值即为拉应力，如果承受压应力，则该曲线位于 σ_a 坐标轴的左侧。在构件承受不同应力水平作用时，其疲劳寿命不同，但静强度 σ_b 是一定的。换言之，对于不同的应力水平和疲劳寿命，将得到不同的 A 点，但 B 点不变，即得到都经过 B 点的不同曲线。但一般情况下，A 点对应于材料的疲劳极限 σ_{-1}，对于一般钢材而言，该点对应的疲劳寿命为 10^7 次载荷循环。所以该曲线表示构件承受的应力在此曲线范围内及所对应的疲劳寿命内，不会发生疲劳破坏和静强度破坏。

在图 5-13 上作任意射线 OM 与水平横轴夹角为 α，则 $\tan\alpha=\frac{\sigma_a}{\sigma_m}=\frac{1-r}{1+r}=\text{const}$，表明在该射线上任一点的循环应力都具有相同的 r 值。

当应力比 r 变化时，应力和强度的分布均为三维分布，此时，根据强度和应力分布的干涉区域，可以求出试件在随机应力下的不可靠度，进而求出其可靠度。但由于这是一个三维的干涉空间，所以可靠度的计算非常复杂。

当应力比 r 为确定常数时，则应力和强度的分布均为二维分布(图 5-14)。此时若已知构件的应力和强度分布的概率函数，即可应用前述的应力-强度干涉理论确定试件的可靠度。只是和静强度计算有所区别的是，在进行疲劳可靠性设计时，首先要找出零件的危险点以及该该点处在确定值 r 下的疲劳强度分布。

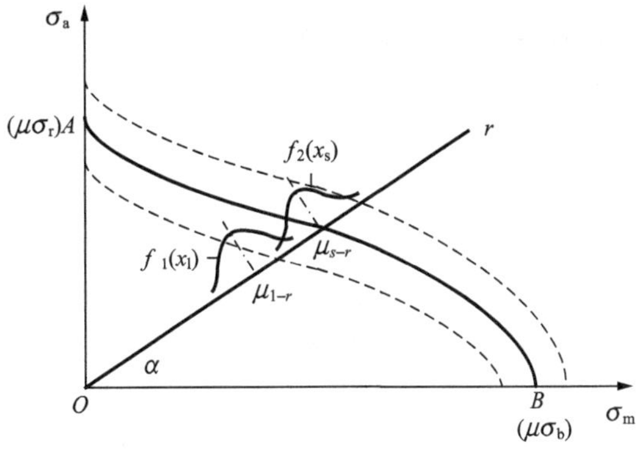

图 5-14　r 为常数时应力和强度的分布

设 μ_{s-r} 和 σ_{s-r} 为一定 r 值下零件的疲劳强度的分布参数，μ_{1-r} 和 σ_{1-r} 为相应条件下零件工作应力的分布参数。当疲劳强度和工作应力均呈正态分布时，根据应力-强度干涉理论可得在一定应力比 r 下的疲劳强度联结方程

$$Z=\frac{\mu_{s-r}-\mu_{1-r}}{\sqrt{\sigma_{s-r}^2+\sigma_{1-r}^2}} \tag{5-94}$$

通过查标准正态分布表，即可求得该零件的可靠度，即 $R=\Phi(Z)$。

利用该联结方程进行疲劳可靠性设计，过程及计算方法同静强度的可靠性设计。

例 5-21　某减速器主动轴，传递功率 $P=13\text{kW}$，转速 $n=200\text{r/min}$，经传统设计，结构尺寸已定(图 5-15)，危险断面 N-N 的弯曲应力均值 $\mu_\sigma=28.4\text{MPa}$，剪切应力均值 $\mu_\tau=7.6\text{MPa}$。轴的材料定为 45 号钢，强度极限均值 $\mu_{\sigma_b}=637\text{MPa}$，疲劳强度均值 $\mu_{\sigma_{-1}}=268\text{MPa}$。如果设计要求的可靠度 $R=0.999$，试校核该轴的可靠度。

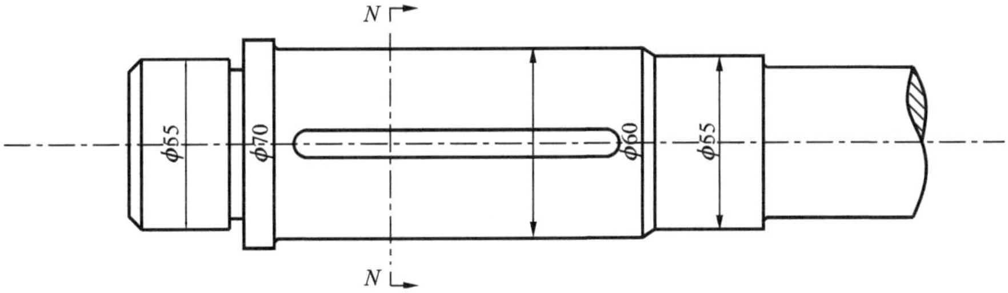

图 5-15　轴的轴径尺寸

解：假设轴的强度和应力均服从于正态分布。

(1) 根据材料的性能，选取材料疲劳极限的变异系数 $C_{\sigma_{-1}}=0.08$，强度极限的变异系数 $C_{\sigma_b}=0.05$。假定弯曲应力的变异系数 $C_\sigma=0.15$，剪应力的变异系数 $C_\tau=0.1$。则有

$$\mu_\sigma=28.4\text{MPa},\quad \sigma_\sigma=C_\sigma\mu_\sigma=0.15\times28.4=4.26(\text{MPa})$$

$$\mu_\tau=7.6\text{MPa},\quad \sigma_\tau=C_\tau\mu_\tau=0.1\times7.6=0.76(\text{MPa})$$

同理可得

$$\sigma_{\sigma_b} = C_{\sigma_b}\mu_{\sigma_b} = 0.05 \times 637 = 31.85(\text{MPa})$$

$$\sigma_{\sigma_{-1}} = C_{\sigma_{-1}}\mu_{\sigma_{-1}} = 0.08 \times 268 = 21.44(\text{MPa})$$

(2) 确定工作应力的参数分布。

由第四强度理论，得弯扭组合应力为

$$\sigma_1 = \sqrt{\sigma^2 + 3\tau^2}$$

由疲劳极限应力图可知，其合力为

$$\sigma_1 = \sqrt{\sigma_a^2 + \sigma_m^2} \tag{5-95}$$

比较以上两式，可知应力幅 $\sigma_a = \sigma$，平均应力 $\sigma_m = \sqrt{3}\tau$，故有

$$\mu_{\sigma_a} = \mu_\sigma = 28.4\text{MPa}, \quad \sigma_{\sigma_a} = \sigma_\sigma = 4.26\text{MPa}$$

$$\mu_{\sigma_m} = \sqrt{3}\mu_\tau = 13.16\text{MPa}, \quad \sigma_{\sigma_m} = \sqrt{3}\sigma_\tau = 1.32\text{MPa}$$

所以，由式(5-95)得该轴工作应力的均值和标准差分别为

$$\mu_{\sigma_1} = \sqrt{\mu_{\sigma_a^2} + \mu_{\sigma_m^2}} = \sqrt{28.4^2 + 13.16^2} = 31.49(\text{MPa})$$

$$\sigma_{\sigma_1} = \left[\frac{\mu_{\sigma_a^2}\sigma_{\sigma_a^2} + \mu_{\sigma_m^2}\sigma_{\sigma_m^2}}{\mu_{\sigma_a^2} + \mu_{\sigma_m^2}}\right]^{\frac{1}{2}} = \left[\frac{28.4^2 \times 4.26^2 + 13.16^2 \times 1.32^2}{28.4^2 + 13.16^2}\right]^{\frac{1}{2}} = 3.88(\text{MPa})$$

(3) 确定有效疲劳强度分布参数。

由试件的疲劳强度得零件的疲劳强度为

$$\sigma_{r-d} = (\sigma_{-1})_d = \frac{\varepsilon\beta}{K_\sigma}\sigma_{-1}$$

根据轴的结构、尺寸和加工状况，确定有效应力集中系数的均值 $\mu_{K_\sigma} = 2.62$，表面质量系数均值 $\mu_\beta = 0.92$ 及 $\mu_\varepsilon = 0.93$，则有

$$\mu_{(\sigma_{-1})_d} = \frac{\mu_\varepsilon\mu_\beta}{\mu_{K_\sigma}}\mu_{\sigma_{-1}} = \frac{0.93 \times 0.92}{2.62} \times 268 = 87.25(\text{MPa})$$

$$\sigma_{(\sigma_{-1})_d} = C_{\sigma_{-1}}\mu_{(\sigma_{-1})_d} = 0.08 \times 87.25 = 7(\text{MPa})$$

(4) 确定应力比 r。

由应力循环参数关系得

最大应力 $\sigma_{\max} = \sigma_m + \sigma_a = 13.16 + 28.4 = 41.56(\text{MPa})$

最小应力 $\sigma_{\min} = \sigma_m - \sigma_a = 13.16 - 28.4 = -15.24(\text{MPa})$

故应力比 r 为

$$r = \frac{\sigma_{\min}}{\sigma_{\max}} = \frac{-15.24}{41.36} = -0.367$$

因而，应力比 r 直线与水平轴夹角即为 $\tan\alpha = \frac{\sigma_a}{\sigma_m} = \frac{28.4}{13.16} = 2.158$，故 $\alpha = 65.14°$。

(5) 确定当应力比 $r = -0.367$ 时的强度分布参数。

根据以上条件，可以将前述的疲劳极限图简化。已知 A 点的 $r = -1$，$\sigma_a = \sigma_{-1} = \mu_{(\sigma-1)d} = 87.25\text{MPa}$，已知 B 点的 $r = 1$，$\sigma_m = \sigma_b = \mu_{\sigma_b} = 637\text{MPa}$。连接 A 和 B，将 AB 曲线简化成 AB 直线，形成偏于安全和保守的疲劳极限应力线。这是在条件有限的情况下简单而有效的处理方法。

由假设疲劳极限和强度极限均服从正态分布，故根据正态分布的 3σ 原则，可在 AB 曲线或 AB 直线的基础上，分别加减 3 倍的相应标准差，而得到疲劳极限最大应力和最小应力的变化曲线或直线。图 5-16 所示，直线 A_1B_1 即为在直线 AB 的基础上减去 3 倍的标准差而得到的。在该线图内，由原点作射线 OM，与水平轴夹角 $\alpha=65.14°$，该射线上所有点的应力比即为 $r=-0.367$。该线与直线 AB 和直线 A_1B_1 分别相交于 C 和 C_1 点，计算可得两点坐标分别为 $C(45.2,80.5)$MPa和 $C_1(35.2,60.2)$MPa。

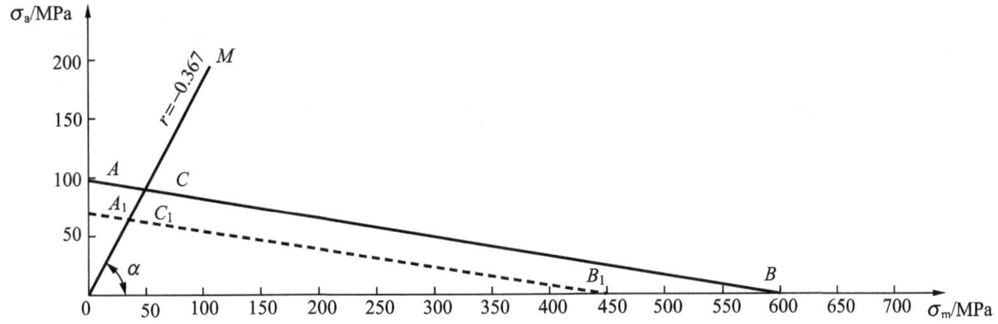

图 5-16　45 号钢轴的疲劳强度极限曲线

所以，根据 3σ 原则可知，疲劳极限的应力幅和平均应力标准差分别为

$$\sigma_{\sigma_{a-d}}=\frac{80.5-60.2}{3}=6.76(\mathrm{MPa})$$

$$\sigma_{\sigma_{m-d}}=\frac{45.2-35.2}{3}=3.33(\mathrm{MPa})$$

由而得应力比 $r=-0.367$ 时疲劳极限的均值和标准差分别为

$$\mu_{s-r}=\sqrt{\mu_{\sigma_{a-d}^2}+\mu_{\sigma_{m-d}^2}}=\sqrt{80.5^2+45.2^2}=92.32(\mathrm{MPa})$$

$$\sigma_{s-r}=\left[\frac{\mu_{\sigma_{a-d}^2}\sigma_{\sigma_{a-d}^2}+\mu_{\sigma_{m-d}^2}\sigma_{\sigma_{m-d}^2}}{\mu_{\sigma_{a-d}^2}+\mu_{\sigma_{m-d}^2}}\right]^{\frac{1}{2}}=\left[\frac{80.5^2\times 6.67^2+45.2^2\times 3.33^2}{80.5^2+45.2^2}\right]^{\frac{1}{2}}=6.12(\mathrm{MPa})$$

(6) 校核可靠度。

将应力比 $r=-0.367$ 时疲劳极限的分布参数和工作应力的分布参数均代入疲劳强度的联结方程中得

$$Z=\frac{\mu_{s-r}-\mu_{1-r}}{\sqrt{\sigma_{s-r}^2+\sigma_{1-r}^2}}=\frac{92.32-31.49}{\sqrt{6.12^2+3.88^2}}=8.414$$

查标准正态分布表得 $R=\Phi(8.414)>0.99999999>0.999$

该结果表明，经传统设计的轴，其可靠度已经达到了设计要求。但同时，通过比较该轴由设计所达到的可靠度和设计所要求的可靠度可知，原传统设计的轴颈尺寸是比较保守的。根据疲劳强度可靠性设计方法，可以将原来的设计尺寸适当减小，同时满足可靠度为 0.999 的要求。

复习思考题 5

5-1　可靠性设计方法与传统常规设计方法相比有什么不同和联系？

5-2　可靠性设计的主要内容和基本步骤是什么？

5-3　什么是应力-强度干涉模型？广义的应力和强度是怎样定义的？

5-4　为什么要研究机械疲劳强度？影响机械零件疲劳的主要因素有哪些？

5-5　某机械零件承受的应力 $X_1 \sim N(20,3^2)\,\mathrm{N \cdot mm^2}$，该零件的强度 $X_s \sim N(40,4^2)\,\mathrm{N \cdot mm^2}$ 求该零件的失效概率。

5-6　已知某零件材料的强度和应力均服从于对数正态分布，即 $\ln x_1 \sim N(100,10^2)\,\mathrm{MPa}$，$\ln x_s \sim N(60,10^2)\,\mathrm{MPa}$。求该零件的可靠度。

5-7　已知零件的剪切强度 $\tau_s \sim N(186,22^2)\,\mathrm{MPa}$，而其承受的剪切应力呈指数分布，$\mu_\tau = \dfrac{1}{\lambda} = 127\mathrm{MPa}$。求该零件的可靠度。

5-8　测量某圆柱体的直径 $d=50\pm0.08\mathrm{mm}$，问其均值及方差各是多少？测量 1000 个这样的圆柱体，尺寸落在上述范围之外的个数最多有几个？

5-9　有一截面为圆形的拉杆，其制造半径的极限偏差为 $\Delta=\pm0.015\mu_r$。已知其承受的拉力 $P \sim N(2750,90^2)\,N$，材料强度 $X_s \sim N(80,3^2)\,\mathrm{MPa}$，若要求该拉杆具有可靠度 $R=0.999$，试设计该拉杆的尺寸。

5-10　截面宽为 B，高为 $H=2B$ 的一长梁，受均布载荷 $P=(115\pm36)\mathrm{N/mm}$，支撑跨距 $L=(3500\pm150)\mathrm{mm}$，钢材屈服强度为 $\sigma_s=(377\pm57)\mathrm{MPa}$，若要求其可靠度 $R\geqslant0.99$，试设计所需要的截面尺寸。

5-11　圆截面扭杆受转矩 $T=(1000\pm120)\mathrm{N \cdot mm}$，钢材抗扭屈服强度 $\tau_s=(320\pm48)\mathrm{MPa}$，若要求其可靠度 $R\geqslant0.99$，试设计所需要的截面尺寸。

5-12　已知某钢丝绳承受拉力，其拉力 P 及强度 S 的变异系数分别为 $C_P=0.21$，$C_S=0.15$，平均安全系数 $\mu_n=1.667$，试估计钢丝绳的可靠度下限。

5-13　已知钢丝绳承受的拉力 P 及强度 S 的变异系数分别为 $C_P=0.21$，$C_S=0.15$，若要求其可靠度 $R=0.9793$，试估计钢丝绳的安全系数 n 的范围。

5-14　已知一转轴受弯矩 $M=(1.5\times10^5\pm4.2\times10^4)\mathrm{N \cdot mm}$，转矩为 $T=(1.2\times10^5\pm3.6\times10^3)\mathrm{N \cdot mm}$ 的联合作用。该轴由钼钢制成，其抗拉强度的均值 $\mu_{\sigma_b}=935\mathrm{MPa}$，标准差 $\sigma_{\sigma_b}=18.75\mathrm{MPa}$，轴径制造公差为 $0.005\mu_d$。若要求其可靠度 $R=0.999$，试设计该轴尺寸。

第6章　典型机械零件的可靠性设计

机械零件可靠性设计以常规机械设计的原理、方法及其计算公式为基础，将常规设计中的设计变量作为服从某种分布规律的随机变量，运用概率统计和强度理论，推导出零件在给定设计条件下的可靠度计算公式，据此求得在给定可靠度和材料性能条件下零件的结构尺寸，或者求得在给定的工作应力和材料强度分布参数的条件下零件的可靠度。

6.1　螺栓连接的可靠性设计

螺栓连接方式有静载荷受拉不预紧连接、静载荷受拉预紧连接、静载荷受剪连接、轴向变载荷连接等多种连接方式。螺栓连接形式不同，决定了承受载荷的形式也不同，但可靠性设计有着基本相同的设计步骤：① 确定螺栓的应力分布，计算应力的均值及标准差；②选择螺栓材料，确定其强度分布及其均值和标准差；③建立可靠性联结方程，求螺栓的危险截面直径；④确定螺栓直径，必要时进行参数敏感度分析。

6.1.1　静载荷受拉不预紧螺栓连接的可靠性设计

承受静载荷的受拉不预紧连接螺栓，损坏模式为螺纹的塑性变形和断裂。试验表明，在轴向静载荷作用下螺栓强度分布近于正态分布，其强度均值和变差系数的估计值见表6-1。不预紧螺栓在工作中仅受拉力作用，在常规设计中螺纹部分的强度条件为

$$\sigma_L=\frac{4F}{\pi d_1^2}\leqslant[\sigma_L] \tag{6-1}$$

式中，σ_L 为螺栓拉应力，N；F 为螺栓所受拉力，MPa；d_1 为螺纹小径，为螺栓危险截面直径，mm；$[\sigma_L]$为螺栓材料的许用拉应力，MPa。

表6-1　螺栓强度均值及变差系数的估算值

强度级别	强度极限			屈服极限			推荐材料
	最小值/MPa	均值/MPa	变差系数	最小值/MPa	均值/MPa	变差系数	
4.6 4.8	400	475	0.043	240 320	272.5 387.5	0.06 0.074	20，10
5.6 5.8	500	600	0.055	300 400	341.5 483.7	0.052 0.074	30，35 20，Q235A
6.6 6.9	600	700	0.048	360 540	408.8 580	0.051 0.074	35，45，40Mn
8.8	800	900	0.037	640	774.9	0.075	35，35Cr，45Mn
10.9	1000	1100	0.03	900	1008	0.077	40Mn2，40Cr
12.9	1200	1300	0.026	1080	1382	0.094	30CrMnSiA

由于 F 与 d_1 是相互独立的随机变量，假设其均呈正态分布，则当变差系数不大时应力亦近似为正态分布，其均值、标准差分别为

$$\overline{\sigma_L}=\frac{4\bar{F}}{\pi\bar{d}_1^2}\left(1+\frac{S_{d1}^2}{\bar{d}_1^2}\right)\approx\frac{4\bar{F}}{\pi\bar{d}_1^2} \tag{6-2}$$

$$S_{\sigma L}=\frac{4\bar{F}}{\pi\bar{d}_1^2}\sqrt{\frac{4S_{d1}^2}{\bar{d}_1^2}+\frac{S_F^2}{\bar{F}^2}}=\overline{\sigma_L}\sqrt{4C_{d1}^2+C_F^2} \tag{6-3}$$

式中，$\bar{F}$、$\overline{d_1}$分别表示 F、d_1 的均值；S_F、S_{d1}分别表示 F、d_1的标准差；C_F、C_{d1}分别表示 F、d_1 的变差系数。

例 6-1 试设计一不预紧螺栓连接，设作用于其上的静载荷 F 为正态分布，其载荷均值 $\bar{F}=30000\text{N}$，标准差 $S_F=\frac{0.2\bar{F}}{3}=2000\text{N}$，求可靠度 $R=0.995$ 时的螺栓直径 d。

解：(1)选择材料并确定强度均值及标准差。

选强度为 10.9 级的螺栓，材料为 40Cr，由表 6-1 知，屈服极限均值和变差系数分别为$\bar{\delta}=1008\text{MPa}$，$C_\delta=0.077$，则标准差 $S_\delta=C_\delta\cdot\bar{\delta}=0.077\times1008=77.616\text{MPa}$。

(2) 确定工作应力均值及标准差。

考虑到制造中直径的公差，螺纹容许偏差 $\Delta d_1=\pm0.02\bar{d}_1$，由于尺寸偏差呈正态分布，按正态分布的“3 倍标准差原则”有

$$S_{d1}=\frac{\Delta d_1}{3}=\frac{0.02\bar{d}_1}{3}=0.00667\bar{d}_1$$

由式(6-2)得

$$\overline{\sigma_L}=\frac{4\bar{F}}{\pi\bar{d}_1^2}=\frac{4\times30000}{\pi\bar{d}_1^2}=38197.10/\bar{d}_1^2$$

由式(6-3)得

$$S_{\sigma L}=\overline{\sigma_L}\sqrt{4C_{d1}^2+C_F^2}=\frac{38197.10}{\bar{d}_1^2}\sqrt{4\times\left(\frac{0.02}{3}\right)^2+\left(\frac{0.2}{3}\right)^2}=\frac{2596.90}{\bar{d}_1^2}$$

(3) 求螺栓危险截面直径 $\bar{d}_1$。

因应力、强度均为正态分布，查标准正态分布表，当 $R=0.995$ 时，可靠性系数 $Z_R=2.575$，根据可靠性联结方程得

$$Z_R=\frac{\bar{\delta}-\overline{\sigma_L}}{\sqrt{S_\delta^2+S_{\sigma L}^2}}=\frac{1008-38197.10/\bar{d}_1^2}{\sqrt{77.616^2+(2596.90/\bar{d}_1^2)^2}}=2.575$$

整理上式得

$$\bar{d}_1^4-78.89\bar{d}_1^2+1448.90=0$$

解得

$$\bar{d}_1=7.056\text{mm}$$

(4) 确定螺栓直径 d。

选标准直径为 M8×1.25 的粗牙螺栓，其实际可靠度 $R>0.995$，满足设计要求。

6.1.2　紧螺栓连接的可靠性设计

紧螺栓连接时，可分为只承受预紧力和不仅承受预紧力同时还承受工作载荷作用两种情况，这里只讨论比较复杂的后一种情况。当螺母在扭紧力矩作用下，螺栓除了受预紧力的拉伸作用外，还受到螺纹摩擦力矩的扭转作用，因而螺纹受到的应力是拉扭联合作用的复合应力。对于普通钢制螺纹的紧螺栓连接，在常规设计中为计算方便只按拉伸强度计算，并将拉力增大 1.3 倍来考虑扭转力矩的影响，其目的就是为了保证连接的可靠性，但这种方法只能是定性地表达可靠性，而不能定量地给出可靠度。在紧螺栓连接中，轴向工作拉力亦有静载荷和变载荷之分，下面分别讨论之。

1. 承受轴向静载荷螺栓连接的可靠性设计

轴向静载荷作用下的紧螺栓连接，螺栓的破坏形式仍然是屈服变形或拉断，螺栓强度的分布规律呈正态分布，其强度均值和变差系数的估算值见表 6-1。试验表明，控制预紧力和不控制预紧力，在同时承受工作载荷的情况下，螺栓强度无明显差别，假设拉应力在螺栓截面上均匀分布，但由于载荷和几何尺寸分布等因素影响，每个螺栓应力值的大小也不同，通常也假定其为正态分布，其可靠性设计的准则是：螺栓材料的屈服强度极限大于螺栓所受应力的概率必须大于或等于所要求的可靠度。

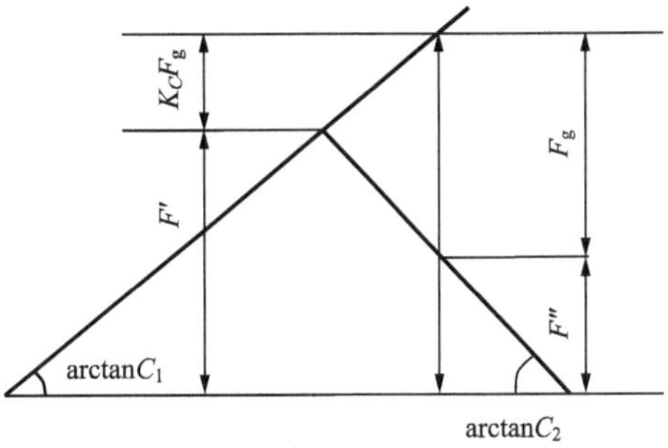

图 6-1　螺栓和被连接件的受力和变形关系图

由图 6-1 分析螺栓连接的受力和变形关系得知，螺栓总拉力 F 和预紧力 F'、工作载荷 F_g、残余预紧力 F''、螺栓刚度 C_b 及被连接件刚度 C_m 的关系为

$$F = F_g + F'' = F' + K_C \cdot F_g \tag{6-4}$$

式中，$K_C = \dfrac{C_b}{C_b + C_m}$ 为螺栓相对刚度，对于钢件加垫片连接，其值见表 6-2。

表 6-2　相对刚度 K_C

连接情况	K_C
连杆螺栓	0.2
钢件连接(有、无钢垫)	0.2～0.3
钢件连接＋皮革垫片	0.7
钢件＋铜皮石棉垫	0.8
钢件＋橡胶垫	0.9

在工作载荷 F_g 的作用下连接处是不允许出现缝隙的，为此，应使剩余预紧力 F'' 大于零，可取

$$F'' = K \cdot F_g \tag{6-5}$$

式中，K 称为剩余预紧力系数，其值见表 6-3。

表 6-3　剩余预紧力的选择系数 K

工作载荷	K
F_g 无变化	0.2～0.6
F_g 有变化	0.6～1.0
要求压力容器紧密连接	1.5～1.8

将式(6-5)代入(6-4)就可建立 F 与 F_g 的关系

$$F=(1+K)F_g \tag{6-6}$$

也可以根据连接工作条件及要求，先选择预紧力 F'

$$F'=K_{F'}\cdot F_g \tag{6-7}$$

其中，K_F 为预紧力系数，其值见表 6-4。

表 6-4　预紧力系数

	连接情况	K_F
紧固连接	静载荷	1.2～2.0
	变载荷	2.0～4.0
	软垫片	1.5～2.5
紧密连接	金属成型垫片	2.5～3.5
	金属平垫片	3.0～4.5

将式(6-7)代入式(6-4)也可建立起 F 与 F_g 的关系

$$F=(K_C+K_{F'})F_g \tag{6-8}$$

利用式(6-6)或式(6-8)可求得螺栓受到的总拉力均值，即

$$\bar{F}=(1+K)\bar{F}_g \tag{6-9}$$

或

$$\bar{F}=(K_C+K_{F'})\bar{F}_g \tag{6-10}$$

下面再确定总拉力 F 的标准差 S_F，由式(6-10)知，当认为 T 和 d 为常量时，$C_{F'}=C_{K_t}$，C_{K_t} 可查表 6-5 得到。因此，由公式(6-4)得

$$\begin{aligned}S_F&=\sqrt{(K_C\cdot S_{F_g})^2+S_{F'}^2}=\sqrt{(K_C\cdot C_{F_g}\cdot\bar{F}_g)^2+(C'_F\cdot\bar{F}')^2}\\&=\sqrt{(K_C\cdot C_{F_g}\cdot\bar{F}_g)^2+(C'_F\cdot K_{F'}\cdot\bar{F}_g)^2}\\&=\bar{F}_g\cdot\sqrt{(K_C\cdot C_{F_g})^2+(K_{F'}\cdot C_{K_t})^2}\end{aligned} \tag{6-11}$$

当螺栓总拉力 F 的均值和标准差确定后，即可由式(6-2)和式(6-3)分别计算螺栓危险截面拉应力的均值和标准差。

螺栓除了承受拉应力外，预紧螺栓还承受扭应力。预紧时，扭螺母的扭紧力矩 T 包括用于克服螺纹副的螺纹力矩 T_1 和螺母与其支承面间的摩擦力矩 T_2。对于给定的螺纹连接，螺母的扭紧力矩亦可表示成预紧力 F'的函数，即

$$T=T_1+T_2=K_t\cdot F'\cdot d \tag{6-12}$$

式中 K_t 为扭矩系数，对于连接螺纹，均采用单头螺纹，其螺纹副的摩擦系数及扭矩系数的统计特征值见表 6-5；d 为螺栓公称直径，mm。

表 6-5　螺纹副的摩擦系数及扭矩系数的统计特征值

摩擦面状况	润滑状态	螺纹间的摩擦系数					扭矩系数	
		$\bar{f}$	f_{max}	f_{min}	S_f	C_f	$\bar{K}_t$	C_{Kt}
无镀层	无润滑	0.18	0.25	0.12	0.022	0.122	0.22	0.110
	油润滑	0.13	0.17	0.10	0.012	0.092	0.18	0.069
镀件	无润滑	0.23	0.32	0.13	0.032	0.140	0.24	0.138
镀铜	无润滑	0.28	0.35	0.22	0.022	0.079	0.24	0.095
	脂润滑	0.16	0.19	0.12	0.012	0.075	0.16	0.077
镀铬镍	无润滑	0.25	0.32	0.18	0.023	0.092	0.25	0.095
	油润滑	0.15	0.18	0.14	0.007	0.047	0.14	0.052

由式(6-12)可知，预紧力 F' 是扭紧力矩 T 与扭矩系数 K_t 的函数，即

$$F'=\frac{T}{K_t\cdot d} \tag{6-13}$$

扭紧力矩 T 虽然包括了螺纹副的螺纹力矩 T_1 和螺母与被连接件支承面的摩擦力矩 T_2，但只有螺纹力矩 T_1 对螺栓产生扭矩作用，在设计中螺纹力矩 T_1 可由下式计算

$$T_1=K_1\cdot F'\cdot d \tag{6-14}$$

其中

$$K_1=0.02+0.5f \tag{6-15}$$

因而，螺纹承受的扭应力为

$$\tau=\frac{16T_1}{\pi d_1^3}=\frac{16K_1\cdot F'\cdot d}{\pi d_1^3} \tag{6-16}$$

其均值 $\bar{\tau}$、标准差 S_τ 可分别表示为

$$\bar{\tau}=\frac{16\bar{K}_1\cdot \bar{F}_1\cdot \bar{d}}{\pi \bar{d}_1^3} \tag{6-17}$$

$$\begin{aligned}S_\tau&=\bar{\tau}\cdot\sqrt{\left(\frac{S_{K_1}}{\bar{K}_1}\right)^2+\left(\frac{S_{F'}}{\bar{F}'}\right)^2+\left(\frac{S_d}{\bar{d}}\right)^2+\left(3\,\frac{S_{d_1}}{\bar{d}_1}\right)^2}\\&=\bar{\tau}\cdot\sqrt{C_{K_1}^2+C_{F'}^2+C_d^2+9C_{d_1}^2}\end{aligned} \tag{6-18}$$

式中，C_{K_1} 为系数 K_1 的变差系数，由式(6-15)得

$$C_{K_1}=\frac{0.5S_f}{0.02+0.5\bar{f}} \tag{6-19}$$

其中，S_f、$\bar{f}$ 可查表 6-5 得到。

$C_{F'}$ 为预紧力 F' 的变差系数，可由式(6-13)转换为 C_{K_t} 由表 6-5 得到。

根据第四强度理论，螺栓受到的拉应力与扭应力的复合应力为

$$\sigma=\sqrt{\sigma_{L}^{2}+3\tau^{2}} \tag{6-20}$$

其均值 $\bar{\sigma}$ 和标准差 S_{σ} 分别为

$$\bar{\sigma}=\sqrt{\bar{\sigma}_{L}^{2}+3\bar{\tau}^{2}} \tag{6-21}$$

$$S_{\sigma}=\left[\frac{\bar{\sigma}_{L}^{2}\cdot S_{\sigma L}^{2}+9\,\bar{\tau}^{2}\cdot S_{\tau}^{2}}{\bar{\sigma}_{L}^{2}+3\bar{\tau}^{2}}\right]^{\frac{1}{2}} \tag{6-22}$$

在计算出复合应力均值及标准差后，即可选择材料，确定材料强度分布的均值及标准差，然后用可靠性联结方程按给定的可靠度求螺栓直径，或对已有的设计求其可靠度。

例 6-2 试设计一压力缸缸盖的紧连接螺栓。已知缸内气压 $p=1.5\sim1.8$MPa，缸的内径为 $D=300$mm，采用铜皮石棉垫片，螺栓的 $Z=12$，材料为 6.6 级，屈服极限均值 $\bar{\delta}=408.8$MPa，要求螺栓连接的可靠度 $R=0.999999$。

解：(1) 计算螺栓的工作载荷 F_g 的均值 $\bar{F}_g$ 和标准差 S_{F_g}。

$$\bar{F}_g=\frac{\frac{\pi D^2}{4}\bar{p}}{Z}=\frac{\frac{\pi}{4}\times300^2\times1.65}{12}=9719.325(\text{N})$$

$$S_{F_g}=\frac{F_{g\max}-F_{g\min}}{6}=\frac{\pi D^2}{4Z}\cdot S_p=\frac{\pi\times300^2}{4\times12}\times\frac{1.8-1.5}{6}=294.525(\text{N})$$

$$C_{F_g}=\frac{S_{F_g}}{\bar{F}_g}=\frac{294.525}{9719.325}=0.03$$

(2) 确定螺栓总拉力 F 的均值 $\bar{F}$ 和标准差 S_F。

由式(6-9)并查表 6-3 取 $K=1.7$，得螺栓总拉应力均值

$$\bar{F}=(1+K)\bar{F}_g=(1+1.7)\times9719.325=26242.18(\text{N})$$

或按式(6-10)并查表 6-2 取 $K_C=0.8$，查表 6-4 取 $K_{F'}=1.9$，得螺栓总拉应力均值为

$$\bar{F}=(K_C+K_{F'})\bar{F}_g=(0.8+1.9)\times9719.325=26242.18(\text{N})$$

由式(6-11)得螺栓总拉应力 F 的标准差

$$\begin{aligned}S_F&=\bar{F}_g\cdot\sqrt{(K_C\cdot C_{F_g})^2+(K_{F'}\cdot C_{K_t})^2}\\&=9719.325\times\sqrt{(0.8\times0.03)^2+(1.9\times0.11)^2}=2044.69(\text{N})\end{aligned}$$

螺栓总拉应力 F 的变差系数

$$C_F=\frac{S_F}{\bar{F}}=\frac{2044.69}{26242.18}=0.077916$$

(3) 危险截面拉应力 σ_L 及扭应力 τ。

由公式(6-2)、式(6-3)得螺栓危险截面的拉应力均值及标准差分别为

$$\overline{\sigma_L}=\frac{4\bar{F}}{\pi\bar{d}_1^2}=\frac{4\times26242.18}{\pi\bar{d}_1^2}=33412.50/\bar{d}_1^2(\text{MPa})$$

$$\begin{aligned}S_{\sigma L}&=\overline{\sigma_L}\sqrt{4C_{d_1}^2+C_F^2}\\&=\frac{33412.50}{\bar{d}_1^2}\times\sqrt{4\times0.00667^2+0.077916^2}=2641.25/\bar{d}_1^2(\text{MPa})\end{aligned}$$

式中，C_{d_1} 取 0.00667，见例题 6-1。

由式(6-17)、式(6-18)得到扭应力的均值 $\bar{\tau}$ 和标准差 S_τ。

$$\bar{\tau}=\frac{16\bar{K}_1\cdot\bar{F}_1\cdot\bar{d}}{\pi\bar{d}_1^3}=\frac{16\times 0.11\times 1.9\times 9719.325\bar{d}}{\pi\bar{d}_1^2\times 0.85\bar{d}}=12171.18/\bar{d}_1^2\,(\mathrm{MPa})$$

式中，取 $\bar{d}_1=0.85\bar{d}$，$\bar{K}_1$ 见式(6-15)，$\bar{K}_1=0.02+0.5\bar{f}=0.02+0.5\times 0.18=0.11$，式中 $\bar{f}$ 查表 6-5 得到。

$$\begin{aligned}S_\tau&=\bar{\tau}\cdot\sqrt{C_{K_1}^2+C_{F'}^2+C_d^2+9C_{d_1}^2}\\&=\frac{12171.18}{\bar{d}_1^2}\sqrt{0.1^2+0.11^2+0^2+9\times 0.00667^2}=1825.70/\bar{d}_1^2\,(\mathrm{MPa})\end{aligned}$$

式中，C_{K_1} 见式(6-19)，$C_{K_1}=\dfrac{0.5S_f}{0.02+0.5\bar{f}}=\dfrac{0.5\times 0.022}{0.02+0.5\times 0.18}=0.1$，$S_f$、$\bar{f}$ 见表 6-5，取 $C_d=0$。

(4) 计算螺栓承受的复合应力 σ。

由式(6-21)、式(6-22)分别得到复合应力的均值和标准差

$$\bar{\sigma}=\sqrt{\bar{\sigma}_L^2+3\bar{\tau}^2}=\sqrt{\left(\frac{33412.50}{\bar{d}_1^2}\right)^2+3\times\left(\frac{12171.18}{\bar{d}_1^2}\right)^2}=39507.06/\bar{d}_1^2$$

$$\begin{aligned}S_\sigma&=\left[\frac{\bar{\sigma}_L^2\cdot S_{\sigma_L}^2+9\,\bar{\tau}^2\cdot S_\tau^2}{\bar{\sigma}_L^2+3\bar{\tau}^2}\right]^{\frac{1}{2}}\\&=\left[\frac{\left(\dfrac{33412.50}{\bar{d}_1^2}\right)^2\times\left(\dfrac{2641.25}{\bar{d}_1^2}\right)^2+9\times\left(\dfrac{12171.18}{\bar{d}_1^2}\right)^2\times\left(\dfrac{1825.70}{\bar{d}_1^2}\right)^2}{\left(\dfrac{33412.50}{\bar{d}_1^2}\right)^2+3\times\left(\dfrac{12171.18}{\bar{d}_1^2}\right)^2}\right]^{\frac{1}{2}}\\&=2799.47/\bar{d}_1^2\end{aligned}$$

(5) 选择螺栓材料，确定其强度均值及标准差。

由已知条件知，要求材料 6.6 级，屈服极限均值 $\bar{\delta}=408.8\mathrm{MPa}$，由表 6-1 知，可选 45 号钢，屈服极限的变差系数 $C_\delta=0.051$，因此屈服极限的标准差 $S_\delta=0.051\times 408.8=20.85(\mathrm{MPa})$。

(6) 根据给定的可靠度求解螺栓直径。

设计要求 $R=0.999999$，查标准正态分布表得 $z_R=4.76$，由于应力及强度均为正态分布，故可利用可靠性联结方程求螺柱直径。

$$z_R=\frac{\bar{\delta}-\bar{\sigma}}{\sqrt{S_\delta^2+S_\sigma^2}}=\frac{408.8-39507.06/\bar{d}_1^2}{\sqrt{20.85^2+(2799.47/\bar{d}_1^2)^2}}=4.76$$

整理上式得　$\bar{d}_1^4-205.39\bar{d}_1^2+8795.45=0$

解得　$\bar{d}_1=12.022\mathrm{mm}$

查螺纹标准得 $d=14\mathrm{mm}$，即选 M14×1.5 的螺栓，此时 $d_1=12.376\mathrm{mm}$，满足要求。

(7) 确定预紧时的扳手力矩。

由式(6-12)及表 6-5 得

$$\bar{T}=\bar{K}_t\cdot\bar{F}'\cdot d=\bar{K}_t\cdot K_{F'}\cdot\bar{F}_g\cdot d=0.22\times1.9\times9719.325\times14=56877(\text{N}\cdot\text{mm})$$

2. 承受轴向变载荷螺栓连接的可靠性设计

轴向变载荷作用下的紧螺栓连接，螺栓的失效模式是疲劳断裂。在进行轴向变载荷紧螺栓连接的可靠性设计时，首先确定螺栓疲劳强度极限应力分布和工作应力幅值分布，再利用可靠性连接方程计算可靠度。在紧螺栓联结中，螺栓不仅承受预紧力的作用，还承受工作载荷的作用，当工作载荷为变载荷时，其主要失效模式是疲劳断裂。应力幅及应力集中是引起螺栓疲劳断裂的主要因素。试验表明，螺栓的对数疲劳寿命服从正态分布。表 6-6 为 20 世纪 70 年代苏联试验得到的螺栓连接的疲劳极限应力幅值。

表 6-6 螺栓、螺母连接的疲劳极限应力幅 σ_{aLim}

螺栓、螺母材料	抗拉强度极限 σ_b/MPa	拉伸疲劳极限 σ_{-1L}/MPa	疲劳极限应力幅 σ_{aLim}/MPa	
			切削螺纹	滚压螺纹
Q235A	400	140	30/35	35/40
35	500～600	200	45/55	55/65
45	900～950	250	50/60	65/75
40Cr	1000～1200	300	55/70	75/85
30CrMnSiA	1200～1300	300	65/75	75/85
40CrNiMoA	1600～1700	450	80/100	95/110

注：对于极限应力幅，分子数字用于螺纹加工后再热处理的螺栓，分母数字用于相反工艺的螺栓。

在缺少数据时，极限应力幅值 σ_{aLim} 也可按下式确定：

$$\sigma_{\text{aLim}}=\frac{\sigma_{-1L}\varepsilon\beta_\sigma\gamma}{K_\sigma}\tag{6-23}$$

式中，σ_{-1L} 为光滑试件的拉伸疲劳极限，见表 6-7；ε 为尺寸系数，见表 6-8，β_σ 为结构强化系数，对于有预紧力或受拉螺栓连接取 1.5～1.6；γ 为工艺强化系数，对于钢制热处理后再滚压的螺纹连接取 1.2～1.3，对于切削螺纹及钛合金螺纹连接取 1.0；K_σ 为螺纹有效应力集中系数，见表 6-9。

试验表明，螺栓连接的极限应力幅的变差系数为

$$\left.\begin{aligned}&\text{滚压螺纹}\quad C_{\sigma_{\text{aLim}}}=0.08\sim0.09\\&\text{切削螺纹}\quad C_{\sigma_{\text{aLim}}}=0.11\sim0.13\end{aligned}\right\}\tag{6-24}$$

表 6-7 螺纹连接常用材料的机械性能

材料	抗拉强度极限 σ_b/MPa	屈服极限 σ_S/MPa	疲劳极限/MPa	
			弯曲 σ_{-1}	拉压 σ_{-1L}
10	340～420	210	160～220	120～150
Q235A	410～470	240	170～220	120～160
35	540	320	220～300	170～220
45	610	360	250～340	190～250
40Cr	750～1000	650～900	320～440	240～340

表 6-8　尺寸系数

d/mm	<12	16	20	24	28	32	36	42	48	56	64	72	80
ε	1.0	0.87	0.81	0.76	0.71	0.68	0.65	0.62	0.60	0.57	0.54	0.52	0.50

表 6-9　有效应力集中系数 K_σ

σ_b/MPa	400	600	800	1000
K_σ	3	3.9	4.8	5.2

对于变载荷螺栓，当工作载荷在 0～F_g 间变化时，螺栓拉力在 F'～F 之间变化，如图 6-2 所示，其中 F'为预紧力，F''为剩余预紧力。由于轴向变载荷作用下，由预紧力产生的扭矩完全消失，因此，这时只考虑轴向力引起的拉伸变应力。

由图 6-2 知，螺栓的拉力变化幅度为

$$\frac{F-F'}{2}=\frac{1}{2}K_C F_g \tag{6-25}$$

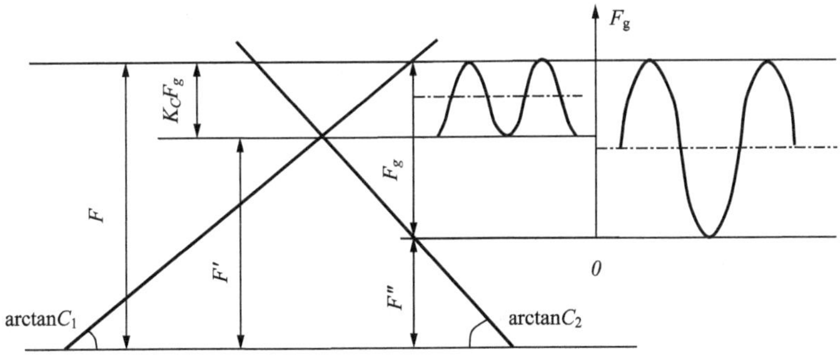

图 6-2　变载荷紧连接螺栓和被连接件的受力与变形关系

设螺栓截面应力分布均匀，则应力幅为

$$\sigma_a=\frac{K_C F_g}{2}\bigg/\frac{\pi d_1^2}{4}=\frac{2K_C F_g}{\pi d_1^2} \tag{6-26}$$

式中，F_g 为工作载荷；K_C 为相对刚度，对于钢件加垫片连接，其值见表 6-3；d_1 为危险截面直径。

因此，螺栓截面的应力幅均值和标准差分别为

$$\bar{\sigma}_a=\frac{K_C \bar{F}_g}{2}\bigg/\frac{\pi \bar{d}_1^2}{4}=\frac{2K_C \bar{F}_g}{\pi \bar{d}_1^2} \tag{6-27}$$

$$S_{\sigma_a}=C_{\sigma_a}\cdot\bar{\sigma}_a \tag{6-28}$$

式中，C_{σ_a}为应力幅变差系数。

当应力与强度分布确定以后即可进行变载荷可靠性设计，其具体步骤结合下面例题 6-3 进行说明。

例 6-3　试设计一气缸盖连接螺栓，已知工作压力 p=0～1.5MPa，压力波动偏差为±15%，

按脉动循环变化，缸内径 $D=300\text{mm}$，若采用 $Z=16$ 个 M12 螺栓，材料强度为 6.6 级，铜皮石棉垫，试计算此气缸盖螺栓连接的可靠度。

解：(1) 计算螺栓工作应力幅均值及标准差。

假设螺栓载荷均匀分布，则每个螺栓的工作载荷为

$$F_g=\frac{\frac{\pi D^2}{4}p_{\max}}{Z}=\frac{\frac{\pi\times300^2}{4}\times1.5}{16}=6626.79(\text{N})$$

工作载荷偏差为

$$\Delta F_g=F_g\times15\%=6626.79\times0.15=994.0(\text{N})$$

因此，工作载荷的变化范围为

$$F_g\pm\Delta F_g=6626.79\pm994.0(\text{N})$$

由此得每个螺栓工作载荷均值 $\bar{F}_g=6626.79\text{N}$

由于压力波动呈正态分布，则变差系数 C_{F_g} 为

$$C_{F_g}=\frac{\Delta F_g}{3\bar{F}_g}=\frac{994.0}{3\times6626.79}=0.049999\approx0.05$$

选用 M12×1.75 的螺栓，危险截面直径 $d_1=10.106\text{mm}$，则由式(6-27)得其应力幅均值为

$$\bar{\sigma}_a=K_C\cdot\frac{2\bar{F}_g}{\pi\bar{d}_1^2}=0.8\times\frac{2\times6626.79}{\pi\times10.106^2}=33.046(\text{MPa})$$

取螺栓应力幅变差系数　$C_{\sigma_a}=C_{F_g}=0.05$

则其标准差为　$S_{\sigma_a}=C_{\sigma_a}\cdot\bar{\sigma}_a=0.05\times33.046=1.652(\text{MPa})$

(2) 计算螺栓的极限应力幅均值及标准差。

查表 6-1 选用 45 号钢 6.6 级强度的螺栓，按照式(6-23)计算极限应力幅。为安全起见，由表 6-7 取 $\bar{\sigma}_{-1L}=190\text{MPa}$，由表 6-8 取 $\varepsilon=1.0$，由表 6-9 取 $K_\sigma=3.9$。因螺栓连接有预紧而取 $\beta_\sigma=1.5$；采用钢制滚压螺纹取 $\gamma=1.25$。由式(6-23)得极限应力幅均值为

$$\bar{\sigma}_{a\text{Lim}}=\frac{\bar{\sigma}_{-1L}\cdot\varepsilon\cdot\beta_\sigma\cdot\gamma}{K_\sigma}=\frac{190\times1.0\times1.5\times1.25}{3.9}=91.346(\text{MPa})$$

由式(6-24)取滚压螺栓的变差系数 $C_{\sigma a\text{Lim}}=0.08$，则其标准差为

$$S_{\sigma a\text{Lim}}=C_{\sigma a\text{Lim}}\cdot\bar{\sigma}_{a\text{Lim}}=0.08\times91.346=7.308(\text{MPa})$$

(3) 计算可靠度。

对承受轴向变载荷紧螺栓连接，螺杆截面产生非对称循环的变应力，通过试验得知，螺栓连接的 $\sigma_m-\sigma_{\max}$ 疲劳极限线图如图 6-3 所示，对于机加工后再热处理的螺栓，疲劳极限线如图中 $BCDE$ 线，对于热处理后再机加工的螺栓，疲劳极限线如图中 $B'CDE$ 线。考虑到紧连接螺栓的平均应力 σ_m 一般都大于 $0.5\sigma_s$，因此在实际工程中只用 $BCDE$ 线作为螺栓的极限应力曲线。由图可知，其平均应力 σ_m 增大时，极限应力幅 $\sigma_{a\text{Lim}}$ 近于不变，即任意平均应力 σ_m 下的极限应力幅均值均可按 $\bar{\sigma}_{a\text{Lim}}$ 取值计算。

将工作应力幅参数和极限应力幅参数代入可靠度联结方程得

$$Z_R=\frac{\bar{\sigma}_{a\text{Lim}}-\bar{\sigma}_a}{\sqrt{S_{\sigma a\text{Lim}}^2+S_{\sigma_a}^2}}=\frac{91.346-33.046}{\sqrt{7.308^2+1.652^2}}=7.781$$

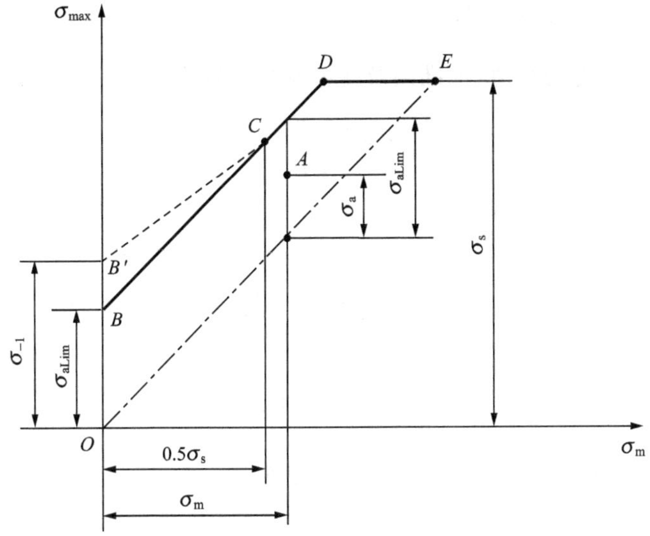

图 6-3　螺栓连接的 σ_m-σ_{max} 疲劳极限线图

查标准正态分布表得可靠度 $R=\Phi(Z_R)\approx 1$。

6.2　圆柱螺旋弹簧的可靠性设计

弹簧由于具有弹性大、刚度小，在载荷作用下容易产生弹性变形等特点而在机械设计中被广泛采用。弹簧的失效模式是疲劳破坏和断裂，其可靠性设计的基本要点是在满足强度和弹性特性要求的前提下确定弹簧的基本参数，如有效圈数、钢丝直径、弹簧中径等。圆柱螺旋弹簧的可靠性设计按照弹簧的工作特性分为静强度可靠性设计和疲劳强度可靠性设计，这里以静强度压缩螺旋弹簧为例，说明弹簧的可靠性设计方法。

在常规设计中，圆柱压缩螺旋弹簧的主要公式有

最大剪切应力

$$\tau=\frac{8KFD}{\pi d^3} \tag{6-29}$$

式中，τ 为弹簧丝内侧的最大剪切应力，MPa；K 为弹簧的曲度系数；

$$K=\frac{4C-1}{4C-4}+\frac{0.615}{C} \tag{6-30}$$

F 为作用在弹簧上的轴向载荷，N；D 为弹簧的中径，mm；C 为弹簧指数，$C=D/d$。

弹簧受载后的轴向变形为

$$\lambda=\frac{8FD^3n}{Gd^4} \tag{6-31}$$

式中，G 为弹簧材料的剪切弹性模量，MPa；n 为弹簧的有效圈数。

在进行弹簧的可靠性设计时，上述公式仍然是可靠性设计的基础，只是把各参量假设为相互独立的随机变量。其可靠性设计步骤如下。

6.2.1 确定螺旋弹簧的剪切应力分布

由式(6-29)得剪切应力的均值,标准差及变差系数分别为

$$\bar{\tau}=\frac{8\bar{K}\bar{F}\bar{D}}{\pi\bar{d}^3} \tag{6-32}$$

$$\begin{aligned}S_\tau&=\left[\left(\frac{\partial\tau}{\partial F}\right)^2\cdot S_F^2+\left(\frac{\partial\tau}{\partial K}\right)^2\cdot S_K^2+\left(\frac{\partial\tau}{\partial D}\right)^2\cdot S_D^2+\left(\frac{\partial\tau}{\partial d}\right)^2\cdot S_d^2\right]^{\frac{1}{2}}\\&=\frac{8}{\pi}\left[\left(\frac{\bar{K}\bar{D}}{\bar{d}^3}\right)^2\cdot S_F^2+\left(\frac{\bar{F}\bar{D}}{\bar{d}^3}\right)^2\cdot S_K^2+\left(\frac{\bar{K}\bar{F}}{\bar{d}^3}\right)^2\cdot S_D^2+\left(\frac{3\bar{K}\bar{F}\bar{D}}{\bar{d}^4}\right)^2\cdot S_d^2\right]^{\frac{1}{2}}\end{aligned} \tag{6-33}$$

$$C_\tau=\frac{S_\tau}{\bar{\tau}}=(C_F^2+C_K^2+C_D^2+9C_d^2)^{\frac{1}{2}} \tag{6-34}$$

式中各变量的均值、标准差和变差系数可按如下方法确定。

1. 轴向载荷 F

其均值 $\bar{F}$ 按名义工作载荷取值,标准差 S_F 及变差系数 C_F 按载荷允许偏差 $\pm\Delta F$ 确定,即 $\sigma_F=\Delta F/3$,$C_F=\Delta F/(3\bar{F})$。

2. 曲度系数 K

其均值 $\bar{K}$ 可按式(6-30)计算,其标准差 S_K 与弹簧指数 C 的变化有关,可根据弹簧丝直径 d 和弹簧中径 D 的公差估算,平均可取 $S_K\approx0.045$。

3. 弹簧中径 D

其均值 $\bar{D}$ 可按名义尺寸取值,根据弹簧质量检验标准,对于一般机械和重型机械常用的弹簧精度等级,标准差估计值见表 6-10。

表 6-10　弹簧中径的标准差

精度等级	弹簧指数 C		变形公差
	4～8	>8～16	
1	$0.0033D$	$0.005D$	10%
2	$0.005D$	$0.0066D$	20%
3	$0.0066D$	$0.01D$	30%

4. 弹簧钢丝直径 d

标准差 S_d 按规定的钢丝直径公差确定,其标准差 S_d 和变差系数 C_d 估计值见表 6-11。

表 6-11　碳素弹簧钢丝直径 d 的 S_d 和 C_d

弹簧钢丝直径 d/mm	0.7～1.0	1.2～3.0	3.5～6.0	8～12
标准差 S_d	0.01	0.01	0.013	0.133
变差系数 C_d	0.014～0.01	0.008～0.0033	0.0037～0.002	0.016～0.007

5. 有效圈数 n

弹簧有效圈数 n 的许用偏差按表 6-12 确定。

表 6-12　弹簧有效圈数的允许偏差

有效圈数 n	允许偏差(圈)	
	压缩弹簧	拉伸弹簧
≤10	±1/4	±1
>10～20	±1/2	±1
>20～50	±1	±2

6. 弹簧材料的剪切弹性模量 G

剪切弹性模量 G 的均值 $\bar{G}$ 标准差 S_G 及变差系数 C_G 可查工程手册获得，简化计算时可取 $C_G=C_E=0.03$。

当各随机变量的均值、标准差、变差系数确定后，即可由式(6-32)～式(6-34)得到弹簧剪切应力分布的均值、标准差和变差系数。

6.2.2　选择材料，确定弹簧剪切强度分布

弹簧的材料常用的有冷拔碳素弹簧钢丝，如 65、65Mn、70、70Mn；冷拔合金弹簧钢丝，如 60Si2Mn、65Si2MnA、50CrVA 等；不锈钢丝以及磷青铜弹簧钢丝等，其机械性能可由相关手册获得。在静强度设计中，剪切强度极限就是扭转屈服极限 τ_s。大量试验表明，对钢丝直径 $d\leqslant$ 6mm 的螺旋弹簧，钢、不锈钢及磷青铜弹簧的扭转屈服极限 τ_s 与抗拉强度极限 σ_b 的关系为

$$\tau_s=0.4535\sigma_b \tag{6-35}$$

应用形变能理论得到的关系偏于安全，在设计中常被采用，即

$$\bar{\tau}_s=0.432\bar{\sigma}_b \tag{6-36}$$

常用 65Mn 弹簧钢丝的抗拉强度极限见表 6-13。

表 6-13　65Mn 冷拔钢丝的抗拉强度极限

弹簧钢丝直径 d/mm	1.0 1.1 1.2	1.4 1.6	1.8 2.0	2.2 2.5	2.8 3.0 3.2 3.4	3.5	3.8 4.0 4.2	4.5	4.8 5.0 5.3	5.5 6.0
σ_b/MPa	1800～2150	1750～2050	1700～2000	1650～1950	1600～1850	1500～1750	1450～1700	1400～1650	1350～1600	1300～1550

对于65Mn弹簧钢丝，同一捆钢丝抗拉强度σ_b的波动范围一般不得超过75MPa，则其标准差的估计值$S_1=75/3=25$MPa。考虑到不同捆钢丝性能的差异，钢丝屈服极限的变差系数为

$$C_{\tau_s}\approx\sqrt{C_1^2+C_2^2} \tag{6-37}$$

式中，$C_1=\dfrac{S_1}{\bar{\sigma}_b}$，$C_2=\dfrac{\sigma_{bmax}-\sigma_{bmin}}{6\bar{\sigma}_b}$。

在简化计算时，可取$C_{\tau_s}\approx C_{\sigma b}$。

6.2.3 利用联结方程求解

当求得剪切应力和扭转屈服极限的均值及标准差后，即可由可靠性联结方程计算给定可靠度下的弹簧钢丝直径或给定钢丝直径下的可靠度。

例6-4 设计一圆柱压缩弹簧，最大轴向载荷$F_{max}=700\pm15$N。该弹簧套在一直径$\phi30$mm的轴上工作，而外径因结构限制在$\phi42$mm以内，要求弹簧的工作可靠度$R\geqslant0.999$，试确定弹簧钢丝直径。

解：(1) 根据结构限制，试选弹簧钢丝直径$d=5.3$mm，65Mn冷拔弹簧钢丝，由表6-13查得$\sigma_b=1350\sim1600$MPa，若所选钢丝直径不符合要求则重新选定并进行计算，直至符合要求为止。

(2) 确定弹簧剪切应力分布。

根据结构要求，设弹簧内径为$\phi30.5$mm，则中径$D=30.5+5.3=35.8$mm，则$C=D/d=35.8/5.3=6.755$，代入式(6-30)得曲度系数值

$$\bar{K}=\frac{4C-1}{4C-4}+\frac{0.615}{C}=\frac{4\times6.755-1}{4\times6.755-4}+\frac{0.615}{6.755}\approx1.22$$

$$C_K=\frac{S_K}{\bar{K}}\approx\frac{0.045}{1.22}=0.037$$

由式(6-32)得

$$\bar{\tau}=\frac{8\bar{K}\bar{F}\bar{D}}{\pi\bar{d}^3}=\frac{8\times1.22\times700\times6.755\bar{d}}{\pi\times\bar{d}^3}=\frac{14696}{\bar{d}^2}(\text{MPa})$$

因$C_F=\dfrac{S_F}{\bar{F}}=\dfrac{15}{3\times700}=0.007$；由表6-10查得$C_D=0.005$(精度等级为2级)，$C_d=\dfrac{S_d}{\bar{d}}=\dfrac{0.013}{5.3}=0.0025$，代入式(6-34)得

$$\begin{aligned}C_\tau&=\sqrt{(C_F^2+C_K^2+C_D^2+9C_d^2)}\\&=\sqrt{0.007^2+0.037^2+0.005^2+9\times0.0025^2}\\&=0.0387\end{aligned}$$

$$S_\tau=C_\tau\cdot\bar{\tau}=0.0387\times14696/\bar{d}^2=568.5/\bar{d}^2(\text{MPa})$$

(3) 确定强度分布。

钢丝抗拉强度均值$\bar{\sigma}_b=\dfrac{1350+1600}{2}=1475$(MPa)。

由式(6-36)得

$$\bar{\tau}_s=0.432\bar{\sigma}_b=0.432\times1475=637.2(\text{MPa})$$

变差系数 $C_1=\frac{25}{1475}=0.017$；$C_2=\frac{1600-1350}{6\times1475}=0.028$

代入(6-37)得

$$C_{\tau_s}\approx\sqrt{C_1^2+C_2^2}=\sqrt{0.017^2+0.028^2}=0.033$$

则

$$S_{\tau_s}=C_{\tau_s}\cdot\bar{\tau}_s=0.033\times637.2=21.03(\text{MPa})$$

(4) 用联结方程求螺栓弹簧直径。

由于 C_τ、C_{τ_s} 均较小，可认为剪切力、扭转屈服极限均服从正态分布。按可靠度 $R\geqslant0.999$ 得 $z_R=3.09$，用联结方程求可靠度得

$$Z_R=\frac{\bar{\tau}_s-\bar{\tau}}{\sqrt{S_{\tau_s}^2+S_\tau^2}}=\frac{637.2-\dfrac{14696}{\bar{d}^2}}{\sqrt{21.03^2+\left(\dfrac{568.5}{\bar{d}^2}\right)^2}}=3.09$$

整理上式得

$$\bar{d}^4-46.4\bar{d}^2+530.74=0$$

解得

$$\bar{d}=5.093(\text{mm})$$

与试选用的 $d=5.3$mm 比较接近，故选用 $d=5.3$mm 的 65Mn 冷拔弹簧钢丝满足设计要求。

6.3　轴的可靠性设计

轴是组成机械设备的主要零件，按照传递的载荷不同，轴可分为只承受转矩的传动轴和同时承受转矩和弯矩的转轴。无论哪种载荷类型，其可靠性设计方法都是相同的。在轴的可靠性设计中，首先确定应力分布和强度分布，然后依据可靠性联结方程进行求解。这里通过弯扭联合作用的转轴的静强度可靠性设计介绍轴的可靠性设计方法。在进行转轴的静强度可靠性设计时，通常先作轴的结构图，计算轴上的作用力和支承反力，绘弯矩、转矩图，确定轴的危险截面处的应力分布和强度分布，然后求出给定可靠度下的轴径或预测给定轴径尺寸下的可靠度。

设转轴所受的弯矩为 M，弯曲应力为 σ_w，则对于实心轴

$$\sigma_w=\frac{M}{W_z}=\frac{4M}{\pi r^3}\tag{6-38}$$

式中，W_z 为抗弯截面系数。r 为轴半径，则弯曲应力的均值及标准差分别为

$$\overline{\sigma_w}=\frac{\bar{M}}{\overline{W_z}}=\frac{4\bar{M}}{\pi\bar{r}^3}\tag{6-39}$$

$$S_{\sigma_w}^2=\frac{16S_M^2}{\pi^2\bar{r}^6}+\frac{144\bar{M}^2S_r^2}{\pi^2\bar{r}^8}\tag{6-40}$$

设该轴的转矩为 T，剪应力为 τ，则对于实心轴，抗扭截面系数 $W_P=\frac{\pi}{2}r^3$

$$\tau=\frac{T}{W_P}=\frac{2T}{\pi r^3}\tag{6-41}$$

则扭应力的分布参数为

$$\bar{\tau}=\frac{2\bar{T}}{\pi\bar{r}^{3}} \tag{6-42}$$

$$S_{\tau}^{2}=\frac{4S_{T}^{2}}{\pi^{2}\bar{r}^{6}}+\frac{36\bar{T}^{2}S_{r}^{2}}{\pi^{2}\bar{r}^{8}} \tag{6-43}$$

应用第四强度理论，弯扭合成应力为

$$\sigma=\sqrt{\sigma_{W}^{2}+3\tau^{2}} \tag{6-44}$$

其合成应力的均值和标准差分别为

$$\bar{\sigma}=\sqrt{\bar{\sigma}_{W}^{2}+3\bar{\tau}^{2}} \tag{6-45}$$

$$S_{\sigma}^{2}=\frac{\bar{\sigma}_{W}^{2}S_{\sigma W}^{2}+9\bar{\tau}^{2}S_{\tau}^{2}}{\bar{\sigma}_{W}^{2}+3\bar{\tau}^{2}} \tag{6-46}$$

当确定了轴的危险截面处应力分布以后，再确定强度分布，并可由可靠性联结方程求出满足可靠度要求的截面尺寸。

例 6-5　试设计一齿轮轴，条件是：

传递扭矩的均值及标准差 $\bar{T}=120000\text{N}\cdot\text{mm}$、$S_T=9000\text{N}\cdot\text{mm}$；

危险截面弯矩的均值及标准差 $\bar{M}=14000\text{N}\cdot\text{mm}$、$S_M=1200\text{N}\cdot\text{mm}$；

材料强度的均值及标准差 $\bar{\delta}=800\text{MPa}$、$S_{\delta}=80\text{MPa}$；

要求可靠度 $R=0.999$；假设上述分布均为正态分布，求危险截面尺寸。

解：设危险截面半径为 $r$mm，轴径的变差系数 $C_r=0.01$，则标准差 $S_r=0.01\bar{r}$。首先计算弯曲应力分布，由式(6-39)、式(6-40)得

$$\bar{S}_{W}=\frac{4\bar{M}}{\pi\bar{r}^{3}}=\frac{4\times14000}{\pi\bar{r}^{3}}=\frac{17825.354}{\bar{r}^{3}}(\text{MPa})$$

$$S_{\sigma_W}^{2}=\frac{16S_{M}^{2}}{\pi^{2}\bar{r}^{6}}+\frac{144\bar{M}^{2}S_{r}^{2}}{\pi^{2}\bar{r}^{8}}=\frac{16\times1200^{2}}{\pi^{2}\bar{r}^{6}}+\frac{144\times14000^{2}\times(0.01\bar{r})^{2}}{\pi^{2}\bar{r}^{8}}=\frac{1618.753}{\bar{r}^{3}}(\text{MPa})^{2}$$

再计算扭应力分布

$$\bar{\tau}=\frac{2\bar{T}}{\pi\bar{r}^{3}}=\frac{2\times120000}{\pi\bar{r}^{3}}=\frac{76394.373}{\bar{r}^{3}}(\text{MPa})$$

$$S_{\tau}^{2}=\frac{4S_{T}^{2}}{\pi^{2}\bar{r}^{6}}+\frac{36\bar{T}^{2}S_{r}^{2}}{\pi^{2}\bar{r}^{8}}=\frac{4\times9000^{2}}{\pi^{2}\bar{r}^{6}}+\frac{36\times120000^{2}(0.01\bar{r})^{2}}{\pi^{2}\bar{r}^{8}}=\frac{38080553.67}{\bar{r}^{6}}(\text{MPa})^{2}$$

将上述有关值代入式(6-45)和式(6-46)，得出复合应力的分布：

$$\bar{\sigma}=\sqrt{\bar{\sigma}_{w}^{2}+3\bar{\tau}^{2}}=\sqrt{\left(\frac{17825.354}{\bar{r}^{3}}\right)^{2}+3\left(\frac{76394.373}{\bar{r}^{3}}\right)^{2}}=\frac{133514.21}{\bar{r}^{3}}$$

$$S_{\sigma}^{2}=\frac{\bar{\sigma}_{w}^{2}S_{\sigma w}^{2}+9\bar{\tau}^{2}S_{\tau}^{2}}{\bar{\sigma}_{w}^{2}+3\bar{\tau}^{2}}$$

$$=\frac{(17825.354/\bar{r}^{3})^{2}\cdot(1618.753/\bar{r}^{3})^{2}+9(76394.373/\bar{r}^{3})^{2}\cdot(38080553.67/\bar{r}^{6})}{(133514.21/\bar{r}^{3})^{2}}$$

$=112252046.7/\bar{r}^6(\text{MPa})^2$

将应力强度分布参数代入联结方程，由 $R=0.999$ 得 $Z_R=3.09$

$$Z_R=\frac{\bar{\delta}-\bar{\sigma}}{\sqrt{S_\delta^2+S_\sigma^2}}=\frac{800-(133514.21/\bar{r}^3)}{\sqrt{80^2+(112252046.7/\bar{r}^6)}}=3.09$$

将上式整理后得

$$\bar{r}^6-369.02\bar{r}^3+28941.92=0$$

解上式得

$$\bar{r}^3=255.938 \quad \text{和} \quad \bar{r}^3=113.082$$

得

$$\bar{r}=6.349\ \text{mm}$$

代入联结方程检验，知 $\bar{r}=6.349$ mm 满足 $R=0.999$ 的要求。

因而取 $\bar{r}=6.349$ mm。因 $\sigma_r=C_r\cdot\bar{r}=0.01\times6.349=0.06349$，故按“三倍标准差”原则，半径公差为 $3\sigma_r=3\times0.06349\approx0.190$，故轴的半径尺寸为 $r=(6.349\pm0.190)$mm。

6.4 圆柱齿轮轮齿强度可靠性设计

在齿轮的可靠性设计中，判断齿轮失效的基本准则仍然与常规设计是一致的，将常规设计公式中的设计变量作为随机变量，通过实际试验取得应力分布、强度分布、寿命分布等可靠性统计数据，应用应力、强度干涉理论计算可靠度。在缺少统计数据的情况下，将设计手册中查出的数据按统计量处理而进行的可靠性设计也具有一定的实用意义。

6.4.1 齿面接触疲劳强度的可靠性设计

齿面接触疲劳强度的可靠性设计首先确定齿面接触应力分布、齿面接触强度分布，再利用应力-强度干涉模型计算可靠度。

1. 确定齿面接触应力的分布参数

齿轮节圆处的计算接触应力为

$$\sigma_H=Z_HZ_EZ_\varepsilon Z_\beta\sqrt{\frac{F_t}{d_1b}\cdot\frac{u\pm1}{u}K_AK_VK_{H\beta}K_{H\alpha}}\quad\text{MPa} \tag{6-47}$$

式中，Z_H 为节点区域系数；Z_ε 为重合度系数；Z_β 为螺旋角系数；Z_E 为弹性系数，$\sqrt{\text{N/mm}^2}$；Z_H、Z_ε、Z_β、Z_E 均值可按机械设计手册查出，变差系数取 $C_{Z_H}=C_{Z_\varepsilon}=C_{Z_\beta}=0$，$C_{Z_E}=0.02\sim0.03$；$K_A$ 为使用系数，均值按国标规定求得；K_V 为动载系数，均值按国标线图查出，或按表 6-14 所列公式给出，K_V 的变异系数可按式(6-48)给出

$$C_{K_v}=\frac{\bar{K}_V-1}{3\bar{K}_V} \tag{6-48}$$

表 6-14　动载系数

齿轮精度	直齿圆柱齿轮	斜齿圆柱齿轮
7 级	$K_V=1+0.00089vz_1$	$K_V=1+0.00046vz_1$
8 级	$K_V=1+0.00125vz_1$	$K_V=1+0.00063vz_1$
9 级	$K_V=1+0.00175vz_1$	$K_V=1+0.0009vz_1$

注：v 为小齿轮的圆周速度，m/s；z_1 为小齿轮齿数。

$K_{H\beta}$为齿向载荷分布系数，均值可按表 6-15 计算，变异系数 $C_{K_{H\beta}}$ 可按式(6-49)(无齿向修形时)和式(6-50)(鼓形齿，即有齿向修形时)计算

$$C_{K_{H\beta}}=\frac{n+1}{10}\cdot\frac{\bar{K}_{H\beta}-1.05}{3\bar{K}_{H\beta}} \tag{6-49}$$

$$C_{K_{H\beta}}=\frac{\bar{K}_{H\beta}-1.25}{6\bar{K}_{H\beta}}\geqslant 0 \tag{6-50}$$

表 6-15　齿向载荷分布系数 $K_{H\beta}$

支承结构序号	$HBS_1\leqslant 350$，$K_{H\beta}=A\varphi_d^2+B\varphi_d^2+C$			$HBS_1\geqslant 350$，$K_{H\beta}=A\varphi_d^2+B\varphi_d^2+C$		
	A	B	C	A	B	C
1	0.24	0.4456	1.0054	1.05	0	1
2	0.29184	0.06218	0.99569	0.41062	0.51246	1.00333
3	0.10482	0.04448	1.0036	0.29503	0.07772	1.00587
4	0.0395	0.04968	1.013	0.18042	0.08551	1.00498
5	0.02576	0.04125	1.011	0.09073	0.09494	1.00352
6	−0.007	0.03977	1.0157	0.01265	0.08848	1.00955
7	−0.0177	0.0337	1.00977	−0.00929	0.0627	1.00862

注：表中 φ_d 为齿宽系数。

$K_{H\alpha}$为齿间载荷分布系数，均值可按表 6-16 计算，变异系数 $C_{K_{H\alpha}}$ 可按式(6-51)给出或取 $C_{K_{H\alpha}}\approx 0.03$，

$$C_{K_{H\alpha}}=\frac{\bar{K}_{H\alpha}-1}{3\bar{K}_{H\alpha}} \tag{6-51}$$

表 6-16　齿间载荷分配系数 $K_{H\alpha}$

精度等级 n	6	7	8	9
$K_{H\alpha}$	$K_{H\alpha}=0.25+1$	$K_{H\alpha}=0.00133v+1.2$	$K_{H\alpha}=0.008v+1.05$	$K_{H\alpha}=0.012v+1.1$

注：v 为小齿轮的圆周速度，m/s；z_1 为小齿轮齿数。

F_t 为端面分度圆上名义切向力，N；

$$\bar{F}_t=\frac{2000\bar{T}_1}{d_1} \tag{6-52}$$

其中，$\bar{T}$ 为小齿轮传递的名义转矩均值，N·m，若 T 是由工作机械在最繁重的、连续的正常工作条件下使用的最大载荷换算所得，则取 $C_{FT}=0$，当载荷系精确所得，则取 $C_{FT}=0.03$，当载荷近似求得则取 $C_{FT}=0.08$。d_1 为小齿轮分度圆直径，mm；b 为齿宽，mm；u 为传动比，"+"用于外啮合，"−"用于内啮合。

齿面接触应力综合变差系数为

$$C_{\sigma H}=\left[C_{HM}^2+C_{ZE}^2+\frac{1}{4}(C_{FT}^2+C^2B_{KA}+C_{KV}^2+C_{KH\beta}^2+C_{KH\alpha}^2)\right]^{\frac{1}{2}} \tag{6-53}$$

其中，$C_{HM}=0.04$，为引进的均值为 1 的接触应力模型变异系数。

接触应力标准差为

$$S_{\sigma H}=C_{\sigma H}\bar{\sigma}_H \tag{6-54}$$

2. 确定齿面接触疲劳强度的分布参数

齿面严重点蚀是齿面接触疲劳的失效模式，考虑到齿面粗糙度、热处理及硬化层深度、润滑条件、齿面间相对滑动速度等因素的影响，在常规设计中，计算齿面接触疲劳强度极限的计算公式为

$$\sigma_{H\lim j}=\sigma_{H\lim}Z_NZ_RZ_VZ_WZ_LZ_X \tag{6-55}$$

式中，$\sigma_{H\lim j}$ 为计算齿轮的接触极限应力，MPa；$\sigma_{H\lim}$ 为试验齿轮的接触疲劳极限，是指某种材料的齿轮经长期持续的重复载荷作用(一般 $N\geqslant 5\times 10^7$ 次)后，失效概率为 1%的极限应力，国标中给出了不同材料不同热处理方式的疲劳极限区域图供参考，见机械设计手册，部分材料的试验齿轮疲劳极限见表 6-17。

表 6-17　试验齿轮接触疲劳极限 $\sigma_{H\lim}$ 及弯曲疲劳极限 $\sigma_{F\lim}$

材料、热处理	$\sigma_{H\lim}$	$\sigma_{F\lim}$
碳钢常化	1.222HBS+226	0.4 HBS +116
铸钢常化	HBS +190	0.4 HBS +86
碳钢调质	HBS +350	0.34 HBS +152
合金钢调质	1.5 HBS +330	0.4 HBS +180
合金铸钢调质	1.5 HBS +250	0.4 HBS +140
调质钢，淬火	9.5HRC+674	5.3 HRC +62
合金钢，渗碳	1400	420
调质钢，氮化	990	340
氮化钢，气体氮化	1250	400

试验证明，合金钢调质齿轮的接触疲劳极限 $\sigma_{H\lim}$ 服从对数正态分布，因而其均值及标准差分别为

$$\bar{\sigma}_{H\lim}=\exp\left(\overline{\ln\sigma_{H\lim}}+\frac{1}{2}S_{\ln\sigma H\lim}^2\right) \tag{6-56}$$

$$S_{\sigma H\lim}=\bar{\sigma}_{H\lim}\left[\exp(S_{\ln\sigma H\lim}^2)-1\right]^{\frac{1}{2}} \tag{6-57}$$

变差系数为

$$C_{\sigma H\lim}=\frac{S_{\sigma H\lim}}{\bar{\sigma}_{H\lim}}=[\exp(S^2_{\ln\sigma H\lim})-1]^{\frac{1}{2}} \tag{6-58}$$

式中，$\overline{\ln\sigma_{H\lim}}$为试验齿轮接触疲劳极限的对数均值，由于 $\ln\sigma_{H\lim}$服从正态分布，由失效概率 $F=0.01$ 得可靠性系数 $Z_R=2.33$，从而

$$\overline{\ln\sigma_{H\lim}}=2.33S_{\ln\sigma H\lim}+\ln\sigma_{H\lim} \tag{6-59}$$

式中，$\sigma_{H\lim}$为给定齿轮材料和硬度值下的疲劳极限纵向取值区间的中间值或由表 6-17 查得。$S_{\ln\sigma H\lim}$为试验齿轮接触疲劳极限的对数标准差，可由表 6-18 取值。

Z_N 为寿命系数，其计算公式见表 6-19；Z_R 为齿面粗糙度系数；Z_V 为速度系数；Z_W 为工作硬化系数；Z_L 为润滑剂系数；Z_X 为尺寸系数。

表 6-18　试验齿轮接触疲劳极限的对数标准差平均值

齿轮材料及热处理	碳钢调质或正火	合金钢调质	合金铸铁调质	碳素铸钢调质或正火	合金钢渗碳淬火	调质钢火焰或感应淬火	氮化钢气体氮化	球墨铸铁
对数标准差 $S_{\ln\sigma H\lim}$	0.09	0.10	0.11	0.10	0.10	0.11	0.12	0.12

表 6-19　接触强度寿命系数 Z_N 的计算公式

材料	疲劳循环次数 N_L	Z_N 计算公式
调质钢、球墨铸铁、珠光体可锻铸铁、表面硬化钢（允许有一定量点蚀时）	$N_L\leqslant6\times10^5$	1.6
	$6\times10^5<N_L\leqslant10^7$	$(3\times10^8/N_L)^{0.0766}$
	$10^7<N_L<10^9$	$(10^9/N_L)^{0.057}$
	$10^9\leqslant N_L$	1
调质钢、球墨铸铁、珠光体可锻铸铁、表面硬化钢（不允许有一定量点蚀时）	$N_L\leqslant10^5$	1.6
	$10^5<N_L<5\times10^7$	$(5\times10^7/N_L)^{0.0766}$
	$5\times10^7<N_L$	1
经气体氮化的调质钢或氮化钢、灰铸铁	$N_L\leqslant10^5$	1.4
	$10^5<N_L<2\times10^6$	$(2\times10^6/N_L)^{0.0875}$
	$2\times10^6<N_L$	1
调质钢经液体氮化	$N_L\leqslant10^5$	1.1
	$10^5<N_L<2\times10^6$	$(2\times10^6/N_L)^{0.0318}$
	$2\times10^6<N_L$	1

注：稳定载荷时，$N_L=60znt_h$；变载荷时，

$$N_L=\sum_{i=1}^{n}n_i\left(\frac{T_i}{T_{\max}}\right)^3$$

式中，z 为齿轮每转一周，同一侧齿面的啮合次数；n 为齿轮的转速，r/min；t_h 为总工作时间，h；$T_{\max}$为长期作用的最大扭矩，N·m；n_i 为第 i 个循环时的转速，r/min；T_i 为第 i 个循环时的扭矩，N·m。

以上系数的均值可按国标规定方法计算或通过手册查图线获取。对于变差系数，通常取 $C_{ZN}=0.04$，$C_{ZR}=C_{ZV}=C_{ZL}=0.02$，$C_{ZW}=0.03$，$C_{ZX}=0$。

$$C_{\sigma H\lim j}=[C^2_{\sigma H\lim}+C^2_{ZN}+C^2_{ZR}+C^2_{ZV}+C^2_{ZL}+C^2_{ZW}+C^2_{ZX}]^{\frac{1}{2}} \tag{6-60}$$

在分别求出均值 $\bar{\sigma}_{H\lim j}$ 和变差系数 $C_{\sigma H\lim j}$ 后，即可计算接触疲劳强度极限标准差为

$$S_{\sigma H\lim j}=C_{\sigma H\lim j}\cdot\bar{\sigma}_{H\lim j} \tag{6-61}$$

3. 求可靠度

由于齿面接触应力及齿面接触疲劳强度极限均服从对数正态分布，故将应力、强度分布参数代入联结方程，得可靠性系数

$$Z_R\approx\frac{\ln\bar{\sigma}_{H\lim j}-\ln\bar{\sigma}_H}{\sqrt{C_{\sigma H\lim j}^2+C_{\sigma H}^2}} \tag{6-62}$$

查标准正态分布表得可靠度 $R=\Phi(Z_R)$。

6.4.2 齿根弯曲疲劳强度的可靠性设计

齿根断裂是轮齿弯曲疲劳的失效模式，齿根弯曲疲劳强度的可靠性设计首先确定齿根弯曲应力分布、齿根弯曲疲劳强度分布，再利用应力-强度干涉模型计算可靠度。

1. 确定齿根弯曲应力的分布参数

齿根弯曲应力 σ_F 的计算公式为

$$\sigma_F=\sigma_{F_0}K_AK_VK_{F\beta}K_{F_\alpha} \tag{6-63}$$

$$\sigma_{F_0}=\frac{F_t}{bm_n}Y_{F_a}Y_{S_a}Y_\varepsilon Y_\beta \tag{6-64}$$

式中，σ_{F_0} 为齿根应力的基本值，MPa；F_t 为端面分度圆上的名义切向力，N；m_n 为法向模数，mm；b 为齿宽，mm；Y_{F_a} 为载荷作用于齿顶时的齿形系数，查工程手册或见表 6-20，$C_{YF_a}\approx 0.033$；Y_{S_a} 为载荷作用于齿顶时的应力修正系数，查工程手册或见表 6-20，$C_{YS}\approx 0.04$；Y_ε 为重合度系数，$\overline{Y_\varepsilon}=0.25+0.75/\varepsilon_\alpha$，$C_{Y_\varepsilon}=0$；$Y_\beta$ 为螺旋角系数，$\overline{Y_\beta}=(1+\varepsilon_\beta\beta)/120°$，$C_{Y_\beta}=0$；$K_A$ 为使用系数，查工程手册，C_{KA} 可由式(6-48)求出；K_V 为动载系数，查工程手册，C_{KV} 可由式(6-48)求出；$K_{F\beta}$ 为齿向载荷分布系数，$\overline{K_{F\beta}}=1.5K_{H\beta}-0.5$，可取 $C_{KF\beta}=0.05$；K_{F_α} 为齿间载荷分配系数，$\overline{K_{F_\alpha}}=1+(n-5)(\varepsilon_\alpha-1)/4$，式中 n 为精度等级，C_{KF_α} 可取 0.033。

表 6-20　Y_{F_a} 和 Y_{S_a} 近似计算

标准齿轮	$Y_{F_a}=2.984508-0.014134Z_v+0.51\times10^{-5}Z_v^2$
	$Y_{S_a}=1.472047+0.00497Z_v-1.6\times10^{-5}Z_v^2$
变位齿轮	$x<0$ $Y_{F_a}=[5.928596-1.5647\ln Z_v+0.162705\ln^2 Z_v]$ $\times[1-18.2705x/Z_v+308.6646(x-0.25)^2/Z_v^2]$
	$x=0$ $Y_{F_a}=[5.91207-1.6861\ln Z_v+0.187876\ln^2 Z_v]$ $\times[1+9.856(x-0.2)x/\ln Z_v+74.05762(x-0.2)^2/\ln^2 Z_v]$
	$Y_{S_a}=[1.779-0.1459985\ln Z_v+0.034949\ln^2 Z_v]$ $\times[1+0.70598\times(-0.2)/\ln Z_v-0.434686(x-0.2)^2/\ln^2 Z_v]$

齿根弯曲应力变差系数为

$$C_{\sigma F}=[C_{F_M}+C_{F_t}^2+C_{Y_{Fa}}^2+C_{Y_{Sa}}^2+C_{K_A}^2+C_{K_V}^2+C_{K_{F\beta}}^2+C_{K_{F\alpha}}^2]^{\frac{1}{2}} \tag{6-65}$$

齿根弯曲应力标准差为

$$S_{\sigma F}=C_{\sigma F}\bar{\sigma}_F \tag{6-66}$$

这里以对数正态分布作为齿根弯曲应力的近似模型，并以弯曲应力模型变异系数 $C_{F_M}=0.04$ 作为模型的补偿。

2. 确定齿根弯曲疲劳强度分布参数

在常规设计中，计算齿根弯曲疲劳极限的公式为

$$\sigma_{F\lim j}=\sigma_{F\lim}Y_{ST}Y_{NT}Y_{\delta relT}Y_{RrelT}Y_X \tag{6-67}$$

式中，$\sigma_{F\lim j}$ 为计算齿轮的弯曲极限应力，MPa；$\sigma_{F\lim}$ 为试验齿轮的齿根弯曲疲劳极限，MPa，指齿轮经长期持续的重复载荷作用（一般 $N\geqslant 3\times 10^6$ 次）后，齿根持续不破坏的极限应力，国标中给出了不同材料不同热处理方式的疲劳极限区域图供参考，见机械设计手册。一般齿根疲劳极限应力服从对数正态分布，故可采用与接触疲劳极限应力类似的处理方法计算对数均值 $\overline{\ln\sigma_{F\lim}}$。

$$\overline{\ln\sigma_{F\lim}}=2.33S_{\ln\sigma F\lim}+\ln\sigma_{F\lim} \tag{6-68}$$

式中，$S_{\ln\sigma F\lim}$ 为弯曲疲劳极限应力的对数标准差，其平均值见表 6-21。$\sigma_{F\lim}$ 为弯曲疲劳极限取值点的对数值，一般取区域图的中间偏下，或由表 6-17 查得。

表 6-21　试验齿轮弯曲疲劳极限应力的对数标准差的平均值

齿轮材料及热处理	碳钢调质或正火	碳素铸钢正火或调质	合金钢调质	合金钢渗碳淬火	调质钢火焰或感应淬火	氮化钢气体氮化	调质钢气体或液体渗碳	球墨铸铁	结构钢正火
对数标准差 $S_{\ln\sigma F\lim}$	0.20	0.20	0.18	0.20	0.20	0.18	0.20	0.16	0.13

则

$$\bar{\sigma}_{F\lim}=\exp\left(\overline{\ln\sigma_{F\lim}}+\frac{S_{\ln\sigma F\lim}^2}{2}\right) \tag{6-69}$$

$$S_{\sigma F\lim}=\bar{\sigma}_{F\lim}[\exp(S_{\ln\sigma F\lim}^2)-1]^{\frac{1}{2}} \tag{6-70}$$

Y_{ST} 为试验齿轮的应力修正系数，若采用国标推荐的疲劳极限区域图确定极限应力，则

$$\bar{Y}_{ST}=2,\quad C_{Y_{ST}}\approx 0.033$$

Y_{NT} 为寿命系数，$\bar{Y}_{NT}$ 可根据弯曲疲劳 S-N 曲线得到，或由表 6-22 得到，$C_{Y_{NT}}\approx 0.04$；$Y_{\delta relT}$ 为相对齿根圆角敏感系数，均值可查手册确定，$C_{Y_{\delta relT}}\approx 0.03$；

Y_{RrelT} 为相对齿根表面状况系数，$C_{Y_{RrelT}}\approx 0.033$；

Y_X 为弯曲强度计算的尺寸系数，均值可查手册确定，或由表 6-23 得到，$C_{Y_X}\approx 0.02$。

表 6-22　抗弯疲劳强度寿命系数 Y_{NT} 的计算公式

材料	循环次数	计算公式
结构钢和调质钢、球墨铸铁、珠光体可锻铸铁	$N_L \leqslant 6\times10^4$	2.5(变形极限)
	$10^4 < N_L \leqslant 3\times10^6$	$\left(\frac{3\times10^6}{N_L}\right)^{0.16}$
	$3\times10^6 < N_L$	1
渗碳淬火钢、表面硬化钢	$N_L \leqslant 10^3$	2.5(断裂极限)
	$10^3 < N_L \leqslant 3\times10^6$	$\left(\frac{3\times10^6}{N_L}\right)^{0.115}$
	$3\times10^6 < N_L$	1
经气体氮化的调质钢或氮化钢、灰铸铁	$N_L \leqslant 10^3$	1.6(断裂极限)
	$10^3 < N_L \leqslant 3\times10^6$	$\left(\frac{3\times10^6}{N_L}\right)^{0.059}$
	$3\times10^6 < N_L$	1
调质钢经液体氮化	$N_L \leqslant 10^3$	1.1(断裂极限)
	$10^3 < N_L \leqslant 3\times10^6$	$\left(\frac{3\times10^6}{N_L}\right)^{0.012}$
	$3\times10^6 < N_L$	1

表 6-23　尺寸系数 Y_X

齿轮材料	$m_n \leqslant 5$mm	5mm$< m_n \leqslant$30mm	$m_n >$30mm
结构钢、调质钢、球墨铸铁	$Y_X=1$	$Y_X=1.03-0.006m_n$	$Y_X=0.85$
表面硬化钢		$Y_X=1.05-0.01m_n$	$Y_X=0.75$
灰铸铁		5mm$< m_n \leqslant$30mm	$m_n >$25mm
		$Y_X=1.075-0.015m_n$	$Y_X=0.7$

变差系数为

$$C_{\sigma F\lim j} = [C_{\sigma F\lim}^2 + C_{YST}^2 + C_{YNT}^2 + C_{Y\delta \mathrm{relT}}^2 + C_{Y\mathrm{RrelT}}^2 + C_{YX}^2]^{\frac{1}{2}} \tag{6-71}$$

标准差为

$$S_{\sigma F\lim j} = C_{\sigma F\lim j}\bar{\sigma}_{F\lim j} \tag{6-72}$$

3. 计算可靠度

由于齿根弯曲应力及齿根弯曲疲劳强度极限均服从对数正态分布,故将应力、强度分布参数代入联结方程,得可靠性系数

$$Z_R \approx \frac{\ln\bar{\sigma}_{F\lim j} - \ln\bar{\sigma}_F}{\sqrt{C_{\sigma F\lim j}^2 + C_{\sigma F}^2}} \tag{6-73}$$

查标准正态分布表得可靠度 $R=\Phi(Z_R)$。

应分别计算主、从动齿轮的齿根弯曲疲劳强度下的可靠度,在设计时要参照 GB3480—1997 的规定。

复习思考题 6

6-1 试设计一个静载抗拉螺栓，已知其应力参数 $\bar{\sigma}=74.3\text{MPa}$，$C_\sigma=0.08$，$C_\delta=0.07$，求可靠度 $R=99.9\%$ 的强度均值。

6-2 试设计一是新传动轴，传递的扭矩 $T=(10^7\pm2\times10^6)\text{N}\cdot\text{mm}$，材料强度 $\tau_{-1}=(230\pm50)\text{MPa}$，要保证可靠度 $R=99.9\%$，求轴的半径。

6-3 设计一圆柱压缩弹簧，最大轴向载荷 $F=820\text{N}$，该弹簧套在一直径 $\phi28\text{mm}$ 的轴上工作，而外径因结构限制在 $\phi42\text{mm}$ 以内，要求弹簧的工作可靠度 $R\geqslant99.9\%$，试确定弹簧钢丝直径。

第 7 章　电子系统可靠性设计

电子系统是由大量的电子元器件组成，由于各种因素，电子元器件在设计和大批量生产过程中不可避免地会出现品质瑕疵，导致生产出不符合要求的产品，造成寿命降低、早期失效等问题。因此，对电子元器件进行严格的选择与控制，可以提高电子系统的可靠性。

7.1　元器件的筛选与控制

电子元器件的筛选与控制是保证电子系统可靠性的基础。由于在每一批成品中，总有一部分产品存在品质上的瑕疵，这些潜在的缺陷在一定的应力条件下表现为早期失效。根据国内外的实践证明，通过有效的筛选，可以使元器件的总使用失效率下降 1～2 数量级，并能有效提高元器件工作的可靠性。

7.1.1　电子元器件的筛选

筛选是通过检验和试验剔除不合格或有可能出现早期失效产品的方法，一般分为一次筛选和二次筛选。一次筛选是由元器件生产厂按元器件技术标准和订货合同要求进行出厂前筛选，也称为成品筛选。二次筛选是元器件用户在元器件到货后进行筛选。

1. 筛选方法

根据元器件不同的缺陷(或失效模式)，采用特定的筛选方法有针对性地使其暴露并加以剔除。表 7-1 给出了几种元器件的筛选方法及其适用的筛选缺陷、效果和费用。

表 7-1　各种筛选方法比较表

序号	筛选方法	拟筛选的缺陷	效果	费用	备注
1	老炼试验	金属化、硅化、氧化物、污染反向和沟道、设计、参数漂移	很好	高	
2	温度循环试验	封装、密封、热失配、龟裂、芯片键合、引线键合	很好	低	对采用铝引线的元器件最有效
3	密封试验	封装、密封	很好	较高	
4	目检或镜检	引线、金属化、氧化物、污染微粒子、芯片键合、引线键合、腐蚀、衬底	好	低中等	高可靠元件必做项目
5	X 光检验	芯片键合、引线(金)、微粒子、制造缺陷、封装、密封、污染	好	中等	在封装后检查芯片键合质量，但对硅、铝费用较高
6	离心加速度试验	引线、芯片键合、引线键合、衬底龟裂	好	较高	
7	高温储存试验	电器稳定性、金属化、硅化、腐蚀	一般	低	对新研器件效果较好

2. 筛选原则

试验费用低的安排在前，如检查外观、电参数测试，高温存储和温度循环；其次安排应力筛选，如离心试验、颗粒碰撞、噪声检测(PIND)和老炼；最后检漏、电参数终测、外观复查。

7.1.2 电子元器件的降额使用

1. 降额的基本概念

降额即元器件在低于其额定值的应力条件下工作。选择元器件时，应留有足够的余量，实际使用应力(电、热、机械等应力)应低于元器件的额定值，这就是元器件的降额使用。

实践证明，大部分元器件的失效率模型取决于应力条件。应力条件越高则失效率越高。为了降低失效率，元器件的降额使用可以进一步提高元器件和设备的可靠性。

2. 降额技术

元器件降额使用时，应遵循一定的原则与规范，这样才能有效地使用电子元器件。因此，电子元器件降额遵循降额图法或降额因子法。

1) 降额图法

图 7-1 为半导体器件的典型降额曲线。图 7-1 中与温度 t 轴平行的 AB 段表示当工作环境低于 T_s 时，元器件可满额工作；BC 段表示温度高于 T_s 后需要遵循的降额率。$T_{0.5}$ 时，对应的额定率为满额的一半，即 0.5。温度达 T_{max} 时管芯已达最高节温，半导体器件不能工作。

ABC 曲线表示要保证元器件正常工作，即允许的最大应力与环境温度间的函数关系，元器件只能在曲线 ABC 下工作才能保证可靠性。

图 7-2 为最高节温为 150℃的半导体器件降额图。其中：

(1) R 为禁用区。在这一区域内，元器件应力超过其额定值，为非工作区。

(2) Q 为疑义区。在这一区域内，元器件在其额定值内工作，但不能获得足够的可靠性值。电路设计时，该区域尽量不要选用。

(3) A 为合格使用区。在这一区域内，元器件的可靠性与费用之比最佳。在半导体降额图中有详细标定，注意使用。

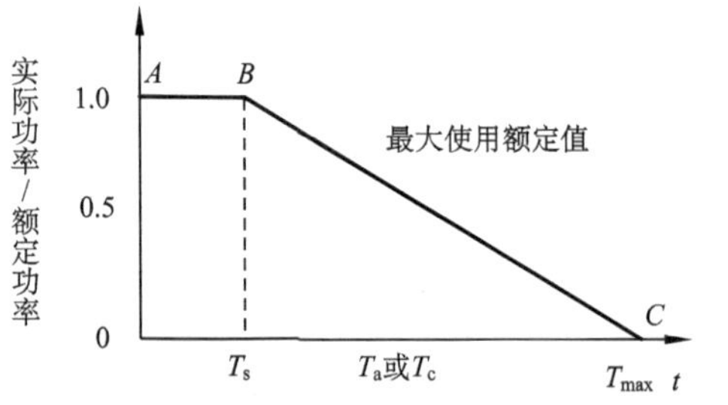

图 7-1　半导体器件典型降额曲线

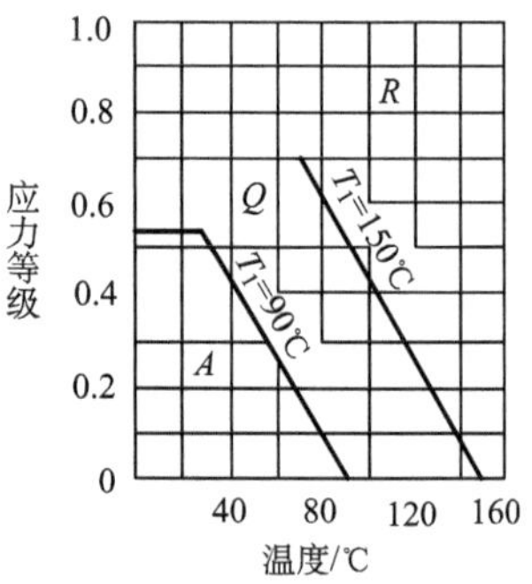

图 7-2　最高节温为 150℃的半导体器件降额图

例如，某元器件的寿命与温度的关系是

$$t = e^{A+B/T} \tag{7-1}$$

当某元器件在基准温度下的寿命为 $t_1 = e^{A+B/T_1}$ 时，其相对关系为

$$t/t_1 = e^{B\left(\frac{1}{T}-\frac{1}{T_1}\right)}$$

式中，B 为正数，某硅小功率晶体管老化寿命 $B=7080K^{-1}$；T 为元器件工作温度；T_1 为元器件对于寿命 t_1 时的工作温度。

当 $T>T_1$ 时，$t<t_1$ 为加速寿命试验原理。当 $T<T_1$ 时，$t>t_1$ 这就是降额使用原理，可以延长元器件使用寿命。如果除温度以外的应力用 S 表示，则存在"α 次幂法则"，即

$$t/t_1 = (S/S_1)^{\alpha} \tag{7-2}$$

式中，S_1 为基准应力，相应寿命为 t_1；S 为任意应力，寿命为 t。

如果同时考虑温度影响，则

$$t/t_1 = (S/S_1)^{\alpha} e^{B\left(\frac{1}{T}-\frac{1}{T_1}\right)} \tag{7-3}$$

根据式(7-3)，即可计算出降额效果。

2) 降额因子法

降额因子若直接利用严格的数学模型或降额值还存在着一定的困难，对每一种元器件的主要应力决定一个降额因子，依此确定降额值使用起来比较方便。在电子系统设计时可参照表 7-2列出的《元器件降额标准》(国家军用标准 GJB Z35)中的部分元器件降额准则。

3. 降额使用中注意的问题

(1) 在降额使用时，无论采用何种方法都应注意并不是降额越多越好，而要根据设计条件综合分析确定降额系数，否则将会带来重量、空间、费用的增加，甚至出现相反的结果。如集成电路扇出系数降太多时，将增加元器件的总数。电容器工作电压降额太多时，将会出现低电平失效，引起信号突然中断，然后又自动恢复，这种故障特别容易出现在间歇使用或长期不用的电子设备中。所以设计人员在具体进行设计时，应根据元器件的具体情况，参考厂家的应用指南和有关标准，谨慎进行。

(2) 由于元器件额定值具有一定的离散性，故在使用降额图时，应根据具体元器件额定值的分布情况，在降额图上划出一个禁用区域。如图 7-2 所示，图中两温度线之间的区域即为禁用区。

7.2　电路与系统的可靠性设计

根据电路与系统在设计时的具体问题，主要分析设计时需要考虑可靠性的设计方法。

7.2.1　元器件的正确使用与优选电路原则

在设计电路时，设计人员应该优先采用成熟的设计方法，如采用分立元件的电路，避免元器件的老化及参数漂移，避开各种干扰与电流过载等；采用 TTL 等集成电路；尽量选用标准化、集成度高的电路与已经定型的可靠性高的电路。

7.2.2　简化设计原则

简化设计时要遵循以下几项原则：

(1) 在保证原设计功能指标的情况下，尽可能简化电路设计，既不能为了提高一点性能而增

表 7-2 元器件降额准则一览表(部分)

	元器件种类	降额参数		降额等级		
				Ⅰ级	Ⅱ级	Ⅲ级
分立半导体器件	双极三极管(NPN PNP)	功率耗散(最大值)		0.50	0.65	0.75
		击穿电压		0.60	0.70	0.80
		安全工作区	V_{ce}最大值	0.70	0.80	0.90
			I_c最大值	0.60	0.70	0.80
		最高结温 T_{jm}/℃	200	115	140	160
			175	100	125	145
			≤150	$T_{jm}-65$	$T_{jm}-40$	$T_{jm}-20$
	场效应晶体管(P或N沟道)	功率耗散最大值		0.50	0.65	0.75
		击穿电压		0.60	0.70	0.80
		最高结温		$T_{jm}-65$	$T_{jm}-40$	$T_{jm}-20$
	微波三极管	最高结温 T_{jm}/℃		$T_{jm}-65$	$T_{jm}-40$	$T_{jm}-20$
	单结晶体管	功率耗散最大值		0.50	0.65	0.75
		最高工作电压		0.60	0.70	0.80
		最高工作结温 T_{jm}/℃		$T_{jm}-60$	$T_{jm}-40$	$T_{jm}-20$
	二极管(小信号/开关/整流)	反向电压		0.60	0.70	0.80
		平均正向电流 I_F		0.50	0.65	0.80
		T_{jm}/℃	200	115	140	160
			175	100	125	145
			≤150	$T_{jm}-60$	$T_{jm}-40$	$T_{jm}-20$
	电压调整二极管	功率耗散(最大值)		0.50	0.65	0.80
		最高结温/℃		90	110	130
	基准二极管	最高结温/℃		90	100	130
	微波二极管(肖特基/PIN耿式/变容/隧道/阶跃恢复)	耗散功率		酌情降额		
		最高结温/℃		$T_{jm}-60$	$T_{jm}-40$	$T_{jm}-20$
	可控硅	通态平均电流(最大值)		0.50	0.65	0.80
		正向阻断电压 V_{DM}		0.60	0.70	0.80
		反峰电压(最大值)		0.60	0.70	0.80
		最高结温 T_{jm}/℃	200	115	140	160
			175	100	125	145
			≤150	$T_{jm}-60$	$T_{jm}-40$	$T_{jm}-20$

加大量元器件、大大降低电路的可靠性，也不能为了简化省略元器件而影响电路的稳定性、可靠性。

(2) 电路设计应通过 FMEA，避免元器件失效引起电路灾难性后果的发生。

(3) 在设计逻辑电路时，应尽可能用可靠性高的集成电路，而不用分立元件或小规模集成电路。

(4) 模拟电路设计通常要设置可调电路，以调整参数达到相应指标。由于模拟集成电路失效率比数字电路高，因此，在电路设计过程中应首选数字电路。

例 7-1　设有一逻辑电路图，如图 7-3(a)所示，将其尽可能简化成相同功能的逻辑电路。

解：(1) 根据图 7-3(a)可知，其布尔表达式为

$$E = A\bar{B} + C + \bar{A}\bar{C}D + BCD \tag{7-4}$$

(2) 利用布尔关系式简化表达式为

$$E = A\bar{B} + C + D \tag{7-5}$$

由式(7-5)，逻辑电路可简化为图 7-3(b)。显然大大减少元器件数量，简化了电路。

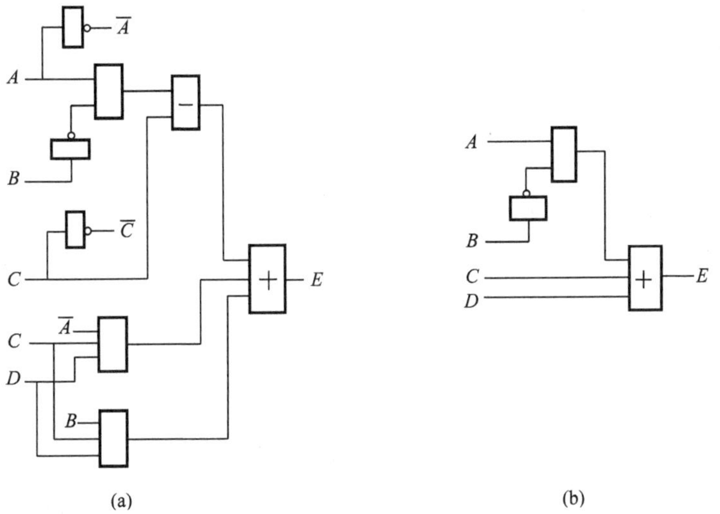

图 7-3　逻辑电路图

7.2.3　最坏情况设计

由于电子元器件的参数分散性大，当仅知道参数变化的最大范围时，可以用最坏情况方法进行设计，即边缘性设计。

例 7-2　某反向器电路，如图 7-4 所示。图中电阻有±10%的极限误差，三级管的参数 h_{fe} 变化区间为 20～70，$E_c = 5V$，$V_{bes} = 0.8V$，$V_{ces} = 0.3V$，均不变。问当 V_s 为何值时，电路才能可靠的工作？

解：由于

$$I = \frac{V_s - V_{bes}}{R_1} \tag{7-6}$$

$$I_b = N\frac{I_c}{h_{fe}} = \frac{N}{h_{fe}} \cdot \frac{E_c - V_{ces}}{R_2} \tag{7-7}$$

根据式(7-6)和式(7-7)可知

$$I_{bmax} = \frac{N}{\underline{h_{fe}}} \cdot \frac{E_c - V_{ces}}{\underline{R_2}} \tag{7-8}$$

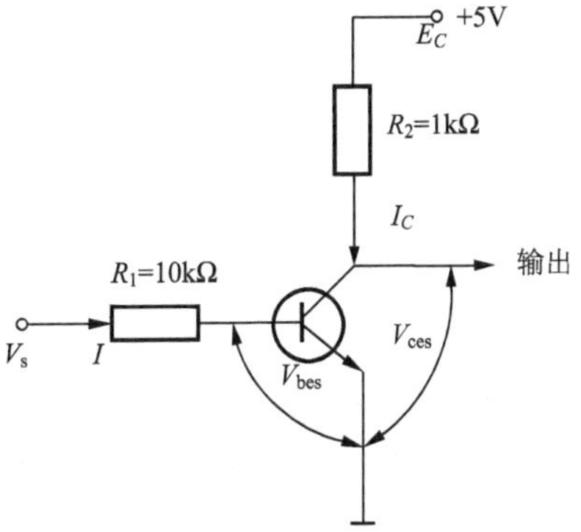

图 7-4　反向器电路

$$I_{\min}=\frac{\underline{V_s}-V_{\text{bes}}}{\overline{R_1}} \tag{7-9}$$

式中，N 为电路系数，此处取 2；$\overline{R_1}$表示最大值，$\overline{R_1}=11\text{k}\Omega$；$\underline{R_2}$表示最小值，$\underline{R_2}=1\times10^3-1\times10^3\times10\%=900\Omega$；$h_{\text{fe}}$取最小值 20。

若保证 $I_{\min}>I_{\text{bmax}}$时，系统仍能正常工作。根据式(7-8)和式(7-9)，可得不等式

$$I_{\min}=\frac{\underline{V_s}-V_{\text{bes}}}{\overline{R_1}}>I_{\text{bmax}}=\frac{N}{\underline{h_{\text{fe}}}}\cdot\frac{E_c-V_{\text{ces}}}{\underline{R_2}}$$

即

$$\frac{\underline{V_s}-0.8}{11000}>\frac{2(5-0.3)}{20\times900}\quad \underline{V_s}>\frac{5-0.3}{9000}\times11000+0.8\quad \underline{V_s}>6.54\text{V}$$

所以，取 $V_s=7\text{V}$ 时，确保电路安全可靠。

7.2.4　电路漂移分析

随着电子元器件的老化，电路性能指标(如放大倍数等)也不断下降，当该指标下降到一定程度时，该电路失效，如图 7-5 所示。一般假设性能指标是正态分布，随着时间的漂移，工作成功的概率就是正态分布曲线在失效阈值以上的阴影部分的面积。

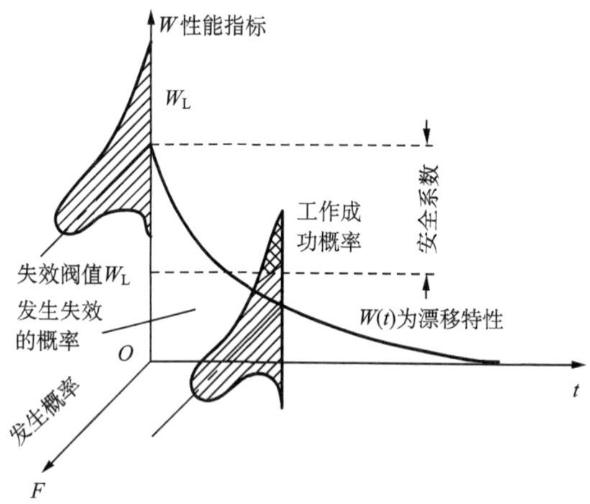

图 7-5　电路性能指标漂移图

为了分析方便，假设性能指标 X 分布为均匀分布，进一步将性能指标按 $t=0$ 时 X_0 进行归一化处理，令 $W=\frac{X}{X_0}$(图 7-6)。又假设随时间的漂移函数定为 e^{-atb}，a、b 为常数。如果性能指标均匀分布的高度为 h，宽度为 $2\Delta W$ $\left(\Delta W=\frac{\Delta X}{X_0}\right)$，则由总概率为 1 得

$$h2\Delta W=1 \tag{7-10}$$

$$h=\frac{1}{2\Delta W}=\frac{X_0}{2\Delta X} \tag{7-11}$$

由概率知

$$\sigma^2=\frac{(2\Delta W)^2}{12}=\frac{(\Delta W)^2}{3}=\frac{1}{3}\left(\frac{\Delta X}{X_0}\right)^2 \tag{7-12}$$

故

$$\sigma=0.578\frac{\Delta X}{X_0} \tag{7-13}$$

式中，ΔW 为性能指标相对增量；W 为性能指标相对变量；ΔX 为性能指标变量增量；X 为性能指标变量；X_0 为性能指标 $t=0$ 的量值。

漂移函数表明性能指标的变化，当 t 较小时，不发生失效。漂移一直进行到失效阈值 W_L，即均匀分布的面积与阈值的失效面积重合，则发生失效。因此由 0 到 t_d 为无失效区，性能指标

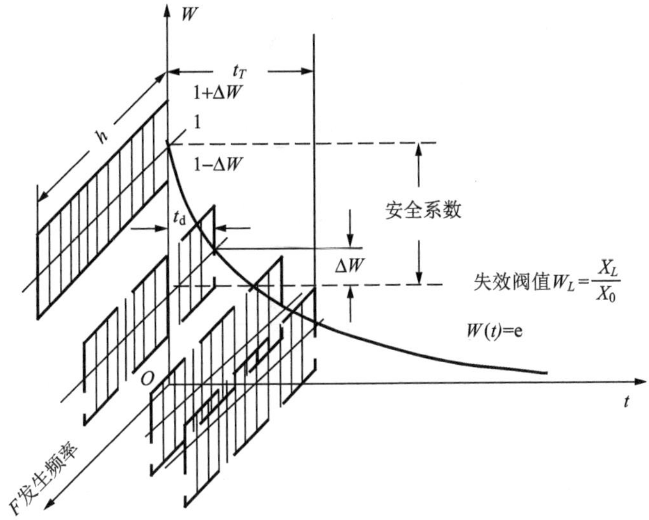

图 7-6　电路性能指标漂移图

也没有下降。设 $W=\dfrac{X}{X_0}$，$W_L=\dfrac{X_L}{X_0}$，$\Delta W=\dfrac{\Delta X}{X_0}$，则

$$e^{-at_d^b}-\frac{\Delta X}{X_0}=e^{-at_d^b}-\Delta W=\frac{X_L}{X_0} \tag{7-14}$$

故 $e^{-at_d^b}=\dfrac{X_L}{X_0}+\dfrac{\Delta X}{X_0}=\dfrac{X_L+\Delta X}{X_0}$，取对数求 t_d，则

$$-at_d^b=\ln\left(\frac{X_L+\Delta X}{X_0}\right)$$

$$t_d=\sqrt[b]{\frac{1}{a}\ln\left(\frac{X_0}{X_L+\Delta X}\right)} \tag{7-15}$$

式中，t_d 为漂移时间值。

当漂移进行 $t\geqslant t_d$ 时，发生失效，此时正常工作概率 P_s 应为矩形在 W_L 以上的面积，即

$$P_s=h\,[e^{-at^b}-(W-\Delta W)]=h\left[e^{-at^b}-\frac{X_L-\Delta X}{X_0}\right]$$

$$=h\,e^{-at^b}-h\,\frac{X_L-\Delta X}{X_0}=h\,e^{-at^b}-hW_L+h\Delta W \tag{7-16}$$

$$P_s=h\,e^{-at^b}-h\,\frac{X_L}{X_0}+h\,\frac{\Delta X}{X_0}$$

又

$$h2\Delta W=1,h=\frac{1}{2\Delta W}=\frac{X_0}{2\Delta X}$$

故

$$P_s=0.5+h(e^{-at^b}-W_L)=0.5+\frac{X_0}{2\Delta X}\left(e^{-at^b}-\frac{X_L}{X_0}\right) \tag{7-17}$$

当 $t \geqslant t_d$ 时，$R_s=0, P_s=0$，故

$$0.5+\frac{X_0}{2\Delta X}e^{-at_d^b}-\frac{X_0}{2\Delta X}\frac{X_L}{X_0}=0 \tag{7-18}$$

$$e^{-at_d^b}=\frac{X_L-\Delta X}{X_0}$$

$$-at_d^b=\ln\frac{X_L-\Delta X}{X_0}$$

$$t_d=\sqrt[b]{\frac{1}{a}\ln\frac{X_0}{X_L-\Delta X}} \tag{7-19}$$

故工作范围为 $t \leqslant \sqrt[b]{\frac{1}{a}\ln\left(\frac{X_0}{X_L+\Delta X}\right)}$ 时，$R_s=1$；$t \geqslant \sqrt[b]{\frac{1}{a}\ln\frac{X_0}{X_L-\Delta X}}$ 时，$R_s=0$；$\sqrt[b]{\frac{1}{a}\ln\left(\frac{X_0}{X_L+\Delta X}\right)} \leqslant t \leqslant \sqrt[b]{\frac{1}{a}\ln\frac{X_0}{X_L-\Delta X}}$ 时，$R_s=\frac{1}{2}+\frac{X_0}{2\Delta X}\left(e^{-at^b}-\frac{X_L}{X_0}\right)$。

以上结论是在假定性能为均匀分布，漂移函数为 e^{-at^b} 的情况推导出来的，对于其他的不同分布和漂移函数也按此方法进行推导。

7.2.5　可靠性热设计

在电子系统中电子元器件的集成密度越来越高，将使元器件之间通过传导、辐射和对流产生热耦合。因此热应力成为影响电子元器件失效率的一个重要因素。电子元器件受温度影响是很敏感的，对于某些电路，热设计是可靠性设计的最重要的影响因素。

1. 热量的产生

电子设备内部热特性是由印制组装件功耗决定的。印制组装件由印制电路板和焊装其上的电子元器件组成。电子设备内部热源主要是一些发热的电子元器件，如电真空器件、半导体器件、集成块以及电阻器、电容器、变压器、流圈等，它们的热能均由电能转换而成。

2. 电子设备与环境间热量的传递

环境温度是产品主要工作环境条件之一，它同时也具有热量。电子产品消耗的功率绝大部分转换成热，为了确保设备可靠工作，必须把这些热量实时传递到环境中去。因此，电子设备是在热环境中存在和工作的。设计时，一方面要考虑把产品的热量散失到环境中去，使它们在低于额定温度条件下工作；另一方面又要考虑对环境热量的隔离。热设计的基本要求是：满足产品的可靠性、预期的热环境条件、对冷却系统的限制等，符合有关的标准和规范。所以，凡是存在温差的地方就有热量的传递，而且热量从高温区传递到低温区，高温区释放的热量等于低温区吸收的热量。热量的传递方式有导热、对流和辐射，对电子设备而言往往是三种方式同时存在。

当环境温度低于设备温度时，热量从设备传递到环境，设备处于散热状态；当环境温度高于设备温度时，热量从环境传递到设备，设备处于吸热状态；当环境温度等于设备温度时，热量不传递，系统处于相对平衡状态。在电子设备内部，各个元器件的发热时间和发热量都不相同，热量的流向是随机变化的；在某一时刻，一部分元器件在散热，另一部分则在吸热，再加上环境温度也

可能在变化，因此使得情况更加复杂化。

根据电子设备与环境之间的热量传递，传热的基本计算式是

$$\Phi = KA\Delta t \tag{7-20}$$

式中，Φ 为热流量，W；K 为总传热系数，W/(m・℃)；A 为传热面积，m^2；Δt 为热流体与冷流体之间的温差，℃。

为了深入分析环境热量对产品可靠性的影响，下面分别介绍导热、对流和辐射三种传递方式。

1）导热

气体、液体和固体都能导热，但其机理各不相同。气体导热由分子不规则运动和碰撞实现，液体导热由弹性波的作用而实现，金属和导体的导热由自由电子的运动而实现，非导电固体的导热由晶格结构的振动而实现。

导热定律：在纯导热中，单位时间内通过给定面积的热流量，正比于垂直于该截面方向上的温度变化率，其对应公式为

$$\Phi = -\lambda A(\partial t/\partial x) \tag{7-21}$$

式中，Φ 为热流量，W；λ 为导热系数，W/(m・℃)；A 为导热方向(x 方向)的截面积，m^2；$\partial t/\partial x$ 为 x 方向的温度变化率，℃/m；负号表示热传递的方向与温度变化率的方向相反。

2）对流

流体各部分之间发生相对位移时引起的热量传递称为对流。流体流过设备表面时发生的热交换过程是工程上所需的对流换热。对流又分为自然对流和强迫对流两种方式。

对流换热公式为

$$\Phi = h_c A(t_w - t_f) \tag{7-22}$$

式中，Φ 为热流量，W；h_c 为对流换热系数，W/(m・℃)；A 为对流换热面积，m^2；t_w 为热表面温度，℃；t_f 为冷却流体温度，℃。

3）辐射

物体以电磁波的形式传递能量的现象称为辐射。热能可以转换为辐射能，辐射能也可以转换为热能。物体辐射能表达式为

$$\Phi = \varepsilon A\sigma_0 T^4 \tag{7-23}$$

式中，Φ 为辐射能量，W；ε 为物体的黑度；σ_0 为斯蒂芬-波尔兹曼常数，5.67×10^{-8} W/(m^2・K^4)；A 为辐射表面积，m^2；T 为物体表面热力学温度，K。

上述三种传热计算式为热设计提供了理论依据。设计时，许多参数可从有关手册、列线图、数表中查得，少数需要经过试验才能获得。复杂的热系统在设计时计算工作是比较繁琐的，应用热电模拟的技术，为电子设备的热设计提供了便利的方法，也为我们分析环境热对设备可靠性的影响提供了条件。

3. 热电模拟法分析

1）原理

在线性假设的前提下，热流量(设备功耗)、温差、热阻、热导、热容等参数可以分别与电流、电

压(电位差)、电阻、电导、电容相对应。因此,应用熟悉的电路计算方法去分析、求解、设计热流网络,进行稳态和瞬态的传热计算。在稳定状态下,恒温热源等效为恒压源,恒定功耗的电子设备具有恒定的热流源,等效于理想的电流源。导热、对流、辐射换热的区域用等效热阻处理,其中对流和辐射会因非线性而发生一定的误差,热流量模拟为电流,随温度变化而吸收或排出热量的物质可当做热容来处理;假定的无限大的热容器,其温度不随传递到它的热能大小而变化(它可以是大地、大气、大体积的液体及宇宙空间),称之为热沉,等效为接地(地线)。热电模拟法的关键是确定热阻值,其求解步骤:

① 根据电子设备内每一个元器件可靠性降额设计的要求,确定最高允许温度。

② 确定设备(或冷却剂)工作的最高环境温度。

③ 根据有关手册查出每一个元器件工作时允许的温升。

④ 确定每一个元器件正常工作时所需的热阻。

2) 热阻的计算

热阻是热量传递路途中的阻力,由下列表达式求解

$$\Phi = \Delta t / R_t \tag{7-24}$$

式中,R_t 为整个传热面积上的热阻($R=1/KA$),℃/W;Δt 为传热温差,℃。

3) 导热热阻

由于多数设备用金属平板作底板和机壳,因此,主要求解平壁的导热热阻。

$$R_t = \delta / \lambda A \tag{7-25}$$

式中,δ 为平壁厚度,m;λ 为平壁的导热系数,W/(m·℃);A 为导热面积,m^2。

4) 对流换热热阻

$$R_t = l / h_c A \tag{7-26}$$

式中,h_c 为对流换热系数,W/(m·℃);A 为换热面积,m^2。

5) 辐射换热热阻

$$R_t = l / h_r A \tag{7-27}$$

式中,h_r 为辐射换热系数,W/(m·℃);A 为换热面积,m^2。

4. 设备换热影响分析

当设备性能、结构、热和可靠性的设计完成之后,其热电模拟网络也就确定了。图 7-7 为电子设备的典型模拟网络。图 7-7 中,Φ 为设备等效热流,t_j 为设备内部温度,R_j 为内热阻,t_c 为设备外壳温度,R_c 为机壳与环境的界面热阻,当机壳上设计了散热器时,t_f 为散热器温度,并有 $t_f = t_a$,R_f 为散热器的热阻,t_a 为热沉温度(要求的环境温度)。

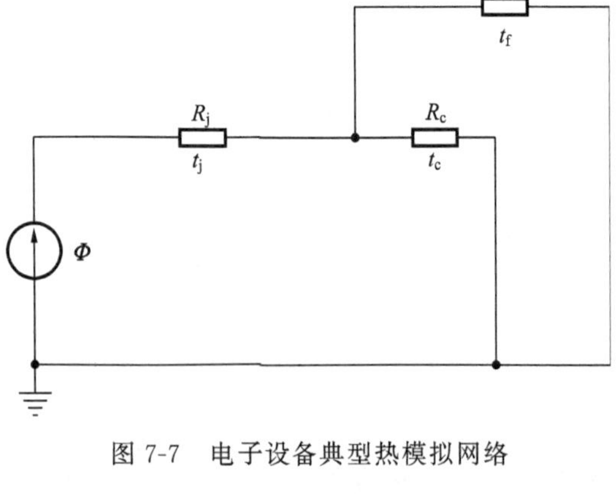

图 7-7 电子设备典型热模拟网络

这是一个串并联网络,可以得到关系式

$$t_j - t_a = \Phi \times [R_j + R_c \cdot R_f / (R_c + R_f)] \tag{7-28}$$

当设备处于稳定工作状态时,如果我们忽略对流和辐射对热阻的非线性影响,则认为网

络中的 Φ、R_j、R_c、R_f 为确定值。在网络中，真实的环境温度 t_a 在不断变化，并非固定在要求值(也是设计参数)上，这将导致系统热流的阻塞或反向传递，引起设备内部温度 t_j 的变化。这相当于系统接入了变化的反向热流，破坏了设计技术状态，可能使 t_j 超过某些元器件的最高允许温度，导致参数漂移以至失效，影响设备可靠性。

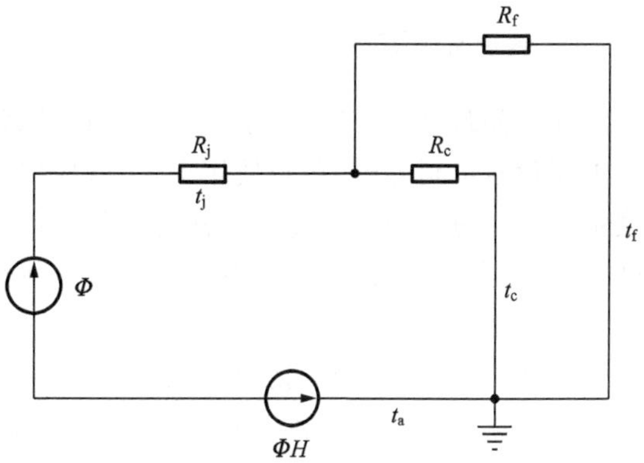

图 7-8　电子设备可靠性热设计的热模拟网络 R

因此，在进行可靠性热设计时，必须考虑环境热的影响，可按照图 7-8 所示的模拟网络进行设计。图 7-8 中，ΦH 是环境热等效的热流，其方向与设备的等效热流相反，其值可取设备寿命和任务剖面的最大值。此时系统换热关系式为

$$t_j - t_a = (\Phi - \Phi H) \times [R_j + R_c \cdot R_f/(R_c + R_f)] \tag{7-29}$$

5. 设备内部元器件换热影响分析

元器件安装在设备内部，它的工作环境是机壳内的空间。我们研究一个半导体三极管的换热情况：半导体结温是三极管的热参数，可靠性热设计时要对其进行降额使用，以降低其失效率。三极管的热设计以其结—壳热阻 R_{jc} 为核心，选取降额工作点，关系式为

$$R_{jc} = (t_{jmax} - t_b)/P_{max} \tag{7-30}$$

式中，R_{jc} 为结到管壳热阻，℃/W；t_{jmax} 为最大结温，℃；t_b 为器件外壳基座温度，℃；P_{max} 为最大功耗，W。

当考虑加装散热器而忽略其他热传递途径时，半导体三极管的换热网络如图 7-9 所示。

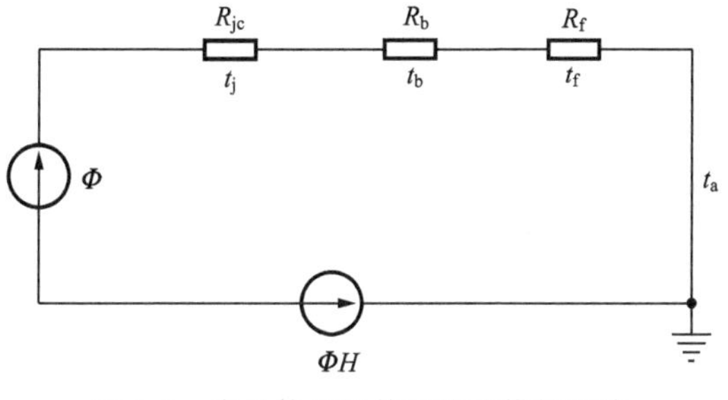

图 7-9　半导体三极管的换热模拟网络

图 7-9 中，Φ 是晶体三极管功耗产生的热流；ΦH 是环境热等效的热流，其方向与 Φ 相反，其值可取设备内部的最高环境温度；t_{jc} 是结温，t_c 是管壳温度，t_f 是散热器热点温度，t_a 为要求的环境温度；R_{jc} 是结到管壳的热阻，R_b 是管壳与散热器的界面热阻，R_f 是散热器与环境的热阻。它们形成串联网络，可以得到关系式

$$t_{jc} - t_a = (\Phi - \Phi H) \cdot (R_{jc} + R_b + R_f) \tag{7-31}$$

当管子处于稳定工作状态时，如果忽略对流和辐射对热阻的非线性影响，则认为网络中的 Φ、R_{jc}、R_b、R_f 为确定值。

6. 热设计常用流程

电子设备热设计流程应先明确设计条件，如设备的功耗和发热量，设备的允许温升，设备的外形尺寸以及设备的放置的环境等。

7. 热设计常用的技术措施

在产品最初设计时，为了使元件不在过高温度下工作、避免参数漂移、保持电气性能稳定，提升电子设备的可靠性、延长使用寿命，就应该考虑到产品的热性能，使整个系统工作在合理的温度范围内。电子设备的冷却方法有多种，可以单独地或由几种冷却方法联合作用（如自然冷却、强迫冷却、蒸发冷却、半导体制冷等方法），将热量从设备中（或元件上）带走，或传到设备外的周围介质中去。

在热设计时，常用的技术措施有：

(1) 应最大限度地利用传导、自然对流和辐射等简单、可靠的冷却技术；

(2) 应尽可能地缩短传热路径，增大换热（或导热）面积；

(3) 元器件安装时，要充分考虑周围元器件辐射换热的影响，热敏器件应远离热源或采取热屏蔽措施，将其与热源隔离；

(4) 增加表面黑度，提高辐射换热能力；

(5) 对太阳辐射应有相应的防护措施；

(6) 对嵌埋状态的热源，需用金属传热器通至冷却装置；

(7) 对需散热 1K 以上的元器件应安装在金属地底盘或传热通道上，并通至散热器；

(8) 在需要高传热性能时，可考虑采用导热管，导热管散热量可比实心铜导体高数百倍；

(9) 如果环氧玻璃树脂印制线路板不足散发所产生的热量，应考虑加设散热网络和金属条散热；

(10) 应控制印制板组装件之间的间距，一般可控制在 19～21mm 范围内；

(11) 采用强制风冷系统时应保证在箱内有足够的正压强；

(12) 进气口和排气口之间应有足够距离，要避免热风回流；

(13) 进入的空气与排出的空气之间的温差应小于 14℃。

7.2.6 EMC 设计

电磁兼容性（EMC）是指电子系统在执行预定任务时遇到的各种电磁环境中，其性能不降低，参数不超出容许范围，仍能协调、有效进行工作的能力。电磁兼容（EMC）包括电磁干扰（EMI）和电磁敏感度（EMS）两个方面。

要提升这种能力，有许多应用课题要解决，如电磁波的散射、透射、传输、孔缝耦合，各种干扰源的机理和特性，各种干扰参数的计算和测试，各种结构的屏蔽效果，各种防护方法、测试方法、标准等。对应设计的方法也有多种，如防静电设计、防雷设计、防地电位升设计等。一般从以下几个方面考虑，以保证产品的 EMC 特性。

1. 静电放电的防护

首先要阻止电流直接进入电子线路，最普通的办法就是建立完善的屏蔽结构（必要时在外壳与电路之间增加第二层屏蔽层），屏蔽层接到电路的公共接地点上。对内部的电路来说，如果需要与金属外壳相连，必须采用单点接地的方式，以防止放电电流流过这个电路，造成伤害。

2. 屏蔽

屏蔽主要是吸收、反射电磁波干扰，以阻断辐射干扰。主要对电场、电磁场、磁场进行屏蔽。

3. 接地

接地是抑制系统干扰的主要方法之一。接地首先要在系统中选一个参考"地点"，它是系统中所有信号的参考点，任何不需要的电流，均可以传到该点，从而消除其有害的影响。接地的目的一是防电击，二是去除干扰。接地可分为两大类，即安全接地与信号接地。接地时应该注意：接地线越短越好，接地面应具有高传导性，切忌双股电缆分开安装，低频宜采用单点接地系统，高频应采用多点接地系统，去除接地环路。

4. 滤波

实际工作中，无法完全做好接地与屏蔽的工作。因此，会采用滤波（将不需要的信号去除）的方式来弥补不足，主要通过滤波电路来实现。在实际使用中，由于设备所产生的干扰信号中共模和差模的成分不一样，所采用的滤波电路也有变化，可适当增加或减少滤波元件。具体电路的调整一般要经过 EMI 测试后才能有满意的结果。

5. 潜电路分析

所谓潜电路指的是某种条件下，电路中产生的不希望有的通路。它的存在会引起功能异常或抑制正常功能。潜电路分析的目的是在假定所有组件均正常工作的情况下，分析哪些是能引起功能异常或抑制正常功能的潜在电路，从而为改进设计提供依据。

为了查出潜电路，先要列出电路所存在的一切通路。为了简化通路，需略去不必要的部分，但必须保持连通电源和接地总线通路，略去无关路径。此过程工作量较大，一般要用计算机完成。可在此基础上产生网络树。这种网络树规定，把所有电源置于每一网络树的顶端，而底部是地，并使电路按电流自上而下的规则排列。由网络树可判断出存在的潜电路。

进行潜电路分析时，一般不考虑环境变化的影响，也不去识别由于某些硬件故障等原因引起的潜电路。潜电路分析只注重系统各元件或部件之间的相互连接、相互关系及相互影响，而不注重元件或部件本身的可靠性。在进行潜电路分析时，使用详细的生产图及安装图要比使用系统级或功能级图样更为有效。

7.2.7　冗余设计

一个系统的可靠度为 MTBF＝6667h，达不到设计目标值 MTBF＝8000h；如果把两个这样的系统"并联"起来（图 7-10），结果如何？

分析：假设该系统可靠度寿命服从指数分布，MTBF＝6667h，对应的失效密度为 λ_1，可靠度为 R_1，失效率为 F_1。

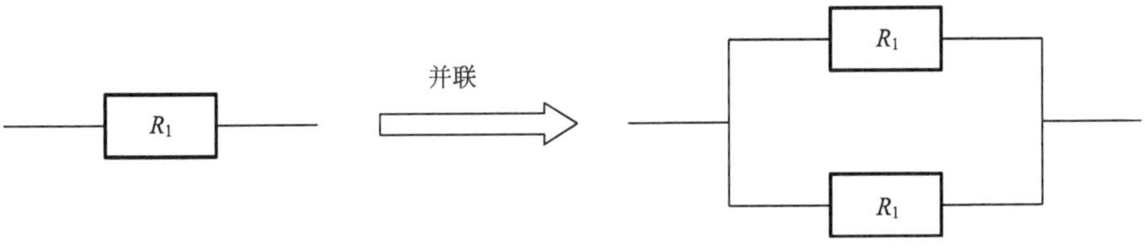

图 7-10　系统变换图

并联后的系统对应的失效密度为 λ_s，可靠度为 R_s，失效率为 F_s，则

$$F_s = F_1 \times F_1$$

$$F_1 = 1 - e^{-\lambda_1 t}$$

$$\lambda_1 = 1/\mathrm{MTBF}$$

$$\mathrm{MTBF}_s = 1/\lambda_s$$

近似计算后得：$\mathrm{MTB}F_s = 1.5 \times \mathrm{MTBF} \approx 10000\mathrm{h}$，满足了设计目标值。这是一个简单的冗余设计例子。

冗余设计过程中，必定会增加整个系统的体积、成本，在整个设计过程中也要综合考虑。在进行冗余设计时，一般情况下应注意以下几点：

(1) 在设计时应在可靠性、体积、重量及成本四者之间进行权衡优化设计。

(2) 在设计时，不是构成系统所有的单元都需要进行冗余设计，应选取那些可靠性薄弱环节和对执行任务及安全性影响至关重要单元进行冗余设计。

(3) 为了提高系统的任务可靠性，如果提高单元的元器件可靠性可以与进行冗余设计有相同可靠性水平，同时提高单元的元器件水平较易且成本不高，那就采取提高单元的元器件可靠性水平，即选用高可靠元器件，尤其对长期工作的通信产品尤为重要，往往在较长工作时间更显现出选用高可靠元器件的优越性。

7.2.8　环境及其防护设计

环境防护设计是可靠性设计的一个基本组成部分。环境影响是产品周围的环境对产品的影响。环境条件是非常复杂的，有单因素作用和多因素的交互作用。不同的产品，其环境的交互作用影响是不同的。电子系统工作时通常受到潮湿、盐雾、霉菌、辐射、振动、冲击与热的影响，导致可靠性水平降低。

1. 防潮湿设计

防潮湿设计是指可以采取单项或多项综合措施来防止湿气的影响。这些措施有：①采用排水和空气循环系统；②采用干燥装置吸收潮气；③采用防护层；④采用密封垫或其他密封器件；⑤憎水处理；⑥浸渍，用高强度和绝缘性能好的涂料填充某些绝缘材料以及各种线圈中空隙、小孔、毛细管等；⑦灌注和密封。

2. 防盐雾设计

盐雾是一种气溶胶状体，由于盐雾的存在，金属易产生电化腐蚀。腐蚀随温度、湿度的增加而加快。防止的措施有：①采用非金属或不易腐蚀的金属；②金属表面间设置油漆进行隔离；③减少两金属间的电位差；④排除电器接触。

3. 防霉菌设计

霉菌是由蛋白质等组成，可以导电，它侵蚀材料造成绝缘材料的绝缘电阻和抗电强度下降。一般菌种生长的适宜温度为 26～32℃，相对湿度为 85%以上，在能提供营养的材料表面上大量繁殖。克服措施有：①选择不长霉的材料；②采用防霉剂处理零件或设备；③在密封前，元器件、材料用足够强度紫外线辐射。

4. 振动、冲击与噪声设计

为了消除振动、冲击与噪声对电子元器件带来的危害，一般设计时需要注意：①消除产生源（振动、冲击与噪声）的设计；②隔离设计；③减振设计；④抗振设计。

5. 电子设备辐射设计

辐射一般包括太阳辐射、核辐射和宇宙射线辐射等。提高电子抗辐射的途径有：①寻找能够削弱辐射影响的封装屏蔽材料；②从线路结构与元器件制造上考虑。

7.3　参数优化设计

参数优化设计，即为三次设计。三次设计也称田口方法，是田口玄一（日本）创立的优化设计方法。该方法认为设计应分三个阶段：系统设计（提出初始设计方案）、参数设计（寻求参数的最佳搭配，提高产品性能的稳定性）、容差设计（规定关键件合适的公差范围）。三次设计的目的是用廉价元器件做成质量上乘、性能稳定可靠的产品。

1. 系统设计

系统设计即常规产品功能设计，是由专业人员应用专业知识和经验，根据实际需要建立一个基本产品的模型，确定产品的基本功能。通过确定产品的结构、组成以及各组成部分之间的联系，选定能够满足设计指标要求的元器件组合。

2. 参数设计

在三次设计中，参数设计是最重要的，是三次设计的核心。通过参数设计，即使采用参数波动大的元器件，产品的整机性能仍十分稳定。为达到此目的，首先使系统达到最大的信噪比（即保证系统在各种干扰的影响下是最稳定的），而不是保证目标输出值；接着再把系统的输出特性值调整到目标值（这样可以大大地提高产品的稳定性）。这个过程其实质在于非线性效应的利用。

如图 7-11 所示，产品输出 y 与某一器件的参数 x 的关系为 $y=f(x)$，是非线性关系。在 A 点，x 有波动 Δx_1，y 的平均值有波动 Δy_1；在 B 点，x 有波动 Δx_2，y 的平均值有波动 Δy_2；由非线性特性决定 $\Delta y_1 \gg \Delta y_2$。所以，从 A 点到 B 点过程中，参数波动很大，输出波动却大大减小，

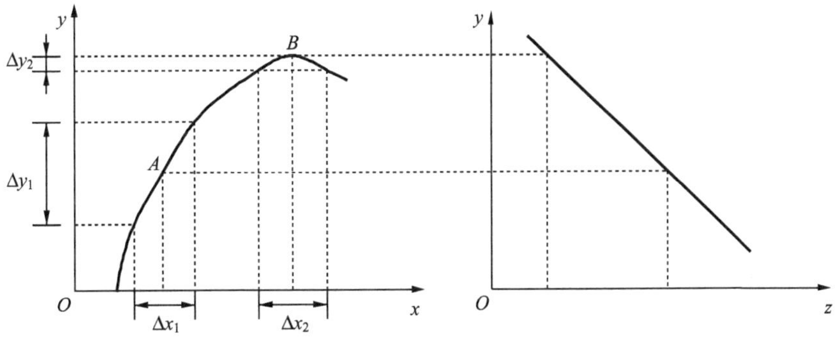

图 7-11　参数设计示意图

保持良好的稳定性，但 y 此时偏移量很大。因此，设法找到一个其参数 z 与 y 呈线性关系且便于调节的元器件，只要把输出值调整到与 A 点相对应的值即可。

3. 容差设计

通过参数设计，确定了系统诸因素参数中心值最佳组合，但采用的都是波动较大的低挡器件，对于产品性能指标影响较大，不一定满足产品的性能要求。为此，规定了器件的波动范围，也就是容差设计。

复习思考题 7

7-1 进行电子元器件的筛选与控制的目的是什么？包括哪些环节？

7-2 简述降额设计的原理和方法。

第8章　故障模式、影响与危害性分析

8.1　概　　述

可靠性设计和分析的目的绝不仅是确定与评价系统及其组成单元的可靠性水平，更重要的是提高其可靠性。因此，必须对系统及其组成单元的故障（失效）进行详细的分析，故障分析技术是可靠性分析的重要内容。

故障模式影响分析 FMEA（failure mode and effects analysis），它是开展质量设计、生产及服务使用最广泛的分析方法和有效工具。它根据基本故障判据或重要故障模式对特定单元（元件或零件、部件、分系统等）做分析。从基本单元的故障模式和系统的功能出发，确定单元故障与系统状态之间的关系。所谓系统状态是指系统故障、系统不能工作、系统工作受到限制、系统性能下降或性能的完整度受到破坏等。除了对基本单元的故障进行分析外，还需要对高一层或更高一层的系统功能故障以及所能考虑到的继发性事件进行分析。

当考虑危害性时，称为故障模式影响与危害性分析 FMECA（failure mode effect and criticality analysis），根据 GB/T 3187—1982 中的定义，表述为“在系统设计过程中，通过对系统各组成单元潜在的各种失效模式及其对系统功能的影响与产生后果的严重程度进行分析，提出可能采取的预防改进措施，以提高产品可靠性的一种设计分析方法”。

FMECA 是分析系统中每一个子系统所有可能的故障模式及其对整个系统所有可能的影响，并按每一个故障模式的危害程度及其发生概率予以分类的一种归纳分析方法，如图 8-1 所示。

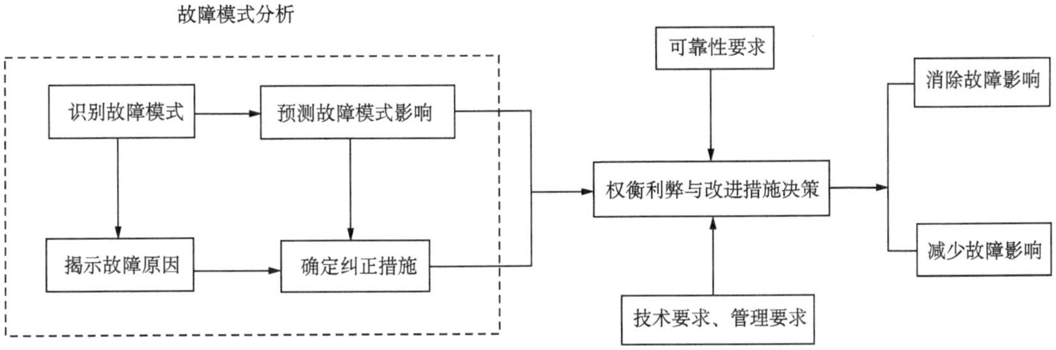

图 8-1　FMECA 分析方法

FMEA 作为一种可靠性分析方法起源于美国。20 世纪 50 年代，由于美军战斗机的油压装置与电气装置的可靠性不高，导致失事频繁，造成机毁人亡的严重事故，格鲁曼（Grumman）飞机公司在研制飞机主操纵系统时，首先将 FMEA 的观念用于飞机主操纵系统的失效分析，取得了良好的效果。到 60 年代，美国推动太空研究工作，美国国家航空暨太空总署（NASA）针对任务需要，于 1963 年发布“NPC 250-1”可靠性计划，明确规定承包商必须实施设计审查（design review），在设计审查时必须应用 FMEA 技术，这段时期 FMEA 成功地被应用于太空计划中。

同时，美国军方也开始应用 FMEA 技术，并于 1974 年出台了军用标准 MIL-STD-1629，并沿用至今。

20 世纪 60 年代后期，FMEA 主要用于评估航天工业中系统部件的可靠性和安全性。80 年代后期，福特汽车公司将 FMEA 应用到制造和组装过程中以改进生产。现今，FMEA 几乎在所有工业中用于产品和流程的设计及软件、服务的设计。随着市场竞争的日益激烈，FMEA 有助于保证已投入市场的满足顾客需要的新产品的可靠性、安全性和经济性。

随着 FMEA 方法开始广泛地应用于航空、航天、舰船和兵器等军用系统的研制中，它也逐渐渗透到机械、汽车和医疗设备等民用工业领域，取得显著的效果。1977 年福特汽车公司在教育手册中公布 FMEA 的作业标准并推广使用，随后美国各大汽车厂陆续采用，并按照应用对象分成“设计 FMEA”和“过程 FMEA”，除公司内实施 FMEA 外，还要求供应商对所供应的零件进行设计及过程的 FMEA。1985 年国际电工委员会(International Electro technical Commission，IEC)出版了关于系统可靠性的 FMEA 技术标准，其内容除对电子、机械及油压等设备或零件的 FMEA 作说明外，同时提到可将 FMEA 应用在软件及人员等的可靠性分析上。1993 年美国汽车业所实施的品质系统 QS9000，也将 FMEA 的技术应用在设计及过程管理控制上，而欧盟单一市场所实施的 CE 标志认证，也利用 FMEA 的技术实施产品安全风险分析。

实际上，目前 FMEA 已经被广泛使用于太空、航空、国防、汽车、电子、机械和造船等产业，甚至也被应用到服务业。例如有研究人员利用 FMEA 方法进行银行规避风险决策分析；有的将该方法应用在 IS014001 环境管理系统上，对新产品制造的潜在环境风险进行分析；有的结合 FMEA 与布林代数法进行系统安全设计研究；还有的用该技术对医疗器材、资源回收系统等进行风险分析等。可以说该方法经过长时间的发展与完善，已获得了广泛的应用与认可，成为在系统的研制中必须完成的一项可靠性分析工作。

FMECA 是进行产品可靠性设计的重要分析方法之一，一般为定性分析，也可进行一定的定量分析。

FMECA 是通过分析产品所有可能的失效模式，来确定每一种失效对产品的安全、性能等要求的潜在影响，并按其影响的严重程度及其发生的概率对失效模式加以分类，鉴别设计上的薄弱环节，以便采取适当措施，消除或减轻这些影响。

进行 FMECA 的目的是确定对机械系统的故障或人员安全有危害性影响的故障模式及其等级，为机械系统中的监控机械子系统和内部自检子系统的配置和设计提供依据，为机械系统各种故障的定量分析提供信息，并为优选方案提供参考。

对机械系统进行 FMECA 或 FMEA 分析，需要掌握以下资料：

(1) 与机械系统结构有关的资料。掌握机械系统的各组成部件的结构特性和联结及机械系统在整个工作系统中所处的地位和发挥的作用；

(2) 掌握与机械系统工作、运行、控制和维护的相关资料；

(3) 掌握与机械系统所处的工作环境和使用条件相关的资料。

FMECA 包括故障模式分析(FMA)、故障影响分析(FEA)和危害性分析(CA)。

8.2　故障模式及影响分析(FMEA)

有效的 FMEA 可以辨识出所有故障模式及其影响，指出如何消除故障模式或降低故障模式的影响，使设计更加安全可靠。除了提高质量和安全性以外，FMEA 还具有很多的优越性，如

FMEA 优化了产品及过程，增加了顾客满意度；对于故障修复、故障容错以及故障检测和隔离，可以较早地诊断程序；基于引起产品失效的可能性，更有效地测试生产计划；在原型和产品开发制造阶段，尽可能减少耗费大的工程修改等。FMEA 在解决设计的薄弱环节及生产和产品服务中出错的地方，具有重要的作用。

具有上述优越性的同时，FMEA 只考虑了非并发性的故障模式。在 FMEA 分析中，每个故障模式被认为是互相独立的，即假定系统的所有其他产品是按照设计运行的。因此，FMEA 只能提供有限的分析，而没有考虑多个部件失效对系统功能的影响，潜伏故障的表现形式(时间、顺序等)及对冗余产品的影响等异常行为。

8.2.1　故障及故障模式

随着国内制造业与国际接轨，故障模式影响分析(FMEA)技术在各个行业得到广泛应用并逐步发展成熟。

故障模式即故障或失效的形式，是指产品发生故障的表现形式，是可以观察或检测到的产品失效形式。故障影响是一个部件故障或失效时对整机所产生的影响。危害性就是后果的严重程度。

正确确定产品的故障模式是进行失效分析的基础。机械产品的故障模式类型和形式如表 8-1 所示。

表 8-1　故障模式类型

故障模式	表现形式
损坏型	疲劳断裂、过载断裂、塑性变形、点蚀等
退化型	化学及电化学腐蚀、积炭、老化等
松脱型	松动、脱焊、打滑等
失调型	间隙不适、张紧力下降、压力不适等
阻漏型	堵塞、渗油、渗水、漏气等
功能型	功率下降、启动困难、性能参数劣化、制动不灵、分离不彻底等

产品的故障(或失效)可以从多个方面进行分类，因为产品故障的原因和表现形式是多样的。

按产品寿命周期分，有早期故障、偶然故障和耗损故障。早期故障指产品在工作初期由于设计和制造等方面的缺陷而产生的故障，它具有单调下降的特点；偶然故障是产品在正常的使用过程中，由于一些偶然因素所引起的故障，其故障率近似为一稳定值，此阶段持续的时间也就是产品的有效运行时间，即有效寿命；耗损故障则具有单调增加的特性。

按照故障所引起后果的严重程度，即严重度来划分，一般分为致命故障、严重故障和轻微故障。例如，液压挖掘机的故障分为四类，即致命故障(Ⅰ类故障)、严重故障(Ⅱ类故障)、一般故障(Ⅲ类故障)和轻微故障(Ⅳ类故障)。

故障模式影响分析(FMEA)是一项在产品出售给客户之前，用以确定、识别和消除在系统、设计、过程和服务中已知和潜在的失效工程技术。

在失效分析中，首先要明确产品的失效是什么，否则产品的数据分析和可靠度评估结果将不一样，一般而言，失效是指：

(1) 在规定条件下(环境、操作、时间)不能完成既定功能；

(2) 在规定条件下，产品参数值不能维持在规定的上下限之间；

(3) 产品在工作范围内，导致零组件的破裂、断裂、卡死等损坏现象。

评估分析分为两个过程：第一，使用历史数据定义故障，这些历史数据可能是相似产品的服务、保修数据、客户控诉以及任何其他可利用的信息，利用这些信息可以定义故障。第二，在进行故障识别和定义时，需要采用统计技术、数学建模、仿真技术、并行工程和可靠性工程。

使用 FMEA 并不意味着以上某个方法比另一个方法更好或精确，如果处理得当，以上两种方法都可能有效。

8.2.2 FMEA 的任务和方法

1. FMEA 的任务

FMEA 一般可用于产品的研制、生产和使用阶段，特别应在研制、设计的各阶段中采用。它应在设计的早期阶段进行，以便于对设计的评审及为安排改进措施的先后顺序提供依据。FMEA 是一种用来确定潜在失效模式及其原因的分析方法。具体来说，通过实行 FMEA，可在产品设计或生产工艺真正实现之前发现产品的弱点，可在原形样机阶段或在大批量生产之前确定产品缺陷。

FMEA 应用在维修工作中不仅能够给出给定约定层次上的所有故障模式，而且能够确定它们对产品其他更高层次的影响，这正是维修工作需要不断强调的全面系统的分析方法。

FMEA 本质上是一种定性的逻辑归纳推理方法，它的指导思想是自上而下的研究下一级零部件的故障对上一级子系统或系统的影响。它是可靠性研究中的一个重要内容，也是提高设备可靠性的重要方法之一。FMEA 的基本任务包括：

(1) 找出功能故障的主要原因，故障发生的特定条件，为预防性维修工作、消除、发现故障提供科学依据。

(2) 确定功能故障的主要模式，即故障后果严重和故障发生频率较高的故障出现形式。

通过 FMEA 可以找出设计中的缺陷和可靠性薄弱环节，特别是故障率高的单点故障，采取补救或改进措施。例如某一元件故障率较高且失效将导致严重后果，就可以采取冗余技术、进一步降额、改用可靠性等级更高的元器件或修改设计等措施(包括设计、工艺和管理)，以消除或减少故障发生的可能性，提高产品的可靠性。

2. FMEA 方法

FMEA 的基本方法包括硬件法和功能法。当产品可按设计图样及其他工程设计资料明确时，一般采用硬件法。这种分析方法适用于从零件级开始分析再扩展到系统级，即自下而上进行分析，也可以从任意层开始向任意方向进行分析。采用硬件法进行 FMEA 是较为严格的。各级 FMEA 合起来便成为“FMEA 树”。

功能法是按每个产品都可以完成许多功能，而功能是按输出分类的观点出发，将输出分别列出，并对它们的失效模式进行分析。“可能的失效”要尽可能地收集类似产品在相似适用条件下积累的有关信息。

工作中具体采用哪种方法，取决于设计的复杂程度和可利用信息的数量。对复杂系统进行分析时，可以综合考虑功能法和硬件法。

8.2.3　FMEA 类型

FMEA 包括四种类型，分别是系统 FMEA、设计 FMEA、过程 FMEA 和服务 FMEA。图 8-2为四种 FMEA 之间的关系以及它们各自研究内容和应用对象。

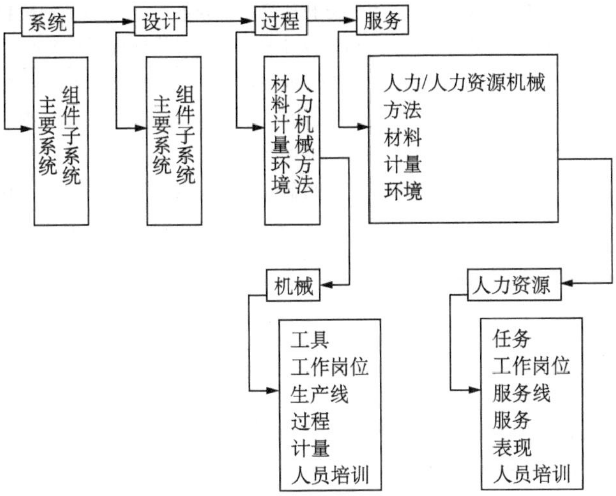

图 8-2　FMEA 各种类型研究的内容

1. 系统 FMEA(SFMEA)

SFMEA 是对产品开发过程策划综合评估，通过系统、子系统、分系统不同层次展开，自上而下逐级分析，更注重整体性、逻辑性。它在早期概念和设计阶段来分析系统和子系统。SFMEA 主要针对由于系统缺陷而引起的系统功能间的潜在故障模式。SFMEA 需要考虑系统与系统之间以及系统内部组成之间的交互作用。

SFMEA 的输出包括：按 RPN 排序的潜在故障模式清单；能够探测潜在故障模式的系统功能清单；消除潜在故障模式、安全问题和减少发生度的设计措施清单。

SFMEA 的益处在于：辅助选择系统设计的最佳方案；辅助确定冗余设计；辅助确定系统级诊断方案；提高考虑潜在问题的可能性；标志潜在系统故障以及故障与其他系统或子系统的相互作用。

2. 设计 FMEA(DFMEA)

DFMEA 是对设计输出评估、识别和消除产品及每一零部件的设计缺陷。它关注的是由于设计缺陷产生的故障模式。它包括表 8-2 中方案阶段和研制阶段的 FMEA——功能 FMEA、硬件 FMEA 和软件 FMEA。DFMEA 是从概念定义到设计确定的整个研发过程中的一项分析方法，目的是预先找出潜在的失效模式，再研讨、评估不同的失效模式对产品功能造成的影响程度，以决定改进设计的优先顺序，并有效地防止失效发生。DFMEA 必须配合设计流程反复进行，通过严谨的分析作业，确认所有失效模式在系统设计中会造成严重损失的原因和可能性，以便尽早提出设计变更或修改，使产品设计最佳化。

DFMEA 的具体工作步骤包括：分析系统潜在的故障模式以确定其对系统的影响；依据故障模式的严重度(FMEA)或故障模式的严重度和发生概率(FMECA)将潜在故障模式分类；建议措施消除或补偿不可接受的影响。

表 8-2 产品寿命周期各阶段的 FMEA 方法

阶段	方法	目的
方案阶段	功能 FMEA	分析研究系统功能设计的缺陷和薄弱环节，为系统功能设计的改进和方案的权衡提供依据
研制阶段	硬件 FMEA 软件 FMEA	分析研究系统硬件、软件设计的缺陷和薄弱环节，为系统的硬件、软件设计改进和方案的权衡提供依据
生产阶段	工艺 FMEA 设备 FMEA	分析研究设计生产工艺过程中的缺陷和薄弱环节及其对产品的影响，为生产工艺的设计改进提供依据。分析研究生产设备的故障对产品的影响
使用阶段	统计 FMEA	分析研究产品使用过程中实际发生的故障、原因及其影响。为评估论证、研究、生产各阶段的 FMEA 的有效性和进行产品的改进、改型或新产品的研制提供依据

3. 过程 FMEA(PFMEA)

PFMEA 是对工艺流程的评估、识别和消除制造/服务过程中每一环节的潜在隐患，是将 FMEA 技术应用在制造或组装过程的分析。它包括表 8-2 中生产阶段和使用阶段的工艺 FMEA、设备 FMEA 和统计 FMEA。PFMEA 应以新的或经过修改后的制造过程为对象，并在正式生产开工之前，在品质规划阶段实施。主要目的在于利用 FMEA 技术分析制造过程每一步骤中可能存在的潜在失效模式及影响程度，并找出失效模式发生的原因与发生几率，寻找各种可能的方法以避免失效模式发生或降低其发生率，减少其影响程度或提高制造过程中对不合格产品的检验能力，以便在正式生产前就能预先改善其制造过程的设计，生产出合乎品质、成本、时间要求的产品。

PFMEA 一般在过程流程确定之后，控制计划编制之前或出现产品/过程不符合时实施。

产品设计部门的下一道工序是工艺设计，或称过程设计。产品设计应充分考虑可制造与可装配性问题。由于产品设计中没有适当考虑制造中的技术与操作者体力的限制，就有可能造成制造失效模式的发生。因此，产品的 DFMEA 不能依赖过程检测作为控制措施，必须更改设计参数。PFMEA 应将 DFMEA 作为重要的输入，对 DFMEA 标明的特殊特性也必须在 PFMEA 中作为重点分析和考虑的内容。DFMEA 后才能作 PFMEA。

4. 服务 FMEA

服务 FMEA 是在产品到达用户之前对服务进行的分析。服务 FMEA 关注的是由系统或过程缺陷而产生的故障模式(缺陷、错误)。

服务 FMEA 的输出：按 RPN 排序的潜在故障模式清单；针对任务或者过程，提供潜在危害和关键特性清单；列出潜在瓶颈过程或任务清单；提供消除潜在缺陷措施方法清单；拟定监控系统、过程和功能清单。

服务 FMEA 所带来的益处：协助分析工作流程；协助分析系统和过程；确定任务缺陷；确定具有危害或关键的任务，并协助开发控制计划；制定改进措施的优先级别；记录变更的理性推理过程。

在产品寿命周期内的不同阶段，FMEA 的应用目的和应用方法略有不同，如表 8-2 所示。从表 8-2 中可以看出，在产品寿命周期的各个阶段虽然有不同形式的 FMEA，但其根本目的只有一个，即从产品设计(功能设计、硬件设计、软件设计)、生产(生产可行性分析、工艺设计、生产设备设计与使用)和产品使用角度发现各种缺陷与薄弱环节,从而提高产品的可靠性水平。

8.2.4　FMEA 的预测方法和程序

FMEA 是用一般的归纳方法来完成对系统可靠性和安全性的定性分析。首先应找出基本单元的故障模式,并在高一层系统上确定每一种故障模式对系统的影响,称为影响效应。当在高一层系统上做分析时,这种效应又解释为故障模式。由此可见,每一个故障模式的效应应该是在基本单元的上层进行分析的,这样连续进行就可以在全部所需的分析层上找出最后的故障效应。反之,也可以根据故障效应推出故障模式。因此,FMEA 是一种相当严密的分析方法,采用这种方法可以在一定程度上使设计工作摆脱过分依赖设计师的经验,成为一种可以按可靠性设计观点形成的可靠性设计技术。

1. 定性方法

所有的 FMEA 确切地说都具有不同程度的主观性,但 FMEA 却在减少甚至消除灾难性故障和提高用户满意度上发挥着显著的作用。

FMEA 的定性方法主要包括:主管的评价,专家的评价,销售情况综合分析,购买者的意图调查(对企业),购买者意图调查(对客户)。

总的来说,以上五种方法虽然也存在着诸如过于否定和拘泥当前形势的偏见,但在历史数据不能很好地预测销量时是更好的选择。

2. 定量方法

定量的分析方法主要有三种。

(1) 时间序列分析和预测:此方法预测的本质是只根据历史数据单独进行推断的预测方法,它的前提是历史数据代表了真实的因果关系。

(2) 回归分析:回归分析通过确定活动与产生需求的因素之间的关系来进行预测。在简单的回归分析中,只使用一个和预测有关的因素,通过回归分析可以确定历史变量的权重。

(3) 计量经济学:这些方法都把历史信息作为预测的基础。

3. FMEA 程序

实施 FMEA 时,必须做好准备工作,以便分析顺利、有效地进行。首先要熟悉系统(产品)的功能、构成及工作原理。要详细掌握系统由哪些子系统构成及其之间的耦合方式(如螺栓或螺纹连接、导线连接、管路连接等),各子系统的功能、构成、工作原理及各零部件的功能、工作原理。为此,应事先掌握系统、子系统及零部件的各种设计资料及与可靠性相关的技术资料。其次是明确系统(产品)的可靠性要求。FMEA 或 FMECA 是评价设计是否具有满意的可靠性,并找出设计中潜在弱点的方法。因此,要明确设计应该达到的可靠性水平。再次,要明确产品的使用条件,包括环境因素和人员因素,在分析中应充分考虑这些使用中影响产品可靠性的因素。最后是准备好分析用的表格。FMEA 的格式至少在一个企业内部是统一的,在行业内也最好做到统一。进行 FMEA,还要明确 FMEA 的各种标准。

随着 FMEA 技术的推广和发展,各个国家、各个行业纷纷推出了 FMEA 要求和方法,并形成标准、规范或手册,其中比较著名的如表 8-3 所示。

表 8-3　典型的 FMEA 方法标准、手册和规范

标准/手册编号	名称	发布机构	说明
GJB 1391—1992	故障模式、影响及危害性分析的要求和程序	中国	适用于中国的军工产品
MIL—STD—1629A	故障模式、后果和危害性分析	美国军方	具有很长的认可和使用历史，适用于政府、军事和商业机构，可以根据故障模式的重要等级进行危害度的计算
ISO/TS 16949	ISO/TS 16949 技术规范	国际汽车特别工作组(IATF)	符合全球汽车行业中现用的汽车质量体系要求，规定了 FMEA 的工作要求
QS 9000 FMEA	QS 9000 FMEA 工作手册	美国通用汽车、福特汽车及劳斯莱斯	美国三大汽车厂制定的质量体系要求，所有直接供应商都限期建立符合这一要求的质量体系，并通过认证
SAE J1739	潜在故障影响分析	国际汽车工程师协会	由劳斯莱斯、福特、通用电气等公司提出的适用所有汽车供应商的 FMEA 工程指南
SAE ARP5580	故障模式、后果和危害性分析程序	国际汽车工程师协会	结合了汽车行业标准和 MIL—STD—1629，适用于汽车和国防行业

众多标准、规范和手册描述的 FMEA 主要分为军工标准和汽车行业标准或规范两大类，军工行业以 MIL—STD—1629A 为代表，中国的标准 GJB 1391—1992 与 MIL—STD—1629A 极为相似；汽车行业的 FMEA 方法以 QS 9000 FMEA 手册中描述的方法为代表，其他规范或手册规定的方法与其基本相同。

FMEA 最重要的是明确系统组成、任务、功能、工作过程和各种工作方法及其使用环境；明确系统可能失效的全部故障(失效)模式，并对系统故障(失效)进行分类、分级。

明确系统的组成、任务及功能，需要画出可靠性结构框图。在此框图中要明确表示组成系统的零件、部件发生故障对系统的影响。这种框图自系统、子系统逐级划分，直到每个元件。然后列出所有元件的失效形式，最后填写 FMEA 表，其结构如表 8-4 所示。

表 8-4　FMEA 表

代码	产品或功能标志	功能	故障模式	故障原因	任务阶段与工作方式	故障影响			故障检测方法	补偿措施
						局部影响	高一层次影响	最终影响		

一项较完整的 FMEA 工作包括以下几个方面：确定已知和潜在的故障模式；确定各故障模式的原因和影响；能将已确定的故障模式依照其风险优先指数进行排序，风险优先指数是对发生度、严重度和检测度的综合评定结果；提供后续问题的纠正措施。

实施 FMEA 一般按照图 8-3 所示的步骤进行：

(1) 明确系统任务。工作分析是 FMEA 作业成功的第一步，因为 FMEA 是以完成产品设计及生产为评估标准的。

(2) 决定分解程度。它是指将系统细化的程度，如果每件设计的产品都细化到零部件，则过于烦琐，易造成任务完成时间的延误；但如果分析标准层次过高，则会产生难以确认真正的失效

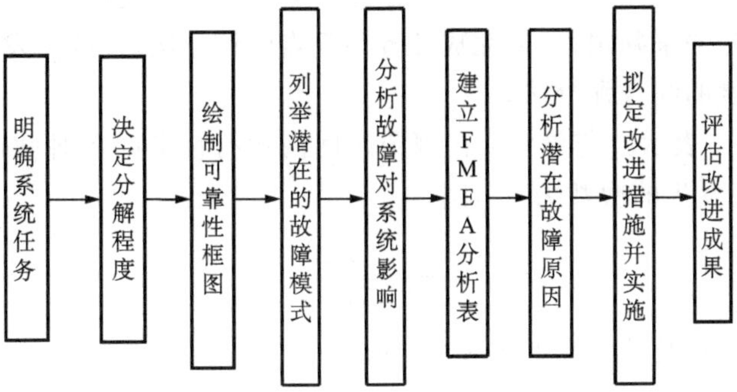

图 8-3　FMEA 分析步骤

原因，导致无法采取适当的改进措施，所以恰当地分解才能达到预期的目的。

(3) 绘制功能可靠性方框图和工程流程图。

(4) 列举潜在的故障模式。

(5) 分析故障对系统的影响。评价每一种故障模式对产品使用、功能或状态所导致的后果。

(6) 建立 FMEA 分析表。

(7) 分析潜在的故障原因。失效产生的原因一般分为六类：人员、设备、方法、材料、测量、环境等。确定失效原因的同时，还应根据事先确定的标准确定失效等级。

(8) 改进措施的拟定和实施。

(9) 改进成果的评估。经过重新设计或采取补救措施后，应对系统失效率的改进情况进行评估。

从另一个角度来说，FMEA 可协助设计人员及时发现自身对该研究产品专业设计知识的不足，从而提高个人的能力和水平。

4. 系统功能框图与可靠性框图

在进行 FMEA 时，做可靠性框图的目的是为了弄清设备的硬件、软件、操作人员与产品的关系及设备的部件、元器件、分系统、系统之间的关系。

5. FMEA 的评价准则

GJB 1391—1992《故障模式、影响及危害性分析的要求和程序》是中国 1992 年出版的国家军用标准，规定了对产品进行故障模式、影响及危害性分析的要求和程序，主要适用于军工产品。GJB 1391-1992 对 FMEA 的严重度类别、故障概率等级、故障影响概率等分析项均进行了列举性定义。

在 GJB 1391—1992 中，严重度类别的划分准则如表 8-5 所示。

表 8-5　严重度定义

类别	名称	描述
Ⅰ类	灾难的	引起人员死亡或系统(如飞机、坦克及船舶等)毁坏的故障
Ⅱ类	致命的	引起人员的严重伤害、重大经济损失或导致任务失败的系统严重损坏
Ⅲ类	临界的	引起人员的轻度伤害、一定的经济损失或导致任务延误或降级的系统轻度损坏
Ⅳ类	轻度的	不足以导致人员伤害、一定的经济损失或系统损坏的故障，但它会导致非计划性维护或修理

严重度也就是FMEA中的故障等级，它是故障模式重要程度的综合指标。FMEA的故障等级通常采用相对评分法来判定，如以完成任务为重点的评分法，以故障发生频度为重点的评分法和综合考虑各种因素的综合评分法。

故障发生频度以α_{ij}表示。若单元i在规定时间内执行任务时各种故障模式发生的总次数为n_i，第j种故障模式发生的次数为n_{ij}，则

$$\alpha_{ij}=\frac{n_{ij}}{n_i} \tag{8-1}$$

某些产品的故障模式及其频度如表8-6所示。

表8-6　某些产品故障模式及频度

故障模式 \ 频度 \ 零部件	电动机	继电器	耦合器	轴承	离合器	齿轮
腐蚀	6.3%	12.3%	—	18.7%	—	—
蠕变	—	—	—	—	—	—
形变	2.1%	0.4%	10.0%	2.5%	6.6%	20.0%
侵蚀	—	—	—	3.1%	—	—
疲劳	—	2.3%	—	4.4%	—	—
摩擦	1.5%	2.6%	—	10.6%	—	—
氧化	—	—	—	—	—	—
绝缘击穿	12.3%	12.3%	—	—	—	—
裂痕	—	—	—	0.5%	—	—
磨损	25.1%	5.4%	45.0%	60.2%	83.4%	60.0%
断裂	4.6%	17.5%	20.0%	—	10.0%	20.0%
其他	16.1%	11.9%	20.5%	—	—	—

表8-7为综合评分法故障模式的评定因素及其评分范围，按此表逐项评分，然后按式(8-2)计算综合分。

$$C_s=\left(\prod_{i=1}^{n}C_i\right)^{1/n} \tag{8-2}$$

式中，C_s为故障模式的综合分($1\leqslant C_s\leqslant 10$)；$C_i$为第$i$项评定因素的评分($1\leqslant C_i\leqslant 10$)；$n$为评定因素的总项数。

表8-7　故障等级与C_s值的关系

故障等级	Ⅰ	Ⅱ	Ⅲ	Ⅳ
C_s	8～10	5～7	3～4	1～2

故障越严重时，C_i的评分越高。计算出C_s后，再按表8-5确定故障等级。

故障模式致命度的计算方法很多，如致命度指数法，致命度系数法，危险优先系数法(RPN)

和危险数法(RN)等。

致命度系数法首先要确定评定因素的致命分项系数 F_i 的数值，然后按式(8-3)计算该故障模式的致命度系数 C_F，

$$C_F = n\prod_{i=1} F_i \tag{8-3}$$

C_F 值越高，故障模式的致命度越高。故障等级与致命度系数评分表如表 8-8 所示。

表 8-8　故障等级与致命度系数评分

	综合评分法	致命度系数法	
	评分 C_i	程度	系数 F_i
1. 故障对功能的影响及后果	1～10	致命的损失	5.0
		相当大的损失	3.0
		丧失能力	1.0
		不丧失能力	0.5
2. 故障对系统的影响范围	1～10	两个以上重大影响	2.0
		一个重大影响	1.0
		无太大影响	0.5
3. 故障发生频度	1～10	发生频度高	1.5
		有发生的可能性	1.0
		发生的可能性很小	0.7
4. 故障防止的可能性	1～10	不能防止	1.3
		可能防止	1.0
		可容易的防止	0.7
5. 更改设计程度		须作重大改变	1.2
		须作类似设计	1.0
		同一设计	0.8

危险优先系数法(risk priority number)又称风险顺序数法或风险概率数法，为福特公司最先应用，列入 QS9000 FMEA 标准，目前被广泛应用。该方法是采用风险顺序数(RPN)的数据，进行风险评估，其风险的因子由如下三个因子组成：严重度、发生度和检测度。在 QS9000 FMEA 中，为严重度、发生度、检测度提供了参考的评价准则，并提供了风险顺序数的计算方法。严重度(effect severity ranking，S)是评价故障后果的指标，一般用 1～10 的数值标定；发生度(occurrence probability ranking，O)是评价故障发生的可能性指标，一般用 1～10 的数值标定；检测度(detection difficulty ranking，D)是评价检测出故障的难易程度，一般用 1～10 之间的数值标定。RPN 是三者乘积，即 RPN$=O\times S\times D$，用来衡量可能的工艺缺陷，以便采取可能的预防措施减少关键的工艺变化，使工艺更加可靠。对于工艺的矫正首先应集中在最受关注和风险程度最高的环节。

通过 RPN 可对各故障模式相对的危害性进行评定。故障发生可能性高、故障严重程度高，又难以检出的故障模式，其 RPN 值较高，从而危害性较大。而那些故障发生可能性低、故障严重程度低，较容易检出的故障模式，其 RPN 值较低，从而其危害性也较小。

故障严重度或致命度分析完成后,应根据故障等级或致命度大小选择出严重的故障模式以做出关键项目表,并认真考虑改进措施。所提出的改进措施经专家认可后,应由有关部门贯彻执行。此外,对关键项目改进措施的实施情况也要进行有组织的跟踪监督。

在得不到产品技术状态数据或故障率数据的情况下,可以按故障模式发生的概率来评价FMEA中确定的故障模式。此时,将各故障模式的发生概率按一定的规定分成不同的等级。故障模式的发生概率等级按如表8-9所示。

表 8-9　故障模式概率等级定义

类别	名称	描述
A 级	经常发生	在产品工作期间内某一故障模式的发生概率大于产品在该期间内总的故障概率20%
B 级	有时发生	在产品工作期间内某一故障模式的发生概率大于产品在该期间内总的故障概率的10%,但小于20%
C 级	偶然发生	在产品工作期间内某一故障模式的发生概率大于产品在该期间内总的故障概率的1%,但小于10%
D 级	很少发生	在产品工作期间内某一故障模式的发生概率大于产品在该期间内总的故障概率的0.1%,但小于1%
E 级	极少发生	在产品工作期间内某一故障模式的发生概率小于产品在该期间内总的故障概率的0.1%

故障影响概率是产品以某一故障模式j发生故障而导致系统任务丧失的条件概率,是分析人员根据经验判断得到的,记为β_j。β_j的值通常可按表8-10的规定进行定量估计。

表 8-10　故障影响概率定义

故障影响	β_j 值
实际丧失	1
很可能丧失	$0.1<\beta_j<1$
有可能丧失	$0<\beta_j\leqslant 0.1$
无影响	0

8.2.5　FMEA 实例

FMEA实际上意味着是事件发生之前的行为,并非事后补救。因此,要想取得最佳的效果,应该在工艺失效模式在产品中出现之前完成。下面介绍一个FMEA的实例。分析的对象是柴油机的燃料系统,如图8-4所示。

分析步骤如下:

(1) 系统的功能。

燃料借助重力,由燃料箱流向燃料泵,并按规定时间间隔喷射至汽缸内(曲轴转两转喷一次)。

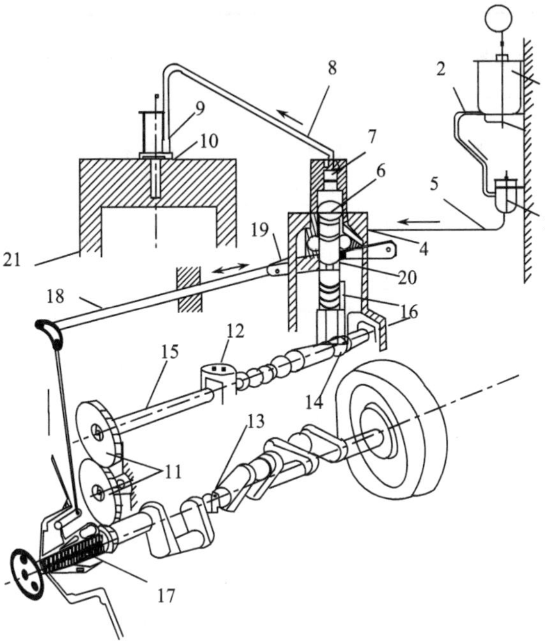

图 8-4　柴油机燃料系统示意图

1. 燃料箱;2. 止回阀;3. 过滤器;4. 燃料泵;5. 油管;6. 柱塞;7. 止回阀;8. 高压油管;9. 钢阀;10. 喷嘴;11. 齿轮;12. 轴承;13. 驱动轴;14. 凸轮;15. 凸轮轴;16. 弹簧;17. 调速器;18. 杆;19. 齿条;20. 小齿轮;21. 汽缸

(2) 功能块划分。

燃料供给系统、燃料压送系统、燃料喷射系统、驱动系统、调速系统。

(3) 可靠性框图。

如图 8-5 所示,柱塞之所以在可靠性框图中出现两次,是因为它担负着压送与调速两种任务。

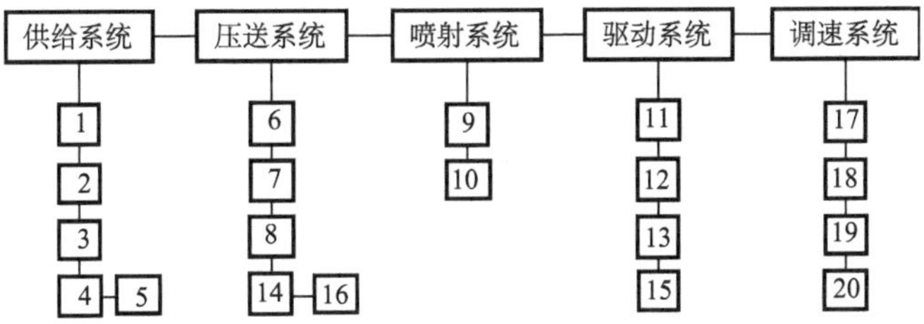

图 8-5　燃料系统可靠性框图

(4) 将水平分析到组件一级。

(5) FMEA 的实施

列出系统的所有故障模式。表 8-11 列出了Ⅰ、Ⅱ级及少数Ⅲ级故障模式。

表 8-11　柴油燃料系统的 FMEA(部分)

编号	名称	故障模式	发生原因	影响		故障等级
				燃料系统	发动机	
1.1	燃料箱	泄露	裂缝 材料缺陷 焊接问题	功能不全	运转时间短 火灾可能性	Ⅱ
		有杂物	维护不良 材质不良	功能不全	运转有问题	Ⅱ
1.2	止回阀	泄露	密封垫缺陷 污染 加工不佳 组装不好	功能不全	运转时间短 火灾可能性	Ⅱ
		不能关	污染 阀座表面损伤 加工不良	不起作用	停机有问题	Ⅲ
		不能开	污染 阀座卡住 加工不良	功能不全	不能运转	Ⅰ
1.3	过滤器	网孔堵塞	维护不好 燃料不好 过滤机构不好	功能不全	运转有问题	Ⅱ
		溢流	结构缺陷 维护不好	功能不全	运转有问题	Ⅱ
1.4	燃料泵	膜片缺陷	有孔、受伤、 组装不良	不起作用	不能运转	Ⅰ

将所有Ⅰ级故障模式集中列入关键项目表，如表 8-12 所示，并列出对策。

表 8-12　燃料系统关键项目表

编号	部件名称	故障模式	故障等级	影响
1.2	止回阀	不能开	Ⅰ	发动机不能运转
1.4	燃料泵	膜片缺陷	Ⅰ	
		膜不动作	Ⅰ	
1.5	油管	接头破损	Ⅰ	
2.1	柱塞	卡住	Ⅰ	
2.2	止回阀	不能开	Ⅰ	
2.3	高压油管	接头破损	Ⅰ	
3.1	针阀	卡住	Ⅰ	
4.1	齿轮	不能传动	Ⅰ	
4.2	轴承	卡住	Ⅰ	
4.3	驱动轴	断裂	Ⅰ	
5.1	调速器	波动	Ⅰ	

由表 8-11 可知，很多关键故障模式的原因都有污染一项，因此改进措施之一是在燃料泵前加一个过滤器。

8.3　危害性分析

危害性分析是按每一个故障模式的严重度类别及故障模式的发生概率所产生的影响（即危害度）对其划等分类，以便全面地评价各种可能的故障模式影响，并采取各种相应的措施改进设计。危害性分析是 FMEA 的补充和扩展，没进行 FMEA，就不能进行危害性分析。

危害性分析（CA）有定性分析和定量分析两种方法。定性分析是绘制危害性矩阵；定量分析是计算故障模式危害度 C_m 和产品危害度 C_r，并填写危害度分析表。

1. 定性分析方法

在得不到产品技术状态数据或故障率数据的情况下，可以按故障模式发生的概率来评价 FMEA 中确定的故障模式，将各种故障模式的发生概率按规定分成不同的等级。通常按产品工作期间内某一故障模式的发生概率与产品在该期间内总的故障概率的比值 m 的大小来划分：当 $m>20\%$ 时，表示经常发生，属于 A 级；B 级是有时发生，此时 $10\%<m<20\%$；C 级是偶然发生的，$1\%<m<10\%$；D 级是很少发生，$0.1\%<m<1\%$；E 级是极少发生的，$m<0.1\%$

危害性矩阵用来确定和比较每一故障模式的危害程度，进而为确定改进措施的先后顺序提供依据。危害性矩阵是以严重度的类别为横坐标，以故障模式发生概率等级或危害度 C_r 为纵坐标的矩阵图。通过绘制危害性矩阵，就可以确定和比较每一种故障模式的危害程度，进而为确定改进措施的先后顺序提供依据。

将产品或故障模式编码参照其严重度类别及故障模式发生概率或产品的危害度标在矩阵的相应位置，这样绘制的矩阵图可以表明产品各故障模式危害性的分布情况。如图 8-6 所示，从原点开始，所记录的故障模式分布点沿着对角线方向距离原点越远，其危害性越大，越需尽快采取改进措施。绘制好的危害性矩阵图应作为 FMECA 报告的一部分。

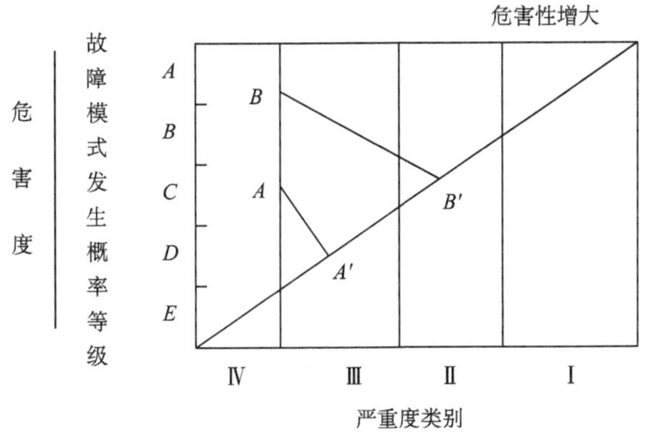

图 8-6　危害性矩阵

注：为便于使用，纵坐标同时列出危害度 C_r 和发生概率等级。

2. 定量分析方法

在具备产品的技术状态数据和故障数据的情况下，采用定量分析的方法，可以得到更为有效的分析结果。

定量分析就是计算故障模式危害度 C_m 和产品危害度 C_r 及填写危害度分析表。危害性分析表如表 8-13 所示。

表 8-13　危害性分析表

代码	产品标志	功能	故障模式	故障原因	任务阶段与工作方式	严重度类别
故障概率	λ_p	α_i	β_i	工作时间 t	C_{mi}	$C_r=\sum C_{mi}$

第 i 个故障模式危害度 C_{mi} 的计算公式为

$$C_{mi}=\lambda_p\alpha_i\beta_i t \tag{8-4}$$

式中，λ_p 为通过可靠性预计得到的产品故障率，1/h；α_i 为产品将以故障模式 i 发生故障的百分比，可由试验或使用数据获得；β_i 为故障影响概率，是产品以故障模式 i 发生故障而导致系统任务丧失的条件概率，由分析人员根据经验判断得到，$0\leqslant\beta_i\leqslant1$；$t$ 为产品每次任务的工作时间，h。

一个产品的危害度 C_r 是指预计将由该产品的故障模式造成的某一特定类型(以产品故障模式的严重度类别表示)的产品故障数。就某一特定的严重度类别和任务阶段而言，产品的危害度 C_r 是该产品在这一严重度类别下的各故障模式危害度 C_{mi} 的总和。C_r 可按式(8-5)计算

$$C_r=\sum_{i=1}^{n}C_{mi}=\sum_{i=1}^{n}\lambda_p\alpha_i\beta_i t \tag{8-5}$$

式中，n 为该产品在相应的严重度类别下的故障模式数。

具体选用哪种方法，要视具体情况而定。

8.4　对 FMECA 的评价

FMECA 或 FMEA 是在可靠性设计中广泛采用的一门技术，它的优点包括：①道理简单，方法简便，基本上属于定性分析，也可以进行定量分析。②适用于产品研制的全过程和各个阶段，对电气、机械、宇航、民用等行业均适用。③可以在一定程度上反映人的因素所引起的失误，并可以帮助研究人员将故障及其影响减到最小，从而提高产品的可靠性。④FMECA 或 FMEA 的实际效果大，是其他故障分析的基础，若和其他故障分析方法综合使用，效果更好。

FMECA 或 FMEA 也存在着一定的不足：①国家标准草案中指出“此方法分析整个系统失效影响非常有效”，但 FMECA 或 FMEA 工作量大、费时，对于具有多功能和大量元件的复杂系统来说，实施较为困难。②属单因素分析，未考虑共因素问题。③因环境条件而异，结论的通用性差。

综上所述，我们应该针对 FMECA 建立数据库，充分采用计算机统计、检索和分析方法，以更好地解决工程实际问题。

复习思考题 8

8-1　设计一个简单的产品或部件，写出系统的定义、画出系统功能框图和可靠性框图，并作出其 FMEA。

8-2　某产品的失效率 $\lambda_p=7.6\times10^{-6}\text{h}^{-1}$，在某一任务阶段，出现一个Ⅰ级严重性故障模式和一个Ⅲ级严重性故障模式。这两个失效模式的相对频率分别为 $\alpha_1=0.2$，$\alpha_3=0.5$，失效后果概率 $\beta=0.5$，在该阶段工作时间为 1h。求该产品在此任务阶段时，在严重性级别Ⅰ下的 C_m 和 C_r。

第 9 章　故障树分析

9.1　概　　述

9.1.1　故障树分析法简介

故障树分析又称失效树分析 FTA(fault tree analysis)，是大型复杂系统可靠性、安全性分析和风险评价的一种有效方法。FTA 方法是由美国贝尔实验室的 H. A. Watson 在 1961 年首次提出，并成功应用于民兵式导弹发射控制系统的可靠性研究中。1965 年美国波音公司在系统安全年会上正式发表了在故障树方面的研究成果报告，引起了科研人员的高度重视。其后，波音公司又研制出 FTA 的计算机程序，进一步推动了它的发展。到 20 世纪 60 年代中期，FTA 从宇航领域进入核工业和其他领域。1974 年，美国原子能委员会发表了核电站安全评价报告(即著名的 WASH—1400 报告)，报告中应用的核心分析技术就是事件树和故障树分析法，引起了学术界和工程界的巨大震动，使 FTA 法受到世界各国的普遍关注，是 FTA 技术走向成熟的里程碑。1975 年，在美国加利福尼亚召开的盛大的可靠性学术会议上，可靠性理论和 FTA 技术被并列为两大进展，这次大会被认为是 FTA 技术走向深入和完善的转折点。经过几十年的发展，FTA 逐步形成了完整的理论、工程分析方法和程序，并已广泛应用于核工业、航空、航天、机械、电子、电力、交通和化工等各个领域。目前，FTA 法已被越来越多的科研工作者和工程技术人员使用，用 FTA 法来预测系统的可靠性和安全性，分析系统元部件的重要性、寻找系统的薄弱环节，分析、预测和诊断系统的故障，指导系统的使用和维修、辅助维修决策以及改进系统设计和实现系统优化等。

故障树分析法是一种将系统故障形成原因按树枝状逐级细化的图形演绎方法，它以系统所不希望发生的事件(故障事件)作为分析目标，找出导致这一事件(顶事件)发生的所有直接因素和可能原因，并将这些直接因素和可能原因作为第二级事件(中间事件)，然后再往下找出造成第二级事件发生的全部直接因素和可能原因，按照这种方式逐级地找下去，直至追溯到引起系统发生故障的那些最基本的直接因素(底事件)，采用相应的符号表示这些事件，再用描述事件间逻辑因果关系的逻辑门符号把上述各种级别的事件，即顶事件、中间事件和底事件连接起来，就形成了一个倒立的树状逻辑因果关系图，称之为故障树(fault tree)。故障树反映了系统特定顶事件与其各子系统或各元件的故障事件及其他有关因素之间的逻辑关系。以故障树作为分析手段对系统发生故障的各种原因和系统的可靠性特征量进行分析的方法称为故障树分析法。

故障树分析法的主要特点如下。①它是一种图形演绎法，形象、直观。②它是故障事件在一定条件下的逻辑推理方法，具有很大的灵活性。③它能够将可能造成系统故障的各种因素(包括直接、间接因素等因素)联系起来，有利于找到系统的薄弱环节和系统的故障谱，提高系统可靠性的分析精度。④它既能进行定性分析，也能定量计算出系统的故障概率及其可靠性参数，为改善和评价系统的安全性和可靠性提供定量的依据。⑤可以借助于电子计算机来辅助完成。⑥不仅可以解决工程技术中的可靠性问题，还可以用于社会、经济问题的决策分析。

当然,故障树分析法也有一定的局限性,主要表现在:①分析人员必须对所分析的系统非常熟悉并具有丰富的实践经验与知识水平。②对于复杂系统,建树工作量大,需要花费大量的人力、物力和时间,而且容易导致错漏,同时也给定性定量分析带来一定的困难。③数据搜集困难。④要对系统进行定量分析,必须事先确定所有各基本事件发生的概率,否则无法进行定量分析。

9.1.2　故障树基本术语和符号

故障树分析法是一种图形演绎法,因而在建造故障树时需要一些专门的表示特定逻辑关系的门符号、事件符号以及基本术语,用以表示事件之间的逻辑关系和因果关系。当前使用的故障树符号有很多,现简要介绍一下故障树分析中比较常用的术语和符号。

1. 事件及其符号

在故障树分析中,所分析系统的各种故障状态和不正常状态均称为故障事件,各种完好状态或正常状态均称为成功事件或正常事件。故障事件和正常事件都简称为“事件”。

(1) 顶事件。所分析系统不希望发生的事件,也就是所要研究的事件。顶事件位于故障树的顶端,因此总是逻辑门的输出,而不可能是任何逻辑门的输入。顶事件可形象地理解为故障树的“树根”,在故障树中通常用“矩形”符号表示,如图 9-1(a)所示。

(2) 底事件。亦称基本事件,是导致其他事件发生的原因事件,是在故障树中不能进一步分解或无须再探明的事件,其故障分布一般是已知的。底事件位于故障树的底端,因此总是故障树中某个逻辑门的输入事件而不能作为输出,底事件可形象地理解为“树叶”,在故障树中,通常用“圆形”符号表示,如图 9-1(b)所示。

(3) 中间事件。位于顶事件和底事件之间的中间结果,它既是某个逻辑门的输出事件,同时又是另一个逻辑门的输入事件。中间事件可形象地理解为“树枝”,在故障树中通常也用“矩形”符号表示,如图 9-1(c)所示。

(4) 菱形事件。表示省略事件,一般指那些可能发生,但发生概率比较小,因此对系统来说不需要再进一步分析的事件,或暂时不必或暂时不可能探明其原因的事件。菱形事件在故障树中通常用“菱形”符号表示,如图 9-1(d)所示。

(5) 房形事件。亦称触发事件或开关事件。它有两个作用:①触发作用,房形中标明的事件是一种正常事件,但它能触发系统发生故障;②开关作用,当房形中标明的事件发生时,房形所在的其他输入保留,否则删除。作为开关作用的房形事件可以是正常事件也可以是一种故障事件。房形事件在故障树中通常用“房形”符号表示,如图 9-1(e)所示。

(6) 条件事件。条件事件与逻辑门连用,在故障树中通常用“椭圆形”符号表示,如图 9-1(f)所示,表示当椭圆形中注明的条件事件发生时,逻辑门的输入才有效,输出才有结果。

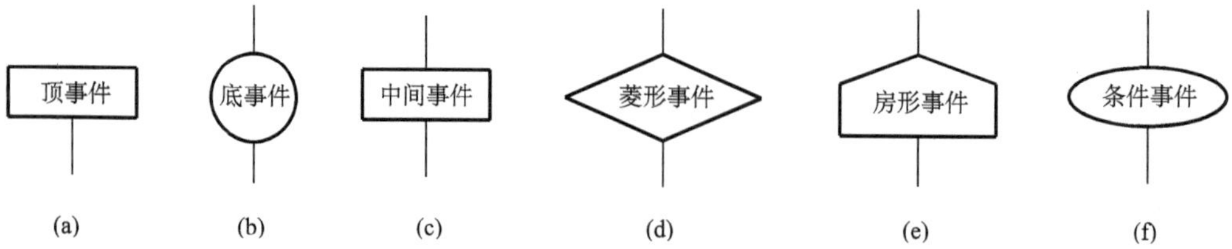

图 9-1　事件基本符号

2. 逻辑门符号

逻辑门在故障树中描述事件之间的逻辑因果关系。逻辑门包括“与门”、“或门”、“非门”和一些特殊门。其中,“与门”、“或门”、“非门”是三种基本的逻辑门,其他各种特殊门都可以转化为这三种门的组合。仅含有底事件、中间事件和顶事件三类事件以及“与”、“或”、“非”三种逻辑门的故障树称为规范化的故障树,又称为标准故障树。一个门可以有多个输入事件,但只能有一个输出事件。

(1) 与门。表示当且仅当所有输入事件同时发生时,门的输出事件才发生。与门的输出可以是顶事件或中间事件,输入可以是基本事件、中间事件或者两者的组合。在故障树中,与门的符号如图 9-2(a)所示。

(2) 或门。表示所有输入事件中,至少有一个输入事件发生时,门的输出事件才发生。或门的输出可以是顶事件或任意的中间事件,输入可以是基本事件、中间事件或者两者的组合,但必须至少有两个输入。在故障树中,或门的符号如图 9-2(b)所示。

(3) 非门。表示输入事件不发生时,输出事件才发生。非门的存在可能产生非关联树,在非关联树中,一个事件不发生可能导致顶事件发生。非门只有一个输入。在故障树中,非门的符号如图 9-2(c)所示。

(4) 表决门(m/n)。表示在 n 个输入事件中至少有任意 $m(m\leqslant n)$个发生时,输出事件才发生。例如,2/3 表决门,表示其中任意 2 个输入事件发生或 3 个输入事件同时发生,输出事件都将会发生。当 $m=1$ 时,表决门类似于一个或门。表决门的输入可以是基本事件、中间事件或二者的组合,表决门的输出可以是顶事件或中间事件。在故障树中,表决门的符号如图 9-2(d)所示。

(5) 顺序与门。当且仅当所有输入事件按规定顺序(一般自左至右)依次发生时,输出才发生。顺序与门是一个动态门,意味着输入事件发生的顺序对确定输出十分重要。顺序与门的输入可以是基本事件、任何一个与门、或门以及动态门的输出。在故障树中,顺序门的符号如图 9-2(e)所示。

(6) 异或门。表示或门中的输入事件是互斥的,即仅当一个输入事件发生,其他输入事件都不发生时,门的输出事件才发生。异或门的输入可以是基本事件、中间事件或二者的组合,输出可以是顶事件或中间事件。在故障树中,异或门的符号如图 9-2(f)所示。

(7) 禁门。表示仅当禁门打开的条件满足时,输入事件的发生才能引起输出事件的发生。禁门常用来描述非正常工作条件下发生的事件,其限制条件需在符号中表明,一般用于分析二次故障、外界条件或部件的使用条件等。如水管暴露在大气中,当水温低于 0℃,水管才冻裂。禁门的输入可以是基本事件、中间事件或二者的组合,输出可以是顶事件或中间事件。在故障树中,禁门的符号如图 9-2(g)所示。

3. 转移符号

在故障树中,经常出现条件完全相同或同一个故障事件在不同位置出现的情况,为了减少重复工作量和简化树图,可以使用转移符号。在故障树中,通常用“三角形”符号表示转移事件,“三角形”符号加上相应线条可表示从某处转入或转出到某处,具体如图 9-3 所示。一个转出符号和一个转入符号为一对,在一对三角形中需标出同一编码。

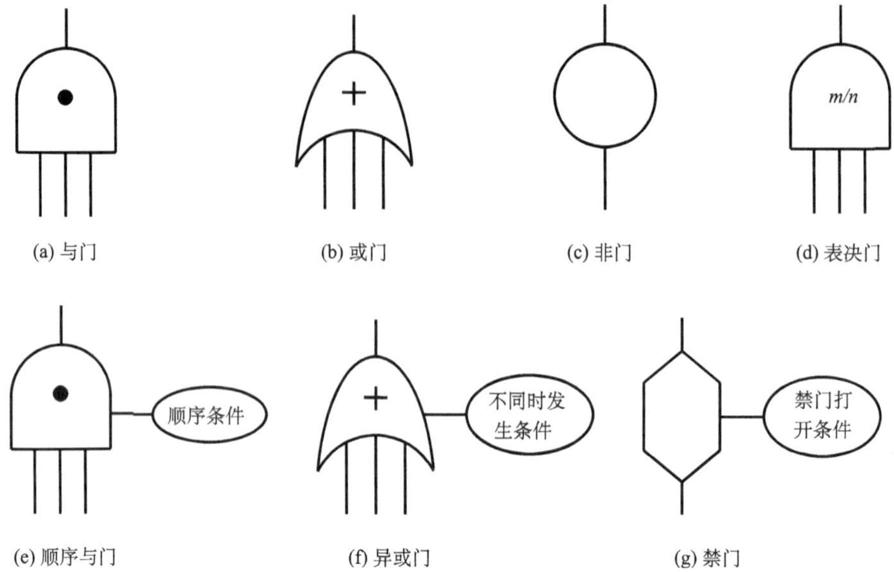

图 9-2　故障树常用的逻辑门符号

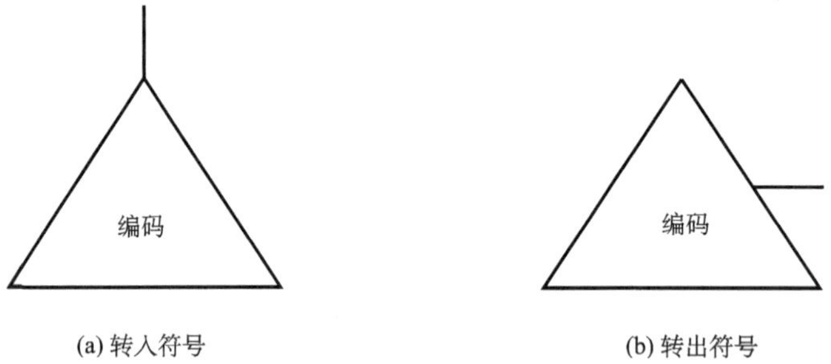

图 9-3　转移符号

9.1.3　故障树分析的步骤

故障树分析的过程实际上也是对系统深入认识的一个过程，分析人员应从整体角度出发，把握各故障事件之间的内在联系，弄清各种潜在因素对系统故障发生的影响途径和程度，以便在分析过程中发现问题并及时采取有效措施予以解决，从而提高系统的可靠性和安全性。故障树分析的步骤如图 9-4 所示。

(1) 确定目标系统。在进行故障树分析之前，首先应选择目标系统，即确定所要分析的系统，明确系统的边界条件，确定其考虑的范围。

(2) 熟悉所分析的系统。即要求分析人员熟悉整个系统的情况，包括系统的功能、结构原理、工作程序、运行情况以及各种重要参数等，必要时要画出工艺流程图及布置图。

(3) 定义故障和明确故障判据。准确的故障定义是很重要的，能够帮助分析人员和系统的设计、使用以及维修人员对所研究的问题有准确的理解和沟通，将注意力放在最重要的事情上，节约大量时间。故障判据是判断系统或系统的一部分正常与故障的准则。

(4) 调查系统故障，搜集故障资料。收集、调查所分析系统曾经发生过的故障和将来有可能发生的故障，同时还要收集、调查本单位与外单位及国内与国外同类系统曾发生的所有故障，广泛地搜集故障资料。

(5) 分析故障资料。根据所掌握的资料，仔细分析各种故障的形成原因(如设计、制造、装配、运行、环境、人为因素等)、产生的后果以及各种影响因素与它们之间的因果关系。

(6) 构建故障树。它是 FTA 法的关键，其完善程度将直接影响定性分析和定量分析的准确性。构建故障树即找出系统特定故障(顶事件)和导致这一故障发生的所有可能因素之间的逻辑因果关系，并将这种关系用各种逻辑门符号连接起来，形成故障树图，用图形的方式清晰、直观地表达出系统内各故障事件之间的内在联系以及系统故障与产生原因之间的逻辑因果关系。通过建树过程，可以使分析人员更加透彻地熟悉系统，进而发现系统最大的风险和最薄弱的环节。

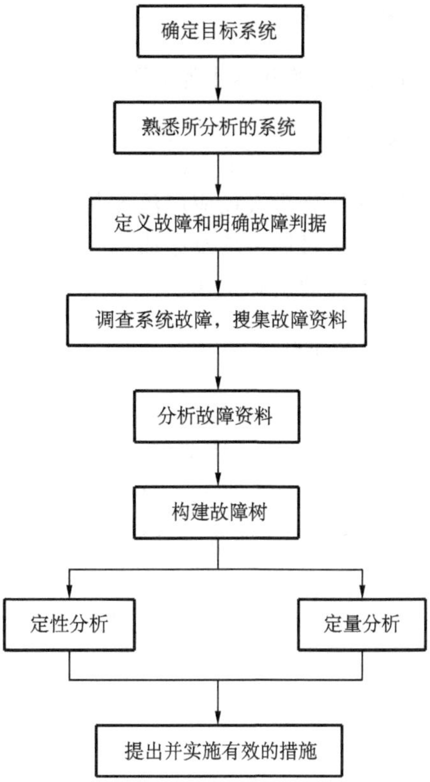

图 9-4　故障树分析步骤

(7) 定性分析。定性分析是故障树分析的核心内容之一，是定量分析的基础。主要目的是找出导致系统故障发生的所有可能的故障模式，即识别出导致顶事件发生的原因或原因的组合，从而发现系统的薄弱环节，判别系统的潜在故障，以便优化系统的设计，指导系统故障的诊断，改进系统的使用与维修方案。

(8) 定量分析。主要目的是利用故障树作为分析计算模型，在已知底事件发生概率的条件下求顶事件的发生概率，从而对系统的可靠性、安全性和风险性做出定量化的评估。

(9) 提出并实施有效的措施。针对定性分析和定量分析的结果，找出系统的潜在风险因素，识别出系统的薄弱环节，并考虑到价格、技术等因素，制定出最经济、最合理的控制风险方案并付诸实施，以实现降低系统故障风险、提高系统可靠性和安全性的目的。

9.2　故障树的构建

故障树是实际系统故障组合和传递的逻辑因果关系的正确而抽象的表达。故障树的建造过程，就是寻找所研究系统故障和导致系统故障的诸因素之间逻辑关系的过程，其构建的好坏、完善程度将直接影响定性和定量分析的准确性，直接关系到运用 FTA 法的成败。因此，故障树的构建是 FTA 法最基本、最关键的环节，也是使用该方法的前提条件。在建树时，要求可靠性或安全性分析人员对系统及其组成部分有比较详细和透彻的了解。对于大型、复杂系统来说，故障树的构建是一个多次反复、逐步深入完善的过程，需要分析人员广泛吸取和掌握设计、使用等方面的知识和经验，与系统设计、使用和维修人员密切合作，对系统进行仔细、透彻地分析，了解系统故障的规律，从而使构建的故障树更加完善。

9.2.1 建树步骤

构建故障树的基本步骤如下：

1. 熟悉系统

在建树时，分析人员应广泛搜集目标系统的技术资料和故障统计资料，并进行深入细致的分析研究，从而对目标系统及组成部分的功能、结构、原理以及系统故障产生的原因、后果有透彻的了解，这是建树的基础工作。

2. 选取顶事件

顶事件是系统不希望发生的故障事件，它的选取一般应满足：①顶事件必须有明确的定义；②顶事件必须能够进一步分解；③顶事件能够被定量地度量。

通常，一个系统发生的故障可能会有很多种，不可能也没有必要都进行故障树分析。基于所搜集的技术资料和故障统计资料，从中选取一种或几种系统不希望发生的事件作为顶事件。当选择多个顶事件时，必须坚持一个顶事件编一棵树的原则，即一棵故障树只能有一个顶事件，只能从一个不希望发生事件开始分析，所以这就要求选择与设计、分析目的最相关的事件作为建树起始事件，即顶事件。

3. 建造故障树

从顶事件出发，逐级找出导致各级事件发生的所有可能的直接原因（硬件、软件、环境、人为因素等），并用相应的事件符号和逻辑门符号表示各类事件以及它们之间的逻辑因果关系，直到不能再进一步分解的底事件为止。

故障树的建立方法主要有演绎法、判定表法和合成法。演绎法主要用于人工建树，判定表法和合成法主要用于计算机辅助建树，即利用计算机程序自动生成故障树，适用于大型复杂系统故障树的构建。

4. 简化故障树

故障树建成后，应对其进行必要的整理与简化，去掉逻辑多余事件，用简单的逻辑关系表示，以方便定性、定量分析。尤其对于比较复杂的故障树，简化是降低故障树的规模，进而减少工作量的有效措施。常用的简化方法有布尔逻辑运算规则和模块化技术。

9.2.2 建树方法

从故障树构建的基本原理和思路来划分，目前常用的建树方法主要有以下三种。

1. 演绎法

该方法主要用于人工建树。它是通过人的思考来分析顶事件是怎样发生的，再由顶事件出发循序渐进地找出每层事件发生的所有可能的直接原因，一直分解到最基本的底事件为止。其具体步骤为：

(1) 选定系统中不希望发生的故障事件为顶事件。

(2) 找出直接导致顶事件发生的各种可能因素或因素组合，这些因素包括硬件因素、软件因素、环境因素、人为因素等。

(3) 找出第二步中各影响因素故障发生的所有可能的直接原因。

(4) 重复上述步骤，逐级向下演绎，一直分析到不需要再进一步查找其发生原因的底事件为止。

(5) 把各级事件用相应的符号和适合于它们之间逻辑关系的逻辑门与顶事件相连接。

经过上述几个步骤，就建成了一棵以顶事件为根，中间事件为枝，底事件为叶的具有若干级的倒置故障树。

建树过程中需要注意的问题：一是故障事件必须精确定义，是什么故障，在什么条件下发生等必须叙述清楚；二是清楚定义边界条件，明确其考虑的范围；三是要逐级进行，不要跳跃。

演绎法的优点是整个过程都是人的思考过程，通过这一分析、思考过程，分析人员能够对目标系统有更深入透彻的了解；而且该方法能够综合考虑硬件、软件、环境、人为等诸多因素对系统故障的影响。缺点是烦琐、费时、容易受到人为错误的影响，尤其对于比较复杂的系统，建树很难避免发生逻辑上的错误和遗漏。

例 9-1　设有一简单的照明电路，由电源开关、保险丝、导线和灯泡组成，以室内失明为系统故障，用演绎法建立一故障树。

解：该系统故障树如图 9-5 所示。该故障树的顶事件是室内失明，中间事件是电源断路，基本事件有五种：开关合不上 A、灯丝烧断 B、电源故障 C、保险丝烧断 D 和导线断路 E，各基本事件都是通过“或门”到达顶事件的，这表明任何一个基本事件的发生都将导致顶事件的发生。

2. 合成法

该方法是由 Fussell 于 1973 年提出的，主要用于计算机辅助建树。合成法是在部件故障分析的基础上，通过计算机程序将一些分散的子故障树按一定的分析要求自动画成分析人员所要求的故障树的方法。具体步骤包括：

(1) 根据每个部件的失效模式建立对应的部件失效传递函数。

(2) 输入系统的原理图和边界条件。

(3) 根据故障事件的类别由计算机进行相应地处理，即第一类故障事件作为顶事件，第二、三、四类由部件失效传递函数库寻找相应的小故障树。

(4) 进行编辑，程序输出就是对应的故障树。

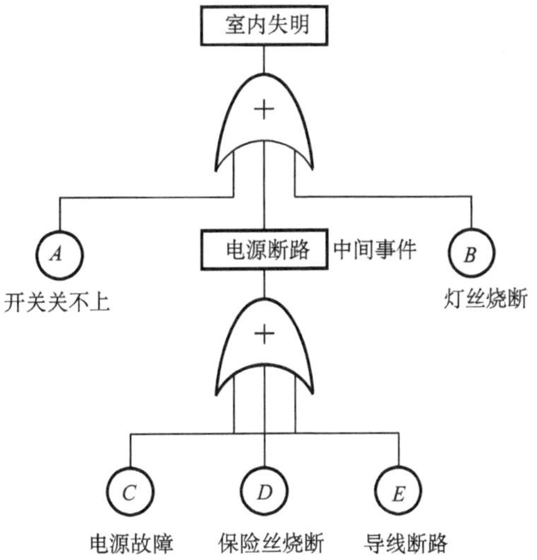

图 9-5　例 9-1 故障树

与演绎法相比，合成法的优点在于它是一种规格化、标准化的建树方法，即只要部件故障模式所决定的子故障树一定，则不论是什么人建树，由该方法得到的故障树结果都是相同的。因此，建立典型分系统的子故障树是合成法的关键。

与演绎法相比，合成法的优点在于它是一种规格化、标准化的建树方法，即只要部件故障模式所决定的子故障树一定，则不论是什么人建树，由该方法得到的故障树结果都是相同的。因此，建立典型分系统的子故障树是合成法的关键。

该方法的缺点是缺乏对系统深入透彻的了解;不能考虑二次故障和部件有反馈作用的故障事件;同时,它也不能有效地考虑环境条件和人为因素的影响,而只能针对系统硬件故障而建造故障树。尽管如此,关于该方面的研究却十分活跃。近年来出现了多种计算机辅助自动生成故障树的方法,并已成为故障树生成的主流技术,使得计算机辅助建树的综合技术得到了快速发展。

图 9-6 是一种用合成法进行自动建树的过程框图。图中第一类故障事件通常指顶事件,首先由分析人员确定。建树时还应注意建立系统和时间的边界条件等。

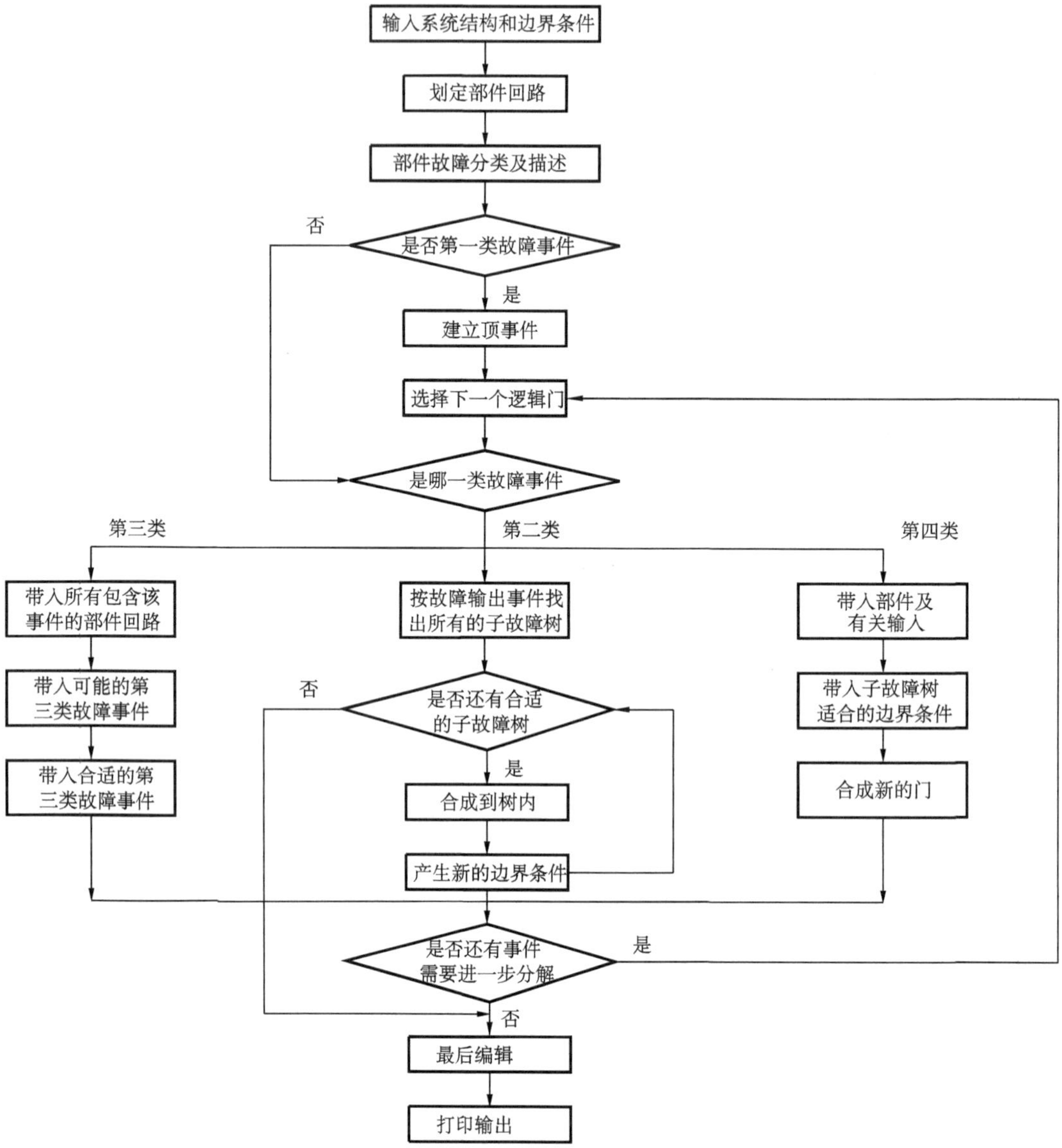

图 9-6 合成法建树过程框图

3. *决策表法*

决策表法与合成法不同,它是根据部件的决策表来合成的。系统各个部件可以有许多状态,而各部件所处的状态又与许多输入因素有关，每个状态为一个输入条件。把每个部件的输入事件与输出事件的关系列一个表，称为决策表。建树时将系统按输入和输出的连接点划分开，并确定顶事件与有关的边界条件。

决策表的优点是可以任意确定部件的状态数目，多态系统及有关的参量，可用于各种系统，只要能描述出它们的输入输出关系即可。同时决策表法也可以用于研究具有反馈环的系统。

下面通过一个例子来说明决策表法的建树过程。

例 9-2　图 9-7 为一有反馈调节的热交换系统。试用决策表法建立故障树。

解：为了方便计算机输入，用表 9-1 中字母和数字代替各种状态。

按照系统设计要求建立各部件的决策表，如表 9-2～表 9-5 所示。

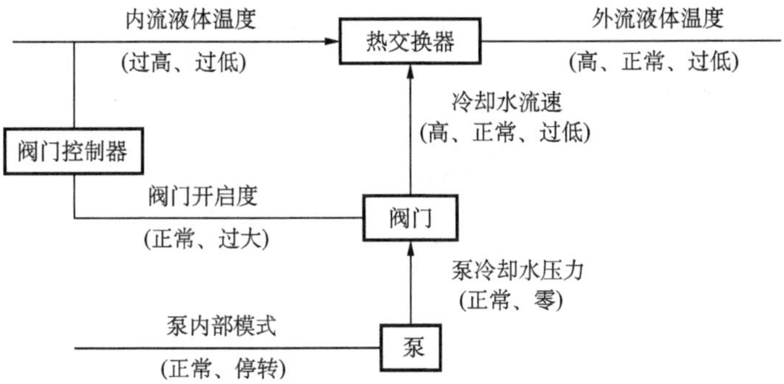

图 9-7　热交换系统

表 9-1　热交换系统的各种状态描述

状态	字母/数字
高	+1
正常	0
零	−1
过低	−2
运转正常	N
故障	F
停转	B

表 9-2　热交换器决策表

行	输入冷却水速率	输入液体温度	输出液体温度
A	0	+1	+1
B	0	0	0
C	+1	+1	0
D	+1	0	−2
E	−1	−	+1

表 9-3　泵决策表

行	泵内部模式	输出压力
F	N	0
G	B	−1

表 9-4　阀门控制器

行	内流液体温度	阀门开启度
H	0	0
I	+1	+1

表 9-5　阀门决策表

行	冷却水压力	开启度	冷却水流速
J	0	0	0
K	0	+1	+1
L	−1	−	−1

决策表中每一行表示了系统中部件输入事件与输出事件之间的状态关系，将这些决策表经过处理，可以得到与故障树顶事件有关的关键决策表。

现分析该热交换系统中液体出口温度过高这一故障，将它作为顶事件。从表 9-2 中知道，只有 A 与 E 行具有"液体出口温度过高"这一事件，然后逐个将决策表中的有关行带入，从而得到最终的关键决策表。步骤如下：

第一步：找出发生顶事件的关键决策表，如表 9-6 所列。

表 9-6　导致顶事件发生的关键决策表

行	输入冷却水量	输入液体温度	输出液体温度
A	0	+1	+1
E	−1	—	+1

第二步：化简输入事件为更基本的事件，如表 9-7 所列。

表 9-7　化简后的导致顶事件发生的关键决策表

行	冷却水压力	开启度	输入液体温度	输出液体温度
J	0	0	+1	+1
L	−1	—	—	+1

第三步：进一步代入输出事件为冷却水压力正常和冷却水压力为零的泵决策表的 F 和 G 行，从而得到关键决策表的最后结果。

根据以上分析，得到如下两种故障模式：

故障模式 1——泵运转正常，但输入液体温度过高，也导致输出液体温度过高；

故障模式 2——泵停转会导致输出液体温度过高。

根据关键决策表可以画出如图 9-8 所示的故障树。

决策表分析适合应用于有反馈控制系统或多状态系统的故障树的构建，这些故障树一般都属于非单调关联的故障树。

应用决策表方法建树也必须有相应的软件支持，这样才能顺利解决计算机辅助建树的问题。

9.2.3　建树规则

在建立故障树时，应遵循一定的规则：

(1) 选择建树流程时，通常是以系统功能为主线，来分析所有故障事件并按演绎逻辑贯穿始终，但一个复杂系统的主流程可能不是唯一的，建树时要灵活掌握。

(2) 合理确定系统的边界条件。在建树之前，应对系统和单元的某些变动参数做出一些必要合理的假设，从而突出重点，同时也明确了建树的范围，即故障树建到何处为止。

(3) 故障事件定义要精确，要指明故障是什么，在何种条件下发生，尽量做到唯一解释，切忌含糊不清，否则将难以得到正确的故障树。

(4) 对系统中各事件的逻辑关系及限定条件必须清楚，不能产生逻辑关系上的紊乱和限定条件之间的矛盾。

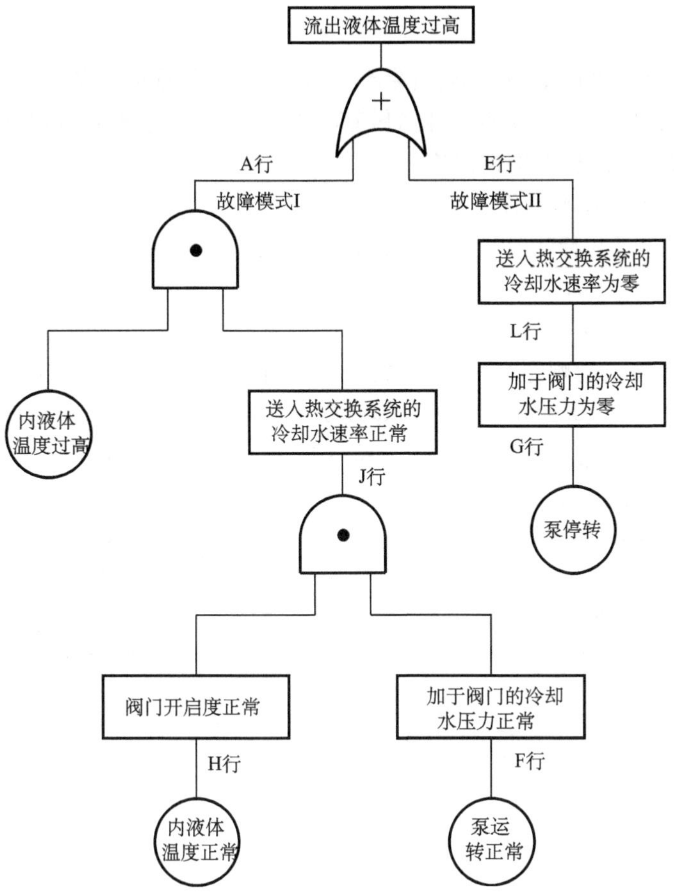

图 9-8　例 9-2 的故障树

(5) 建树时为避免遗漏，故障树应逐级建立，逐级找出必须而充分的直接原因，即在对下一级做进一步分析之前，必须完成上一步。

(6) 建树时不允许门与门之间直接相连，即门只能与故障事件直接相连，不允许不经结果事件而门-门直接相连。

(7) 重视共因事件。共因事件是出现在故障树不同分支中的同一个原因事件，它影响两个或两个以上不同的结果事件。共因事件对系统故障发生概率有很大的影响，建树时必须妥善处理。如果某个事件是共因事件，则在故障树不同分支中出现的该事件必须使用同一事件符号。当该共因事件不是底事件时，则应该使用相同的转移符号简化。

9.2.4　故障树的规范化和简化

为了便于定性和定量分析，对于层次过多、过细的故障树有必要对其进行规范化和简化。

1. 故障树的规范化

所谓故障树的规范化，是指对故障树中的特殊事件和特殊逻辑门进行处理和变换，使故障树变换成标准故障树的过程。

1）特殊事件的规范化

（1）未探明事件。

根据其重要性（如发生概率的大小、后果严重程度等）和数据的完备性，或者当做基本事件或者删去：①重要且数据完备的未探明事件当做基本事件对待；②不重要且数据不完备的未探明事件则删去；③其他情况由分析者酌情决定。

（2）开关事件。当做基本事件。

（3）条件事件。总是与特殊门联系在一起的，它的处理规则在特殊门的等效变换规则中介绍。

2）特殊门的规划化原则

（1）将顺序与门变换成与门。

图 9-9(a)是两个输入的顺序与门，条件符号中的 $A>B$ 表示 A 先于 B 发生，即当 A、B 均发生，且 A 先于 B 发生时，O 事件才发生。其等效变化如图 9-9(b)所示，即其等效于一个三个输入事件的与门，原输入不变，第三个输入就是 A 先于 B 这个顺序条件事件。

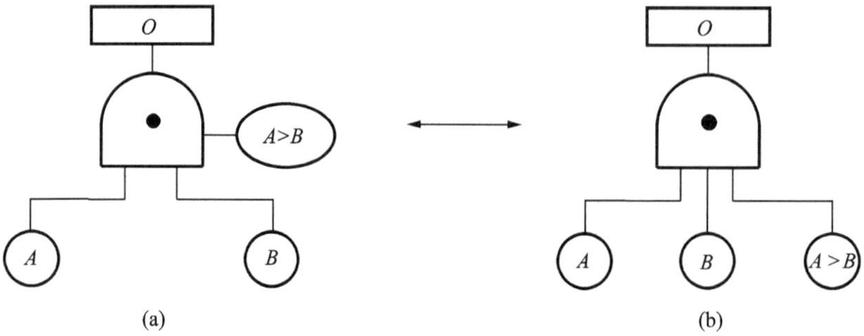

图 9-9　顺序与门的等效变换

（2）将禁门变换成与门。

图 9-10(a)是一个条件的禁门，即当条件事件 B 发生时，输入事件 A 发生，O 事件才发生。其等效变化如图 9-10(b)所示，即等效于一个两个输入事件的与门，原输入不变，第二个输入事件是条件事件 B。

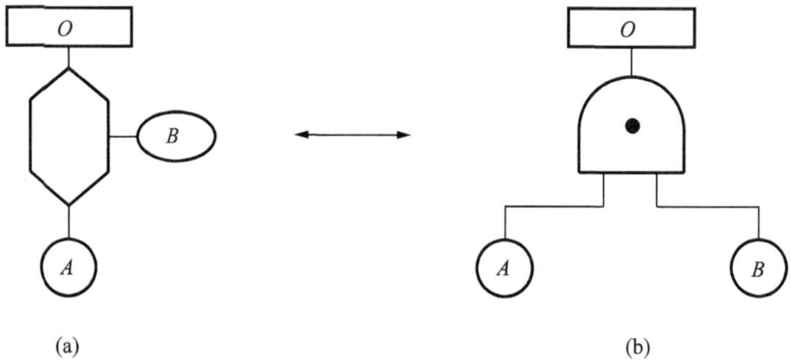

图 9-10　禁门的等效变换

（3）表决门变换为与门和或门的组合。

图 9-11(a)是 2/3 表决门，即当 3 个输入事件中至少有任意两个事件发生，O 事件才发生。其等效变化如图 9-11(b)所示，即可以用与门和或门的组合等效表示。

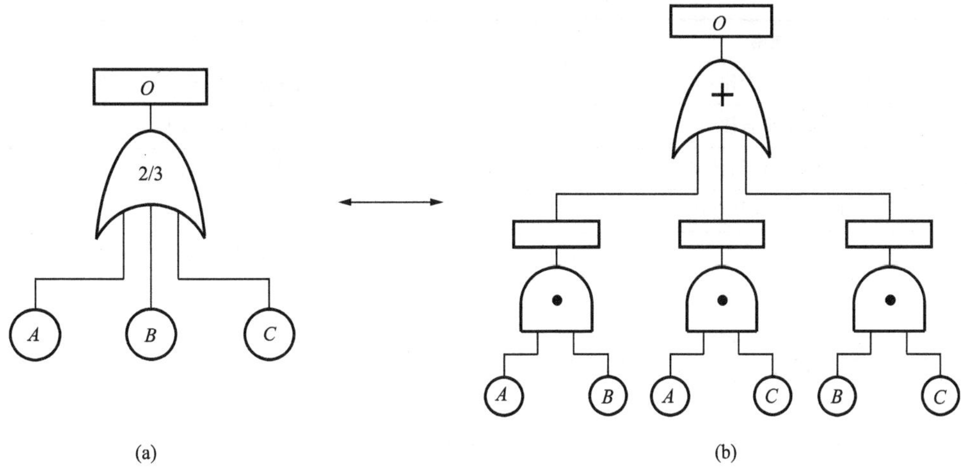

图 9-11　表决门的等效变换

(4) 异或门变换为与门、或门和非门的组合。

图 9-12(a)是一个异或门，即 2 个输入事件中，仅当一个事件发生，另一个输入事件不发生时，O 事件才发生。其等效变化如图 9-12(b)所示，即可以用与门、或门和非门的组合等效表示。

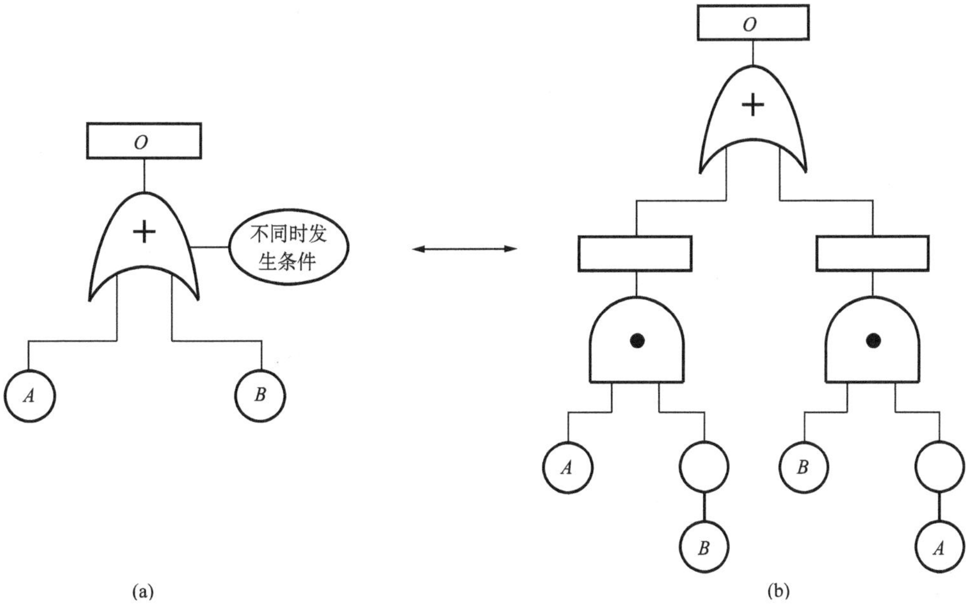

图 9-12　异或门的等效变换

2. 故障树的简化

故障树简化的原则是去掉逻辑多余事件，用简单的逻辑关系表示。常用的简化方法有布尔逻辑运算规则和模块化技术。利用布尔逻辑运算规则对故障树进行简化的基本思路是将原始故障树或者它的一部分的结构函数写出来。其次，利用运算规则对该结构函数进行简化。最后，根据简化后的结构函数画出故障树或相应的部分故障树。布尔逻辑运算规则如表 9-8 所示。

表 9-8　布尔逻辑运算规则

规则	公式
加法结合律	$(A+B)+C=A+B+C$
乘法结合律	$(AB)C=ABC$
乘法对加法结合律	$AB+AC=A(B+C)$
加法对乘法结合律	$(A+B)(A+C)=A+BC$
乘法吸收率	$A(A+B)=A$
加法吸收律	$A+AB=A$
加法幂等律	$A+A=A$
乘法幂等律	$AA=A$
互补律	$A\bar{A}=\varnothing$

例如，$A+A=A$、$AA=A$，等式两边所对应的故障树分别如图 9-13 和图 9-14 所示。

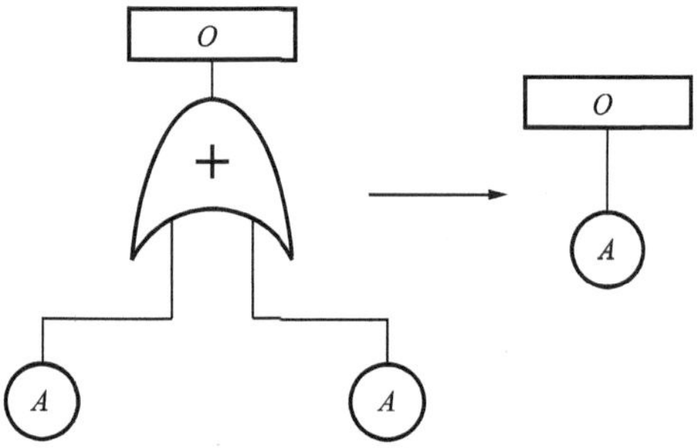

图 9-13　故障树简化举例 1

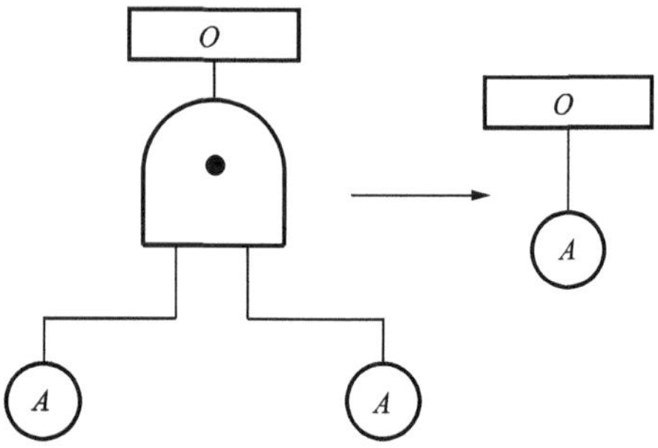

图 9-14　故障树简化举例 2

$A+AB=A$、$A(A+B)=A$，两等式两边所对应的故障树及其简化分别如图 9-15 和图 9-16 所示。

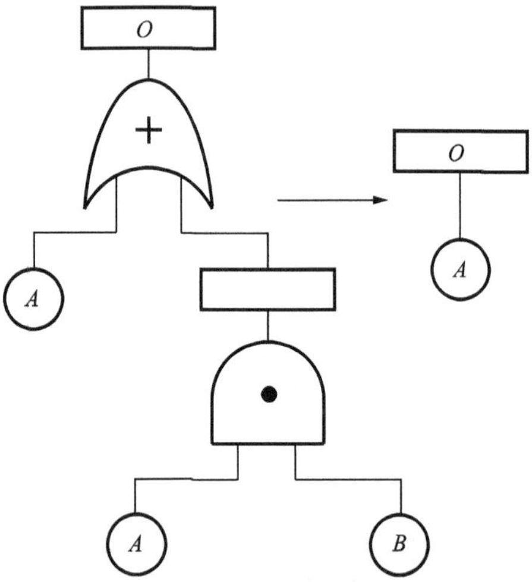

图 9-15　故障树简化举例 3

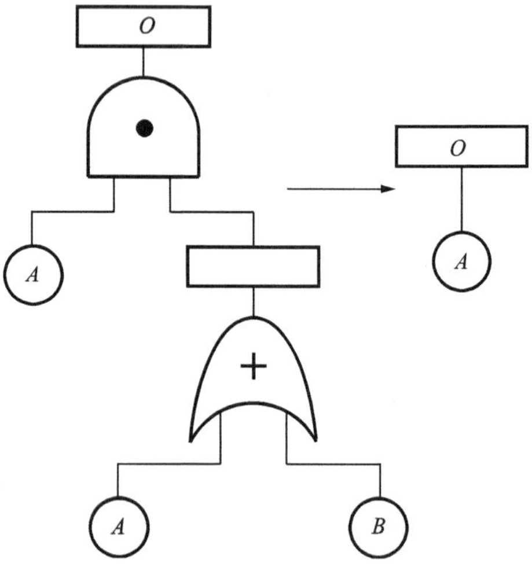

图 9-16　故障树简化举例 4

$(A+B)+C=A+B+C$，该等式两边对应的故障树及其简化如图 9-17 所示。

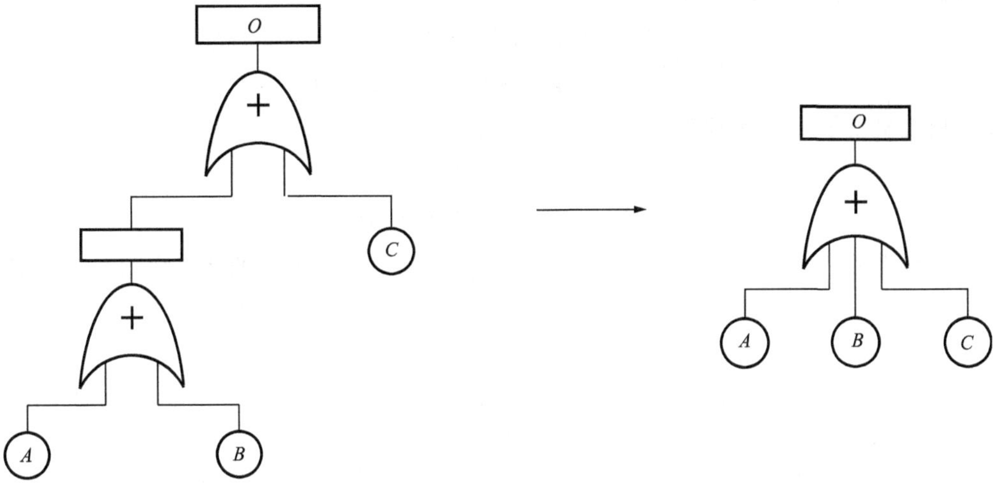

图 9-17　故障树简化举例 5

$AB+AC=A(B+C)$，该等式两边对应的故障树及其简化如图 9-18 所示。

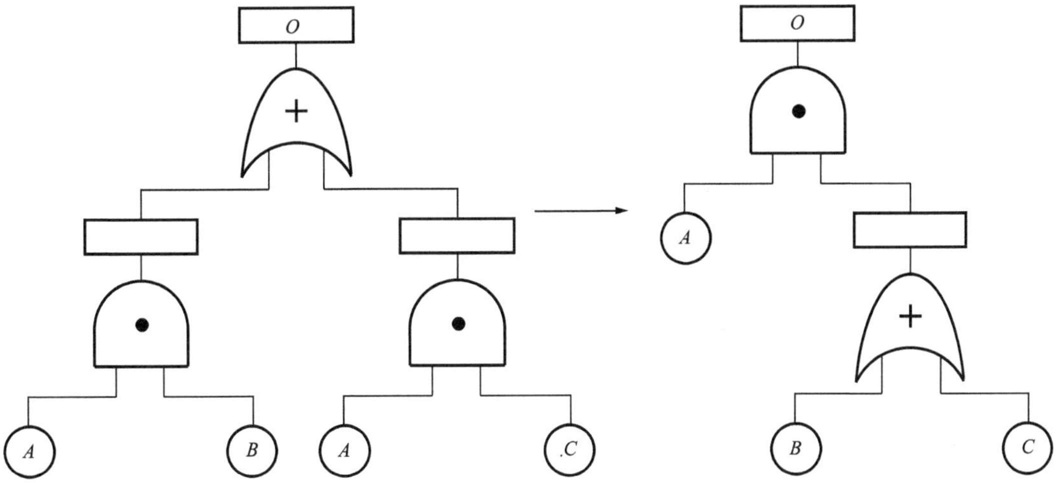

图 9-18　故障树简化举例 6

故障树简化的另一种方法是采用模块化技术。所谓模块化是指把故障树中的底事件化成若干个底事件的集合，每一个集合都不包含其他集合中的底事件，即各个集合相互独立。故障树模块化后，树的规模就变小了，从而使定性分析和定量分析变得相对比较容易。

9.3　故障树的结构函数

故障树的结构函数在其定性和定量分析中都很重要，因此，本节将介绍有关故障树的结构函数。

现以一个由 n 个不同的独立的底事件构成的故障树为研究对象。假设所分析的系统及其组成的元部件只能取两种状态：正常状态和故障状态，并假设元部件的故障是相互独立的。

令二值随机变量 x_i 表示第 i 个底事件的状态，并定义

$$x_i=\begin{cases}1 & \text{当第 } i \text{ 个底事件发生时}\\0 & \text{当第 } i \text{ 个底事件不发生时}\end{cases} \tag{9-1}$$

令二值随机变量 Φ 表示顶事件的状态，并定义

$$\Phi=\begin{cases}1 & \text{当顶事件发生时}\\0 & \text{当顶事件不发生时}\end{cases} \tag{9-2}$$

由于顶事件的状态完全由故障树底事件的状态决定，所以顶事件的状态变量 Φ 的取值也完全由底事件的状态变量 X 所决定，即 Φ 是 $X=(x_1,x_2\cdots x_n)$ 的函数，并记为

$$\Phi=\Phi(X)=\Phi(x_1,x_2\cdots x_n) \tag{9-3}$$

$\Phi(X)$ 为故障树的结构函数。结构函数是表示系统状态的一种布尔逻辑函数，其自变量是组成系统的各元部件的状态。在故障树的结构函数中，事件发生对应于故障发生，事件不发生对应故障不发生，即正常状态。不同的故障树有不同的逻辑结构，从而对应不同的结构函数。

1. 与门结构函数

图 9-19 所示的逻辑与门结构，全部元部件故障时系统才故障，其所对应的结构函数为

$$\Phi(X)=x_1\cap x_2\cap\cdots\cap x_n=\bigcap_{i=1}^{n}x_i=\prod_{i=1}^{n}x_i\quad(i=1,2,\cdots,n) \tag{9-4}$$

式中，n 为底事件数；x_i 的取值为 0 或 1。

按照布尔逻辑运算法则，只要其中有一个 $x_i=0$，则 $\Phi(X)=0$，即只要有一个元部件仍然正常工作，系统就不会发生故障。这就是可靠性分析中的并联模型。

2. 或门结构函数

图 9-20 所示的逻辑或门结构，只要有一个元部件发生故障，系统就故障，其所对应的结构函数为

$$\Phi(X)=x_1\cup x_2\cup\cdots\cup x_n=\bigcup_{i=1}^{n}x_i=1-\prod_{i=1}^{n}(1-x_i)\quad(i=1,2,\cdots,n) \tag{9-5}$$

式中，n 为底事件数；x_i 的取值为 0 或 1。

按照布尔逻辑运算规则，只要其中有一个 $x_i=1$，则 $\Phi(X)=1$，即只要有一个元部件发生故障，则系统就会发生故障。这就是可靠性分析中的串联模型。

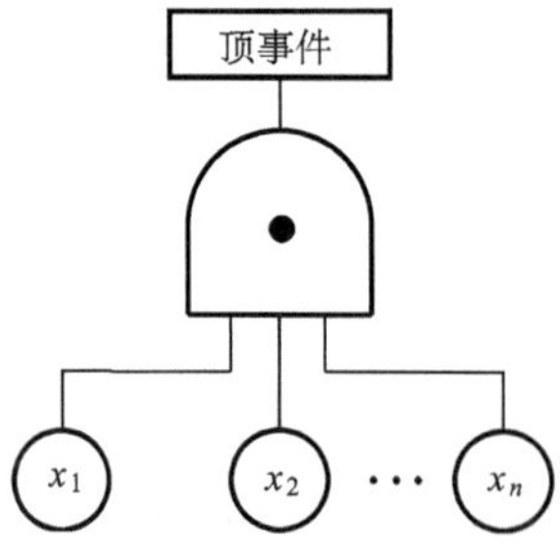

图 9-19　逻辑与门的结构图

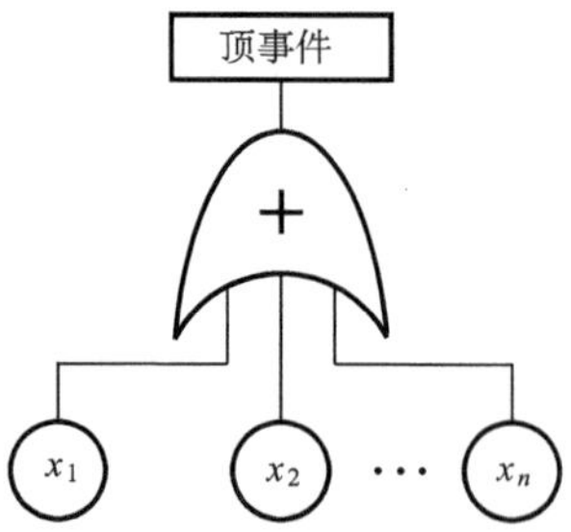

图 9-20　逻辑或门的结构图

3. 故障树结构函数

对于任意一棵故障树，都可以简化为由逻辑与门、逻辑或门以及底事件组成的形式，因此，可以采用同样的原理将顶事件的状态表示为底事件状态变量的布尔表达式，确定其结构函数。

图 9-21 所示的故障树，其结构函数可以表示为

$$\Phi(X)=\{x_4 \cap [x_3 \cup (x_2 \cap x_5)]\} \cup [x_1 \cap (x_3 \cup x_5)] \tag{9-6}$$

在一般情况下，只要给出了故障树，就可以根据故障树直接写出其结构函数，并可以利用布尔逻辑运算规则进行化简。但是如果故障树的逻辑关系比较复杂，其结构函数将相当冗长繁杂，利用最小割集或最小路集来表示则更为方便。

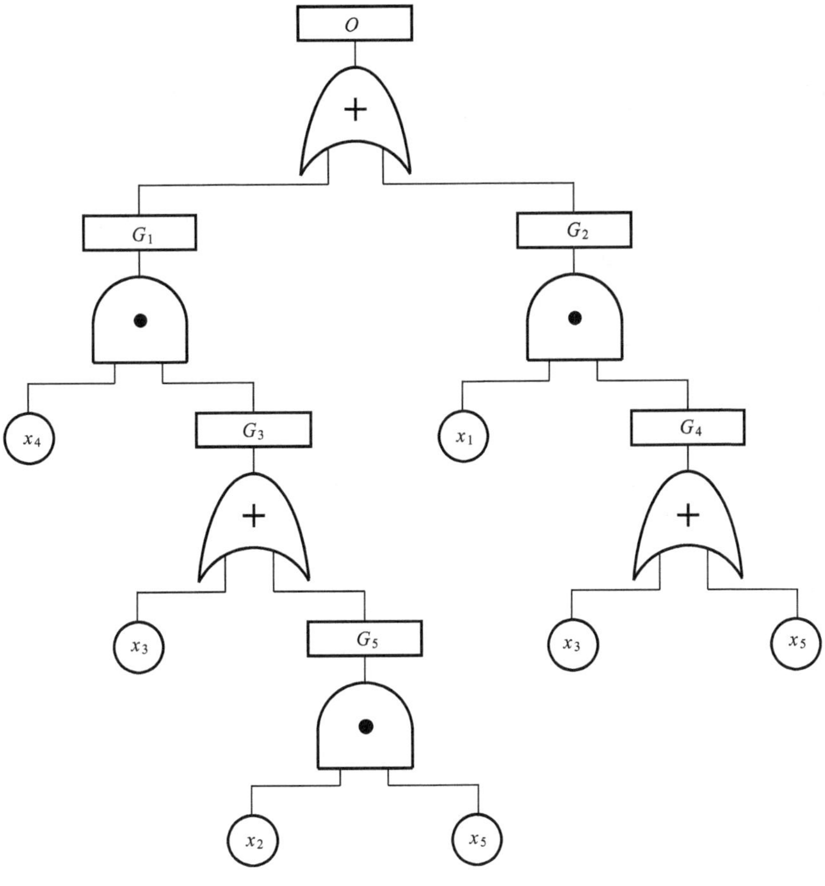

图 9-21　故障树的结构图

9.4　故障树的定性分析

故障树的定性分析主要是找出导致顶事件发生的所有可能的故障模式——故障谱，或找出使系统成功的成功谱。换言之，就是找出故障树的全部最小割集或全部最小路集。

9.4.1　割集和路集的概念

1. 割集

能导致顶事件发生的一些底事件的集合，当这些底事件同时发生时，顶事件必然发生，则这一集合称为割集。

2. 最小割集

一个最小割集指包含了最少数量且为最必需的底事件的割集。一个最小割集代表了系统故障发生的一种可能性，即系统的一种故障模式。最小割集的意义就在于它向我们描述了处于故障状态的系统所必须要修理的基本故障，指出了系统中最薄弱的环节。

3. 路集

如果故障树中某些基本事件不发生，则顶事件就不发生，则这些基本事件的集合称为路集。

4. 最小路集

如果路集中所含的底事件任意去掉一个就不再是路集，则这样的路集称为最小路集。一个最小路集代表了系统成功的一种可能性，即系统的一种正常状态模式。系统的全部最小路集代表了系统正常工作的所有可能途径，即系统的成功谱。系统的最小路集越多，则顶事件不发生的途径也就越多，也就意味着控制风险的方案也就越多。通过最小路集可以科学、合理地选择控制风险的最佳方案。

下面用图 9-22 来说明割集、最小割集、路集和最小路集。

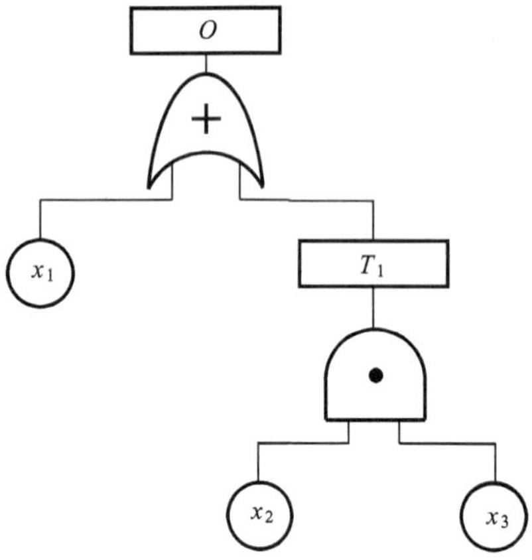

图 9-22　割集、路集示例故障树

这是一个由三个部件组成的系统，该系统共有三个底事件 x_1、x_2 和 x_3。根据逻辑与门、或门的性质以及割集、最小割集、路集、最小路集的定义，可以方便地找出该故障树的割集为 $\{x_1\}$、$\{x_2,x_3\}$、$\{x_1,x_2\}$、$\{x_1,x_3\}$、$\{x_1,x_2,x_3\}$；最小割集为 $\{x_1\}$、$\{x_2,x_3\}$；路集为 $\{x_1,x_2\}$、$\{x_1,x_3\}$、$\{x_1,x_2,x_3\}$；最小路集为 $\{x_1,x_2\}$、$\{x_1,x_3\}$。

系统的任何一种故障模式（最小割集）的发生，都会导致系统不希望事件（顶事件）的发生。因此，在产品设计时，要努力降低最小割集发生的可能性；在系统运行时，要努力确保不使最小割集发生；或者为保证系统正常工作，必须至少有一个最小路集存在。最小割集和最小路集是系统可靠性分析的重要信息，它们来自同一顶事件的相反分析，所以只要知道其中之一就可以进行分析。

9.4.2　用最小割集和最小路集表示故障树的结构函数

在故障树分析中，引入最小割集或最小路集的概念后，可以将较复杂的结构函数变换成便于进行定性分析和定量计算的特殊结构函数。

1. 用最小割集表示的结构函数

在故障树中，只要有一个最小割集发生，顶事件就必然发生。假设给出的故障树有 k 个最小割集，即 $K=(K_1,K_2,\cdots,K_k)$，对于每一个最小割集 $K_j(1\leqslant j\leqslant k)$，只有属于 K_j 的全部底事件都发生时才有 $K_j(X)=1$，才能导致顶事件发生，即 $\Phi(X)=1$，因此，K_j 的结构函数可以表示为

$$K_j(X)=\bigcap_{x_i\in K_j} x_i \tag{9-7}$$

式中，x_i 的取值为 0 或 1。

将属于 K_j 的全部底事件用逻辑与门连接起来的结构称为最小割集与门结构。

由于 $K_j(X)(1\leqslant j\leqslant k)$ 是故障树的第 j 个最小割集的结构函数，并且在 k 个最小割集中，只要有一个最小割集发生，顶事件就必然发生，所以该故障树的结构函数可以表示为

$$\Phi(X)=\bigcup_{j=1}^{k} K_j(X)=\bigcup_{j=1}^{k}\bigcap_{x_i\in K_j} x_i \tag{9-8}$$

该式就是最小割集与门结构或门结合的故障树结构函数。

例如，图 9-21 的故障树有 4 个最小割集，即 $\{x_3,x_4\}$、$\{x_1,x_3\}$、$\{x_1,x_5\}$、$\{x_2,x_4,x_5\}$，其结构函数分别为：$K_1=x_3\cap x_4$、$K_2=x_1\cap x_3$、$K_3=x_1\cap x_5$、$K_4=x_2\cap x_4\cap x_5$。

该故障树的结构函数可以表示为

$$\Phi(X)=x_3x_4\cup x_1x_3\cup x_1x_5\cup x_2x_4x_5$$

根据式(9-8)，可以将图 9-21 所示的故障树简化为图 9-23。

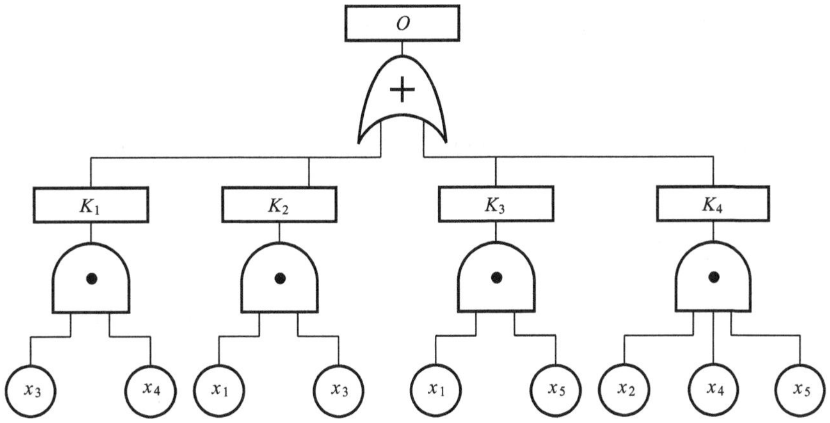

图 9-23　用最小割集得到图 9-21 简化的故障树

2. 用最小路集表示的结构函数

当故障树的最小割集很多时，分析起来就比较困难了，这时可以用最小路集来分析。使用最小路集分析时，需要借助于与故障树具有对偶性质的对偶树。这种对偶树是表示故障树中的全部事件都不发生时，这些事件的逻辑关系。因此，它实际上也就是系统的“成功树”。一个最小路集表示系统的一种成功模式，即只要有一个最小路集存在，顶事件不发生的可能性就有一种。假设故障树有 m 个最小路集 $C=(C_1,C_2,\cdots,C_m)$，对于每一个最小路集 $C_j(1\leqslant j\leqslant m)$，属于 C_j 的全部底事件中只要有一个发生($x_i=1$)，最小路集就不发生($C_j=0$)，其结构函数可以用式(9-9)

表示

$$\overline{C_j(X)} = \bigcup_{x_i \in C_j} x_i \tag{9-9}$$

式中，x_i 的取值为 0 或 1。

如果故障树的全部最小路集都不发生，则顶事件必然发生，因此故障树的结构函数可以表示为

$$\Phi(X) = \bigcap_{j=1}^{m} \overline{C_j(X)} = \bigcap_{j=1}^{m} \bigcup_{x_i \in C_j} x_i \tag{9-10}$$

例如，图 9-21 的故障树有 3 个最小路集：$\{x_1, x_4\}$、$\{x_3, x_5\}$、$\{x_1, x_2, x_3\}$，其结构函数分别为$\overline{C_1} = x_1 \cup x_4$、$\overline{C_2} = x_3 \cup x_5$、$\overline{C_3} = x_1 \cup x_2 \cup x_3$。由此，可以画出如图 9-24 所示的对偶树，它与图 9-21 完全等价。

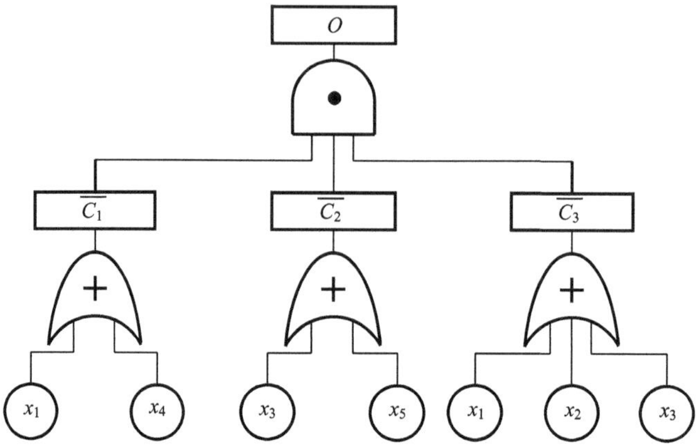

图 9-24　用最小路集得到图 9-21 简化的故障树

由此可见，无论故障树多么复杂，都可以通过最小割集和最小路集的方法将故障树等价地表示出来。

9.4.3　最小割集的求解方法

对于简单的故障树，可以按照其具体的结构及逻辑门的性质来求最小割集，即首先写出故障树的结构函数并展开，然后运用布尔逻辑运算规则化简成为具有最小项数的积之和的表达式，每一积项即为一个最小割集。对于比较复杂的故障树，就要利用系统的方法求解最小割集。比较常用的方法有上行法和下行法。

1. 上行法

又称为 Semanderes 算法。基本思路是：从故障树的底事件开始，自下而上逐步地进行事件集合运算，将或门输出事件表示为输入事件的并（即布尔和），将与门输出事件表示为输入事件的交（即布尔积），这样向上层层代入，在逐步代入过程中，按照布尔逻辑运算规则进行化简，将顶事件表示成底事件积之和的最简式，其中每一积项对应于故障树的一个最小割集，全部积项即是故障树的所有最小割集。

上行法的具体步骤：

(1) 从故障树的最下一级开始，自下而上逐级写出各结果事件与其下级事件的逻辑表达式。

(2) 从最下一级开始,逐级将下一级的逻辑表达式代入其上一级事件的逻辑表达式中,在每一级代入之后,运用布尔逻辑运算规则对表达式进行整理、化简,将其表示成底事件的积之和形式,当代换进行至顶事件时,得到顶事件的逻辑积之和表达式。

(3) 利用布尔逻辑运算规则对顶事件的表达式进行整理、化简,将其表示成底事件积之和的最简形式,则该表达式中的每一求和项即是故障树的一个最小割集。

2. 下行法

又称为 Fussel-Vesely 算法,基本原理是根据逻辑与门和或门的性质(逻辑与门增加系统割集的容量,逻辑或门增加割集的个数)来推导最小割集。基本思路是:从故障树的顶事件开始,根据不同的逻辑关系分行表示,紧接顶事件的如果是或门,则把每个输入事件分别列入不同的行,即排成一列;紧接顶事件的如果是与门,则把每个输入事件排列在同一行;依此类推,逐级向下分解,直到不能再分解的底事件为止,此时最后一列表示由底事件组成的系统的所有割集;最后,运用布尔逻辑运算规则,对割集进行简化、吸收,剔除非最小割集,求得故障树的全部最小割集。

下行法的具体步骤:

(1) 自顶事件开始,由上到下,顺次把上一级事件置换为下一级事件,即如果遇到逻辑与门,则将与门下面的所有输入事件排列在同一行上,如果遇到逻辑或门,则将或门下所有输入事件排成一列。

(2) 当表中全部中间事件都被置换成底事件时,则停止置换。

(3) 去掉各行中多余的重复事件和多余的重复行,则每一行都是故障树的一个割集。

(4) 将所有割集相互比较,运用布尔逻辑运算规则的吸收律去掉被包含的割集,剩下的即是故障树的全部最小割集。

9.4.4 最小路集的求解方法

求解最小路集,需要借助于故障树的对偶树。设故障树 T 的结构函数为 $\Phi(X)$,另一个故障树 TD 的结构函数为 $\Phi^D(X)$,如果有

$$\Phi^D(X)=1-\Phi(1-X) \tag{9-11}$$

则称故障树 TD 为故障树 T 的对偶树。其中,

$$(1-X)=(1-x_1,1-x_2,\cdots 1-x_n) \tag{9-12}$$

显然

$$1-\Phi^D(1-X)=1-[1-\Phi(X)]=\Phi(X) \tag{9-13}$$

即故障树与其对偶故障树之间相互对偶。

对偶系统性质:

(1) 故障树的路集(最小路集)是对偶树的割集(最小割集),反之亦然。

(2) 故障树的割集(最小割集)是对偶树的路集(最小路集),反之亦然。

根据上述性质,在构建故障树的对偶树时,只需把原故障树的全部与门改为或门,全部或门改为与门,其他不变,则可得到其对偶树。这样就可以通过求对偶树的割集与最小割集来求得原故障树的路集与最小路集。具体步骤:

(1) 建立原故障树的对偶树。

(2) 求对偶树的最小割集,对偶树最小割集的求解方法与求故障树的最小割集方法相同。

(3) 获取原故障树的最小路集。

9.4.5　结构重要度

所谓结构重要度是不考虑底事件自身的发生概率，或者说假设各底事件发生的概率相等，仅从结构上分析各底事件发生对顶事件发生的贡献或影响程度。通常，在一个故障树中，包含很多的底事件，然而，这些底事件并不具有同样的重要性。有的底事件或者组合(割集)出现故障，就会引起顶事件故障，有的则不然。因此，从故障树的结构上分析各底事件的重要性，即结构重要度，是故障树定性分析的一部分。

结构重要度分析一般采用两种方法：一种是计算各底事件的结构重要度系数，按照系数大小排列各底事件的重要顺序，是较精确的计算方法；另一种是利用最小割集或最小路集判断各底事件的结构重要度顺序，是近似判断方法。

下面介绍一下结构重要度系数的计算方法。

用二值随机变量 x_i 表示第 i 个底事件的状态(底事件的总数为 m)，并定义

$$x_i=\begin{cases}1 & \text{当第 } i \text{ 个底事件发生时}\\ 0 & \text{当第 } i \text{ 个底事件不发生时}\end{cases}\qquad (i=1,2,\cdots,m) \tag{9-14}$$

用二值随机变量 Φ 表示顶事件的状态，由于顶事件的状态是各底事件状态的函数，即，$\Phi=\Phi(X)=\Phi(x_1,x_2\cdots x_n)$，则顶事件相应的状态为

$$\Phi=\begin{cases}1 & \text{当顶事件发生时}\\ 0 & \text{当顶事件不发生时}\end{cases} \tag{9-15}$$

当第 i 个底事件状态由不发生(正常状态)变为发生(故障状态)，而其他的底事件状态都保持不变时，则顶事件的状态变化可能有以下四种情况：

(1) 顶事件状态从 0 变为 0。

$\Phi(0_i,X)=0\rightarrow\Phi(1_i,X)=0$，即 $\Phi(1_i,X)-\Phi(0_i,X)=0$，该情况说明：不管第 i 个底事件是否发生，顶事件都不发生。

(2) 顶事件状态从 0 变为 1。

$\Phi(0_i,X)=0\rightarrow\Phi(1_i,X)=1$，即 $\Phi(1_i,X)-\Phi(0_i,X)=1$，该情况说明：顶事件的状态随着第 i 个底事件的状态变化而变化。

(3) 顶事件状态从 1 变为 1。

$\Phi(0_i,X)=1\rightarrow\Phi(1_i,X)=1$，即 $\Phi(1_i,X)-\Phi(0_i,X)=0$，该情况说明：不管第 i 个底事件是否发生，顶事件都发生。

(4) 顶事件状态从 1 变为 0。

$\Phi(0_i,X)=1\rightarrow\Phi(1_i,X)=0$，即 $\Phi(1_i,X)-\Phi(0_i,X)=1$，该情况表明第 i 个底事件发生故障，顶事件则恢复到正常状态，然而这种情况是绝对不会发生的。

因此，在上述四种情况下，只有情况(2)是底事件不发生，顶事件就不发生，底事件发生，则顶事件就发生。这表明该底事件对顶事件的发生起了重要作用。

对有 n 个底事件构成的故障树，n 个底事件两种状态的组合数为 2^n，当把第 i 个底事件作为变化对象时，其余$(n-1)$个底事件的状态对应保持不变的对照组共有 2^{n-1} 个。在这些对照组中，属于第(2)种情况$(\Phi(1_i,X)-\Phi(0_i,X)=1)$所占的比例即为第 i 个底事件的结构重要度系数，用 $I_\Phi(i)$表示，则有

$$I_\Phi(i)=\frac{1}{2^{n-1}}[\Phi(1_i,X)-\Phi(0_i,X)] \tag{9-16}$$

例 9-3　以图 9-25 所示的故障树为例，求各底事件的结构重要度。

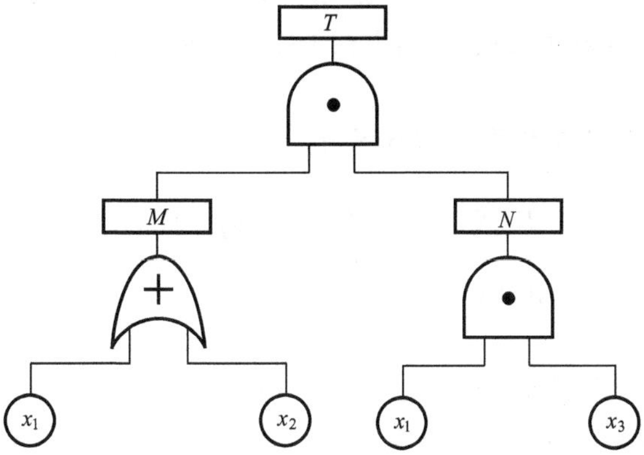

图 9-25　故障树示例图

解：该故障树共有 3 个底事件，其互不相容的状态组合数为 $2^3=8$，列出 3 个底事件两种状态的所有组合，如表 9-9 所示。

表 9-9　底事件与顶事件状态值表

序号	x_1	x_2	x_3	$\Phi(X)$
1	0	0	0	0
2	0	0	1	0
3	0	1	0	0
4	0	1	1	0
5	1	0	0	0
6	1	0	1	1
7	1	1	0	0
8	1	1	1	1

根据式(9-16)，各底事件的结构重要度系数为

$$I_\Phi(1)=\frac{1}{2^2}[\Phi(1_1,X)-\Phi(0_1,X)]=\frac{1}{2}$$

$$I_\Phi(2)=\frac{1}{2^2}[\Phi(1_2,X)-\Phi(0_2,X)]=0$$

$$I_\Phi(3)=\frac{1}{2^2}[\Phi(1_3,X)-\Phi(0_3,X)]=\frac{1}{2}$$

根据 $I_\Phi(i)$ 的大小，各底事件的结构重要度顺序为

$$I_\Phi(1)=I_\Phi(3)>I_\Phi(2)$$

因此，如果不考虑各底事件自身的发生概率，仅从底事件在故障树中所占的地位来分析，底事件 x_1 和 x_3 最重要，x_2 不重要。

9.5　故障树的定量分析

故障树定量分析的任务就是利用故障树作为计算模型，根据底事件发生的概率求顶事件发

生的概率，从而对系统的可靠性、造成损失的严重性，安全性进行风险评估。

假定故障树的顶事件及相互独立的全部底事件均只有“不发生”和“发生”，即“正常”和“故障”两种状态，则根据底事件发生的概率，由下往上按故障树的逻辑结构逐级运算，即可求得顶事件发生的概率。

（1）逻辑与门结构的输出事件发生的概率为

$$P(X)=\bigcap_{i=1}^{n} P(x_i)=\prod_{i=1}^{n} P(x_i) \tag{9-17}$$

式中，X 为输出事件；x_i 为输入事件，$i=1,2,\cdots,n$；$P(x_i)$为输入事件发生的概率；$\cap$为“事件的积”的运算符号“交”。

式(9-17)即为并联系统失效概率计算公式的一般表达式。

（2）逻辑或门结构的输出事件发生的概率为

$$P(X)=\bigcup_{i=1}^{n} P(x_i)=1-\prod_{i=1}^{n}[1-P(x_i)] \tag{9-18}$$

式中，$\cup$为“事件的和”的运算符号“并”。

式(9-18)即为串联系统失效概率计算公式的一般表达式。

利用式(9-17)和式(9-18)可以直接计算出一般故障树的顶事件(即系统故障)发生的概率。

例 9-4　试进行剪草机内燃机的故障树定量分析，若已知其故障树如图 9-26 所示，由统计得

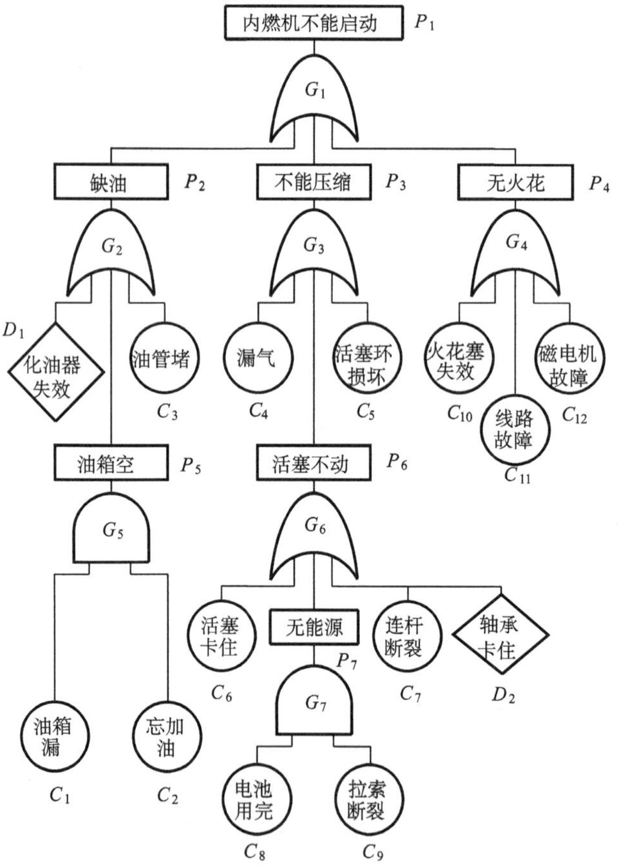

图 9-26　剪草机内燃机的故障树

到的各底事件发生的概率分别为：$C_1=0.001$，$C_2=0.10$，$C_3=0.01$，$C_4=0.001$，$C_5=0.001$，$C_6=C_7=0.001$，$C_8=0.04$，$C_9=0.03$，$C_{10}=0.02$，$C_{11}=C_{12}=0.01$，$D_1=0.02$，$D_2=0.001$。

解：由式(9-17)计算中间事件发生的概率为

$$P_5=C_1\times C_2=0.001\times 0.10=0.0001$$

$$P_7=C_8\times C_9=0.04\times 0.03=0.0012$$

由式(9-18)得

$$P_2=1-(1-D_1)(1-P_5)(1-C_3)=0.029897$$

$$P_6=1-(1-C_6)(1-P_7)(1-C_7)(1-D_2)=0.0041934$$

$$P_3=1-(1-C_4)(1-P_6)(1-C_5)=0.0061840$$

$$P_4=1-(1-C_{10})(1-C_{11})(1-C_{12})=0.039502$$

顶事件发生的概率为

$$P_1=1-(1-P_2)(1-P_3)(1-P_4)=0.073980$$

即剪草机的内燃机不能启动的概率为 0.073980，其可靠度为

$$R_s=1-P_1=1-0.073980=0.926020$$

复习思考题 9

9-1　图 9-27 是一网络系统，画出相应的故障树。

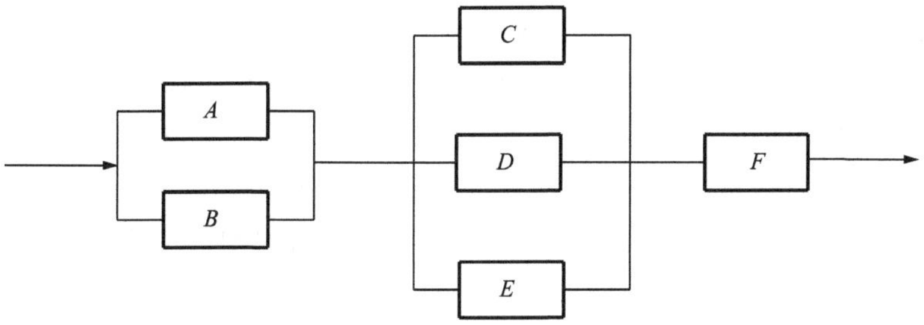

图 9-27　习题 1 图

9-2　针对你所熟悉的产品(如计算机、手机、汽车等)建立起故障树并求其最小割集。

第10章　软件可靠性工程

软件可靠性的理论基础来自硬件可靠性技术，通过采取与硬件类似的数学建模方法能够建立软件可靠性框架。软件可靠性模型必须应用于大型的软件开发项目。首先，这些开发项目，多半是国防上的、工业生产上的大型计算机应用项目。这里，“大型”的含义是：数量大，这反映在开发出来的源代码行数，不是那些几百条、几千条、甚至上万条软件源代码的小程序所能望其项背的。并且，这样的软件逻辑结构复杂多变，随着输入信息的变化，其中的内部状态、中间状态组合呈现出来的是天文数字，其极端的情况是不可枚举的。其次，这些软件项目，多半是用于对尖端武器的控制，工业生产上的关键性设备的监控与管理，其监控对象多数具有对安全性、可靠性要求极高的特性。例如：对一个核电站的监控软件，宇宙飞船的生命保障系统中所使用的电子计算机的软件系统等。这些设备与装置，多数价格昂贵，一旦发生故障，往往损失惨重，甚至以牺牲生命作为代价。

随着现代信息技术的发展，计算机已经渗透到国民经济和国防建设的各个部门，甚至人类活动的各个领域。计算机应用领域的扩展和功能需求的进一步完善，使得软件系统的规模日益增大，结构和功能日益复杂。例如，航天飞机的机载系统有近50万行代码，地面控制和处理系统有大约35万行代码，在对系统进行大规模削减之后，国际航天局仍然需要数百万行的软件代码来操纵导航、通信和实验用的大量硬件设备。在我国的专项工程中，某些装备的机载软件已经超过100万条语句，下一代装备的软件规模还将成倍增长。

软件可靠性直接关系到计算机系统乃至更大的系统能否在给定时间内完成指定的任务。不可靠的软件引发的失效可能给软件的使用者或者软件开发人员带来灾难性的后果，因而系统的可靠性也越来越与软件直接相关。例如AFTI/F-16飞机首航因软件问题推迟一年，事先设计的先进程序无法使用；海湾战争中F/A-18飞机飞行控制系统计算机500次故障中，软件故障次数超过硬件。

实际上，由于软件的不可靠导致系统失效，最终酿成重大损失的事例不胜枚举。因此，提高软件的可靠性已经成为软件开发人员迫切需要解决的问题。软件可靠性工程技术可以有效地对软件产品特性进行度量和预测，对软件开发过程的状态进行控制、设计并开发出高可靠性的软件。

10.1　软件可靠性概述

10.1.1　基本概念

1. 软件可靠性

软件可靠性(software reliability)是最重要的软件质量特性之一，是系统可依赖性的关键因素。软件可靠性的定义，在可靠性工程界经过长时间争论和研究之后逐渐得到了统一。IEEE计算机学会于1983年做出正式定义：

在规定的条件下和规定的时间内，软件不引起系统失效的概率。该概率是系统输入和系统使用的函数也是软件中固有错误的函数，系统输入将确定是否触发软件错误（如果错误存在）。简单地说，就是在规定的条件下和规定的时间内，软件执行规定功能的能力。这一定义被美国国家标准采用。1989 年，我国 GB/T-11457 同样采用了此定义。

上述定义中的“规定的条件”、“规定的时间”和“规定的功能”，在工程上具有重要的意义。下面加以说明。

（1）规定的条件。

规定的条件即软件所处的环境条件、负荷大小与运行方式。环境条件包括与软件运行、储存等有关的内、外部软硬环境及其软件的输入分布，这些因素对软件运行有重要的影响。软件运行一次所需要的输入数据构成输入空间的一个元素，这个元素是一个多维向量，全体输入向量的集合构成软件的输入空间。一组输入数据经过软件处理之后，得到一组输出数据，这些输出数据构成一个输出向量，全部输出向量的集合构成软件的输出空间。

（2）规定的时间。

软件可靠性与规定的时间有关。不同时间内，软件表现出不同的可靠性。工程上，应对具体的情况做出具体分析，依据不同的对象，“时间”的含义也不一样。通常，软件测试和运行中主要使用日历时间（calendar time）、时钟时间（clock time）和执行时间（execution time），即所谓 CPU 时间三种时间度量。经验表明，在这三种时间单位中，CPU 时间是软件可靠性度量的最佳选择。

（3）规定的功能。

规定的功能是指“为提供给定的服务，软件所必须具备的功能”。

（4）软件可靠性的概率。

软件可靠性的概率表示的是软件可靠度。以 E 表示规定的条件，t 表示规定的时间，随机变量 F 表示软件从运行开始到失效所经历的时间，则软件可靠性概率函数式为

$$R(E,t)=P(\xi>1\mid E)$$

按照概率论的观点，“软件正常工作”这一事件的对立事件“软件不正常工作”，定义了一个故障概率函数 $F(E,t)$。因此有

$$R(E,t)+F(E,t)=1$$

即

$$R(E,t)=1-F(E,t)=P(\xi>1\mid E)$$

可以将上式简化为

$$R(t)=1-F(t)=P(\xi>t)$$

当软件开始运行后，随着时间的推移，其失效率逐渐增大，在长期运行之后将趋近于 1，而其可靠性则逐渐降低并趋近于 0。

从上述讨论不难看出，软件可靠性定义是硬件可靠性定义的引申和扩展。软件和硬件的特征不同，软件失效的外部表现具有明显的随机性。由于软件错误产生的原因非常复杂，错误性质、错误引入时间、错误引入部位等难以甚至无法事先判定，软件的运行状态和执行路径难以准确确定等，这些因素使得软件运行中的失效呈现出随机性质。而对于随机事件的变化规律，用概率方法描述，是一种有效的方法，也是一种必然的选择。另外，软件必须在给定的环境中运行，通常，软件被看做是系统的一个构成单元，建立在硬件基础之上的系统可靠性分析和评估技术已经非常成熟，在工程上也得到广泛应用。而创立一套与系统可靠性相兼容的软件可靠性理论和方法，是实现硬软件系统可靠性综合分析的基础。

2. 软件可靠性工程

软件可靠性工程(software reliability engineering)是一门以减少软件系统在运行中不满足用户要求的可能性为目标的系统化技术、方法和管理活动。其研究范畴包括软件可靠性设计、分析、鉴定以及可靠性工程管理等方面。1988年,AT&T贝尔实验室将其内部软件可靠性培训教材命名为软件可靠性工程教程,明确软件可靠性工程不仅包括软件可靠性模型和软件可靠性度量,还包括应用模型和度量、实现软件可靠性工程管理等方面的内容。从此,软件可靠性工程的概念得以产生并逐渐为业界所接受,软件可靠性工程正式登上学术和工程舞台,迎来了理论研究和工程实践相结合的新时代。

但是,到目前为止,软件可靠性工程尚无一个被业界广泛认同的定义,软件可靠性工程的确切含义还有待权威性标准化机构做出定义,还需要通过实践来丰富和发展。软件可靠性工程是以软件的一系列重要特性为中心展开的,其研究内容包括以下几个方面。

(1) 软件可靠性的分析:确定指标、设计开发过程、进行预计、分析失效严重性等。

(2) 软件可靠性的测量:用失效数据和软件可靠性模型估计(或测量)软件运行的可靠性。

(3) 软件可靠性的管理:利用可靠性测量和其他信息来控制和改进开发过程,并对采购或重用的软件进行管理。

(4) 开发过程的改进:确定影响软件可靠性的因素,改进费用效益关系。

1) 软件错误、缺陷及故障

从软件可靠性定义中可以看出,软件可靠性的关键是如何能保证软件无故障运行,使其功能更好地满足用户需求。软件可靠性与软件中的缺陷直接相关。下面介绍软件可靠性工程中几个与缺陷有关的概念,区分这些概念很重要,它关系到测试工程师对软件失效现象与机理的深刻理解。

(1) 软件错误(software error)。

错误是指计算、观察或测量值或状态与真实的、规定的或理论上的正确值或状态之间不相符。软件错误是指在软件生命周期过程中出现的不希望或不可接受的错误,它是在软件设计和开发过程中引入的,其结果是导致软件缺陷的产生。软件错误的例子如下。

① 启动错:程序不按要求启动。

② 输入范围错:程序不能正常检测输入数据的范围。

③ 说明错:输入数据的约束范围说明模糊。

④ 算法错:计算给定数学方程的算法不能正常执行。

⑤ 边界错:数组索引越界。

软件错误是一种人为结果。它是由人的不正确或疏漏的行为造成的,是软件开发活动中不可避免的一种行为过失。软件错误相对于软件本身,是一种外部行为。在大多数情况下,软件错误可以被查出并排除,但是在某些情况下,仍然会有部分软件错误隐藏于软件内部。在非容错系统中,错误等于失效。对于软件错误,通常用初始软件错误数、剩余软件错误数以及每千(百)行代码错误数等来度量。

① 初始软件错误数:是指在软件排错之前,软件中错误数量的估计值。

② 剩余软件错误数:是经过规定的查错、测试和纠错等工作之后,仍然残留在软件中的错误数的估计值。

③ 千(百)行代码错误数:指每千(百)行源代码中所包含的错误数量,它既可以用来度量软

件的初始错误数,也可以用来度量软件的残留错误数。

(2) 软件缺陷(software defect)。

软件缺陷是由于人为差错或其他客观原因,使得软件(包括说明文档、应用数据、程序代码等)中隐含导致其在运行过程中出现不希望的或不可接受的偏差,例如,缺少一个逗号,多一条语句等。

软件缺陷是程序本身的特性,以静态形式存在于软件内部,是软件开发过程中人为错误造成的。当软件运行于某一特定条件时,软件缺陷将导致系统出现软件故障,即软件缺陷被激活。

在软件生命周期的各个阶段,特别是早期的需求定义、设计和编码阶段,设计者和编程人员的行动,如需求不完整、理解有歧义、没有完全实现需求或潜在需求、算法逻辑错、编程问题等,使软件在一定条件下不能或将不能完成规定功能,这样就不可避免地存在软件缺陷。软件一旦存在缺陷,它将潜伏在软件中,直到被发现并且被正确修改。反之,如果在一定环境中软件运行正确,软件缺陷将继续潜伏在软件中,除非环境发生变化。此外,软件中的缺陷不会因使用而损耗,所以软件缺陷是无损耗地潜伏在软件中的。

(3) 软件故障(software fault)。

软件故障是指软件在规定的运行条件下,运行过程中出现的一种不希望或不可接受的内部状态。软件故障是一种动态行为,是软件缺陷被激活后的表现形式。例如,软件处于执行一个多余循环过程时,软件出现了故障。

软件故障总是由软件错误引起的,但是软件错误不一定引起软件故障。当软件运行时出现软件故障,并且没有采取措施处理时,便产生软件失效。

(4) 软件失效(software failure)。

失效是指功能部件执行其规定功能的能力丧失。软件失效是软件运行过程中规定功能的终止。硬件失效通常是由物理、化学,环境应力变化等所引起的,即硬件产品的寿命失效主要是由于磨损和耗散使其失去原有的功能;其随机失效通常是由于产品的内在缺陷和环境应力超过可能承受的极限而造成的失效。与硬件不同,软件不会因为环境应力而疲劳,也不会随时间的推移而磨损和耗散,软件的寿命失效通常是由于软件内部逻辑复杂,运行环境动态变化,且不同的软件差异可能很大。因此,软件失效机理可能有不同的表现形式,但总的说来,软件失效机理可描述为:软件错误→软件缺陷→软件故障→软件失效。

软件失效通常包含三方面的含义:①软件或其构成单元不能在规定的时间内和条件下完成所规定的功能,软件故障被触发以及丧失对用户的预期服务时都可能导致失效;②一个功能单元执行所要求功能的能力终结;③软件的操作偏离了软件需求。

用户可以根据软件失效对系统服务的影响来判定失效的严重程度级别,如:灾难性失效、重大失效或微小失效。这些严重程度级别的定义因系统而异,但在某一给定系统内应保持术语的一致性。

综上所述,软件错误是一种人为错误,在一个软件的开发过程中,这种主观的错误是无法避免的。一个软件错误必定产生一个或多个软件缺陷。软件缺陷往往十分隐蔽,不容易被发现和改正,换言之,真正影响软件可靠性的是那些在开发过程中没有被发现的软件缺陷。这些软件缺陷只有通过不断的测试和使用,才能以软件故障的形式表现出来。软件故障如果没有得到自动、有效和及时的处理,便不可避免地导致软件失效。一个软件中究竟存在多少软件错误和软件缺陷,是无法确定的,也就无法达到完全排错。所以说任何软件都是存在缺陷的,软件开发人员只能尽量地排错,使软件在顾客满意的情况下运行。

2）时间

软件可靠性量化通常用时间来定义。最常用的三种时间度量方法分别是日历时间、时钟时间和执行时间。

（1）日历时间：指日常生活中使用的日、周、月、年等计时单元。

（2）时钟时间：指从软件运行开始，到运行结束所用的总时间，其中包括等待时间和其他辅助时间，但是不包括计算机停机占用的时间。

（3）执行时间：指计算机在执行程序时，实际占用的中央处理单元 CPU 的时间，所以执行时间又称 CPU 时间。如果计算机被程序连续占用，并且该程序占用 CPU 的一个时间段，则执行时间与时钟时间成正比。

可以举例说明日历时间、时钟时间和执行时间的区别，如假设某软件系统 2 周之内运行了 45h，CPU 的工作时间是运行时间的 2/3，则日历时间是 2 周，时钟时间是 45h，执行时间是 30h。对于软件可靠性测量和建模而言，执行时间比日历时间更准确。然而，为了便于用户理解，可靠性量化必须最终与日历时间相关联，尤其是将结果与不同系统作比较时，更是如此。因此，需要在日历时间与执行时间之间进行转换。如果不容易得到执行时间，可以用其他时间近似，如时钟时间、加权时钟时间、主要运行时间或其他应用程序易得的计时单位，如处理或测试箱等。

时间基准确定后，失效可用 3 种方式表示：累积失效函数（cumulative failure function）、失效强度函数（failure intensity function）和平均失效时间函数（meantime to failure function）。

（1）累积失效函数：也称为均值函数，表示与每一时间点相关的平均累积失效。

（2）失效强度函数：也称为失效率函数或失效发生率函数，表示累积失效函数的变化率。

（3）平均失效时间：表示观察到下次失效的期望时间。

显然，上述 3 种度量标准密切相关且可相互转化。例如，失效强度是由累积失效函数相对于时间推导所得到的瞬时值。如果可靠性函数呈指数分布，那么其平均失效时间为失效强度函数的导数。

与时间有关的量还包括平均失效前时间（mean time to failure，MTTF）、平均故障间隔时间（mean time between failure，MTBF）和平均修复时间（mean time to repair，MTTR）。

（1）平均失效前时间：指软件在当前时间到下一次失效时间的均值，是反映软件故障行为的一个重要参数。

（2）平均故障间隔时间：指软件两次相邻失效时间间隔的均值。

（3）平均修复时间：表示在观察到失效后，修复系统所需要的时间。对硬件部件来说，平均修复时间是一个很容易估计的评价标准，因为典型的硬件修复过程是通过诊断确定系统出错的部件，然后用同样的或等效的部件来替换它，这一标准过程使对平均修复时间的估计十分精确。然而对于软件，情况就不同了。软件失效的暂时恢复可以是简单地重装软件或重运行软件直到失效再次出现，而永久性的恢复需要调试、修改、确认和重装该软件。因此，不同软件系统的平均修复时间有一定差异。

在系统的 MTTF 和 MTTR 测定后，其可用性（availability）即可求得。可用性是指软件在任一时刻处于可使用状态的程度，即“开则能用，用则成功”的能力。通常，它可按如下公式计算

$$可用性=\frac{\mathrm{MTTF}}{\mathrm{MTTF}+\mathrm{MTTR}}$$

3）运行剖面

软件的运行剖面是用来定义和描述软件的运行环境，指明软件运行所需的环境，同一软件在不同运行剖面下，其可靠性行为可能极不相同。运行剖面是关于如何使用系统的一种定量特征描述，为软件开发人员揭示如何根据系统的使用功能来实施软件开发策划，规划软件开发资源，从而达到提高生产率、可靠性，加快研制进度的目的。也有学者将运行剖面定义为：用户实际使用软件的方式。也就是说，软件的运行剖面是由软件可执行的操作及其发生的概率构成的集合。例如一个软件有 n 个功能，记为 $A_i, i=1,2,\cdots,n$，对应的概率为 P_i，那么 (A_i, P_i) 就是一组剖面。

简单地说，软件的运行剖面是一组不交的、给定发生概率或估计值的可替代事件的集合。通常可以用图或表来描述软件的运行剖面，图 10-1 所示的就是某软件的运行剖面图，一般性的操作可以在 X 轴上按其发生的概率进行排序。但一般情况下，运行剖面是一条连续的曲线，如图 10-2 所示。对于那些简单的情况，也可以通过列表的方式来描述软件的运行剖面。

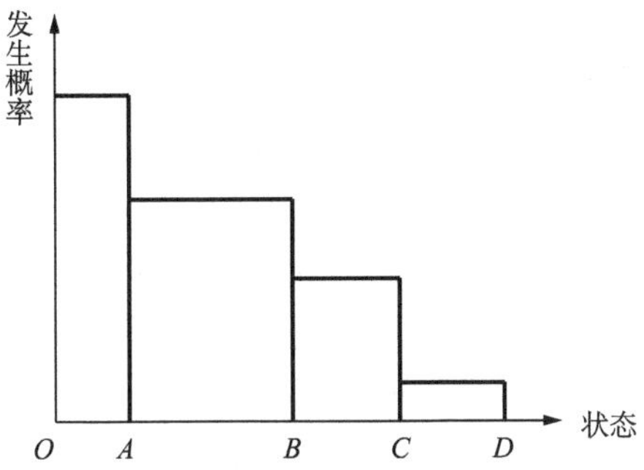

图 10-1　离散型运行剖面示意图

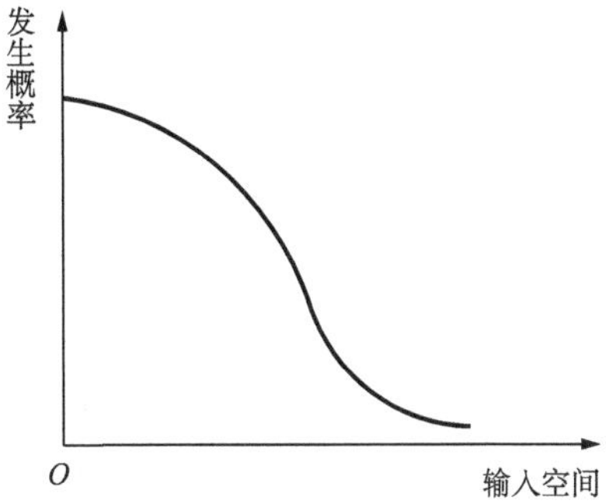

图 10-2　连续型运行剖面示意图

为了确定软件运行剖面，需要从一个逐步缩小透视的角度，从用户深入到操作观察软件的运行情况，并在每一步定量描述每个元素以及在每一步上被调用的频度。运行剖面是面向用户的，也是面向过程的，比如，在软件可靠性测试过程中，在进行测试策划时，为了分配测试任务，确定测试内容和测试次序，选定测试工具，建立测试环境等，就必须获得软件的运行剖面，并且在运行剖面的支持下完成这些工作。

10.1.2　软件与硬件的区别

目前，复杂系统一般由硬件和软件组成，所以其可靠性也由两部分组成：硬件可靠性与软件可靠性。那么在系统运行过程中，二者之间具有什么样的关系呢？从定义的形式上，二者是相同的，都可定义为在一段特定的自然单元或时间间隔内，产品无失效运行的概率。但由于硬件和软件各自具有不同的特性，因而对其可靠性的理解也不尽相同。

1. 软件生命周期及其过程与硬件的差别

软件生命周期及其过程活动与硬件相比，具有相同或相似之处。对于嵌入式系统，软件和硬件在其生命周期过程中，均被划分成不同的阶段，每个阶段都由输入、过程活动及输出构成。生命周期过程、支持与管理过程相互交互、相互重叠，但由于软硬件的不同特征决定了这两者在其生命周期过程活动之间存在着显著的差异。

图 10-3 是一个嵌入式系统生命周期过程及其活动示意图。由图可以清楚地看出两者之间的相同或相似之处,以及其差异和相互关系。

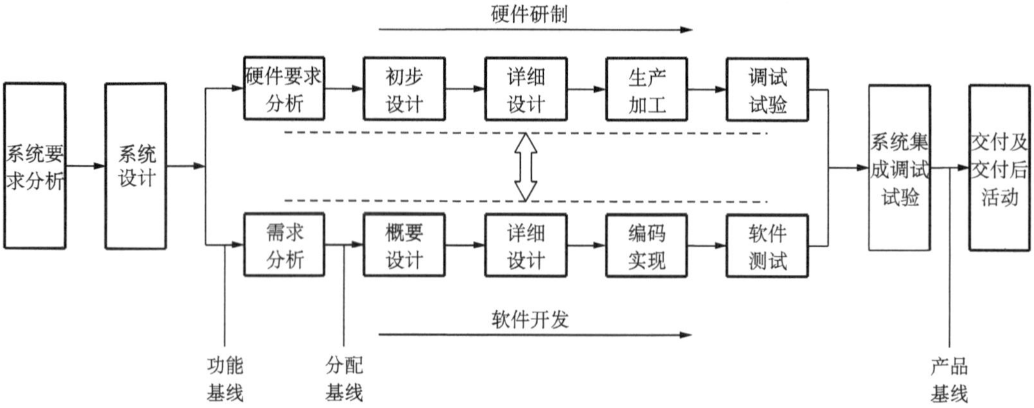

图 10-3　软件与硬件生命周期过程关系示意图

2. 软件和硬件在可靠性方面的异同

软件可靠性工程的理论、技术和方法或来源于硬件可靠性,或借鉴于硬件可靠性,或受硬件可靠性研究与实践成果的启发得以产生和发展。因此,它们之间必然存在着相同或相似之处。软件的固有特性及其与硬件之间的本质差别又决定了它与硬件可靠性之间的差别。

软件可靠性与硬件可靠性之间相互支持、相互补充。软件可靠性工程的研究和实践,首先必须以软件的固有特征为基础,有目的、有针对性地研究并采取专门的技术措施,同时也必须注重借鉴和吸收硬件可靠性工程的成功经验。软硬件可靠性的研究与实践最终将步入相互促进、协调发展,共同推进可靠性系统工程的进展。同时,任何一个软件产品需要在硬件上运行,所以其可靠性应考虑硬件可靠性因素,同样,任何一个硬件产品也包含软件因素,硬件的可靠运行也要依赖于软件的可靠性。

1) 相同或相似之处

(1) 依靠开发设计过程保证产品的固有可靠性;

(2) 简单就是可靠,结构越简单其可靠性就越容易得到保证;

(3) 标准化,系列化、组合化是可靠性保证的重要途径;

(4) 具有避错设计、查错设计、纠错设计、容错设计等可靠性设计思想、理论和技术支持;

(5) 可靠性水平的高低受人为因素和开发人员素质的影响;

(6) 可靠性设计和管理受可靠性历史数据的影响和制约;

(7) 开发设计工具的先进性、有效性是可靠性水平高低的决定因素之一;

(8) 利用概率论和统计学原理进行可靠性建模、度量、分析和过程控制;

(9) 可靠性的预计和分配是可靠性设计的基础;

(10) 可采用故障树分析,失效模式及影响分析等方法进行可靠性分析;

(11) 有效的可靠性工程管理是保证。

2）主要差别

软件与硬件之间可靠性的主要差别及其诱因归纳起来见表 10-1。

表 10-1　软件与硬件可靠性的主要差别

序号	软件	硬件
1	逻辑实体，不会损耗，不会自热变化，只是其载体可变	物理实体，每件同规格产品的质量特性之间有散差，随时间和使用环境等的变化而老化、磨损以至失效
2	开发过程主要是脑力劳动过程，本质上无形，不可见，不透明，难以测控	研制过程是脑力劳动和体力劳动相结合的过程，过程有形，可跟踪，可测控
3	不可靠问题主要是由于开发过程中的人为差错造成的缺陷和错误所引起的	不可靠问题不只是设计问题，在生产和使用过程中也会产生新的故障
4	软件是程序指令集合，即使每条指令都正确，但由于在执行时其逻辑组合状态千变万化，最终软件不一定正确	元器件、零部件及其组合故障均可能导致系统失效
5	系统的数学模型是离散的，其输入在合理范围内的微小变化都可能引起输出的巨大变化，故障的形成无物理原因，失效的发展取决于输入值和运行状态的组合，无前兆	系统在正常工作条件下其行为是渐变的，故障的形成和失效的发生一般都有物理原因，有先兆
6	应在开发的全过程采取措施防错、检错、纠错和容错，而在批量复制过程中，软件本身不会变化	除了开发过程外，生产过程对产品的影响也很大，均需加强控制
7	精心设计测试用例，执行严格的测试，查出错误并加以排除	建立适当的环境应力条件，进行环境应力筛选，剔除缺陷
8	采用冗余设计时，应确保冗余软件间的相异性；否则，相同的冗余软件不仅不能提高可靠性，反而增加了复杂性，降低其本有的可靠性	相同的部件之间是自然独立的，适当的冗余可以提高其任务可靠性
9	在使用过程中出现故障后必须修改原软件以解决问题，若在修改时未引入新的缺陷或错误，那么其可靠性就会增长	在使用过程中出现故障后无需修改原产品，只需更换或修复失效的零部件，使产品状态恢复，其可靠性一般不会提高
10	某处的修改会影响他处，错误会扩散和蔓延，维护时必须考虑这种影响	维修某处一般不会影响他处
11	失效率随故障的排除而下降	失效率的变化呈浴盆曲线
12	可靠性参数估计无物理基础	可靠性参数估计有物理基础

10.1.3　影响软件可靠性的因素

影响软件可靠性的因素包括技术、社会、经济、文化等诸多方面。遗憾的是，直到今天，难以甚至无法确定其中绝大多数因素与软件可靠性之间的本质联系和定量关系。软件不可靠的根本原因是软件中存在着缺陷或错误，软件错误的产生，除了软件本身的特性和人的因素之外，与软件工程管理等密切相关。所以说，软件特性、人的因素和软件工程管理是影响软件可靠性的主要因素。这些因素又可具体分为软件的可理解性、软件定义的严密性、软件的复杂性、软件工程管理、软件测试与排错、人的因素、环境因素以及软件可靠性工程技术的研究水平与应用能力等。

1. 运行剖面

软件故障是软件缺陷在一定条件下被激活的结果，同一软件在不同的运行剖面中，如在目标环境中和开发环境中，其可靠性表现大不相同。考虑一个极端的例子：假设某软件的输入域可划分为 G 和 F 两部分，G 中的输入恒不激活软件缺陷，F 中的输入恒激活软件缺陷。如果运行剖面不包含 F 中的输入，软件始终不会出现故障，其可靠性恒为 1；反之，如果运行剖面只包含 F 中的输入，则每一个输入均导致软件故障，如果没有容错措施则导致软件失效，软件可靠性恒为 0。

2. 软件规模

软件规模尤其是单个软件单元的大小是影响软件可靠性的重要因素。如果软件只包含一条语句，除非它是错误的，否则谈论软件的可靠性问题就失去了意义。随着软件规模的不断增大，软件可靠性问题越来越突出。实践表明，软件错误率并非随软件规模的增加而线性增加，不同环境中，不同编程语言所实现的软件在统计上均存在着差异。

3. 软件结构

同硬件相比，软件逻辑结构高度复杂且动态变化，软件结构的复杂性对其可靠性的影响巨大。一般地，软件结构越复杂可能包含的缺陷数就越多，软件的可靠性也就越低。换句话说，软件的复杂性是导致软件不可靠的根源。但令人遗憾的是，软件结构的复杂性如何本质地影响软件的可靠性，到目前为止，其机理尚不甚清楚。

4. 软件可靠性设计

软件可靠性设计一般是指在软件开发过程中，在严格实施软件工程的背景下，有目的、有针对性地采取用于保证和提高软件可靠性目标的技术和方法，如避错设计、查错设计、纠错设计、容错设计等。经验表明，在软件开发过程中，在良好的软件工程背景下，实施有效的可靠性设计对软件的可靠性具有重大的影响。

5. 软件测试

软件测试是一种程序的执行过程，其目的是尽可能地检出被测试软件中的缺陷和错误，它对软件可靠性保证和增强用户信心具有极其重要的意义。在目前，形式化方法和程序正确性证明技术等还不能成为实用的测试方法的情况下，软件测试是在将来相当长的一段时间内保证软件可靠性的有效方法。表 10-2 是某软件测试中心对几种常见开发平台和程序设计语言历年来测试数据的统计结果。

从表 10-2 可以看出，除汇编语言之外，平均每千行代码的错误率为 0.004～0.0101，即每千行代码中，错误数在 4.0～10.1。当平均代码行为 5000 时，代码的错误率最低。

考虑软件可靠性问题时，通常是指大型的或中等规模的软件，中等规模的软件是软件可靠性研究和实践中难以对付的。软件工程实践的一个侧面可以反映出这一点，即单元测试一般由编程人员自行完成，而配置项测试、确认测试、系统测试需要由专业的测试人员独立完成。软件可靠性增长模型也主要用于配置项测试、确认测试和系统测试阶段。

表 10-2　某软件测试中心软件测试数据统计表

操作系统	程序设计语言	软件规模/行	错误数/个	错误率/%	操作系统	程序设计语言	软件规模/行	错误数/个	错误率/%
Win/XP	C/C++	100	1.1	0.011	DOS	汇编	100	1.2	0.012
		500	4	0.008			300	3.3	0.011
		1000	7	0.007			500	5.26	0.0105
		5000	30	0.006			800	8	0.01
		10000	65	0.0065			1000	10.1	0.0101
		50000	340	0.0068			5000	65	0.013
		100000	700	0.0070	VxWorks	Tornado	100	1.2	0.012
	Delphi	100	1.0	0.01			500	5.25	0.0105
		500	2.5	0.005			1000	8	0.008
		1000	4.9	0.0049			5000	30	0.006
		5000	20	0.004			10000	70	0.007
		10000	45	0.0045			50000	355	0.0071
		50000	240	0.0048			100000	750	0.0075
		100000	501	0.005					

6. 软件开发技术、方法和工具

软件开发过程中所使用的开发技术、方法、工具、规则、惯例以及约定对软件可靠性都有着显著的影响。例如，与非结构化的方法比较，结构化的方法可以明显减少软件缺陷数。

7. 人员

可靠性是通过设计来赋予，通过生产来实现，通过管理来保证的，这其中的任何一个环节都离不开人。软件是人的脑力劳动及其创造性的结果，软件可靠性依赖于软件开发、测试、管理等相关各类人员的知识、素质和经验。软件错误主要来源于人为差错，控制影响人为差错发生的因素有利于减少软件错误。Rzevski 研究指出，系统复杂性、任务复杂性、资源、人为因素和环境因素是导致人为差错发生的主要原因。选用一种或几种协助控制这些因素的方法就能较好地避免错误的发生。

10.2　软件可靠性建模

如何检验软件可靠性是软件可靠性工程的基本问题之一。显然，定量检验软件可靠性的最直接方法是软件投入运行后，在实际运行环境中检查软件失效情况。但这种方法的缺点是明显的：一是它要求软件运行时间较长，二是人们一般希望在软件开发阶段结束之前能估计或预测软件可靠性，以检验它是否达到希望的目标。为此，在软件测试阶段对测试过程中收集到的软件可靠性（失效）数据进行建模，以估计软件可靠性实际水平，从而从可靠性角度判断软件何时可停止测试，交付用户验收，是非常有效的方法。在软件测试阶段被发现的软件缺陷不断被剔除，软件可靠性呈增长趋势，因此这一方法称为软件可靠性增长建模，主要由软件开发人员实现。迄今为止，软件可靠性增长建模是软件可靠性建模的主要内容。

10.2.1　建模的基本思想及基本问题

1. 基本思想

软件可靠性建模旨在根据软件可靠性数据以统计方法给出软件可靠性的估计值或预测值，从本质上理解软件可靠性行为，这是软件可靠性工程的基础。软件可靠性建模是软件可靠性工程研究最早、成果最丰富、争论最多，至今仍然最活跃的研究领域。

到目前为止，已开发出了一百多种软件可靠性模型，且新的模型还在不断发表，可谓种类繁多，数量庞杂。但遗憾的是，到目前为止尚无一个普遍适用的模型。比如，适用于某些故障数据集合的模型又不适用于其他故障数据集合；同一个模型适用于软件开发的某个阶段，又不适用于其他的阶段。况且，有些模型本身就是针对特定的软件或过程开发的。由于软件本身的特性及软件可靠性数据缺乏，加之人们对软件工程领域及软件开发过程的复杂性及多样性认识的局限性，建立完全反映这些因素的模型非常困难，而且是否选择适当也难以验证。

软件可靠性和硬件可靠性一样，其失效都表现出随机特性且都可以用概率分布描述，但它们的显著差别是软件不会老化，其可靠性不会随时间的增加而降低。而且在软件测试和运行过程中随着错误的不断检出和排除，软件可靠性得以不断增长。另一方面，软件可靠性也可能因为运行剖面的改变、不正确的修改以及修改过程中新的错误引入等而降低。同时，软件在其生命周期过程中需要不断更新和升级，软件的可扩展性，使得人们不可避免地要考虑不同的失效率。

硬件错误大多是因为老化、磨损、耗散等引起的物理错误，而软件错误则主要是设计错误，具有很强的不透明性。该特征使得软件错误难以分类、难以检测和难以修改。与硬件可靠性相比，在工程上难以得到定量的软件可靠性，难以进行定量的分析和测量。硬件由于只考虑物理故障，硬件可靠性理论通常依赖于静态分析。然而，随着系统复杂性的日益增加以及软件设计错误的不断引入，基于静态过程的可靠性理论难以适用于软件可靠性增长或衰减等非静态情况，这使得软件可靠性测量问题成为一个更具挑战性和不断发展的技术问题。

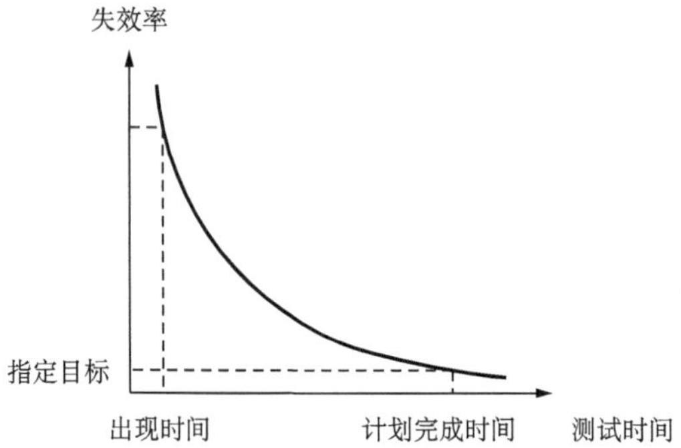

图 10-4　软件可靠性建模的基本思想

软件可靠性建模的基本思想如图 10-4 所示。由图 10-4 可知，软件失效总体上随着软件错误的检出与排除而不断降低，在任一给定时间，可以观察到软件失效的历史。软件可靠性建模通过统计结果预测软件的失效趋势。其目的如下：

(1) 预测达到规定目标还需要的测试时间和资源数量。

(2) 预测测试结束时，软件的期望可靠性。

2. 基本问题

软件可靠性建模有三个基本问题：模型建立、模型比较以及模型应用。

1) 模型建立

模型建立是指如何建立软件可靠性模型。一方面是从什么角度建立模型，例如从数据域角度、时间域角度或将软件失效时刻当做建模对象，将一定时间内软件的失效数当做建模对象等；

另一方面是采用什么样的数学语言，如概率语言、模糊数学语言等。

2）模型比较

模型比较旨在分析不同软件可靠性模型的异同点。一是模型分类，从不同的角度可对模型做出不同分类。二是模型评估，分析比较不同模型的优劣处、可用性、有效性等进行综合权衡，从而确定模型的适用范围。

3）模型应用

建立模型的最终目的是应用模型。模型应用需要考虑两个问题：一是给定模型，如何指导软件可靠性工程实践；二是给定软件开发计划，如何选用合适的模型。

软件可靠性模型几乎都是以形成软件失效的一般假设为基础。通过对软件失效历史数据的获得，估计软件在将来某个时刻的失效率。所以，软件可靠性的预测只能以概率形式表示。因此，基本的软件可靠性建模问题可以分为如下 3 部分。

（1）一个概率模型，此模型规定以一个未知的参数 P 为条件的 T_j 的任何子集的分布。

（2）P 的统计推断程序。

（3）把上述两部分结合起来的预测程序。

T_j 是 j 个失效中每一次失效时观察到的时间，是一个随机变量。理想情况下，希望得到随机变量的分布及其分布的矩、变量的期望值、均值和方差等。因此，在模型应用中，需要特别注意以下两点：

（1）几乎所有软件可靠性模型都考虑软件的可靠性随着软件中故障的排除而增长，“失效”的意义被理想化为“一个故障的第一次出现”，很少有模型考虑一个故障会导致多个失效。

（2）绝大多数软件可靠性模型，主要考虑在长度为$(u_0,u_1,\cdots,u_{i-1})$的连续的 i 段时间内观察到$(k_0,k_1,\cdots,k_{i-1})$次失效，而我们希望预测长度为$(u_i,u_{i+1},\cdots,u_n)$的将来各时段内发生的失效数$(k_i,k_{i+1},\cdots,k_n)$，这就是所谓集聚或分立软件可靠性建模问题。

10.2.2　模型的分类

1. 模型分类方法

自 1972 年第一个软件可靠性分析模型发表的四十多年来，见之于文献的软件可靠性统计分析模型一百多种。软件可靠性模型数量多、表达形式和适用情况都存在一定程度的差别。为了能够系统而深刻地理解软件可靠性模型，对现有模型进行合理分类是必要的，也是必不可少的。软件可靠性模型通常分为结构模型和预计模型两大类。其分类结果如图 10-5 所示。

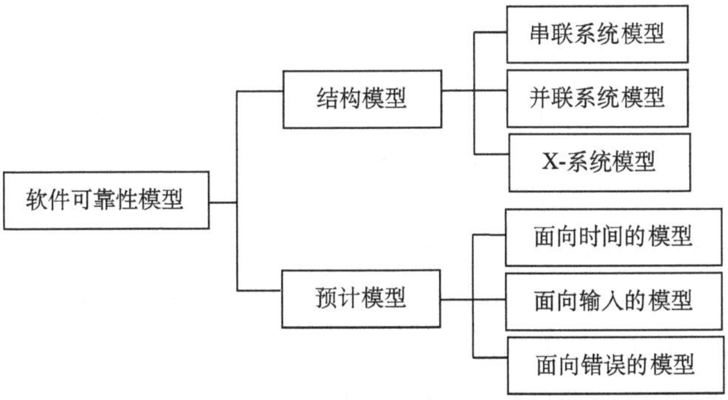

图 10-5　软件可靠性模型分类结果

结构模型反映系统的逻辑结构。借助这类模型，在掌握软件单元（构件）可靠性特征的基础上，可以对系统的可靠性特征及其变化趋势做出预测和评价。结构模型是软件系统分析的重要工具，它既可用于软件系统的可靠性综合，也可用于软件系统的可靠性分解。结构模型包括串联系统模型、并联系统模型、硬-软件复合系统（X-系统）模型等。

预计模型从本质上描述软件失效与软件错误、运行剖面等关系。借助这类模型，可以对软件的可靠性特征进行定量的预计或评估。例如，用于预计开发过程中的软件可靠性增长，预计或评估预定工作时间的软件可靠性水平，预计任意时刻软件的失效概率、失效时间间隔分布，预测并确定软件释放、交付时间等。这类模型通常又分为面向时间的模型、面向输入的模型和面向错误的模型三大类。

1）面向时间的模型

这类模型以时间为基准，反映软件的可靠性随时间变化的规律。模型建立的基础及其预测结果，符合软件可靠性定义的要求，且与硬件可靠性的概念兼容，可以满足软、硬件系统综合分析的要求，得到了比较广泛的应用。根据对数据的需求，这类模型又可分为失效时间间隔模型（TBF 模型）和失效计数模型（FC 模型）两类。失效时间间隔模型所使用的数据是失效时间间隔，其分析方法建立在以失效时间间隔服从特定分布的基础之上。失效计数模型所使用的数据是一定间隔时间内，软件的失效次数，其分析方法大多建立在 Poission 过程的基础上。

面向时间的模型的最大缺点是对模型假设要求苛刻，难以满足，在一定程度上影响了模型的准确性。

2）面向输入的模型

面向输入的模型建立了软件可靠性与输入域（数据）的关系，利用软件运行过程中的失效次数与成功次数的比例作为软件可靠性的度量。优点是概念清晰易懂，易于应用。但这类模型与时间度量没有直接关系，在实现硬-软件系统综合时具有一定的困难，必须进行附加的数学处理，才能使用时间尺度来表示软件可靠性。

3）面向错误的模型

这类模型直接使用软件中现存的错误数来反映软件可靠性。优点是模型的结果直观，其缺点是不能反映软件可靠性与时间的关系。

关于模型的分类还有多种多样的分类准则，如根据数学结构、模型假设、参数估计、失效机理、建模对象、模型适用性和时域等分类方式进行分类，会有多种不同的分类结果。但不论哪种分类准则和方法，其根本目的是方便模型的选择和应用。以下是一些常用的模型分类方法。

（1）按建模对象分类：建模对象指软件可靠性数据及其相关信息，采用此准则进行模型分类可更好地理解模型的物理意义。

（2）按模型假设分类：假设不同，模型也就不同。如假定软件原有错误数为一确定的有限值或服从 Poission 分布的随机变量，甚至假定它为无限，这样就可以得到不同类型的模型。

（3）按模型适用性分类：根据模型在软件开发过程中的适用阶段对模型进行分类，适用于测试阶段的模型称为增长模型，适用于确认阶段的模型称为确认模型。

（4）按数学方法分类：根据软件可靠性模型所采用的数学方法进行分类，采用概率方法的模型称为概率模型，采用模糊方法的模型称为模糊模型，此外，还有 Bayes 模型与非 Bayes 模型等。

（5）按随机性分类：根据随机过程的假设，如过程的确定性或非确定性、Markov 过程、Poission 过程等进行分类。

(6) 按故障数分类：主要有错误计数模型和非计数模型，可数模型和不可数(无穷)模型。

(7) 按参数估计方法分类：主要有 Bayes 模型、非 Bayes 模型、极大似然估计法、最小二乘法和线性模型等。

(8) 按使用时间方式分类：主要有日历时间模型和执行时间模型。

(9) 按维护过程分类：主要指对软件系统维护过程的一类模型，如完全排错模型和不完全排错型模型。

(10) 按软件结构分类：根据是否对软件的内部结构有详细的了解可以分为黑盒模型和白盒模型。

2. 常用模型分类

1) 依据建模对象分类

依据建模对象，软件可靠性模型可以分为静态模型和动态模型两类。

(1) 静态模型。

静态模型的建模对象是与运行时间无关的数据或信息，它不考虑与运行时间有关的数信息。这类模型又可进一步分为缺陷播种模型、基于数据域模型和经验模型三类。

缺陷播种模型：假定在软件内部预先人为植入若干个缺陷，通过比较测试过程中发现的预先植入缺陷数和软件固有的缺陷数，估计软件内部残留缺陷数。

基于数据域模型：假定软件输入数据域可以被划分为若干个等价类或软件运行过程可以被划分为若干个最小的执行过程，对应于一组输入数据组合，据此估计软件正确执行一个等价类或一个最小执行过程的可能性及概率。

经验模型：是给出一系列经验公式，试图利用软件的某种固有特征量如语句数等估计软件中所残留的缺陷数。

(2) 静态模型。

动态模型的建模对象是与运行时间相关的数据或信息，当然也包含与运行时间无关的数据或信息，这类模型又可以进一步分为微模型和宏模型。

微模型：将软件视为一个透明的“白盒子”，充分地考虑软件的固有特征量，如语句数、软件结构等。

宏模型：仅仅考虑与运行时间有关的数据或信息，不考虑软件的内部结构和软件的固有特征。这类模型可以进一步分为失效时间模型和失效计数模型。前者的建模对象是相邻失效间隔时间，后者的建模对象是一定时间内软件的失效数目。

表 10-3 列出了按建模对象分类的典型模型与模型类型的对应关系。其中“×”表示其隶属关系。

2) 依据模型的适用性分类

Ramamoorthy 和 Bastani 根据软件可靠性模型在软件生命周期过程中不同阶段的适用性而提出的分类方法，如图 10-6 所示。假定软件开发设计阶段，错误一旦被查出立即被纠正，纠错过程中不引入新的错误，软件可靠性随着测试的进行而增长。因此，应用于这一阶段模型被称之为软件可靠性增长模型。增长模型又被分类为错误个数计数模型和非计数模型。从应用的观点来看，非计数模型仅估计软件的可靠性，计数模型不仅估计软件的可靠性，也估计软件中的残余错误数。

表 10-3　典型软件可靠性模型类型一览表

模型	类型					
	动态模型			静态模型		
	宏观		微观	缺陷播种	数据域	经验
	失效时间	失效计数				
Jelinski-Moranda 模型	√					
Schick-Wolverton 模型	√					
Moranda 几何模型	√					
Musa 执行时间	√					
Littlewood-Verrall 模型	√					
Goel-Okumoto IDM 模型	√					
Goel-Okumoto NHPP 模型		√				
Moranda 几何 Poission 模型		√				
Shooman 模型			√			
超几何模型				√		
Nelson 模型					√	
Halstead 模型						√

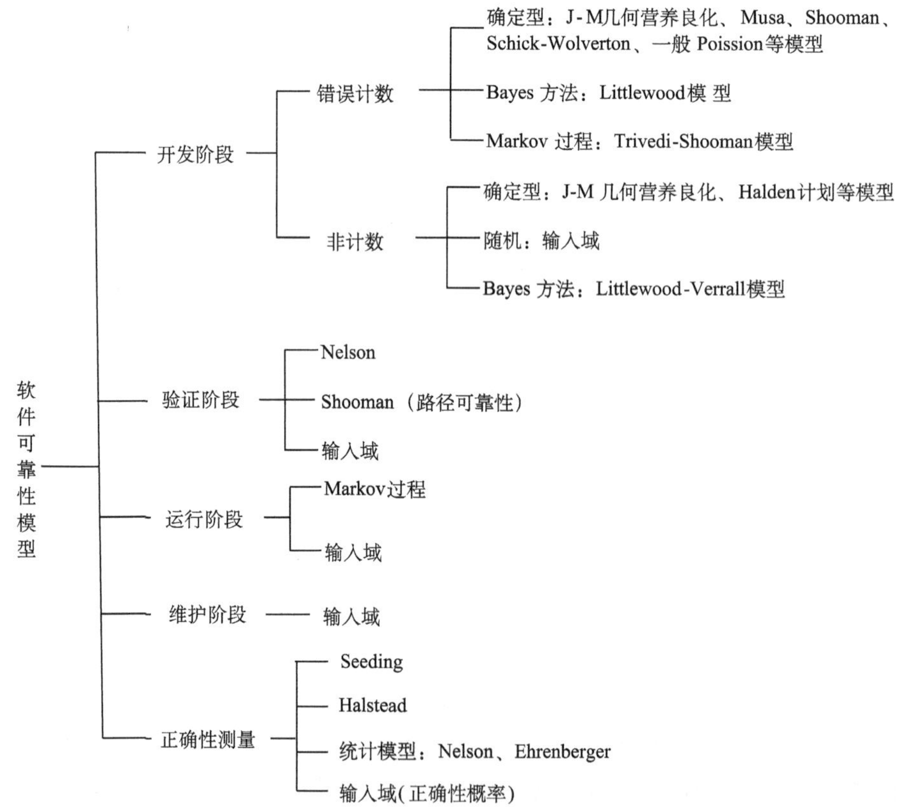

图 10-6　Ramamoorthy 和 Bastani 的软件可靠性模型分类

验证阶段，错误被检出后通常并不在本阶段被纠正，这类模型通常应用于高可靠性要求的软件产品。

运行阶段，由于软件输入不是独立的，而是遵循某种分布，应用于这一阶段的模型，应根据实际输入所依从的分布来计算其可靠性，如果输入分布发生变化，则应重新进行计算。

维护阶段，所发现的错误被纠正，可靠性得以增长，但随着新的软件特性和功能的增加，势必引入新的错误，在此阶段，软件可靠性不可能大幅度增长。所以，将可靠性增长模型应用于此阶段并不合适。但是，使用少量的测试条件与数据来估计可靠性的变化是可能的，但必须保证不至于破坏原有特性和功能。

10.2.3　模型的组成

一个软件可靠性模型通常由模型假设、性能度量、参数估计方法和数据要求四个部分组成。

1. 模型假设

由于计算处理和理论分析等方面的需要，现行软件可靠性模型，都以某些假设为基础。模型假设是实际情况的简化或规范化，模型总要包含若干假设。譬如测试用例的选取代表实际运行剖面，不同软件失效独立发生等。这些假设是软件可靠性模型建立的重要依据，也是模型在理论上处理的先决条件，模型假设的好坏决定着模型的优劣。

1）软件可靠性模型假设的主要内容

（1）关于软件出错行为描述。

① 软件中的初始错误个数 N_0 为固定不变的常数；

② 软件中的初始错误个数 N_0 与故障率 $\lambda(t)$ 成正比；

③ 软件故障的发生彼此独立；

④ 错误检测率在固定的时间内是恒定的；

⑤ 每个错误导致相同的软件失效率；

⑥ 错误彼此独立，并且为常数发生率；

⑦ $N_0=N(t)$ 是随机变量；

⑧ 故障发生率服从 Γ 分布；

⑨ 故障出现率服从 Poission 分布；

⑩ 故障间隔时间服从指数分布；

⑪ 其他被假定的分布还有二项式分布、正态分布、Weibll 分布、Rayleigh 分布等。

（2）关于测试与排错环境、行为描述。

① 一次排除一个错误；

② 完全排错；

③ 纠错过程中不引入新的错误；

④ 立即排错；

⑤ 非立即排错；

⑥ 测试环境与软件运行环境完全一致；

⑦ 可以允许排错时至多引入一个错误；

⑧ 可以是不完全排错；

⑨ 测试输入数据与条件完全随机选取；

⑩ 测试输入空间“覆盖”软件的使用空间；

⑪ 每次查出、纠正或引入的错误个数可以大于 1 个；

⑫ 软件中的错误分为容易查出和改正的以及不容易查出和改正的两大类；

⑬ 某些错误在其他错误被排除之前，不可能被查出。

(3) 其他一些方面的内容。

① 剩余错误个数 $N_r(t)$ 正比于最后一次测试的时间长度 Δt；

② 故障率 Δt 正比于前 $i-1$ 个故障间隔时间与半个第 i 个故障间隔时间之和 $\sum\left(t_{i-1}+\frac{t_i}{2}\right)$；

③ 相连接的时间区间内的故障率以几何级数递减；

④ 故障率为分段常数；

⑤ 错误纠正率为 $p(0\leqslant p\leqslant 1)$，不完全纠正率为 q，且 $p+q=1$；

⑥ 错误出现/纠正率为 $\lambda(k,t)=p\lambda(t)(N_0-k)$，引入率为 $v(k,t)=r\lambda(t)(N_0-k)$；

⑦ 故障数与 $N_r(t)$ 成正比。

以上所给出的模型假设同实际软件开发及软件特征并非完全一致，有些假设与实际相去甚远甚至大相径庭，从而导致软件可靠性模型从假设就陷入了尴尬的境地。例如，许多模型特别是早期模型，为了简化理论计算和分析处理，大多假设排错过程不引入新的错误，但这种假设与实际情况相去甚远。实际上，软件的逻辑关系错综复杂、互为因果，局部更改可能产生牵涉全局性的问题。这就是为什么我们在观察软件错误时，会经常发现大幅度振荡的原因。随后的一些模型，假定排错过程中引入错误数为给定常数，对模型进行了调整，但仍未能从根本上解决问题。

2) 实例

下面介绍一个软件可靠性模型的假设集，而具体模型的假设可能是这一假设集，也可能是它的一个子集。

① 模型与其结构和使用频率无关；

② 错误和失效相互独立，一般不考虑其关联性；

③ 所有软件错误具有相同的出现率；

④ 与程序设计语言和开发方法无关；

⑤ 测试是完备的，建模与测试环境和测试用例的假设分布无关；

⑥ 错误排除过程中一般不引入新的错误；

⑦ 与输入分布和时间选择无关；

⑧ 模型能得到有效验证；

⑨ 有足够而可信的可靠性数据支持。

2. 性能度量

软件可靠性模型的输出量便为性能度量，如失效强度、残留缺陷数等。在软件可靠性模型中性能度量通常以数学表达式给出。

3. 参数估计方法

某些可靠性度量的实际值无法直接获得，譬如残留缺陷数，这时需通过一定的方法估计参数的值，从而间接确定可靠性度量的值。当然，对于可直接获得实际值的可靠性度量，便无需参数估计了。

4. 数据要求

一个软件可靠性模型要求一定的输入数据，即软件可靠性数据。不同类型的软件可靠性模型可能要求不同类型的软件可靠性数据。

10.2.4　随机过程类模型

随机过程类软件可靠性模型包括 Markov 过程模型(markov process model)和非齐次 Possion 过程模型(nonhomogeneous poission process model)两大类。如果假定错误出现率在软件无改动的区间内是常数，且随着错误数减少而下降，这样的模型属于 Markov 过程模型。另外，排错过程中的累计错误数作为时间的函数，在一定条件下可以近似为一个非齐次 Poission 过程，这一类模型则属于非齐次 Poission 过程模型。Musa 执行时间模型，就其实质应划入 Markov 过程类模型。而 Musa-Okumoto 的对数 Poission 执行时间模型，应归入非齐次 Poission 过程类。

1. J-M 模型

J-M 模型是 Z. Jelinski 和 P. Moranda 于 1972 年共同提出的软件可靠性模型。J-M 模型是最具代表性的早期 Markov 过程模型，它包含软件可靠性建模中若干典型的和最主要的假设，因此很多软件可靠性模型的开发与应用均以此为基础，J-M 模型对软件可靠性模型的发展有着深远而广泛的影响，是软件可靠性研究领域的第一个里程碑。

J-M 模型的假设如下：

(1) 软件中的初始错误数是一个未知但固定的常数 N_0；

(2) 每个错误引发软件故障的可能性相同，错误一旦被查出即被完全排除，每次排除一个错误之后，N_0 就减去 1；

(3) 任何时候，软件的故障率正比于软件中残留的错误数，比例常数用 ϕ 表示。

根据假设，在第一个错误被排除之后，故障率就由 $N_0\phi$ 变成为$(N_0-1)\phi$，依此类推。设 t_0，t_1，…，t_n 表示相继出现错误之间的时间间隔样本，根据上述假设，在每两个错误之间只有唯一的一个故障发生。那么关于 t_i 的概率密度为

$$P(t_i)=\phi\,[N_0-(i-1)]\,e^{-\phi\,[N_0-(i-1)]\,t_i} \tag{10-1}$$

由式(10-1)可得到如下似然函数及其对数似然函数

$$L(t_1,t_2,\cdots,t_n)=\prod_{i=1}^{n}\phi\,[N_0-(i-1)]\,e^{-\phi\,[N_0-(i-1)]\,t_i}$$

$$\ln L(t_1,t_2,\cdots,t_n)=\sum_{i=1}^{n}\ln\{[N_0-(i-1)]\,\phi\}-\sum_{j=1}^{n}[N_0-(i-1)]\,\phi t_i$$

由上述似然函数，即可得到 ϕ 的估计量

$$\phi=\frac{n}{N_0T-\sum_{i=1}^{n}(i-1)t_i}$$

式中，n 为样本大小，即到当前时刻为止所排除的错误数量，$T=\sum_{i=1}^{n}t_i$ 。

2. 非齐次 Poission 过程模型

非齐次泊松过程(NHPP)模型是以单位时间内的失效次数为独立泊松随机变量的泊松类模型。此模型于 1979 年首先由 Amrit Goel 和 Kazu Okumoto 提出，它为使用单位时间内观测到的错误数的模型组奠定了基础。很多其他模型也起源于 NHPP，如 Yamada(山田)的 S 型模型等。

模型基本假设如下：

(1) 到时间 t 的累计失效数 $M(t)$ 满足均值函数为 $\mu(t)$ 的泊松过程。从均值函数可以看出，任意时间间隔 t 到 $t+\Delta t$ 内的期望的错误发生数与时刻 t 时期望的未检测出的错误数成比例。还要假设该函数为有界的非减时间函数，且 $\lim\limits_{t\to\infty}\mu(t)=N<\infty$，即为有限失效模型。

(2) 对于任意的有限时间采样 $t_1<t_2<\cdots<t_n$，在每一分离的时间间隔内检测出的错误数 $(f_1<f_2<\cdots<f_n)$ 是相互独立的。

(3) 软件运行方式与可靠性预测方式相同。

(4) 每个错误发生的机会相同，且各错误的严重程度相同。

(5) 错误被检测时失效是独立的。

实现此错误计数模型的数据要求如下：

(1) 在每一测试区间的错误计数，即 f_i 值；

(2) 软件观测期的完成时间，即 t_i 值。

由假设可知，均匀函数的形式为

$$\mu(t)=N(1-\mathrm{e}^{-bt}) \tag{10-2}$$

其中，$b>0$ 和 $N>0$ 为常数。N 是最后检测出的期望错误总数(N 不一定是整数，因为它是最终检测出的错误的期望数)。因为失效强度函数是 $\mu(t)$ 的导数，所以有

$$\lambda(t)=Nb\mathrm{e}^{-bt} \tag{10-3}$$

注意：对于 $t>0$，失效强度函数是严格递减函数。由于属于指数类，对于单个错误 X，有

$$f_x(x)=b\mathrm{e}^{-bt} \tag{10-4}$$

因此对于失效强度函数有

$$\lambda(t)=Nb\mathrm{e}^{-bt}=Nf_x(t) \tag{10-5}$$

式(10-5)给出了每个错误的失效强度函数与概率密度函数之间的关系。

根据假设，还可以得到以下结果：每个 f_i(第 i 个时间间隔内的错误数)都是独立的泊松随机变量，其均值为 $\mu(t_i)-\mu(t_{i-1})$。因此，f_i 的相联密度值可表示为

$$\prod_{i=1}^{n}\frac{[\mu(t_i)-\mu(t_{i-1})]^{f_i}\exp[\mu(t_i)-\mu(t_{i-1})]}{f_i!}\quad(i=1,2,\cdots,n) \tag{10-6}$$

使用前面给出的相联密度，可用以下方程组求得 N 和 b 的最大可能性评价值(MLE)：

$$\hat{N}=\sum_{i=1}^{n}\frac{f_i(t_i\mathrm{e}^{-bt_i}-t_{i-1}\mathrm{e}^{-bt_{i-1}})}{\mathrm{e}^{-bt_{i-1}}-\mathrm{e}^{-bt_i}} \tag{10-7}$$

对于$\hat{b}$，使用数值计算方法可求出第二个方程的解，将解代入第一个方程，可求出 $\hat{N}$。在表示度量时用 MLE 替代 N 和 b，则可以得出其他可靠性度量的 MLE 值。例如，均值函数和失效强度函数的 MLE 值为

$$\hat{\mu}(t)=\hat{N}(1-e^{-\hat{b}t}),\ \hat{\lambda}(t)=\hat{N}\hat{b}e^{-\hat{b}t} \tag{10-8}$$

在第 $n+1$ 个观测期间内检测出的错误期望数为

$$(\text{EENF})=\hat{N}(e^{-\hat{b}t_n}-e^{-\hat{b}t_{n+1}})$$

Goel 和 Okumoto 将此模型修改成了适合于使用错误发生时间数据和错误计数数据的新模型。在此框架内，还引入了软件系统最优释放时间的概念。如果对于确定运行时间 O，期望可靠性 R，则要使系统达到以上期望结果，需要考察软件的时间为

$$\text{需要时间}=\frac{\ln[a(1-e^{-bo})]-\left\{\ln\left[\ln\left(\frac{1}{R}\right)\right]\right\}}{b} \tag{10-9}$$

如果软件观察期的每一阶段时间相等，即对某一常数 $L>0$，有 $t_i=il(i=1,2,\cdots,n)$，且 $N=\alpha/\beta$，其中 α 和 β 是 Schneidewind 模型的参数，则此模型相当于 Schneidewind 模型。

3. Musa 模型

Musa 模型的基本执行时间模型是应用得最广泛的软件可靠性模型，由 AT&T 贝尔实验室的 John Musa 开发。此模型是最先将软件部件在计算机上的实际执行时间用于建模过程的模型之一，而不是以平常计算逝去多少时间的日历时间作为基础。失效时间间隔根据计算处理单位(CPU)时间来表示，而不以时钟时间表示。Musa 认为执行时间与日历时间相比，能更好地反映软件系统的实际能力，而且 Musa 模型具备了将执行时间化成日历时间的能力。时间转化由模型的另一个组件完成，该模型用函数表明了人与计算机资源的使用和执行时间之间的关系。

模型的基本假设如下：

(1) 到时间 t 的累积失效数为 $M(t)$，它满足均值函数为 $\mu(t)=\beta_0[1-\exp(-\beta_1 t)]$(其中 $\beta_0,\beta_1>0$)的泊松过程。且从均值函数可看出任一时期失效数的期望值与此时刻未检测出的错误数的期望值成正比。因为 $\lim\limits_{t\to\infty}\mu(t)=\lim\limits_{t\to\infty}\{\beta_0[1-\exp(-\beta_1 t)]\}=\beta_0$，所以这个模型为有限失效模型，$\beta_0$ 是在限定条件下所能检测出的错误总数。

(2) 失效执行时间间隔服从分段指数分布，即单个错误的危险率是常量。故该模型属于指数类。

(3) 在软件被观察期的某段时间内的资源量，如错误识别、修改的人员与机时等是常数。

(4) 第 k 个资源的消耗，Δx_k 与 Δt 和 Δm 之间的关系近似于：$\Delta x_k\approx\theta_k\Delta t+\mu_k\Delta m$，其中 Δt 是执行时间的增量，Δm 是发生失效数的增量，θ_k 是资源消耗的执行时间系数，μ_k 是资源消耗的失效系数。

(5) 错误识别人员可以充分利用的计算机时间是常数。

(6) 错误排队长度可由假定错误修改过程服从泊松过程得出，所以错误排队长度是一个随机变量。

只有当需要基本执行模型的第二组元，且模型链接执行时间与日历时间时，才需用假设3～6。

模型的数据要求如下。

(1) 对于基本执行时间部分，是软件失效的实际时间 $t_1,t_2,\cdots,t_n$ 或者是失效间隔时间 $x_1,x_2,\cdots,x_n$，这里 $x_i=t_i-t_{i-1}$。

(2) 对于基本日历时间部分：

① 可利用的识别、修改错误人员以及可替换的计算机数，分别用 P_I、P_F、P_C 表示。

② 每一资源的使用因子为 P_I、P_F 和 P_C。

③ 每一资源的资源消耗执行时间系数为 θ_I、θ_F 和 θ_C。

④ 每一资源的资源消耗失效系数为 μ_I、μ_F 和 μ_C。

⑤ 对于错误修改者来说，最大允许的错误队列长为 Q。

⑥ 错误队列长不大于 Q 的概率 P。

因为 $\mu(t)=\beta_0[1-\exp(-\beta_1 t)]$，所以模型的失效强度函数为

$$\lambda(t)=\mu'(t)=\beta_0\beta_1\exp(-\beta_1 t) \tag{10-10}$$

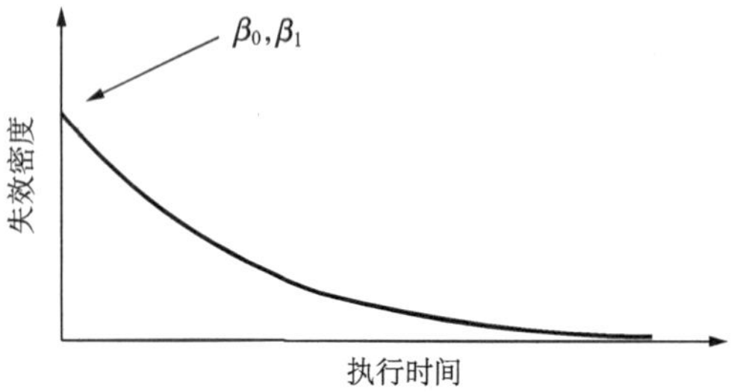

图 10-7 Musa 基本执行模型的失效强度函数时间

可以注意到，对于较大的 β_1 值，失效强度函数将急剧递减，而对于较小的 β_1 值，则递减缓慢。在任何情况下，最终函数或指数曲线都将递减为 0，如图 10-7 所示。

通过建立对应关系 $\beta_1=\beta\phi$ 且 $\beta_0=u_0$，其中 β 定义为错误递减因子(联系错误修改率与危险率之间关系的比例常数)，且 ϕ 为单位错误的危险率常数，以上公式可引入 Musa 的原始模型框架。

使用上述均值与失效强度的表达式，可以求得发生了 $i-1$ 次失效后的可靠性函数为

$$R(\Delta t\mid t_{i-1})=\exp\{-[\beta_0\exp(-\beta_1 t_{i-1})][1-\exp(-\beta_1\Delta t)]\}\quad(0\leqslant\Delta t) \tag{10-11}$$

且条件危险率为

$$z(\Delta t\mid t_{i-1})=\beta_0\beta_1\exp(-\beta_1 t_{i-1})\exp(-\beta_1\Delta t)\quad(0\leqslant\Delta t) \tag{10-12}$$

假设已观察到了软件系统在时间 $t_1,t_2,\cdots,t_n$ 的 n 次失效，且自最后一次失效时间 t_n 以来，在时间 $x(x\geqslant 0)$内，未发生失效(即 t_n+x 为测试软件的总时间)。采用这种模型假设，此组模型的可能性函数为

$$L(\beta_0,\beta_1)=\beta_0^n\beta_1^n\left[\prod_{i=1}^{n}\exp(-\beta_1 t_i)\right]\exp\{-\beta_0[1-\exp(-\beta_1(t_n+x))]\} \tag{10-13}$$

因此 β_0 和 β_1 的 MLE 值可由下列方程组的解得到

$$\hat{\beta}_0=\frac{n}{1-\exp[-\hat{\beta}_1(t_n+x)]},\quad \frac{n}{\hat{\beta}_1}=\frac{n(t_n+x)}{\exp[\hat{\beta}_1(t_n+x)]-1}-\sum_{i=1}^{n}t_i=0 \tag{10-14}$$

得到评估值 β_0 和 β_1，就可利用 MLE 的不变性来估计其他方面的可靠性度量标准。其中包括可靠性函数、危险率和失效强度函数等。以下为估计失效强度函数的一个例子。因为失效强度函数为 $\lambda(t,\beta_0,\beta_1)=\beta_0\beta_1\exp(-\beta_1 t)$，所以函数的 MLE 值为

$$\hat{\lambda}(t,\hat{\beta}_0,\hat{\beta}_1)=\hat{\beta}_0\hat{\beta}_1\exp(-\beta_1 t)$$

例 10-1 设观察到的失效次数为 $t_1=10,t_2=18,t_3=32,t_4=49,t_5==64,t_6=86,t_7=105,t_8=132,t_9=167,t_{10}=207$，且自最后一次失效以来，已有 15 个 CPU h 未发生失效。所有的时间单元都以 h 为单位，且以执行时间为度量标准。使用上述各式，β_0 和 β_1 的 M LE 值可由下述方程组得到

$$\begin{cases} \hat{\beta}_0 = \dfrac{10}{1-\exp(-222\hat{\beta}_1)} \\ \dfrac{10}{\hat{\beta}_1} - \dfrac{2\ 220}{\exp(222\hat{\beta}_1)-1} - 870 = 0 \end{cases}$$

此方程组的解为 $\hat{\beta}_0=13.6$，$\hat{\beta}_1=0.006$。随后，可计算其他可靠性度量的估计值。

Musa 建议在以下 3 种情况可采用基本执行时间模型：①如果用户希望在程序执行前和失效数据观测前做早期可靠性预测；②当观测失效数据时，程序变化很大；③如果用户想了解新的软件工程技术对开发过程的影响。

10.2.5　非随机过程类模型

非随机过程类模型主要是运用 Bayes 方法来研究软件可靠性。Bayes 方法与传统的经典方法的主要区别在于对先验知识的利用。以参数统计为例，经典方法认为总体的分布是带有参数 θ 的密度函数 $P(x,\theta)$，数据来自于 $P(x,\theta)$ 的一个样本观测值。原则上，样本 $x_1,x_2,\cdots,x_n$ 的联合分布密度 $P(x_1,x_2,\cdots,x_n,\theta)$ 是已知的，把 θ 看成是客观存在的常数，统计推断是由样本 $x_1,x_2,\cdots,x_n$ 对 θ 作出的估计或判断。而 Bayes 方法则认为，在进行观测以得到样本 x 之前，人们可以根据某种理论，或者解决同类问题时所积累的经验，或者观察者的主观认识等，获得对 θ 的先验知识。表述这种先验知识最简便的方法是将 θ 视为随机变量，给出它的一个概率分布 $G(\theta)$。于是，根据 Bayes 公式，即可得到 θ 对样本 $x_1,x_2,\cdots,x_n$ 的条件分布，即后验分布

$$h(\theta \mid x_1,x_2,\cdots,x_n) = \frac{P(x_1,x_2,\cdots,x_n \mid \theta)g(\theta)}{\int P(x_1,x_2,\cdots,x_n \mid \theta)g(\theta)\mathrm{d}\theta} \tag{10-15}$$

式中，$g(\theta)$ 是 $G(\theta)$ 的密度函数。

根据式(10-15)可以对参数 θ 进行估计。

通常，在软件可靠性分析中，总假定软件在给定时间内能否正确执行，是一个随机问题，这种随机性由输入数据选择和软件开发设计与编码实现两个随机因素所致。早期的估测模型大多只考虑了前一个因素，并假设故障数据满足 Poission 分布，即故障间隔时间满足指数分布

$$pdf(T \mid \lambda) = \lambda^{-\lambda t} \qquad (t > 0, \lambda > 0) \tag{10-16}$$

其中，故障率 λ 是一个固定但未知的常数。

然而，在实际的软件可靠性分析中，还应考虑软件本身的特征及其不确定性。软件本身的不确定性导致软件运行出错的输入空间 I_F 的不确定，而 I_F 的不确定性则转化为 λ 的不确定性。事实上，可以认为 λ 是 I_F 的一个尺度。这样，λ 不再被看做是固定参数，而是被看做一个随机变量。将参数看作随机变量与 Bayes 的观点一致，这就是在软件可靠性分析中采用 Bayes 方法的根本原因之一。

大多数软件可靠性模型都是可靠性增长模型，如 Littlewood 和 Verral 模型都假设软件的故障随机下降，可靠性随机增长。然而实际情况并非总是如此，因为在软件测试过程中，纠错的同时也可能引入新的错误，从而导致可靠性局部下降。Bayes 统计推断一般分为如下两步：

(1) 确定参数的先验分布，利用联合概率密度及 Bayes 公式，求得后验分布。

(2) 从后验分布对参数进行推断。

Bayes 方法的核心问题是先验分布参数的选取，对于这个问题，目前已形成三种处理方法。

一种观点认为，先验信息是由人们的经验积累所形成的主观信念，是一种逻辑判断。为了能客观地获得一个先验分布，往往需要在大量征求专家和具有实际工作经验的软件开发人员意见的基础上进行综合决策。这种方法因人而异，没有可遵循的规则，因此被称之为主观学派。另一种方法即经验 Bayes 方法，该方法认为先验分布的选取与目前的样本相关联。第三种方法就是通常所说的无信息先验分布。无信息是相对于试验而言的，因为统计问题中的数据都是统计试验的观测值，它们自然提供了相关参数的信息，如果没有使用数据所提供的信息来决定先验分布，这种方法就是无信息后验分布。

样本的联合概率密度 $P(x,\theta)$，反映了样本向量 x 与参数向量 θ 之间的关系以及 θ 对 x 的影响。先验分布的选取，与 $P(x,\theta)$ 的函数形式有关。如果把 x 看成是固定的常数，θ 看成是变量，记密度 $P(x,\theta)$ 为 $L(\theta|x)$；那么，依据式(10-16)就可以对参数 θ 进行估计，也可以用后验密度给出 θ 的区间估计，同样也可以进行假设检验。

经验 Bayes 方法，是把经典方法和 Bayes 方法结合起来，寻求一个更好的处理问题的统计方法。其基本思想是：参数 θ、样本 x 均为随机变量，先验分布函数为 $G(\theta)$，x 对 θ 的条件密度是 $P(x|\theta)$，则样本 x 的边缘分布为

$$f(x)=\int P(x|\theta)\mathrm{d}G(\theta)$$

利用样本 x 采用经典方法去估计密度 $f(x)$ 所包含的参数，由此确定先验分布 $G(\theta)$。这样，先验分布也是从经验值中获得，因此称之为经验 Bayes 方法(empirical bayes)。

1. J-M 模型参数的 Bayes 推导

10.2.4 小节对 J-M 模型进行了详细介绍，定义了每个错误引发软件故障的风险函数及软件从第 $i-1$ 次故障到第 i 次故障的时间序列 $T_i(i=1,2,\cdots,N)$ 的条件密度函数分别为

$$\lambda(t_i)=\lambda(N-i+1)$$

$$f(t_i|N,\lambda)=\lambda(N-i+1)\mathrm{e}^{-\lambda(N-i+1)t}$$

已知 $t_1,t_2,\cdots,t_k(k\leqslant N)$，Jelinski 和 Moranda 采取极大似然法估计未知参数 N 和 λ。但是，J-M 模型存在着如下两个关键问题：

(1)“软件具有固定的初始错误总数”与“每个错误引发软件故障的可能性相等”两个假设与实际情况不相符；

(2) 采用极大似然法估计参数 N,λ 会产生与实际情况不一致的结果。

针对问题 1，Littlewood 和 Verral 提出了 L-V 模型。该模型不再考虑错误总数，且假设故障率随机下降。由于 J-M 模型中的参数 N,λ 具有不确定性，用 Bayes 方法估计 N,λ 更符合实际情况。用 Bayes 方法估计 N,λ 必须假设(N,λ)服从某种先验分布 F。

下面分三种情况讨论如何用 Bayes 方法推导参数 N 和 λ。

第一种情况：假设 N 的先验分布是具有参数 θ 的 Poission 分布，λ 是一固定值，则 $N=q$ $(q\leqslant k)$的极大似然函数为

$$L(N=q|t_1,t_2,\cdots,t_k)\infty\frac{q!}{(q-k)!}\lambda^k\mathrm{e}^{-\lambda\sum\limits_{j=1}^{k}(q-j+1)t_j}$$

则

$$L(N=q|t_1,t_2,\cdots,t_k)\cdot p\{N=q\}\infty\frac{\mathrm{e}^{-\theta}\theta^q\lambda^k}{(q-k)!}\mathrm{e}^{-\lambda\sum\limits_{j=1}^{k}(q-j+1)t_j}$$

由 Bayes 公式得

$$p(N=q \mid t_1,t_2,\cdots,t_k)=\frac{\theta^{q-k}}{(q-k)!}(\mathrm{e}^{-\lambda\sum_{j=1}^{k}t_j})^{q-k}\cdot \mathrm{e}^{-\theta}\mathrm{e}^{-\lambda\sum_{j=1}^{k}t_j} \tag{10-17}$$

设 $r(t_1,t_2,\cdots,t_k)=\theta\cdot \mathrm{e}^{-\lambda\sum_{j=1}^{k}t_j}$，从式(10-17)可看出($N$-$k$)服从 Poission 分布，其期望值为$r(t_1,t_2,\cdots,t_k)$。

第二种情况：假设 N 为已知的固定值n，λ 服从参数为μ，a 的 Γ 分布，记为$\lambda\sim\varphi^{(\mu,a)}$，则$\lambda$ 的极大似然函数为

$$L(\lambda \mid t_1,t_2,\cdots,t_k)\propto \frac{n!}{(n-k)!}\lambda^k \mathrm{e}^{-\lambda\sum_{j=1}^{k}(n-j+1)t_j}$$

$$L(\lambda \mid t_1,t_2,\cdots,t_k)\cdot P(\lambda)\propto \frac{n!}{(n-k)!}\cdot\lambda^{k+a+1}\mathrm{e}^{-\lambda u+\sum_{j=1}^{k}(n-j+1)t_j}$$

对 λ 积分得

$$f(t_1,t_2,\cdots,t_k)\propto \frac{n!}{(n-k)!}\cdot\frac{u^a}{\Gamma(a)}\Gamma(k+a)\left[\mu+\sum_{j=1}^{k}(n-j+1)t_j\right]^{-(k+a)}$$

由 Bayes 公式得 λ 的后验分布服从 $\varphi\left[\mu+\sum_{j=1}^{k}(n-j+1)t_j,k+a\right]$。

第三种情况：假设 N 有任意的先验分布，而$\lambda\sim\varphi^{(\mu,a)}$，并且 N 与λ 相互独立，则

$$f(t_1,t_2,\cdots,t_k,N=q,\lambda)\propto \frac{q!}{(q-k)!}\cdot\frac{u^a}{\Gamma(a)}\mathrm{e}^{-\lambda u+\sum_{j=1}^{k}(n-j+1)t_j}\cdot P\{N=q\}\cdot\lambda^{k+a+1}$$

对 $q=k,\cdots,\infty$求和，并对 λ 积分得

$$f(t_1,t_2,\cdots,t_k)\propto \frac{u^a\Gamma(k+a)}{\Gamma(a)}\left\{\sum_{q=k}^{\infty}\frac{q!}{(q-k)!}P\{N=q\}\left[\mu+\sum_{j=1}^{k}(q-j+1)t_j\right]^{-(k+a)}\right\}$$

由 Bayes 公式得

$$P\{N=q,\lambda=\lambda \mid t_1,t_2,\cdots,t_k\}=\frac{\lambda^{a+k-1}\mathrm{e}^{-\lambda\left[\mu+\sum_{j=1}^{k}(q-j+1)t_j\right]}}{\Gamma(k+a)}\left[\mu+\sum_{j=1}^{k}(q-j+1)t_j\right]^{(k+a)}\cdot$$

$$\frac{q!}{(q-k)!}\cdot\frac{P\{N=q\}\left[\mu+\sum_{j=1}^{k}(q-j+1)t_j\right]^{(k+a)}}{\sum_{q=k}^{\infty}\frac{q!}{(q-k)!}\left[\mu+\sum_{j=1}^{k}(q-j+1)t_j\right]^{-(k+a)}\cdot P\{N=q\}}$$

若 $N=q$，则 λ 的后验分布服从 $\varphi\left[\mu+\sum_{j=1}^{k}(q-j+1)t_j,k+a\right]$，$N=q(q\geqslant k)$ 的后验分布为

$$P\{N=q,\mid t_1,t_2,\cdots,t_k\}=\frac{\frac{q!}{(q-k)!}\left[\mu+\sum_{j=1}^{k}(q-j+1)t_j\right]^{-(k+a)}\cdot p\{N=q\}}{\sum_{j=k}^{\infty}\frac{r!}{(r-k)!}\left[\mu+\sum_{j=1}^{q}(r-j+1)t_j\right]^{-(k+a)}\cdot P\{N=q\}}$$

将第一种情况和第二种情况进行一般化处理即可分别得到 G-O 模型和 L-V 模型。

2. Bayes 经验 Bayes 模型

Bayes 经验 Bayes 模型建立在 L-V 模型的基础上。L-V 模型的基本假设如下：

(1) 故障间隔时间 $T_i(i=1,2,\cdots,n)$条件独立且其密度函数为

$$f(t_i+\lambda_i)=\lambda_i e^{-\lambda_i t_i} \tag{10-18}$$

式中,λ_i 表示第 i 个测试阶段的故障率。

(2) λ_i 相互独立,密度函数为

$$f\{\lambda_i\mid\varphi(i),a\}=\frac{\varphi(i)^a\lambda_i^{a-1}e^{-\varphi(i)\lambda_i}}{\Gamma(a)},\quad \text{其中 } \varphi(i)=\beta+ri \tag{10-19}$$

式中,递增函数 $\varphi(i)$保证了 λ_i 随 i 随机下降,使得可靠性不断增长;参数 α、β 和 γ 均可采用极大似然估计得到,利用 Bayes 方法可求得 λ_i 的后验分布。

(3) 给定全部背景信息集 H,则 α、β 和 γ 的先验边缘分布密度为

$$\prod\nolimits_1(\alpha,H)=\frac{1}{W}\quad(0<\alpha<W)$$

$$\prod\nolimits_2(\beta\mid H,\gamma)=\frac{b^a}{\Gamma(a)}(\beta+\gamma)^{a-1}e^{-b(\beta+\gamma)}\quad(\beta>-\gamma)$$

$$\prod\nolimits_3(\gamma\mid H)=\frac{q^a}{\Gamma(c)}\gamma^{c-1}e^{-q\gamma}\quad(\gamma>0)$$

式中,$\omega>0$;$a>0$;$b>0$;$c>0$;$q>0$ 均为已知量。

(4) 已知 H 时,α 独立于 β 和 γ。

(5) 给定参数 α、β 和 γ 且 $\lambda^{(n)}$ 和 T_i 相互独立,且独立于 α、β 和 γ 及 $\lambda_j(j=1,2,\cdots,n)$。其中,$\lambda^{(n)}=\{\lambda_1,\lambda_2,\cdots,\lambda_n\}$;同样假设 $t^{(n)}=(t_1,t_2,\cdots,t_n)$。

该模型的目的是在已知数据 $X^{(n)}$ 下,估计软件的故障率 λ_n 和下一次软件发生错误的时间 T_{n+1}。下面运用 Bayes 经验 Bayes 方法推导 λ_n 和 T_{n+1}。

将 λ_n 的后验分布记为 $P(\lambda_n\mid t^{(n)})$,由交换扩展律得

$$P(\lambda_n\mid t^{(n)})=\iiint P(\lambda_n\mid t^{(n)},\alpha,\beta,\gamma)\prod(\alpha,\beta,\gamma\mid t^{(n)})\mathrm{d}\alpha\mathrm{d}\beta\mathrm{d}\gamma \tag{10-20}$$

式中,$P(\lambda_n\mid t^{(n)},\alpha,\beta,\gamma)$为给定 $t^{(n)}$、α、β 和 γ 时 λ_n 的条件概率密度函数;且$\Pi(\alpha,\beta,\gamma\mid t^{(n)})$是超参数$(\alpha,\beta,\gamma)$的后验联合分布。

由 Bayes 公式得

$$\prod(\alpha,\beta,\gamma\mid t^{(n)})=\frac{P(t^{(n)}\mid\alpha,\beta,\gamma)\prod(\alpha,\beta,\gamma\mid H)}{\iiint P(t^{(n)}\mid\alpha,\beta,\gamma)\prod(\alpha,\beta,\gamma\mid H)\mathrm{d}\alpha\mathrm{d}\beta\mathrm{d}\gamma} \tag{10-21}$$

式中,$P(t^{(n)}\mid\alpha,\beta,\gamma)$为 α、β 和 γ 的似然函数,$\Pi(\alpha,\beta,\gamma\mid H)$为超参数$(\alpha,\beta,\gamma)$的联合先验分布。

通过扩展,包括 $\lambda^{(n)}$ 得

$$P(t^{(n)}\mid\alpha,\beta,\gamma)=\int\cdots\int P(t^{(n)}\mid\lambda^{(n)},\alpha,\beta,\gamma)\times P(\lambda^{(n)}\mid\alpha,\beta,\gamma)\mathrm{d}\lambda_1\cdots\mathrm{d}\lambda_n$$

前面已经假设 λ_i、T_i 相互独立,于是可得

$$P(t^{(n)}\mid\alpha,\beta,\gamma)=\prod_{i=1}^{n}\int f(t_i\mid\lambda_i)g(\lambda_i\mid\alpha,\beta,\gamma)\mathrm{d}\lambda_i=\prod_{i=1}^{n}P(t_i\mid\alpha,\beta,\gamma) \tag{10-22}$$

由基本假设 1、2、3 和 Bayes 公式可得

$$P(t_i\mid\alpha,\beta,\gamma)=\frac{\alpha(\beta+\gamma_i)^\alpha}{(t_i+\beta+\gamma_i)^{\alpha+1}}$$

$$P(\lambda_n \mid t^{(n)},\alpha,\beta,\gamma)=\frac{(\lambda_n)^{\alpha}(t_n+\beta+\gamma_n)^{\alpha+1}\mathrm{e}^{-\lambda_n}(t_n+\beta+\gamma_n)}{\Gamma(\alpha+1)} \tag{10-23}$$

由式(10-20)～式(10-23)可求得 λ_n 的后验分布。由 $t^{(n)}$ 预测 T_{n+1} 的分布可由下式得到

$$P(t_{n+1} \mid t^{(n)})=\iiint P(t_{n+1} \mid t^{(n)},\alpha,\beta,\gamma)\prod(\alpha,\beta,\gamma \mid t^{(n)})\mathrm{d}\alpha\,\mathrm{d}\beta\,\mathrm{d}\gamma \tag{10-24}$$

式(10-20)和式(10-24)可以采用 Lindleysuo 提出的近似方法求解。

3. Littlewood-Verrall 模型

Littlewood-Verrall 模型是具有代表性的贝叶斯模型。该模型公开发表于 1973 年，是最早的软件可靠性模型之一。该模型的重要性在于它提供软件可靠性建模的观点。该模型通过估计软件程序在排错后其可靠性反而降低的概率，来说明错误修改中引入新的错误的原因。假设每修正一个错误，就会产生一个新的程序，或者说每一个新程序都是在原程序的基础上，通过尽可能地修正错误而产生的，那么，由于存在一定程度的不确定性，新程序与原程序相比可能好些，也可能差些。

基本假设如下：

(1) 各次失效之间的连续执行时间，即 X_i 值被设定为参数 $\varepsilon_i(i=1,\cdots,n)$ 的独立指数随机变量。

(2) ε_i 构成一个独立随机变量序列，每个变量满足参数为 α 和 $\varphi(i)$ 的 Gamma 分布。函数 $\varphi(i)$ 是关于 i 的递增函数。

(3) 软件的开发与测试环境与其将来的使用环境相类似。

要求函数 $\varphi(i)$ 递增，那么 $P\{\varepsilon_j<L\}\geqslant P\{\varepsilon_{j-1}<L\}$ 必须对所有的 j 成立。这说明每次排错之后软件的可靠性都得到了改善。

失效发生的时间间隔为 x_i，为计算后验分布，必须先求 x_i 的边缘分布。先验分布形式为

$$g[\varepsilon_i;\varphi(i),\alpha]=\frac{[\varphi(i)]^{\alpha}\varepsilon_i\exp[-\varphi(i)\varepsilon_i]}{\Gamma(\alpha)}\quad(\varepsilon_i>0) \tag{10-25}$$

则可求得 x_i 的边缘分布为

$$f[x_i \mid \alpha,\varphi(i)]=\frac{\alpha\ [\varphi(i)]^{\alpha}}{[x_i+\varphi(i)]^{\alpha+1}}\quad x_i>0 \tag{10-26}$$

即边缘分布为 Pareto 分布，因此相联密度为

$$f(x_1,x_2,\cdots,x_n)=\frac{\alpha^n\prod\limits_{i=1}^{n}[\varphi(i)]^{\alpha}}{\prod\limits_{i=1}^{n}[x_i+\varphi(i)]^{\alpha+1}}\quad(x_i>0;i=1,\cdots,n) \tag{10-27}$$

于是可得到 ε_i 的后验分布为

$$h(\varepsilon_1,\varepsilon_2,\cdots,\varepsilon_n)=\frac{\prod\limits_{i=1}^{n}\varepsilon_i^{\varepsilon}\exp\left\{-\sum\limits_{i=1}^{n}\varepsilon_i[x_i+\varphi(i)]\right\}}{[\Gamma(\alpha+1)]^n\prod\limits_{i=1}^{n}[x_i+\varphi(i)]^{\alpha+1}}\quad(\varepsilon_i>0;i=1,\cdots,n) \tag{10-28}$$

为独立以 $\alpha+1$ 和 $1/[x_i+\varphi(i)]$ 为参数的 Gamma 分布。因此，如果使用二次方损失函数，则贝叶斯评价值 ε_i 为均值，即 $(\alpha+1)/[x_i+\varphi(i)]$。而 Littlewood 和 Verrall 则提出了一个线

性 $\varphi(i)$ 函数 $\varphi(i)=\beta_0+\beta_1 i$ 和一个二次型的 $\varphi(i)$ 函数 $\varphi(i)=\beta_0+\beta_1 i^2$。

线性的失效强度函数为

$$\lambda_{\text{linear}}(t)=\frac{\alpha-1}{\sqrt{\beta_0^2+2\beta_1 t(\alpha-1)}} \tag{10-29}$$

二次型的失效强度函数为

$$\lambda_{\text{quadratic}}(t)=\frac{v_1}{\sqrt{t^2+v_2}}\{[t+(t^2+v_2)^{1/2}]^{1/3}-[t-(t^2+v_2)^{1/2}]^{1/3}\} \tag{10-30}$$

其中，$v_1=(\alpha-1)^{1/3}/(18\beta_1)^{1/3}$ 并且 $v_2=4\beta_0^3/[9(\alpha-1)^2\beta_1]$。

当把 x_i 的分布看做是边缘分布时，α，β_0 和 β_1 的最大似然估计值(MLE)可由下述方程组求得。

$$\left.\begin{aligned}
&\frac{n}{\hat{\alpha}}+\sum_{i=1}^{n}\ln[\hat{\varphi}(i)]-\sum_{i=1}^{n}\ln[x_i+\hat{\varphi}(i)]=0\\
&\hat{\alpha}\sum_{i=1}^{n}\frac{1}{\hat{\varphi}(i)}-(\hat{\alpha}+1)\sum_{i=1}^{n}\frac{1}{x_i+\hat{\varphi}(i)}=0\\
&\hat{\alpha}\sum_{i=1}^{n}\frac{i}{\hat{\varphi}(i)}-(\hat{\alpha}+1)\sum_{i=1}^{n}\frac{i'}{x_i+\hat{\varphi}(i)}=0
\end{aligned}\right\} \tag{10-31}$$

其中，$\varphi(i)=\beta_0+\beta_1 i'$，$i'$ 为 i 或 i^2。如果 α 取值为一致先验值，那么 x_i 仅以 β_0、β_1 为函数的边缘分布值。于是可求得 β_0，β_1 两个参数的 MLE 值。

接下来是推导最小二次方估计值。使用的公式为

$$E(X_i)=\int_0^\infty\frac{\alpha x_i\ [\varphi(i)]^\alpha}{[x_i+\varphi(i)]^{\alpha+1}}\mathrm{d}x_i=\frac{\varphi(i)}{\alpha-1} \tag{10-32}$$

最小二次方估计值是使下式最小的值

$$S(\alpha,\beta_0,\beta_1)=\sum_{i=1}^{n}\left[x_i-\frac{\varphi(i)}{\alpha-1}\right]^2 \tag{10-33}$$

使用上述推导出的任何一种估计值，都可相应地求得各种可靠性度量的估计值。例如，达到第 i 次失效的平均时间(MTTF)为

$$\text{MTTF}=\frac{\hat{\varphi}(i')}{\hat{\alpha}-1} \tag{10-34}$$

其中，i' 为 i 的线性或二次项形式。

10.2.6 模型的比较与选择

软件可靠性模型有许多，但是如何对它们进行比较，哪些模型是最好的，哪些模型对于具有不同要求和目的的软件工程师和软件管理人员是最适用的呢？某些研究者已试着对各种不同的模型进行比较，但是，由于高质量的软件故障数据的缺乏和关于不同模型比较和评价的标准尚未建立起来，所以这些研究的努力都碰到了障碍。因此，许多从事软件可靠性研究的学者，开展了许多联合研究工作，从各个方面为建立一致的比较和评价软件可靠性模型的标准，进行卓有成效的合作。

1. 比较与选择的准则

1）预计的有效性

预计的有效性是通过可靠性模型，利用过去或现在的相关数据来预计软件可靠性并预测软件故障行为能力。这种能力只有在故障行为变化时才有意义，它不涉及由软件特性确定参数预计的内涵，因此，在测试阶段、操作运行的维护阶段和对软件作特别的修改时，都可以应用它。预计检验的方法很多，如拟合优度检验、AIC 检验，U 图和 Y 图等。

2）模型的能力

模型的能力涉及模型能在软件工程师、软件管理人员制订软件项目开发计划、管理软件项目开发过程中，对他们所要求的量，以令人满意的精确度进行估计的能力，也涉及用户在操作运行软件系统时，对他们所要求的量做出精确估计的能力。我们必须依据这些量的数量及重要性规定模型能力的等级。这些量，按照大致的重要性程度可以定为：

（1）当前可靠度、失效率、MTTF；

（2）达到规定的可靠度、失效率、MTTF 的期望值和达到规定目标的期望时间；

（3）达到目标的有关人员、资源和费用等需求。

3）假设条件

（1）数据支持程度；

（2）假设的合理性，通常用逻辑一致性和软件工程经验等来评价；

（3）假设的清晰性；

（4）假设的明确程度。

4）适用性

适用性是将模型应用于不同的开发环境，不同的操作运行环境，以及不同的软件寿命周期阶段，以判定其可应用性。但是，如果某个模型对于很狭窄的软件产品或软件开发环境的范围，给出的预测结果并不理想，也不应轻易地淘汰。

在实际应用中，一个模型应该或者有能力直接处理下面几种特殊情况：

（1）软件逐渐的进化发展；

（2）根据故障严重程度将它们划分为不同的类；

（3）处理不完全数据或带有不确定测度的数据的能力(虽然有损预测的有效性)；

（4）具有度量不定性数据的能力；

（5）同一软件在性能不同的计算机上的使用；

（6）对偏离假设所用数据或参数误差以及其他的异常情况具有“健壮性”。

（7）模型如果在违反它的假设、含有错误的数据或参数估计不对，甚至条件都不正确时，仍然是强壮的，则这种情况是十分理想的。

5）简明性

一个模型在下面三个方面应该是简明的。

（1）在收集为模型所要求的数据方面，它应该是简单而且经济的，这一点是最重要的。如果不是如此，尽量不使用该模型。

（2）软件开发人员能很好地理解并方便地使用所选用的可靠性模型及其假设，确保其适用范围和应用同实际情况一致；关于模型的参数，应该有易于理解和解释，这样就使得软件工程师们在数据不足时，对参数进行估计更加可行。模型中含的参数个数也在很大程度上影响到模型的简明性，应该在一个共同的基础上对参数的数目进行比较。

(3) 作为实际管理和工程化的工具，模型应易于用程序来实现，程序应运行快速而且代价低廉，除了初始的输入数据以外，不应该要求其他的人工干预。

简明性应是对所有软件可靠性模型的共同要求，只有简单明了的模型才会有广阔的应用前景。

2. 模型的选择

软件可靠性模型的选择步骤如图 10-8 表示。

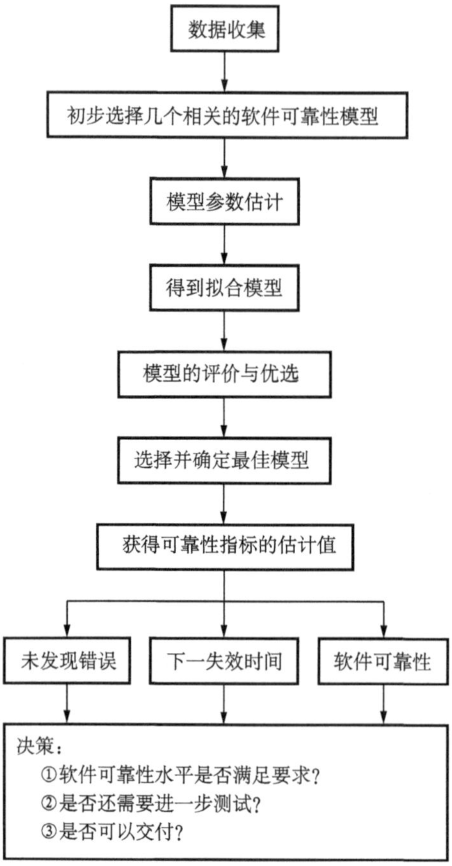

图 10-8　软件可靠性模型的选择步骤

10.3　软件可靠性要求的制定与分配

软件可靠性要求是用户向承制方(或生产方)从可靠性角度提出的研制目标，是软件可靠性分析、设计、评估、鉴定及验收的依据。软件开发人员只有在透彻地了解并理解软件可靠性要求之后，才能在软件开发过程中予以充分考虑并有目的、有计划地组织实施。软件可靠性指标应同其功能、性能等一起予以确定、分配并下达给各配置项、软部件直至软件单元和相关人员。这样，软件开发人员才能够明确其在可靠性方面所承担的责任，自觉地进行可靠性分析和设计，保证最终可靠性目标的实现。通过软件可靠性的分配、预计，对于正确、合理地确定软件可靠性指标，同样有着重要的意义，同时也为软件测试、验证、监督和管理提供支持。

10.3.1　软件可靠性要求

一般地，软件可靠性要求可分为如下两类。

(1) 定性要求：采用非量化的形式来设计、评价和保证软件的可靠性。

(2) 定量要求：规定软件的可靠性参数、指标和评估方法，用定量方法组织实施软件的可靠性分析、设计、测试、验证和管理，从而保证软件的可靠性。

1. 定性要求

软件可靠性的定性要求包括定性设计要求和定性分析要求。在没有具体参数和定量指标要求的情况下，在缺乏有效数据支持的条件下，提出定性要求并组织实施、分析和设计是确保软件可靠性的重要活动。

1）定性设计要求

定性设计要求是在软件开发过程中的相应阶段所要求采取的原则性的可靠性设计措施，如制订并贯彻软件可靠性设计准则等。

目前，硬件可靠性的定性设计要求，如简化设计、余度设计、降额设计、热设计、环境防护设计等已日趋成熟且已在硬件可靠性定性设计中发挥着重要作用。但软件可靠性的定性设计要求还有待研究和发展，现有设计要求还有待系统化和规范化，以及进一步验证。目前，软件可靠性的定性设计主要是在严格遵循软件工程原理的基础上，制订并贯彻实施可靠性设计准则，按确定的规则、惯例、约定展开可靠性设计，从而提高软件可靠性。软件可靠性定性设计要求的主要项目、方法和目的如表10-4所列。

表10-4　软件可靠性定性设计方法及目的

序号	定性设计方法	目的
1	可靠性设计准则	将可靠性要求及使用约束条件转化为软件开发设计的边界条件，规定专门的技术要求和设计准则，规范和约束软件的可靠性设计过程及行为
2	简化设计	在综合权衡的基础上，降低软件模块复杂性与结构复杂性，以降低软件的总体复杂性，提高基本可靠性
3	重用设计	通过软件重用，在确保软件各组成单元可靠性的前提下，提高软件系统的可靠性
4	健壮性设计	提高软件防止错误输入的能力以及在发生故障时能有效地控制故障的蔓延和扩散，确保软件的固有可靠性水平
5	容错设计	通过N版本程序设计和恢复块技术等实现软件容错，提高软件的任务可靠性

2）定性分析要求

软件可靠性的定性分析要求是在软件生命周期过程中的各个阶段根据软件项目的可靠性要求，进行定性分析，找出薄弱环节，采取预防措施，提高软件可靠性。软件可靠性定性分析的主要方法如下。

(1) 故障树分析(fault tree analysis, FTA)技术：FTA是美国贝尔电报公司的电话实验室于1962年开发的，它采用逻辑的方法，形象地进行危险的分析工作，旨在通过演绎方法找出导致系统故障的各种可能原因，找到薄弱环节，改进系统设计。FTA 在硬件可靠性领域有广泛应用，是一种强有力的分析工具，因此，将其推广应用到软件可靠性领域。FTA 的特点是直观、明了、思路清晰、逻辑性强，可以做定性分析，也可以做定量分析，体现了以系统工程方法研究安全问题的系统性、准确性和预测性。

(2) 失效模式与影响分析(failure mode and effects analysis，FMEA)：又称为失效模式与后果分析、失效模式与效应分析、故障模式与后果分析或故障模式与效应分析等，与 FTA 相反，FMEA 自下而上，按照一定格式有步骤地分析每一部件或每一种功能的可能失效模式，每一失效模式对系统的影响及失效后果的严重程度，以便按照严重程度加以分类，或者确定失效对于该系统的影响。

(3) Petri 网分析：是德国 C. A. Petri 于 1962 年提出的，它是一种系统的数学模型和图形技术，使用令牌来模拟软件系统的行为及并发活动，建立系统的状态方程及系统行为的数学模型，找出软件系统的可靠性、安全性薄弱环节，并进行改进。

(4) 软件潜藏分析：是采用拓扑识别和线索表对软件进行静态分析，识别软件中的潜藏道路，防止意外事故的发生，确保预期功能的实现。

3) 定性要求的制定

软件可靠性定性要求的制定是以文件或标准规范的形式规定软件可靠性分析、设计活动的通用要求或一般要求及分析设计的原则、方法、措施和流程。软件可靠性定性要求的制定程序如图 10-9 所示。

2. 定量要求

定性要求只能给出软件可靠性的基本要求或原则要求，无法度量和定量评估，而定量要求是采用定量的方法组织实施软件的可靠性分析。因此，定量要求得到了更广泛的关注。

软件可靠性的定量要求是在给定的时间基准和度量标度的前提下，确定软件的可靠性参数、指标以及测试、验证的时机和方法；在分配需求中明确量化的可靠性目标；在软件开发过程中进行量化设计和测量，确定各阶段软件工作产品的可靠性目标值、预计值和真实值，改进软件过程；在验收与交付过程中，通过定量方法验证或评估软件的可靠性水平，以此客观、准确地反映软件的任务成功性、战备完好性、维护人力费用和综合保障费用等方面的要求，增强用户信心。

一般地，将成熟期的目标值作为软件开发设计的目标，采用目标值和门限值两种形式来确定软件的可靠性参数，构成软件的可靠性指标体系，明确设计工作的可靠性目标和必须满足的可靠性条件，这是工程管理的需要，也是软件可靠性设计的出发点。由目标值转换而来的规定值是软件开发设计的目标及其可靠性设计的依据。由门限值转换产生的最低可接受值是开发过程中必须达到的考核指标，是转换阶段的重要依据。

1) 定量要求分类

软件可靠性定量要求分为基本可靠性要求和任务可靠性要求。

基本可靠性是在规定的条件下和规定的时间内，软件无故障运行的持续时间或概率。基本可靠性反映的是软件的固有可靠性水平以及对可维护性和保障资源的需求。确定基本可靠性时应统计软件的所有寿命单位和所有的故障。

任务可靠性是指软件在规定的任务剖面中完成规定功能的能力。确定任务可靠性指标时只考虑在任务期间影响任务完成的故障(即致命性故障)。常见的任务可靠性参数有任务可靠度和致命故障间的任务时间等。

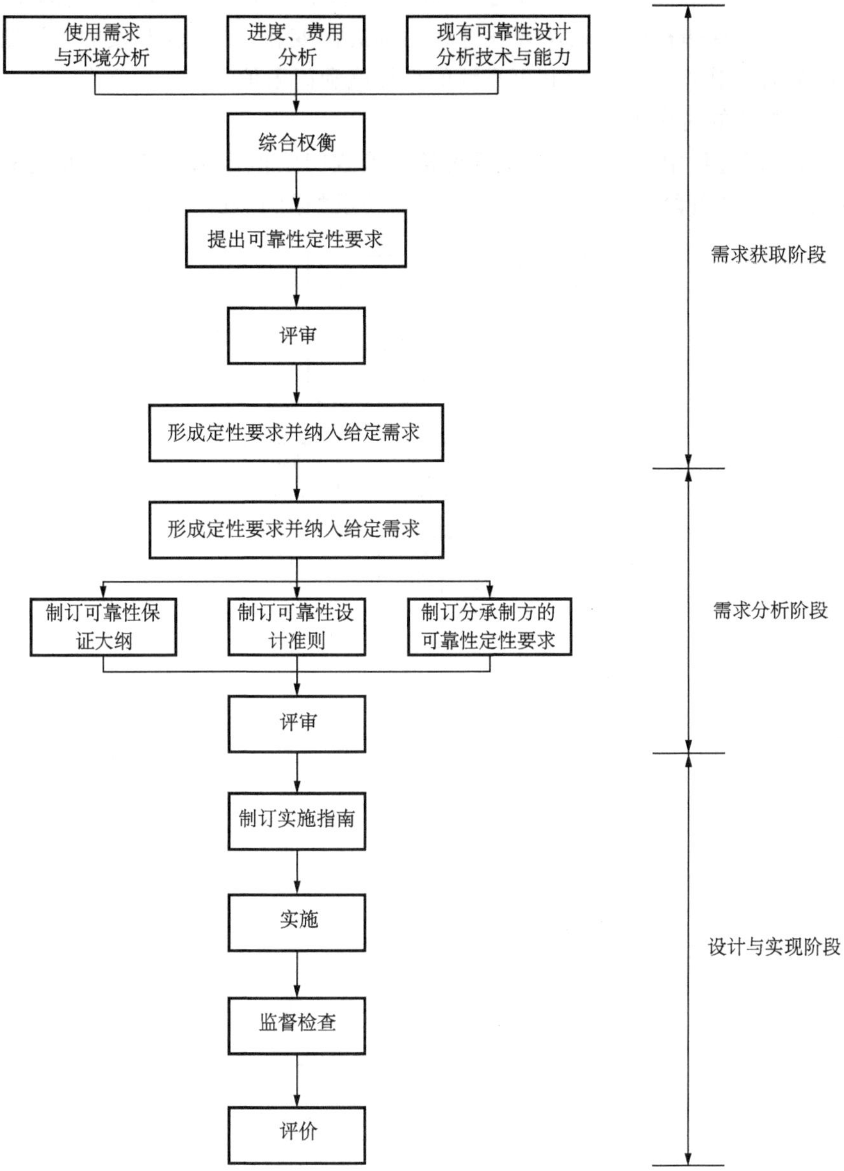

图 10-9　软件可靠性定性要求制订流程

软件可靠性参数还可分为使用参数和合同参数。使用参数及指标反映软件系统及其保证因素在计划的使用和保障环境中的可靠性要求，它从最终用户的角度来评价软件的可靠性水平；合同参数及指标则反映合同中使用的易于考核或评估的可靠性要求，它更多的是从软件开发过程的角度来评价软件的可靠性水平。一般地，合同参数采用固有可靠性指标，固有可靠性是指软件在开发设计过程中所确定的内在可靠性；使用参数采用使用可靠性指标，使用可靠性在固有可靠性的基础上进一步考虑了使用、维护等对软件可靠性的影响，包括使用维护方法和程序，操作人员的使用技能与操作熟练程度等。

可靠性参数指标同软件的性能指标相比，具有以下特点。

(1) 综合性：某些可靠性参数是其他可靠性、维修性参数的综合，如软件系统的可用度。

(2) 相关性：软件可靠性的使用参数与合同参数之间相互关联，可以按一定的规律转换。

(3) 阶段性：可靠性指标随着软件开发过程的推进而变化，在软件开发的不同阶段，可以根据其阶段特征、软件工作产品等确定其可靠性的目标值和门限值。

2) 可靠性参数值的时序关系

将软件生命周期过程中不同阶段的最低可接受值或门限值作为相应阶段的考核验证指标。软件生命周期过程中各阶段可靠性参数之间的时序关系如图 10-10 所示。

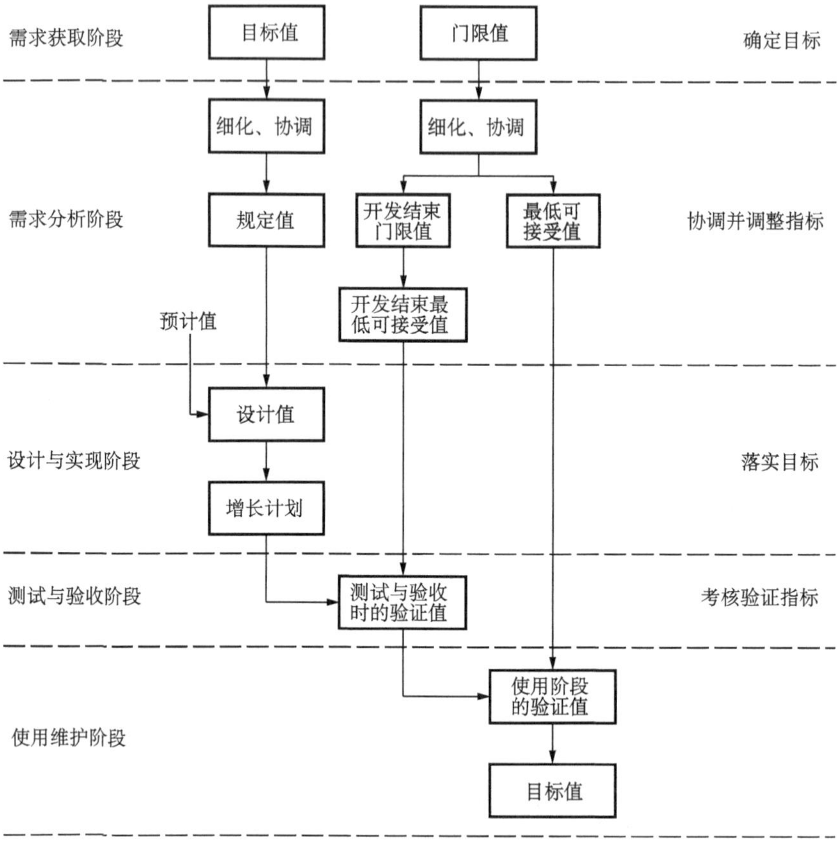

图 10-10 可靠性参数值的时序关系

(1) 需求获取阶段：根据软件拟定实现的功能、性能、完成的任务、达到的目标，提出软件可靠性的目标值并以此确定其门限值。如果使用方未给出或不能给出软件的目标值和门限值，只是给出计算机应用系统的目标值和门限值，则应对其予以确认并分解、分配。

(2) 需求分析阶段：确定软件开发过程中的目标值和门限值，如果经过分析、预计、分配之后发现其目标值和门限值与分配需求所给定的目标值和门限值存在较大差距或难以实现时，应同使用方协商后予以调整。

(3) 设计与编码实现阶段：对确定的可靠性参数予以再分配，细化和优化设计目标，经过可靠性的设计、分析以及可靠性增长，实现设计目标。

(4) 测试验收阶段：经测试获得验证值，验证是否达到软件开发的最低可接受值。

(5) 使用维护阶段：经过使用验证获得软件的可靠性水平，验证所交付的软件的可靠性是否达到目标值。在此阶段，目标值最低不能低于门限值。

3）定量要求的制定

软件可靠性定量要求的制定，即给出量化的软件可靠性参数并构成指标体系，定量描述软件可靠性参数的选择及指标确定方法和流程。对不同软件以及不同环境条件下运行的软件，制定可靠性定量要求是有所不同的，应视具体情况而定。

（1）参数选择与指标确定的依据。

① 软件类型；

② 使命任务或使用要求；

③ 预期维护方案；

④ 运行剖面；

⑤ 可靠性评审、测试、验证方法。

软件可靠性指标应根据需要与可能，经过综合权衡之后确定。所谓“需要”是指软件的使用要求，对于工业控制、武器装备这类嵌入式系统还需要充分考虑软件在整个系统中的地位、作用和重要程度等。所谓“可能”是指要充分地考虑软件开发技术、方法、工具、能力、进度、经费、预期的使用和综合保障等约束条件，同时还要考虑国内外同期类似软件的可靠性水平。

（2）参数选择与指标确定的要求。

① 可靠性使用参数的选择应充分地反映系统的可用性、任务成功性、维护人力费用以及综合保障资源等方面的要求；

② 应根据使用目的与要求选择合适的参数；

③ 可靠性合同参数应根据使用参数确定；

④ 除非使用参数的所有限定条件明确，合同中一般不应该直接采用使用参数。

软件的可靠性指标应根据其类型和使用要求等在论证阶段确定目标值和门限值，在合同或技术规格书中明确规定值和最低可接受值，同时还应明确任务剖面、寿命剖面、故障判别准则和维护方案等。

对于相互关联的可靠性参数，所确定的指标应相互协调一致。可靠性指标与软件的安全性、可维护性、保障性等指标以及系统的总体指标相互协调一致。

（3）定量要求制定程序。

在软件开发过程中的不同阶段，可靠性参数及指标主要工作内容如下。

① 需求获取阶段

a. 使用需求分析；

b. 对相似现役软件的可靠性状况进行调查和分析评估；

c. 运行环境分析；

d. 确定寿命剖面、任务剖面及使用保障等约束条件；

e. 综合权衡，选择可靠性使用参数与指标；

f. 评审；

g. 纳入分配需求。

② 需求分析阶段。

a. 根据使用参数，进行可靠性方案设计与分析；

b. 对分配需求所确定的可靠性目标及指标体系进行分析和评价，确认其可实现性，对难以或不能实现的可靠性目标，及时反馈给用户并协商调整；

c. 确定软件开发设计过程中不同阶段的可靠性指标；

d. 评审;

e. 进行可靠性分配,确定分承制方的合同指标。

③ 软件设计与实现。

a. 可靠性设计与实现;

b. 可靠性测试、指标验证、分析和调整;

c. 监督检查与评估。

④ 指标确定时应明确的问题。

软件开发过程中除了应充分考虑其可靠性要求之外,还应同时明确以下问题:

a. 寿命剖面和任务剖面:前者描述软件在其生命周期过程中所经历的事件和环境;后者描述软件执行任务过程中所经历的事件和环境。

b. 故障判据:应根据软件的可靠性、安全性等级及其任务要求,提出各个阶段和各个层次的故障判据。

c. 规定指标:由于可靠性指标具有阶段性的特点,确定可靠性指标时,应说明其适应的阶段,同时应在不同的阶段进行迭代和调整。

d. 验证时机与方法:应根据阶段性指标确定考核与验证时机,并根据软件的可靠性、安全性等级以及经费、进度等条件明确验证方法。

e. 维护与保障:它们是影响软件使用可靠性指标的重要因素,在软件的可靠性分析、设计时必须充分地考虑软件的可维护性设计以及交付之后的维护与保障的便捷性、可能性和维护成本。

f. 假设和约束条件:明确开发过程中的假设和约束条件,支持定量软件可靠性要求的制定。

10.3.2 软件可靠性分配

1. 分配目的

软件可靠性分配的目的是将软件系统的可靠性指标采用合适的方法分配到各个配置项、软部件直至软件单元,给定各个软部件、软件单元的可靠性指标,作为设计与验证的依据,同时使相关人员明确其可靠性要求以及在软件开发过程中所扮演的角色和承担的责任。此外,根据所分配的可靠性指标估计所需人力、时间和资源,研究实现这些指标的可能性及方法。

软件可靠性的分配包括基本可靠性和任务可靠性分配。这两者相互矛盾,为了提高软件的任务可靠性,往往会采用冗余、容错等方法,但其代价是增加软件的复杂性,这就必然降低其基本可靠性,反之亦然。因此,在软件可靠性分配时,要在这两者之间进行权衡,采取互不影响的措施。

2. 分配条件

不同软件在功能、性能、规模和结构等方面存在着显著差异,就每个具体软件而言,是否需要进行可靠性分配,如何进行可靠性分配,必须对该软件项目的运行环境和条件等加以分析,脱离软件可靠性工程,孤立地进行软件可靠性分配是毫无意义的。

1) 编制软件需求规格说明和可靠性工作计划

软件需求规格说明规定了软件的任务、功能、性能等并由此决定了软件的规模和体系结构。如果没有准确而清晰的软件需求规格说明,就是软件设计也难以有效进行,就更不用说软件可靠性分配了。

制定软件可靠性工作计划的任务是确定软件可靠性要求、可靠性工作内容、目标、方法以及可靠性保证等，是指导软件可靠性工作的纲领性文件。如果没有软件可靠性工作计划，或者计划中没有提出可靠性分配的要求，无目的、孤立地进行软件可靠性分配也是没有意义的。

2）确定软件的运行剖面及定量指标要求

软件可靠性分配的另一个必要条件是有可分配的定量的可靠性指标，否则，无法进行分配。在确定定量指标之后，必须进一步定义软件的运行剖面。因为即使是同一个软件，运行剖面不同，其可靠性水平也存在一定的差异。在软件可靠性工程中，一次运行就是软件的一个主要逻辑任务的执行过程，它具有短周期和本质独立的特点。一次运行可以跨越系统的多个部分，包括人工完成的部分。

3）失效定义

软件可靠性水平与其失效定义密不可分，如果仅仅给出软件的可靠性指标，但缺少失效定义，这样的指标也是空洞的，无法对其进行考核。软件失效的定义要合适，失效定义的范围越大，相应的软件可靠性水平就越低。因此，必须按照软件的功能、用途等恰当地定义软件失效。

4）软件结构分解

软件可靠性分配不可能像硬件可靠性分配到元器件那样分配到每一条语句，这既没有意义，也没有必要。但仍须对软件进行结构分解，可以分解到软件单元，然后根据结构分解层次和深度进行软件可靠性分配。

3. 分配原则

为提高分配结果的合理性和可行性，可以根据软件的特点选择适合于具体软件项目的可靠性指标进行分配。但通常，软件可靠性分配应遵循以下原则。

1）确保重点的原则

不同软件模块的失效对软件系统的功能以及任务成功率影响的程度不尽相同。也就是说，从系统的角度来看，各个软件模块的重要性不一样。因此，应根据不同软件模块的重要性等级进行可靠性分配，对关键软件模块应有严格的可靠性要求，而对于次要的软件模块则可以适度放宽。

2）难度均等的原则

不同软件模块的功能、性能、规模、复杂程度不同，功能越强，规模越大，结构越复杂的软件模块就越容易产生错误。与简单的软件模块相比，复杂的软件模块要达到同样的可靠性指标，其难度要大得多，可靠性分配时，必须充分考虑这一客观事实，避免畸重畸轻。

3）留有余地的原则

软件可靠性分配主要是在需求分析、软件设计阶段进行，在这两个阶段无法预知软件开发过程的所有细节，初期分配只能是一种近似的分配。为了避免因分配不当造成失误，可采取保守的办法，使分配的可靠性指标值略高于所要求的指标值，留有余地，为可靠性指标的调整提供可能。通常，在工程上按 20％的余量进行考虑。

4）逐步完善的原则

由于可靠性分配的近似性和软件开发过程的复杂性与多变性，软件可靠性分配不可能一次成功，也不可能一成不变，更不可能一蹴而就；应根据开发过程不断提供的信息和可靠性预计所得到的软件系统及其模块的可靠性预计值，逐步调整，反复迭代，优化改进，使得可靠性的分配更加符合实际。

4. 分配方法

软件可靠性指标可以是在规定的运行时间内的可靠度 $R(t)$，也可以是失效率 $\lambda(t)$ 或 MTTF 等，三者之间的关系为

$$R(t)=e^{-\int_0^t \lambda(x)dx}=e^{-\lambda t}=e^{\frac{t}{MTTF}},\quad \lambda=\frac{1}{t}\ln\frac{1}{R(t)}=\frac{1}{MTTF}$$

实际运行的软件在逻辑关系上大多属于串联配置，尤其是各个软件模块之间，串联配置关系非常普遍。一般来说，串联配置不会影响可靠性分配的工程实用价值。当然，这不是绝对的，实际应用中，必须按照实际的逻辑关系来构造其数学模型。在后面的讨论中，假定所讨论的软件由 N 个模块构成，并假定这 N 个模块呈现出串联配置的逻辑关系。假定 $R_i(t)(i=1,2,\cdots,n)$ 和 $\lambda_i(t)(i=1,2,\cdots,n)$ 分别表示第 i 个模块的可靠度和失效率。那么，对于这样的串联配置系统，其系统的可靠度 $R_s(t)$ 和系统的失效率 $\lambda_s(t)$ 可分别表示为

$$R_s(t)=R_1(t)\cdot R_2(t)\cdots R_n(t)$$

$$\lambda_s(t)=\lambda_1(t)+\lambda_2(t)+\cdots+\lambda_n(t)$$

1）等值分配法

等值分配法是指在进行可靠性分配时，忽略软件系统的各构成模块的功能和结构差异，给每个模块分配相同的可靠性指标。软件开发初期，由于缺乏必要的信息和数据，通常采用等值分配法对软件可靠性进行分配。这种分配方法可表示为

$$\bar{R}_i=R_s^{1/n}\quad(i=1,2,\cdots,n)$$

$$\bar{\lambda}_i=\frac{1}{\lambda_s}\lambda\quad(i=1,2,\cdots,n)$$

式中，R_s、λ_s、$\bar{R}_i$、$\bar{\lambda}_i$ 分别表示软件系统的可靠度、失效率及其第 i 个模块的可靠度和失效率。

等值分配法是一种粗糙的分配方法，它蕴涵了构成软件系统的所有模块，既包含了系统的重要性又包含了系统的复杂性假设。事实上，也只有在这两个假设满足时，等值分配的结果才是合理的，否则只能作为最初的原始分配方案，在拥有了更多的信息和数据后，再利用其他分配方法加以调整。

(1) 顺序执行软件等值分配法。

当构成软件系统的各个模块顺序执行时，等值分配法为各个模块确定失效率目标值。该分配方法的前提条件是已知软件系统的失效率目标值 λ_s 和模块的总数 n。系统的失效率目标值可以由需求确定，也可以由更高一层的系统分配得到。该分配方法的步骤如下：

① 确定软件系统的失效率目标值 λ_s；

② 确定构成软件系统的模块总数 n；

③ 对于每个模块，按照公式 $\lambda_i=\lambda_s(i=1,2,\cdots,n)$ 分配失效率指标。

例如，某软件系统由 6 个顺序执行的模块构成，系统成功运行的条件是所有模块都成功执行，这是一个典型的串联系统。假设软件系统失效率的目标值为 0.01 失效数/小时。那么，分配到 6 个模块的失效率指标为：$\lambda_s=0.01$ 失效数/小时$(i=1,2,\cdots,6)$。

(2) 并行执行软件等值分配法。

当构成软件系统的各个模块并行执行时，等值分配法用来为各个模块确定失效率目标值。该分配方法的前提条件是已知软件系统的失效率目标值 λ_s 和构成软件系统的模块总数 n。该

分配方法的步骤与顺序执行软件等值分配法的①和②步是相同的，不同在第③步对于每个模块，按照公式 $\lambda_i = \frac{1}{n}\lambda_s (i=1,2,\cdots,n)$ 分配失效率指标。

例如，拟开发一个软件，已知该软件系统由 6 个模块构成且 6 个软件模块并行执行，系统的可靠性指标为 $\lambda_s = 4\times10^{-2}$/CPU HR。因为系统没有其他可供使用的数据，在进行可靠性分配时，只能采用等值分配法。其分配情况为

$$\bar{\lambda}_i = \frac{1}{6}\times4\times10^{-2}/\text{CPU HR} = 6.6\times10^{-3}/\text{CPU HR}(i=1,2,\cdots,6)$$

2）相似程序法

相似程序法是一种简单有效的可靠性分配方法。该方法是在软件开发过程中，通过对照相似的“旧”软件，利用该“旧”软件的可靠性数据对新软件的可靠性进行分配。在软件版本更新时，常常采用这种方法。但是，应用相似程序法进行可靠性分配，应区别以下三种不同情况。

（1）新旧软件的结构不同，可靠性要求不同。

假设新旧软件均由 n 个模块组成，其失效率分别为 λ_{sNEW} 和 λ_{sOLD}，把 $\beta = \frac{\lambda_{sNEW}}{\lambda_{sOLD}}$ 定义为新旧软件失效率的比例系数。那么，新软件的第 i 个模块的失效率为 $\lambda_{iNEW} = \beta\lambda_{iOLD}$。

（2）新旧软件结构相同，但部分模块的可靠性需要改进。

新软件中有 k 个模块是可靠性改进的重点，其失效率有明确的要求。因为 $\lambda_{1NEW}, \lambda_{2NEW}, \cdots, \lambda_{kNEW} (k<n)$ 是已知的，这时需要解决的问题是如何将可靠性指标分配给其他 $(n-k)$ 个模块。其步骤如下：

① 求 $\lambda'_{sOLD} = \lambda_{sOLD} - \sum_{i=1}^{k}\lambda_{iOLD}$；

② 求 $\lambda'_{sNEW} = \lambda_{sNEW} - \sum_{i=1}^{k}\lambda_{iNEW}$；

③ 计算新旧软件失效率的比例常数：$\beta = \frac{\lambda'_{sNEW}}{\lambda'_{sOLD}}$；

④ 新软件中需改进可靠性的 $(n-k)$ 个模块所分配的失效率为 $\bar{\lambda}_{jNEW} = \beta\lambda_{iOLD}$，$j=k+1, k+2,\cdots,n$。

（3）新软件在旧软件的基础上扩充功能以提高其可靠性。

假设旧软件由 n 个模块组成，新软件由于功能扩充，增加了 k 个新模块，新软件的失效率指标为 λ_{sNEW}。首先将新软件分为两部分，一部分由 n 个与旧软件相对应的模块构成，其失效率指标为：λ'_{sNEW}，另一部分由 k 个新增加的模块构成，其失效率为 λ''_{sNEW}。那么，新软件的失效率为 $\lambda_{sNEW} = \lambda'_{sNEW} + \lambda''_{sNEW}$。

如果软件需求规格说明或相关文档已经给出 λ'_{sNEW} 和 λ''_{sNEW} 的规定值，它们就是两个已知量。如没有规定，则由下面的公式求出

$$\lambda'_{sNEW} = \frac{n}{n+k}\lambda_{sNEW},\quad \lambda''_{sNEW} = \frac{n}{n+k}\lambda_{sNEW}$$

同前面的讨论相似，先求出其比例系数，$\beta = \frac{\lambda'_{sNEW}}{\lambda_{sOLD}}$，然后进行可靠性分配。

可以用如下三种方法对 λ''_{sNEW} 进行分配：

① 如果新增加软件模块的数据缺乏，可以采用等量分配法 $\bar{\lambda}_{i\text{NEW}}=\frac{1}{k}\lambda_{\text{sNEW}}, i=n+1,\cdots,n+k$。

② 如果有类似软件模块构成的可靠性数据可供参考，则可用相似模块法进行分配。

③ 如果确有必要，也可采用基于重要度、运行时间和复杂度的分配方法进行分配。

3）基于重要度的分配方法

基于重要度的分配方法是根据软件系统各构成模块的失效对软件系统的可靠性、安全性影响的严重程度来分配软件系统的可靠性。重要度用来度量软件系统持续运行的能力，将可靠性和安全性的危害程度转化为软件的重要度等级。模块的重要度等级越高，分配的可靠性指标就越高。对于某些关键的操作模式，需要分配更高的可靠性指标。

当软件系统中每个模块的重要度已知时，就可以用基于重要度的分配方法为软件系统各构成模块分配合适的可靠性指标。软件模块的重要度可以用重要度系数 U_k 来描述，它的数值可以通过工程分析确定，例如结合软件的 FMEA 分析和专家评分法等确定。基于重要度分配方法的步骤如下：

（1）确定软件系统的可靠性目标值如 R_s、λ_s 等；

（2）确定构成软件系统的模块数 n；

（3）确定每个模块的重要度 U_k；

（4）计算所有模块的重要度之和 $U=\sum_{k=1}^{n}U_k$；

（5）计算每个模块所分配的可靠性指标 $R_i=\frac{U_k}{U}R_s(k=1,2,\cdots,n)$。

4）基于复杂度的分配方法

基于复杂度的分配方法是根据软件系统各构成模块的复杂程度分配给相应的可靠性指标。软件的复杂度越高，要达到规定的可靠性所付出的努力就越大。因此，对于复杂度高的模块应分配相对较低的可靠性指标。针对软件的功能点和特征点的复杂度分配方法，可基于软件模块复杂度的计算和评价，将复杂度划分为不同的等级并使用复杂度加权因子来衡量。

例如，软件系统中某个模块分为外部输入、外部输出、逻辑内部文件、外部接口文件、外部查询等五个成分。对于外部输出成分，如果数据元素类型个数大于 20 且引用文件类型个数大于 2，表明其具有较高的复杂度；如果数据元素类型个数小于 5 且引用文件类型个数是 2 或 3，则表明其具有较低的复杂度。根据对这五个成分的复杂度评价，该软件模块的复杂度加权因子可按表 10-5 给定的规则确定。

表 10-5　复杂度加权因子确定原则

序号	名称	低复杂度	高复杂度
1	外部输入	3	6
2	外部输出	4	7
3	逻辑内部文件	7	15
4	外部接口文件	5	10
5	外部查询	3	6

确定加权因子之后，即可按照如下公式计算其功能数

$$\text{FC}=\sum_{i=1}^{5}\sum_{j=1}^{2}\alpha_{ij}\times x_{ij}$$

式中，α_{ij} 是上述 5 个成分按复杂度登记(低、高)确定的加权因子；x_{ij} 是软件模块中每种功能点的数目(i 表示模块中的第几个成分，j 表示模块中各个成分的复杂度登记)。

下一步则是用 0～5 的标度去评估 14 个通用系统特征点对应用的影响：数据通信、分布式功能、性能、频繁使用的配置、事务率、联机数据项、最终用户效率、联机更新、复杂性处理、可重用性、可安装性、可操作性、多站点和可更改性。

然后，将这些特征点的分值(从 0～5)按以下公式求和形成复杂度调整因子

$$\mathrm{VAF}=0.65+0.01\sum_{i=1}^{14}C_i$$

式中，C_i 是通用系统特征点的分值。

最后，将功能数与调整因子相乘，即可得到该软件模块的功能点复杂度

$$\omega=\mathrm{FC}\times\mathrm{VAF}$$

在采用汇编语言编程时，为防止程序将数据错当成指令来执行，将数据与指令分隔存放。必要时在数据区和表格的前后加入适当的 NOP 指令和跳转指令。使 NOP 指令的总长度等于最长指令长度，然后加入一条跳转指令，将控制转向出错处理程序。

基于复杂度分配方法中，失效率目标值的分配与软件的复杂度呈线性关系。基于复杂度的分配步骤如下：

(1) 确定软件系统的可靠性目标值如 R_s、λ_s 等；

(2) 确定构成软件系统的模块数 n；

(3) 计算并确定每个软件模块的复杂度 ω_i；

(4) 计算各个软件模块的复杂度之和 $\omega=\sum_{i=1}^{n}\omega_i$；

(5) 计算每个软件模块的失效率 $\lambda_i=\frac{\omega_i}{\omega}\lambda_s$。

例如，某软件系统由 4 个模块构成，软件系统的失效率目标值为 0.005 失效数/小时。经过计算，得到每个模块的复杂度：$\omega_1=4$，$\omega_2=2$，$\omega_3=3$，$\omega_4=1$。根据上述讨论，可以得到

$$\omega=\sum_{i=1}^{n}\omega_i=4+2+3+1=10$$

$$\lambda_1=\frac{\omega_1}{\omega}\lambda_s=\frac{4}{10}\times0.005=0.002\quad(\text{失效数/小时})$$

$$\lambda_2=\frac{\omega_2}{\omega}\lambda_s=\frac{2}{10}\times0.005=0.001\quad(\text{失效数/小时})$$

$$\lambda_3=\frac{\omega_3}{\omega}\lambda_s=\frac{3}{10}\times0.005=0.0015\quad(\text{失效数/小时})$$

$$\lambda_4=\frac{\omega_4}{\omega}\lambda_s=\frac{1}{10}\times0.0005=0.005\quad(\text{失效数/小时})$$

10.4　软件可靠性的设计

可靠性是通过设计来实现的。要保证和提高软件的可靠性，关键在于可靠性设计，这是软件可靠性工程的核心问题，是软件可靠性工程的根本目的。软件可靠性设计是指在软件开发过程中，在严格遵循软件工程原理的基础上，紧密结合常规软件设计，采用专门的技术和方法，采取预

防措施，进行设计改进，消除隐患和薄弱环节，减少或尽可能地避免错误的发生，确保软件可靠性。

10.4.1　设计原则及分类

1. Myers 设计原则

著名软件工程专家 Myers 提出了在软件可靠性设计中必须遵循的两个原则：

(1) 控制程序的复杂度。

(2) 用户保持密切的联系和有效的沟通。

在软件开发过程中，软件越复杂，出错的可能性就越大，因此度量并控制其复杂度的必要性和重要性是显而易见的。复杂度是软件开发过程中各种因素复杂程度的总和，也就是说，复杂程度与软件需求规格说明的复杂性、体系结构复杂性、软件设计复杂性等密切相关。例如，概要设计的复杂性是程序的所有外部接口及其相互关系的函数，也是各种用户命令的相互关系、系统输入/输出关系的函数；又如，详细设计的复杂性是各个模块相互关系的函数，模块的复杂性是模块内部逻辑关系的函数。

软件的复杂性控制主要有如下三种方法。

(1) 确保软件系统中的各个模块具有最大的独立性。这就要求在软件设计时将系统中经常发生的动态行为集中在单独的模块内，减少各个模块之间的相互作用。

(2) 使程序具有合理的层次结构。具有层次结构的系统，易于软件开发人员的理解和掌握。运行软件设计时，系统的上一层结构集中反映下一层模块共同的功能属性，使得开发设计人员无需顾及下层模块的细节。

(3) 软件模块之间的相互作用无法避免时，应使其联系尽可能简单，防止模块之间产生未知的边际效应，在许多大型软件系统的开发过程中，未知的边际效应常常使设计人员陷入泥潭而无力自拔。

软件开发的目的是为用户的要求服务，实现用户目标，增加顾客满意度，超越顾客期望值。因此，同用户保持密切的联系和有效的沟通对可靠软件的设计同样是一条极其重要的原则。有些软件开发设计人员不愿意用户参与开发过程中的分析讨论和决策，担心用户的参与会使分配需求频繁变更，难以适从；有些软件开发设计人员不了解用户环境、操作使用流程，不了解用户将如何使用这个系统以及使用中所重点关注的问题。在诸如此类的情况下，所开发的软件自然难以甚至无法满足用户的要求。解决上述问题的唯一途径就是在软件开发过程中，想用户所想，急用户所急，同用户保持紧密的联系，经常倾听用户意见，主动邀请用户参与开发过程中的有关决策，参与开发过程中的有关评审和测试。

2. 软件可靠性设计分类

目前有大量的软件开发技术和方法，在软件开发过程中，正确地选用软件开发技术、方法和工具，对软件可靠性的保证和提高大有裨益。从软件可靠性设计的角度出发，软件可靠性设计可划分为避错设计、查错设计、纠错设计和容错设计四种类型。

避错设计是在软件开发过程中，针对具体的软件特征，应用有效的软件工程技术、方法、工具，加强软件工程管理，尽可能减少或避免软件错误的引入，保证软件可靠性的一种设计方法。由于软件错误通常在软件开发过程中，尤其是其中的各个变换过程中被引入，因此，避错设计最关心的是软件开发过程的控制。避错设计主要由以下几种方法构成：

(1) 控制和降低软件复杂性；

(2) 高变换的精确性；

(3) 改善信息联系；

(4) 速查找并纠正变换错误。

避错设计适用于一切类型的软件，它体现了预防为主的思想，是软件可靠性设计的首选方法，贯穿于软件开发的整个过程，与常规软件设计融为一体，相互支持，互为补充。但是，由于客观事物的复杂性和软件开发人员认识的局限性，设计错误的杜绝是不可能的，也是不现实的。因此，在进行避错设计的同时，必须根据软件的可靠性需求实施查错设计、纠错设计和容错设计。

查错设计是指在软件开发过程中赋予程序某些特殊的功能，使软件在运行过程中能自动地进行诊断和定位错误的一种方法。纠错设计是指在软件的开发设计过程中，赋予程序自我纠正错误，减少错误危害程度的一种设计方法。容错设计是指在软件开发设计过程中，赋予程序某种特殊的功能，使得软件在错误已被触发的情况下，系统仍能运行的一种设计方法。

10.4.2 避错设计

避错设计的根本出路是严格遵循软件工程原理，按照软件生命周期模型进行软件开发设计及软件项目管理。基于软件生命周期模型的开发方法对于避免和减少软件错误，提高软件可靠性发挥了重要作用，至今仍然是十分重要的方法。该方法遵循软件工程原理，将软件生命周期划分成不同的阶段，规定每个阶段的目标、任务及其过程活动的内容、要求、输入、输出、转阶段准则等，在各个阶段，根据策划组织实施评审、验证、测试等活动，保证和改进软件可靠性。

当然，常规的软件设计方法只能是避错设计的基础，要进一步提高软件的可靠性，要确保高可靠性要求的软件的可靠性，在严格实施软件工程原理的基础上，还必须采取诸如形式化设计、健壮性设计、简化设计、抗干扰设计、软/硬件相结合等专门的措施。

1. 健壮性设计

健壮性设计(robust design)是 20 世纪 80 年代西方发达国家推出的开发高可靠性、短周期、低成本产品的先进思想和方法体系。健壮性是指软件不仅要有正确性，还必须能够抵御各种干扰，具有一定防止错误输入、防止误操作的能力，在发生故障时应能有效地控制事故的蔓延，并进行报警输出处理。

软件的健壮性设计以满足顾客需求作为开发设计的依据和目标，进行可靠性策划，实施并行工程，注重软件的顶层体系结构设计和总体方案的优化，强调发挥设计能动性，通过稳定性优化设计寻求最佳的参数匹配方案来改进和增强软件的可靠性。

目前，硬件的健壮性设计技术和方法已经相对成熟并得以广泛应用，使得能够在不改变加工精度和原材料、元器件质量的条件下，通过稳定性优化设计寻求最佳的参数匹配方案来改进产品质量，减少质量波动，保证产品研制的一次成功。但软件的健壮性设计同硬件相比，尚存在着巨大的差距。目前主要还是在强化传统软件设计的基础上，通过加强和优化软件的体系结构设计，综合考虑在系统电源失效、电磁干扰以及接口故障等情况下配合硬件进行处理，监控定时器设计，异常情况保护处理等。通常，提高软件健壮性的主要措施有：

① 检查输入数据的数据类型，在人—机界面设计过程中，采用穷举列表，操作提示灯措施，防止错误的操作和操作失误。

② 模块调用时检查参数的合法性，控制事故蔓延。

③ 进行简化设计，降低模块之间的耦合度，降低软件的复杂性，实现信息隐蔽。

这些措施虽然能明显地提高软件的健壮性，但仍然没有能够从根本上解决问题，且工作量极大。常规软件设计中的数据结构及其操作分离，使得它们之间存在着潜在的不一致性，不利于软件健壮性的改进。而面向对象程序设计则将数据结构及操作封装在一个对象中，不允许其他类直接访问它的数据，改变了传统的数据访问方式，从而消除了潜在的不一致性，提高了健壮性，成为改进软件健壮性的有效方法。

1）配合硬件进行处理的若干设计考虑

（1）电源失效防护。

系统运行过程中，电源失效或突然掉电，不仅会中断系统运行，影响任务的完成，而且可能会丢失重要数据，导致系统的不安全性。因此，软件要配合硬件处理在加电的瞬间电源可能出现的间歇故障，避免系统潜在的不可靠、不安全的初始状态。在系统运行过程中，当电源失效或突然断电时，备份重要数据，设置恢复断电，提供安全的关闭。同时，在电源的电压发生波动时，要避免并消除潜在的危险。

（2）加电检测。

软件设计过程中，必须充分地考虑在系统加电时完成系统级的（包括网络系统、各设备的构成单元、接口等）检测以及检测状态的显示，验证系统启动状态的可靠性和安全性。对于高可靠性和高安全性系统，还必须对系统进行周期性的检测。当检测到故障时，进行报警提示，以监视系统的安全状态，同时自动切换到安全状态，确保系统安全。

（3）抗干扰设计。

软件的可靠性常常受到嵌入环境和系统的外部干扰如电磁辐射、电磁脉冲、静电干扰等的制约，对于系统而言，除了进行硬件的电磁兼容性设计之外，还必须进行软件的抗干扰设计，使得出现干扰时，系统仍能可靠、安全地运行。容错设计、冗余设计、抽象复算、指令复机、纠错编码、设备重复、系统检测、自动诊断、自动重组、自动修复系统等技术都是有效的抗干扰设计方法。

软件在受到干扰而导致程序"跑飞"或"死锁"时，可重新启动并初始化，使其重新运行而加以保护。程序的限界运行也是程序因干扰而"跑飞"处理的有效方法。在程序中，设计禁读/写指令以及非屏蔽中断处理程序和越限处理程序，当程序误入设定的界限之外时，转入越限处理并自动转到系统的自恢复程序，实现无人值守。程序运行的时间监视是处理因干扰导致"死锁"的一种有效方法，它将计时器的"时间到"输出端接入程序的超时端，当需要进行超时监视时，首先对计时器进行初始化，设定计时常数，然后执行正常程序，如果发生强电等干扰使程序进入死循环，当计时器设定的时间到时，处理器就会按设定的处理策略进入报警或转系统的自恢复程序。限时运行方法常用于已知运行时间的子程序或程序功能块的情况。软件陷阱是在程序中的适当地方加入陷阱入口/出口语句，当干扰导致程序"跑飞"时，就有可能落入预设的陷阱中，陷阱的出口是设计人员预先设定的，这样程序运行就进入可控阶段。如果陷阱的出口正好是系统自恢复程序的入口，则系统便自动恢复。有时，软件的数据采集会因环境的电磁等干扰，使得所采集的数据中包含有干扰成分，为此，可在软件中植入数字滤波器，对数据进行平滑处理，以提高数据精度。

（4）系统不稳定。

若某些外来因素使得系统产生不稳定，程序不宜继续运行，则应采取措施，等到系统稳定之后再继续运行。例如，具有强功率输出的指令所引发的动作对系统的稳定性产生影响，软件应使计算机在该指令输出并等到系统稳定之后，再继续执行指令。

(5) 接口故障。

应充分估计并评价接口的各种可能故障，采取相应的措施。例如，软件应能识别合法及其非法的外部中断，对于非法的外部中断，软件应能自动切换到安全状态。反馈回路中的传感器有可能发生故障并导致反馈异常信息，软件应能预防将异常信息当做正常信息处理而造成反馈系统的失控。同样，软件对输入、输出信息进行加工处理前，应检验其是否合理，其中，最简单的方法是极限量程检验。

(6) 错误操作。

软件应能判断操作人员的输入命令、输入数据、操作流程等是否正确或是否合理，当检测到不正确或不合理的输入和操作时拒绝该操作的执行，并提醒操作人员注意错误的输入或操作，同时指出错误的类型和纠正措施。

2) 监控定时器设计

(1) 提供监控定时器或类似措施，确保处理器或计算机系统具有处理程序超时或死循环的能力。

(2) 监控定时器采用独立的时钟源并用独立的硬件实现，若采用可编程定时器实现，应统筹设计计数时钟频率和定时参数，力求在外界干扰条件下，定时器受到干扰后定时参数的最小值大于系统重新初始化所需要的时间，最大值小于系统允许的最长故障处理时间。

(3) 与硬件状态变化有关的程序设计应考虑状态检测的时间或次数，无时间依据的情况下，可采用循环等待次数作为依据，超过一定次数作为超时处理。

3) 异常保护设计

必须仔细分析软件运行过程中各种可能的异常情况，设计相应的保护措施。特别当重用现有软件成分时，必须仔细分析原有的异常保护措施对于现有的软件需求是否足够且完全适用。异常处理措施必须使系统转入安全状态，并保持计算机处于运行状态。

2. 简化设计

软件的简化设计应考虑模块的独立性、单入口单出口、复杂度和规模等因素。在硬件的简化设计中，一条“通用”的准则是：硬件软化设计，即用软件来实现本来由硬件完成的某些功能，从而简化硬件设计。这在一定程度上是非常有效的，但这绝不是一个万全之策。这一设计准则是建立在“软件比硬件简单”这一假设基础之上。实际上，软件的复杂性比硬件更加难以控制，软件的复杂性更容易导致系统的不可靠性。所以，在系统的简化设计过程中，应综合权衡对硬件简化还是对软件简化。

3. 并发和重入

1) 并发系统

计算机系统大多采用并发机制，并发系统中通常会有许多活动(任务)并行发生，即将发生事件的顺序经常是不可预知的，而且这些事件的发生时间可能重叠。并发任务的概念通常被称之为并发处理。并发系统的设计概念在实时系统和分布式应用程序中占有非常重要的地位。

(1) 并发任务之间的协作。

并发系统设计过程中，并发任务相互协作，以执行应用程序所要求的服务。在各个任务相互协作时，可能会出现如下三个方面的问题。

① 相互排斥：当任务需要对某种资源（如共享数据或物理设备）独占访问权时，就可能会出现这种问题。这个问题的另一种形式是多读者/多写者问题，其中互斥约束可以在某种情况下得到缓解。

② 任务同步：两个任务需要相互同步它们的运行。

③ 生产者/消费者：当多个任务需要相互通信以从一个任务向另一个任务传递数据时，可能会出现这个问题。

（2）互斥问题。

当需要一次仅由一个任务访问某个共享资源时，就会出现互斥问题。在并发系统中，可能会有一个以上的任务同时希望访问同一个资源。例如，考虑如下情况：

① 如果两个或多个任务同时向打印机写入数据，任务的输出就会随机进纸，生成一个混淆的报告。

② 如果两个或多个任务同时向数据存储器中写入数据，就会向数据存储器中写入不一致或不正确的数据。

为了解决这类问题，必须提供一种同步机制，保证多个并发任务对关键资源访问的互斥性。一个任务必须首先获得资源，然后使用资源，最后释放资源。当任务 A 释放资源后，任务 B 就可以获得该资源。如果当任务 B 想获得资源时，任务 A 正在使用该资源，任务 B 就必须等待任务 A 释放资源。

对于互斥问题，经典的解决方案是由 Dijkstra 使用二元信号量提出的。二元信号量是一个布尔变量，仅能使用两个原子操作来访问，这两个操作是 Wait(s)和 Sibnal(s)，其中 s 是信号量。Dijkstra 最初将它们称为 p 操作（代表 Wait）和 V 操作（代表 Signal）。

当一个任务希望获得资源时，它就要执行不可分割的 Wait(s)操作。信号量 s 的初始值设置为 1，表示资源空闲。因为任务执行了 Wait 操作，所以 s 由 1 变为 0，资源就分配给了任务。如果当任务 A 执行 Wait 操作时，信号量已经设置为 0，表示另一个任务已经占用了资源。这种情况下，任务 A 就要挂起，直到任务 B 通过执行一个 Signal 操作发出释放资源信号为止。这样就可以使任务 A 得到资源。

互斥的一个实例是共享传感器数据存储，它包括几个传感器的当前值。某些任务从数据存储器中读取数据，以处理或显示传感器的值，其他任务监视外部环境并使用传感器的最新数值更新数据存储器。为了保证本例中的互斥，每个任务在访问数据存储器之前都必须执行一次 Wait 操作，然后再完成对数据存储器的访问之后执行一次 Signal 操作。获得传感器数据存储器资源以进入临界区并释放资源所使用的伪代码如下：

```
Wait(Sensor_data_stor_semaphore)
Access sensor data store[critical section]
Signal(Sensor_data_store_semaphore)
```

解决方案假设在初始化阶段，传感器的初始值在读取操作之前已经存储。

在某些并发应用程序中，仅允许对共享资源进行互斥访问可能太过苛刻，因此，在前面所介绍的传感器数据存储的例子中，写者任务拥有对数据存储的互斥访问权是很重要的。然而，在没有多个写者任务同时向数据库中写入数据的情况下，允许让多个读者任务从数据存储中并发读取数据。这个问题称之为多读者/多写者问题，该问题同样可以使用信号量来解决。

（3）任务同步问题。

当两个任务需要协同运行，但并不在任务之间传递数据时，使用任务同步。源任务执行一个

Signal(事件)操作,它发出信号,说明一个事件已经发生。目标任务执行一个 Wait(事件)操作,将任务挂起,直到事件接收到来自信号生成者的信号为止。如果事件已经接收到了信号,那么目标任务就不再处于挂起状态。实现任务同步的方法很多,例如消息通信方式。

(4) 生产者/消费者问题。

并发系统中一个常见的问题是生产者/消费者问题。生产者任务生成的信息为消费者任务使用。为了做到这一点,要将数据从生产者传递给消费者。在时序程序中,调用过程还会将数据传递给一个被调用过程。然而,控制信息和数据要同时从调用过程传递给被调用过程。

在并发系统中,每个任务都有自己的控制线程,各个任务之间采用异步方式执行。当各个任务之间需要交换数据时,就要对任务的运行进行同步。因此,数据必须在消费者使用之前由生产者生成。如果消费者已经为接收数据做好准备,但生产者还没有生成数据,那么消费者就必须等待。如果生产者在消费者为接收数据做好准备前就已经生成数据,那么生产者就不得不停下来,或者缓冲传递给消费者的数据,这样才能进行数据生成。

通常,这个问题的解决方案是在生产者任务和消费者任务之间使用消息通信。在任务之间进行消息通信有如下两种途径:

① 将数据从生产者(源)任务传输到消费者(目的)任务。

② 生产者与消费者之间的同步。如果不能获得消息,消费者就必须等待生产者发送的消息,在某些情况下,生产者要等待消费者的回应。

各个任务之间的消息通信可以是松散耦合的,也可以是紧密耦合的。使用松散耦合的消息通信时,生产者向消费者发送一个消息,然后继续运行,不等待回应,松散耦合的消息通信被称为异步消息通信;使用紧密耦合消息通信时,生产者向消费者发送消息,然后等待回应,紧密耦合的消息通信被称为同步消息通信。

2) 并发处理环境

并发系统中,如果每个任务都在不同的处理器上执行,那么并发就是真实的;相反,如果各个任务之间是交错开的,并发则是虚拟的。并发系统应用的三种主要环境分别是多道程序环境、多处理器环境和分布式处理环境。

(1) 多道程序环境。

多道程序环境中,多个任务共享一个处理器。虚拟并发是通过操作系统为各个任务控制处理器的分配来实现的,好像每个任务都有一个专门的处理器。图 10-11 就是一个典型的多道程序环境。

(2) 多处理器环境。

多处理器环境中有两个或两个以上的处理器使用共享内存,所有处理器都有一个公用的虚拟地址空间,所有任务都驻留在共享内存中。在多处理器环境中,当多个处理器并发执行时,所实现的就是真实的并发。图 10-12 所示的是一个典型的多处理器环境。

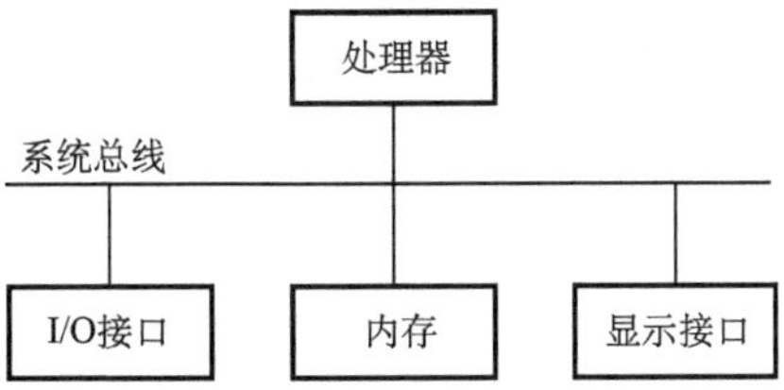

图 10-11　多道程序(单处理器)环境

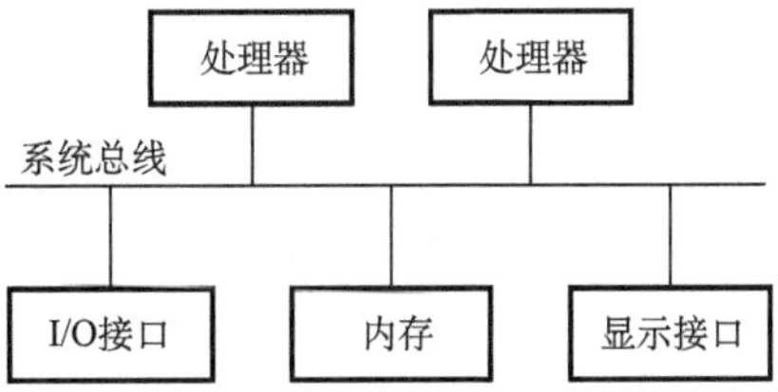

图 10-12　多处理器环境

(3) 分布式处理环境。

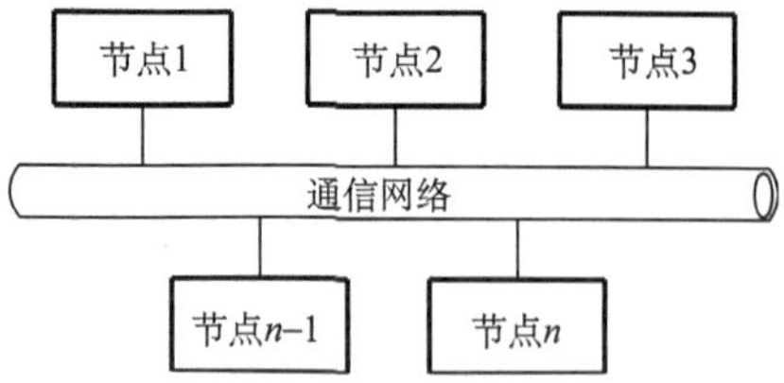

图 10-13　分布式处理环境

图 10-13 所示的是一个分布式处理环境，其中每个节点可由多道程序系统或多处理器系统构成。在这种环境中，两台以上的计算机通过通信网络或高速总线相互连接。每台计算机都有自己的本地内存，处理器之间没有共享内存。由多个并发任务构成的分布式应用程序可以使分布在网络上的任务通过消息进行通信。

3) 并发处理的运行时支持

通过使用操作系统内核或执行并发语言的运行时支持系统，就可以提供并发任务的运行时支持。由于 C、Pascal、Fortran 之类的序列化语言没有提供对并发任务的支持，使用这类语言开发并发任务应用程序时，必须使用多任务内核。

使用多任务内核时，在消息通信过程中可以使用 Send Message 和 Wait Message 操作，在事件同步过程中可以使用 Signal Event 和 Wait Event 操作。这些操作都是对多任务内核的直接调用。对临界段的互斥访问要使用信号量操作 Wait 和 Signal 来实现，这些操作也是由多任务内核提供的。

在并发语言中提供了可以支持任务间通信和同步的构造。在这种情况下，语言的运行时系统处理任务调度，并提供服务和底层机制以支持任务通信和同步。

并行环境下的重入程序设计比单纯的递归调用更严格，设计不当，轻则产生数据计算错误，重则引起系统死锁，且对时间敏感，但调试过程不一定能发现问题。对可重入程序的设计可通过以下方法来改进其可靠性。

① 可重入程序使用的单元，应使用堆栈或调用程序提供的临时工作单元；

② 可重入程序所使用的公共资源必须进行保护；

③ 有临界区的可重入程序用关中断保护，待退出临界区时再打开中断。

4. 结构冲突与回溯

软件的输入数据和输出数据之间可能很少或没有结构上的对应关系，从而导致结构冲突。基本的解决方法是将冲突部分相互隔离开来，建立多个程序结构，再利用中间文件把程序结构联系起来，构成整体。Jackson 法是目前一种较好的解决办法，此外，中间文件法、多道管理程序控制法、程序转换法和伙伴程序设计法等都是较好的方法。

软件设计中所选用的循环和选择结构，在条件测试时，往往需要进行回溯，这样不仅影响其实时性，还可能导致软件的不可靠。一般，软件设计中的回溯可用下列步骤进行解决：

(1) 先在分支点上确定测试条件，然后把问题简化成一个 select 结构。

(2) 在每一处有可能判别的地方进行判别，加上 quit... if，在这个条件下退出此路径，然后再把 select... or... 改成 posit... admit。

(3) 消除由 select 改变成 posit 所引起的副作用。

10.5　查错设计

软件开发过程中,进行有效的避错设计,可以大幅度减少设计过程中引入的错误,得到较为可靠的产品,同时,可以减少测试、使用和维护的开销,获得最佳的寿命周期效费比。然而,就目前的软件开发技术、方法和工具而言,面对日益庞大、复杂的软件系统,不论其构思和设计是何等的精心,测试是何等的深入,软件中仍然难免存在着错误。这种情况促使软件工程界去探索、寻找使软件具有自动查错和纠错功能的设计方法。

软件查错设计技术可分为被动式检测和主动式检测两种类型。二者的区别在于主动式错误检测是对程序状态主动地进行检测,而被动式错误检测是在程序的若干部位设置检测点,等待错误征兆的出现。

1. 主动式错误检测

主动式错误检测是通过错误检测程序主动地对系统进行搜索,并指示所搜索到的错误。主动式错误检测通常由一个检测监视器来承担。检测监视器是一个并行过程,其功能是对系统的有关数据进行主动扫描以发现错误。一些大型的资源管理软件在长期运行过程中,常常会因为软件错误造成系统资源的损失。例如,操作系统中的存储管理模块,具有向用户程序和操作系统的其他模块出借存储区的功能,然而用户程序或其他模块的错误有时会造成所借出的存储区域不能返回存储管理模块,造成系统的性能逐渐蜕变。主动式错误检测能够及时发现这类问题。

主动式错误检测可以作为周期性的任务来安排,规定固定时间如每小时 1 次进行周期性检测。主动式检测也可以被当做一个低优先权的任务来执行,在系统处于等待状态时,主动进行检测。错误检测的内容取决于系统特征,例如可以搜索主存储区,以发现在系统可用存储区表中没有记录的,又没有分配给任何一个正在运行的程序的区域;也可以检查超过合理运行时间的异常过程,寻找系统中丢失的文件,检查在长时间内尚未完成的输入输出操作。特殊情况下,监测监视器可以进行系统的诊断试验,由检测监视器调用系统的某些功能,将结果与预期的输出进行比较,检查其执行时间是否超限,检测监视器还可以周期性地发送哑事务给系统,以保证系统处于可运行状态。

2. 被动式错误检测

被动式错误检测适用于软件的各种结构层次,用来检测软件的内部错误以及软件单元之间传递的错误征兆。

1) 检测原则和负效应

为了使错误检测有效进行,应遵循如下原则。

(1) 相互怀疑原则:在设计任何一个软件模块时,假定其他模块存在着错误,每当一个软件模块接受一个数据时,无论这个数据来自于系统之外还是来自于其他模块的处理结果,首先假定它是一个错误数据,并竭力去证实这个假设。

(2) 立即检测原则:错误征兆出现之后,尽快查明并判断错误类型,限制错误的扩散和蔓延,降低排错开销。

实施错误检测的前提是,在程序处理过程中的若干关键环节建立检测的接收判据。如果实际执行结果满足接收判据要求,则判定程序状态正常;反之,则判定程序中存在错误。实施自动错误检测的必要前提是，接收判据能够从软件系统本身提取。这种具有自动错误检测功能的程序，必定伴随着一定程度的冗余。软件开发过程中，应尽量将自动检测功能集中到一起，构成错误检测模块，使之同实际处理过程相分离。

自动错误检测技术为监控过程执行提供了有效的手段，有助于软件可靠性的改进提高。但是，自动错误检测技术对系统可靠性也有负效应，这些负效应来源于以下两个方面：

(1) 自动错误检测所设置的接收判据不可能与预期的正确结果完全吻合。理想状态下，实际结果、预期结果与接收判据三者应完全重合，而实际上却难以做到。

(2) 从系统可靠性的观点来看，自动错误检测程序与过程处理程序构成一个串联系统，其结果将导致系统的固有可靠性降低。因此，必须充分关注自动错误检测程序本身的可靠性问题以及所引起的系统可靠性问题。

进行查错设计时，通常将自动错误检测模块与执行模块分离。这样设计的优点是：

(1) 有利于预防错误检测模块干预程序的主干处理过程。在程序的主干处理过程中，频繁进行数据变换和交换，只有将自动错误检测置身于变换过程之外，才能避免逻辑关系的紊乱。检测模块与逻辑模块分离，可以使检测模块的作用局限于从主程序中读取数据进行检测，同时还应限制检测模块的优先权，以防万一检测模块企图干预数据变换和交换时能够及时察觉。

(2) 有利于软件的开发设计。主程序需要解决的问题是“应该怎么做”，错误检测模块的任务是裁定“做的结果是否正确”。二者的目的不同，实现方法不同，需要分别设计。

(3) 有利于测试。在错误检测模块与主程序相分离的情况下，更容易对检测模块进行充分的测试，以排除模块本身的错误。

(4) 有利于维护。程序运行过程中，有时需要修改程序的查错功能，这时需要明确地区分修改对象是错误检测程序还是错误检测对象。在检测模块与主程序相分离的条件下，比较容易进行修改，修改过程中引入的错误也容易被察觉且不至扩散到主程序。

(5) 有利于系统的再启动。在错误检测模块与主程序相互分离的条件下，对系统的查错只是在检测模块与主程序的接口上进行，因此可以为系统的再启动提供参考点。

2) 检测实施方法

自动错误检测实施方法在很大程度上取决于软件的用途、功能、结构和算法，没有通用的模式可供遵循。以下是一些可供选择的方法：

(1) 检查每个输入数据的属性。程序的任何一个输入数据的性质都有明确的定义，可以按规定的属性如输入数据类型、数据长度、数据的正负号等进行检查。

(2) 为表格、记录和控制块设置识别标志并以此检测输入数据。

(3) 按已知的数据极限检查输入数据，若某个输入项是主存地址，则需要检查这个地址的有效性。如果地址为 0 是错误的，则检查输入项是否为 0，如果输入数据是一系列概率值，则可以检查每一项数据是否都在[0,1]内取值。

(4) 检查所有多值数据的有效性。例如，某个代表区域码的数据，它只能在 10 个区域中取值，则应依次检查区域 1 至区域 10。

(5) 如果输入数据存在明显的冗余成分，应检查二者的一致性。

(6) 如果输入数据中不存在冗余，可以对输入数据求和；如果系统中包括一个关键表格，则可在表格中增添一个总和项，总和项可用于检验表格内容是否存在着错误。

(7) 比较输入数据与内部数据的一致性。如果操作系统接受了一个输入信息，要求它注销某一特定的存储区，则必须确定这个存储区是否分配给该项数据使用。

查错设计必须解决的另一个问题是在发现错误之后应该怎么办。就整个系统而言，检测出错误征兆后的对策，应该协调一致。在各种可供选择的措施中，最好的办法就是立即停止程序运行。从排错人员的角度来看，错误征兆出现后，立即停止系统运行，可以为错误诊断创造最佳时机和条件。但这种策略在很多系统中很难实现。例如，操作系统一般不允许暂停。这时，可以采用记载错误的方法，即将错误征兆、错误发生时的系统状态等记录在一个外部文件上，事后由维护人员对记录进行分析处理。

美国加州大学伯克莱分校开发的 PRIME 系统，是一个采用被动式错误检测的典型例子，该系统是一个虚拟存储处理系统，其简化图如图 10-14 所示。

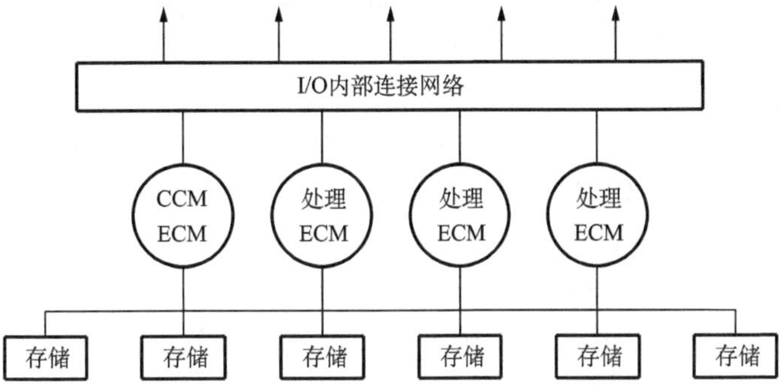

图 10-14　PRIME 系统

系统中的 CCM 是包含中心控制监视器的控制处理机，其功能是分配存储页和盘的位置，分配给其他处理机待处理的事务，管理处理过程中的信息。系统中的 ECM 是由微程序构成的扩充控制监视器，存放于每一个处理机中用以控制处理过程以及输入输出的发送和接收操作。

PRIME 系统的一个重要目标是数据保密，它采取了比常规保密系统更为严格的措施，以确保硬件失效或软件错误的情况下仍能确保系统数据的秘密。这个目标的实现，就需要错误检测技术。

PRIME 系统设计时，操作系统的所有判断都要进行识别和错误检测，以防将一个用户的数据暴露给其他用户或其他用户程序。例如，当某一终端被指定给一个用户使用，CCM 就存储了该用户的处理标志符于该终端的寄存器中。当 ECM 向终端发送数据时，终端将对数据标志符与所存储的标志符进行比较，以防止由于硬件发生失效或由于软件错误造成的数据在非指定终端打印输出。

PRIME 系统还包括一个发送和接收机构，使得用户处理过程之间可以相互传输信息。发送信息的用户向 ECM 提供接受信息用户的标志符，在所发送的信息中附加发送方和接收方的标志符，经 ECM 传送给接收终端的 ECM，再传送给接收用户。在这个过程中，要经过三次错误检测；首先，CCM 检测发送用户的标志符是否正确；其次，由接收方的 ECM 检查接收用户的标志符；第三次检查是为了保证在传输过程中信息没有发生变化。发送端的 ECM 产生一个信息的总和项，附加在原信息中一同传送给接收端，接收端在收到信息之后，重新计算所接收到的信息的总和，然后将两个总和项进行比较。

PRIME 的 CCM 还采用保存空白存储页表的方法来分配空白存储页给用户使用，如果某个 ECM 不再需要占用某些存储页时，ECM 给其设置标志符，通知 CCM，将其列入 CCM 的空白存储页表。当这些页被分配给 ECM 使用时，ECM 将检查它的标志符，以确认它们是空白页。用这种冗余方法，可以检测到存储页的使用错误，因为空白存储页表保存在 CCM 中，而标志符则是由其他处理器设置。

3. 软件在线自检

在许多实时系统中，尤其是实时嵌入式软件，可靠性问题十分重要，任何故障均有可能导致严重后果，例如电网微机实时监控系统。软件故障可能导致调度人员不了解甚至错误了解电网运行状态，做出错误决策，最终导致电网运行不佳，乃至瘫痪，这时就需在线检测软件故障，以便及时处理。

软件在线自检的对象是软件故障，不是软件错误和缺陷。软件在线自检是在硬件的支持下实现的，并假定硬件无故障，自检不应影响硬件及软件其余功能的实现。

1）软件在线自检的基本问题

（1）故障模式：软件故障模式可能有许多种，一种模式可能最终表现为另一种模式。因此首先应考虑检测那些后果严重，又为最终模式的故障。

（2）检测点设置：选定故障模式后，应考虑检测点的设置，检测点的设置应依据实际情况确定。通常设置于故障易于被激发的位置以及故障的传递通道中。

（3）时间延迟：故障检测有时间限制，如果时间延迟超过某一界限，故障便表现为失效。时间延迟是实现软件在线自检中极为重要的一个因素。

（4）实现技术：一种简单的实现技术是检测软件的执行时间，当执行时间超过规定时限时，便认为软件发生故障；而另一种实现技术则是在程序开始执行时或执行过程中设置标志，程序执行终结前检查标志以判定程序执行是否有误。当然，软件在线自检的实现技术可因故障模式的不同而不同，不同故障可用不同的检测技术。

2）实时监控程序死循环检测

在工业过程控制系统、武器装备系统等高可靠性要求的实时系统中，大多设置了实时监控系统。实时监控系统在实时监控程序支持下工作。通常，实时监控程序规模大、结构复杂，任何一个软件错误均可能导致系统失效。其中，死循环就是最常见的失效模式。死循环的特征是执行时间超过容许时间。例如，实时网络监控系统要求每隔 n s 计算一次网络负载的有效值，如果系统在 m（$m>n$）s 内没能完成一次有效值的计算，即认为监控程序发生死循环。实时监控程序的死循环检测程序框图如图 10-15 所示，其中 CNTVA 为相邻两次有效值计算间隔时间，由定时器中断服务程序累加，在有效值计算程序终止时清零。

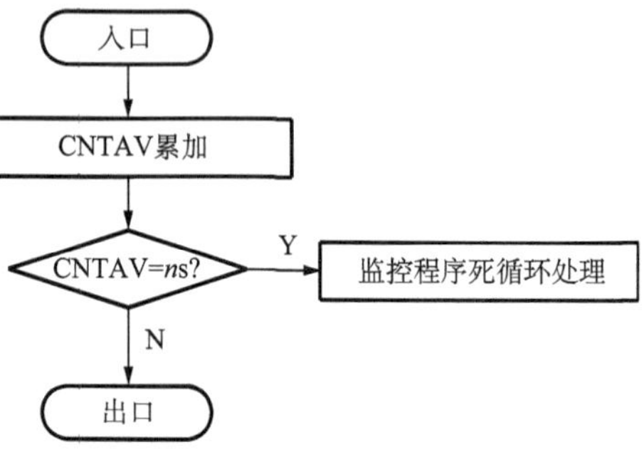

图 10-15　软件死循环检测

定时器中断服务程序是实时监控程序的基本部分，提供系统的时间基准和各种计算功能。系统每隔 n ms 执行一次定时器中断服务程序，定时器中断服务程序的执行时间小于 n ms。自检方法是在软件的适当位置开放中断（发 EOI 命令），使计算机执行定时器中断服务程序的过程中可以响应另一个定时器的中断请求。如果有新的定时器中断，则说明中断服务程序的执行时间大于 n ms，软件故障，否则，软件运行正确。定时器中断服务在线自检的程序框图如图 10-16 所示。

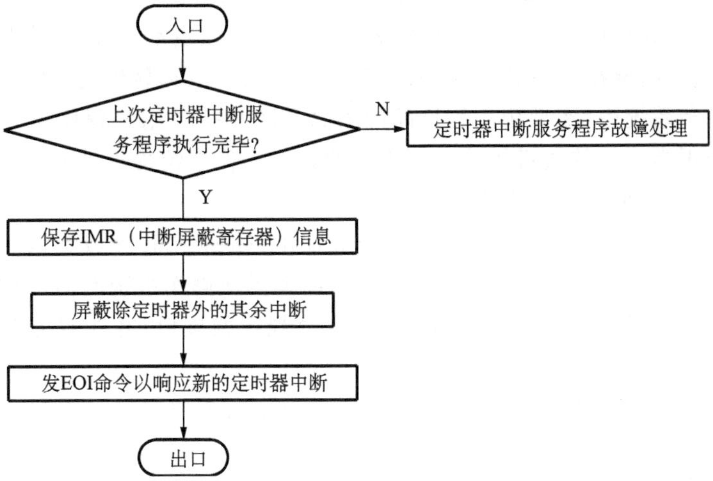

图 10-16　定时器中断服务程序在线自检框图

3）键盘中断服务程序自检

键盘中断服务程序用于解释和执行键盘命令。它首先将所接收到的命令字符储存在相应的内存缓冲区，然后判断是否需要执行解释命令。如果需要，则调用取字符子程序，自内存缓冲区取所需的命令字符；如果缓冲区没有命令字符，取字符子程序给出标志。显然，第一次取字符时内存缓冲区内必有命令字符，否则中断服务程序故障，图 10-17 为自检程序框图。

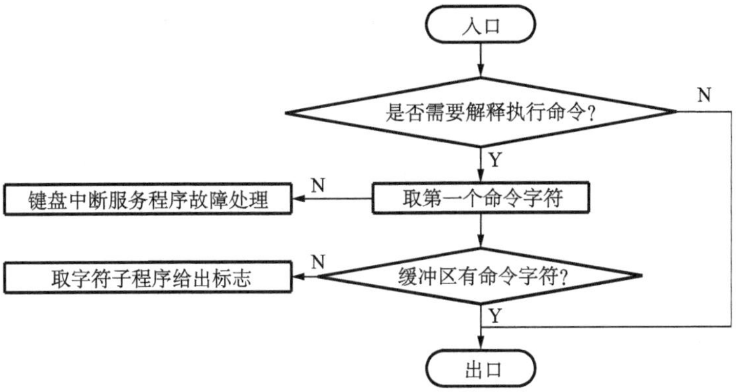

图 10-17　键盘中断服务程序在线自检框图

10.6　纠错设计

纠错设计是指程序运行过程中，发现错误征兆之后，软件具有自动纠错能力。纠正错误的前提是已经准确地检测到软件错误及其诱因并定位错误，程序有能力修改、剔除错误。然而，就目前的技术水平而言，在没有人参与的情况下，软件自动纠错还是非常困难的。所以不能对软件的纠错功能提出超越实际的要求。实际上，我们现在能够做到的只限于减少软件错误所造成的危害，或者将其影响限制在一个给定的范围之内。贝尔实验室的 TSPS 系统是运用纠错技术的一个典型例子。TSPS 系统的功能是实现电话换接，其可靠性要求该系统在 40 年内停止工作的时间不超过 2h。对于该系统而言,整个系统停机是极为严重的事件,而常见的故障,例如某个电话线连接中断,则是可以允许的失误。TSPS 系统使用了被动和主动查错及纠错技术来减少系统失效,其策略是尽快地检测出某些特殊类型的错误,避免其扩散和蔓延而影响整个系统。

在一些大型复杂系统中,实现用户程序间的隔离是防止一个用户程序的失效而影响其他用户程序及整个系统正常运行的关键措施。下面介绍针对操作系统提出的实现错误隔离的基本方法,但原则上也适用于其他任何一类程序。

(1) 不允许一个用户的应用程序引用或修改其他用户的应用程序或数据。

(2) 不允许一个应用程序引用或修改操作系统的编码或操作系统的内部数据。两个程序之间的通信或应用程序与操作系统之间的通信只能通过规定的接口,并在双方都同意的情况下才能进行。

(3) 保护应用程序及数据,使得它们不至于由于操作系统的错误而引起程序和数据的偶然变更。

(4) 操作系统必须保护所有应用程序及数据,防止系统操作员或维护人员引起程序及数据的偶然变更。

(5) 应用程序不能中止系统工作,不能诱发操作系统去改变其他应用程序及数据。

(6) 当一个应用程序调用操作系统去执行一种功能时,所有参数都必须进行检查,应用程序不能在检查期间以及操作系统实际执行时改变这些数据。

(7) 操作系统运行时,不能受任何可能被应用程序直接访问的系统数据的影响。

(8) 应用程序不能避开操作系统直接使用为操作系统所控制的硬件资源,应用程序也不能直接调用操作系统中仅供内部调用的各种功能。

(9) 操作系统内部的各种功能应相互隔离,防止一个功能中的错误影响其他功能及数据。

(10) 如果操作系统检测到了内部错误,应尽量隔断这个错误对应用程序的影响,必要时可终止受到影响的应用程序的运行。

(11) 操作系统检测到应用程序中的错误时,应用程序应具有选择处理错误方式的能力,而不是只能被操作系统无条件地终止运行。

10.7 容错设计

1. 容错概念

从故障角度出发,保证和提高系统可靠性有两种方式:一种是故障预防,一种是容错方法。故障预防旨在尽可能减少或预防故障的发生,使故障发生概率保持在一个可接受的水平。这种方法能够满足许多系统的可靠性要求。但是故障预防措施并不能完全杜绝故障的发生,这对有高可靠性要求或失效后果可能为灾难性的系统,譬如对宇宙飞船、飞控系统来说,是不能令人满意的。此外,有时为使故障发生概率保持在某一水平之下,单纯采用故障预防措施的代价太高,这就有必要采用容错方法。故障预防方法与容错方法是相互补充,而不是相互排斥。

“容错”是在出现有限数目的硬件或软件故障的情况下,系统仍可提供连续正确执行或运行的可接受的状态(避免系统完全失效)的内在能力。容错设计的目标是完全或部分消除软件错误,尤其是对软件系统的影响特别严重的错误,恢复因出现故障而影响系统运行的进程,降低因软件错误所造成的不良影响。对于规定功能的软件,容错软件在一定程度上对自身故障具有一定的屏蔽能力，当错误导致软件故障时，软件能够从故障状态自动恢复到正常状态，且仍然能在一定程度上完成预期的功能，使得软件具有一定的“容忍”错误的能力。

由于容错和避错不同，容错是针对软件中的故障向系统提供保护技术，因此，构成容错软件的每一版本程序应采用避错设计，确保单版本可靠性。软件容错包括恢复块和多版本程序设计两种基本方法。前者对应于硬件动态冗余，后者对应于硬件静态冗余。

目前，对容错软件的定义形式很多，对于规定功能的软件，归纳起来有如下四个方面：

(1) 在一定程度上对自身故障的作用具有屏蔽能力。

(2) 在一定程度上能从故障状态自动恢复到正常状态。

(3) 在因为缺陷而导致故障时，仍然能在一定程度上完成预期的功能。

(4) 在一定程度上具有容错能力。

以上四个方面在描述上各有侧重，但在以下三个方面是共同的：

(1) 容错的对象是由需求规格说明定义的规定功能的软件，容错只是为了保证在软件缺陷导致故障时，能维持规定的功能。如果软件设计是完全正确的，容错设计将是多此一举。

(2) 由于软件缺陷大多是不可预见的，输入信息的构成极为复杂，加之为实现容错而需要增加资源使得软件更加复杂，容错能力总是有限的，即使容错软件不会完全失效，也要实现降功能运行。

(3) 当软件由于自身缺陷而导致故障时，若其为容错软件，应能屏蔽这一故障，并对其进行处理以免造成软件失效。通常，这一功能是通过故障检测算法、故障恢复算法等并调动软件冗余备份来实现。

所谓冗余备份，并不一定是包含全部功能的软件模块，它可以是某些功能块、子程序或程序段。这些备份和检测程序、恢复程序统称为容错资源。容错软件由实现规定功能的常规软件所需的资源和容错资源共同构成。常规软件是主体，容错部分是为提高可靠性而增加的附加部分，容错部分允许的开销，随系统对软件可靠性的要求不同而不同。如果容错的开销超过了允许的范围，即采用这种方式比在开发过程中竭力实现“理想软件”还要昂贵的话，容错软件就失去了生命力。当然，完全依靠测试排除所有软件缺陷的代价也是相当可观的。因为：

(1) 缺陷与因其引起故障的关系十分复杂，依据对故障的观测来确定缺陷非常困难；

(2) 软件中的残存缺陷大多同软件总体以及各阶段形成的文档等密切相关，难以一并排除；

(3) 在开发时间上，通常不允许做旷日持久的测试和更改。

工程上是否采用容错方式来保证软件可靠性将由资金、人力、时间等因素决定。即便采用容错，在技术上也要避免可能导致价格急剧增加的因素，同时还应关注如下因素：

(1) 如果软件在某种激励下出现故障，该软件的备份在这种激励下也必然出现故障。

(2) 一个软件模块在某一特定输入条件下出现故障，但在其他输入条件下仍能正常工作。与替换故障硬件不同，对软件模块的替换是暂时性的，即故障处理之后，被替换的模块仍可再次被投入使用。

(3) 由于软件与硬件在复杂性方面的本质差异，软件容错在实现技术上比硬件容错要复杂得多。

2. 软件容错的基本活动

实现软件容错的基本活动有五个，分别是故障检测、损坏估计、故障恢复、故障隔离及继续服务。

1）故障检测

容错活动的第一步就是故障检测，故障检测的目的是检查软件是否处于故障状态，包括检测点设置和故障判别准则制定两个基本活动。对于检测点的设置，一种策略是将检测点设置得尽可能早，另一种策略是将检测点设置得尽可能晚。对于故障判别准则，这里涉及"可接受性"标准。软件故障检测可以从两个方面进行：一个方面检查系统操作是否满意，如果不是，则表明系统处于故障状态；另一方面是检查某些特定的（可预见的）故障是否出现。故障检测方法包括重执测试、逆推测试、编码测试、接口检测和诊断检测等。

故障检测包括在线自动检测和离线检测两种形式。离线检测主要用于软件调试及软件维护过程中的故障查找，容错软件的实现主要依靠在线检测。故障检测的具体方法与特定问题的自身特点及其要求相关。这就决定了检测方式的多样性，同一个容错软件中往往包括多种不同的检测方法。

在软件中，同故障检测相关的是故障定位，它通过预先在某些层次（或级）上插入探针实现。但有时也只能确定错误存在于哪一段进程范围之内。

（1）软件断言。

软件断言是确定程序处理的步骤及软件功能是否正确的判断条件，即软件在宿主系统中运行时，对其进程或功能的正确性做出判断。软件断言的选择和设置与系统对象、软件结构以及故障恢复方法等相关。断言的结论包括正确、不正确和不可辨识三种。

实时嵌入式系统中，命题的要求以及处理过程中某些特殊限制是软件断言的基本出发点。软件断言可以通过检测处理过程中是否合理使用数据，包括范围与边界校验以及变量间恒定关系校验等，来揭露故障。在这些系统中，数组值的大小以及增量变化都具有内在规律，对于个别特殊的、不具有平稳变化的参数以及冗余编码等则加以特殊处理，其他不同变量的相关性或同一变量不同时刻特征值之间的相关性则是选择断言的依据。例如，在武器控制系统中，某一时刻，实际的武器指向与理论指向之间存在一一对应的关系，这就是合理性判断。

工程实践中，常见的做法是事先脱机，将对应关系以字典形式存储起来，随时备查，断定故障。另外，在处理对时间有限制的问题时，可以通过看门狗定时器及监督时钟等检测软件的运行时间特性来判断软件是否存在错误。不过，在以时间校验为主要手段的系统中，需要保证看门狗及其附属配置的可靠性。

（2）软件自测试。

软件自测试主要使用正面校验和反面校验两种方法。正面校验是测试软件将输入转化为输出的功能是否正确。例如，求一正数的平方根，要检测对一切规定的可能输入的正整数，求平方根过程一定能得出正确解。软件测试过程中正面校验需要很大的测试工作量，几乎是一种穷举测试。对于软件，如果要求每一项都存在明确的接受指标，正面校验对于实现自动检测是非常有利的。反面校验则是将软件输出逆转化为输入，检查是否正确。仍以求一正数的平方根为例，当求得 x 的平方根 $x^{\frac{1}{2}}$ 后，可将 $x^{\frac{1}{2}}$ 求平方，检查其是否为 x（与 x 的原值相差小于规定的 ε）。不论是正面校验还是反面校验，通常情形下都需要大量的工作才能做出比较全面的校验，这往往是难以做到的。在实际工程中通常是采用一些有重点的校验。如已知三角形的三边求三角，可以根据三角公式分别求出三角值，用三角值之和是否为 180°作为一种校验。

2）损坏估计

从故障显露到故障检测需要一定时间，在这期间故障可能被传播和蔓延，系统的一个或多个变量被改变，因此，需进行损坏估计，以便采取措施，进行故障恢复。所以说，容错技术除故障检测和故障恢复外，对故障造成的损坏进行估计并有效隔离故障以及在故障恢复之后提供继续服务是不可或缺的。

损坏估计不仅要求判定故障被检测出来之前已经引起的破坏，还要求故障被检测之后，在处理的延滞中或恢复实施过程中，无效信息在系统中传播的可能性以及因此导致的其他未被检测到的后续故障。

一般地，对故障的损坏估计是依靠系统设计人员对损坏限制的规定和识别损坏的探测技术来实现的，即根据系统的结构对预测故障可能引起的各种现象做出假设，并按损坏的严重程度加以分类。在运行时，由现象逆推导致这些现象出现的损坏，然后根据相应的估计确定适当的反向恢复点。

3）故障恢复

故障恢复是指在完成故障检测之后做出处理决策，在规定的时间内完成故障处理，将软件从故障状态转移到非故障状态，恢复系统运行。它是容错软件的核心目标，一般地，故障恢复包括前向恢复和后向恢复两种基本策略，如图 10-18 所示。

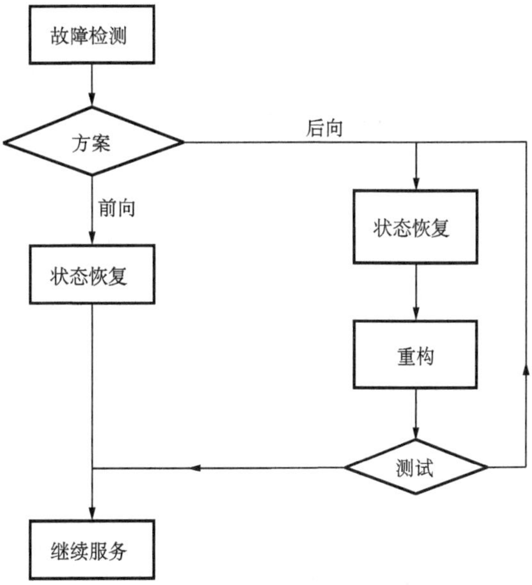

图 10-18　故障恢复策略

(1) 前向恢复。

前向恢复是指故障被检测出来之后，仅对其结果进行预置处理，然后继续进程的运行，提供可以接受的服务。前向恢复在许多情况下是非常有效的，特别是在实时系统中，巧妙地设置恢复点可以使系统很快地恢复运行。异常处理语言（如 PL/I 语言中的 ON）就是专门为了支持前向恢复而设计的。但是，前向恢复也存在着如下缺点：

① 故障恢复后大多是降功能运行；

② 这种方式不触动故障的根源，重复相同的运行过程时，同样的故障仍可能被触发。

因此，前向恢复在使用上存在一定的局限性。

(2) 后向恢复。

后向恢复即故障被检测出来之后，对软件重构，以备份替代有错误的部分，然后重新运行，提供正确服务。对于后向恢复，也可能存在降功能问题，采取恢复措施时，应考虑资源耗费和容错效果。按实际系统对故障处理的要求，恢复包括完全恢复、降功能恢复和安全停机三个等级。它们分别用于对可靠性、可用性要求不同的系统，也可以用于同一系统中对不同故障的处理。例如，在一个系统中，可按同一设计要求独立设计多个冗余备份来实现完全恢复，也可以使备份减少次要功能来实现降功能恢复。当故障不能恢复时，如果允许停机处理故障，则可以考虑使系统处于安全的停机状态，确保系统免遭破坏。通常，在不能完全恢复时自行作降功能恢复，在降功能恢复也难以实现的情况下作安全停机。

如果故障性质可以预先分类，且在动态处理过程中，这些故障类可以区分，即发现的故障可以立即归类，那么为每类故障提供有效而合理的恢复方式是可能的。

内部故障即发生于进程中并能被该进程自身检测和完全处理的故障，是可以预见的，对该类故障的恢复措施是系统设计的重点。它包括相应的维护措施，如局部异常处理程序等。异常处理程序包括一个或多个异常情况的处理，它可以出现在一个程序单元的末尾。这些程序单元在 Ada 语言中是分程序、子程序体、程序包或任务。在 PL/I 语言的 ON 条件及 SIGNAL 语句中也包含异常处理。

外部故障是指发生于进程中，能被本进程检测，却不能被本进程完全处理，对其他进程无影响的故障，对它可依其严重程度选择不同的方法。

① 对于不会引起致命后果的进程中出现的故障，可以不作特别处理使系统有条件地继续运行；

② 对于偶发性外部故障，可采用短时间内可接受的方法，如作降功能处理；

③ 对多发性外部故障，可使用冗余备份实施局部替代，这是一种对各类故障来说都有效的手段，但使用这一方法的代价是比较大的。

传染故障是发生于进程中，能被本进程检测但不能被本进程完全处理，且影响其他进程的故障。这类故障是容错中倍感棘手的问题。由于传染性，进程中各恢复点上都可能保留了故障信息，因此处理传染故障的最好方法是进行完全替代。

4）故障隔离

采取故障隔离措施，抑制故障传播与蔓延，有利于容错的实现。权限最小化原则是实现故障隔离的主要思想。为了限制故障蔓延，要求对过程和数据加以严格定义和限制，使过程不能提供任何超过事先规定限度的功能，也无权接受来自限定数据库之外的数据。在结构化程序设计中，还可以利用各个层次与模块之间的进、出口信息的相互制约关系来隔离故障。

5）继续服务

故障恢复的任务是使系统从故障状态恢复到故障前的某一状态即后向恢复点或预先设置的其他状态即前向恢复点。由于进程中包括了恢复这样的子过程，用户得到的服务实际上和没有这个子过程不同。要求经恢复之后得到的服务是软件需求规格说明中所能接受的。前向恢复后的输出序列中所失去的部分数据不致影响软件的基本功能，以及后向恢复后输出序列中重复多余的部分信息以及故障状态等不致影响输出的正确执行等，都是保证系统继续服务所需要考虑的。

3. 容错软件的基本结构

软件容错是通过冗余来实现的。但软件冗余绝不是一个软件版本的简单复制，复制不产生新的软件，用同一版本的软件进行冗余只能防止硬件的损坏或环境的干扰所引起的物理故障，并不能防止软件的自身缺陷所造成的故障。软件容错的基本方法是将若干个根据同一个需求规格说明由不同软件开发人员完成的不同程序，在不同的“空间”同时运行或在同一“空间”依次运行，然后在每一个预定的检测点，通过测试或最终通过表决进行“裁决”，在明确其正确性或一致性后接受这个结果，否则拒绝，并进行报警。其基本结构如图 10-19 所示。

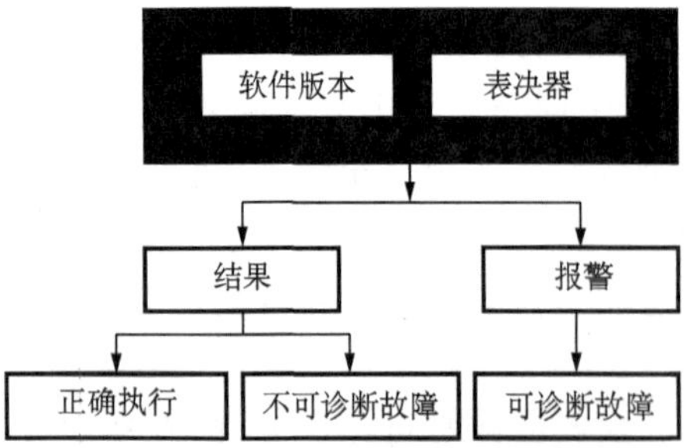

图 10-19 软件容错的基本结构

从图 10-19 中可以看出，具有这种结构的软件可能会出现以下三种情况：

(1) 表决器判断正确,软件正确实现软件需求规格说明所要求的功能;

(2) 表决器判断正确,发现故障,发出报警,能制止系统失效导致严重的结果;

(3) 表决器判断错误或软件本身存在着不可诊断的故障,使软件错误运行。

软件的可靠性、有效性、安全性的高低就是由上述三种情况出现的概率多少所决定。

由容错软件的基本结构衍生出来许多方案结构,但经过实践后认为比较有效的是两种基本结构:即多(N)版本程序设计(n-version programming,NVP)结构和恢复块(recovery block,RB)结构。它们分别代表了软件容错设计的两种主要流派。

1) 多版本编程结构

多版本编程(NVP)结构的思想出自硬件的 NMR(N-modular redundant)结构,是一种静态冗余结构方式。版本是某一配置项的一个可标志的实例,多版本(NV)是指根据同一需求规范来编制的不同版本程序。

NVP 的基本结构如图 10-20 所示。

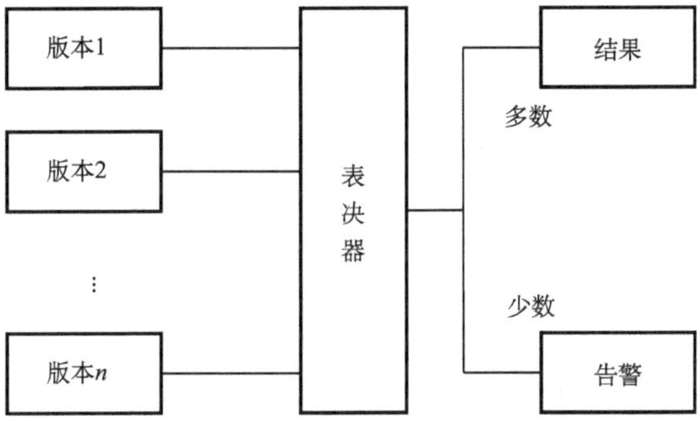

图 10-20　基本 NVP 结构

NVP 要求由 N 个实现相同功能的不同程序和一个管理程序组成,其结果经相互比较或表决后输出。这种比较或表决可以采用多数决定,也可以要求一致决定的方式。在多数表决中可以是简单多数,也可以是任意比例的多数,可以根据系统执行任务的性质来选择。在没有特殊说明的情况下,NVP 的表决就是指简单多数。

如图 10-20 所示的 NVP 是最简单的结构。因此,它的表决器(或表决算法)也极为简单。通常只要把运算结果送入管理程序中的比较向量,待各版本的结果均已送达,由管理程序的比较状态指示器发出表决指令,然后决定输出运算结果还是输出报警。

由于 NVP 结构中,即使有少数版本出现重合故障,系统通过表决仍可以得到正确的结果,这就制止了系统由故障向失效的发展,提高了软件的可靠性。也可以从需求阶段文档开始便作多个版本,这样容错便包括了需求说明阶段的故障。但是对用户来说,要同时确认几个不同的需求说明是有困难的。因此,在本节中主要强调多版本程序是根据同一需求文档来编制的。

NVP 的优点是它通过表决算法来比较各版本的运行结果,从而达到屏蔽某一版本软件故障的目的,表决成功率比较高。但是不同版本软件最终同步表决时,需要解决好故障允许的限度和可能存在的一题多解问题。

2) 恢复块技术

恢复块技术最初是由 Horming 于 1974 年提出来的。恢复块结构的思路来自硬件的待机冗余的动态结构。

恢复块技术首先认为程序是由若干个可以独立定义的块构成。每一个块(基本块)都可以用一个根据同一个需求说明设计的备用块来替换。至于什么时候替换、如何替换,则由接收测试和恢复措施来决定。基本块、所有备用块和接收测试及恢复结构一起构成一个恢复块结构。从进入一个恢复块到退出该块的基本工作方式如图 10-21 所示。

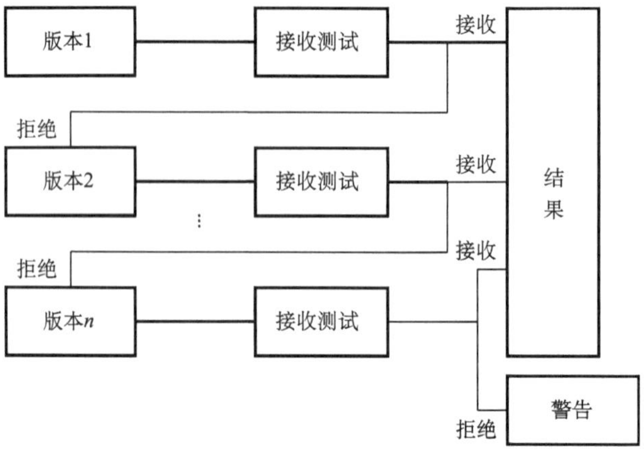

图 10-21　恢复块基本结构

由图 10-21 可知,首先运行基本块;然后进行接收测试;如果通过测试便将结果输出给后续程序块,否则便调用第一个替换块 1;否则调用第二个替换块 2;…;调用第 n 个替换块 n。在 n 个替换块用完后仍未通过测试,便进行故障处理。

状态保护和恢复是两个非常重要的环节。状态保护是进程进入该块时将状态保持下来,它包括每一次进入该块时的数据和指令,以便备份块替换后能正确地重新进行,完成该块程序的任务。状态保护需要专门的恢复缓冲寄存器,专门用它来存储可能变化的变量和状态的初值。

RB 结构允许只对于较为复杂、容易出故障的程序段进行冗余,使得容错软件造价得以降低。从这个角度看,和 NVP 相比,它具有经济上的优点。能够较为合理地分配软件的可靠性资源,以求整体上较好的效益/成本比。但是在选择容错域大小时,它和 NVP 相比,增加了一个实施接收测试的难度问题。选择较大的容错域要求接收测试发现更多的故障,增加了测试的难度和复杂性,使 RB 的表决成功率完全取决于检测点上的接收测试的设计。

设 b 表示错误事件集,a 表示正确事件集。如果 NVP 的表决算法考虑不周,就会把软件运行中一些本应属于事件集 a 的情况判为属于事件集 b,降低了系统的有效性,如果 RB 的接收测试不完善,就有可能把本应属于事件集 b 的情况判为属于事件集 a,降低了系统的可靠性和安全性。

不论是 NVP 还是 RB 结构,首先都要求冗余的程序或程序块(段)的每一个版本本身应该达到一定的可靠性水平。这一水平能否达到由技术和经济两方面决定。只有单一版本有较高的可靠性,才有可能通过冗余使系统达到更高的可靠性。

10.8　软件可靠性测试

软件可靠性测试是软件确认阶段对软件需求规范中软件可靠性定量目标的回答,在用户参与情况下实施。在软件可靠性测试过程中不进行软件缺陷剔除。

1. 软件可靠性测试与软件测试

软件测试包括结构测试、功能测试、强度测试、性能测试等多种形式，软件可靠性测试是软件测试的一种形式。与其他形式的软件测试相比，它有如下几个特点。

(1) 实施阶段：软件确认(验收)阶段。

(2) 实施对象：软件产品的最终形式，而不是中间形式。

(3) 实施目的：定量估计软件产品的可靠性。

(4) 实施特征：不进行软件缺陷剔除。

(5) 实施限制：依照软件可靠性需求规范和软件运行剖面实施。

(6) 实施计划：在软件需求分析阶段制定。

2. 软件可靠性确认(验收)模型

与硬件可靠性验收的情形类似，软件可靠性验收模型与软件可靠性验收的试验方案一一对应，其作用是根据软件可靠性验收的试验结果(收集的数据)给出软件可靠性的定量估计值，以便从可靠性角度判断是否接受该软件。目前已提出的软件可靠性验收模型有 Nelson 模型、定时截尾寿命验收模型、序贯寿命验收模型以及模糊模型。

复习思考题 10

10-1　软件可靠性建模的基本思想是什么?

10-2　软件失效与硬件失效的主要区别是什么?

10-3　软件可靠性模型选择时应该考虑的主要因素?

10-4　软件为什么会失效? 如何开发可靠的软件?

第 11 章　可靠性试验

可靠性试验，就是“为验证、评价与分析产品的可靠性而进行的各种试验”。它是对产品进行可靠性调查、分析和评价的一种手段。

可靠性试验的结果为产品的故障分析、判断产品是否达到指标要求提供依据。产品在设计完成后，各项性能指标和可靠性指标均已确定，而后根据方案论证结果选择最佳方案。在对最佳方案进行模型试验的同时，还要进行可靠性验证试验；产品在投产前，要在规定环境下进行可靠性鉴定试验。将这些试验的结果进行数据分析和处理，得到可靠性特征量，并确定产品是否符合规定的可靠性指标，以便作为产品是否合格的依据。

针对可靠性学科的发展和经济的需求，国家已制定了相关产品的可靠性试验方法标准，如《电子元器件失效率试验方法》(GB 1772-1979)、国家军用标准《装备研制与生产的可靠性通用大纲》(GJB 450-1988)、《核仪器环境试验基本要求与方法》(GB 8993-1988)、《工程农机产品可靠性考核评定指标体系及故障分类通则》(JB-T 51099-2000)等。

可靠性试验尽可能在使用现场进行，也可以在实验室进行模拟试验，此时试验的环境应尽量接近实际使用状况。为达到实验要求，需要定出合理的抽检方案，计算出适宜的抽样数。因而，在进行可靠性试验之前，应制定出完整的试验计划，内容包括目的、要求、规模、项目、试验方法、抽检方案、数据处理方法等；试验完成后，进行数据处理，并作出判断和得出结论。

11.1　概　　述

11.1.1　可靠性试验的目的

可靠性试验是评价产品可靠性水平的重要手段。目前，把测定、验证、评价、分析等为提高产品可靠性而进行的试验，统称为可靠性试验。可靠性试验是时开展产品可靠性工作的重要环节。

可靠性试验一般是在产品的研究开发阶段和大规模生产阶段进行。研发阶段，可靠性试验主要用于评价设计质量、材料和工艺质量。在大规模市场阶段，可靠性试验的目的则是质量保证或定期考核管理。用于阶段不同，其目的也不尽相同，归纳起来包括以下几点：

(1) 在研制阶段，可靠性试验用以暴露试制产品各方面的缺陷，评价产品可靠性达到预定指标的情况，通过可靠性试验确定产品的可靠性特征值。可靠性试验暴露出的是在设计、材料、工艺阶段存在的问题和相关数据，对设计者、生产者和使用者都有重要意义。

(2) 通过可靠性鉴定试验，可以全面考核产品是否达到预定的可靠性指标。

(3) 通过可靠性试验，暴露和分析产品在不同环境和应力条件下的失效规律及有关的失效模式和失效机理，以便采取措施，提高产品可靠性。

(4) 生产阶段为监控生产过程提供信息。

(5) 为改进产品可靠性，制定和改进可靠性试验方案，为用户选用产品提供依据。

一般产品在出厂前，都要进行简单的验收试验，包括性能试验、环境适应性试验等，称为例行试验。可靠性试验不仅包括例行试验的全部内容，还包括上述可靠性试验目的的全部要求。可靠性试验与例行试验的差别如表 11-1 所列。

表 11-1 可靠性试验与例行试验的差别

可靠性试验	例行试验
物理参数及性能是否符合出厂验收指标，同时可靠性要满足要求	仅考核物理参数及性能是否符合出厂验收指标
考虑综合环境应力对产品的效应，同时考虑产品的累积效应和时间变化效应	只考虑环境应力效应，且一般为单应力，不考虑综合环境应力，也不考虑累积效应
可以给出可靠性指标	只能给出性能指标，不能给出可靠性指标

11.1.2 可靠性试验的分类

可靠性试验从不同的角度来看，分类方法也不同。根据国内外学者的总结概括，主要包括以下几种。

1. 按照可靠性试验结果分类

可分为定性试验与定量试验两种。

1）定性试验

当可靠性试验数据少、以往经验不易活用时，或者必须在短时间发现产品的弱点或潜在缺陷、确认其质量保证程度所实施的可靠性试验称为定性可靠度试验。定性可靠度试验的结果无法具体、客观地以统计分析方法获得试件数字化的定量可靠度值，但能配合其他数据、主观预测可靠度范围。此类试验包括应力筛选试验、环境试验、阶梯或步进应力试验等。

2）定量试验

所谓定量试验，就是根据试验结果所获得的可靠性数据及产品的可靠度模式可以直接推测试件的可靠度值，此类试验包括寿命试验、耐久度试验、MTBF 试验、失效率试验等。

2. 按可靠性试验技术分类

可靠性试验按执行试验所使用的技术特性，可以分为以下几类。

（1）性能或功能试验。

（2）环境应力筛选试验。

（3）环境试验。

（4）寿命或可靠度试验。

（5）加速或加严试验。

3. 按试验目的分类

可靠性试验按其目的可分为下列三种。

（1）改善型可靠度试验：包括环境发展试验、可靠度发展/成长试验、设计验证试验、零件/材料鉴定试验、加严或加速寿命试验、阶梯或步进应力试验、失效应力或设计强度试验等。

（2）选别型可靠性试验：包括零件可靠度筛选、制程环境应力筛选、成品可靠度保证试验、出厂验收试验、环境接收试验等。

（3）确认型可靠度试验：包括可靠度鉴定试验、失效率试验、MTBF 试验、寿命试验、耐久试验。

4. 按试件的组合层次分类

1）零件试验

包括进料试验、零件鉴定试验、零件可靠度筛选等。

2）组件试验

制程环境应力筛选、制程功能试验等。

3）系统/产品试验

出厂验收试验、环境接收试验、可靠度鉴定试验、环境鉴定试验、生产可靠度试验、环境查证试验等。

5. 按物品研发程序分类

1）发展试验

包括工程发展试验、功能发展试验、环境发展试验、可靠度发展/成长试验等。

2）鉴定试验

包括功能鉴定试验、环境鉴定试验、可靠度鉴定试验等。

3）接收试验

包括功能接收试验、环境查证试验、生产可靠度试验等。

综上所述，可靠性试验的分类方法可总结为：环境试验、寿命试验、筛选试验、现场使用试验、鉴定试验。

11.1.3　可靠性试验的要素

前面章节已经介绍了可靠性的定义，即产品在规定的条件下和规定的时间内，完成规定功能的能力。可见，可靠性实施最重要的是“三个规定”，即“规定条件”、“规定时间”、“规定功能”。但在具体规划可靠性试验时，还应考虑试验条件、失效判据和试验方案这三个因素。所以，一般认为，可靠性试验最重要的四个要素为：试验条件、试验剖面、故障判据和性能检测方法。

1. 试验条件

试验条件的正确选择是产品可靠性试验结果能否真实反应产品可靠性水平的重要因素之一。

试验条件的确定取决于产品的种类及其工作的自然环境、安装位置及产品对各环境因素的敏感情况。工作条件由产品的特性、功能和性能决定，在试验中应尽可能体现产品的所有工作条件。

选择试验条件应考虑的因素包括以下几个方面。

(1) 试验目的：试验条件是根据不同的试验目的来选择的。一般要求产品的可靠性要高于某一临界水平，则试验条件应考虑最恶劣的使用条件。如果是鉴定试验，则应考虑正常使用条件下的典型环境条件。如果是强化试验，则应选取超出规定容许范围但不改变产品失效机理的应用条件。

(2) 现场实际使用条件：包括环境条件、工作条件和使用维护条件。

(3) 使用条件下不同应力因素引起故障的可能性。

(4) 试验设备条件及试验时间。

2. 试验剖面

在可靠性试验中,剖面包括寿命剖面、任务剖面、环境剖面、试验剖面四个方面。

1) 寿命剖面

产品从制造到寿命终结或退出使用这段时间内所经历的全部事件和环境的时序描述。它涉及产品寿命周期内的每一个重要时间,如试验、检验、运行、运输等及其他可能事件。寿命剖面是确定产品环境条件的基础。

2) 任务剖面

任务剖面是对产品完成规定任务经历的全部重要事件和状态的时序描述。它是寿命剖面的一部分,一种产品可用于执行单一任务,也可用于执行多项任务。因此,任务剖面可以是一个,也可以是多个。

3) 环境剖面

环境剖面是产品在运输、储存、使用中遇到的各种主要环境参数的时序描述,它主要依据任务剖面确定,同时兼顾运输和储存。每个任务剖面对应一个环境剖面,因此环境剖面可以是一个,也可以是多个。任务剖面与环境剖面一一对应。

4) 试验剖面

试验剖面是直接供试验用的环境参数与时间的关系图,是按照一定的规则对环境剖面进行处理后得到的。试验剖面还应考虑任务剖面以外的环境条件。对设计用于执行一种任务的产品,试验剖面与环境剖面、任务剖面是一一对应的关系;对设计用于执行多项任务的产品,则应按照一定的规则将多个试验剖面合并成为一个综合试验剖面。

3. 故障判据

可靠性试验是围绕故障展开的,故可靠性研究问题即是故障研究问题。因此,在可靠性试验中,产品故障的判定及故障的分析和处理是最关键、最重要的工作之一,它直接关系到试验结果的准确性以及试验的效果。

4. 性能检测

可靠性试验过程中,试件产品必须通电工作且必须对其进行性能检测,最好采用自动监测,这样可以得到试件产品发生故障的准确时间。若采用人工测试,则应在每个试验循环设置若干测试时间点。这些测试点在试验大纲中要事先规定。

11.2 可靠性寿命试验

11.2.1 寿命试验的分类

为了评价产品寿命特征的试验,叫寿命试验。对于大部分电子产品,寿命是最主要的一个可靠性特征量。因此,可靠性试验往往指的就是寿命试验。寿命试验是在生产过程比较稳定的条件下,剔除了早期失效产品后进行的试验,通过寿命试验可以了解产品寿命分布的统计规律。寿命试验可以分为贮存寿命试验、工作寿命试验和加速寿命试验。

1）贮存寿命试验

产品可靠性测试是在规定的环境条件下进行非工作状态的存放试验，叫贮存寿命试验。贮存试验条件通常为室内、棚下、露天等，因此贮存的环境试验方法又称天然暴露试验。贮存试验的样品处于非工作状态。贮存试验需要较多的试验样品和长期的观察测量，才能对产品作出较好的预计和评价。为缩短试验时间可以进行贮存的加速试验，加速贮存试验常用高温贮存来实现。

2）工作寿命试验

产品在规定的条件下做加负荷的试验，叫工作寿命试验。工作寿命试验分为连续工作寿命和间断工作寿命试验。连续工作试验还分为静态连续工作和动态连续工作试验两种。间断工作寿命试验的特点是周期性的工作和停止工作，动态连续工作是不间断的连续工作。

3）加速寿命试验

为缩短试验时间节省样品与试验费用，快速地评价产品的可靠性，就需要作加速寿命试验；另外由于当前工艺水平的提高，常规试验方法已很难判定产品的可靠性水平，因此也需要采用加速寿命试验方法；产品的更新速度太快，常规试验时间赶不上产品淘汰速度，只能采用加速寿命试验方法或其他的方法判定产品的可靠性水平。加速寿命试验是在不改变产品的失效机理和增添新的失效因子的前提下，提高试验应力（相对于工作状态的实际应力或产品的额定承受应力），以加速产品的失效过程。

由于寿命试验费时较多，通常不待受试样品全部失效就要结束，即大部分寿命试验都是截尾试验。根据试验截尾方式（固定试验时间或固定试验中失效样品数）和受试样品失效后有无替换，寿命试验可分为无替换定时截尾试验、有替换定时截尾试验、无替换定数截尾试验和有替换定数截尾试验四种。

11.2.2 寿命试验的设计原则

进行寿命试验设计时要考虑如下原则：

（1）试验条件及失效判据标准要确定。

（2）试验样品及抽样数的选取。

（3）试验的测试项目及测试设备要确定。

（4）试验的测试周期及截止时间的确定。

（5）试验结果的数据处理方法要得当。

除了以上寿命试验的要考虑的问题外，加速试验方法还要注意以下要求：

（1）提高试验的应力条件，应力条件主要为环境应力。

（2）可靠性测试满足寿命试验的失效机理，但不能增加新的失效机理。

11.2.3 寿命试验的主要步骤

1. 试验目的

（1）可靠性测定：即确定产品的寿命分布和失效率、平均寿命等参数。

（2）可靠性试验：即通过寿命试验来判断某批产品能否符合规定的可靠性要求。

（3）可靠性鉴定：就是鉴定产品的设计和生产工艺是否能生产出符合可靠性要求的产品。

2. 试验对象

寿命试验的样品必须在筛选试验和例行试验的合格批中抽取，所选择的样品必须具有代表性。样品数量要能保证统计分析的正确性，又要考虑试验代价不能太大，并为实验设备条件所允许。

3. 试验条件

要了解产品贮存寿命，需施加一定的环境应力；要了解产品工作寿命，需施加一定的环境应力和电应力。并且试验条件要严格控制在误差很小的范围内，保证试验的一致性。

4. 试验截止时间

寿命试验做到全数试样失效是不现实的，从统计分析的角度来看，也是不必要的，只要有一定部分的试样失效就可以停止试验，这叫截尾寿命试验，分为定数截尾和定时截尾两种。它们又各分为有替换和无替换两种。

5. 测试周期

选定原则是要使每周期内测得的失效数大致相同，测试工作量不致太大，但又要尽可能详细地了解发生事件。

6. 失效判据

通常以产品技术指标是否超出最大允许偏差范围作为失效判据，也可用是否出现致命失效作为判据，应根据使用要求在试验前作出明确规定。

7. 数据记录和处理

按产品失效的数量、时间列出累积失效概率表，以便对失效分布类型及可靠性指标作出估计；按失效产品的失效形式分别统计作出主次图，找出影响可靠性的主要因素；有条件时还应对失效样品进行失效物理分析，找出材料、设计、工艺方面的原因，采取对策来提高可靠性。

11.3　加速寿命试验

加速寿命试验是指采用加大应力的方法促使样品在短期内失效，以预测在正常工作条件或储存条件下的可靠性，但不改变受试样品的失效分布。

根据试验中应力施加方式的不同，又可分为：①在试验过程中应力保持不变的恒定应力加速寿命试验；②试验过程中应力逐级步进式增加的步进应力加速寿命试验；③试验过程中应力连续增加的序进应力加速寿命试验，如图 11-1 所示。它们分别表示了三种基本加速寿命试验的应力加载历程。

1. 恒定应力试验(constant-stress testing，CST)

其特点是对产品施加的“负荷”的水平保持不变，其水平高于产品在正常条件下所接受的“负荷”的水平。试验是将产品分成若干个组后同时进行，每一组可相应地有不同的“负荷”水平，直

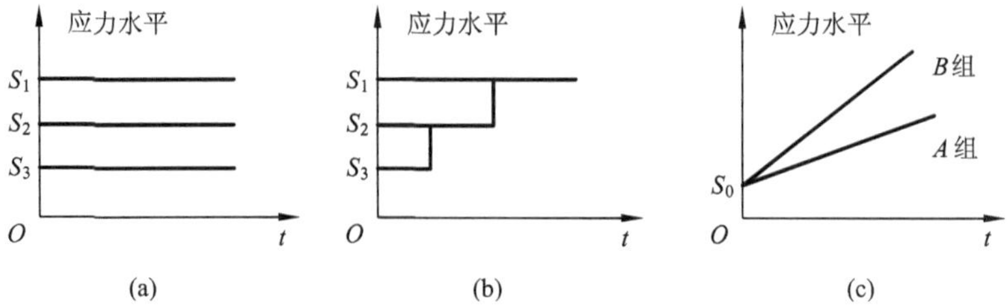

图 11-1　加速寿命试验的应力加载历程

到各组产品都有一定数量的产品失效时为止。恒定应力试验的应力加载时间历程如图 11-1(a)所示。

2. 步进应力试验(step-up-stress testing,SUST)

此试验对产品所施加的“负荷”是在不同的时间段施加不同水平的“负荷”,其水平是阶梯上升的。在每一时间段上的“负荷”水平,都高于正常条件下的“负荷”水平。因此,在每一时间段上都会有某些产品失效,未失效的产品则继续承受下一个时间段上更高一级水平下的试验,如此继续下去,直到在最高应力水平下也检测到足够失效数(或者达到一定的试验时间)时为止。步进应力试验的应力加载时间历程如图 11-1(b)所示。

3. 序进应力加速寿命试验(progressive stress testing,PST)

序进应力试验方法与步进应力试验基本相似,区别在于序进应力试验加载的应力水平随时间连续上升。图 11-1(c)表示了序进应力加载最简单的情形,即试验应力随时间呈直线上升的加载历程。

11.4　可靠性增长试验

11.4.1　可靠性增长试验的定义和方式

1. 可靠性增长试验的定义

可靠性增长试验是指在真实或模拟真实的环境条件下对产品进行正规试验的过程。可靠性增长试验是通过发现故障、分析和纠正故障以及对纠正措施的有效性进行验证以提高产品可靠性水平的过程,即试验—分析—改进的过程。增长试验包含对产品性能的监测、故障检测、故障分析及其以减少故障再现的设计改进措施的检验。试验本身并不能提高产品的可靠性,只有采取了有效的纠正措施来防止产品在现场工作期间出现重复的故障之后,产品的可靠性才能真正提高。产品开发和生产过程中都应促进自身的可靠性增长。预期的增长应表现在各开发阶段和生产过程中都有相应的增长目标值。因此,应制定一个完整的可靠性增长计划,计划应包括对产品开发增长的计划曲线。增长计划曲线的制定主要应根据同类产品预计过程中所得的数据,通过分析以便确定可靠性增长试验的时间,并且使用监测试验过程的方法对增长计划进行管理。

2. 可靠性增长试验的方式

可靠性增长试验一般包括三种方式,增长曲线如图 11-2 所示。

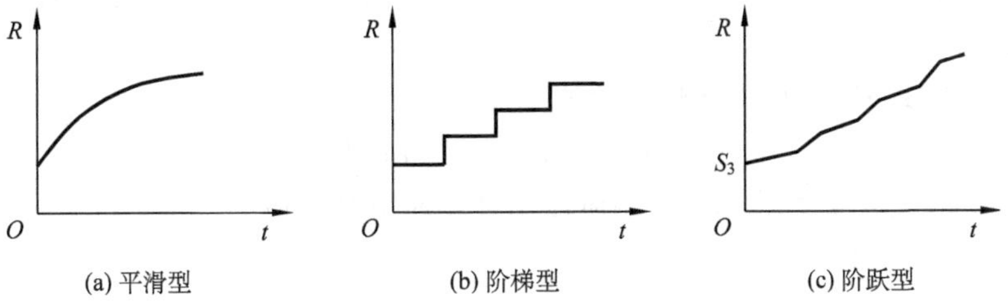

图 11-2　可靠性增长试验方式

(1) 试验—改进—再试验。

通过试验→暴露问题→分析原因→立即改进→再试验，如此反复，即边试边改。增长曲线如图 11-2(a)所示为平滑型。

(2) 试验—发现问题—再试验。

通过试验→暴露问题→不立即改进→再试验→再暴露问题→一起改进。增长曲线如图 11-2(b)所示为阶梯型。

(3) 待延缓改进的试验—改进—再试验。

通过试验→暴露问题→{有些问题立即改进；有些问题延缓改进}

增长曲线如图 11-2(c)所示为阶跃型。

11.4.2　可靠性增长试验模型

为了实现对可靠性增长的管理，需用数学模型对增长速度作评估。常用模型有三种。

1. Compertz 增长模型

Compertz 增长模型是时间序列分析中用来反映增长趋势的一种工具。

模型特点：

(1) 模型开始增长较快，以后逐步减慢，最后趋于一个极限。

(2) Compertz 增长模型的表达式

$$R(N)=abc^N \quad (N=0,1,2,\cdots) \tag{11-1}$$

式中，N 为时期序号；$R(N)$为时期 N 的可靠度；a、b、c 为模型参数，$0<a\leqslant1$，$0<b<1$，$0<c<1$。

当 $N\to\infty$ 时，$R(N)\to a$，可见，a 为 $R(N)$的增长上限。

当 $N\to0$ 时，$R(N)\to ab$，可见，ab 为 $R(N)$增长的初始水平。

b 值反映初始水平与 $R(N)$增长上限的比值；c 值反映 $R(N)$增长速度，c 值减小时，则增长速度加快。在实际工程中，用 Compertz 增长模型曲线调整管理计划、改进研究策略，使产品可靠性增长符合预期要求。

2. Duane 增长模型

Duane 增长模型是 1962 年美国通用电气公司(J. D. Duane)提出的。

(1) Duane 增长模型的表达式

$$\lambda_{\sum}(T)=kT^{-c} \tag{11-2}$$

式中，T 为累积工作时间；$\lambda_{\sum}(T)$ 为到 T 为止的累积失效率；k，c 为模型参数，k 为常数，c 为增长速率。

对式(11-2)两边取对数，可得线性表达式

$$\ln\lambda_{\sum}(T)=\ln k-c\ln T \tag{11-3}$$

式(11-2)和式(11-3)反映了失效率随研制阶段的进展而下降的情况。

(2) 失效率的估计值 $\hat{\lambda}_{\sum}(T)$

$$\hat{\lambda}_{\sum}(T)=\frac{F}{T} \tag{11-4}$$

式中，F 为到 T 时刻为止观察到的失效数。

将(11-4)代入式(11-2)得

$$F=\hat{\lambda}_{\sum}(T)\times T=kT^{-c}\times T=kT^{1-c} \tag{11-5}$$

由式(11-5)得瞬时失效率和瞬时平均寿命分别为

$$\lambda(T)=\frac{\mathrm{d}F}{\mathrm{d}T}=(1-c)kT^{-c} \tag{11-6}$$

$$\theta(T)=\frac{1}{\lambda(T)}=\frac{T^{c}}{(1-c)k} \tag{11-7}$$

式(11-6)和式(11-7)可表示为如下公式

$$\lambda(T)=(1-c)\lambda_{\sum}(T) \tag{11-8}$$

$$\theta(T)=(1-c)^{-1}\theta_{\sum}(T) \tag{11-9}$$

3. AMSAA 增长模型

AMSAA 增长模型是由美国物资系统分析中心 L. Crow 提出的，它是根据 Duane 增长模型改进而来。

1) AMSAA 增长模型的表达式

在式(11-5)中，令 $a=k$，$b=1-c$，则

$$F=aT^{b} \tag{11-10}$$

式中，F 为时间 T 内累计失效数的期望值；a 为初始可靠度函数；b 为反映改进效果的函数。

瞬时失效率

$$\lambda(T)=\frac{\mathrm{d}F}{\mathrm{d}T}=abT^{b-1} \tag{11-11}$$

瞬时平均寿命

$$\theta(T)=\frac{1}{\lambda(T)}=\frac{1}{ab}T^{1-b} \tag{11-12}$$

2) 模型参数 a、b 的估计值

模型参数 a、b 的极大似然估计值为

$$\begin{cases}\hat{a}=\dfrac{F}{T^{b}}\\[2ex] \hat{b}=\dfrac{F}{\sum\limits_{i=1}^{F}\ln\dfrac{T}{T_i}}\end{cases} \tag{11-13}$$

3）AMSAA 增长模型优度检验

增长试验数据是否符合 AMSAA 模型，需要进行拟合优度检验。检验统计量为

$$C_N^2 = \frac{1}{12N} + \sum_{i=1}^{N}\left[\left(\frac{T_i}{T}\right)^{\bar{b}} - \frac{2i-1}{2N}\right]^2 \tag{11-14}$$

式中，$N=\begin{cases}F & \text{定时截尾}\\ F-1 & \text{定数截尾}\end{cases}$，$\bar{b}=\frac{F-1}{F}\hat{b}$，给定显著性水平 α，查表可得 C_N^2。

若 $C_N^2 < C_N^2(\alpha)$，则认为拟合良好，数据符合 AMSAA 模型。

AMSAA 模型与 Duane 模型具有内在联系，但 AMSAA 模型可以直接用试验原始数据（试验时间与失效数），计算较为简单。因此，目前工程上广泛采用 AMSAA 模型。

11.5　可靠性筛选试验

11.5.1　可靠性筛选试验的意义

所谓筛选，就是设法除去在材料、元件、器件、设备、系统等方面潜在的不良因素和缺陷，而把优良的产品挑选出来。采用外加应力或其他手段将成品中潜在的早期失效产品剔除的试验称为可靠性筛选。筛选试验是一种对产品进行全数检验的非破坏性试验。其目的是为了选择具有一定特性的产品或剔除早期失效的产品，以提高产品的使用可靠性。产品在制造过程中，由于材料的缺陷或工艺失控，使部分产品出现所谓早期缺陷或故障，这些缺陷或故障若能及早剔除，就可以保证在实际使用时产品的可靠性水平。

11.5.2　可靠性筛选试验的特点

可靠性筛选试验的特点包括以下几个方面：

(1) 可靠性筛选试验不是抽样试验，而是 100%试验。

(2) 可靠性筛选试验可以提高合格品的总的可靠性水平，但不能提高产品的固有可靠性，即不能提高每个产品的寿命。

(3) 不能简单地以筛选淘汰率的高低来评价筛选效果。淘汰率高，有可能是产品本身的设计、元件、工艺等方面存在严重缺陷，但也有可能是筛选应力强度太高。淘汰率低，有可能产品缺陷少，但也可能是筛选应力的强度和试验时间不足造成的。通常以筛选淘汰率 Q 和筛选效果 β 值来评价筛选方法的优劣，合理的筛选方法应该是 β 值较大，而 Q 值适中。筛选剔除率

$$Q = \frac{n}{N} \times 100\% \tag{11-15}$$

式中，n 为剔除产品的数目；N 为参与筛选产品的总数目。

筛选效果

$$\beta = \frac{\lambda_N - \lambda_S}{\lambda_N} \times 100\% \tag{11-16}$$

式中，λ_N 为筛选前产品的失效率；λ_S 为筛选后产品的失效率。

11.5.3　常用的可靠性筛选试验

可靠性筛选分为常规筛选和特殊环境筛选。在一般环境条件下使用的产品只需进行常规筛

选，而在特殊环境条件下使用的产品则除需进行常规筛选外，还需进行特殊环境筛选。在实际筛选的选择时，主要依据产品的失效模式和机理，根据不同的质量等级、结合可靠性要求或实际使用条件以及工艺结构情况确定。

常规筛选按筛选性质分类如下。

① 检查筛选：显微镜检查筛选；红外线非破坏性检查筛选；PIND；X 射线非破坏性检查筛选。

② 密封性筛选：液浸检漏筛选；氦质谱检漏筛选；放射性示踪检漏筛选；湿度试验筛选。

③ 环境应力筛选：振动、冲击、离心加速度筛选；温度冲击筛选。

④ 寿命筛选：高温储存筛选；功率老化筛选。

表 11-2 所列为 GJB 548B 方法 5004 规定的 S 级和 B 级筛选。

表 11-2　GJB 548B 方法 5004 规定的 S 级和 B 级筛选

筛选	S 级		B 级	
	方法和条件	要求	方法和条件	要求
1. 晶圆批验收 a	5007	所有批		—
2. 非破坏性键和拉力 b	2023	100%		—
3. 内部目检 c	2010 试验条件 A	100%	2010 试验条件 B	100%
4. 温度循环 d	1010 试验条件 C	100%	1010 试验条件 C	100%
5. 恒定加速度	2001 试验条件 E(至少)，仅 Y_1 方向	100%	2001 试验条件 E(至少)，仅 Y_1 方向	100%
6. 目检		100%		100%
7. 粒子碰撞噪声检测	2020 试验条件 A	100%e		—
8. 老炼前电测试	按适用的器件规范	100%z	按适用的器件规范	100%b
9. 老炼	1015，240h，至少 125℃	100%	1015，160h，至少 125℃	100%
10. 中间(老炼后)电测试	按适用的器件规范	100%z		—
11. 反偏老炼 j	1015，试验条件 A 或 C，至少 150℃下 72h	100%		—
12. 中间(老炼后)电测试	按适用的器件规范	100%z	按适用的器件规范	100%b
13. 允许不合格品率(PDA)计算	3%	所有批	5%	所有批
14. 最终电测试	按适用的器件规范	100%	按适用的器件规范	100%
15. 密封(a)细检漏 (b)粗捡漏	1014	100%L	1014	100%L
16. X 射线照相 m	2012 两个视图 n	100%		—
17. 外部目检 p	2009	100%	2009	100%
18. 辐射锁定 q	1020	100%	1020	100%

11.5.4　可靠性筛选方案的确定

1. 可靠性筛选方案设计原则

筛选要有效地剔除早期失效产品，但不应使(不应剔除的)正常产品提高失效率。为提高筛选效率,可以使用强应力筛选,但不应使产品因此而产生新的失效模式。筛选项目和应力不必只是模拟使用情况。试验设计前,设计者必须对元器件供应者正常筛选效率有所掌握。试验程序必须是加应力筛选在前,检查测试性筛选在后。对被筛选对象可能的失效模式有所掌握。为制定合理有效的筛选方案,必须了解有关元器件特性、材料、封装及制造技术。将不可靠产品淘汰在上机前,以减少不必要的损失。

2. 筛选项目的确定

筛选项目的确定是以元器件的失效模式和失效机理为依据的。不同类型的元器件进行的筛选项目不同;不同等级,筛选试验项目不同,试验条件也不同;在总规范中有相应要求,如GJB597、GJB33 等规范。表 11-3 所列为常用元件的筛选项目及试验条件。

表 11-3 常用元件的筛选项目及试验条件

元件种类		筛选项目
电阻器		(1)直流电阻值测量;(2)高温储藏;(3)温度冲击;(4)功率老练或短时过载;(5)外观及机械检查
电容器	电解电容器	(1)电参数测试;(2)温度冲击;(3)老练;(4)密封试验(适用于密封电容器);(5)外观及机械检查
	非电解电容器	(1)电参数测试;(2)温度冲击;(3)老练;(4)密封试验(适用于密封电容器);(5)外观及机械检查
电磁继电器		(1)外观及机械检查;(2)扫频振动;(3)随机振动;(4)PIND;(5)内部潮湿;(6)高温运行;(7)低温运行;(8)参数测试;(9)密封试验(适用于密封电容器)

3. 筛选应力强度的确定

确定筛选应力强度的原则:①应能最有效地激发早期失效,即所施加的应力应是对失效机理能起最大作用的。②能将不可靠的产品剔除而不损坏可靠的产品。

元器件的失效概率与其使用的应力如电应力、温度应力、机械环境应力等有密切的关系。使用应力越高,其失效率也越高。对于筛选应力量值的选取必须十分谨慎,应力量值太小,造成欠筛选,不能有效剔除早期失效的产品;应力量值过大,造成过筛选,可能改变原有的失效机理和增加新的失效模式。

4. 筛选时间的确定

筛选时间确定的原则:选择筛选时间应是曲线转折点 t_{ef} 处,即位于早期失效期的终端(如图 11-3 所示)。

总之,可靠性筛选方案设计包括两方面内容:

(1) 根据元器件的失效机理和失效模式确定筛选项目和各项目的试验条件,包括试验应力水平、试验时间、测量参数、测量周期、筛选合格判据等。

(2) 筛选项目按一定先后次序排列起来,成为一个完整的试验方案。

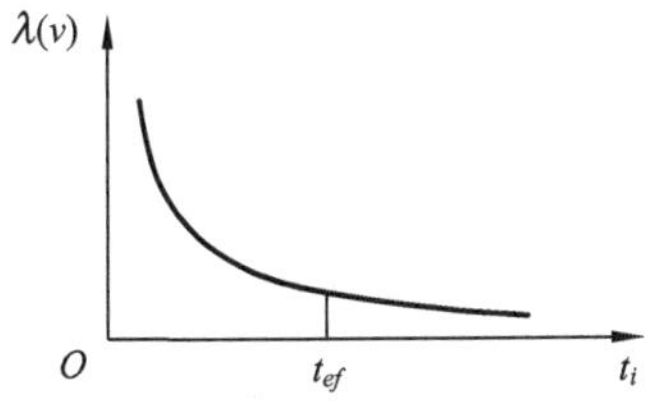

图 11-3 筛选时间曲线

11.6 可靠性抽样试验

11.6.1 抽样试验的种类和特点

抽样试验可分为计数抽样试验和计量抽样试验两大类。

计数抽样试验是按试验结果，用不合格产品、外观缺陷数来判断整批产品是否合格。为了由抽样试验结果来判断产品批是否合格，首先要确定抽验量 n 及合格判定数 c，设 d 表示 n 个样品中不合格品数（计数抽样试验情况）或失效个数（计量抽样试验情况），当 $d \leqslant c$ 时，认为产品合格，接受；反之，认为产品不合格，拒收。

计量型抽样试验是在假定产品的某项主要质量特性已知为正态分布，抽取 n 个样本，根据其测定值计算样本平均数 x 及样本标准差 s，分别作为群体平均数 μ 及标准 σ 的估计值，再利用规格的上（下）限可算出所分配的正态曲线在规格界限外的面积，此即该批产品的估计不良率，若不良率小于最大允许不良率，允收该批，否则拒收。

需要注意的是，在进行抽样试验时，样本应具有代表性，即样本应该是从一批同类产品中随机抽出的若干个体。因而抽样试验的前提是产品的生产是稳定的，产品的可靠性（或质量）有较好的一致性。样本的可靠性才能在一定程度上代表这批产品的可靠性（或质量），因为有可能通过对样本的可靠性（或质量）特征指标来估计整批产品的可靠性（或质量）的特征。否则，抽样试验就没有意义了。

11.6.2 抽样试验的一般原理

可靠性抽样试验又称为抽样检验或抽样验证试验，它是从产品的总体中，抽出一部分样品，通过这一部分样品的可靠性试验，来估计产品总体的可靠性。为了实施抽样试验，在一定条件下汇集起来的一定数量的产品称为产品批，或简称批。批中的基本单位称为单位产品。

11.6.3 故障率（或平均寿命）抽样试验方法

抽样检验的方法有以下三种：简单随机抽样、系统抽样和分层抽样。

1. 简单随机抽样

简单随机抽样是指一批产品共有 N 件，如其中任意 n 件产品都有同样抽样检验的可能性被抽到，如抽奖时摇奖的方法就是一种简单的随机抽样。简单随机抽样时必须注意不能有意识抽好的或差的，也不能为了方便只抽表面摆放的或容易抽到的。

2. 系统抽样

系统抽样是指每隔一定时间或一定编号进行，而每一次又是从一定时间间隔内生产出的产品或一段编号产品中任意抽取一个或几个样本的方法。这种方法主要用于无法知道总体的确切数量的场合，如每个班的确切产量，多见于流水生产线的产品抽样。

3. 分层抽样

分层抽样是指针对不同类产品有不同的加工设备、不同的操作者、不同的操作方法时对其质量进行评估时的一种抽样方法。在质量管理过程中，逐批验收抽样检验方案是最常见的抽样方案。无论是在企业内或在企业外，供求双方在进行交易时，对交付的产品验收时，多数情况下验收全数检验是不现实或者没有必要的，经常要进行抽样检验，以保证和确认产品的质量。验收抽样检验的具体做法通常是：从交验的每批产品中随机抽取预定样本容量的产品项目，对照标准逐个检验样本的性能。如果样本中所含不合格品数不大于抽样方案中规定的数目，则判定该批产品合格，即为合格批，予以接收；反之，则判定为不合格，拒绝接收。

11.7　环境适应性试验

11.7.1　环境条件的分类及其对产品的影响

环境条件即是产品在贮存、运输和工作过程中可能遇到的一切外界影响因素（产品在生产厂家内、外）。

（1）气候条件：包括温度、湿度、气压、风、雨、水、露、霜雪、沙尘、盐雾、油雾、游离气体和其他有害气体等因素，可导致产品电性能改变、材料腐蚀和机械损伤。

（2）力学条件：包括振动、冲击、离心、碰撞、跌落、静力负荷、失重、声振、爆炸、冲击波等，可导致产品结构损伤、材料断裂或疲劳、引线断开等。

（3）生物条件：包括霉菌、昆虫、啮齿动物等。霉菌吞噬、繁殖、吸附水分和分泌酶，使所有有机材料和部分无机材料强度降低，介质损耗增大，金属腐蚀，白蚁、木蜂、老鼠咬坏电缆，排出粪便造成短路。

（4）辐射条件：包括太阳紫外线辐射引起材料老化，核爆炸环境的中子辐射引起永久性损伤，辐射引起瞬时效应，造成电子元件失效，空间带电粒子可使卫星用电子元器件损坏。

（5）电磁条件：包括电场、磁场、闪电、雷击、电晕、核爆炸产生的电磁波，以及电子设备内部、外部的电磁干扰等。

11.7.2　环境试验方法

1. 现场使用试验

一些产品在样机研制完成之后，必须经过一段时间的现场使用考验，才能大批生产。这个现场使用试验取得的数据可真实地反映产品在实际使用条件下的可靠性，但是周期长，花费大，有一定局限性，用于重要产品。

现场使用试验可真实地反映产品在实际使用条件下的可靠性，同时，也是检验人工模拟试验准确性的依据，因此，现场使用试验可作为设计制造过程中的一个环节。例如飞机在样机研制完成后，要经1000h试飞，才能正式投产。

2. 天然暴露试验

把样品长期暴露于天然气候环境（如热带、亚热带、寒带、高原地带等），样品可处于工作负荷状态或贮存状态，通过定期观测，可以了解产品电参数、机械性能和外观的变化。

3. 人工模拟试验

人工控制条件下的试验，是在试验箱内或试验台上进行的，目的是在短时间内观察产品所能承受的环境应力大小。环境模拟试验的设计者应对产品的实际使用的环境有确切的了解，以使正确地规定试验条件和合理地安排试验顺序，为取得准确数据，特别应注意试验设备要合格应定期标定。

常用试验项目有低温、高温、热冲击、温度循环、潮热、低气压、盐雾、霉菌、沙尘、振动、冲击、碰撞、离心、运输、声振、爆炸、真空冷热浸、真空冷焊试验等。一般可分为单项环境试验与综合环境试验两大类。

1）单项环境试验

目前，多数环境试验是针对环境因素分别单项进行，这种试验好处在于试验设备比较简单，试验费用较少，并且很容易看出某因素对产品的影响。

2）综合环境试验

在实用中，产品受客观环境的影响，常常是几种环境因素共同作用的结果，因此有必要选择有代表性的应力条件进行组合试验，并使其与实际使用环境接近。

综合环境试验的优点是：可以较为真实地模拟使用环境，从而增加了试验的真实性和可靠性；创造了利用地面模拟试验代替空中飞行试验的条件；真实地暴露由于诸环境因素共同作用所引起的产品失效模式。

但由于综合环境试验设备复杂、试验周期长、费用昂贵，发展受到一定的限制。

复习思考题 11

11-1　假设从摸底试验中得知某线性电路在150℃温度下的平均寿命为5000h，现在要求在150℃温度下进行寿命试验观察到有20%失效，设在试验截止时共观察到有5个失效，试确定该试验方案（试验截止时间，投试样品数目和测试周期）。

11-2　设某批晶体管，已知其寿命服从指数分布，现从该产品中随机抽取10只进行无替换定数截尾寿命试验、预定失效数 $r=5$ 时结束试验，失效时间 $t(1)=35$，$t(2)=85$，$t(3)=150$，$t(4)=230$，$t(5)=300\text{h}$。求该晶体管 θ、λ、$R(40)$、$t(0.9)$的点估计。

第 12 章 可靠性数据分析

12.1 概 述

可靠性数据是指在产品可靠性工作及活动中所产生的描述产品可靠性水平及状况的各种信息和数据，可以是数据、图表、符号、文字和曲线等各种形式。可靠性数据分析就是通过搜集反映系统或单元产品可靠性水平的各种数据，并依据系统的功能或可靠性结构，利用概率统计方法，给出系统的各种可靠性数量指标的定量估计。它是既包含数学和可靠性理论，又包含工程分析处理的方法。

12.1.1 可靠性数据分析的目的和任务

1. 可靠性数据分析的目的

(1) 根据可靠性试验数据，改进产品的设计、制造工艺、提高产品的固有可靠性度，并为新技术的研究、新产品的研制提供信息。

(2) 根据现场使用提供的数据，改进产品的维修性，使产品结构合理，维修方便，提高产品的使用可用度。

(3) 根据可靠性数据，预测系统的可靠性和维修性，开展系统的可靠性和维修性设计。

(4) 根据可靠性数据，进行产品的可靠性分析及参数评估。

2. 可靠性数据分析的任务

可靠性数据分析贯穿于产品研制、试验、生产、使用和维修的整个过程。因此，可靠性数据分析在产品的不同阶段有不同的任务。

(1) 在研制设计阶段，可靠性数据分析用于对所开展的各项可靠性试验的试验结果进行评估，以验证试验的有效性。如进行可靠性增长试验时，根据试验数据对参数进行评估，分析发生故障的原因，找出最薄弱的环节，提出改进方案，以使产品可靠性得到逐步增长。

(2) 在投入生产制造阶段前，根据可靠性试验结果，评估可靠性水平是否达到设计标准，为生产决策提供信息依据。

(3) 在生产制造阶段，根据验收试验的数据评估可靠性，检验生产工艺水平是否保证产品所要求的可靠性水平。

(4) 在投入使用的早期，注意使用现场可靠性数据的收集与分析，找出产品的早期故障及其主要原因，进行改进，加强可靠性筛选。

(5) 在产品使用中，定期对产品进行可靠性分析和评估，对可靠性低的产品及时进行改进，使之达到设计所要求的指标。

3. 可靠性数据分析的意义

随着可靠性、维修性工作的深入开展，可靠性数据分析工作越来越显示出其重要的价值。

(1) 在工程研制阶段，收集和分析同类产品的可靠性数据，可对新设计的产品和零部件的可靠性进行预测，这有利于方案的对比和选择，有利于可靠性设计。

(2) 在产品设计阶段，往往要进行各种可靠性试验，对这些试验数据的搜集和分析可为产品的改进和定型提供科学依据。

(3) 在生产制造阶段，定期抽取样本进行试验，可以动态反映产品的设计和制造水平。

(4) 在产品使用阶段，收集和分析产品的实际使用和维修数据，能够真实地反映产品的可靠性水平，对产品作出最权威的评价，并对老产品的改进和新产品的研发提供最为权威的信息。

12.1.2　可靠性数据分析的基本方法和流程

1. 可靠性数据分析的基本方法

1) 寿命分布分析与统计推断

从可靠性数据的统计分析中找出产品寿命分布的规律，是分析产品寿命和故障、预测故障发展、研究失效机理及制定维修策略的重要手段。根据收集的产品数据，使用数理统计方法得到产品的寿命分布，将其与故障发生的现象、原因进行对比，即可判断寿命分布的合理性。

确定了产品的寿命分布，就可根据数理统计的基本原理，对不同产品的可靠性数据进行估计，然后再由寿命分布和可靠性参数的关系，估计可靠性设计和分析中所需的各项参数。可靠性参数分析流程图如图 12-1 所示。

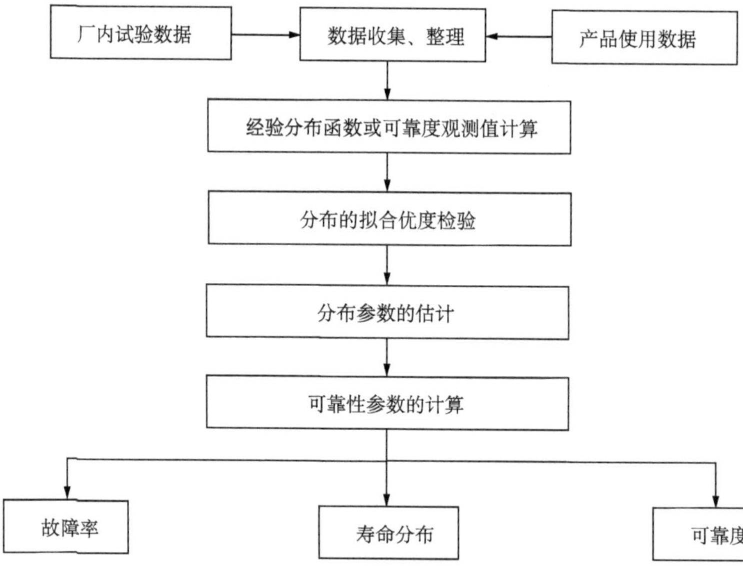

图 12-1　可靠性参数分析流程图

2) 贝叶斯(Bayes)分析方法

贝叶斯分析方法也是可靠性数据分析的一种常用方法。利用贝叶斯方法进行可靠性数据分析时，首先需要确定产品参数的先验分布，然后计算产品参数的后验分布和后验矩，并根据后验分布和后验矩，计算产品参数的先验矩，最后获得产品可靠度的后验分布和贝叶斯下限。由于贝叶斯方法利用了产品的先验信息，使得该方法在某些特定情形下具有无法替代的优点，从而使该方法在可靠性数据分析中获得了持久的生命力。贝叶斯方法的关键是选取合理的先验分布。

3）随机过程分析

随机过程分析是可修复系统的可靠性数据分析和可用性数据分析的重要手段。通常，使用马尔可夫过程或泊松过程作为描述可修复系统的数学模型，在此基础上发展了变母体的可靠性统计方法。

2. 可靠性数据分析的流程

可靠性数据分析的一般流程如图 12-2 所示。

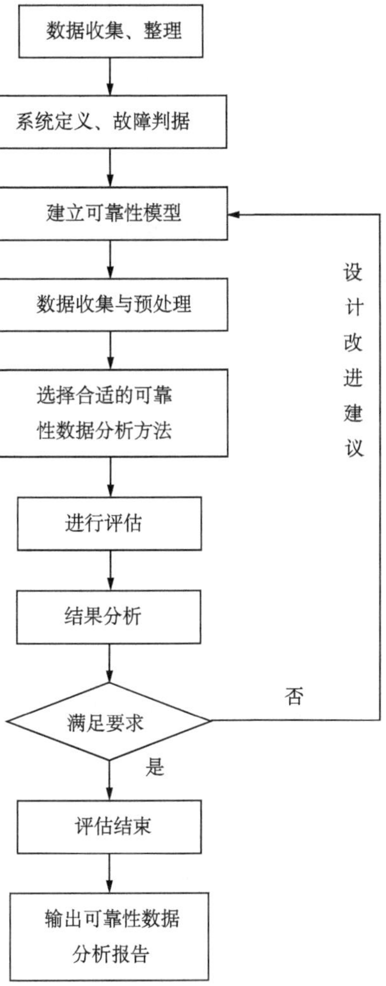

图 12-2　可靠性数据分析的一般流程

（1）明确产品可靠性要求，包括可靠性参数和指标。

（2）确定产品的定义、组成、功能、任务剖面。

（3）建立产品各种任务剖面下的可靠性框图和模型。

（4）明确产品的故障判据和故障统计原则。

（5）按可靠性试验大纲要求和故障判据、故障统计原则进行试验数据的收集与整理。

(6) 根据数据情况选取合适的可靠性数据分析方法,进行可靠性评估。

(7) 对评估结果进行分析,并得出相应的结论和建议。

(8) 完成可靠性数据分析报告。

12.2 可靠性数据的收集

进行可靠性数据分析,需要大量丰富、翔实的数据。因此,需要严格、规范的可靠性数据收集渠道和程序,以保证收集到能够切实反映产品可靠性水平的基础数据,从而为可靠性数据分析提供可信的数据基础。

12.2.1 可靠性数据的来源和特点

1. 可靠性数据的来源

可靠性数据主要来源于两个方面:一是从实验室进行的可靠性试验中得到的试验数据;二是在产品实际使用中得到的现场数据。

1) 试验数据

试验数据可以来自可靠性试验、寿命试验或加速寿命试验,也可以来自功能试验、环境试验或综合试验等。可靠性试验主要以截尾试验为主,包括定数截尾试验和定时截尾试验。根据试验中样本失效后是否用新样本替换继续试验,还可以分为有替换试验和无替换试验两种。在试验中,参加试验的产品经常只有部分发生故障,即表现为部分观测数据;如果在试验中全部产品都发生故障,每个数据完全观测,则称其为完全寿命试验。完全寿命试验能够获得较完整的试验数据,统计分析结果也较为可信,但这种试验所需时间较长,有时甚至难以实现。

2) 现场数据

现场数据是在产品实际使用过程中观测到的寿命数据,它记录了产品从开始工作至故障的时间(故障时间)或者从开始工作至统计之时尚未故障的工作时间(无故障工作时间),是评估产品可靠性参数的重要数据。由于现场数据反映了产品在实际使用环境和维护条件下的情况,比实验室的模拟条件更代表了产品的表现,更能反映产品的可靠性特征,因此现场数据的搜集是很重要的。然而,现场数据的搜集困难多,投资大、时间也比较长,而且使用地区、环境条件等方面的差异,致使现场数据的波动较大,因此现场数据的搜集必须要有相应的组织管理工作,并根据不同情况和处理要求进行分析和处理。

2. 可靠性数据的特点

1) 时间性

可靠性数据多以时间来描述,产品的无故障时间反映了它的可靠性。这里的时间概念是广义的,包括周期、距离(里程)、次数等,如汽车的行驶里程、发动机循环次数等。

2) 随机性

产品发生故障的时间是随机的,因此描述其故障发生时间的变量也是随机的。

3) 有价性

主要体现在两个方面:① 数据的收集需要花费大量的财力和物力,所以它自身的获取就是有价的;② 经过分析和处理后的可靠性数据,对可靠性工作的开展和指导具有很高的价值,其所创造的效益是可观的。

4）时效性

可靠性数据的产生和利用与产品寿命周期各阶段有密切的关系，各阶段产生的数据反映了该阶段产品的可靠性水平，因此数据具有较强的时效性。

5）可追溯性

随着时间的推移，可靠性数据反映了产品可靠性发展的趋势和过程，如经过改进的产品其可靠性得到了增长，当前的数据与过去的数据有关，所以数据本身还具有可追溯性的特点。

12.2.2　可靠性数据搜集的要求

1. 真实性

数据的真实性是准确性的前提，无论是在实验室还是使用现场，所记录的数据必须能够如实地描述产品状况。但是，由于技术水平及其他条件的限制，对故障的真实记录并不等于准确记录，它还有待于进一步的分析与判断。

2. 连续性

可靠性数据有可追溯的特点，它反映了产品可靠性的趋势，因此要求数据的记录必须连续。最主要的是产品在工作过程中的事件记录和对所经历过程的描述，如产品开始工作、发生故障、中止工作的时间及对其中发生故障的状况、返厂修理、纠正或报废等情况的描述。

3. 完整性

为了对产品的可靠性进行全面分析，要求所记录的数据应尽可能完整，即对每一次故障或维修事件的发生、都应尽可能记录清楚和完整。

12.2.3　可靠性数据收集的内容

1. 收集对象

如产品、系统、材料、零部件等具体对象。

2. 环境影响

如温度、湿度、地区、工作环境等影响因素。

3. 使用条件

如应力大小、人机界面、维修情况等条件。

4. 故障状况

如故障零件名称、故障时间、故障模式、故障原因、故障影响、故障纠正措施等。

5. 维修状况

如维修方式、维修级别、维修开始和结束的时间、维修结果、修理过程描述以及所用备件名称、型号、数量、来源等。

12.2.4 可靠性数据收集的流程

1. 进行需求分析

在进行数据收集以前，必须进行需求分析，以明确数据收集的内容及目的。由于在产品不同的寿命阶段，对数据的需求是不同的，因此，所收集的数据必须要与这些要求相对应。

2. 确定数据收集点

在产品不同的寿命阶段，其数据采集点也不同。对于内厂试验数据，其数据采集点应选在实验室、产品生产检验点、元器件及材料筛选试验点；对于现场数据，其数据采集点可以选在使用部门的质控室和维修部门等。在选择重点地区或部门时，以有一定的代表性为好，如使用的产品群体较大，管理较好，使用中代表了典型的环境与使用条件等。

3. 制定数据收集表格

为得到切实可用的可靠性数据，同时减少工作人员记录整理的工作量，并便于同行业、同部门内流通，应根据需求制定统一、规范化的数据收集表格，定期统计整理。

4. 数据收集的方法

在建立完善的数据收集系统以后，数据可依其传送途径，按正常流通渠道进行，当数据收集系统运行尚不完善时，可用以下两种方式进行：一是在使用现场聘请信息员，让其按所要求收集的内容，逐项填表，定期反馈；另一种方式是信息系统派专人到现场收集，按预先制定好的计划进行。

12.2.5 可靠性数据收集的注意事项

(1) 相同产品的工作条件差异性较大，因而数据收集时应区分不同条件和地区。如对腐蚀而言，南北方差异很大，空中和海上差异很大。

(2) 在收集现场数据时，一般是记录产品的全寿命周期活动。但由于可靠性问题，可能需要进行修改，尤其是在设备投入使用的初期，因此为了评估产品当前的可靠性，在处理数据时应注意区分，不能将改进前后的数据混同处理。

(3) 在现场数据的搜集中，由于各种因素的影响，数据丢失现象严重，造成数据不完整和不连续，在收集数据时，应对这些情况进行了解，以便对分析结果进行修正或作为对评估方法进行研究时的依据。

(4) 现场数据的收集者，不像实验室数据的收集者那样很好地理解收集、分析计划，在很多情况下，是由很多各种水平的人担任收集工作，其中有的人几乎没有什么可靠性知识，因此可能造成数据收集中的人为差错。对于这种情况，首先数据收集必须有计划地进行，必须就记录纸的设计、记录方法等做相当详细的准备。另外，需要对收集数据的人员进行培训，加强责任心教育。

(5) 数据的质和量对数据分析的结果影响很大。从统计的观点来看，处理的数据量尽可能大一些，因而在费用允许的条件下，获取更多的数据是数据收集的基本要求。收集多少数据为好这个问题，还应该权衡考虑所需费用，以便规定一个适可而止的水平，然后再用各种方法去收集。

(6) 可靠性数据的搜集需要消耗大量的时间和人力，最为重要的是要得到领导层的支持，还需要完善的规划和充分的实施计划。

(7) 一般来说,不可能 100%的产品都会在使用中发生故障,故障和维修数据只记录了那些有故障的产品。因此,未发生失效的那些产品也应该全部记录在册,以保证可靠性分析的准确性。

12.3　可靠性数据的初步整理分析

获得可靠性数据之后,需要对可靠性数据进行初步的整理分析,舍弃"可疑数据",探索数据的模式和特点,并用直方图等简直、直观、合理的方式显示和分析,帮助数据分析人员选择数据分布的类型与适用的可靠性模型等,从而为正式的可靠性数据分析提供基础,指明方向。

12.3.1　可靠性数据的排列图分析

排列图又叫巴雷特图或主次图,它是一种分析、查找主要问题或主要因素的常用工具。它是由两个纵坐标、一个横坐标、几个按高低顺序依次排列的矩形和一条累计百分比折线所组成的图。左端纵坐标表示频数或次数(如故障次数),右边纵坐标表示频率(用百分比表示),横坐标表示要分析的因素(如故障模式、故障原因),用矩形的高度来表示各因素出现的频数,并从左向右按频数的多少,从大到小顺序排列,折线表示累积频率(累计百分比)。在排列图中,通常按累计百分数,将各因素根据重要程度分为 A、B、C 三类。

(1) A 类因素:包括在累计频率的 0～80%范围内的因素,是引起失效的主要因素。

(2) B 类因素:属于累计频率的 80%～90%范围内的因素,是引起失效的次要因素。

(3) C 类因素:其余在累计频率的 90%～100%范围内的因素,是引起失效的一般因素。

通过排列图可以直观地找到主要因素,即 A 类因素,通常 A 类因素应为 1～2 个,最多不超过 3 个,并且 A 类因素是分析研究的重点。

图 12-3 是某机床床身故障系统的排列图分析,由图可知,右后翼子板钢板撞击声和尾门铰链钢板摩擦声是引起该机床床身故障的主要因素,车身下部钢板摩擦声是引起该机床床身故障的次要因素,右后翼子板异响等是引起该机床床身故障的一般因素。随后,对右后翼子板钢板撞击声的产生原因进行分析,可以找到导致右后翼子板钢板撞击声的主要原因。

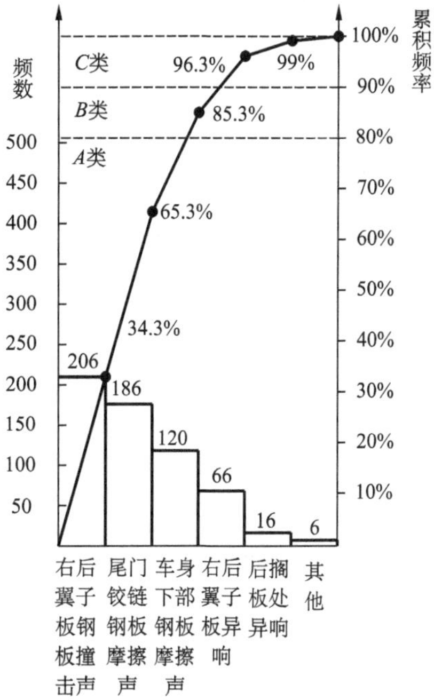

图 12-3　某机床床身故障系统的排列图

排列图分析的优点是简单直观,可用于故障分析的各个方面。利用排列图不仅可以找到问题的主要原因,而且可以连续使用,找出复杂问题的最终原因。为更好地解决产品的可靠性问题,可以把排列图与因果图结合起来使用,有效改进和提高产品的可靠性水平。

12.3.2　故障数据的因果图分析

因果图是一种表达和分析因果关系的一种图形，又称石川图、特性要因图、鱼刺图。因果图通过识别症状、分析原因、寻找措施，来促进问题解决。

在可靠性数据分析中，通常以某产品或系统的故障作为结果，以导致产品或系统发生故障的诸因素作为原因，绘制因果图，进而从错综复杂、多种多样的故降原因中找出故障的主要因素，采取有效纠正措施，予以解决。

因果图分析法的步骤如下：

(1) 将需要分析的故障结果放在因果图的右边，并用方框框上，相当于"鱼头"；

(2) 从左向右画一条带箭头的粗实线为主骨直通故障结果；

(3) 找出导致结果的所有原因，按层次分析后分别列在"鱼刺"(树枝)上，即先填写大原因，并用方框框上，用直线直接与主骨相连，然后再画出中骨头、小骨，将中、小原因，用相同方法标出，一直到能采取具体措施解决问题时为止。

图 12-4 为某数控车床产生超差件故障的因果图，由图可知，其故障原因可以分为三大方面，即机械故障、电气故障和夹具故障。引起机械系统故障的原因又可分为齿形带松动、进给传动丝杠间隙过大、刀架故障三个中原因。引起刀架故障的原因又细分为刀架刚性差、刀架体不稳和刀架基座松动三个小原因；引起电气故障的原因分为软件故障和硬件故障两个中原因。软件故障主要指切削用量三要素(进给量、切削速度和切削深度) 是否合适三个小原因；硬件故障主要是位置编码器及其附件故障和纵横交流伺服电动机丢转两个小原因。引起夹具故障的原因可以分

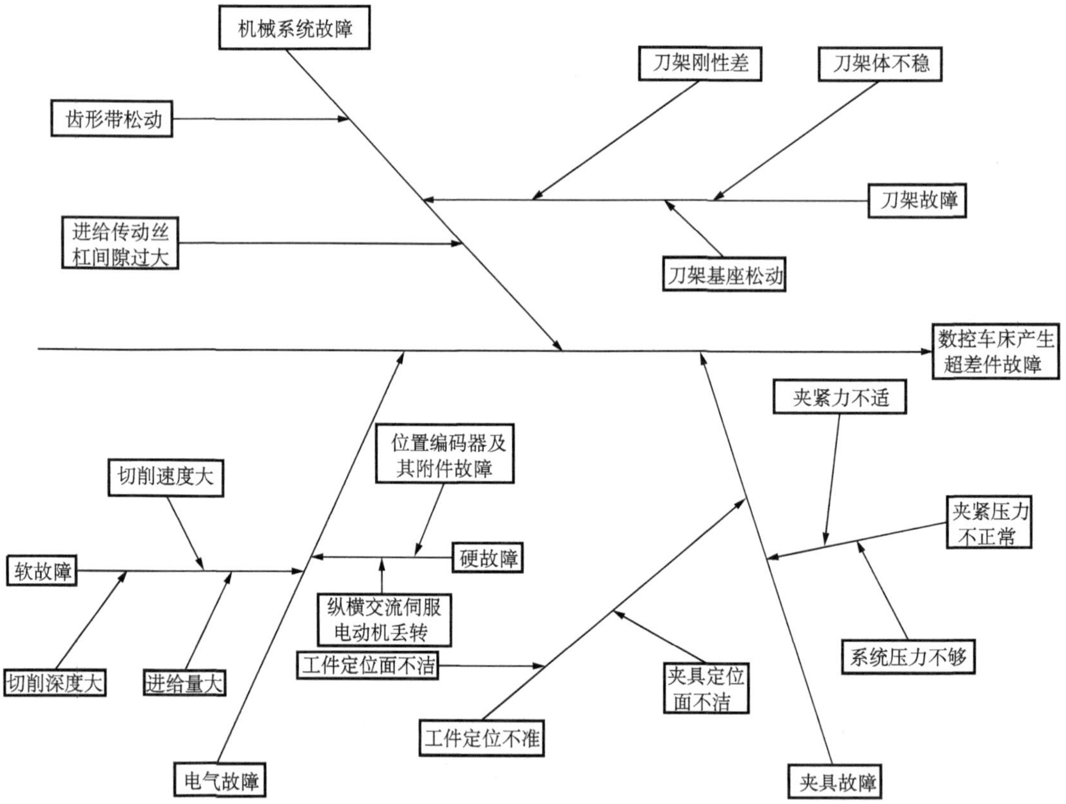

图 12-4　某数控车床产生超差件故障的因果图

为工件定位不准、夹紧压力不正常两个中原因。工件定位不准又分为工件定位面不洁和夹具定位面不洁两个小原因；夹紧压力不正常又分为系统压力不够和夹紧力不适两个小原因。因此维修人员可以根据故障现象并依据因果图，从大原因开始向小原因逐步检查，直到找出真正引起故障的原因，并采取相应的措施予以解决。

因果图的显著特点是要做到"重要因素不要遗漏"和"不重要的因素不要绘制"，做到这两点应从两个方面着手：一是找出原因，应尽可能具体到确定原因；另一个是系统整理这些原因。查找原因时，要求开放式的积极讨论，最有效的方法是"头脑风暴法"，因此，作图时除主要设计、试验人员外，还应吸收有关方面人员参加并充分发表意见，特别应该重视现场人员的意见，并要从已有资料和信息中进行分析，通过试验进行验证，到现场进行调查等，找出原因，这样的因果分析图才是改进产品质量、提高可靠性的有力依据。

因果图和排列图各有侧重点，将二者配合使用，优势互补，其效果将更佳，往往能取得事半功倍、意想不到的结果。

12.3.3　数据分析的直方图

直方图又称质量分布图、柱状图，是用来整理数据，找出其规律性的一种常用方法。通过作直方图，可以求出一批数据(一个样本)的样本均值及样本标准差，更重要的是根据直方图的形状可以初步判断该批数据(样本)的总体属于哪类常见分布。绘制直方图法的具体步骤如下：

(1) 在收集到的一批数据 $x_1,\cdots,x_n$ 中，找出其最大值 L_a 和最小值 S_m，即 $L_a=\max\{x_1,\cdots,x_n\}$，$S_m=\min\{x_1,\cdots,x_n\}$ 。

(2) 将数据分组。分组的组数并没有统一规定，但太多太少皆会使直方图失真。分组数 k 一般由经验公式(12-1)确定，即

$$k=1+3.3\lg n \tag{12-1}$$

(3) 计算组距 Δt，即组与组之间的间隔为

$$\Delta t=(L_a-S_m)/k \tag{12-2}$$

实际使用中应对 Δt 适当修约，便于绘图。

(4) 确定组界，即确定各组上限值和下限值。为了避免数据落在分点上，一般将分点值取的比该批数据多一位小数；或将分点值取成等于下限值和小于上限值，即按左闭右开区域[　)来分配数据。

(5) 确定组中值

$$t_i=\frac{\text{某组下限值}+\text{某组上限值}}{2} \tag{12-3}$$

(6) 统计落入各组的频数 Δr_i 和频率 w_i

$$w_i=\frac{\Delta r_i}{n} \tag{12-4}$$

(7)计算样本均值 $\bar{t}$

$$\bar{t}=\frac{1}{n}\sum_{i=1}^{k}\Delta r_i\cdot t_i=\sum_{i=1}^{k}w_i t_i \tag{12-5}$$

(8) 计算样本标准差 s

$$s=\sqrt{\frac{1}{n-1}\sum_{i=1}^{k}\Delta r_i(t_i-\bar{t})^2} \tag{12-6}$$

(9) 绘制直方图。

① 频数直方图。

以失效时间为横坐标、各组的失效频数为纵坐标，作失效频数直方图，如图 12-5 所示。

② 频率直方图。将各组频率除以组距 Δt，取 $w_i/\Delta t$ 为纵坐标，失效时间为横坐标，作失效频率分布图，如图 12-6 所示。由图 12-6 看出，当样本量增大，组距缩小时，将各直方之中点连成一条曲线，则它是分布密度曲线的一种近似。

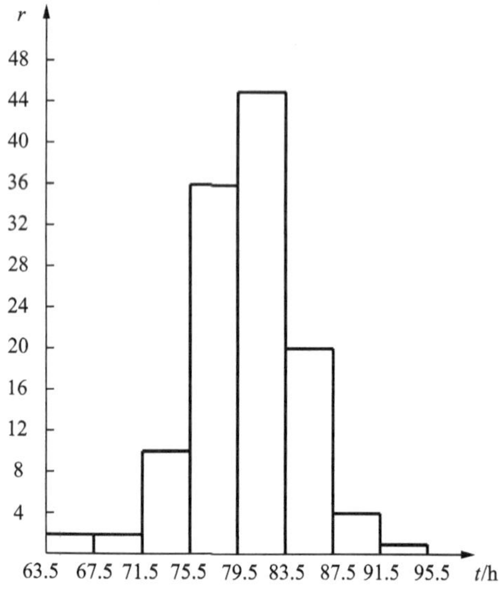

图 12-5　失效频数直方图

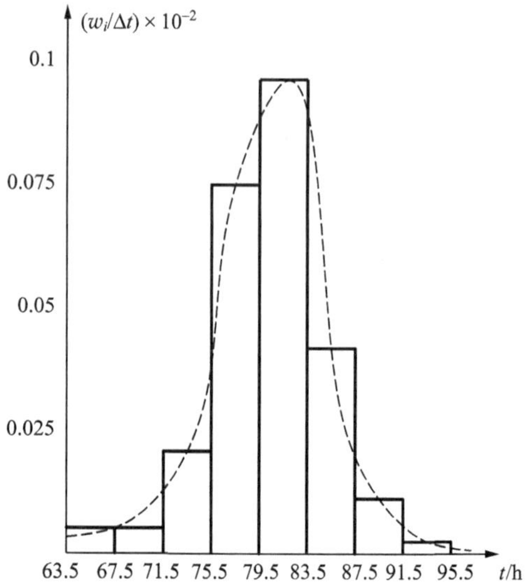

图 12-6　失效频率直方图

在各组组距相同时(在实际处理数据时，组距也可以取不等)，产品的频数直方图的形状和频率直方图的形状是相同的，但应注意它们的纵坐标不同。

③ 累积频率分布图。第 i 组的累积频率为

$$F_i=\sum_{j=1}^{i}w_j=\sum_{j=1}^{i}\frac{\Delta r_j}{n}=\frac{r_i}{n} \tag{12-7}$$

式中，r_i 为至第 i 组结束时的累积频数，$r_i=\sum_{j=1}^{i}\Delta r_j$ 。

以累积频率为纵坐标，失效时间为横坐标，作累积频率分布图，如图 12-7 所示。当样本量逐渐增大到无穷，组距 $\Delta t\to 0$，那么各直方中点的连线将趋近于一条光滑曲线，表示累积失效分布曲线。

由上述直方图的形状可以初步判断数据分布的类型。

④ 产品平均失效率曲线。为初步判断产品的失效分布，也可作产品的平均失效率随时间变化的曲线。平均失效率 $\bar{\lambda}(\Delta t_i)$(也表示为 $\bar{\lambda}(t_{i-1},t_i)$)，表示在 Δt 时间区间内产品的平均失效率，即

$$\bar{\lambda}(\Delta t_i)=\frac{\Delta r_i}{n_{s,i-1}\Delta t_i} \tag{12-8}$$

式中，Δr_i 指在 Δt_i 时间区间内的失效频数，也可表示为 $\Delta r_i(t_i)$；$n_{s,i-1}$ 指进入第 i 个时间区间(第 i 组)时的受试样品数，也可以表示为 $n_s(t_{i-1})$(至 t_{i-1} 时刻为止继续受试的样品数)，即

$$n_{s,i-1}=n-r_{i-1} \tag{12-9}$$

而 r_{i-1} 指进入第 i 个时间区间时的累积失效数，也可表示为 $r(t_{i-1})$。绘制由计算得到的平均失效率曲线，如图 12-8 所示。

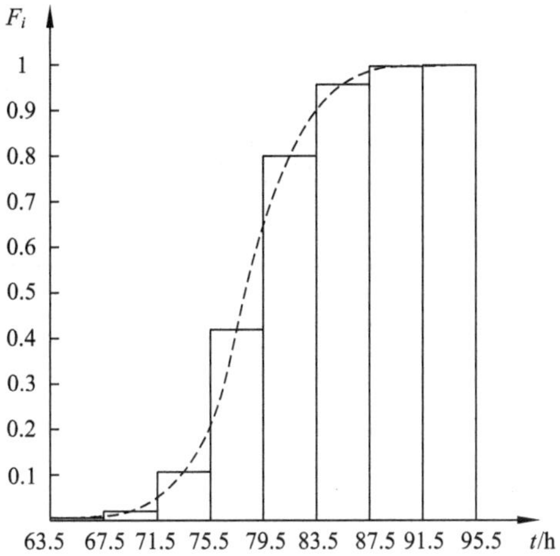

图 12-7　累积频率分布图

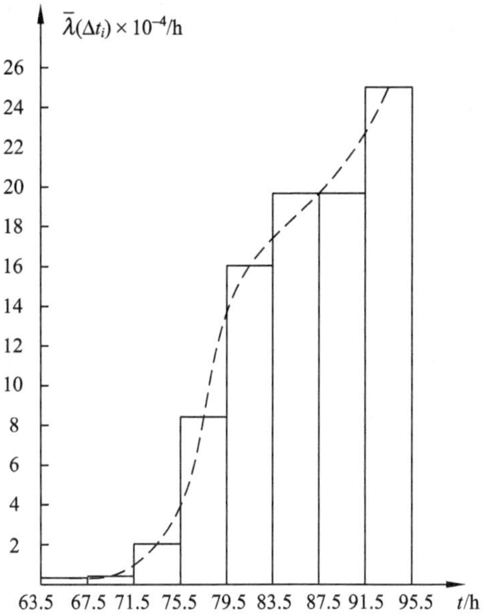

图 12-8　平均失效率曲线

例 12-1　经抽查 120 件某型号产品，其寿命见表 12-1 所示，试求平均寿命及其标准差，并做产品直方图及平均失效率曲线，初步判断其寿命为何种分布。

表 12-1　某型号产品寿命数据　　（单位：$\times 10^2$ h）

86	83	77	81	81	80	79	82	82	81	75	79	85	75	74	71	88	82	76	85
82	78	80	81	87	81	77	78	77	78	81	79	77	78	81	87	83	65	64	78
77	71	95	78	81	79	80	77	76	82	80	80	77	81	75	83	90	80	85	81
84	79	90	82	79	82	79	86	76	78	82	84	85	84	82	85	84	82	85	84
82	78	73	83	81	81	83	89	81	86	81	87	77	77	80	82	83	75	82	82
78	84	84	84	81	81	74	78	78	80	74	78	73	78	75	82	77	78	78	78

解：(1)最大值和最小值分别为

$$L_a=95\times 10^2\,\text{h}$$

$$S_m=64\times 10^2\,\text{h}$$

(2) 按式(12-1)计算，分成 8 组

$$k=1+3.3\lg 120=7.86\approx 8$$

(3) 组距

$$\Delta t=\frac{95\times 10^2-64\times 10^2}{8}=3.875\times 10^2\approx 4\times 10^2\,\text{h}$$

(4) 列表计算，见表 12-2。

表 12-2 某型号产品寿命分组数据累积频率计算表

序号	时间区间 /×10²h	中心值 t_i /×10²h	频数 Δr_i	频率 w_i	$w_i \cdot t_i$ /×10²h	$(t-\bar{t})$/×10²h	$\Delta r_i(t_i-\bar{t})^2$	累积频率 F_i
1	63.5～67.5	65.5	2	0.01667	1.0919	−14.7026	432.3329	0.01667
2	67.5～71.5	69.5	2	0.01667	1.1586	−10.7026	229.0913	0.03333
3	71.5～75.5	73.5	10	0.08333	6.1248	−6.7026	449.2485	0.11667
4	75.5～79.5	77.5	36	0.3	23.25	−2.7026	262.9457	0.41667
5	79.5～83.5	81.5	45	0.375	30.5625	1.2974	75.7461	0.79167
6	83.5～87.5	85.5	20	0.1667	14.2529	5.2974	561.2489	0.95833
7	87.5～91.5	89.5	4	0.03333	2.9830	9.2974	345.7666	0.9917
8	91.5～95.5	93.5	1	0.00833	0.7789	13.2974	176.8208	1.0000
总和			120		80.2026		2533.2008	

(5) 平均寿命

$$\bar{t}=\frac{1}{n}\sum_{i=1}^{k}\Delta r_i \cdot t_i=8.025\times 10^3\,\text{h}$$

(6) 样本标准差

$$s=\sqrt{\frac{1}{n-1}\sum_{i=1}^{k}\Delta r_i(t_i-\bar{t})^2}=4.4988\times 10^2\,\text{h}$$

因此,该型号产品的平均寿命为 8.025×10^3h,其寿命的样本标准差为 4.4988×10^2h。

(7) 作直方图,如图 12-5、图 12-6 和图 12-7 所示。

(8) 平均失效率的计算。由式(12-8)计算,结果见表 12-3,根据计算结果作直方图,如图 12-8 所示。

(9) 该型号产品失效分布的初步判断。由图 12-8 可知,产品失效率随时间的增长而增加,属于耗损型失效;又由图 12-5 和图 12-6 知,直方图形状左右对称,具有中间大、两头小的特点。因此,可初步判断该型号产品的失效分布为正态分布。

表 12-3 某型号产品寿命分组数据平均失效率计算表

时间区间 /×10²	Δr_i	$n_{s,i-1}$	Δt_i	$\bar{\lambda}(\Delta t_i)\times10^{-4}$/h
63.5～67.5	2	120	400	0.4167
67.5～71.5	2	118	400	0.4237
71.5～75.5	10	116	400	2.155
75.5～79.5	36	106	400	8.490
79.5～83.5	45	70	400	16.07
83.5～87.5	20	25	400	20
87.5～91.5	4	5	400	20
91.5～95.5	1	1	400	25

12.3.4　样本的经验分布函数

1. 经验分布函数的定义

假设 $X_1 \leqslant X_2 \leqslant \cdots \leqslant X_n$ 为来自总体 X 的一组样本，按样本观测值从小到大的顺序，将其排列为 $x_1 \leqslant x_2 \leqslant \cdots \leqslant x_n$，则经验分布函数被定义为

$$F_n(x)=\begin{cases} 0 & x < x_{(1)} \\ \vdots & \vdots \\ \dfrac{i}{n} & x_{(i)} \leqslant x < x_{(i+1)} \\ \vdots & \vdots \\ 1 & x \geqslant x_{(n)} \end{cases} \tag{12-10}$$

2. 样本观测值的性质

(1) $0 \leqslant F_n(x) \leqslant 1$；

(2) $F_n(x)$是非减函数；

(3) $F_n(x)$在每个 $x_{(i)}$ 处是右连续的，点 $x_{(i)}$ 是 $F_n(x)$的跳跃点。

样本分布函数 $F_n(x)$是事件 $\xi \leqslant x$ 的频率，总体分布函数 $F(x)$是事件 $\xi \leqslant x$ 的概率。对于不同的样本观测值，得到的经验分布函数也不相同，不过，经验分布函数 $F_n(x)$是总体分布 $F(x)$的近似，当样本容量 n 足够大时，经验分布函数 $F_n(x)$与总体分布函数 $F(x)$之间只有很小的差别，具体见下述定理。

定理 12.1(格里文科定理)　设 $x_1 \leqslant x_2 \leqslant \cdots \leqslant x_n$ 为来自总体 X 的独立同分布样本，则当 $n \to \infty$ 时，$F_n(x)$依概率 1 均匀地收敛于 $F(x)$，即

$$P\left\{\lim_{n\to\infty} \sup_{-\infty<x<+\infty} |F_n(x)-F(x)|=0\right\}=1 \tag{12-11}$$

该定理表明，只要样本量足够大，经验分布函数 $F_n(x)$是总体分布函数的一个良好近似。

12.4　分布的拟合优度检验

分布的检验是通过产品可靠性寿命试验或现场使用等获得的统计数据，来推断产品的寿命分布是否服从初步整理分析所选定的分布，推断的依据是拟合优度检验。拟合优度是观测值的分布与先验的或拟合观测值的理论分布之间符合程度的度量。

对来自总体的一个样本，根据 12.3 节介绍的直方图等初步整理分析，可以初步判断样本数据服从某一分布。但是，该样本分布与总体分布之间是有差异的，其差异来自于两个方面：①假设的分布不正确，它不是总体的分布，这时二者的差异较大；②假设的分布与总体分布符合，但因抽样的随机性会引起偏差，这偏差是随机的，称为随机误差，这种偏差比①要小得多。因此，可以确定一个偏差的界限，若由样本计算出的偏差大于此界限，则不能认为经验分布与总体分布符合；若偏差小于此界限就认为二者符合，原先的选择是正确的。基于这种思想，设偏差为 D，由于其为随机变量，可以研究 D 的分布。根据样本计算偏差 D 的实现值 d，再由 D 的分布与显著性水平 α(α 是一个小概率)，计算一个界限 d_α，d_α 由 $P(D \geqslant d_\alpha)=\alpha$ 计算，然后，以“小概率事件

在一次试验当中几乎不可能发生”的原则进行判决，具体而言：如果 $D \geqslant d_{\alpha}$，则偏差落入大于临界值的范围，发生了小概率事件，则拒绝原来的假设，认为选定的分布与总体分布之间差异较大。因此，当由样本计算的偏差 D 的实现值 d 超过 d_{α} 时，拒绝原假设，否则接受原假设。

根据上述思想，拟合优度检验的一般步骤如下。

(1) 提出假设 H_0：即所要检验的假设 H_0 的内容。

(2) 引进统计量：根据 H_0 的内容选取合适的统计量。

(3) 确定统计量的精确分布或渐近分布。

(4) 根据观测到的样本值计算出统计量的观测值 d。

(5) 确定适当的显著性水平 α（一般取 0.10、0.05、0.01 等），相应求得 D 的临界值 d_0，使

$$P(D \geqslant d_0) = \alpha$$

(6) 比较 d 和 d_0 的大小，当 $d > d_0$ 时，拒绝假设 H_0，当 $d < d_0$ 时，接受假设 H_0。

在实际工作中，对于分布的拟合优度检验往往用到一种最简单最直观的方法，它就是作图法，即将统计得到的经验分布函数在假设分布的概率纸上描点，若所描点的连线呈直线趋势，则可认为所抽样本服从假设的分布。概率纸作图检验虽简单方便，但所连直线因人而异，判断往往不精确，因此解析检验方法仍然被经常用到。

12.4.1 皮尔逊 χ^2 检验

皮尔逊 χ^2 检验是在总体 X 的分布未知时，根据来自总体的样本，检验关于总体分布的假设的一种检验方法。

首先，设总体 X 的分布函数是 $F(x)$，根据来自该总体的样本检验原假设，即

$$H_0: F(x) = F_0(x)$$

然后，根据样本的经验分布和所假设的理论分布之间的吻合程度，来决定是否接受原假设。

皮尔逊 χ^2 检验的基本原理和步骤如下：

(1) 将总体 X 的取值范围分成 k 个互不重叠的区间，记为

$$A_1, A_2, \cdots, A_k$$

其中，$A_1 = (a_0, a_1]$，$A_2 = (a_1, a_2]$，$\cdots$，$A_k = (a_{k-1}, a_k)$，$-\infty \leqslant a_0 < a_1 < a_2 < \cdots < a_{k-1} < a_k < +\infty$，要求 a_i 是分布函数 $F_0(x)$ 的连续点，a_0 可以取 $-\infty$，a_k 可以取 $+\infty$。

(2) 把落入第 i 个小区间 A_i 的样本的个数记为 n_i，称为实测频数，所有实测频数之和等于样本容量 n。

(3) 用 p_i 表示总体 X 的值落入每个区间 A_i 的概率，$0 < p_i < 1$ $(i = 1, 2, \cdots, k)$，则

$$p_i = P\{a_{i-1} < X < a_i\} = F_0(a_i) - F_0(a_{i-1}) \quad (i = 1, 2, \cdots, k) \tag{12-12}$$

np_i 就是落入 A_i 的样本值的理论频数。

(4) 选用统计量 χ^2 作为经验分布和假设的理论分布之间的差异度，来检验 H_0 是否成立，如式(12-13)所示。

$$\chi^2 = \sum_{i=1}^{k} \frac{(n_i - np_i)^2}{np_i} \tag{12-13}$$

根据 Pearson 定理：不论 $F_0(x)$ 是何分布函数，只要 n 充分大（$n \geqslant 50$），当假设 H_0 成立时，上述统计量 χ^2 都近似地服从自由度为 $k-m-1$ 的 χ^2 分布，其中，m 是 $F_0(x)$ 中未知参数的个数。

(5) 对于给定的显著水平 α，查 χ^2 分布表得出临界值 $\chi^2_\alpha(k-m-1)$，使

$$P\{\chi^2 > \chi^2_\alpha(k-m-1)\} = \alpha \tag{12-14}$$

(6) 由样本值计算出 χ^2 统计量的值，并比较：

当 $\chi^2 > \chi^2_\alpha(k-m-1)$ 时，拒绝 H_0；

当 $\chi^2 \leqslant \chi^2_\alpha(k-m-1)$ 时，接受 H_0。

皮尔逊 χ^2 检验方法使用范围非常广泛，不管总体是离散型随机变量，还是连续型随机变量；总体分布的参数可以是已知，也可以是未知；可以用于完全样本，也可以用于截尾样本和分组数据。然而，在应用该检验方法时，需要注意以下问题：

(1) 要求样本容量 n 必须足够大，一般 $n \geqslant 50$；

(2) χ^2 检验是一种非参数检验，若分布函数 $F_0(x)$ 中含有 m 个未知参数，需先用极大似然估计法求出未知参数的估计值，然后再进行检验；

(3) 若理论频数 np_i 不小于 5，则应将相邻的小区间进行合并，直至 $np_i \geqslant 5$，合并区间的同时，也将实测频数合并，合并后的小区间数设为 k^*，则此时 χ^2 统计量的自由度变为 k^*-m-1。

例 12-2　将 250 个元件进行加速寿命试验，每隔 100h 检验一次，记下失效产品个数，直到全部失效为止。不同时间内失效产品个数列于表 12-4。试问这批产品寿命是否服从指数分布 $F_0(t)=1-e^{-t/300}$？

表 12-4　某元件加速寿命试验数据表

时间区间/h	失效数	时间区间/h	失效数	时间区间/h	失效数
0～100	39	400～500	25	700～800	6
100～200	58	500～600	22	800～900	6
200～300	47	600～700	12	900～1000	2
300～400	33				

解：因为假设没有给出产品寿命的均值 θ，而仅说它服从指数分布，因此，需要先求出它的极大似然估计，即

$$\hat{\theta} = \frac{1}{250}\sum_{i=1}^{10} n_i \bar{t}_i = \frac{1}{250}(50 \times 39 + 150 \times 58 + \cdots + 950 \times 2) = 300(\mathrm{h})$$

式中：$\bar{t}_i$ 取组中值，即每一组数据的中点。下面的检验是对原假设：

$$H_0: F(t) = F_0(t) = 1 - e^{-t/300}$$

进行的。为使用 χ^2 检验法，首先对数据进行分组。一般组数在 7～20 个为宜，每组中观测值个数最好不少于 5 个。在这个例子中可按测试区间分组，而把最后两组合并成一组，然后分别计算：

$$\hat{p}_1 = F_0(100) = 1 - e^{-100/300} = 0.2835$$

$$\hat{p}_2 = F_0(200) - F_0(100) = 1 - e^{-200/300} - (1 - e^{-100/300}) = 0.2031$$

同理，可计算 $\hat{p}_3, \cdots, \hat{p}_9$；结果列于表 12-5 的第三列。

表 12-5　拟合优度检验的计算

组号	n_i	$\hat{p}_i$	$n\hat{p}_i$	$n_i-n\hat{p}_i$	$(n_i-n\hat{p}_i)^2$	$\frac{(n_i-n\hat{p}_i)^2}{n\hat{p}_i}$
1	39	0. 2835	70. 88	−31. 88	1016. 33	14. 34
2	58	0. 2031	50. 78	7. 22	52. 13	1. 03
3	47	0. 1455	36. 38	10. 62	112. 78	3. 10
4	33	0. 1043	26. 08	6. 92	47. 89	1. 84
5	25	0. 0747	18. 68	6. 32	39. 94	2. 14
6	22	0. 0536	13. 40	8. 6	73. 96	5. 52
7	12	0. 0383	9. 58	2. 42	5. 86	0. 61
8	6	0. 0275	6. 88	−0. 88	0. 77	0. 11
9	8	0. 0695	17. 38	−9. 38	87. 98	5. 06

最后，计算统计量 $\hat{\chi}^2$ 的观测值为

$$\hat{\chi}^2=\sum_{i=1}^{9}\frac{(n_i-n\hat{p}_i)^2}{n\hat{p}_i}=33.74$$

取显著水平 $\alpha=0.01$，可查得临界值为 $\chi^2_{0.01}(9-1-1)=\chi^2_{0.01}(7)=18.48$。由于 $\hat{\chi}^2>\chi^2_{0.01}(7)$，所以拒绝原假设，即不能认为这批产品的寿命服从指数分布。

例 12-3　在现场统计了 100 台某型设备的故障时间数据，如表 12-6 所示，现初步假设其寿命分布为正态分布，并估计得到其参数 $\mu=4300\text{h}$，$\sigma=1080\text{h}$，试用 χ^2 检验判断其假设的正确性（$\alpha=0.1$）。

表 12-6　设备故障数据表

时间区段/h	失效数	删除数
1800～2600	7	0
2600～3100	6	1
3100～3500	8	1
3500～3900	8	5
3900～4100	6	2
4100～4400	11	6
4400～4600	9	5
4600～4800	7	1
4800～5300	7	3
5300～6500	6	1

解：原假设 H_0：设备寿命服从参数 $\mu=4300\text{h}$，$\sigma=1080\text{h}$ 的正态分布。用 χ^2 检验判断假设正确与否，计算结果见表 12-7，其中 $\chi^2=5.5711$，显著性水平 $\alpha=0.1$。由于自由度 $k-m-1=10-2-1=7$，$\alpha=0.1$，查 χ^2 分布表，得 $\chi^2_{0.1}(7)=12.017>5.5711=\chi^2$，所以，接受 H_0，认为该设备寿命服从正态分布 $N(4300,1080^2)$。

表 12-7　拟合优度检验的计算

$t_{i-1}\sim t_i$ 时间区段/h	失效数 r_i	删除数 Δk_i	n_{i-1}	理论值 $R(t_i)$	p_i	$n_{i-1}p_i$	$(r_i-n_{i-1}p_i)^2$	$\frac{(r_i-n_{i-1}p_i)^2}{n_{i-1}p_i}$
1800～2600	7	0	100	0.9418	0.00582	5.82	1.39	0.239
2600～3100	6	1	93	0.8665	0.07995	7.435	2.059	0.277
3100～3500	8	1	86	0.7703	0.1110	9.546	2.39	0.25
3500～3900	8	5	77	0.6443	0.1636	12.597	21.13	1.68
3900～4100	6	2	64	0.5734	0.1100	7.04	1.082	0.154
4100～4400	11	6	56	0.4629	0.1927	10.79	0.0441	0.0041
4400～4600	9	5	39	0.3905	0.1564	6.1	8.41	1.38
4600～4800	7	1	25	0.3217	0.1762	4.4	6.76	1.53
4800～5300	7	3	17	0.1773	0.4489	7.63	0.397	0.052
5300～6500	6	1	7	0.0207	0.8834	6.18	0.0324	0.005

12.4.2　Kolmogorov-Smirnov 检验

Kolmogorov-Smirnov 检验，简写为 K-S 检验，常译成柯尔莫哥洛夫-斯米尔诺夫检验，亦称为 D 检验法，也是一种拟合优度检验方法。它涉及一组样本数据的实际分布与某一指定的理论分布间相符合程度的问题，用来检验所获取的样本数据是否来自具有某一理论分布的总体。K-S 检验的功效要比 χ^2 检验更强，对于特别小的样本数目，χ^2 检验不能应用，但 K-S 检验则不受限制，但总体的分布必须假定为连续型分布且不含有任何未知参数。

K-S 检验法的基本原理及步骤如下：

(1) 设总体 X 的分布函数为 $F(x)$，$X_1, X_2, \cdots, X_n$ 是来自于总体 X 的简单随机样本，按照样本观测值从小到大顺序排列为

$$x_{(1)} \leqslant x_{(2)} \leqslant \cdots \leqslant x_{(n)}$$

(2) 得到经验分布函数 $F_n(x)$，即

$$F_n(x)=\begin{cases} 0 & x \leqslant x_{(1)} \\ \dfrac{i}{n} & x_{(i)} \leqslant x \leqslant x_{(i+1)} \\ 1 & x \geqslant x_{(n)} \end{cases} \tag{12-15}$$

(3) 提出原假设

$$H_0: F(x)=F_0(x)$$

其中，$F_0(x)$ 为给定的连续分布函数。

(4) 提出检验统计量

$$D_n=\sup_{-\infty<x<+\infty}\left|F_n(x)-F(x)\right| \tag{12-16}$$

当假设 H_0 成立时，对于给定的 n，可以得到 D_n 的精确分布和 $n\to\infty$ 时的极限分布。

(5) 在计算统计量 D_n 时，先求出

$$\delta_i=\max\{\left|F_0(x_{(i)})-(i-1)/n\right|, \left|F_0(x_{(i)})-i/n\right|\} \quad (i=1,\cdots,n) \tag{12-17}$$

然后，在 $\delta_1, \cdots, \delta_n$ 中选择最大的一个便是 D_n，即

$$D_n = \max_i \{\delta_i\} \tag{12-18}$$

(6) 对于给定的显著水平 α 和样本容量 n，通过查找 D_n 极限分布表得到临界值 D_n^α。当

$$D_n \leqslant D_n^\alpha \tag{12-19}$$

时，接受假设 H_0；否则拒绝假设 H_0。

例 12-4　设从连续分布总体中抽取容量为 20 的样本，样本观测值如表 12-8 所示，试在显著性水平 $\alpha=0.05$ 下，检验其是否服从均值 $\mu=30$，方差 $\sigma_2=100$ 的正态分布。

表 12-8　样本的观测值

39	67	42	43	26	29	48	53	21	37
15	40	34	23	45	30	49	32	58	19

解：(1)把样本观测值按照从小到大的顺序排列，即

$$x_{(1)} \leqslant x_{(2)} \leqslant \cdots \leqslant x_{(20)}$$

见表 12-9 的第二列。

(2) 得到经验分布函数 $F_n(x)$，计算 $F_n(x)$的观察值，列入表 12-9 的第三列。

$$F_n(x) = \begin{cases} 0 & x < 15 \\ 0.05 & 15 \leqslant x < 19 \\ 0.10 & 19 \leqslant x < 21 \\ \vdots & \vdots \\ 1 & x > 67 \end{cases}$$

(3) 假设 $F_0(x)$为 $N(30,10^2)$，$F(x)$为总体分布函数，要检验假设

$$H_0: F(x) = F_0(x)$$

利用标准正态分布表计算 $F_0(x)$的值，即

$$F_0(x) = \Phi[(x-\mu)/\sigma] = \Phi[(x-30)/10]$$

并将 $F_0(x)$的计算结果列于表 12-9 的第四列。

(4) 计算 $F_n(x)$与 $F_0(x_{(i)})$的差。

记 $d_{i1} = |F_0(x_{(i)}) - F_n(x_{(i-1)})|$，$d_{i2} = |F_0(x_{(i)}) - F_n(x_{(i)})|$，分别列于表 12-9 的第五列和第六列。

表 12-9　K-S 检验的计算

序号	x_i	$F_n(x_i)$	$F_0(x_{(i)})$	d_{i1}	d_{i2}	δ_i
1	15	0.05	0.067	0.067	0.017	0.067
2	19	0.10	0.136	0.086	0.036	0.086
3	21	0.15	0.185	0.085	0.035	0.085
4	23	0.20	0.242	0.092	0.042	0.092
5	26	0.25	0.345	0.145	0.008	0.145
6	29	0.30	0.461	0.211	0.161	0.211
7	30	0.35	0.500	0.200	0.150	0.200

续表

序号	x_i	$F_n(x_i)$	$F_0(x_{(i)})$	d_{i1}	d_{i2}	δ_i
8	32	0.40	0.579	0.229	0.179	0.229
9	34	0.45	0.655	0.255	0.205	0.255
10	37	0.50	0.758	0.308	0.258	0.308
11	39	0.55	0.815	0.315	0.265	0.315
12	40	0.60	0.841	0.291	0.241	0.291
13	42	0.65	0.884	0.284	0.234	0.284
14	43	0.70	0.903	0.253	0.203	0.253
15	45	0.75	0.933	0.233	0.183	0.233
16	48	0.80	0.964	0.214	0.164	0.214
17	49	0.85	0.971	0.171	0.121	0.171
18	53	0.90	0.989	0.139	0.089	0.139
19	58	0.95	0.997	0.097	0.047	0.097
20	67	1	0.999	0.049	0	0.049

(5) 根据表 12-9 可知

$$D_n = \max_i\{\delta_i\} = 0.315$$

(6) 由显著性水平 $\alpha = 0.05$，查找 D_n 极限分布表，得到临界值 $D_{20}^{0.05} = 0.32886$。因为

$$D_n = 0.315 < 0.32886$$

所以接受 H_0，可以认为样本服从正态分布 $N(30,10^2)$。

12.5 指数分布寿命试验的数据分析

在可靠性寿命试验和进行数据分析中，指数分布占有相当重要的地位。在许多场合下首先假设产品的寿命分布为指数分布，然后再进行试验，并对试验数据进行分析，计算出产品的各项可靠性特征。

12.5.1 指数分布寿命试验的意义

1. 指数分布的寿命试验在实际使用中较为普遍

在分析产品典型失效率曲线发现，产品失效分为早期失效期、偶然失效期及耗损失效期。产品在偶然失效期的寿命分布接近指数分布，即失效率 $\lambda(t)$ 接近于一个常数。这是讨论指数分布寿命试验，并广泛应用指数分布所给出的结论的一个重要原因。

2. 指数分布与许多试验结果较为接近

寿命服从指数分布模型的物理基础是产品受到应力的偶然冲击而引起失效。很多产品的失效服从威布尔分布，而当形状参数 $m=1$ 时，就是指数分布。

3. 可用指数分布当做实际分布

在有些情况下，产品的寿命分布不能用威布尔分布、正态分布、对数正态分布等来描述，或者

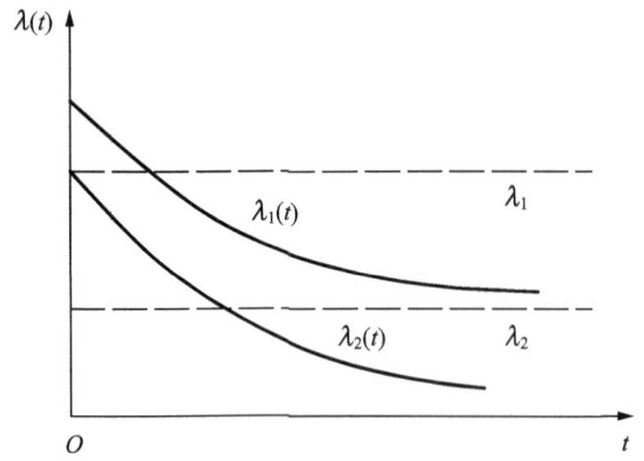

图 12-9 失效率 $\lambda_i(t)$用指数分布来近似的情形

即使能用，但是产品的可靠性指标尚未找到严格而又方便的计算公式。为了寻找一种统一的对比方法，不得不采用指数分布的各种结果，虽然这种近似有时精度较低，但是对同一种产品能定量地说明问题。

例如，一种产品在两种应力下，或两个不同工厂生产的同类产品经试验后失效率 $\lambda_1(t)$、$\lambda_2(t)$ 的曲线如图 12-9 所示。若分别以指数分布来近似，则失效率可用图 12-9 中的两条虚线 λ_1、λ_2 来表示。图中显示这种近似虽不精确，但是能比较出这两种产品的可靠性水平。

12.5.2 指数分布寿命试验的设计

1. 确定测试周期

若产品的寿命服从指数分布，累积失效分布函数为

$$F(t)=1-e^{-\frac{t}{\theta}} \tag{12-20}$$

式中，θ 为该试验条件下产品的平均寿命；t 为失效时间随机变量。

根据式(12-20)，测试时间 $t_i(i=1,2,\cdots)$可按式(12-21)估计得出

$$t_i=\theta\ln\frac{1}{1-F(t_i)} \qquad i=1,2,\cdots \tag{12-21}$$

式中，θ 为假设的平均寿命；$F(t_i)$可按等间隔取值，例如 2%，4%，6%，…。

对于预计累积失效概率较低时就停止的试验，$F(t_i)$的间隔可取密些，反之则取得疏些。实际安排测试时间时，对平均寿命 θ 及其分布往往不了解，这时可将 θ 估计得略小些，以便使开始的测试点前移，然后可根据实际情况适当调整。表 12-10 中列出了根据累计失效概率确定测试时间。

表 12-10 测试时间选择

$F(t_i)/\%$	2	4	6	8	10	12	14	16	18	20
t_i/θ	0.02	0.04	0.06	0.08	0.10	0.13	0.15	0.17	0.20	0.22
$F(t_i)/\%$	22	24	26	28	30	32	34	36	38	40
t_i/θ	0.25	0.27	0.30	0.33	0.36	0.38	0.42	0.45	0.48	0.51
$F(t_i)/\%$	42	44	46	48	50	52	54	56	58	60
t_i/θ	0.55	0.58	0.61	0.65	0.69	0.73	0.78	0.82	0.87	0.92
$F(t_i)/\%$	62	64	66	68	70	72	74	76	78	80
t_i/θ	0.97	1.02	1.08	1.14	1.20	1.27	1.35	1.43	1.51	1.61

例 12-5 从摸底试验中，已知某开关管在 300℃，250℃，200℃时的平均寿命 θ 约分别为 80，300，3000h，现将这种管子放在这三种温度下做高温贮存寿命试验，并要求在测试过程中得到的累积失效概率分别为 4%、10%、20%、40%、60%。问这些测试时间应如何安排。

解:从表 12-10 可看出 $F(t_i)$ 及 $\frac{t_i}{\theta}$ 的关系。将上述数据代入,便可得出表 12-11 所列数值。

表 12-11　测试时间选择

$F(t_i)$(%)		4	10	20	40	60
t_i/θ		0.04	0.10	0.22	0.51	0.92
测试时间 t_i(小时)	300℃	80×0.04=3.2	8	17.6	41	73.6
	250℃	300×0.04=12	30	66	153	276
	200℃	3000×0.04=120	300	660	1530	2760

实际上在安排测试时间时,平均寿命 θ 及其分布往往不太了解,这时可将 θ 估计得略小一些。这样,可使初始测量点前移,利用表 12-11 算出测试时间,然后根据实际情况再作调整。

2. 确定样本容量

指数分布的寿命试验中,样本容量 n 主要决定于样品的价格、试验、测试工作的复杂程度以及试验总时间等。一般说来,样本容量大的,可以早些结束试验。通常,将样本容量 $n<20$ 的样本称为小样本。

假设试验样本容量为 n,则在时间 t 内出现 r 个失效的概率可近似表示为

$$r/n=1-e^{-t/\theta} \tag{12-22}$$

导出

$$n=r/F(t) \tag{12-23}$$

式中,n 为样本容量;r 为结束试验时被试样本失效个数;$F(t)$ 为结束试验时的累计失效概率。

由式(12-23)可容易求出试验结束的时间

$$t=\theta\ln(n/n-r) \tag{12-24}$$

若给定样本的平均寿命,可应用表(12-20)和式(12-23),求出在时间 t 内能观察到 r 个失效时的样本容量 n。

例 12-6　已知某种产品的平均寿命 $\theta=3000$h,希望在 1000h 的试验中能观察到 $r=5$ 个失效,试问样本容量 n 的值?

解:当 $t=1000$h,$\theta=3000$h 时,则 $\frac{t}{\theta}=\frac{1000}{3000}=0.333$。

从表 12-10 中可以查出,当 $\frac{t}{\theta}=0.333$ 时,$F(t)=\frac{r}{n}=28\%$。

因此,$n=r\times\frac{1}{F(t)}=5\times\frac{1}{0.28}=17.86$。故取 $n=18$。

3. 确定试验截止时间

从前面的讨论中不难看出,试验时间 t 与样本容量 n 和失效数 r 有关。当试验中累积失效概率 $\frac{r}{n}$ 达到规定值时就结束试验,试验时间 t 约需 $\theta\ln\frac{n}{n-r}$h。因此,当粗略地估计了产品在该试验条件下的平均寿命后,便可估计试验所需时间。

12.5.3 指数分布截尾寿命试验及参数的点估计

1. 按失效时间的统计分析

一般产品在偶然失效期，其寿命接近指数分布。设投试样本数为 n，在试验结束时共有 r 个样本失效，且失效时间分别为 $t_1,t_2,\cdots,t_r$。现就四种截尾试验分别讨论平均寿命 θ 和失效率 λ 的点估计问题。

1) $[n,无,t_0]$寿命试验

对无替换定时截尾寿命试验，若到规定试验时间 t_0 时 n 个样本中有 r 个失效（r 是随机的），它们的失效时间 $t_1\leqslant t_2\leqslant\cdots\leqslant t_r$，如图 12-10 所示，则 n 个样本总的试验时间为

$$t[n,无,t_0]=\sum_{i=1}^{r}t_i+(n-r)t_0 \tag{12-25}$$

此时平均寿命 θ 的估计值为

$$\hat{\theta}=\frac{t[n,无,t_0]}{r}=\frac{1}{r}\left[\sum_{i=1}^{r}t_i+(n-r)t_0\right] \tag{12-26}$$

而失效率 λ 的估计值为

$$\hat{\lambda}=\frac{1}{\hat{\theta}}=\frac{r}{\sum_{i=1}^{r}t_i+(n-r)t_0} \tag{12-27}$$

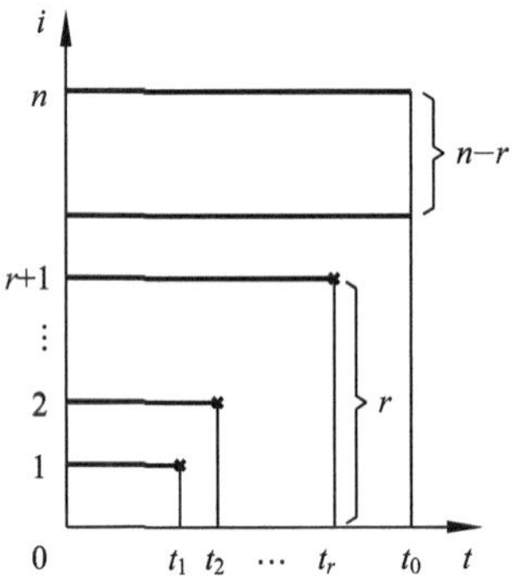

图 12-10 $[n,无,t_0]$试验示意图

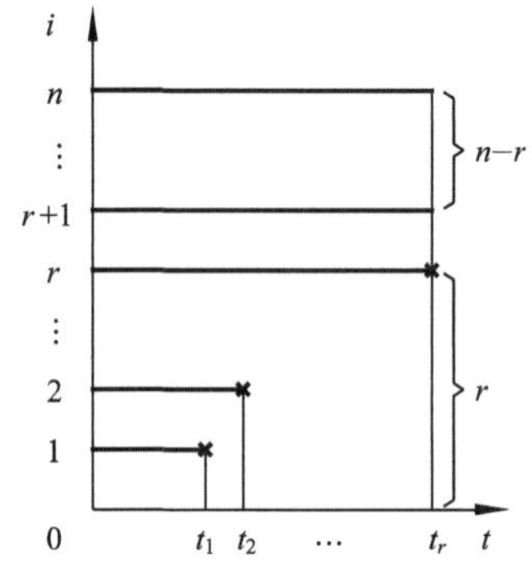

图 12-11 $[n,无,r]$试验示意图

2) $[n,无,r]$寿命试验

对无替换定数截尾寿命试验，若到规定的失效数 r 时就停止试验，它们的失效时间为：$t_1\leqslant t_2\leqslant\cdots\leqslant t_r$，剩下$(n-r)$个样本未失效，如图 12-11 所示，则 n 个样本总的试验时间为

$$t[n,无,r]=\sum_{i=1}^{r}t_i+(n-r)t_r \tag{12-28}$$

此时平均寿命 θ 的估计值为

$$\hat{\theta}=\frac{t[n,无,r]}{r}=\frac{1}{r}\left[\sum_{i=1}^{r}t_i+(n-r)t_r\right] \tag{12-29}$$

而失效率 λ 的估计值为

$$\hat{\lambda}=\frac{1}{\hat{\theta}}=\frac{r}{\sum_{i=1}^{r}t_i+(n-r)t_r} \tag{12-30}$$

3) $[n,有,t_0]$寿命试验

对有替换定时截尾寿命试验，当 n 个样本同时进入试验且发生失效时立即替换，直至试验到规定时间 t_0 时停止，在停止前有 r 个失效，如图 12-12 所示，则总的试验时间为

$$t[n,有,t_0]=nt_0 \tag{12-31}$$

这时平均寿命 θ 的估计值为

$$\hat{\theta}=\frac{t[n,有,t_0]}{r}=\frac{nt_0}{r} \tag{12-32}$$

而失效率 λ 的估计值为

$$\hat{\lambda}=\frac{1}{\hat{\theta}}=\frac{r}{nt_0} \tag{12-33}$$

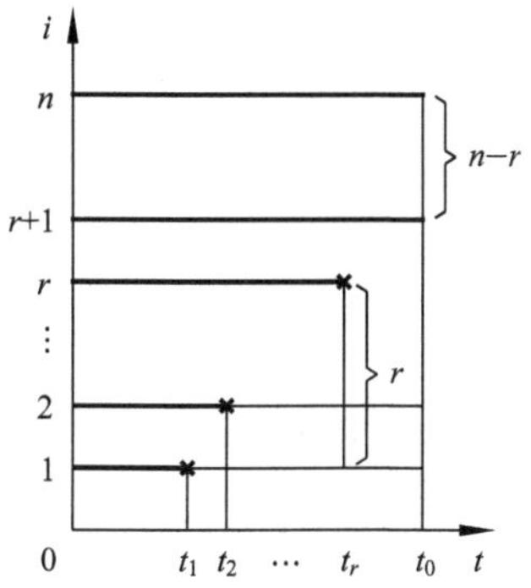

图 12-12　$[n,有,t_0]$试验示意图

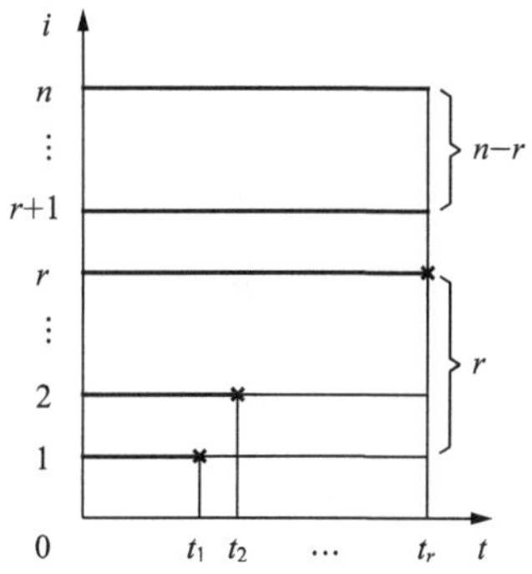

图 12-13　$[n,有,r]$试验示意图

4) $[n,有,r]$寿命试验

对有替换定数截尾寿命试验，当 n 个样本同时进入试验且发生失效时立即替换，直至试验到预先规定的失效样本数 r 时停止，这时投入样本的总数为$(n+r)$个，如图 12-13 所示，则总的试验时间为

$$t[n,有,r]=nt_r \tag{12-34}$$

这时平均寿命 θ 的估计值为

$$\hat{\theta}=\frac{t[n,有,r]}{r}=\frac{nt_r}{r} \tag{12-35}$$

而失效率 λ 的估计值为

$$\hat{\lambda}=\frac{1}{\hat{\theta}}=\frac{r}{nt_r} \tag{12-36}$$

若令投试样本实际试验时间的总和为 t_Σ，失效样本数为 r，则上述四种截尾寿命试验的平均寿命 θ 的估计值可用统一公式表达为

$$\hat{\theta}=\frac{总试验时间}{失效样本数}=\frac{t_\Sigma}{r} \tag{12-37}$$

则失效率的估计值为

$$\hat{\lambda}=\frac{1}{\hat{\theta}}=\frac{r}{t_{\Sigma}} \tag{12-38}$$

可靠度 $R(t)$ 的估计值则为

$$\hat{R}(t)=\mathrm{e}^{-\hat{\lambda}t}=\exp\left[-\frac{t}{\hat{\theta}}\right] \tag{12-39}$$

2. 按失效数的统计分析

有时在一些产品试验中,在结束试验时才知样本是否失效而不知样本失效的时间。这时若投试样本数 n 足够大($n>50$),经过试验时间 t 后有 r 个失效,则可用下式近似计算

$$\hat{R}(t)=\exp\left[-\frac{t}{\hat{\theta}}\right]\approx\frac{n-r}{n} \tag{12-40}$$

对上式改写后即可得近似的平均寿命估计值

$$\hat{\theta}=\frac{t}{\ln n-\ln(n-r)} \tag{12-41}$$

12.5.4 指数分布截尾寿命试验的参数区间估计

1. 按失效时间的区间估计

上述平均寿命 θ 的点估计法不能给出平均寿命估计值 $\hat{\theta}$ 与母体平均寿命 θ 之间的误差,因为点估计值 $\hat{\theta}$ 是由 n 个投试样本的试验结果得出来的,如果从该产品中另抽 n 个样本投试,则根据新的试验结果算出的 $\hat{\theta}$ 不一定与按上次试验结果得出的一样。因此,要求具有一定精度要求的平均寿命所处的范围,就得采用区间估计法及置信区间的概念。由数理统计学可知置信区间 (θ_L,θ_U),置信上限 θ_U,置信下限 θ_L,显著性水平 α,置信度 $(1-\alpha)$ 之间满足以下关系:

$$P(\theta_L<\theta<\theta_U)=1-\alpha \tag{12-42}$$

若 θ 的分布密度函数为 $f(x)$,则 $\hat{\theta}$ 取值在 (a,b) 范围内的概率为

$$P(a\leqslant\hat{\theta}\leqslant b)=\int_a^b f(x)\mathrm{d}x \tag{12-43}$$

一般不直接计算 $\hat{\theta}$ 的分布函数,而是计算 $2r\hat{\theta}/\theta=2t/\theta$(式中 t 为总的试验时间)。

$$f(x)=\frac{1}{2^r\cdot(r-1)!}\mathrm{e}^{-x/2}\cdot x^{r-1} \tag{12-44}$$

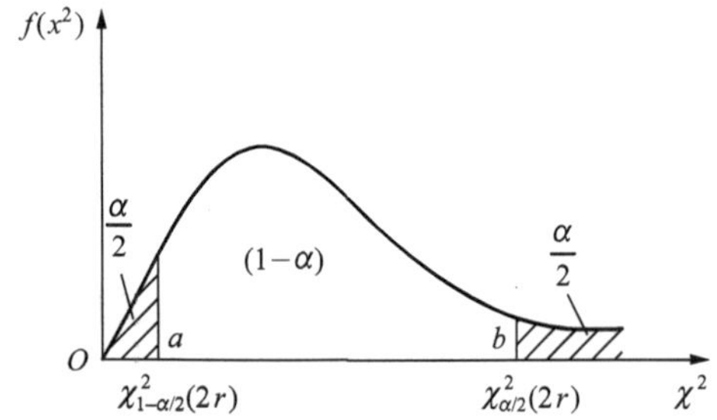

图 12-14　χ^2 分布的双侧分位点和分位数

实际上,这个分布就是自由度为 $2r$ 的 χ^2 分布,其图形如图 12-14 所示。可选取曲线 $f(x)$ 在 $(0,a)$ 区间的面积为 $\alpha/2$,在 (b,∞) 区间的面积为 $\alpha/2$,则 (a,b) 区间的面积就是 $(1-\alpha)$。

如图 12-14 所示,对于自由度为 $2r$ 的 χ^2 分布的密度函数 $f(x)$,使 (a,∞) 之间的面积为 $(1-\alpha/2)$ 的点 a 用符号 $\chi^2_{1-\alpha/2}(2r)$ 表示,称为 χ^2 分布的 $(1-\alpha/2)$ 的下侧分位数;使 (b,∞) 之间的面积为 $\alpha/2$ 的点 b 用

符号 $\chi^2_{\alpha/2}(2r)$表示，称为 χ^2 分布的 $\alpha/2$ 的上侧分位数。

因为由式(12-44)表达的 $2r\hat{\theta}/\theta=2t/\theta$的分布密度函数是自由度为 $2r$ 的 χ^2 分布，所以由分位数的意义有

$$P\left(\chi^2_{1-\alpha/2}(2r)\leqslant\frac{2t}{\theta}\leqslant\chi^2_{\alpha/2}(2r)\right)=1-\alpha$$

因此，

$$P\left(\frac{2t}{\chi^2_{\alpha/2}(2r)}\leqslant\theta\leqslant\frac{2t}{\chi^2_{1-\alpha/2}(2r)}\right)=1-\alpha \quad 或 \quad P\left(\frac{2r\hat{\theta}}{\chi^2_{\alpha/2}(2r)}\leqslant\theta\leqslant\frac{2r\hat{\theta}}{\chi^2_{1-\alpha/2}(2r)}\right)=1-\alpha$$

由此，置信区为$(1-\alpha)$的 θ 的置信区间(θ_L,θ_U)就可由下式确定：

$$\left.\begin{aligned}\theta_L&=\frac{2t}{\chi^2_{\alpha/2}(2r)}=\frac{2r\hat{\theta}}{\chi^2_{\alpha/2}(2r)}\\\theta_U&=\frac{2t}{\chi^2_{1-\alpha/2}(2r)}=\frac{2r\hat{\theta}}{\chi^2_{1-\alpha/2}(2r)}\end{aligned}\right\}\tag{12-45}$$

上述置信区间是对$[n,无,r]$寿命试验求出的，可以证明它对$[n,有,r]$寿命试验也适用。

对于给定自由度 n 和概率 p 的 χ^2 分布的下侧分位数 $\chi^2_p(n)$可由相关手册中 χ^2_α 分布下侧分位数 $\chi^2_\alpha(n)$查表得，而这里需用上侧分位数 $\chi^2_\alpha(n)$，这时应将该表中的 p 换算成 α，而 $\alpha=1-p$。注意式(12-45)中用的是 $\chi^2_{1-\alpha/2}(2r)$和 $\chi^2_{\alpha/2}(2r)$。

对于定时截尾$[n,无,t_0]$寿命试验和$[n,有,t_0]$寿命试验，当置信度为$(1-\alpha)$时，平均寿命置信区间(θ_L,θ_U)可由下式估计：

$$\left.\begin{aligned}\theta_L&=\frac{2t}{\chi^2_{\alpha/2}(2r+2)}\\\theta_U&=\frac{2t}{\chi^2_{1-\alpha/2}(2r)}\end{aligned}\right\}\tag{12-46}$$

式中，$\chi^2_{\alpha/2}(2r+2)$是自由度为$(2r+2)$的 χ^2 分布的$\frac{\alpha}{2}$的上侧分位数。

在研究可靠性指标时，有时不要求同时求出置信区间的上下限，即双侧估计，而仅要求以置信度$(1-\alpha)$保证真正的平均寿命确实大于某个数 θ_L 即可，即单侧估计，这时要求使 $P(\theta\geqslant\theta_L)=1-\alpha$。

在定数截尾试验时，包括$[n,无,r]$寿命试验和$[n,有,r]$寿命试验，因为$\frac{2t}{\theta}$是自由度为 $2r$ 的 χ^2 分布，如图 12-15 所示，故

$$P\left\{\frac{2t}{\theta}\leqslant\chi^2_\alpha(2r)\right\}=1-\alpha$$

所以

$$P\left\{\theta\geqslant\frac{2t}{\chi^2_\alpha(2r)}\right\}=1-\alpha$$

得

$$\theta_L=\frac{2t}{\chi^2_\alpha(2r)}\tag{12-47}$$

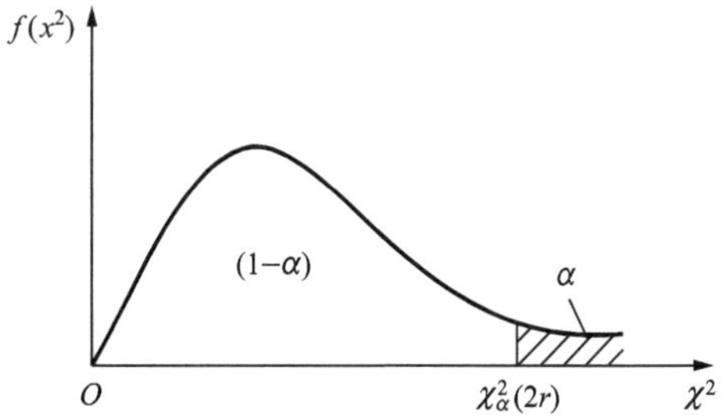

图 12-15　χ^2 分布的上侧分位点和分位数

对定时截尾试验,包括[n,无,t_0]寿命试验和[n,有,t_0]寿命试验,置信度为$(1-\alpha)$的置信下限同样可求得为

$$\theta_L = \frac{2t}{\chi_\alpha^2(2r+2)} \tag{12-48}$$

式(12-47)、式(12-48)中的上侧分位数 $\chi_\alpha^2(2r)$ 及 $\chi_\alpha^2(2r+2)$,可由相关手册中 χ_α^2 分布的上侧分位数查得。

2. 按失效数的区间估计

按失效数 r 近似地求平均寿命的点估计已由式(12-41)给出。若能求出失效数 r 的置信区间代入该式,则又可求出 θ 的区间估计。

由二项分布知,投试 n 个样本发生 r 个失效的概率可表达为

$$P(r) = c_n^r p^r (1-p)^{n-r} = \frac{n!}{r!\ (n-r)!} p^r (1-p)^{n-r} \tag{12-49}$$

式中,p 为每个样本在试验中失效的概率。

由二项分布又知当 $n\to\infty$时可将二项分布公式转化为正态分布公式。因此,当 n 较大时二项分布可用均值 $\mu=np$,标准差 $\sigma=\sqrt{np(1-p)}$(分别等于二项分布的均值及标准差)的正态分布来近似,而$\dfrac{r-np}{\sqrt{np(1-p)}}$近似标准正态分布变量,它的密度曲线对称于纵轴。

若令 z_α 为标准正态分布的 α 分位点,则区间$(-\infty, z_{\frac{\alpha}{2}})$与区间$(z_{1-\alpha/2}, \infty)$的面积均等于 $\alpha/2$,故区间$(z_{\alpha/2}, z_{1-\alpha/2})$的面积为$(1-\alpha)$,即每个样本在试验中失效的概率。

$$P\left(np + z_{\frac{\alpha}{2}}\sqrt{np(1-p)} \leqslant r \leqslant np + z_{1-\alpha/2}\sqrt{np(1-p)}\right) = 1-\alpha \tag{12-50}$$

或

$$P\left(z_{\frac{\alpha}{2}} \leqslant \frac{r-np}{\sqrt{np(1-p)}} \leqslant z_{1-\alpha/2}\right) = 1-\alpha \tag{12-51}$$

若用失效频率$\dfrac{r}{n}$近似 p,则得 r 的置信区间

$$\left.\begin{aligned} r_L &= r + z_{\alpha/2}\sqrt{\frac{r(n-r)}{n}} \\ r_U &= r + z_{1-\alpha/2}\sqrt{\frac{r(n-r)}{n}} \end{aligned}\right\} \tag{12-52}$$

将 r_L、r_U 代入式(12-41)中的 r,得置信度为$(1-\alpha)$的平均寿命 θ 的置信区间

$$\left.\begin{aligned} \theta_L &= \frac{t}{\ln n - \ln\left[n - r + z_{\alpha/2}\sqrt{\dfrac{r(n-r)}{n}}\right]} \\ \theta_U &= \frac{t}{\ln n - \ln\left[n - r + z_{1-\alpha/2}\sqrt{\dfrac{r(n-r)}{n}}\right]} \end{aligned}\right\} \tag{12-53}$$

对于指数分布,因 $\lambda=\dfrac{1}{\theta}$,所以 λ_L、λ_U 均可由 θ_L、θ_U 相应求出。

12.5.5　正态分布和威布尔分布完全寿命试验的参数估计

1. 正态分布完全寿命试验的参数估计

设投试的 n 个样本的失效时间分别是 $t_1, t_2, \cdots, t_n$，则正态分布寿命的数学期望 μ（即平均寿命 θ）与标准差 s 的估计值分别为 $\hat{\mu}=\hat{\theta}=\frac{1}{n}\sum_{i=1}^{n}t_i$，$\hat{s}=\sqrt{\frac{1}{n-1}\sum_{i=1}^{n}(t_i-\hat{\mu})^2}$ 。

显然，这里 n 个样本的试验条件应当相同。

2. 威布尔分布完全寿命试验的参数估计

设投试的 n 个样本的失效时间分别是 $t_1, t_2, \cdots, t_n$。若其位置参数为零，即为两参数的威布尔分布，则其形状参数 m 与尺度参数 η（此时为特征寿命）的估计值可用下式计算：

$$\hat{m}=\frac{\sigma_n}{2.30258 s_{\lg t}}, \lg\hat{\eta}=\overline{\lg t}+\frac{y_n}{2.30258\hat{m}}$$

式中，σ_n、y_n 为与样本数 n 有关的系数，见表 12-12；$\overline{\lg t}$ 为对数均值，$\overline{\lg t}=\frac{1}{n}\sum_{i=1}^{n}\lg t_i$；$s_{\lg t}$ 为对数标准差，$s_{\lg t}=\sqrt{\frac{n}{n-1}[\overline{(\lg t)^2}-(\overline{\lg t})^2]}$ 。

表 12-12　系数 σ_n，y_n 值

n	σ_n	y_n	n	σ_n	y_n	n	σ_n	y_n
8	0.9043	0.4843	17	1.0411	0.5181	26	1.0961	0.5320
9	0.9288	0.4902	18	1.0496	0.5202	27	1.1004	0.5332
10	0.9497	0.4952	19	1.0566	0.5220	28	1.1047	0.5343
11	0.9676	0.4996	20	1.0628	0.5236	29	1.1086	0.5353
12	0.9883	0.5035	21	1.0696	0.5252	30	1.1124	0.5362
13	0.9972	0.5070	22	1.0754	0.5268	40	1.1413	0.5436
14	1.0095	0.5100	23	1.0811	0.5283	50	1.1607	0.5485
15	1.0206	0.5128	24	1.0864	0.5296	60	1.1747	0.5521
16	1.0316	0.5157	25	1.0915	0.5309			

复习思考题 12

12-1　已知某组样本寿命为指数分布，且其平均寿命约为 2000h，计划在 1000h 试验中能观察到 6 个失效试样，试问应投多少样本？

12-2　在现场统计了 81 台某机器主油泵的故障时间数据，如表 12-13 所示，现初步假设其寿命分布为指数分布，设显著性水平 $\alpha=0.05$，试用皮尔逊 χ^2 检验判断其假设的正确性。

表 12-13　主油泵的故障时间　　单位(h:min)

124:40	283:29	200:51	26:47	105:49	195:05	177:30	225	152:31	131
198	95	30	87	296	0:22	266:49	67:14	335:42	310
400	379	22:37	189:59	103	191	162	176:25	152:16	11:12
228:48	40:31	74:10	49:23	29:13	92:11	148:30	13	302	91:12
68	179:39	489	175	331	127	266	4	56:12	583:31
619:34	260:39	31:53	188	243:12	83:49	66:15	289:10	104:42	636:15
39:12	49:11	161:31	50	126	198	126	119	7	167
112	261	389	251	230	16	259	591:27	652:50	631
547									

参考文献

奥康纳，等. 2005. 实用可靠性工程. 4 版. 李莉，等译. 北京：电子工业出版社
曹晋华，程侃. 2006. 可靠性数学引论. 北京：高等教育出版社
陈晓彤，赵廷弟，王云飞，等. 2005.可靠性实用指南. 北京：航空航天大学出版社
戴树森.1983. 可靠性试验及其统计分析(上).北京：国防工业出版社
董聪. 2001. 现代结构系统可靠性理论及其应用. 北京：科学出版社
额田启三. 2007. 机械可靠性与故障分析. 北京：国防工业出版社
高社生，张玲霞. 2002. 可靠性理论与工程应用. 北京：国防工业出版社
郭永基. 2002. 可靠性工程原理. 北京：清华大学出版社
贺国芳. 2003. 可靠性数据的收集与分析. 北京：国防工业出版社
胡昌寿. 1998. 航天可靠性设计手册. 北京：中国机械出版社
姜同敏. 2012. 可靠性试验技术. 北京：北京航空航天大学出版社
姜兴渭，宋政吉，王晓晨. 2005. 可靠性工程技术. 哈尔滨：哈尔滨工业大学出版社
金伟娅，张康达. 2005. 可靠性工程. 北京：化学工业出版社
李莉，王胜开，陆汝玉. 2005. 实用可靠性工程. 北京：电子工业出版社
李舜酩. 2006. 机械疲劳与可靠性设计. 北京：科学出版社
刘混举. 2009. 机械可靠性设计. 北京：国防工业出版社
刘品. 2002. 可靠性工程基础. 北京：计量出版社
刘惟信. 2006. 机械可靠性设计. 北京：清华大学出版社
卢玉明. 1989. 机械零件可靠性设计. 北京：高等教育出版社
罗雯. 2005. 电子元器件可靠性试验工程. 北京：电子工业出版社
毛谦德，李振清. 2006. 袖珍机械设计手册(第三版). 北京：机械工业出版社
孟宪铎. 1992. 机械可靠性设计. 北京：冶金工业出版社
芮延年，傅戈燕. 2007. 现代可靠性设计. 北京：国防工业出版社
孙新利，陆长捷. 2004. 工程可靠性教程. 北京：国防工业出版社
孙志礼，陈良玉. 2003. 实用机械可靠性设计理论与方法. 北京：科学出版社
索弗特瑞. 2005. 可靠性实用指南. 陈晓彤，等译. 北京：北京航空航天大学出版社
王少萍. 2000. 工程可靠性. 北京：北京航空航天大学出版社
王燕萍. 2006. 可靠性与可靠性增长方法的研究. 西北工业大学硕士学位论文
吴波，等. 2007. 机械系统可靠性维修及决策模型. 北京：化学工业出版社
吴永平. 2001 . 工程机械可靠性. 北京：人民交通出版社
杨为民. 1995. 可靠性・维修性・保障性总论. 北京：国防工业出版社
曾声奎，赵延弟，张建国，等. 2001. 系统可靠性设计分析教程. 北京：北京航空航天出版社
赵宇，杨军，马小兵. 2009. 北京：航空航天大学出版社
赵宇. 2011. 可靠性数据分析. 北京：国防工业出版社
佚名. 1993. 中华人民共和国国家军用标准 GJB1407-92. 可靠性增长试验
朱文予. 2001. 机械概率设计与模糊设计. 北京：高等教育出版社

附　　录

附表 1　二项分布表

n	k \ p	0.01	0.02	0.04	0.06	0.08	0.1	0.2	0.3	0.4	0.5	k \ p	n
5	5			0.00000	0.00000	0.00000	0.00001	0.00032	0.00243	0.01024	0.03125	5	5
	4	0.00000	0.00000	0.00001	0.00006	0.00019	0.00046	0.00672	0.03078	0.08704	0.18750	4	
	3	0.00001	0.00098	0.00060	0.00197	0.00453	0.00856	0.05792	0.16308	0.31744	0.50000	3	
	2	0.00098	0.00384	0.01476	0.03187	0.05436	0.08146	0.26272	0.47178	0.66304	0.81250	2	
	1	0.04901	0.09608	0.18463	0.26610	0.34092	0.40951	0.67232	0.83193	0.92224	0.96875	1	
10	10								0.00001	0.00010	0.00093	10	10
	9							0.00000	0.00014	0.00168	0.01074	9	
	8						0.00000	0.00008	0.00159	0.01229	0.05469	8	
	7				0.00000	0.00000	0.00001	0.00086	0.01059	0.05476	0.17188	7	
	6			0.00000	0.00001	0.00004	0.00015	0.00637	0.04735	0.16624	0.37695	6	
	5		0.00000	0.00002	0.00015	0.00059	0.00163	0.03279	0.15027	0.36690	0.62305	5	
	4	0.00000	0.00003	0.00044	0.00203	0.00580	0.01280	0.12087	0.35039	0.61772	0.82813	4	
	3	0.00011	0.00086	0.00621	0.01884	0.04008	0.07019	0.32220	0.61722	0.83271	0.94531	3	
	2	0.00427	0.01618	0.05815	0.00759	0.18788	0.26390	0.62419	0.85069	0.95364	0.98926	2	
	1	0.09562	0.18293	0.33517	0.46138	0.56561	0.65132	0.89263	0.97175	0.99395	0.99902	1	
15	15									0.00000	0.00003	15	15
	14								0.00000	0.00003	0.00049	14	
	13								0.00001	0.00028	0.00369	13	
	12							0.00000	0.00009	0.00193	0.01758	12	
	11							0.00001	0.00067	0.00935	0.05923	11	
	10							0.00011	0.00365	0.03383	0.15088	10	
	9					0.00000	0.00000	0.00079	0.01524	0.09505	0.30362	9	
	8				0.00000	0.00001	0.00003	0.00424	0.05001	0.21310	0.50000	8	
	7			0.00000	0.00001	0.00008	0.00031	0.01806	0.13114	0.39019	0.69638	7	
	6		0.00000	0.00001	0.00015	0.00070	0.00225	0.06105	0.27838	0.59678	0.84912	6	
	5	0.00000	0.00001	0.00022	0.00140	0.00497	0.01272	0.16423	0.48451	0.78272	0.94077	5	
	4	0.00001	0.00180	0.00245	0.01036	0.02731	0.05556	0.35184	0.70313	0.90950	0.98242	4	
	3	0.00042	0.00304	0.02029	0.05713	0.11297	0.18406	0.60198	0.87317	0.97289	0.99631	3	
	2	0.00963	0.03534	0.11911	0.22624	0.34027	0.45096	0.83287	0.96473	0.99483	0.99951	2	
	1	0.13994	0.26143	0.45791	0.60471	0.71370	0.79411	0.96482	0.99525	0.99953	0.99997	1	

续表

n	k \ p	0.01	0.02	0.04	0.06	0.08	0.1	0.2	0.3	0.4	0.5	k \ p	n
20	20										0.00000	20	20
	19									0.00000	0.00002	19	
	18									0.00001	0.00020	18	
	17								0.00000	0.00005	0.00129	17	
	16								0.00001	0.00032	0.00591	16	
	15								0.00004	0.00161	0.02069	15	
	14							0.00000	0.00026	0.00647	0.05766	14	
	13							0.00002	0.00128	0.02103	0.13159	13	
	12							0.00010	0.00514	0.05653	0.25172	12	
	11						0.00000	0.00056	0.01714	0.12752	0.41190	11	
	10					0.00000	0.00001	0.00259	0.04796	0.24466	0.58810	10	
	9				0.00000	0.00001	0.00006	0.00998	0.11333	0.40440	0.74828	9	
	8			0.00000	0.00001	0.00009	0.00042	0.03214	0.22773	0.58411	0.86841	8	
	7			0.00001	0.00011	0.00064	0.00239	0.08669	0.39199	0.74999	0.94234	7	
	6		0.00000	0.00010	0.00087	0.00380	0.01125	0.19579	0.58363	0.87440	0.97931	6	
	5	0.00000	0.00004	0.00096	0.00563	0.01834	0.04317	0.37035	0.76249	0.94905	0.99409	5	
	4	0.00004	0.00060	0.00741	0.02897	0.07062	0.13295	0.58855	0.89291	0.98404	0.99871	4	
	3	0.00100	0.00707	0.04386	0.11497	0.21205	0.32307	0.79392	0.96452	0.99639	0.99980	3	
	2	0.01686	0.05990	0.18966	0.33955	0.48314	0.60825	0.93082	0.99236	0.99948	0.99998	2	
	1	0.18209	0.33239	0.55800	0.70989	0.81131	0.87842	0.98847	0.99920	0.99996	1.00000	1	

附表 2　标准正态分布表

z	0.00	0.01	0.02	0.03	0.04	0.05	0.06	0.07	0.08	0.09	z
−0.0	0.5000	0.4960	0.4920	0.4880	0.4840	0.4801	0.4761	0.4721	0.4681	0.4641	−0.0
−0.1	0.4602	0.4562	0.4522	0.4483	0.4443	0.4404	0.4364	0.4325	0.4286	0.4247	−0.1
−0.2	0.4207	0.4168	0.4129	0.4090	0.4052	0.4013	0.3974	0.3936	0.3897	0.3859	−0.2
−0.3	0.3821	0.3783	0.3745	0.3707	0.3669	0.3632	0.3594	0.3557	0.3520	0.3483	−0.3
−0.4	0.3446	0.3409	0.3372	0.3336	0.3300	0.3264	0.3228	0.3192	0.3156	0.3121	−0.4
−0.5	0.3085	0.3050	0.3015	0.2981	0.2946	0.2912	0.2877	0.2843	0.2810	0.2776	−0.5
−0.6	0.2743	0.2709	0.2676	0.2643	0.2611	0.2578	0.2546	0.2514	0.2483	0.2451	−0.6
−0.7	0.2420	0.2389	0.2358	0.2327	0.2297	0.2266	0.2236	0.2206	0.2177	0.2148	−0.7
−0.8	0.2119	0.2090	0.2061	0.2033	0.2005	0.1977	0.1949	0.1922	0.1894	0.1867	−0.8
−0.9	0.1841	0.1814	0.1788	0.1762	0.1736	0.1711	0.1685	0.1660	0.1635	0.1611	−0.9
−1.0	0.1587	0.1562	0.1539	0.1515	0.1492	0.1469	0.1446	0.1423	0.1401	0.1379	−1.0
−1.1	0.1357	0.1335	0.1314	0.1292	0.1271	0.1251	0.1230	0.1210	0.1190	0.1170	−1.1
−1.2	0.1151	0.1131	0.1112	0.1093	0.1075	0.1056	0.1038	0.1020	0.1003	0.09853	−1.2
−1.3	0.09680	0.09510	0.09342	0.09176	0.09012	0.03851	0.08691	0.08534	0.08379	0.08226	−1.3
−1.4	0.08076	0.07927	0.07780	0.07636	0.07493	0.07353	0.07215	0.07078	0.06944	0.06811	−1.4
−1.5	0.06681	0.06552	0.06426	0.06301	0.06178	0.06057	0.05938	0.05821	0.05705	0.05592	−1.5
−1.6	0.05480	0.05370	0.05262	0.05155	0.05050	0.04947	0.04846	0.04746	0.04648	0.04551	−1.6
−1.7	0.04457	0.04363	0.04272	0.04182	0.04093	0.04006	0.03920	0.03836	0.03754	0.03673	−1.7
−1.8	0.03593	0.03515	0.03438	0.03362	0.03288	0.03216	0.03144	0.03074	0.03005	0.02938	−1.8
−1.9	0.02872	0.02807	0.02743	0.02680	0.02619	0.02559	0.02500	0.02442	0.02385	0.02330	−1.9
−2.0	0.02275	0.02222	0.02169	0.02118	0.02068	0.02018	0.01970	0.01923	0.01876	0.01831	−2.0
−2.1	0.01786	0.01743	0.01700	0.01659	0.01618	0.01578	0.01539	0.01500	0.01463	0.01426	−2.1
−2.2	0.01390	0.01355	0.01321	0.01287	0.01255	0.01222	0.01191	0.01160	0.01130	0.01101	−2.2
−2.3	0.01072	0.01044	0.01017	$0.0^{2}9903$	$0.0^{2}9642$	$0.0^{2}9387$	$0.0^{2}9137$	$0.0^{2}8894$	$0.0^{2}8656$	$0.0^{2}8424$	−2.3
−2.4	$0.0^{2}1898$	$0.0^{2}7976$	$0.0^{2}7760$	$0.0^{2}7549$	$0.0^{2}7344$	$0.0^{2}7143$	$0.0^{2}6947$	$0.0^{2}6756$	$0.0^{2}6569$	$0.0^{2}6387$	−2.4
−2.5	$0.0^{2}6210$	$0.0^{2}6037$	$0.0^{2}5868$	$0.0^{2}5703$	$0.0^{2}5543$	$0.0^{2}5386$	$0.0^{2}5234$	$0.0^{2}5085$	$0.0^{2}4940$	$0.0^{2}4799$	−2.5
−2.6	$0.0^{2}4661$	$0.0^{2}4527$	$0.0^{2}4396$	$0.0^{2}4269$	$0.0^{2}4145$	$0.0^{2}4025$	$0.0^{2}3907$	$0.0^{2}3793$	$0.0^{2}3681$	$0.0^{2}3573$	−2.6

续表

z	0.00	0.01	0.02	0.03	0.04	0.05	0.06	0.07	0.08	0.09	z
−2.7	$0.0^{2}3467$	$0.0^{2}3364$	$0.0^{2}3264$	$0.0^{2}3167$	$0.0^{2}3072$	$0.0^{2}2930$	$0.0^{2}2890$	$0.0^{2}2803$	$0.0^{2}2718$	$0.0^{2}2635$	−2.7
−2.8	$0.0^{2}2555$	$0.0^{2}2477$	$0.0^{2}2401$	$0.0^{2}2327$	$0.0^{2}2256$	$0.0^{2}2186$	$0.0^{2}2118$	$0.0^{2}2052$	$0.0^{2}1938$	$0.0^{2}1926$	−2.8
−2.9	$0.0^{2}1866$	$0.0^{2}1807$	$0.0^{2}1750$	$0.0^{2}1695$	$0.0^{2}1641$	$0.0^{2}1589$	$0.0^{2}1538$	$0.0^{2}1489$	$0.0^{2}1441$	$0.0^{2}1395$	−2.9
−3.0	$0.0^{2}1350$	$0.0^{2}1306$	$0.0^{2}1264$	$0.0^{2}1223$	$0.0^{2}1183$	$0.0^{2}1144$	$0.0^{2}1107$	$0.0^{2}1070$	$0.0^{2}1035$	$0.0^{2}1001$	−3.0
−3.1	$0.0^{3}9676$	$0.0^{3}9354$	$0.0^{3}9043$	$0.0^{3}8740$	$0.0^{3}8447$	$0.0^{3}8164$	$0.0^{3}7888$	$0.0^{3}7622$	$0.0^{3}7364$	$0.0^{3}7114$	−3.1
−3.2	$0.0^{3}6871$	$0.0^{3}6637$	$0.0^{3}6410$	$0.0^{3}6190$	$0.0^{3}5976$	$0.0^{3}5770$	$0.0^{3}5571$	$0.0^{3}5377$	$0.0^{3}5190$	$0.0^{3}5009$	−3.2
−3.3	$0.0^{3}4834$	$0.0^{3}4665$	$0.0^{3}4501$	$0.0^{3}4342$	$0.0^{3}4189$	$0.0^{3}4041$	$0.0^{3}3897$	$0.0^{3}3758$	$0.0^{3}3624$	$0.0^{3}3495$	−3.3
−3.4	$0.0^{3}3369$	$0.0^{3}3248$	$0.0^{3}3131$	$0.0^{3}3018$	$0.0^{3}2909$	$0.0^{3}803$	$0.0^{3}2701$	$0.0^{3}2602$	$0.0^{3}2507$	$0.0^{3}2415$	−3.4
−3.5	$0.0^{3}2326$	$0.0^{3}2241$	$0.0^{3}2158$	$0.0^{3}2078$	$0.0^{3}2001$	$0.0^{3}1926$	$0.0^{3}1854$	$0.0^{3}1785$	$0.0^{3}1718$	$0.0^{3}1653$	−3.5
−3.6	$0.0^{3}1591$	$0.0^{3}1531$	$0.0^{3}1473$	$0.0^{3}1417$	$0.0^{3}1363$	$0.0^{3}1311$	$0.0^{3}1261$	$0.0^{3}1213$	$0.0^{3}1166$	$0.0^{3}1121$	−3.6
−3.7	$0.0^{3}1078$	$0.0^{3}1036$	$0.0^{4}9961$	$0.0^{4}9574$	$0.0^{4}9201$	$0.0^{4}3842$	$0.0^{4}8496$	$0.0^{4}8162$	$0.0^{4}7841$	$0.0^{4}7532$	−3.7
−3.8	$0.0^{4}7235$	$0.0^{4}6948$	$0.0^{4}6673$	$0.0^{4}6407$	$0.0^{4}6152$	$0.0^{4}5906$	$0.0^{4}5669$	$0.0^{4}5442$	$0.0^{4}5223$	$0.0^{4}5012$	−3.8
−3.9	$0.0^{4}4810$	$0.0^{4}4615$	$0.0^{4}4427$	$0.0^{4}4247$	$0.0^{4}4074$	$0.0^{4}3908$	$0.0^{4}3747$	$0.0^{4}3594$	$0.0^{4}3446$	$0.0^{4}3304$	−3.9
−4.0	$0.0^{4}3167$	$0.0^{4}3036$	$0.0^{4}2910$	$0.0^{4}2789$	$0.0^{4}2673$	$0.0^{4}2561$	$0.0^{4}2454$	$0.0^{4}2351$	$0.0^{4}2252$	$0.0^{4}2157$	−4.0
−4.1	$0.0^{4}2066$	$0.0^{4}1978$	$0.0^{4}1894$	$0.0^{4}1814$	$0.0^{4}1737$	$0.0^{4}1662$	$0.0^{4}1591$	$0.0^{4}1523$	$0.0^{4}1458$	$0.0^{4}1395$	−4.1
−4.2	$0.0^{4}1335$	$0.0^{4}1277$	$0.0^{4}1222$	$0.0^{4}1168$	$0.0^{4}1118$	$0.0^{4}1069$	$0.0^{4}1022$	$0.0^{5}9774$	$0.0^{5}9345$	$0.0^{5}8934$	−4.2
−4.3	$0.0^{5}8540$	$0.0^{5}8163$	$0.0^{5}7801$	$0.0^{5}7455$	$0.0^{5}7124$	$0.0^{5}6807$	$0.0^{5}6503$	$0.0^{5}6212$	$0.0^{5}5934$	$0.0^{5}5668$	−4.3
−4.4	$0.0^{5}5413$	$0.0^{5}5169$	$0.0^{5}4935$	$0.0^{5}4712$	$0.0^{5}4498$	$0.0^{5}4294$	$0.0^{5}4098$	$0.0^{5}3911$	$0.0^{5}3732$	$0.0^{5}3561$	−4.4
−4.5	$0.0^{5}3398$	$0.0^{5}3241$	$0.0^{5}3092$	$0.0^{5}2949$	$0.0^{5}2813$	$0.0^{5}2682$	$0.0^{5}2558$	$0.0^{5}2439$	$0.0^{5}2325$	$0.0^{5}2216$	−4.5
−4.6	$0.0^{5}2112$	$0.0^{5}2013$	$0.0^{5}1919$	$0.0^{5}1828$	$0.0^{5}1742$	$0.0^{5}1660$	$0.0^{5}1581$	$0.0^{5}1506$	$0.0^{5}1434$	$0.0^{5}1366$	−4.6
−4.7	$0.0^{5}1301$	$0.0^{5}1239$	$0.0^{5}1179$	$0.0^{5}1123$	$0.0^{5}1069$	$0.0^{5}1017$	$0.0^{6}9680$	$0.0^{6}9211$	$0.0^{6}8765$	$0.0^{6}8339$	−4.7
−4.8	$0.0^{6}7933$	$0.0^{6}7547$	$0.0^{6}7178$	$0.0^{6}6827$	$0.0^{6}6492$	$0.0^{6}6173$	$0.0^{6}5869$	$0.0^{6}5580$	$0.0^{6}5304$	$0.0^{6}5042$	−4.8
−4.9	$0.0^{6}4792$	$0.0^{6}4554$	$0.0^{6}4327$	$0.0^{6}4111$	$0.0^{6}3906$	$0.0^{6}3711$	$0.0^{6}3525$	$0.0^{6}3348$	$0.0^{6}3179$	$0.0^{6}3019$	−4.9
0.0	0.5000	0.5040	0.5080	0.5120	0.5160	0.5199	0.5239	0.5279	0.5319	0.5359	0.0
0.1	0.5398	0.5438	0.5478	0.5517	0.5557	0.5596	0.5636	0.5675	0.5714	0.5753	0.1
0.2	0.5793	0.5832	0.5871	0.5910	0.5948	0.5987	0.6026	0.6064	0.6103	0.6141	0.2
0.3	0.6179	0.6217	0.6255	0.6293	0.6331	0.6368	0.6406	0.6443	0.6480	0.6517	0.3

续表

z	0.00	0.01	0.02	0.03	0.04	0.05	0.06	0.07	0.08	0.09	z
0.4	0.6554	0.6591	0.6628	0.6664	0.6700	0.6736	0.6772	0.6808	0.6844	0.6879	0.4
0.5	0.6915	0.6950	0.6985	0.7019	0.7054	0.7088	0.7123	0.7157	0.7190	0.7224	0.5
0.6	0.7257	0.7291	0.7324	0.7357	0.7389	0.7422	0.7454	0.7486	0.7517	0.7549	0.6
0.7	0.7580	0.7611	0.7642	0.7673	0.7703	0.7743	0.7764	0.7794	0.7823	0.7852	0.7
0.8	0.7881	0.7910	0.7939	0.7967	0.7995	0.8023	0.8051	0.8078	0.8106	0.8133	0.8
0.9	0.8159	0.8186	0.8212	0.8238	0.8264	0.8289	0.8315	0.8340	0.8365	0.8389	0.9
1.0	0.8413	0.8438	0.8461	0.8485	0.8508	0.8531	0.8554	0.8577	0.8599	0.8621	1.0
1.1	0.8643	0.8665	0.8686	0.8708	0.8729	0.8749	0.8770	0.8790	0.8810	0.8830	1.1
1.2	0.8849	0.8869	0.8888	0.8907	0.8729	0.8749	0.8770	0.8790	0.8810	0.8830	1.2
1.3	0.90320	0.90490	0.90658	0.90824	0.90988	0.91149	0.91309	0.91466	0.91621	0.91774	1.3
1.4	0.91924	0.92073	0.92220	0.92364	0.92507	0.92647	0.92785	0.92922	0.93056	0.93189	1.4
1.5	0.93319	0.93448	0.93574	0.93699	0.93822	0.93943	0.94062	0.94179	0.94295	0.94408	1.5
1.6	0.94520	0.94630	0.94738	0.94845	0.94950	0.95053	0.95154	0.95254	0.95352	0.95449	1.6
1.7	0.95543	0.95637	0.95728	0.95818	0.95907	0.95994	0.96080	0.96164	0.96246	0.96327	1.7
1.8	0.96407	0.96485	0.96562	0.96638	0.96712	0.96784	0.96856	0.96926	0.96995	0.97062	1.8
1.9	0.97128	0.97193	0.97257	0.97320	0.97381	0.97441	0.97500	0.97558	0.97615	0.97670	1.9
2.0	0.97725	0.97778	0.97831	0.97882	0.97932	0.97982	0.98030	0.98077	0.98124	0.98169	2.0
2.1	0.98214	0.98257	0.98300	0.98341	0.98382	0.98422	0.98461	0.98500	0.98537	0.98574	2.1
2.2	0.98610	0.98645	0.98679	0.98713	0.98745	0.98778	0.98809	0.98840	0.98870	0.98899	2.2
2.3	0.98928	0.98956	0.98983	0.9^20097	0.9^20358	0.9^20613	0.9^20863	0.9^21106	0.9^21344	0.9^21576	2.3
2.4	0.9^21802	0.9^22024	0.9^22240	0.9^22451	0.9^22656	0.9^2857	0.9^23053	0.9^23244	0.9^23431	0.9^23613	2.4
2.5	0.9^23790	0.9^23963	0.9^24132	0.9^24297	0.9^24457	0.9^24614	0.9^24766	0.9^24915	0.9^25060	0.9^25201	2.5
2.6	0.9^25339	0.9^25473	0.9^25604	0.9^25731	0.9^25855	0.9^25975	0.9^26093	0.9^26207	0.9^26319	0.9^26427	2.6
2.7	0.9^26533	0.9^26636	0.9^26736	0.9^26833	0.9^26928	0.9^27020	0.9^27110	0.9^27197	0.9^27282	0.9^28605	2.7
2.8	0.9^27445	0.9^27523	0.9^27599	0.9^27673	0.9^27744	0.9^27814	0.9^27882	0.9^27948	0.9^28012	0.9^28074	2.8
2.9	0.9^28134	0.9^28193	0.9^28250	0.9^28305	0.9^28359	0.9^28411	0.9^28462	0.9^28511	0.9^28559	0.9^28605	2.9
3.0	0.9^28650	0.9^28694	0.9^28736	0.9^28777	0.9^28817	0.9^28856	0.9^28893	0.9^28930	0.9^28965	0.9^28999	3.0

续表

z	0.00	0.01	0.02	0.03	0.04	0.05	0.06	0.07	0.08	0.09	z
3.1	$0.9^{3}0324$	$0.9^{3}0646$	$0.9^{3}0957$	$0.9^{3}1260$	$0.9^{3}1553$	$0.9^{3}1836$	$0.9^{3}2112$	$0.9^{3}2378$	$0.9^{3}2636$	$0.9^{3}2886$	3.1
3.2	$0.9^{3}3129$	$0.9^{3}3363$	$0.9^{3}3590$	$0.9^{3}3810$	$0.9^{3}4024$	$0.9^{3}4230$	$0.9^{3}4429$	$0.9^{3}4623$	$0.9^{3}4810$	$0.9^{3}4991$	3.2
3.3	$0.9^{3}5166$	$0.9^{3}5335$	$0.9^{3}5499$	$0.9^{3}5658$	$0.9^{3}5811$	$0.9^{3}5959$	$0.9^{3}6103$	$0.9^{3}6242$	$0.9^{3}6376$	$0.9^{3}6505$	3.3
3.4	$0.9^{3}6631$	$0.9^{3}6752$	$0.9^{3}6869$	$0.9^{3}6982$	$0.9^{3}7091$	$0.9^{3}7197$	$0.9^{3}7299$	$0.9^{3}7398$	$0.9^{3}7493$	$0.9^{3}7585$	3.4
3.5	$0.9^{3}7674$	$0.9^{3}7759$	$0.9^{3}7842$	$0.9^{3}7922$	$0.9^{3}7999$	$0.9^{3}8074$	$0.9^{3}8146$	$0.9^{3}8215$	$0.9^{3}8282$	$0.9^{3}8347$	3.5
3.6	$0.9^{3}8409$	$0.9^{3}8469$	$0.9^{3}8527$	$0.9^{3}8583$	$0.9^{3}8637$	$0.9^{3}8689$	$0.9^{3}8739$	$0.9^{3}8787$	$0.9^{3}8834$	$0.9^{3}8879$	3.6
3.7	$0.9^{3}8922$	$0.9^{3}8964$	$0.9^{4}0039$	$0.9^{4}0426$	$0.9^{4}0799$	$0.9^{4}1158$	$0.9^{4}1504$	$0.9^{4}1838$	$0.9^{4}2159$	$0.9^{4}2468$	3.7
3.8	$0.9^{4}2765$	$0.9^{4}3052$	$0.9^{4}3327$	$0.9^{4}3593$	$0.9^{4}3848$	$0.9^{4}4094$	$0.9^{4}4331$	$0.9^{4}4558$	$0.9^{4}4777$	$0.9^{4}4988$	3.8
3.9	$0.9^{4}5190$	$0.9^{4}5385$	$0.9^{4}5573$	$0.9^{4}5753$	$0.9^{4}5926$	$0.9^{4}6092$	$0.9^{4}6253$	$0.9^{4}6406$	$0.9^{4}6554$	$0.9^{4}6696$	3.9
4.0	$0.9^{4}6833$	$0.9^{4}6964$	$0.9^{4}7090$	$0.9^{4}7211$	$0.9^{4}7327$	$0.9^{4}7439$	$0.9^{4}7546$	$0.9^{4}7649$	$0.9^{4}7748$	$0.9^{4}7843$	4.0
4.1	$0.9^{4}7934$	$0.9^{4}8022$	$0.9^{4}8106$	$0.9^{4}8186$	$0.9^{4}8263$	$0.9^{4}8338$	$0.9^{4}8409$	$0.9^{4}8477$	$0.9^{4}8542$	$0.9^{4}8605$	4.1
4.2	$0.9^{4}8665$	$0.9^{4}8723$	$0.9^{4}8778$	$0.9^{4}8832$	$0.9^{4}8882$	$0.9^{4}8931$	$0.9^{4}8978$	$0.9^{5}0226$	$0.9^{5}0655$	$0.9^{5}1066$	4.2
4.3	$0.9^{5}1460$	$0.9^{5}1837$	$0.9^{5}2199$	$0.9^{5}2545$	$0.9^{5}2876$	$0.9^{5}3193$	$0.9^{5}3497$	$0.9^{5}3788$	$0.9^{5}4066$	$0.9^{5}4332$	4.3
4.4	$0.9^{5}4587$	$0.9^{5}4831$	$0.9^{5}5065$	$0.9^{5}5288$	$0.9^{5}5502$	$0.9^{5}5706$	$0.9^{5}5902$	$0.9^{5}6089$	$0.9^{5}6268$	$0.9^{5}6439$	4.4
4.5	$0.9^{5}6602$	$0.9^{5}6759$	$0.9^{5}6908$	$0.9^{5}7051$	$0.9^{5}7187$	$0.9^{5}7318$	$0.9^{5}7442$	$0.9^{5}7561$	$0.9^{5}7675$	$0.9^{5}7784$	4.5
4.6	$0.9^{5}7888$	$0.9^{5}7987$	$0.9^{5}8081$	$0.9^{5}8172$	$0.9^{5}8258$	$0.9^{5}8340$	$0.9^{5}8419$	$0.9^{5}8494$	$0.9^{5}8566$	$0.9^{5}8634$	4.6
4.7	$0.9^{5}8699$	$0.9^{5}8761$	$0.9^{5}8821$	$0.9^{5}8877$	$0.9^{5}8931$	$0.9^{5}8983$	$0.9^{6}0320$	$0.9^{6}6789$	$0.9^{6}1235$	$0.9^{6}1661$	4.7
4.8	$0.9^{6}2067$	$0.9^{6}2453$	$0.9^{6}2822$	$0.9^{6}3173$	$0.9^{6}3508$	$0.9^{6}3827$	$0.9^{6}4131$	$0.9^{6}4420$	$0.9^{6}4696$	$0.9^{6}4958$	4.8
4.9	$0.9^{6}5208$	$0.9^{6}5446$	$0.9^{6}5673$	$0.9^{6}5889$	$0.9^{6}6093$	$0.9^{6}6289$	$0.9^{6}6475$	$0.9^{6}6652$	$0.9^{6}6821$	$0.9^{6}6981$	4.9

附表 3 χ^2 分布下侧分位数 $\chi^2 p(n)$

n \ p	0.001	0.005	0.010	0.025	0.050	0.100	0.500	0.900	0.950	0.975	0.990	0.995	0.999
1	0.0^5157	0.0^43927	0.0^31571	0.0^39821	0.003932	0.01579	0.4549	2.706	3.841	5.024	6.635	7.879	10.828
2	0.002001	0.01003	0.02010	0.05064	0.1026	0.2107	1.386	4.605	5.991	7.378	9.210	10.597	13.816
3	0.024	0.072	0.115	0.216	0.352	0.584	2.366	6.251	7.815	9.348	11.345	12.838	16.267
4	0.091	0.207	0.297	0.484	0.711	1.064	3.357	7.779	9.488	11.143	13.277	14.860	18.467
5	0.210	0.412	0.554	0.831	1.145	1.610	4.351	9.236	11.071	12.833	15.086	16.750	20.515
6	0.381	0.676	0.872	1.237	1.635	2.204	5.348	10.645	12.562	14.449	16.812	18.548	22.458
7	0.599	0.989	1.239	1.690	2.167	2.833	6.346	12.017	14.067	16.013	183457	20.278	24.322
8	0.857	1.344	1.646	2.180	2.733	3.490	7.344	13.362	15.507	17.535	20.090	21.955	26.124
9	1.152	1.735	2.088	2.700	3.325	4.168	8.343	14.684	16.919	19.023	21.666	23.589	27.877
10	1.479	2.156	2.558	3.247	3.940	4.856	9.342	15.987	18.307	20.483	23.206	25.188	29.588
11	1.834	2.603	3.053	3.816	4.575	5.578	10.341	17.275	19.675	21.920	24.725	26.757	31.264
12	2.214	3.074	3.571	4.404	5.226	6.304	11.340	18.549	21.026	23.337	26.217	28.300	32.909
13	2.617	3.565	4.107	5.009	5.892	7.042	12.340	19.812	22.362	24.736	27.688	29.819	34.528
14	3.041	4.075	4.660	5.629	6.571	7.790	13.339	21.064	23.685	26.119	29.141	31.319	36.123
15	3.483	4.601	5.229	6.262	7.261	8.547	14.339	22.307	24.996	27.488	30.578	32.801	37.697
16	3.942	5.142	5.812	6.908	7.962	9.312	15.339	23.542	26.296	28.845	32.000	34.267	39.252
17	4.416	5.697	6.408	7.564	8.672	10.085	16.338	24.769	27.587	30.191	33.409	35.718	40.790
18	4.905	6.265	7.015	8.231	9.390	10.865	17.338	25.989	28.869	31.526	34.805	37.156	42.312
19	5.407	6.844	7.633	8.907	10.117	11.651	18.338	27.204	30.144	32.852	36.191	38.582	43.820
20	5.921	7.434	8.260	9.591	10.851	12.443	19.337	28.412	31.410	34.170	37.566	39.997	45.315

续表

p / n	0.001	0.005	0.010	0.025	0.050	0.100	0.500	0.900	0.950	0.975	0.990	0.995	0.999
21	6.447	8.034	8.897	10.283	11.591	13.240	20.337	29.615	32.671	35.479	38.932	41.401	46.797
22	6.983	8.643	9.542	10.982	12.338	14.041	21.337	30.813	33.924	36.781	40.289	42.796	48.268
23	7.529	9.260	10.196	11.689	13.091	14.848	22.337	32.007	35.172	38.076	41.638	44.181	49.728
24	8.085	9.886	10.856	12.401	13.848	15.659	23.337	33.196	36.415	39.364	42.980	45.559	51.179
25	8.649	10.520	11.524	13.120	14.611	16.473	24.337	34.382	37.652	40.646	44.314	46.928	52.620
26	9.222	11.160	12.198	13.844	15.379	17.292	25.336	35.563	38.885	41.923	45.642	48.290	54.052
27	9.803	11.808	12.879	14.573	16.151	18.114	26.336	36.741	40.113	43.195	46.963	49.645	55.476
28	10.391	12.461	13.565	15.308	16.928	18.939	27.336	37.916	41.337	44.461	48.278	50.993	56.892
29	10.986	13.121	14.257	16.047	17.708	19.768	28.336	39.087	42.557	45.722	49.588	52.336	58.301
30	11.588	13.787	14.953	16.791	18.493	20.599	29.336	40.256	43.773	46.979	50.892	53.672	59.703
31	12.196	14.458	15.655	17.539	19.281	21.434	30.336	41.422	44.985	48.232	52.191	55.003	61.098
32	12.811	15.134	16.362	18.291	20.072	22.271	31.336	42.585	46.194	49.480	53.486	53.328	62.487
33	13.431	15.815	17.074	19.047	20.867	23.110	32.336	43.745	47.400	50.725	54.776	57.648	63.870
34	14.057	16.501	17.789	19.806	21.664	23.952	33.336	44.903	48.602	51.966	56.061	58.964	65.247
35	14.688	17.192	18.509	20.569	22.465	24.797	34.336	46.059	49.802	53.203	57.342	60.275	66.619
36	15.324	17.887	19.233	21.336	23.269	25.643	35.336	47.212	50.998	54.437	58.619	61.581	67.985
37	15.965	18.586	19.960	22.106	24.075	26.492	36.336	48.363	52.192	55.668	59.893	62.883	69.346
38	16.611	19.289	20.691	22.878	24.884	27.343	37.335	49.513	53.384	56.896	61.162	64.181	70.703
39	17.262	19.996	21.426	23.654	25.596	28.196	38.335	50.660	54.572	58.120	62.428	65.476	72.055
40	17.916	20.707	22.164	24.433	26.509	29.051	39.335	51.808	55.758	59.342	63.691	66.766	73.402

附表 4　T 分布 $T(1+1/m)$

m	0	1	2	3	4	5	6	7	8	9
0.2	120.0000	80.3577	56.3313	41.0577	30.9419	24.0000	19.0867	15.5133	12.8529	10.8291
0.3	9.2605	8.0244	7.0355	6.2336	5.5754	5.0291	4.5712	4.1838	3.8534	3.5693
0.4	3.3234	3.1091	2.9213	2.7557	2.6091	2.4786	2.3619	2.2572	2.1628	2.0774
0.5	2.0000	1.9295	1.8652	1.8062	1.7522	1.7024	1.6566	1.6141	1.5749	1.5384
0.6	1.5046	1.4730	1.4436	1.4161	1.3904	1.3663	1.3437	1.3224	1.3024	1.2836
0.7	1.2658	1.2491	1.2332	1.2183	1.2041	1.1906	1.1779	1.1658	1.1543	1.1434
0.8	1.1330	1.1231	1.1137	1.1047	1.0961	1.0880	1.0801	1.0727	1.0655	1.0587
0.9	1.0522	1.0459	1.0399	1.0342	1.0287	1.0234	1.0183	1.0135	1.0088	1.0043
1.0	1.000	0.9959	0.9919	0.9880	0.9843	0.9808	0.9774	0.9741	0.9709	0.9679
1.1	0.9649	0.9621	0.9593	0.9567	0.9542	0.9517	0.9493	0.9470	0.9448	0.9427
1.2	0.9407	0.9387	0.9368	0.9349	0.9331	0.9314	0.9297	0.9281	0.9265	0.9250
1.3	0.9236	0.9222	0.9208	0.9195	0.9182	0.9170	0.9158	0.9147	0.9135	0.9125
1.4	0.9114	0.9104	0.9094	0.9085	0.9076	0.9067	0.9059	0.9050	0.9043	0.9035
1.5	0.9027	0.9020	0.9013	0.9007	0.9000	0.8994	0.8988	0.8982	0.8976	0.8971
1.6	0.8966	0.8961	0.8956	0.8951	0.8947	0.8942	0.8938	0.8934	0.8930	0.8926
1.7	0.8922	0.8919	0.8916	0.8912	0.8909	0.8906	0.8903	0.8901	0.8898	0.8895
1.8	0.8893	0.8891	0.8888	0.8886	0.8884	0.8882	0.8880	0.8878	0.8877	0.8875
1.9	0.8874	0.8872	0.8871	0.8869	0.8868	0.8867	0.8866	0.8865	0.8864	0.8863
2.0	0.8862	0.8861	0.8861	0.8860	0.8860	0.8859	0.8858	0.8858	0.8858	0.8857
2.1	0.8857	0.8857	0.8856	0.8856	0.8856	0.8856	0.8856	0.8856	0.8856	0.8856
2.2	0.8856	0.8856	0.8857	0.8857	0.8857	0.8857	0.8858	0.8858	0.8858	0.8859
2.3	0.8859	08860	0.8860	0.8861	0.8861	0.8862	0.8862	0.8863	0.8864	0.8864

续表

m	0	1	2	3	4	5	6	7	8	9
2.4	0.8865	0.8866	0.8866	0.8867	0.8868	0.8869	0.8869	0.8870	0.8871	0.8872
2.5	0.8873	0.8874	0.8874	0.8875	0.8876	0.8877	0.8878	0.8879	0.888	0.8881
2.6	0.8882	0.8883	0.8884	0.8885	0.8886	0.8887	0.8888	0.8889	0.889	0.8891
2.7	0.8893	0.8894	0.8895	0.8896	0.8897	0.8899	0.8900	0.8901	0.8902	0.8903
2.8	0.8905	0.8906	0.8907	0.8908	0.8909	0.8911	0.8912	0.8913	0.8914	0.8916
2.9	0.8917	0.8918	0.8919	0.8921	0.8922	0.8923	0.8925	0.8926	0.8927	0.8928
3.0	0.8930	0.8931	0.8932	0.8934	0.8935	0.8936	0.8938	0.8939	0.8940	0.8942
3.1	0.8943	0.8944	0.8946	0.8947	0.8948	0.8950	0.8951	0.8952	0.8954	0.8955
3.2	0.8957	0.8958	0.8959	0.8961	0.8962	0.8963	0.8965	0.8966	0.8967	0.8969
3.3	0.8970	0.8972	0.8973	0.8974	0.8976	0.8977	0.8978	0.8980	0.8981	0.8982
3.4	0.8984	0.8985	0.8987	0.8988	0.8989	0.8991	0.8992	0.8993	0.8995	0.8996
3.5	0.8997	0.8999	0.9000	0.9002	0.9003	0.9004	0.9006	0.9007	0.9008	0.9010
3.6	0.9011	0.9012	0.9014	0.9015	0.9016	0.9018	0.9019	0.9021	0.9022	0.9023
3.7	0.9025	0.9026	0.9027	0.9029	0.9030	0.9031	0.9033	0.9034	0.9035	0.9037
3.8	0.9038	0.9039	0.9041	0.9042	0.9043	0.9044	0.9046	0.9047	0.9048	0.9050
3.9	0.9051	0.9052	0.9054	0.9055	0.9056	0.9058	0.9059	0.9060	0.9061	0.9063
4.0	0.9064	0.9077	0.9089	0.9102	0.9114	0.9126	0.9137	0.9149	0.9160	0.9171
5.0	0.9182	0.9192	0.9202	0.9213	0.9222	0.9232	0.9241	0.9251	0.9260	0.9269
6.0	0.9277	0.9286	0.9294	0.9302	0.9310	0.9318	0.9335	0.9333	0.9340	0.9347
7.0	0.9354	0.9361	0.9368	0.9375	0.9381	0.9387	0.9394	0.9400	0.9406	0.9412
8.0	0.9417	0.9423	0.9429	0.9434	0.9439	0.9444	0.9450	0.9455	0.9460	0.9465
9.0	0.9470	0.9479	0.9484	0.9488	0.9493	0.9497	0.9501	0.9505	0.9509	0.9514

附表 5　t 分布下侧分位数 $p\{t(n)\leq t_p(n)\}$

n \ P	0.5000	0.5500	0.6000	0.6500	0.7000	0.7500	0.8000	0.8500	0.9000	0.9500
1	0.00000	0.15838	0.32492	0.50953	0.72654	1.00000	1.37638	1.96261	3.07768	6.31375
2	0.00000	0.14213	0.28868	0.44475	0.61721	0.81650	1.06066	1.38621	1.88562	2.91999
3	0.00000	0.13660	0.27667	0.42420	0.58439	0.76489	0.97847	1.24978	1.63774	2.35336
4	0.00000	0.13383	0.27072	0.41416	0.56865	0.74070	0.94096	1.18957	1.53321	2.23185
5	0.00000	0.13218	0.26718	0.40823	0.55943	0.72669	0.91954	1.15577	1.47588	2.01505
6	0.00000	0.13108	0.26483	0.40431	0.55338	0.71756	0.90570	1.13416	1.43976	1.94318
7	0.00000	0.13029	0.26317	0.40154	0.54911	0.71114	0.89603	1.11916	1.41492	1.89458
8	0.00000	0.12971	0.26192	0.39947	0.54593	0.70639	0.88889	1.10815	1.39682	1.85955
9	0.00000	0.12925	0.26096	0.39787	0.54348	0.70272	0.88340	1.09972	1.38303	1.83311
10	0.00000	0.12889	0.26018	0.39659	0.54153	0.69981	0.87906	1.09306	1.37218	1.81246
11	0.00000	0.12859	0.25956	0.39555	0.53994	0.69745	0.87553	1.08767	1.36343	1.79588
12	0.00000	0.12835	0.25903	0.39469	0.53862	0.69548	0.87261	1.08321	1.35622	1.78229
13	0.00000	0.12814	0.25859	0.39396	0.53750	0.69383	0.87015	1.07947	1.35017	1.77093
14	0.00000	0.12796	0.25821	0.39333	0.53655	0.69242	0.86805	1.07628	1.34503	1.76131
15	0.00000	0.12781	0.25789	0.39279	0.53573	0.69120	0.86624	1.07353	1.34061	1.75305
16	0.00000	0.12767	0.25760	0.39232	0.53501	0.69013	0.86467	1.07114	1.33676	1.74588
17	0.00000	0.12755	0.25735	0.39190	0.53438	0.68920	0.86328	1.06903	1.33338	1.73961
18	0.00000	0.12745	0.25712	0.39153	0.53382	0.68836	0.86205	1.06717	1.33039	1.73406
19	0.00000	0.12735	0.25692	0.39120	0.53331	0.68762	0.86095	1.06551	1.32773	1.72913
20	0.00000	0.12727	0.25674	0.39091	0.53286	0.68695	0.85996	1.06402	1.32534	1.72472
21	0.00000	0.12719	0.25658	0.39064	0.53246	0.68635	0.85907	1.06267	1.32319	1.72074
22	0.00000	0.12712	0.25643	0.39039	0.53208	0.68581	0.85827	1.06145	1.32124	1.71714
23	0.00000	0.12706	0.25630	0.39017	0.53175	0.68531	0.85753	1.06034	1.31946	1.71387
24	0.00000	0.12700	0.25617	0.38997	0.53144	0.68485	0.85686	1.05932	1.31784	1.71088

续表

n \ P	0.5000	0.5500	0.6000	0.6500	0.7000	0.7500	0.8000	0.8500	0.9000	0.9500
25	0.00000	0.12694	0.25606	0.38978	0.53115	0.68443	0.85624	1.05838	1.31635	1.70814
26	0.00000	0.12689	0.25595	0.38961	0.53089	0.68404	0.85567	1.05752	1.31497	1.70562
27	0.00000	0.12685	0.25586	0.38945	0.53065	0.68368	0.85514	1.05673	1.31370	1.70329
28	0.00000	0.12681	0.25577	0.38930	0.53042	0.68335	0.85465	1.05599	1.31253	1.70113
29	0.00000	0.12677	0.25568	0.38916	0.53021	0.68304	0.85419	1.05530	1.31143	1.69913
30	0.00000	0.12673	0.25561	0.38903	0.53002	0.68276	0.85377	1.05466	1.31042	1.69726
32	0.00000	0.12666	0.25546	0.38880	0.52967	0.68223	0.85300	1.05350	1.30857	1.69389
34	0.00000	0.12660	0.25534	0.38859	0.52935	0.68177	0.85232	1.05248	1.30695	1.69092
36	0.00000	0.12655	0.25523	0.38841	0.52908	0.68137	0.85172	1.05158	1.30551	1.68830
38	0.00000	0.12650	0.25513	0.38825	0.52883	0.68100	0.85118	1.05077	1.30423	1.68595
40	0.00000	0.12646	0.25504	0.38810	0.52861	0.68067	0.85070	1.05005	1.30308	1.68385
45	0.00000	0.12637	0.25485	0.38779	0.52814	0.67998	0.84968	1.04852	1.30065	1.67943
50	0.00000	0.12630	0.25470	0.38754	0.52776	0.67943	0.84887	1.04729	1.29871	1.67591
55	0.00000	0.12624	0.25458	0.38734	0.52745	0.67898	0.84821	1.04630	1.29713	1.67303
60	0.00000	0.12619	0.25447	0.38717	0.52720	0.67860	0.84765	1.04547	1.29582	1.67065
65	0.00000	0.12615	0.25439	0.38703	0.52698	0.67828	0.84719	1.04477	1.29471	1.66864
70	0.00000	0.12612	0.25431	0.38691	0.52680	0.67801	0.84679	1.04417	1.29376	1.66691
80	0.00000	0.12606	0.25419	0.38671	0.52650	0.67757	0.84614	1.04320	1.29222	1.66412
90	0.00000	0.12602	0.25410	0.38655	0.52626	0.67723	0.84563	1.04244	1.29103	1.66196
100	0.00000	0.12598	0.25402	0.38643	0.52608	0.67695	0.84523	1.04184	1.29007	1.66023
110	0.00000	0.12595	0.25396	0.38633	0.52592	0.67673	0.84490	1.04134	1.28930	1.65882
120	0.00000	0.12593	0.25391	0.38624	0.52580	0.67654	0.84463	1.04093	1.28865	1.65765
150	0.00000	0.12587	0.25380	0.38606	0.52552	0.67613	0.84402	1.04003	1.28722	1.65508
180	0.00000	0.12584	0.25372	0.38594	0.52533	0.67586	0.84362	1.03943	0.28627	1.65336
240	0.00000	0.12579	0.25363	0.38578	0.52510	0.67551	0.84312	1.03868	1.28509	1.65123
∞	0.00000	0.12566	0.25335	0.38532	0.52440	0.67449	0.84162	1.03643	1.28155	1.64485

续表

n \ P	0.9750	0.9800	0.9900	0.9950	0.9975	0.9980	0.9990	0.9995	0.9998	0.9999
1	12.70620	15.89454	31.82052	63.65674	127.3213	159.15285	318.3088	636.6193	1591.5492	3183.0988
2	4.30625	4.84873	6.96456	9.92484	14.08905	15.76391	22.32712	31.59905	49.98500	70.70007
3	3.18245	3.48191	4.54070	5.84091	7.45332	8.05261	10.21453	12.92398	17.59794	22.20374
4	2.77645	2.99853	3.74695	4.60409	5.59757	5.95137	7.17318	8.61030	10.91550	13.03367
5	2.57058	2.75651	3.36493	4.03214	4.77334	5.03024	5.89343	6.86883	8.36342	9.67757
6	2.44691	2.61224	3.14267	3.70743	4.31683	4.52413	5.20763	5.95882	7.07392	8.02479
7	2.36462	2.51675	2.99795	3.49948	4.02934	4.20712	4.78529	5.40788	6.31077	7.06343
8	2.30600	2.44898	2.89646	3.35539	3.83252	3.99095	4.50079	5.04131	5.81126	6.44200
9	2.26216	2.39844	2.82144	3.24984	3.68966	3.83451	4.29681	4.78091	5.46082	6.01013
10	2.22814	2.35931	2.96377	3.16927	3.58141	3.71624	4.14370	4.58689	5.20224	5.69382
11	2.20099	2.32814	2.71808	3.10581	3.49661	3.62377	4.02470	4.43698	5.00400	5.45276
12	2.17881	2.30272	2.68100	3.05454	3.42844	3.54954	3.92963	4.31779	4.84740	5.26327
13	2.16037	2.28160	2.65031	3.01228	3.37247	3.48867	3.85198	4.22083	4.72069	5.11058
14	2.14479	2.26378	2.62449	2.97684	3.32570	3.43787	3.78739	4.14045	4.61613	4.98501
15	2.13145	2.24854	2.60248	2.94671	3.28604	3.39483	3.73283	4.07277	4.52842	4.88000
16	2.11991	2.23536	2.58349	2.92078	3.25199	3.35791	3.68615	4.01500	4.45382	4.79091
17	2.10982	2.22385	2.56693	2.89823	3.22245	3.32590	3.64577	3.96513	4.38962	4.71441
18	2.10092	2.21370	2.55238	2.87844	3.19657	3.29788	3.61048	3.92165	4.33378	4.64801
19	2.09302	2.20470	2.53948	2.86093	3.17372	3.27315	3.57940	3.88341	4.28479	4.58986
20	2.08596	2.19666	2.52798	2.84534	3.15340	3.25116	3.55181	3.84952	4.24147	4.53852
21	2.07961	2.18943	2.51765	2.83136	3.13521	3.23149	3.52715	3.81928	4.20288	4.49286
22	2.07387	2.18289	2.50832	2.81876	3.11882	3.21378	3.50499	3.79213	4.16830	4.45199
23	2.06866	2.17696	2.49987	2.80734	3.10400	3.19776	3.48496	3.76763	4.13714	4.41520
24	2.06390	2.17154	2.49216	2.79694	3.09051	3.18320	3.46678	3.74540	4.10891	4.38192
25	2.05954	2.16659	2.48511	2.78744	3.07820	3.16990	3.45019	3.72514	4.08322	4.35165
26	2.05553	2.16203	2.47863	2.77871	3.06691	3.15772	3.43500	3.70661	4.05974	4.32402

续表

n \ P	0.9750	0.9800	0.9900	0.9950	0.9975	0.9980	0.9990	0.9995	0.9998	0.9999
27	2.05183	2.15782	2.47266	2.77068	3.05652	3.14651	3.42103	3.68959	4.03820	4.29870
28	2.04841	2.15393	2.46714	2.76326	3.04693	3.13616	3.40816	3.67391	4.01837	4.27540
29	2.04523	2.15033	2.46202	2.75639	3.03805	3.12658	3.39624	3.65941	4.00006	4.25389
30	2.04227	2.14697	2.45726	2.75000	3.02980	3.11768	3.38518	3.64596	3.98309	4.23399
32	2.03693	2.14090	2.44868	2.73848	3.01495	3.10167	3.36531	3.62180	3.95265	4.19830
34	2.03224	2.13558	2.44115	2.72839	3.00195	3.08767	3.34793	3.60072	3.92611	4.16722
36	2.02809	2.13087	2.43449	2.71948	2.99049	3.07531	3.33262	3.58215	3.90278	4.13993
38	2.02439	2.12667	2.42857	2.71156	2.98029	3.06433	3.31903	3.56568	3.88210	4.11576
40	2.02108	2.12291	2.42326	2.70446	2.97117	3.05451	3.30688	3.55097	3.86365	4.09421
45	2.01410	2.11500	2.41212	2.68959	2.95208	3.03396	3.08148	3.52025	3.82518	4.04934
50	2.00856	2.10872	2.40327	2.67779	2.93696	3.01770	3.26141	3.49601	3.79489	4.01405
55	2.00404	2.10361	2.39608	2.66822	2.92470	3.00451	3.24515	3.47640	3.77041	3.98556
60	2.00030	2.09936	2.39012	2.66028	2.91455	2.99359	3.23171	3.46020	3.75022	3.96209
65	1.99714	2.09578	2.38510	2.65360	2.90602	2.98442	3.22041	3.44660	3.73328	3.94241
70	1.99444	2.09273	2.38081	2.64790	2.89873	2.97659	3.21079	3.43501	3.71887	3.92568
80	1.99006	2.08778	2.37387	2.63869	2.88697	2.96395	3.19526	3.41634	3.69565	3.89876
90	1.98667	2.08394	2.36850	2.63157	2.87788	2.95419	3.18327	3.40194	3.67777	3.87804
100	1.98397	2.08088	2.36422	2.62589	2.87065	2.94642	3.17374	3.39049	3.66358	3.86160
110	1.98177	2.07839	2.36073	2.62126	2.86476	2.94009	3.16598	3.38118	3.65204	3.84824
120	1.97993	2.07631	2.35782	2.61742	2.85986	2.93484	3.15954	3.37345	3.62247	3.83717
150	1.97591	2.07176	2.35146	2.60900	2.84915	2.92334	3.14545	3.35657	3.62157	3.81301
180	1.97323	2.06874	2.34724	2.60342	2.84205	2.91572	3.13612	3.34540	3.60776	3.79706
240	1.96990	2.06497	2.34199	2.59647	2.83322	2.90625	3.12454	3.33152	3.59062	3.77727
∞	1.95996	2.05375	2.32635	2.57583	2.80703	2.87816	3.09023	3.29053	3.54008	3.71902

附表 6　F 分布表　$P\{F(n_1,n_2)\}=\alpha$　　$\alpha=0.10$

	1	2	3	4	5	6	7	8	9	10	15	20	30	50	100	200	500	∞
1	39.9	49.5	53.6	55.8	57.2	58.2	58.9	59.4	59.9	60.2	61.2	61.7	62.3	62.7	63.0	63.2	63.3	63.3
2	8.53	9.00	9.16	9.24	9.29	9.33	9.35	9.37	9.38	9.39	9.42	9.44	9.46	9.47	9.48	9.49	9.49	9.49
3	5.54	5.46	5.39	5.34	5.31	5.28	5.27	5.25	5.24	5.23	5.20	5.18	5.17	5.15	5.14	5.14	5.14	5.13
4	4.54	4.32	4.19	4.11	4.05	4.01	3.93	3.95	3.64	3.92	3.87	3.84	3.82	3.80	3.78	3.77	3.76	3.76
5	4.06	3.78	3.62	3.52	3.45	3.40	3.37	3.34	3.32	3.30	3.24	3.21	3.17	3.15	3.13	3.12	3.11	3.10
6	3.78	3.46	3.29	3.18	3.11	3.65	3.01	2.98	2.96	2.94	2.87	2.84	2.80	2.77	2.75	2.73	2.73	2.72
7	3.59	3.26	3.07	2.96	2.88	2.83	2.78	2.75	2.72	2.70	2.63	2.59	2.56	2.52	2.50	2.48	2.48	2.47
8	3.46	3.11	2.92	2.81	2.73	2.67	2.62	2.59	2.56	2.54	2.46	2.42	2.38	2.35	2.32	2.31	2.30	2.29
9	3.36	3.01	2.81	2.69	2.61	2.55	2.51	2.47	2.44	2.42	2.34	2.30	2.25	2.22	2.19	2.17	2.17	2.16
10	3.29	2.92	2.73	2.61	2.52	2.46	2.41	2.38	2.35	2.32	2.24	2.20	2.16	2.12	2.09	2.07	2.06	2.06
11	3.23	2.86	2.66	2.54	2.75	2.39	2.34	2.30	2.27	2.25	2.17	2.12	2.08	2.04	2.00	1.09	1.98	1.97
12	3.18	2.81	2.61	2.48	2.39	2.33	2.28	2.24	2.21	2.19	2.10	2.05	2.01	1.97	1.94	1.92	1.91	1.90
13	3.14	2.76	2.56	2.43	2.35	2.28	2.23	2.20	2.16	2.14	2.05	2.01	1.96	1.92	1.88	1.86	1.85	1.85
14	3.10	2.73	2.52	2.39	2.31	2.24	2.19	2.15	2.12	2.10	2.01	1.96	1.91	1.87	1.83	1.82	1.80	1.80
15	3.07	2.70	2.49	2.36	2.27	2.21	2.16	2.12	2.09	2.06	1.97	1.92	1.87	1.83	1.79	1.77	1.76	1.76
16	3.05	2.67	2.46	2.33	2.24	2.18	2.13	2.09	2.06	2.03	1.94	1.89	1.84	1.79	1.76	1.74	1.73	1.72
17	3.03	2.64	2.44	2.31	2.22	2.15	2.10	2.06	2.03	2.00	1.91	1.86	1.81	1.76	1.73	1.71	1.69	1.69
18	3.01	2.62	2.42	2.29	2.20	2.13	2.08	2.04	2.00	1.98	1.89	1.84	1.78	1.74	1.70	1.68	1.67	1.66
19	2.99	2.61	2.40	2.27	2.18	2.11	2.06	2.02	1.98	1.96	1.86	1.81	1.76	1.71	1.67	1.65	1.64	1.63
20	2.97	2.59	2.38	2.25	2.16	2.09	2.04	2.00	1.96	1.94	1.84	1.79	1.74	1.69	1.65	1.63	1.62	1.61
22	2.95	2.56	2.35	2.22	2.13	2.06	2.01	1.97	1.93	1.90	1.81	1.76	1.70	1.65	1.61	1.59	1.58	1.57
24	2.93	2.54	2.33	2.19	2.10	2.04	1.98	1.94	1.91	1.88	1.78	1.73	1.67	1.62	1.58	1.56	1.54	1.53
26	2.91	2.52	2.31	2.17	2.08	2.01	1.96	1.92	1.88	1.86	1.76	1.71	1.65	1.59	1.55	1.53	1.51	1.50
28	2.89	2.50	2.29	2.16	2.06	2.00	1.94	1.90	1.87	1.84	1.74	1.69	1.63	1.57	1.53	1.50	1.49	1.48
30	2.88	2.49	2.28	2.14	2.05	1.98	1.93	1.88	1.85	1.82	1.72	1.67	1.61	1.55	1.51	1.48	1.47	1.46
40	2.84	2.44	2.23	2.09	2.00	1.93	1.87	1.83	1.79	1.76	1.66	1.61	1.54	1.48	1.43	1.41	1.39	1.38
50	2.81	2.41	2.20	2.06	1.97	1.90	1.84	1.80	1.76	1.73	1.63	1.57	1.50	1.44	1.39	1.36	1.34	1.33
60	2.79	2.39	2.18	2.04	1.95	1.87	1.82	1.77	1.74	1.71	1.60	1.54	1.48	1.41	1.36	1.33	1.31	1.29
80	2.77	2.57	2.15	2.02	1.92	1.85	1.79	1.75	1.71	1.68	1.57	1.51	1.44	1.38	1.32	1.28	1.26	1.24
100	2.76	2.36	2.14	2.00	1.91	1.83	1.78	1.73	1.70	1.66	1.56	1.49	1.42	1.35	1.29	1.26	1.23	1.21
200	2.73	2.39	2.11	1.97	1.88	1.80	1.75	1.70	1.66	1.63	1.52	1.46	1.38	1.31	1.24	1.20	1.17	1.14
500	2.72	2.31	2.10	1.96	1.86	1.79	1.73	1.68	1.64	1.61	1.50	1.44	1.36	1.28	1.21	1.16	1.12	1.09
∞	2.71	2.30	2.03	1.94	1.85	1.77	1.72	1.67	1.63	1.60	1.49	1.42	1.34	1.26	1.18	1.13	1.08	1.00

续表

	1	2	3	4	5	6	7	8	9	10	12	14	16	18	20
1	161.4	199.5	215.7	224.6	230.2	234.0	236.8	238.9	240.5	241.9	243.9	245	246	247	248.0
2	18.5	19.0	19.2	19.2	19.3	19.3	19.4	19.4	19.4	19.4	19.4	19.4	19.4	19.4	19.4
3	10.1	9.55	9.28	9.12	9.01	8.94	8.89	8.85	8.81	8.79	8.74	8.71	8.69	8.67	8.66
4	7.71	6.94	6.59	6.39	6.26	6.16	6.09	6.04	6.00	5.96	5.91	5.87	5.84	5.82	5.80
5	6.61	5.79	5.41	5.19	5.05	4.95	4.88	4.82	4.77	4.74	4.68	4.64	4.60	4.58	4.56
6	5.99	5.14	4.76	4.53	4.39	4.28	4.21	4.15	4.10	4.06	4.00	3.96	3.92	3.90	3.87
7	5.59	4.74	4.35	4.12	3.97	3.87	3.79	3.73	3.68	3.64	3.57	3.53	3.49	3.47	3.44
8	5.32	4.46	4.07	3.84	3.69	3.58	3.50	3.44	3.39	3.35	3.28	3.24	3.20	3.17	3.15
9	5.12	4.26	3.86	3.63	3.48	3.37	3.29	3.23	3.18	3.14	3.07	3.03	2.99	2.96	2.94
10	4.96	4.10	3.71	3.48	3.33	3.22	3.14	3.07	3.02	2.98	2.91	2.86	2.83	2.80	2.77
11	4.84	3.98	3.59	3.36	3.20	3.09	3.01	2.95	2.90	2.85	2.79	2.74	2.70	2.67	2.65
12	4.75	3.89	3.49	3.26	3.11	3.00	2.91	2.85	2.80	2.75	2.69	2.64	2.60	2.57	2.54
13	4.67	3.81	3.41	3.18	3.03	2.92	2.83	2.77	2.71	2.67	2.60	2.55	2.51	2.48	2.46
14	4.60	3.74	3.34	3.11	2.96	2.85	2.76	2.70	2.65	2.60	2.53	2.48	2.44	2.41	2.39
15	4.54	3.68	3.29	3.06	2.90	2.79	2.71	2.64	2.59	2.54	2.48	2.42	2.38	2.35	2.33
16	4.49	3.63	3.24	3.01	2.85	2.74	2.66	2.59	2.54	2.49	2.42	2.37	2.33	2.30	2.28
17	4.45	3.59	3.20	2.96	2.81	2.70	2.61	2.55	2.49	2.45	2.38	2.33	2.29	2.26	2.23
18	4.41	3.55	3.61	2.93	2.77	2.66	2.58	2.51	2.46	2.41	2.34	2.29	2.25	2.22	2.19
19	4.38	3.52	3.13	2.90	2.74	2.63	2.54	2.48	2.42	2.38	2.31	2.26	2.21	2.18	2.16
20	4.35	3.49	3.10	2.87	2.71	2.60	2.51	2.45	2.39	2.35	2.28	2.22	2.18	2.15	2.12
21	4.32	3.47	3.07	2.84	2.68	2.57	2.49	2.42	2.37	2.32	2.25	2.20	2.16	2.12	2.10
22	4.30	3.44	3.05	2.82	2.66	2.55	2.46	2.40	2.34	2.30	2.23	2.17	2.13	2.10	2.07
23	4.28	3.42	3.03	2.80	2.64	2.53	2.44	2.37	2.32	2.27	2.20	2.15	2.11	2.07	2.05
24	4.26	3.40	3.01	2.78	2.62	2.51	2.42	2.36	2.30	2.25	2.18	2.13	2.09	2.05	2.03
25	4.24	3.39	2.99	2.76	2.60	2.49	2.40	2.34	2.28	2.24	2.16	2.11	2.07	2.04	2.01
26	4.23	3.37	2.98	2.74	2.59	2.47	2.39	2.32	2.27	2.22	2.15	2.09	2.05	2.02	1.99
27	4.21	3.35	2.96	2.73	2.57	2.46	2.37	2.31	2.25	2.20	2.13	2.08	2.04	2.00	1.97

续表

	1	2	3	4	5	6	7	8	9	10	12	14	16	18	20
28	4.20	3.34	2.95	2.71	2.56	2.45	2.36	2.29	2.24	2.19	2.12	2.06	2.02	1.99	1.96
29	4.18	3.33	2.93	2.70	2.55	2.43	2.35	2.28	2.22	2.18	2.10	2.05	2.01	1.79	1.94
30	4.17	3.32	2.92	2.69	2.53	2.42	2.33	2.27	2.21	2.16	2.09	2.04	1.99	1.96	1.93
32	4.15	3.29	2.90	2.67	2.51	2.40	2.31	2.24	2.19	2.14	2.07	2.01	1.97	1.94	1.91
34	4.13	3.28	2.88	2.65	2.49	2.38	2.29	2.23	2.17	2.12	2.05	1.99	1.95	1.92	1.89
36	4.11	3.26	2.87	2.63	2.48	2.36	2.28	2.21	2.15	2.11	2.03	1.98	1.93	1.90	1.87
38	4.10	3.24	2.85	2.62	2.46	2.35	2.26	2.19	2.14	2.09	2.02	1.96	1.92	1.88	1.85
40	4.08	3.23	2.84	2.61	2.45	2.34	2.25	2.18	2.12	2.08	2.00	1.95	1.90	1.87	1.84
42	4.07	3.22	2.83	2.59	2.44	2.32	2.24	2.17	2.11	2.06	1.99	1.93	1.89	1.86	1.83
44	4.06	3.21	2.92	2.58	2.43	2.31	2.23	2.165	2.10	2.05	1.98	1.92	1.88	1.84	1.81
46	4.05	3.20	2.91	2.57	2.42	2.30	2.22	2.15	2.09	2.04	1.97	1.91	1.87	1.83	1.80
48	4.04	3.19	2.90	2.57	2.41	2.29	2.21	2.14	2.08	2.03	1.93	1.90	1.86	1.82	1.79
50	4.03	3.18	2.79	2.56	2.40	2.29	2.20	2.13	2.07	2.03	1.95	1.89	1.85	1.81	1.78
60	4.00	3.15	2.76	2.53	2.37	2.25	2.17	2.10	2.04	1.99	1.92	1.86	1.82	1.78	1.75
80	3.96	3.11	2.72	2.49	2.33	2.21	2.13	2.06	2.00	1.95	1.88	1.82	1.77	1.73	1.70
100	3.94	3.09	2.70	2.46	2.31	2.19	2.10	2.03	1.97	1.93	1.52	1.79	1.75	1.71	1.68
125	3.82	3.07	2.68	2.44	2.29	2.17	2.08	2.01	1.96	1.91	1.83	1.77	1.72	1.69	1.65
150	3.90	3.06	2.66	2.43	2.27	2.16	2.07	2.00	1.94	1.89	1.82	1.76	1.71	1.67	1.64
200	3.89	3.04	2.65	2.42	2.26	2.14	2.06	1.98	1.93	1.88	1.80	1.74	1.69	1.66	1.62
300	3.87	3.03	2.63	2.40	2.24	2.13	2.04	1.97	1.91	1.86	1.78	1.72	1.68	1.64	1.61
500	3.86	3.01	2.62	2.39	2.23	2.12	2.03	1.96	1.90	1.85	1.77	1.71	1.66	1.62	1.59
1000	3.85	3.00	2.61	2.38	2.22	2.11	2.02	1.95	1.89	1.84	1.76	1.70	1.65	1.61	1.58
∞	3.84	3.00	2.60	2.37	2.21	2.10	2.01	1.94	1.88	1.83	1.75	1.69	1.64	1.60	1.57

续表

n_2 \ n_1	22	24	26	28	30	35	40	45	50	60	80	100	200	500	∞
1	249.1	249.1	249.1	260	260.1	251	251.1	251	252	252.2	252	253	254	254	254
2	19.5	19.5	19.5	19.5	19.5	19.5	19.5	19.5	19.5	19.5	19.5	19.5	19.5	19.5	19.5
3	8.65	8.64	8.63	8.62	8.62	8.60	8.59	8.59	8.58	8.57	8.56	8.55	8.54	8.53	8.53
4	5.79	5.77	5.76	5.75	5.75	5.73	5.82	5.71	5.70	5.69	5.67	5.66	5.65	5.64	5.63
5	4.54	4.53	4.52	4.50	4.50	4.48	4.46	4.45	4.44	4.43	4.41	4.41	4.39	4.37	4.37
6	3.86	3.84	3.83	3.82	3.91	3.79	3.77	3.76	3.75	3.74	3.72	3.71	3.69	3.68	3.67
7	3.43	3.41	3.40	3.39	3.38	3.36	3.34	3.33	3.32	3.30	3.29	3.27	3.25	3.24	3.23
8	3.13	3.12	3.10	3.09	3.08	3.06	3.04	3.03	3.02	3.01	2.99	2.97	2.95	2.94	2.93
9	2.92	2.90	2.89	2.87	2.86	2.84	2.83	2.81	2.80	2.79	2.77	2.76	2.73	2.72	2.71
10	2.75	2.74	2.72	2.71	2.70	2.68	2.66	2.65	2.64	2.62	2.60	2.59	2.56	2.55	2.54
11	2.63	2.61	2.59	2.58	2.57	2.55	2.53	2.52	2.51	2.49	2.47	2.46	2.43	2.42	2.40
12	2.52	2.51	2.49	2.48	2.47	2.44	2.43	2.41	2.40	2.38	2.36	2.35	2.32	2.31	2.30
13	2.44	2.42	2.41	2.39	2.38	2.36	2.34	2.33	2.31	2.30	2.27	2.26	2.23	2.22	2.21
14	2.37	2.35	2.33	2.32	2.31	2.28	2.27	2.25	2.24	2.22	2.20	2.19	2.16	2.14	2.13
15	2.31	2.29	2.27	2.26	2.25	2.22	2.20	2.19	2.18	2.16	2.14	2.12	2.10	2.08	2.07
16	2.25	2.24	2.22	2.21	2.19	2.17	2.15	2.14	2.12	2.11	2.08	2.07	2.04	2.02	2.01
17	2.21	2.19	2.17	2.16	2.15	2.12	2.10	2.09	2.08	2.06	2.03	2.02	1.99	1.97	1.96
18	2.17	2.15	2.13	2.12	2.11	2.08	2.06	2.05	2.04	2.02	1.99	1.98	1.95	1.93	1.92
19	2.13	2.11	2.10	2.08	2.07	2.05	2.03	2.01	2.00	1.98	1.96	1.94	1.91	1.89	1.88
20	2.10	2.08	2.07	2.05	2.04	2.01	1.99	1.98	1.97	1.95	1.92	1.91	1.83	1.86	1.84
21	2.07	2.05	2.04	2.02	2.01	1.98	1.96	1.95	1.94	1.92	1.89	1.88	1.84	1.82	1.81
22	2.05	2.03	2.01	2.00	1.98	1.96	1.94	1.92	1.91	1.89	1.86	1.85	1.82	1.80	1.78
23	2.02	2.00	1.99	1.97	1.96	1.93	1.91	1.90	1.88	1.86	1.84	1.82	1.79	1.77	1.76
24	2.00	1.98	1.97	1.95	1.94	1.91	1.89	1.83	1.86	1.84	1.82	1.80	1.77	1.75	1.73
25	1.98	1.96	1.95	1.93	1.92	1.89	1.87	1.86	1.84	1.82	1.80	1.78	1.75	1.73	1.71

续表

n_2 \ n_1	22	24	26	28	30	35	40	45	50	60	80	100	200	500	∞
26	1.97	1.95	1.93	1.91	1.90	1.87	1.85	1.84	1.82	1.80	1.78	1.76	1.73	1.71	1.69
27	1.95	1.93	1.91	1.90	1.88	1.86	1.84	1.82	1.81	1.79	1.76	1.74	1.71	1.69	1.67
28	1.93	1.91	1.90	1.88	1.87	1.84	1.82	1.80	1.79	1.77	1.74	1.73	1.69	1.67	1.65
29	1.92	1.90	1.88	1.87	1.85	1.83	1.81	1.79	1.77	1.75	1.73	1.71	1.67	1.65	1.64
30	1.91	1.89	1.87	1.85	1.84	1.81	1.79	1.77	1.76	1.74	1.71	1.70	1.66	1.64	1.62
32	1.88	1.86	1.85	1.83	1.82	1.79	1.77	1.75	1.74	1.71	1.69	1.67	1.63	1.61	1.59
34	1.86	1.84	1.82	1.80	1.80	1.77	1.75	1.73	1.71	1.69	1.66	1.65	1.61	1.59	1.57
36	1.85	1.82	1.81	1.79	1.78	1.75	1.73	1.71	1.69	1.67	1.64	1.62	1.59	1.56	1.55
38	1.83	1.81	1.79	1.77	1.76	1.73	1.71	1.69	1.68	1.65	1.62	1.61	1.57	1.54	1.53
40	1.81	1.79	1.77	1.76	1.74	1.72	1.69	1.67	1.66	1.64	1.61	1.59	1.55	1.53	1.51
42	1.80	1.78	1.76	1.74	1.73	1.70	1.68	1.66	1.65	1.62	1.59	1.57	1.53	1.51	1.49
44	1.79	1.77	1.75	1.73	1.72	1.69	1.67	1.65	1.63	1.61	1.58	1.56	1.52	1.46	1.48
46	1.78	1.76	1.74	1.72	1.71	1.68	1.65	1.64	1.62	1.60	1.57	1.55	1.51	1.48	1.46
48	1.77	1.75	1.73	1.71	1.70	1.67	1.64	1.62	1.61	1.59	1.56	1.54	1.49	1.47	1.45
50	1.76	1.74	1.72	1.70	1.69	1.66	1.63	1.61	1.60	1.58	1.54	1.52	1.48	1.46	1.44
60	1.72	1.70	1.68	1.66	1.65	1.62	1.59	1.57	1.56	1.53	1.50	1.48	1.44	1.41	1.39
80	1.68	1.65	1.63	1.62	1.60	1.57	1.54	1.52	1.51	1.48	1.45	1.43	1.38	1.35	1.32
100	1.65	1.63	1.61	1.59	1.57	1.54	1.52	1.49	1.48	1.45	1.41	1.39	1.34	1.31	1.28
125	1.63	1.60	1.58	1.57	1.55	1.52	1.49	1.47	1.45	1.42	1.39	1.36	1.31	1.27	1.25
150	1.61	1.59	1.57	1.55	1.53	1.50	1.48	1.45	1.44	1.41	1.37	1.34	1.29	1.25	1.22
200	1.60	1.57	1.55	1.53	1.52	1.48	1.46	1.43	1.41	1.39	1.35	1.32	1.26	1.22	1.19
300	1.58	1.55	1.53	1.51	1.50	1.46	1.43	1.41	1.39	1.36	1.32	1.30	1.23	1.19	1.15
500	1.56	1.54	1.52	1.50	1.48	1.45	1.42	1.40	1.38	1.34	1.30	1.28	1.21	1.16	1.11
1000	1.55	1.53	1.51	1.49	1.47	1.44	1.41	1.38	1.36	1.33	1.29	1.26	1.19	1.13	1.08
∞	1.54	1.52	1.50	1.48	1.46	1.42	1.39	1.37	1.35	1.32	1.27	1.24	1.17	1.11	1.00

续表

n_2 \ n_1	1	2	3	4	5	6	7	8	9	10	12	14	16	18	20
1	4052	4999	5403	5625	5764	5859	5928	5982	6022	6056	6106	6142	6169	6192	6109
2	98.5	99.0	99.2	99.2	99.3	99.3	99.4	99.4	99.4	99.4	99.4	99.4	99.4	99.4	99.4
3	34.1	30.8	29.5	28.7	28.2	27.9	27.7	27.5	27.3	27.2	27.1	26.9	26.8	26.8	26.7
4	21.2	18.0	16.7	16.0	15.5	15.2	15.0	14.8	14.7	14.5	14.4	14.2	14.2	14.1	14.0
5	16.3	13.3	12.1	11.4	11.0	10.7	10.5	10.3	10.2	10.1	9.89	9.77	9.68	9.61	9.55
6	13.7	10.9	9.78	9.15	2.75	2.77	8.26	8.10	7.98	7.87	7.72	7.60	7.52	7.45	7.40
7	12.2	9.55	8.45	7.85	7.46	7.19	7.99	6.84	6.72	6.62	6.47	6.36	6.27	6.21	6.16
8	11.3	8.65	7.59	7.01	6.63	6.37	6.18	6.03	5.91	5.81	5.67	5.56	5.48	5.41	5.36
9	4.6	8.02	6.99	6.42	6.06	5.80	5.61	5.47	5.35	5.26	5.11	5.00	4.92	4.86	4.81
10	4.0	7.56	6.55	5.99	5.64	5.39	5.20	5.06	4.94	4.85	4.71	4.60	4.52	4.46	4.41
11	9.65	7.21	6.22	5.67	5.32	5.07	4.89	4.74	4.63	4.54	4.40	4.29	4.21	5.15	4.10
12	9.33	6.93	5395	5.41	5.06	4.82	4.64	4.50	4.39	4.30	4.15	4.05	3.97	3.91	3.86
13	9.07	6.70	5.74	5.21	4.86	4.62	4.44	4.30	4.19	4.10	3.96	3.86	3.78	3.71	3.66
14	8.86	6.51	8.56	5.04	4.70	4.46	4.28	4.14	4.03	3.94	3.80	3.70	3.62	3.56	3.51
15	8.68	6.36	5.42	4.89	4.56	4.32	4.14	4.00	3.89	3.80	3.67	3.56	3.49	3.42	3.37
16	8.53	6.23	5.29	5.77	4.44	4.20	4.03	3.89	3.78	3.69	3.55	3.45	3.37	3.31	3.26
17	8.40	6.11	5.18	4.67	4.34	4.10	3.93	3.79	3.68	3.59	3.46	3.35	3.27	3.21	3.16
18	8.29	6.01	5.09	4.58	4.25	4.01	3.84	3.71	3.60	3.51	3.37	3.27	3.19	3.13	3.08
19	2.18	5.93	5.01	4.50	4.17	3.94	3.77	3.63	3.52	3.43	3.30	3.19	3.12	3.05	3.00
20	2.10	5.85	4.94	4.43	4.10	3.87	3.70	3.56	3.46	3.37	3.23	3.13	3.05	2.99	2.94
21	2.02	5.78	4.87	4.37	4.04	3.81	3.64	3.51	3.40	3.31	3.17	3.07	2.99	2.93	2.88
22	7.95	5.72	4.82	4.31	3.99	3.76	3.59	3.45	3.35	3.26	3.12	3.02	3.94	2.88	2.83
23	7.88	5.66	4.76	4.26	3.94	3.71	3.54	3.41	3.30	3.21	3.07	2.97	2.89	2.83	2.78
24	7.82	5.61	4.72	4.22	3.90	3.67	3.50	3.36	3.26	3.17	3.03	2.93	2.85	2.79	2.74
25	7.77	5.57	4.68	4.18	3.86	3.63	3.46	3.32	3.22	3.13	2.99	2.89	2.81	2.75	2.70
26	7.72	5.53	4.64	4.14	3.82	3.59	3.42	3.29	3.18	3.09	2.96	2.86	2.78	2.72	2.66

续表

n_2 \ n_1	1	2	3	4	5	6	7	8	9	10	12	14	16	18	20
27	7.68	5.49	4.60	4.11	3.78	3.56	3.39	3.26	3.15	3.06	2.93	2.82	2.75	2.68	2.63
28	7.64	5.45	4.57	4.07	3.75	3.53	3.36	2.23	3.12	3.03	2.90	2.79	2.72	2.65	2.60
29	7.60	5.42	4.54	4.04	3.73	3.50	3.33	3.20	3.09	3.00	2.87	2.77	2.69	2.62	2.57
30	7.56	5.39	4.51	4.02	3.70	3.47	3.30	3.17	3.07	2.98	2.84	2.74	2.66	2.60	2.55
32	7.50	5.34	4.46	3.97	3.65	3.43	3.26	3.13	3.02	2.93	2.80	2.70	2.62	2.55	2.50
34	7.44	5.29	4.42	3.63	3.61	3.39	3.22	3.09	2.98	2.89	2.76	2.66	2.58	2.51	2.46
36	7.40	5.25	4.38	3.89	3.57	3.35	3.18	3.05	2.95	2.86	2.72	2.62	2.54	2.48	2.43
38	7.35	5.21	4.34	3.86	3.54	3.32	3.15	3.02	2.92	2.83	2.69	2.59	2.51	2.45	2.40
40	7.31	5.18	4.31	3.83	3.51	3.29	3.12	2.99	2.89	2.80	2.66	2.56	2.48	2.42	2.37
42	7.28	5.15	4.29	3.80	3.49	3.27	3.10	2.97	2.86	2.78	2.64	2.54	2.46	2.40	2.34
44	7.25	5.12	4.26	3.78	3.47	3.24	3.08	2.95	2.84	2.75	2.62	2.52	2.44	2.37	2.32
46	7.22	5.10	4.24	3.76	3.44	3.22	3.06	2.93	2.82	2.73	2.60	2.50	2.42	2.35	2.30
48	7.20	5.08	4.22	3.74	3.43	3.20	3.04	2.91	2.80	2.72	2.58	2.48	2.40	2.33	2.28
50	7.17	5.06	4.20	3.72	3.41	3.19	3.02	2.89	2.79	2.70	2.56	2.46	2.38	2.32	2.27
60	7.08	4.98	4.13	3.65	3.34	3.12	2.95	2.82	2.72	2.63	2.51	2.39	2.31	2.25	2.20
80	6.96	4.88	4.04	3.56	3.26	3.04	2.87	2.74	2.64	2.55	2.42	2.31	2.23	2.17	2.12
100	6.90	4.82	3.98	3.51	3.21	2.99	2.82	2.69	2.59	2.50	2.37	2.26	2.19	2.12	2.07
125	6.84	4.78	3.94	3.47	3.17	2.95	2.79	2.66	2.55	2.47	2.33	2.23	2.15	2.08	2.03
150	6.81	4.75	3.92	3.45	3.14	2.92	2.76	2.63	2.53	2.44	2.31	2.20	2.12	2.06	2.00
200	6.76	4.71	3.88	3.41	3.11	2.89	2.73	2.60	2.51	2.41	2.27	2.17	2.09	2.02	1.97
300	6.72	4.68	3.85	3.38	3.08	2.86	2.70	2.57	2.47	2.38	2.24	2.14	2.06	1.99	1.94
500	6.69	4.65	3.82	3.36	3.05	2.84	2.68	2.55	2.44	2.36	2.22	2.12	2.04	1.97	1.92
1000	6.66	4.63	3.80	3.34	3.04	2.82	2.66	2.53	2.43	2.34	2.20	2.10	2.02	1.95	1.90
∞	6.63	4.61	3.78	3.32	3.02	2.80	2.64	2.51	2.41	2.32	2.18	2.08	2.00	1.93	1.88

续表

n_2 \ n_1	22	24	26	28	30	35	40	45	50	60	80	100	200	500	∞
1	6223	6235	6245	6253	6261	6276	6287	6296	6303	6313	6326	6334	6350	6360	6365
2	99.5	99.5	99.5	99.5	99.5	99.5	99.5	99.5	99.5	99.5	99.5	99.5	99.5	99.5	99.5
3	26.6	26.6	26.6	26.5	26.5	26.5	26.4	26.4	26.4	26.3	26.3	26.2	26.2	26.1	26.1
4	14.0	13.9	13.9	13.9	13.8	13.8	13.7	13.7	13.7	13.7	13.6	13.6	13.5	13.5	13.5
5	9.51	9.47	9.43	9.40	9.38	9.33	9.29	9.26	9.24	9.20	9.16	9.13	9.08	9.04	9.02
6	7.35	7.31	7.28	7.25	7.23	7.18	7.14	7.11	7.09	7.06	7.01	6.99	6.92	6.90	6.88
7	6.11	6.07	6.04	6.02	5.99	5.94	5.91	5.83	5.86	5.82	5.78	5.75	5.70	5.67	5.65
8	5.32	5.28	5.25	5.22	5.20	5.15	5.12	5.00	5.07	5.03	4.99	4.96	4.91	4.88	4.86
9	4.77	4.73	4.70	4.67	4.65	4.60	4.57	4.54	4.52	4.48	4.44	4.42	4.36	4.33	4.31
10	4.36	4.33	4.30	4.27	4.25	4.20	4.17	4.14	4.12	4.08	4.04	4.01	3.96	3.93	3.91
11	4.06	4.02	3.99	3.96	3.94	3.89	3.86	3.83	3.81	3.78	3.73	3.71	3.66	3.62	3.60
12	3.82	3.78	3.75	3.72	3.70	3.65	3.62	3.59	3.57	3.54	3.49	3.47	3.41	3.38	3.36
13	3.62	3.59	3.56	3.53	3.51	3.46	3.43	3.40	3.38	3.34	3.30	3.27	3.22	3.19	3.17
14	3.46	3.43	3.40	3.37	3.35	3.30	3.27	3.24	3.22	3.18	3.14	3.11	3.06	3.03	3.00
15	3.33	3.29	3.26	3.24	3.21	3.17	3.13	3.10	3.08	3.05	3.00	2.98	2.92	2.89	2.87
16	3.22	3.18	3.15	3.12	3.10	3.05	3.02	2.99	2.97	2.93	2.89	2.86	2.81	2.78	2.75
17	3.12	3.08	3.05	3.03	3.00	2.95	2.92	2.89	2.87	2.83	2.79	2.76	2.71	2.68	2.65
18	3.03	3.00	2.97	2.94	2.92	2.87	2.84	2.81	2.78	2.75	2.70	2.63	2.62	2.59	2.57
19	2.96	2.92	2.89	2.87	2.84	2.80	2.76	2.73	2.71	2.67	2.63	2.60	2.55	2.51	2.49
20	2.90	2.86	2.83	2.80	2.78	2.73	2.69	2.67	2.64	2.61	2.56	2.54	2.48	2.44	2.42
21	2.84	2.80	2.77	2.74	2.72	2.67	2.64	2.61	2.58	2.55	2.50	2.48	2.42	2.38	2.36
22	2.78	2.75	2.72	2.69	2.67	2.62	2.58	2.55	2.53	2.50	2.45	2.42	2.36	2.33	2.31
23	2.74	2.70	2.67	2.64	2.62	2.57	2.54	2.51	2.48	2.45	2.40	2.37	2.32	2.28	2.26
24	2.70	2.66	2.63	2.60	2.58	2.53	2.49	2.46	2.44	2.40	2.36	2.33	2.27	2.24	2.21
25	2.66	2.62	2.59	2.56	2.54	2.79	2.45	2.42	2.40	2.36	2.32	2.29	2.23	2.16	2.17
26	2.62	2.58	2.55	2.53	2.50	2.45	2.42	2.39	2.36	2.33	2.28	2.25	2.19	2.16	2.13

续表

n_2 \ n_1	22	24	26	28	30	35	40	45	50	60	80	100	200	500	∞
27	2.59	2.55	2.52	2.49	2.47	2.42	2.38	2.35	2.33	2.29	2.25	2.22	2.16	2.12	2.10
28	2.56	2.52	2.49	2.46	2.44	2.39	2.35	2.32	2.30	2.26	2.22	2.19	2.13	2.09	2.06
29	2.53	2.46	2.46	2.44	2.41	2.36	2.33	2.30	2.27	2.23	2.19	2.16	2.10	2.06	2.03
30	2.51	2.47	2.44	2.41	2.39	2.34	2.30	2.27	2.25	2.21	2.16	2.13	2.07	2.03	2.01
32	2.46	2.42	2.39	2.36	2.34	2.29	2.25	2.22	2.20	2.16	2.11	2.08	2.02	1.98	1.96
34	2.42	2.38	2.35	2.32	2.30	2.25	2.21	2.18	2.16	2.12	2.07	2.04	1.98	1.94	1.61
36	2.38	2.35	2.32	2.29	2.26	2.21	2.17	2.14	2.12	2.08	2.03	2.00	1.94	1.90	1.87
38	2.35	2.32	2.28	2.26	2.23	2.18	2.14	2.11	2.09	2.05	2.00	1.97	1.90	1.86	1.84
40	2.33	2.29	2.26	2.23	2.20	2.15	2.11	2.08	2.06	2.02	1.97	1.94	1.87	1.83	1.80
42	2.30	2.26	2.23	2.20	2.18	2.13	2.09	2.06	2.03	1.99	1.94	1.91	1.85	1.80	1.78
44	2.28	2.24	2.21	2.18	2.15	2.10	2.06	2.03	2.01	1.97	1.92	1.89	1.82	1.78	1.75
46	2.26	2.22	2.19	2.16	2.13	2.08	2.04	2.01	1.99	1.95	1.90	1.86	1.80	1.75	1.73
48	2.24	2.20	2.17	2.14	2.12	2.06	2.02	1.99	1.97	1.93	1.88	1.84	1.78	1.73	1.70
50	2.22	2.18	2.15	2.12	2.10	2.05	2.01	1.97	1.95	1.91	1.86	1.82	1.76	1.71	1.68
60	2.15	2.12	2.08	2.05	2.03	1.98	1.94	1.90	1.88	1.84	1.78	1.75	1.68	1.63	1.60
80	2.07	2.03	2.00	1.97	1.94	1.89	1.85	1.81	1.79	1.75	1.69	1.66	1.58	1.53	1.49
100	2.02	1.98	1.94	1.92	1.89	1.84	1.80	1.76	1.73	1.69	1.63	1.60	1.52	1.47	1.43
125	1.98	1.94	1.91	1.88	1.85	1.80	1.76	1.72	1.69	1.65	1.59	1.55	1.47	1.41	1.37
150	1.96	1.92	1.88	1.85	1.83	1.77	1.73	1.69	1.66	1.62	1.56	1.52	1.43	1.38	1.33
200	1.93	1.89	1.85	1.82	1.79	1.74	1.69	1.66	1.63	1.58	1.52	1.48	1.39	1.33	1.28
300	1.89	1.85	1.82	1.79	1.76	1.71	1.66	1.62	1.59	1.55	1.48	1.44	1.35	1.28	1.22
500	1.87	1.83	1.79	1.76	1.74	1.68	1.63	1.60	1.56	1.52	1.45	1.41	1.31	1.23	1.16
1000	1.85	1.81	1.77	1.74	1.72	1.66	1.61	1.57	1.54	1.50	1.43	1.38	1.28	1.19	1.11
∞	1.83	1.79	1.76	1.72	1.70	1.64	1.59	1.55	1.52	1.47	1.40	1.36	1.25	1.15	1.00

附表 7　应力呈正态分布和强度呈威布尔分布时的失效概率表

$$C=\frac{\theta-\delta_0}{\delta_0},A=\frac{\delta_0-\mu_s}{\delta_s}$$

m	A \ C	10	15	20	25	30	35	40	45	50	55	60	65	70	75	80	85	90	95	100
1.00	0.8	0.0115	0.0078	0.0059	0.0047	0.0039	0.0034	0.0030	0.0026	0.0024	0.0022	0.0020	0.0018	0.0017	0.0016	0.0015	0.0014	0.0013	0.0013	0.0012
	0.6	0.0160	0.0109	0.0082	0.0066	0.0055	0.0047	0.0042	0.0037	0.0033	0.0030	0.0028	0.0026	0.0024	0.0022	0.0021	0.0020	0.0019	0.0018	0.0017
	0.4	0.0218	0.0148	0.0112	0.0090	0.0075	0.0065	0.0057	0.0051	0.0046	0.0041	0.0038	0.0035	0.0033	0.0031	0.0029	0.0027	0.0025	0.0024	0.0023
	0.2	0.0290	0.0197	0.0149	0.0120	0.0100	0.0086	0.0076	0.0067	0.0061	0.0055	0.0051	0.0047	0.0043	0.0041	0.0038	0.0036	0.0034	0.0032	0.0031
	0.0	0.0375	0.0255	0.0193	0.0156	0.0130	0.0112	0.0098	0.0087	0.0079	0.0072	0.0066	0.0061	0.0056	0.0053	0.0049	0.0047	0.0044	0.0042	0.0040
	−0.2	0.0475	0.0323	0.0245	0.0197	0.0165	0.0142	0.0125	0.0111	0.0100	0.0091	0.0084	0.0077	0.0072	0.0067	0.0063	0.0059	0.0056	0.0053	0.0050
	−0.4	0.0588	0.0401	0.0304	0.0245	0.0205	0.0176	0.0155	0.0138	0.0124	0.0113	0.0104	0.0096	0.0089	0.0083	0.0078	0.0074	0.0069	0.0066	0.0063
	−0.6	0.0713	0.0487	0.0370	0.0298	0.0250	0.0215	0.0189	0.0168	0.0151	0.0138	0.0126	0.0117	0.0109	0.0101	0.0095	0.0090	0.0085	0.0080	0.0076
	−0.8	0.0849	0.0581	0.0442	0.0356	0.0298	0.0257	0.0225	0.0201	0.0181	0.0165	0.0151	0.0140	0.0130	0.0121	0.0114	0.0107	0.0101	0.0096	0.0091
	−1.0	0.0994	0.0681	0.0518	0.0418	0.0351	0.0302	0.0265	0.0236	0.0213	0.0194	0.0178	0.0164	0.0153	0.0143	0.0134	0.0126	0.0119	0.0113	0.0107
	−1.4	0.1301	0.0896	0.0683	0.0552	0.0463	0.0399	0.0350	0.0312	0.0282	0.0256	0.0235	0.0218	0.0202	0.0189	0.0177	0.0167	0.0158	0.0150	0.0142
	−1.8	0.1620	0.1121	0.0857	0.0693	0.0582	0.0502	0.0441	0.0393	0.0355	0.0323	0.0297	0.0274	0.0255	0.0238	0.0224	0.0211	0.0199	0.0189	0.0179
	−2.2	0.1940	0.1348	0.1033	0.0837	0.0704	0.0607	0.0533	0.0476	0.0430	0.0391	0.0360	0.0332	0.0309	0.0289	0.0271	0.0255	0.0241	0.0229	0.0218
	−2.6	0.2252	0.1574	0.1209	0.0981	0.0826	0.0713	0.0627	0.0559	0.0505	0.0460	0.0432	0.0391	0.0364	0.0340	0.0319	0.0301	0.0284	0.0270	0.0256
	−3.0	0.2555	0.1795	0.1382	0.1124	0.0947	0.0818	0.0720	0.0643	0.0571	0.0529	0.0486	0.0450	0.0419	0.0391	0.0367	0.0346	0.0327	0.0310	0.0295
	−3.4	0.2847	0.2010	0.1553	0.1265	0.1067	0.0922	0.0812	0.0725	0.0656	0.0598	0.0550	0.0509	0.0473	0.0442	0.0415	0.0391	0.0370	0.0351	0.0334
	−3.8	0.3127	0.2221	0.1720	0.1430	0.1185	0.1025	0.0903	0.0808	0.0730	0.0666	0.0612	0.0567	0.0527	0.0493	0.0463	0.0437	0.0413	0.0392	0.0372
	−4.2	0.3397	0.2425	0.1884	0.1540	0.1302	0.1127	0.0994	0.0889	0.0804	0.0734	0.0675	0.0625	0.0571	0.0544	0.0511	0.0481	0.0455	0.0432	0.0411
	−4.6	0.3656	0.2625	0.2045	0.1674	0.1417	0.1228	0.1084	0.0969	0.0877	0.0801	0.0737	0.0682	0.0635	0.0594	0.0558	0.0526	0.0498	0.0472	0.0449
	−5.0	0.3904	0.2819	0.2202	0.1806	0.1530	0.1328	0.1172	0.1049	0.0950	0.0867	0.0798	0.0739	0.0688	0.0644	0.0605	0.0571	0.0640	0.0512	0.0487
	−5.5	0. 4202	0.3054	0.2395	0.1968	0.1670	0.1451	0.1282	0.1148	0.1040	0.0950	0.0875	0.0810	0.0755	0.0706	0.0664	0.0626	0.0592	0.0562	0.0535
	−6.0	0.4484	03282.	0.2583	0.2127	0.1808	0.1572	0.1390	0.1246	0.1129	0.1032	0.0950	0.0881	0.0821	0.0768	0.0722	0.0681	0.0644	0.0612	0.0582
	−6.5	0.4753	03502.	0.2766	0.2283	0.1944	0.1692	0.1497	0.1343	0.1217	0.1113	0.1025	0.0951	0.0886	0.0829	0.0780	0.0736	0.0696	0.0661	0.0629
	−7.0	0.5009	03715.	0.2944	0.2436	0.2077	0.1809	0.1603	0.1438	0.1305	0.1194	0.1100	0.1020	0.0951	0.0890	0.0837	0.0790	0.0748	0.0710	0.0676
	−8.0	0.5484	04120.	0.3288	0.2733	0.2336	0.2040	0.1810	0.1627	0.1477	0.1352	0.1247	0.1157	0.1079	0.1011	0.0951	0.0898	0.0850	0.0807	0.0768
	−9.0	0.5914	0.4500	0.3616	0.3018	0.2588	0.2264	0.2012	0.1811	0.1646	0.1508	0.1392	0.1292	0.1206	0.1130	0.1063	0.1004	0.0951	0.0902	0.0860
	−10.0	0.6303	0.4854	0.3927	0.3291	0.2831	0.2482	0.2210	0.1991	0.1811	0.1661	0.1534	0.1425	0.1330	0.1247	0.1174	0.1109	0.1051	0.0999	0.0951

续表

m	A \ C	10	15	20	25	30	35	40	45	50	55	60	65	70	75	80	85	90	95	100
2.00	0.8	0.0011	0.0005	0.0003	0.0002	0.0001	0.0001	0.0001	0.0001	0.0000	0.0000	0.0000	0.0000	0.0000	0.0000	0.0000	0.0000	0.0000	0.0000	0.0000
	0.6	0.0017	0.0008	0.0004	0.0003	0.0002	0.0001	0.0001	0.0001	0.0001	0.0001	0.0000	0.0000	0.0000	0.0000	0.0000	0.0000	0.0000	0.0000	0.0000
	0.4	0.0025	0.0011	0.0007	0.0004	0.0003	0.0002	0.0002	0.0001	0.0001	0.0001	0.0001	0.0001	0.0001	0.0000	0.0000	0.0000	0.0000	0.0000	0.0000
	0.2	0.0035	0.0016	0.0009	0.0007	0.0004	0.0003	0.0002	0.0002	0.0001	0.0001	0.0001	0.0001	0.0001	0.0001	0.0001	0.0000	0.0000	0.0000	0.0000
	0.0	0.0049	0.0022	0.0012	0.0008	0.0006	0.0004	0.0003	0.0002	0.0002	0.0002	0.0001	0.0001	0.0001	0.0001	0.0001	0.0001	0.0001	0.0001	0.0001
	−0.2	0.0067	0.0030	0.0017	0.0011	0.0008	0.0006	0.0004	0.0003	0.0003	0.0002	0.0002	0.0002	0.0001	0.0001	0.0001	0.0001	0.0001	0.0001	0.0001
	−0.4	0.0089	0.0040	0.0023	0.0014	0.0010	0.0007	0.0006	0.0004	0.0004	0.0003	0.0003	0.0002	0.0002	0.0002	0.0001	0.0001	0.0001	0.0001	0.0001
	−0.6	0.0116	0.0052	0.0030	0.0019	0.0013	0.0010	0.0007	0.0006	0.0005	0.0004	0.0003	0.0003	0.0002	0.0002	0.0002	0.0002	0.0001	0.0001	0.0001
	−0.8	0.0149	0.0067	0.0038	0.0024	0.0017	0.0012	0.0010	0.0008	0.0006	0.0005	0.0004	0.0004	0.0003	0.0003	0.0002	0.0002	0.0002	0.0002	0.0002
	−1.0	0.0188	0.0085	0.0048	0.0031	0.0021	0.0016	0.0012	0.0009	0.0008	0.0006	0.0005	0.0005	0.0004	0.0003	0.0003	0.0003	0.0002	0.0002	0.0002
	−1.4	0.0284	0.0128	0.0073	0.0047	0.0032	0.0024	0.0018	0.0014	0.0012	0.0010	0.0008	0.0007	0.0006	0.0005	0.0005	0.0004	0.0004	0.0003	0.0003
	−1.8	0.0407	0.0185	0.0105	0.0067	0.0047	0.0034	0.0026	0.0021	0.0017	0.0014	0.0012	0.0010	0.0009	0.0008	0.0007	0.0006	0.0005	0.0005	0.0004
	−2.2	0.0557	0.0254	0.0144	0.0093	0.0065	0.0047	0.0036	0.0029	0.0023	0.0019	0.0016	0.0014	0.0012	0.0010	0.0009	0.0008	0.0007	0.0006	0.0006
	−2.6	0.0733	0.0336	0.0191	0.0123	0.0086	0.0063	0.0048	0.0038	0.0031	0.0026	0.0022	0.0018	0.0016	0.0014	0.0012	0.0011	0.0010	0.0009	0.0008
	−3.0	0.0935	0.0431	0.0246	0.0158	0.0110	0.0081	0.0062	0.0049	0.0040	0.0033	0.0028	0.0024	0.0020	0.0018	0.0016	0.0014	0.0012	0.0011	0.0010
	−3.4	0.1159	0.0538	0.0308	0.0198	0.0138	0.0102	0.0078	0.0062	0.0050	0.0041	0.0035	0.0030	0.0026	0.0022	0.0020	0.0017	0.0015	0.0014	0.0013
	−3.8	0.1406	0.0658	0.0377	0.0243	0.0170	0.0125	0.0096	0.0076	0.0062	0.0051	0.0043	0.0036	0.0031	0.0027	0.0024	0.0021	0.0019	0.0017	0.0015
	−4.2	0.1671	0.0789	0.0453	0.0293	0.0205	0.0151	0.0116	0.0092	0.0074	0.0061	0.0052	0.0044	0.0038	0.0033	0.0029	0.0026	0.0023	0.0021	0.0019
	−4.6	0.1954	0.0930	0.0536	0.0347	0.0243	0.0179	0.0137	0.0109	0.0088	0.0073	0.0061	0.0052	0.0045	0.0039	0.0035	0.0031	0.0027	0.0025	0.0022
	−5.0	0.2251	0.1082	0.0626	0.0406	0.0284	0.0210	0.0161	0.0127	0.0103	0.0086	0.0072	0.0061	0.0053	0.0046	0.0041	0.0036	0.0032	0.0029	0.0026
	−5.5	0.2640	0.1286	0.0748	0.0486	0.0341	0.0251	0.0193	0.0153	0.0124	0.0103	0.0086	0.0074	0.0064	0.0055	0.0049	0.0043	0.0038	0.0035	0.0031
	−6.0	0.3043	0.1504	0.0879	0.0573	0.0402	0.0297	0.0228	0.0181	0.0147	0.0121	0.0102	0.0087	0.0075	0.0066	0.0058	0.0051	0.0046	0.0041	0.0037
	−6.5	0.3457	0.1735	0.1020	0.0667	0.0468	0.0346	0.0266	0.0211	0.0171	0.0142	0.0119	0.0102	0.0088	0.0077	0.0067	0.0060	0.0053	0.0048	0.0043
	−7.0	0.3876	0.1977	0.1170	0.0767	0.0539	0.0399	0.0307	0.0244	0.0198	0.0164	0.0138	0.0118	0.0101	0.0088	0.0078	0.0069	0.0062	0.0055	0.0050
	−8.0	0.4713	0.2490	0.1493	0.0985	0.0695	0.0516	0.0398	0.0316	0.0256	0.0212	0.0179	0.0153	0.0132	0.0115	0.0101	0.0090	0.0080	0.0072	0.0065
	−9.0	0.5525	0.3032	0.1845	0.1226	0.0869	0.0646	0.0499	0.0396	0.0322	0.0267	0.0225	0.0192	0.0166	0.0145	0.0127	0.0113	0.0101	0.0090	0.0082
	−10.0	0.6285	0.3591	0.2222	0.1488	0.1059	0.0790	0.0611	0.0486	0.0396	0.0328	0.0277	0.0236	0.0204	0.0178	0.0157	0.0139	0.0124	0.0111	0.0100

续表

m	C / A	10	15	20	25	30	35	40	45	50	55	60	65	70	75	80	85	90	95	100
3.00	0.8	0.0001	0.0000	0.0000	0.0000	0.0000	0.0000	0.0000	0.0000	0.0000	0.0000	0.0000	0.0000	0.0000	0.0000	0.0000	0.0000	0.0000	0.0000	0.0000
	0.6	0.0003	0.0001	0.0000	0.0000	0.0000	0.0000	0.0000	0.0000	0.0000	0.0000	0.0000	0.0000	0.0000	0.0000	0.0000	0.0000	0.0000	0.0000	0.0000
	0.4	0.0004	0.0001	0.0000	0.0000	0.0000	0.0000	0.0000	0.0000	0.0000	0.0000	0.0000	0.0000	0.0000	0.0000	0.0000	0.0000	0.0000	0.0000	0.0000
	0.2	0.0005	0.0002	0.0001	0.0000	0.0000	0.0000	0.0000	0.0000	0.0000	0.0000	0.0000	0.0000	0.0000	0.0000	0.0000	0.0000	0.0000	0.0000	0.0000
	0.0	0.0008	0.0002	0.0001	0.0001	0.0000	0.0000	0.0000	0.0000	0.0000	0.0000	0.0000	0.0000	0.0000	0.0000	0.0000	0.0000	0.0000	0.0000	0.0000
	−0.2	0.0011	0.0003	0.0001	0.0001	0.0000	0.0000	0.0000	0.0000	0.0000	0.0000	0.0000	0.0000	0.0000	0.0000	0.0000	0.0000	0.0000	0.0000	0.0000
	−0.4	0.0016	0.0005	0.0002	0.0001	0.0001	0.0000	0.0000	0.0000	0.0000	0.0000	0.0000	0.0000	0.0000	0.0000	0.0000	0.0000	0.0000	0.0000	0.0000
	−0.6	0.0022	0.0007	0.0003	0.0001	0.0001	0.0001	0.0000	0.0000	0.0000	0.0000	0.0000	0.0000	0.0000	0.0000	0.0000	0.0000	0.0000	0.0000	0.0000
	−0.8	0.0030	0.0009	0.0004	0.0002	0.0001	0.0001	0.0000	0.0000	0.0000	0.0000	0.0000	0.0000	0.0000	0.0000	0.0000	0.0000	0.0000	0.0000	0.0000
	−1.0	0.0041	0.0012	0.0005	0.0003	0.0002	0.0001	0.0001	0.0000	0.0000	0.0000	0.0000	0.0000	0.0000	0.0000	0.0000	0.0000	0.0000	0.0000	0.0000
	−1.4	0.0069	0.0021	0.0009	0.0004	0.0003	0.0002	0.0001	0.0001	0.0001	0.0000	0.0000	0.0000	0.0000	0.0000	0.0000	0.0000	0.0000	0.0000	0.0000
	−1.8	0.0111	0.0033	0.0014	0.0007	0.0004	0.0003	0.0002	0.0001	0.0001	0.0001	0.0001	0.0000	0.0000	0.0000	0.0000	0.0000	0.0000	0.0000	0.0000
	−2.2	0.0169	0.0051	0.0022	0.0011	0.0006	0.0004	0.0003	0.0002	0.0001	0.0001	0.0001	0.0001	0.0001	0.0000	0.0000	0.0000	0.0000	0.0000	0.0000
	−2.6	0.0247	0.0075	0.0032	0.0016	0.0009	0.0006	0.0004	0.0003	0.0002	0.0002	0.0001	0.0001	0.0001	0.0001	0.0000	0.0000	0.0000	0.0000	0.0000
	−3.0	0.0349	0.0106	0.0045	0.0023	0.0013	0.0008	0.0006	0.0004	0.0003	0.0002	0.0002	0.0001	0.0001	0.0001	0.0001	0.0001	0.0000	0.0000	0.0000
	−3.4	0.0475	0.0145	0.0062	0.0032	0.0018	0.0012	0.0008	0.0005	0.0004	0.0003	0.0002	0.0002	0.0001	0.0001	0.0001	0.0001	0.0001	0.0001	0.0000
	−3.8	0.0630	0.0193	0.0082	0.0042	0.0024	0.0015	0.0010	0.0007	0.0005	0.0004	0.0003	0.0002	0.0002	0.0002	0.0001	0.0001	0.0001	0.0001	0.0001
	−4.2	0.0815	0.0252	0.0108	0.0055	0.0032	0.0020	0.0014	0.0010	0.0007	0.0005	0.0004	0.0003	0.0003	0.0002	0.0002	0.0001	0.0001	0.0001	0.0001
	−4.6	0.1031	0.0322	0.0138	0.0071	0.0041	0.0026	0.0017	0.0012	0.0009	0.0007	0.0005	0.0004	0.0003	0.0003	0.0002	0.0002	0.0002	0.0001	0.0001
	−5.0	0.1279	0.0404	0.0173	0.0089	0.0052	0.0033	0.0022	0.0015	0.0011	0.0008	0.0006	0.0005	0.0004	0.0003	0.0003	0.0002	0.0002	0.0002	0.0001
	−5.5	0.1634	0.0524	0.0225	0.0116	0.0067	0.0043	0.0029	0.0020	0.0018	0.0011	0.0008	0.0007	0.0005	0.0004	0.0004	0.0003	0.0003	0.0002	0.0002
	−6.0	0.2037	0.0665	0.0287	0.0148	0.0086	0.0054	0.0036	0.0025	0.0019	0.0014	0.0011	0.0009	0.0007	0.0006	0.0005	0.0004	0.0003	0.0003	0.0002
	−6.5	0.2485	0.0828	0.0360	0.0186	0.0108	0.0068	0.0046	0.0032	0.0023	0.0018	0.0014	0.0011	0.0009	0.0007	0.0006	0.0005	0.0004	0.0003	0.0003
	−7.0	0.2973	0.1013	0.0443	0.0230	0.0134	0.0084	0.0057	0.0040	0.0029	0.0022	0.0017	0.0013	0.0011	0.0009	0.0007	0.0006	0.0005	0.0004	0.0004
	−8.0	0.4039	0.1454	0.0645	0.0336	0.0196	0.0124	0.0083	0.0059	0.0043	0.0032	0.0025	0.0019	0.0016	0.0013	0.0010	0.0009	0.0007	0.0006	0.0005
	−9.0	0.5165	0.1985	0.0897	0.0471	0.0276	0.0175	0.0117	0.0083	0.0060	0.0045	0.0035	0.0027	0.0022	0.0018	0.0015	0.0012	0.0010	0.0009	0.0008
	−10.0	0.6269	0.2600	0.1202	0.0636	0.0374	0.0327	0.0160	0.0112	0.0082	0.0062	0.0048	0.0037	0.0030	0.0024	0.0020	0.0017	0.0014	0.0012	0.0010

续表

m	A \ C	10	15	20	25	30	35	40	45	50	55	60	65	70	75	80	85	90	95	100
4.00	0.8	0.0000	0.0000	0.0000	0.0000	0.0000	0.0000	0.0000	0.0000	0.0000	0.0000	0.0000	0.0000	0.0000	0.0000	0.0000	0.0000	0.0000	0.0000	0.0000
	0.6	0.0000	0.0000	0.0000	0.0000	0.0000	0.0000	0.0000	0.0000	0.0000	0.0000	0.0000	0.0000	0.0000	0.0000	0.0000	0.0000	0.0000	0.0000	0.0000
	0.4	0.0001	0.0000	0.0000	0.0000	0.0000	0.0000	0.0000	0.0000	0.0000	0.0000	0.0000	0.0000	0.0000	0.0000	0.0000	0.0000	0.0000	0.0000	0.0000
	0.2	0.0001	0.0000	0.0000	0.0000	0.0000	0.0000	0.0000	0.0000	0.0000	0.0000	0.0000	0.0000	0.0000	0.0000	0.0000	0.0000	0.0000	0.0000	0.0000
	0.0	0.0001	0.0000	0.0000	0.0000	0.0000	0.0000	0.0000	0.0000	0.0000	0.0000	0.0000	0.0000	0.0000	0.0000	0.0000	0.0000	0.0000	0.0000	0.0000
	−0.2	0.0002	0.0000	0.0000	0.0000	0.0000	0.0000	0.0000	0.0000	0.0000	0.0000	0.0000	0.0000	0.0000	0.0000	0.0000	0.0000	0.0000	0.0000	0.0000
	−0.4	0.0003	0.0001	0.0000	0.0000	0.0000	0.0000	0.0000	0.0000	0.0000	0.0000	0.0000	0.0000	0.0000	0.0000	0.0000	0.0000	0.0000	0.0000	0.0000
	−0.6	0.0005	0.0001	0.0000	0.0000	0.0000	0.0000	0.0000	0.0000	0.0000	0.0000	0.0000	0.0000	0.0000	0.0000	0.0000	0.0000	0.0000	0.0000	0.0000
	−0.8	0.0007	0.0001	0.0000	0.0000	0.0000	0.0000	0.0000	0.0000	0.0000	0.0000	0.0000	0.0000	0.0000	0.0000	0.0000	0.0000	0.0000	0.0000	0.0000
	−1.0	0.0010	0.0002	0.0001	0.0000	0.0000	0.0000	0.0000	0.0000	0.0000	0.0000	0.0000	0.0000	0.0000	0.0000	0.0000	0.0000	0.0000	0.0000	0.0000
	−1.4	0.0018	0.0004	0.0001	0.0000	0.0000	0.0000	0.0000	0.0000	0.0000	0.0000	0.0000	0.0000	0.0000	0.0000	0.0000	0.0000	0.0000	0.0000	0.0000
	−1.8	0.0033	0.0006	0.0002	0.0001	0.0000	0.0000	0.0000	0.0000	0.0000	0.0000	0.0000	0.0000	0.0000	0.0000	0.0000	0.0000	0.0000	0.0000	0.0000
	−2.2	0.0055	0.0011	0.0003	0.0001	0.0001	0.0000	0.0000	0.0000	0.0000	0.0000	0.0000	0.0000	0.0000	0.0000	0.0000	0.0000	0.0000	0.0000	0.0000
	−2.6	0.0088	0.0018	0.0006	0.0002	0.0001	0.0001	0.0000	0.0000	0.0000	0.0000	0.0000	0.0000	0.0000	0.0000	0.0000	0.0000	0.0000	0.0000	0.0000
	−3.0	0.0136	0.0027	0.0009	0.0004	0.0002	0.0001	0.0001	0.0000	0.0000	0.0000	0.0000	0.0000	0.0000	0.0000	0.0000	0.0000	0.0000	0.0000	0.0000
	−3.4	0.0201	0.0041	0.0013	0.0005	0.0003	0.0001	0.0001	0.0001	0.0000	0.0000	0.0000	0.0000	0.0000	0.0000	0.0000	0.0000	0.0000	0.0000	0.0000
	−3.8	0.0289	0.0059	0.0019	0.0008	0.0004	0.0002	0.0001	0.0001	0.0000	0.0000	0.0000	0.0000	0.0000	0.0000	0.0000	0.0000	0.0000	0.0000	0.0000
	−4.2	0.0404	0.0082	0.0026	0.0001	0.0005	0.0003	0.0002	0.0001	0.0001	0.0000	0.0000	0.0000	0.0000	0.0000	0.0000	0.0000	0.0000	0.0000	0.0000
	−4.6	0.0051	0.0113	0.0036	0.0015	0.0007	0.0004	0.0002	0.0001	0.0001	0.0001	0.0000	0.0000	0.0000	0.0000	0.0000	0.0000	0.0000	0.0000	0.0000
	−5.0	0.0732	0.0152	0.0048	0.0020	0.0010	0.0005	0.0003	0.0002	0.0001	0.0001	0.0001	0.0000	0.0000	0.0000	0.0000	0.0000	0.0000	0.0000	0.0000
	−5.5	0.1015	0.0214	0.0068	0.0028	0.0014	0.0007	0.0004	0.0003	0.0002	0.0001	0.0001	0.0001	0.0000	0.0000	0.0000	0.0000	0.0000	0.0000	0.0000
	−6.0	0.1366	0.0293	0.0094	0.0039	0.0019	0.0010	0.0006	0.0004	0.0002	0.0002	0.0001	0.0001	0.0001	0.0000	0.0000	0.0000	0.0000	0.0000	0.0000
	−6.5	0.1788	0.0392	0.0126	0.0052	0.0025	0.0014	0.0008	0.0005	0.0003	0.0002	0.0002	0.0001	0.0001	0.0001	0.0000	0.0000	0.0000	0.0000	0.0000
	−7.0	0.2282	0.0515	0.0167	0.0069	0.0033	0.0018	0.0011	0.0007	0.0004	0.0003	0.0002	0.0002	0.0001	0.0001	0.0001	0.0001	0.0000	0.0000	0.0000
	−8.0	0.3466	0.0839	0.0275	0.0114	0.0055	0.0030	0.0017	0.0011	0.0007	0.0005	0.0003	0.0003	0.0002	0.0001	0.0001	0.0001	0.0001	0.0001	0.0000
	−9.0	0.4838	0.1284	0.0429	0.0179	0.0087	0.0047	0.0027	0.0017	0.0011	0.0008	0.0005	0.0004	0.0003	0.0002	0.0002	0.0001	0.0001	0.0001	0.0001
	−10.0	0.6252	0.1862	0.0628	0.0267	0.0130	0.0070	0.0041	0.0026	0.0017	0.0012	0.0008	0.0006	0.0004	0.0003	0.0003	0.0002	0.0002	0.0001	0.0001

续表

m	A \ C	10	15	20	25	30	35	40	45	50	55	60	65	70	75	80	85	90	95	100
5.00	0.8	0.0000	0.0000	0.0000	0.0000	0.0000	0.0000	0.0000	0.0000	0.0000	0.0000									
	0.6	0.0000	0.0000	0.0000	0.0000	0.0000	0.0000	0.0000	0.0000	0.0000	0.0000									
	0.4	0.0000	0.0000	0.0000	0.0000	0.0000	0.0000	0.0000	0.0000	0.0000	0.0000									
	0.2	0.0000	0.0000	0.0000	0.0000	0.0000	0.0000	0.0000	0.0000	0.0000	0.0000									
	0.0	0.0000	0.0000	0.0000	0.0000	0.0000	0.0000	0.0000	0.0000	0.0000	0.0000									
	−0.2	0.0001	0.0000	0.0000	0.0000	0.0000	0.0000	0.0000	0.0000	0.0000	0.0000									
	−0.4	0.0001	0.0000	0.0000	0.0000	0.0000	0.0000	0.0000	0.0000	0.0000	0.0000									
	−0.6	0.0001	0.0000	0.0000	0.0000	0.0000	0.0000	0.0000	0.0000	0.0000	0.0000									
	−0.8	0.0002	0.0000	0.0000	0.0000	0.0000	0.0000	0.0000	0.0000	0.0000	0.0000									
	−1.0	0.0003	0.0000	0.0000	0.0000	0.0000	0.0000	0.0000	0.0000	0.0000	0.0000									
	−1.4	0.0005	0.0001	0.0000	0.0000	0.0000	0.0000	0.0000	0.0000	0.0000	0.0000									
	−1.8	0.0010	0.0001	0.0000	0.0000	0.0000	0.0000	0.0000	0.0000	0.0000	0.0000									
	−2.2	0.0019	0.0003	0.0001	0.0000	0.0000	0.0000	0.0000	0.0000	0.0000	0.0000									
	−2.6	0.0033	0.0004	0.0001	0.0000	0.0000	0.0000	0.0000	0.0000	0.0000	0.0000									
	−3.0	0.0055	0.0007	0.0002	0.0001	0.0000	0.0000	0.0000	0.0000	0.0000	0.0000									
	−3.4	0.0089	0.0012	0.0003	0.0001	0.0000	0.0000	0.0000	0.0000	0.0000	0.0000									
	−3.8	0.0137	0.0018	0.0004	0.0001	0.0001	0.0000	0.0000	0.0000	0.0000	0.0000									
	−4.2	0.0206	0.0028	0.0007	0.0002	0.0001	0.0000	0.0000	0.0000	0.0000	0.0000									
	−4.6	0.0300	0.0041	0.0010	0.0003	0.0001	0.0001	0.0000	0.0000	0.0000	0.0000									
	−5.0	0.0426	0.0058	0.0014	0.0005	0.0002	0.0001	0.0000	0.0000	0.0000	0.0000									
	−5.5	0.0639	0.0089	0.0021	0.0007	0.0003	0.0001	0.0001	0.0000	0.0000	0.0000									
	−6.0	0.0924	0.0131	0.0031	0.0010	0.0004	0.0002	0.0001	0.0001	0.0000	0.0000									
	−6.5	0.1295	0.0187	0.0045	0.0015	0.0006	0.0003	0.0001	0.0001	0.0000	0.0000									
	−7.0	0.1761	0.0263	0.0063	0.0021	0.0008	0.0004	0.0002	0.0001	0.0001	0.0001									
	−8.0	0.2988	0.0484	0.0118	0.0039	0.0016	0.0007	0.0004	0.0002	0.0001	0.0001									
	−9.0	0.4546	0.0828	0.0205	0.0068	0.0027	0.0013	0.0006	0.0004	0.0002	0.0001									
	−10.0	0.6235	0.1328	0.0337	0.0112	0.0045	0.0021	0.0011	0.0006	0.0004	0.0002									